U0287639

网络安全等级保护与关键信息基础设施安全保护系列丛书

网络安全等级保护测评要求（扩展要求部分）应用指南

郭启全 主编

罗峥 陶源 苏艳芳 祝国邦 等编著

电子工业出版社

Publishing House of Electronics Industry

北京·BEIJING

内 容 简 介

本书详细解读了 GB/T 28448—2019《信息安全技术 网络安全等级保护测评要求》中的安全测评扩展要求部分，包括第一级至第四级云计算安全测评扩展要求、移动互联安全测评扩展要求、物联网安全测评扩展要求、工业控制系统安全测评扩展要求、大数据安全测评扩展要求，对相关概念、涉及的测评指标等进行了全面的阐述。本书还针对新技术新应用给出了典型应用案例，介绍了如何选择测评对象和测评指标，列出了测评指标和测评对象的映射关系，对测评要点进行了解析。

本书可供等级保护测评机构、等级保护对象的运营使用单位及主管部门开展网络安全等级保护测评工作使用，也可以作为高等院校信息安全、网络空间安全相关专业的教材。

图书在版编目（CIP）数据

网络安全等级保护测评要求（扩展要求部分）应用指南 / 郭启全主编 ； 罗峥等编著. -- 北京 ： 电子工业出版社，2024. 12. --（网络安全等级保护与关键信息基础设施安全保护系列丛书）. -- ISBN 978-7-121-49291-4

Ⅰ. TP393.08-62

中国国家版本馆 CIP 数据核字第 2024RP7228 号

责任编辑：潘　昕　　　　　特约编辑：田学清
印　　刷：三河市良远印务有限公司
装　　订：三河市良远印务有限公司
出版发行：电子工业出版社
　　　　　北京市海淀区万寿路 173 信箱　　　邮编：100036
开　　本：787×980　　1/16　　印张：34.75　　字数：655 千字
版　　次：2024 年 12 月第 1 版
印　　次：2024 年 12 月第 1 次印刷
定　　价：190.00 元

凡所购买电子工业出版社图书有缺损问题，请向购买书店调换。若书店售缺，请与本社发行部联系，联系及邮购电话：（010）88254888，88258888。

质量投诉请发邮件至 zlts@phei.com.cn，盗版侵权举报请发邮件至 dbqq@phei.com.cn。

本书咨询联系方式：panxin@phei.com.cn。

前　言

《中华人民共和国网络安全法》已经于 2017 年 6 月 1 日正式实施。在这部网络安全领域的基础性法律中，明确规定国家实行网络安全等级保护制度，并要求对关键信息基础设施在网络安全等级保护制度的基础上实行重点保护。这一规定确立了等级保护制度在我国网络安全工作中的基础制度、基本方法的法律地位，是等级保护制度进入 2.0 时期的重要标志。

为配合新形势下网络安全等级保护制度的推广工作，我们结合近些年的工作实践，在公安部网络安全保卫局的指导下，聚焦升级后的网络安全等级保护标准体系，编写了本书供读者参考和借鉴。GB/T 28448—2019《信息安全技术　网络安全等级保护测评要求》是指导等级保护测评机构开展网络安全等级保护测评工作的核心标准，对这个标准的正确理解和使用是顺利开展新形势下网络安全等级保护测评工作的前提。本书详细解读了《信息安全技术　网络安全等级保护测评要求》中的安全测评扩展要求部分，针对标准中的每个测评单元，重点介绍了如何选择测评对象和把握测评实施要点，并给出了测评实施样例，以便更好地指导等级保护测评机构、等级保护对象的运营使用单位及主管部门开展网络安全等级保护测评工作。关于《信息安全技术　网络安全等级保护测评要求》中有关安全测评通用要求部分的详细解读参见《网络安全等级保护测评要求（通用要求部分）应用指南》。

本书共 5 章，依次为"云计算安全测评扩展要求""移动互联安全测评扩展要求""物联网安全测评扩展要求""工业控制系统安全测评扩展要求""大数据安全测评扩展要求"。每章首先阐述了与新技术新应用相关的特征、术语或概念等，然后针对第一级至第四级测评要求进行解读，解读内容包括测评指标适用的测评对象、测评实施要点和测评实施样例等，并通过测评单元编号标识测评指标的安全保护等级。考虑到新技术新应用的特征，后 4 章还列出了部分安全测评通用要求在新技术新应用环境下的个性化解读内容。每章还给出了新技术新应用的典型应用案例，介绍了如何选择测评对象和测评指标，列出了测评指标和测评对象的映射关系，对测评要点进行了解析，以供读者参考。

本书纳入"网络安全等级保护与关键信息基础设施安全保护系列丛书"。丛书包括：

- 《〈关键信息基础设施安全保护条例〉〈数据安全法〉和网络安全等级保护制度解读与实施》
- 《网络安全保护平台建设应用与挂图作战》
- 《重要信息系统安全保护能力建设与实践》
- 《网络安全等级保护基本要求（通用要求部分）应用指南》
- 《网络安全等级保护基本要求（扩展要求部分）应用指南》
- 《网络安全等级保护安全设计技术要求（通用要求部分）应用指南》
- 《网络安全等级保护安全设计技术要求（扩展要求部分）应用指南》
- 《网络安全等级保护测评要求（通用要求部分）应用指南》
- 《网络安全等级保护测评要求（扩展要求部分）应用指南》（本书）

本书由中关村信息安全测评联盟和公安部信息安全等级保护评估中心组织编写，主编为郭启全，主要编写者包括罗峥、陶源、苏艳芳、祝国邦、范春玲、黎水林、袁静、张嘉斌、刘静、王绍杰、李明、张宇翔、陆臻、张艳、陈妍、刘韧、刘继顺、郑国伟、陈静、杨盛明、刘美静、龙军、黄学臻。

本书在编写过程中得到国家网络与信息系统安全产品质量检验检测中心、中国电子信息产业集团有限公司第六研究所、中国电子科技集团公司第十五研究所、中国移动通信有限公司研究院、中电信数智科技有限公司（原中国电信集团系统集成有限责任公司）、浙江省电子信息产品检验研究院、浙江东安检测技术有限公司、浙江辰龙检测技术有限公司、浙江安远检测技术有限公司、北京银联金卡科技有限公司（银行卡检测中心）、信息产业信息安全测评中心、太原清众鑫科技有限公司、深圳市网安计算机安全检测技术有限公司、深信服科技股份有限公司、山东新潮信息技术有限公司、奇安信科技集团股份有限公司、北方实验室（沈阳）股份有限公司、浪潮软件集团有限公司软件评测实验室、江西神舟信息安全评估中心有限公司、江苏骏安信息测评认证有限公司、华为技术有限公司、河北恒讯达信息科技有限公司、杭州海康威视数字技术股份有限公司、海南正邦信息科技有限公司、国家信息中心、国家信息技术安全研究中心、国电南京自动化股份有限公司、贵州师范大学（贵州省信息与计算科学重点实验室）、广州竞远安全技术股份有限公司、公安部第一研究所、工业和信息化部计算机与微电子发展研究中心、工业和信息化部电子第五研究所、甘肃睿讯信息安全科技有限公司、电力行业信息安全等级保护测评中心第一测评实验室、成都卓越华安信息技术服务有限公司、北京卓识网安技术股份有限公司、北京智慧云测设备技术有限公司、北京信息安全测评中心、北京威努特技术有限公司、北京天融信网络安全技术有限公司、阿里云计算有限公司、阿里巴巴（中国）有限公司、北京京东叁佰陆拾度电子商务有限公司等单位的大力支持，在此一并表示感谢。

由于编者水平有限，书中难免存在不足之处，恳请读者批评指正。

编　者

目　　录

第1章　云计算安全测评扩展要求

1.1　云计算概述

1.1.1　基本概念

1. 云计算

云计算是指通过网络访问可扩展的、灵活的物理或虚拟共享资源池，并按需自助获取和管理资源的模式。

2. 云服务商

云服务商是指云计算服务的供应方。

注：云服务商管理、运营、支撑云计算的计算基础设施及软件，通过网络交付云计算的资源。

3. 云服务客户

云服务客户是指为使用云计算服务同云服务商建立业务关系的参与方。

4. 虚拟机监视器

虚拟机监视器是指运行在基础物理服务器和操作系统之间的中间软件层，可允许多个操作系统和应用共享硬件。

5. 云计算平台

云计算平台是指云服务商提供的云计算基础设施及其上的服务软件的集合。

6. 云计算环境

云计算环境是指云服务商提供的云计算平台，以及云服务客户在云计算平台上部署的软件及相关组件的集合。

7. 云计算基础设施

云计算基础设施是指由硬件资源和资源抽象控制组件构成的支撑云计算的基础设施。硬件资源是指所有的物理计算资源，包括服务器（如 CPU、内存等）、存储组件（如硬盘等）、网络组件（如路由器、防火墙、交换机、网络链接和接口等）及其他物理计算基础元素。资源抽象控制组件对物理计算资源进行软件抽象，云服务商通过这些组件提供和管理对物理计算资源的访问。

8. 云计算服务

云计算服务是指使用定义的接口，借助云计算提供一种或多种资源的能力。

9. 云服务客户业务应用系统

云服务客户业务应用系统是指云服务客户部署在云计算平台上的业务应用和云服务商为云服务客户通过网络提供的应用服务。

10. 云产品（服务）

云产品（服务）是指云计算服务提供的软硬件产品或服务。

1.1.2　云计算系统的特征

结合云计算的应用背景，云计算系统的特征可归纳为以下五点。

1. 按需自助

在无须或仅需较少云服务商参与的情况下，云服务客户能根据需要获得计算资源，如自主确定资源占用的时间和数量等。例如，对于基础设施即服务，云服务客户可以通过云服务商的网站自主选择需要购买的虚拟机数量、每台虚拟机的配置（包括 CPU 数量、内存容量、磁盘空间、对外网络带宽等）、服务使用时间等。

2. 泛在网络访问

云服务客户通过标准接入机制，利用计算机、移动电话、平板等各种终端通过网络随时随地使用服务。对云服务客户来讲，云计算的泛在接入特征使云服务客户可以在不同的环境（如工作环境或非工作环境）下访问服务，增强了服务的可用性。

3. 资源池化

云服务商将资源（如计算资源、存储资源、网络资源等）提供给多个云服务客户使用，并根据云服务客户的需求将这些物理的、虚拟的资源进行动态分配或重新分配。

4. 快速弹性

云服务客户可以根据需要快速、灵活、方便地获取和释放计算资源。对云服务客户来讲，这种资源是"无限"的，他们能在任何时候获得所需资源。

5. 可度量的服务

云计算可以按照多种计量方式（如按次付费或充值使用等）自动控制或量化资源，计量的对象可以是存储空间、计算能力、网络带宽或活跃的账户数等。

1.1.3 云计算的部署模式

云计算按部署模式可以分为公有云、私有云和混合云。

1. 公有云

公有云计算服务由第三方提供商完全承载和管理，为用户提供价格合理的计算资源访问服务，用户无须购买硬件、软件或支持基础架构，只需为其使用的资源付费。

2. 私有云

私有云是企业自己采购基础设施，搭建云计算平台，在此之上开发应用的云计算服务。

3. 混合云

混合云一般由用户创建，而管理和运维职责由用户及第三方提供商共同承担。其在使用私有云作为基础的同时结合了公有云的服务策略，用户可以根据业务私密程度的不同自主在公有云和私有云间进行切换。

1.1.4 云计算的服务模式

云计算的服务模式仍在不断进化，但业界普遍接受将云计算按照服务的提供方式划分为三个大类：基础设施即服务、平台即服务、软件即服务。

1. 基础设施即服务

基础设施即服务（Infrastructure as a Service，IaaS）主要提供一些基础资源，包括服务器、网络、存储等服务，这些资源由自动化的、可靠的、扩展性强的动态计算资源构成。它能够使用户部署和运行任意软件，包括操作系统和应用程序，无须管理或控制任何云计算基础设施，但能控制操作系统的选择、存储的空间、部署的应用，也有可能控制网络组件。例如，虚拟机、对象存储、虚拟网络等云计算服务，都属于 IaaS 的范畴。

2. 平台即服务

平台即服务（Platform as a Service，PaaS）的主要作用是将一个开发和运行平台作为服务提供给用户，它能够提供定制化研发的中间件平台、数据库和大数据应用等。开发者只需关注自己系统的业务逻辑，就能够快速、方便地创建 Web 应用，无须关注 CPU、内存、磁盘、网络等基础设施资源。

3. 软件即服务

软件即服务（Software as a Service，SaaS）通过网络为最终用户提供应用服务。绝大多数 SaaS 应用都能直接在浏览器中运行，不需要用户下载和安装任何程序。对用户来说，软件的开发、管理、部署都交给了第三方，他们不需要关心技术问题，可以拿来即用。

1.1.5　云计算测评

1. 云计算安全测评扩展要求的使用场合

安全通用要求是针对共性化保护需求提出的，等级保护对象无论以何种形式出现，都必须根据安全保护等级实现相应级别的安全通用要求，而云计算安全扩展要求是针对云计算的特点提出的特殊保护要求。在对云计算平台/系统进行测评时，应同时使用安全测评通用要求部分和云计算安全测评扩展要求部分的相关要求，不能仅使用云计算安全测评扩展要求部分的要求。

另外，云计算安全测评扩展要求的测评项内容本身为全局能力要求，不作为对某一测评对象或设备的要求，应作为云计算测评的整体指标。但是考虑到测评指标是由具体的测评对象来实现此方面的功能的，因此后续章节中针对每个测评指标还是会给出参考的测评对象。

2. 云计算安全测评扩展要求的适用范围

云计算安全测评扩展要求适用于云计算平台和云服务客户业务应用系统。

云计算安全测评扩展要求适用于主流的三种云计算服务模式，包括 IaaS、PaaS、SaaS。

云计算安全测评扩展要求适用于多种云计算部署模式，如公有云、私有云、混合云等。

3. 测评实施遵循的原则

在对云计算平台/系统进行测评时，应遵循以下两个基本原则。

1）责任分担原则

区别于传统信息系统，云计算环境中涉及一个或多个安全责任主体，如对公有云来说，至少包括云服务商和云服务客户两个安全责任主体，各安全责任主体根据管理权限的范围划分安全责任边界。

云计算环境中多个安全责任主体的安全保护能力之和构成了整个云计算环境的安全保护能力。

云服务商的主要安全责任是研发和运维云计算平台，保障云计算基础设施的安全，同时提供各项基础设施服务及各项服务内置的安全功能。云服务商在不同的服务模式下承担的安全责任不同：在 IaaS 模式下，云服务商需要确保基础设施无漏洞，云服务商基础设施包括支撑云计算服务的物理环境、云服务商自研的软硬件，以及云管理平台涉及的计算、存储、数据库和虚拟机镜像等，同时云服务商还需要负责底层基础设施和虚拟化技术免遭外部攻击与内部滥用，并与云服务客户共同承担网络访问控制策略的防护工作；在 PaaS 模式下，云服务商除负责防护底层基础设施外，还需要对其提供的虚拟机、云应用开发平台及网络访问控制策略等进行安全防护，并对其提供的数据库、中间件进行基础的安全加固；在 SaaS 模式下，云服务商需要为整个云计算环境提供安全防护责任。

云服务客户的主要安全责任是在云计算基础设施与服务之上定制并配置所需的虚拟网络、平台、应用、数据、管理等各项服务。在 IaaS 模式下，云服务客户需要对其部署在云计算平台上的各类可控的资源进行安全配置，对其云计算平台的相关账户进行安全策略配置，对运维人员实施权限管理及职责分离，并对云服务商提供的虚拟机、安全组、高级安全服务，以及云服务客户自行部署的安全防护软件进行合理的安全策略配置。此外，对云服务客户自行部署在云计算平台上的业务应用、数据库及中间件等均需要由云服务客户进行安全管理。云服务客户始终是云计算平台上业务数据的所有者和控制者，需要对数据的保密性、可用性、完整性，以及数据访问验证、授权进行安全管理。在 PaaS 模式下，云服务客户需要保证其部署在云计算平台上的业务应用和数据的安全性，并对云服务商提供的各项服务进行安全配置，对各类账户进行安全管理，防止自身业务应用受到非授权的破坏，导致数据泄露或丢失。在 SaaS 模式下，云服务客户仅需要对其选用的应用进行安全配置，并对自身的业务数据做好安全防护工作。

无论哪种服务模式，云服务商都应为云服务客户提供数据保护手段，并实现数据保护的相关功能，决不允许运维人员在未经授权的情况下私自访问云服务客户的数据；云服务客户对其业务数据拥有所有权和控制权，需要负责各项具体数据的安全配置工作。

2）云计算服务模式适用性原则

云计算环境中可能承载一种或多种服务模式，每种服务模式都提供了不同的云计算服务及相应的安全防护措施，在对云计算平台/系统进行测评时，应仅关注每种特定服务模式下，与其提供的云计算服务相对应的安全防护措施的有效性。在不同的服务模式下，云服务商和云服务客户对计算资源拥有不同的控制范围，控制范围决定了安全责任的边界（见图 1-1）。在 IaaS 模式下，云计算平台/系统包括设施、硬件、资源抽象控制；在 PaaS 模式下，云计算平台/系统包括设施、硬件、资源抽象控制、虚拟化计算资源和软件平台；在 SaaS 模式下，云计算平台/系统包括设施、硬件、资源抽象控制、虚拟化计算资源、软件平台和应用平台。不同服务模式下云服务商和云服务客户的安全管理责任有所不同。

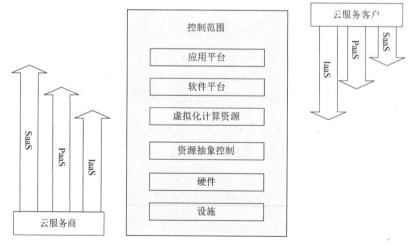

图 1-1 云计算服务模式与控制范围的关系

关于云计算安全测评扩展要求测评指标的抽选，建议遵循以下几个原则。

（1）用于保障云计算平台自身的安全能力，或者云计算平台提供给云服务客户使用但无须云服务客户进行自主配置的安全能力的基本要求条款，只适用于云计算平台。

（2）云计算平台为云服务客户提供的云计算服务，为保障云计算服务能够提供相应的安全能力，且须云服务客户进行自主配置的基本要求条款，同时适用于云计算平台和云服务客户业务应用系统。

（3）用于保障云计算平台和云服务客户业务应用系统对各自的等级保护对象进行安全防护的基本要求条款，同时适用于云计算平台和云服务客户业务应用系统。

（4）针对云服务商选择的基本要求条款，只适用于云服务客户业务应用系统。

当然，云计算安全测评扩展要求在不同服务模式下的适用场景不一样，特别是在 PaaS 和 SaaS 模式下，需要分场景确定。例如，在 PaaS 模式下选择测评对象，对云服务商来说需要分不同的场景，如：

（1）若提供 PaaS 的云服务商直接负责底层基础设施的建设，则在测评时除按安全测评通用要求外，还需要按相应的云计算安全测评扩展要求进行，测评对象须包括 IaaS 层的等级保护对象，测评指标选择可参考 IaaS 的云计算平台。

（2）若提供 PaaS 的云服务商的平台被部署在 IaaS 平台上，这时建议对 IaaS、PaaS 进行对象上的拆分，即不同服务模式需要单独定级。这样在进行 PaaS 测评时，就无须考虑 IaaS 层的等级保护对象，只需考虑 PaaS 层的等级保护对象，使用相应的云计算安全测评扩展指标即可。但是，在实际测评时，有些云服务商提供的云计算平台既提供 IaaS，也提供 PaaS，这时建议该云计算平台按服务模式分开定级。很多时候被测单位往往未分开定级，那么在测评时就需要同时考虑 IaaS 层的等级保护对象和 PaaS 层的等级保护对象。

另外，由于云计算只是一种计算模式，在技术上并不统一，特别是 PaaS 和 SaaS 模式，有太多的部署方式和场景，因此在本书后续章节中关于测评指标对云服务商和云服务客户的适用性判断主要基于公有云下的 IaaS 模式，结合最简单的场景给出一些原则性的方法。

1.2 第一级和第二级云计算安全测评扩展要求应用解读

1.2.1 安全物理环境

在对云计算平台/系统的"安全物理环境"测评时应同时依据安全测评通用要求和安全测评扩展要求，其中涉及安全测评通用要求的解读内容参见《网络安全等级保护测评要求（通用要求部分）应用指南》中的"安全物理环境"，安全测评扩展要求的解读内容参见本节。

由于云计算平台/系统的特点，在云计算环境下的物理机房数量比传统系统要多，可能一个云计算平台会包括上百间机房，因此在对安全物理环境（通用要求）测评时，应抽取不同类型的机房。但是安全物理环境（扩展要求）是全局性要求，如对"基础设施位置"的要求应包括所有的基础设施。

基础设施位置

【标准要求】

该控制点第一级包括测评单元 L1-PES2-01，第二级包括测评单元 L2-PES2-01。

【L1-PES2-01/L2-PES2-01 解读和说明】

测评指标"应保证云计算基础设施位于中国境内"的主要测评对象是物理机房、机房管理员和平台建设方案、办公场地等。

测评实施要点包括：该测评指标是针对云计算平台提出的要求，因此云计算基础设施需要由云服务商提供，即使硬件服务器由他人代管，云服务商也有责任要求其代管商确保云计算基础设施位于中国境内；对于云服务客户不适用。在测评时，需要明确这里的"中国境内"特指除中华人民共和国拥有主权的香港特别行政区、澳门特别行政区及台湾地区外的中华人民共和国领土，即中国大陆地区，不包括港澳台地区。另外，云计算安全测评扩展要求是全局性要求，此处针对该要求项测评时应包括所有的云计算基础设施。

以定级对象某云服务商的云计算平台（服务模式为 IaaS）为例，测评实施步骤主要包括：访谈云服务商的机房管理员，了解云服务器、存储设备、网络设备、云管理平台、信息系统等运行业务和承载数据的软硬件所在的位置；核查机房清单及云计算平台建设方案，并现场核查机房所在的位置，抽取并确认部分物理服务器（宿主机）、存储设备、网络设备等运行关键业务和承载关键数据的物理设备在机房中的具体位置及运维终端的具体位置。如果测评结果表明，云服务器、存储设备、网络设备、云管理平台、信息系统等运行业务和承载数据的软硬件均位于中国境内，则单元判定结果为符合，否则为不符合或部分符合。

1.2.2　安全通信网络

在对云计算平台/系统的"安全通信网络"测评时应同时依据安全测评通用要求和安全测评扩展要求，其中涉及安全测评通用要求的解读内容参见《网络安全等级保护测评要求（通用要求部分）应用指南》中的"安全通信网络"，安全测评扩展要求的解读内容参见本节。

由于云计算平台/系统的特点，相对于传统系统的通信网络，云计算平台多了虚拟网络，也多了虚拟网络层面的扩展要求；对云服务客户来说，其网络实质是云计算平台虚拟网络的一部分，因此在测评时需要根据云服务商和云服务客户各自的具体情况来判断测评指标的适用性。

由于云计算安全测评扩展要求中的安全通信网络控制点下的相关要求项均是为了保障云计算平台自身的安全能力，以便将云计算平台提供给云服务客户使用，因此该控制点中的全部条款均是针对云计算平台提出的安全要求。

网络架构

【标准要求】

该控制点第一级包括测评单元 L1-CNS2-01、L1-CNS2-02，第二级包括测评单元 L2-CNS2-01、L2-CNS2-02、L2-CNS2-03。

【L1-CNS2-01/L2-CNS2-01 解读和说明】

测评指标"应保证云计算平台不承载高于其安全保护等级的业务应用系统"的主要测评对象是云计算平台和业务应用系统定级备案材料（或定级情况），以及云服务商对云服务客户业务应用系统上云前的管控措施等。

测评实施要点包括：该测评指标是针对云计算平台提出的要求，适用于云服务商。在对云服务商的云计算平台测评时，需要关注云计算平台的定级情况及云服务客户业务应用系统的定级情况。但对云服务商来说，一般无权要求云服务客户提供其业务应用系统的定级报告、备案等材料，因此这里就需要云服务商针对上云的云服务客户业务应用系统的安全级别有相关的管控措施，可以是管理手段，也可以是技术手段。例如，针对新上云的云服务客户，云服务商可与其签署协议，要求上云的云服务客户业务应用系统的安全保护等级不得高于云计算平台的安全保护等级，否则必须终止服务；针对已上云的云服务客户，可通过发布相关公告或通知要求云服务客户业务应用系统的安全保护等级不得高于云计算平台的安全保护等级。

以定级对象某云服务商的云计算平台（服务模式为 IaaS）为例，测评实施步骤主要包括：核查被测云计算平台的定级备案材料，确认其安全保护等级；核查云服务商官网的信任中心、合规中心或其他声明页面，确认是否声明云计算平台的安全保护等级，是否与定级备案材料中的安全保护等级一致；核查云服务商是否针对上云的云服务客户业务应用系统的安全级别有相关的管控措施，如云服务商以何种途径告知云服务客户云计算平台的安全保护等级，是否提醒云服务客户高于云计算平台安全保护等级的业务应用系统不能上云。如果测评结果表明，云服务商在官网声明了云计算平台的安全保护等级，与定级备案材料中的安全保护等级一致，且云服务商针对上云的云服务客户业务应用系统的安全级别有相关的管控措施［如云服务商通过 SLA（服务水平协议）或其他方式提醒云服务客户高于云计算平台安全保护等级的业务应用系统不能上云］，可确保云计算平台的安全保护等级不低于其上的云服务客户业务应用系统的安全保护等级，则单元判定结果为符合，否则为不符合。

【L1-CNS2-02/L2-CNS2-02 解读和说明】

测评指标"应实现不同云服务客户虚拟网络之间的隔离"的主要测评对象是云计算平台的网络隔离措施、综合网管系统和云管理平台等。

测评实施要点包括：该测评指标是针对云计算平台提出的要求，也是对云服务商的能力要求，对于云服务客户不适用。在测评时，需要了解云服务商在建立云计算平台时所使用的网络层面的虚拟化技术，并且需要明确云服务商在为不同云服务客户创建虚拟网络环境时，如何实现不同云服务客户虚拟网络之间的隔离。针对该测评指标，测评实施的难点不是通过访谈或查看云服务商的相关技术方案来获取测评结果，而是需要通过技术手段来验证云服务商采取的网络隔离措施是否有效。因此，在测评时，需要结合工具测试等技术手段得出测评结论。

以定级对象某云服务商的云计算平台（服务模式为 IaaS）为例，其网络架构如图 1-2

所示，测评实施步骤主要包括：访谈云服务商，结合网络拓扑图，明确其网络边界（图 1-2 中云计算平台的网络边界涉及：边界 1 和边界 2 为同一个云服务客户的内部边界，边界 3 为不同云服务客户之间的边界，边界 4 为云计算平台与外部网络的通信边界。针对该测评指标，边界 3 应当作为关注重点）；访谈云服务商管理员，核查不同云服务客户虚拟网络的边界处是否采取网络隔离措施，如云防火墙、VPC（虚拟私有云/虚拟专有网）、VxLAN（虚拟局域网）等，核查边界网络隔离措施的隔离技术文档、网络设计方案及隔离测试报告；开通测试账号模拟云服务客户，通过测试不同云服务客户服务器之间的路径是否可达，以及远程连接不同接口等方式验证网络隔离措施是否有效；通过工具测试验证云计算平台的网络隔离措施是否有效，如在边界 3 选择接入点，通过工具测试验证其网络隔离措施是否有效。如果测评结果表明，该云服务商的虚拟网络架构已为不同云服务客户划分不同的网络区域，如采用 VPC 进行网络隔离，且云服务商为云服务客户提供虚拟网络隔离措施的配置方式，网络资源隔离策略有效，能够实现不同云服务客户虚拟网络之间的隔离，则单元判定结果为符合，否则为不符合或部分符合。

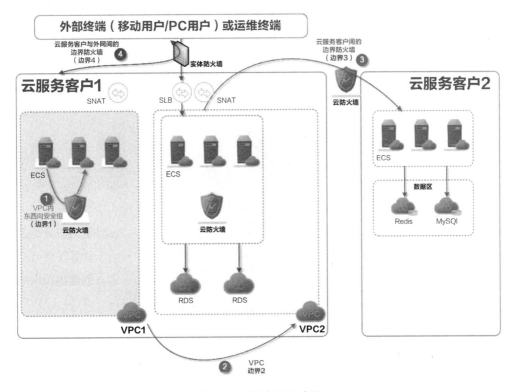

图 1-2　网络架构示意图

【L2-CNS2-03 解读和说明】

测评指标"应具有根据云服务客户业务需求提供通信传输、边界防护、入侵防范等安全机制的能力"的主要测评对象是防火墙（包括虚拟防火墙）、IDS（入侵检测系统）、入侵保护系统和抗 APT（高级持续性威胁）攻击系统等安全设备。

测评实施要点包括：该测评指标是针对云计算平台提出的要求，也是对云服务商的能力要求，对于云服务客户不适用。在测评时，需要明确"网络边界"的概念，这里指不同的网络连接处，一般通过防火墙、IPS（入侵防御系统）、抗 DDoS（分布式拒绝服务）攻击系统等防止来自网络外界的入侵，在网络边界处建立安全可靠的防护措施。

以定级对象某云服务商的云计算平台（服务模式为 IaaS）为例，测评实施步骤主要包括：核查云计算平台是否具有根据云服务客户的业务需求提供通信传输、边界防护、入侵防范等安全机制的能力，是否提供防火墙（包括虚拟防火墙）、IDS、入侵保护系统和抗 APT 攻击系统等安全设备；核查上述安全设备是否能够根据不同的安全需求开启不同的安全防护策略，安全机制是否满足云服务客户的业务需求；核查通信传输、边界防护、入侵防范等安全防护产品的销售许可证；通过漏洞扫描与安全渗透等方式核查各类安全防护措施是否有效。如果测评结果表明，该云计算平台能够提供通信传输、边界防护、入侵防范等安全防护产品，安全防护产品具有销售许可证，且安全机制满足云服务客户的业务需求，则单元判定结果为符合，否则为不符合或部分符合。

1.2.3 安全区域边界

在对云计算平台/系统的"安全区域边界"测评时应同时依据安全测评通用要求和安全测评扩展要求，其中涉及安全测评通用要求的解读内容参见《网络安全等级保护测评要求（通用要求部分）应用指南》中的"安全区域边界"，安全测评扩展要求的解读内容参见本节。

由于云计算平台/系统的特点，除对传统的南北向流量进行访问控制外，还需要对云计算环境里特有的东西向流量进行访问控制。因此，在实施安全测评通用要求的要求项时，测评对象除考虑选择南北向流量的访问控制设备外，同时应考虑选择东西向流量的访问控制设备。另外，在对云服务客户进行测评时，需要认识到云服务客户网络是云计算平台虚拟网络的一部分，除考虑云计算平台公共的外部边界外，也要将云服务客户的内部边界考虑进来。例如，对云服务客户（IaaS 模式）而言，对于整体的边界访问控制、入侵防范、病毒防护、安全审计等，云计算平台会保证大部分的安全功能，但对于云服务客户所在的虚拟网络的安全防护，需要云服务客户自行保证。因此，在测评时一定要核查云服务客户的配置，如果多个业务应用系统被部署在同一 VPC 内部，则需要关注是否基于业务需求进行虚拟化网络区域划分、虚拟子网划分，划分逻辑区域后是否进行有效的隔离等。

1. 访问控制

【标准要求】

该控制点第一级包括测评单元 L1-ABS2-01，第二级包括测评单元 L2-ABS2-01、L2-ABS2-02。

【L1-ABS2-01/L2-ABS2-01 解读和说明】

测评指标"应在虚拟化网络边界部署访问控制机制，并设置访问控制规则"的主要测评对象是网络边界设备和虚拟化网络边界设备及其访问控制规则。对云服务商来说，测评对象是可进行虚拟化网络边界访问控制的设备，可能是物理交换机、虚拟交换机、物理防火墙、虚拟防火墙等；对云服务客户来说，测评对象是可进行虚拟化网络边界访问控制的设备，可能是虚拟交换机、虚拟防火墙、云安全防护组件、堡垒机等。

测评实施要点包括：该测评指标适用于云计算平台和云服务客户业务应用系统，需要云服务商和云服务客户同时对各自的等级保护对象进行安全防护，由云服务商和云服务客户各自承担各侧的安全责任，需要对各自的虚拟化网络边界进行防护。另外，在测评时需要明确"虚拟化网络边界"的概念，这里主要包括云服务客户虚拟网络与外网之间的边界、不同 VPC 之间的边界和同一 VPC 不同虚拟子网之间的边界（网络边界还包括云计算平台与互联网之间的边界。一般情况下，该边界的防护属于云计算平台的责任，可在安全测评通用要求中考虑）。因此，在测评时，上述虚拟化网络边界对于云服务商和云服务客户均适用，即云服务商为云服务客户分配不同的虚拟化网络区域，云服务客户在虚拟化网络边界部署访问控制机制，并根据业务需求设置访问控制规则。

以定级对象某云服务商的云计算平台（服务模式为 IaaS）为例，测评实施步骤主要包括：访谈云服务商的安全管理员，结合网络拓扑图，查看云计算平台是否为云服务客户虚拟网络与外网之间、云服务客户与云服务客户之间（不同 VPC 之间）、同一 VPC 不同虚拟子网之间明确划分虚拟化网络边界；核查虚拟化网络边界处是否部署虚拟化网络边界设备，是否设置访问控制规则；核查虚拟化网络边界设备，查看其访问控制规则设置的合理性；测试验证其访问控制规则是否有效。如果测评结果表明，该云计算平台为云服务客户虚拟网络与外网之间、云服务客户与云服务客户之间、同一 VPC 不同虚拟子网之间明确划分了虚拟化网络边界，并且部署了访问控制机制，这些机制设置了有效的访问控制规则，则单元判定结果为符合，否则为不符合或部分符合。

以定级对象某云服务客户的业务应用系统为例，测评实施步骤主要包括：访谈云服务客户的安全管理员，结合网络拓扑图，核查其虚拟网络与外网之间、不同 VPC 之间、同一 VPC 不同虚拟子网之间是否明确划分虚拟化网络边界；核查虚拟化网络边界处是否部署虚拟化网络边界设备，是否设置访问控制规则；核查虚拟化网络边界设备，查看其访问控制规则设置的合理性；测试验证其访问控制规则是否有效。如果测评结果表明，该云服务客户虚拟网络与外网之间、不同 VPC 之间、同一 VPC 不同虚拟子网之间明确划分了虚拟化网络边界，并且部署了访问控制机制，这些机制设置了有效的访问控制规则，则单元判定结果为符合，否则为不符合或部分符合。

【L2-ABS2-02 解读和说明】

测评指标"应在不同等级的网络区域边界部署访问控制机制，设置访问控制规则"的主要测评对象是网络边界设备、虚拟化网络边界设备等提供访问控制功能的设备及其访问控制规则。

测评实施要点包括：该测评指标适用于云计算平台和云服务客户业务应用系统，由云服务商和云服务客户各自承担各侧的安全责任。因此，在对云服务商进行测评时，应核查是否建立不同安全保护等级的网络区域供云服务客户使用，并在不同安全保护等级的网络区域边界部署访问控制机制，是否部署防火墙、路由器和交换机等提供访问控制功能的设备进行访问控制规则设置；在对云服务客户进行测评时，同一 VPC 内部若存在不同安全保护等级的系统，同样需要核查是否设置访问控制规则，当然 VPC 内部若无不同安全保护等级的系统，可判定为不适用。另外，在测评时需要明确什么是"不同等级"，这里强调的是云计算环境中不同安全保护等级的系统要设置访问控制规则，设有明确的虚拟边界，而不同安全保护等级的安全区域相关的访问控制规则在通用要求的相关条款及扩展要求的"安全区域边界"L2-ABS2-01 中已做要求。

以定级对象某云服务商的云计算平台（服务模式为 IaaS）为例，测评实施步骤主要包括：访谈云服务商的安全管理员，结合网络拓扑图，查看该云计算平台是否可以为不同安全保护等级的系统划分不同的安全区域；核查不同安全区域之间是否通过访问控制设备进行隔离，如通过部署 VPC 边界防火墙及其他访问控制设备来隔离；核查 VPC 边界防火墙及其他访问控制设备是否设置不同安全区域之间的访问控制规则；测试验证访问控制规则的有效性。如果测评结果表明，该云计算平台在不同安全保护等级的安全区域边界部署了访问控制机制，这些机制设置了有效的访问控制规则，则单元判定结果为符合，否则为不符合或部分符合。

以定级对象某云服务客户的业务应用系统为例，测评实施步骤主要包括：访谈云服务客户的安全管理员，核查网络拓扑图，若在不同 VPC 之间部署了不同安全保护等级的系统，则不同 VPC 之间默认隔离，但是若不同安全保护等级的系统需要实现互通，则核查云防火墙配置策略是否细化至五元组（目的 IP、源 IP、协议、目的端口、源端口），若在同一 VPC 中部署了不同安全保护等级的系统，则核查高级别系统的虚拟机的安全组是否设置访问控制规则，阻止低级别系统的虚拟机访问；测试验证访问控制规则的有效性，可要求安全管理员配合，登录低级别系统所在 VPC 中的任意一台虚拟机，核查与高级别系统的网络联通情况。如果测评结果表明，该云服务客户在不同安全保护等级的网络区域边界部署了访问控制机制，这些机制设置了有效的访问控制规则，则单元判定结果为符合，否则为不符合或部分符合；若该云服务客户在云计算平台上未部署不同安全保护等级的系统，则单元判定结果为不适用。

2. 入侵防范

【标准要求】

该控制点第一级未做相关要求，第二级包括测评单元 L2-ABS2-03、L2-ABS2-04、L2-ABS2-05。

【L2-ABS2-03 解读和说明】

测评指标"应能检测到云服务客户发起的网络攻击行为，并能记录攻击类型、攻击时间、攻击流量等"的主要测评对象是与入侵防范相关的安全防护设备（含虚拟设备），包括抗 APT 攻击系统、网络回溯系统、威胁情报检测系统、抗 DDoS 攻击系统、入侵保护系统或相关组件、VPC 边界防火墙、互联网边界防火墙等用于检测云服务客户发起的网络攻击行为的相关设备。

测评实施要点包括：该测评指标是针对云计算平台提出的要求，也是对云服务商的能力要求，对于云服务客户不适用。在测评时，需要考虑南北向和东西向攻击检测的问题，关注重点是云计算平台应能对云服务客户发起的攻击进行检测，如云服务客户发起的对本云计算平台的攻击及对本云计算平台上其他云服务客户的攻击等。不同的服务模式，攻击的内容和方法可能会存在一定的区别，因此在测评前需要明确攻击的方向及防护的设备和方法。

以定级对象某云服务商的云计算平台（服务模式为 IaaS）为例，测评实施步骤主要包括：访谈云服务商的安全管理员，核查云计算平台的设计文档、建设方案，结合访谈及现场核查结果，核查网络拓扑图，明确已经部署的入侵防范设备或相关组件（以下简称"入侵防范措施"）；核查入侵防范措施的规则库升级方式，确认是否已更新到最新版本；核查相关组件的安全防护范围是否能够检测云服务客户发起的攻击，查阅入侵防范措施的产品说明书或结合测评师对该入侵防范措施的认知经验，核查其是否具备对异常流量、大规模攻击流量、高级持续性攻击的检测功能，是否具备报警和清洗处置功能，是否能够覆盖云服务客户发起的攻击场景；通过模拟恶意云服务客户对外发起攻击，登录测试虚拟机，在其上部署渗透测试工具，如对云计算平台发起模拟攻击动作，登录相关入侵防范平台或产品，核查能否第一时间发出上述模拟攻击的报警信息；登录云管理平台，核查有无对上述模拟攻击的攻击类型、攻击时间、攻击流量等细节的记录，是否有对上述部分模拟攻击的阻断记录；登录发起模拟攻击的虚拟机，核查其日志或云管理平台中的云服务客户网络攻击日志记录。如果测评结果表明，该云计算平台在南北向和东西向都部署了入侵防范措施，如：能检测云服务客户发起的对本云计算平台的攻击，检测机制为态势感知系统、云安全中心；能检测云服务客户发起的对本云计算平台上其他云服务客户的攻击，检测机制为主机入侵防范、抗 APT 攻击系统、云 WAF（Web 应用防护系统）、抗 DDoS 攻击系统；相关平台或产品能记录云服务客户发起的攻击类型、攻击时间、攻击流量等，相关入侵检测产品的规则库及时更新；通过模拟恶意云服务客户对外发起攻击，证明入侵防范措施有效，则单元判定结果为符合，否则为不符合或部分符合。

【L2-ABS2-04 解读和说明】

测评指标"应能检测到对虚拟网络节点的网络攻击行为，并能记录攻击类型、攻击时间、攻击流量等"的主要测评对象是与入侵防范相关的安全防护设备（含虚拟设备），包括抗 APT 攻击系统、网络回溯系统、威胁情报检测系统、抗 DDoS 攻击系统、入侵保护系统或相关组件、VPC 边界防火墙、互联网边界防火墙等，并从中筛选出用于检测虚拟网络节点所受网络攻击的相关设备。

测评实施要点包括：该测评指标适用于云计算平台和云服务客户业务应用系统，需要云服务商和云服务客户同时对各自的等级保护对象进行安全防护，由云服务商和云服务客户各自承担各侧的安全责任，需要对各自的虚拟化网络边界进行防护。因此，在对云服务客户业务应用系统进行测评时，不能直接判定为不适用，一般需要关注其云安全防护组件是否提供攻击类日志，记录攻击类型、攻击时间、攻击流量等。在测评时，需要明确"虚拟网络节点"的概念，这里主要指虚拟网络环境的所有构件，包括但不限于虚拟路由器、虚拟交换机、资源抽象控制组件等。虚拟网络节点有时也是计算节点。通常在云计算服务的关键节点（如虚拟网络节点）出入口实施安全防护，部署应用防火墙、入侵检测和防御设备、流量清洗设备来提升网络攻击防范能力，对虚拟网络节点的网络攻击行为进行检测，并记录攻击类型、攻击时间、攻击流量等。对云服务客户业务应用系统来说，可以通过购买云计算平台的安全服务或第三方安全服务来实现对虚拟网络外部和内部节点的网络攻击检测。因此，在测评云计算平台时需要关注其提供的安全服务是否合规，在测评云服务客户业务应用系统时需要关注其是否购买云计算平台的安全服务或第三方安全服务，以及是否启用并进行正确配置。

以定级对象某云服务商的云计算平台（服务模式为 IaaS）为例，测评实施步骤主要包括：访谈云服务商的安全管理员，核查云计算平台的设计文档、建设方案，结合访谈及现场核查结果，核查网络拓扑图，明确已经部署的用于检测虚拟网络节点所受网络攻击的相关设备；核查相关网络攻击检测设备的监控策略能否防范针对虚拟网络节点的攻击行为，并记录攻击类型、攻击时间、攻击流量等；核查相关网络攻击检测设备的规则库是否已更新到最新版本；通过模拟对云计算平台虚拟网络节点进行攻击，登录相关网络攻击检测设备，查看其日志记录中是否包含上述模拟攻击的攻击类型、攻击时间、攻击流量等细节。如果测评结果表明，该云计算平台在南北向和东西向都部署了入侵防范措施，如抗 APT 攻击系统、态势感知系统能检测对云计算平台侧虚拟路由器、虚拟交换机的攻击，主机入侵检测、云 WAF、态势感知系统能检测对云计算平台侧虚拟网络服务管理节点的攻击，相关入侵检测产品能记录虚拟网络节点所受的攻击类型、攻击时间、攻击流量等，且相关入侵检测产品的规则库及时更新，对异常流量和未知威胁的监控策略、报警策略有效，则单元判定结果为符合，否则为不符合或部分符合。

【L2 ABS2 05 解读和说明】

测评指标"应能检测到虚拟机与宿主机、虚拟机与虚拟机之间的异常流量"的主要测评对象是虚拟机、宿主机、安全防护设备、流量安全监控设备等。此处的安全防护设备包括抗 APT 攻击系统、网络回溯系统、威胁情报检测系统、抗 DDoS 攻击系统和入侵保护系统或相关组件。

测评实施要点包括：该测评指标适用于云计算平台和云服务客户业务应用系统，需要云服务商和云服务客户同时对各自的等级保护对象进行安全防护，由云服务商和云服务客户各自承担各侧的安全责任，需要对各自的虚拟化网络边界进行防护。在对云计算平台进行测评时，应关注所有虚拟机与宿主机、虚拟机与虚拟机之间的异常流量检测。前者侧重于发现虚拟机逃逸之类的网络攻击，后者侧重于发现虚拟机之间违反安全策略的攻击行为。在对云服务客户业务应用系统进行测评时，如常见的 IaaS 模式下的云服务客户，需要核查虚拟机与虚拟机之间的异常流量检测手段。若云服务客户单独租用整个宿主机服务器集群，那在测评时，除了关注虚拟机与虚拟机之间的异常流量检测，还需要关注虚拟机与宿主机之间的异常流量检测。另外，在测评时，应考虑到不同平台的实现方式会有不同。例如，建立管理网络平面和业务网络平面，这两个平面互相隔离，可在虚拟机上安装主机防护系统，能够对虚拟机与虚拟机之间的异常流量进行检测。目前主流的检测虚拟机与宿主机、虚拟机与虚拟机之间异常流量的方法一般有两种：一种是先将东西向流量实时引到流量安全监控设备中，再进行检测；另一种是在虚拟机部署代理客户端，对所在虚拟机的访问流量进行检测。在测评云计算平台时，可根据云计算平台实际采取的检测方式，分别核查流量安全监控设备或代理客户端。

以定级对象某云服务商的云计算平台（服务模式为 IaaS）为例，测评实施步骤主要包括：访谈云服务商的安全管理员，确认云计算平台的虚拟机和宿主机类型，以及两者间的通信手段；核查云计算平台的设计文档、建设方案，结合访谈及现场核查结果，核查网络拓扑图，明确已经部署的用于检测虚拟机与宿主机、虚拟机与虚拟机之间异常流量的相关设备；核查异常流量检测措施的监控策略是否合理有效；通过对其宿主机和另一台虚拟机发起短暂的模拟攻击，登录相关异常流量检测设备，核查是否有上述模拟攻击的监测日志记录。如果测评结果表明，该云计算平台的宿主机、管理虚拟机和业务虚拟机分属不同的网段，默认不通，如有异常流量，则由外部的流量探针进行检测；宿主机上的主机防护系统能够对虚拟机和宿主机的流量进行检测；跨 VPC 的虚拟机间的访问流量可通过虚拟防火墙、虚拟 IPS 进行检测，同一 VPC 内不同网段的虚拟机流量可通过虚拟防火墙、虚拟 IPS 进行检测，同一 VPC 内同一网段的虚拟机访问需要通过虚拟交换设备对流量进行重定向，将流量引到流量探针，进行异常流量检测等；或有类似措施能够检测到虚拟机与宿主机、虚拟机与虚拟机之间的异常流量，则单元判定结果为符合，否则为不符合或部分符合。

3. 安全审计

【标准要求】

该控制点第一级未做相关要求，第二级包括测评单元 L2-ABS2-06、L2-ABS2-07。

【L2-ABS2-06 解读和说明】

测评指标"应对云服务商和云服务客户在远程管理时执行的特权命令进行审计，至少包括虚拟机删除、虚拟机重启"的主要测评对象是堡垒机或相关组件。

测评实施要点包括：该测评指标适用于云计算平台和云服务客户业务应用系统，需要云服务商和云服务客户同时对各自的等级保护对象进行安全防护，由云服务商和云服务客户各自承担各侧的安全责任。在测评时，不论是针对云服务商还是针对云服务客户，均须考虑全面。例如，在对云计算平台进行测评时，要求云管理平台记录虚拟机删除、重启等操作，但要考虑不通过云管理平台进行虚拟机删除、重启等操作的情况，此时就需要核查是否有堡垒机或相关组件对执行的特权命令进行记录，是否留有审计记录；在对云服务客户业务应用系统进行测评时，由于对虚拟机的远程管理既可以通过云管理平台，也可以直接通过 RDP（远程桌面协议）、SSH（安全外壳）协议等登录，还可以通过堡垒机登录，因此在测评时，需要核实以哪种方式对虚拟机进行管理。当然，不论哪种方式，都需要对这些操作进行记录，并且核查相关的审计记录。

以定级对象某云服务商的云计算平台（服务模式为 IaaS）为例，测评实施步骤主要包括：核查是否部署审计工具对云服务商和云服务客户执行的特权命令进行审计；核查云服务商在远程管理时执行的远程特权命令有哪些，访问途径分别是什么；核查各个途径是否有相关的审计记录；测试验证在删除或重启测试虚拟机时，是否能够被审计。如果测评结果表明，对于该虚拟机的删除、重启、关机等特权操作，均有相关的设备或平台提供完整的审计回放和权限控制服务，能够记录重要操作，则单元判定结果为符合，否则为不符合或部分符合。

【L2-ABS2-07 解读和说明】

测评指标"应保证云服务商对云服务客户系统和数据的操作可被云服务客户审计"的

主要测评对象是综合审计系统或相关组件。

测评实施要点包括：该测评指标适用于云计算平台和云服务客户业务应用系统，需要云服务商和云服务客户同时对各自的等级保护对象进行安全防护，由云服务商和云服务客户各自承担各侧的安全责任。在测评时，需要关注云计算平台对云服务客户系统和数据的保护措施有哪些，云服务商是否能够对云服务客户的系统和数据进行访问，如果可以访问，则核查是否可以进行审计。在对云服务商进行测评时，要求云计算平台对云服务客户的系统和数据进行保护，如建立虚拟机的登录保护机制，使云计算平台管理员无法获取虚拟机的登录账号，或者将数据分布式存储在服务器上，只有通过虚拟机才能进行数据的调用和查看，管理员无法直接获取存储设备上的数据等；而且云计算平台应将云服务商对云服务客户系统和数据的操作进行记录，并将相关记录推送到云服务客户业务应用系统中。在对云服务客户进行测评时，当云服务商对云服务客户的系统和数据进行操作时，云服务客户应能够对云服务商进行审计，可依据云计算平台推送的记录进行审计。

以定级对象某云服务商的云计算平台（服务模式为 IaaS）为例，测评实施步骤主要包括：核查云计算平台对云服务客户系统和数据的保护措施有哪些，确认管理员是否能够对系统和数据进行访问，如果可以访问，则核查需要何种流程或授权；登录工单系统或其他授权系统，核查云服务客户授权记录；利用云计算平台测试账号，通过模拟云服务商操作云服务客户的系统和数据进行测试验证，核查云服务商对云服务客户系统和数据的操作是否可以被云服务客户审计。如果测评结果表明，该云计算平台所有的管理员均无法获取云服务客户的虚拟机登录账号，且无法直接获取存储设备上的数据；若在云服务客户的授权下，云服务商能够对云服务客户的系统和数据进行操作，有相关的授权记录及审计日志，且审计日志可被送至云服务客户业务应用系统中供云服务客户审计，则单元判定结果为符合，否则为不符合或部分符合。

1.2.4　安全计算环境

在对云计算平台/系统的"安全计算环境"测评时应同时依据安全测评通用要求和安全测评扩展要求，其中涉及安全测评通用要求的解读内容参见《网络安全等级保护测评要求（通用要求部分）应用指南》中的"安全计算环境"，安全测评扩展要求的解读内容参见本节。

由于云计算平台/系统的特点，安全计算环境的测评对象除了包括网络、主机和应用等，还包括虚拟机、虚拟防火墙、虚拟路由器、虚拟交换机等虚拟设备。

1. 访问控制

【标准要求】

该控制点第一级包括测评单元 L1-CES2-01、L1-CES2-02，第二级包括测评单元 L2-CES2-01、L2-CES2-02。

【L1-CES2-01/L2-CES2-01 解读和说明】

测评指标"应保证当虚拟机迁移时，访问控制策略随其迁移"的主要测评对象是虚拟机、虚拟机迁移记录和相关配置。

测评实施要点包括：该测评指标是针对云计算平台提出的要求，也是对云服务商的能力要求，对于云服务客户不适用。该测评指标虽然是针对云服务商提出的要求，但是关于虚拟机的迁移，既包括云计算平台自身虚拟机的迁移，也包括云服务客户业务应用系统虚拟机的迁移，因此在测评时，需要重点关注云服务商是否可以为云服务客户提供这样的能力，保证当这些虚拟机迁移时，原有的访问控制策略能够同步迁移。

以定级对象某云服务商的云计算平台（服务模式为 IaaS）为例，测评实施步骤主要包括：访谈云服务商，核查当虚拟机在同一云计算平台内从不同的物理机之间迁移时安全组策略是否随其迁移且有效；测试验证虚拟机迁移后，安全组策略是否跟随迁移，这里可新建一台测试虚拟机，测试验证虚拟机迁移过程，核查迁移后访问控制策略是否随其迁移，可根据向已禁止接口发送数据包测试是否有回应，并验证访问控制策略是否依然有效。如果测评结果表明，当该云计算平台的虚拟机迁移时，访问控制策略随其迁移且有效，则单元判定结果为符合，否则为不符合或部分符合。

【L1-CES2-02/L2-CES2-02 解读和说明】

测评指标"应允许云服务客户设置不同虚拟机之间的访问控制策略"的主要测评对象是虚拟机、安全组或相关组件等。

测评实施要点包括：该测评指标是针对云计算平台提出的要求，也是对云服务商的能力要求，对于云服务客户不适用。虽然该测评指标针对云服务客户测评时不适用，但这并不意味着云服务客户不需要对不同虚拟机之间的访问控制策略进行设置，这里要求云服务客户根据业务需求设置不同虚拟机之间的访问控制策略，因为类似要求已在通用要求中体现。在测评时，应关注云计算平台是否可以为云服务客户提供访问控制策略设置功能，是否允许云服务客户根据业务需求设置不同虚拟机之间的访问控制策略。

以定级对象某云服务商的云计算平台（服务模式为 IaaS）为例，测评实施步骤主要包括：访谈云服务商，核查其为云服务客户提供的不同虚拟机之间的访问控制机制包含哪些；分别核查上述访问控制机制，核查云服务商是否允许云服务客户根据业务需求设置不同虚拟机之间的访问控制策略；新建两至三台测试虚拟机，测试验证云服务客户是否能够根据业务需求设置不同虚拟机之间的访问控制策略。如果测评结果表明，该云计算平台允许云服务客户根据业务需求设置不同虚拟机之间的访问控制策略，不同虚拟机之间的访问控制策略可在安全组、虚拟交换机 ACL（访问控制列表）、云防火墙或类似功能的管理界面上设置，则单元判定结果为符合，否则为不符合或部分符合。

2. 镜像和快照保护

【标准要求】

该控制点第一级未做相关要求，第二级包括测评单元 L2-CES2-03、L2-CES2-04。

【L2-CES2-03 解读和说明】

测评指标"应针对重要业务系统提供加固的操作系统镜像或操作系统安全加固服务"的主要测评对象是虚拟机镜像文件。

测评实施要点包括：该测评指标适用于云计算平台，是针对云服务商提出的要求，此处不考虑云服务客户自定义镜像。此处要求的"加固"包括但不限于：删除账户，及时进行软件升级，关闭不必要的接口、协议和服务，启用安全审计功能等。

以定级对象某云服务商的云计算平台（服务模式为 IaaS）为例，测评实施步骤主要包括：访谈云服务商，核查其是否能够提供加固的操作系统镜像或操作系统安全加固服务；核查加固镜像使用的安全加固基线是否满足合规要求；核查安全加固基线是否定期更新；登录云服务商官网，使用云服务客户测试账号购买云服务器，查看是否能够选择加固镜像；在测试环境中，利用云计算平台提供的加固镜像进行虚拟机创建，创建完成后，经与安全策略比对，核查镜像是否为安全加固镜像。如果测评结果表明，该云计算平台能够提供加固的操作系统镜像，如加固镜像的安全策略有镜像基础安全配置、镜像漏洞修复、最佳安全实践等类似的安全加固服务，并定期更新，则单元判定结果为符合，否则为不符合。

【L2-CES2-04 解读和说明】

测评指标"应提供虚拟机镜像、快照完整性校验功能，防止虚拟机镜像被恶意篡改"的主要测评对象是虚拟机镜像、快照或相关组件。

测评实施要点包括：该测评指标适用于云计算平台，是针对云服务商提出的要求。这里要求的"完整性校验功能"，一般需要使用密码校验技术（如哈希算法）保证虚拟机镜像、快照的完整性。

以定级对象某云服务商的云计算平台（服务模式为 IaaS）为例，测评实施步骤主要包括：访谈云服务商管理员并核查是否对镜像、快照文件进行完整性保护及校验；核查相关功能白皮书或说明文档，了解完整性校验采用哪种机制，如果可能，则由云服务商提供测试报告；核查是否能够对由快照功能生成的镜像、快照文件进行完整性校验，是否具有严格的校验记录机制；测试验证是否能够对镜像、快照文件进行完整性校验，如对虚拟机进行补丁更新或安全配置的更改，是否留有审计记录并报警。如果测评结果表明，该云计算平台能够提供镜像、快照文件的完整性校验功能，使用数据校验算法和单向散列算法进行了完整性校验，并且能够发现镜像、快照文件被损害或篡改，具有严格的完整性校验记录，则单元判定结果为符合，否则为不符合。

3. 数据完整性和保密性

【标准要求】

该控制点第一级包括测评单元 L1-CES2-03，第二级包括测评单元 L2-CES2-05、L2-CES2-06、L2-CES2-07。

【L1-CES2-03/L2-CES2-05 解读和说明】

测评指标"应确保云服务客户数据、用户个人信息等存储于中国境内，如需出境应遵循国家相关规定"的主要测评对象是数据库服务器、数据存储设备和管理文档记录等。

测评实施要点包括：该测评指标适用于云计算平台和云服务客户业务应用系统。无论是对于云服务商还是对于云服务客户，不管何种服务模式，只要涉及云服务客户数据、用户个人信息等，均应保证数据存储于中国境内，如需出境应遵循国家相关规定。因此，在测评时需要注意，不是只有云服务商才应确保对云服务客户数据、用户个人信息等的存储满足国家相关要求，云服务客户同样应确保对自己的数据、个人信息等的存储满足国家相关要求。

以定级对象某云服务商的云计算平台（服务模式为 IaaS）为例，测评实施步骤主要包括：访谈并核查云服务商在公有云平台上保存了哪些数据；核查这些数据的存储地点是否在中国境内；核查这些数据是否有出境需求，是否符合国家有关法律法规。如果测评结果表明，该云计算平台可确保云服务客户数据、用户个人信息等存储于中国境内，对有出境需求的数据遵循国家相关规定处理，则单元判定结果为符合，否则为不符合或部分符合。

【L2-CES2-06 解读和说明】

测评指标"应确保只有在云服务客户授权下，云服务商或第三方才具有云服务客户数据的管理权限"的主要测评对象是云管理平台、数据库、相关授权文档和管理文档等。

测评实施要点包括：该测评指标是针对云计算平台提出的要求，也是对云服务商的能力要求，对于云服务客户不适用。测评要求中明确选取云管理平台、数据库、相关授权文档和管理文档作为测评对象，针对该测评指标的实现方式可能是技术手段或管理手段，在测评时需要核查其数据访问权限设置和相关管理要求。

以定级对象某云服务商的云计算平台（服务模式为 IaaS）为例，测评实施步骤主要包括：访谈云服务商，核查其是否具有云服务客户数据的管理权限，有无授权管理机制；核查云服务商对云服务客户数据管理权限的授权流程、授权方式和授权内容；通过云服务客户测试账号，测试验证云服务客户的授权及授权回收，查看是否只有在授权后，云服务商才具有云服务客户数据的管理权限，查看授权回收后，云服务商是否还能继续拥有该权限。如果测评结果表明，只有在云服务客户授权下，云服务商或第三方才具有云服务客户数据的管理权限，如云服务商或第三方通过工单系统向云服务客户提交申请，云服务客户在授权后为其分配子账户进行管理，或者有等同措施；在云服务客户授权回收后，云服务商或第三方不能继续拥有该权限，则单元判定结果为符合，否则为不符合或部分符合。

【L2-CES2-07 解读和说明】

测评指标"应确保虚拟机迁移过程中重要数据的完整性，并在检测到完整性受到破坏时采取必要的恢复措施"的主要测评对象是虚拟机等。

测评实施要点包括：该测评指标是针对云计算平台提出的要求，也是对云服务商的能力要求，对于云服务客户不适用。在测评时，虚拟机迁移的过程比较复杂，实际也比较难开展测评，针对这一情况可根据相关开发设计文档现场访谈开发设计人员，了解其迁移过程，并结合云计算平台的资源管理和监控机制，根据具体的技术手段并结合现场的验证综合判定。

以定级对象某云服务商的云计算平台（服务模式为 IaaS）为例，测评实施步骤主要包括：访谈云服务商，核查虚拟机迁移的相关开发设计文档，了解虚拟机迁移的方式有哪些，虚拟机迁移涉及哪些重要数据，分别使用哪些完整性保护措施；测试验证采取的措施是否能够保证数据在迁移过程中的完整性；核查恢复措施是否能够在完整性受到破坏时，提供相应的恢复手段，保证业务正常运行。如果测评结果表明，该云计算平台在虚拟机迁移过程中采取的措施能够保证重要数据的完整性，同时在迁移之前通过对重要数据进行备份，能够保证数据在迁移过程中一旦受到破坏可进行恢复，则单元判定结果为符合，否则为不符合。

4. 数据备份恢复

【标准要求】

该控制点第一级未做相关要求，第二级包括测评单元 L2-CES2-08、L2-CES2-09。

【L2-CES2-08 解读和说明】

测评指标"云服务客户应在本地保存其业务数据的备份"的主要测评对象是云管理平台或相关组件。

测评实施要点包括：该测评指标是针对云服务客户业务应用系统提出的要求，需要云服务客户进行本地备份。在对云服务客户业务应用系统进行测评时，需要注意"本地"保存，这里指脱离云计算环境备份数据，不能把云上提供的备份措施判定为符合。

以定级对象某云服务客户的业务应用系统为例，测评实施步骤主要包括：访谈云服务客户，核查其是否在本地保存了业务应用系统的业务数据，以及备份到何处；核查云服务客户数据在本地备份的记录。如果测评结果表明，该云服务客户在本地定期保存其业务数据的备份，则单元判定结果为符合，否则为不符合。

【L2-CES2-09 解读和说明】

测评指标"应提供查询云服务客户数据及备份存储位置的能力"的主要测评对象是云管理平台或相关组件。

测评实施要点包括：该测评指标是针对云计算平台提出的要求，也是对云服务商的能力要求，对于云服务客户不适用。另外，在测评时，应要求云计算平台支持云服务客户通过云管理平台查询其数据存储在哪处物理位置，或者有相关的证明材料证明哪处物理位置存储着云服务客户数据。

以定级对象某云服务商的云计算平台（服务模式为 IaaS）为例，测评实施步骤主要包括：访谈云服务商，核查其是否为云服务客户提供数据及备份存储位置查询的接口或其他技术、管理手段；使用云服务客户测试账号进行查询，登录云管理平台或其他查询系统，核查是否具备数据及备份存储位置查询的接口或其他技术、管理手段；验证查询结果是否真实。如果测评结果表明，该云计算平台为云服务客户提供了通过云管理平台或其他查询系统查询其备份存储的物理位置及集群信息的能力，包括数据所在机房、集群、物理机、虚拟机、资源使用情况等相关信息，并验证查询结果真实，则单元判定结果为符合，否则为不符合。

5. 剩余信息保护

【标准要求】

该控制点第一级未做相关要求，第二级包括测评单元 L2-CES2-10、L2-CES2-11。

【L2-CES2-10 解读和说明】

测评指标"应保证虚拟机所使用的内存和存储空间回收时得到完全清除"的主要测评对象是提供相关能力的技术措施和手段。

测评实施要点包括：该测评指标是针对云计算平台提出的要求，也是对云服务商的能力要求，对于云服务客户不适用。在测评时，针对该测评指标不一定有条件进行实际测试，可以根据开发设计文档并结合现场测评核查综合判定，也可以查看平台所采用的云操作系统是否具备云操作系统信息安全产品的销售许可证，如果具备，则此项可判定为符合。

以定级对象某云服务商的云计算平台（服务模式为 IaaS）为例，测评实施步骤主要包括：核查云服务商的虚拟机所使用的内存和存储空间回收时，是否得到完全清除；核查在迁移或删除虚拟机后，数据及备份数据（如镜像、快照文件等）是否已被清理；通过测试系统进行验证，如通过内存和磁盘写入工具写入特定的数据，然后回收并重新分配，读取磁盘或内存，查看是否存在先前写入的特定数据。如果测评结果表明，该云计算平台采用卷标清除或数据全覆盖的方式，或者有等同措施，确保虚拟机所使用的内存和存储空间回收时得到完全清除，则单元判定结果为符合，否则为不符合。

【L2-CES2-11 解读和说明】

测评指标"云服务客户删除业务应用数据时，云计算平台应将云存储中所有副本删除"

的主要测评对象是云计算平台、云存储或提供相关能力的技术措施和手段。

测评实施要点包括：该测评指标是针对云计算平台提出的要求，也是对云服务商的能力要求，对于云服务客户不适用。这里的"业务应用数据"不单指云服务客户的业务应用数据，也包括虚拟机中的数据等，因此在测评时需要考虑全面。

以定级对象某云服务商的云计算平台（服务模式为 IaaS）为例，测评实施步骤主要包括：访谈云服务商，核查云服务客户数据被删除后，云服务商对备份及副本的处理措施；核查当云服务客户删除业务应用数据时，云存储中所有副本是否被删除。如果测评结果表明，云服务客户删除业务应用数据时，云计算平台采用 0-1 全覆盖或销毁的方式，或者有等同措施，将云存储中所有副本删除，则单元判定结果为符合，否则为不符合。

1.2.5　安全管理中心

在对云计算平台/系统的"安全管理中心"测评时应依据安全测评通用要求，涉及安全测评通用要求的解读内容参见《网络安全等级保护测评要求（通用要求部分）应用指南》中的"安全管理中心"。

由于云计算平台/系统的特点，在云计算环境下涉及的设备种类较多，同时包含虚拟设备的集中管理。这里需要注意，对云服务客户而言，很多云服务客户侧的管理控制台都提供了一定的集中安全管理能力，但需要考虑云服务客户是否开启使用，还要考虑云服务客户是否使用第三方或自行设置的安全机制，该机制与云计算平台提供的机制是否能够进行统一汇总。

1.2.6　安全管理制度

在对云计算平台/系统的"安全管理制度"测评时应依据安全测评通用要求，涉及安全测评通用要求的解读内容参见《网络安全等级保护测评要求（通用要求部分）应用指南》中的"安全管理制度"。

1.2.7　安全管理机构

在对云计算平台/系统的"安全管理机构"测评时应依据安全测评通用要求，涉及安全测评通用要求的解读内容参见《网络安全等级保护测评要求（通用要求部分）应用指南》中的"安全管理机构"。

1.2.8　安全管理人员

在对云计算平台/系统的"安全管理人员"测评时应依据安全测评通用要求，涉及安全测评通用要求的解读内容参见《网络安全等级保护测评要求（通用要求部分）应用指南》中的"安全管理人员"。

1.2.9　安全建设管理

在对云计算平台/系统的"安全建设管理"测评时应同时依据安全测评通用要求和安全测评扩展要求，其中涉及安全测评通用要求的解读内容参见《网络安全等级保护测评要求（通用要求部分）应用指南》中的"安全建设管理"，安全测评扩展要求的解读内容参见本节。

1. 云服务商选择

【标准要求】

该控制点第一级包括测评单元 L1-CMS2-01、L1-CMS2-02、L1-CMS2-03，第二级包括测评单元 L2-CMS2-01、L2-CMS2-02、L2-CMS2-03、L2-CMS2-04。

【L1-CMS2-01/L2-CMS2-01 解读和说明】

测评指标"应选择安全合规的云服务商，其所提供的云计算平台应为其所承载的业务应用系统提供相应等级的安全保护能力"的主要测评对象是系统建设负责人、与云服务商签署的服务合同等。

测评实施要点包括：该测评指标是针对云服务客户提出的要求，云服务商的选择权在云服务客户，安全责任由云服务客户承担；对于云服务商不适用。在测评时，需要明确"云服务商"的概念。一般情况下，云服务商提供的 IaaS、PaaS、SaaS 等云计算服务模式，既可以由单个云服务商独立建设完成，也可以由若干个提供同类云计算服务的云服务商共同建设完成，还可以由若干个提供不同类云计算服务的云服务商通过分层部署的方式建设完成。测评过程中"云服务商"的范围需要根据被测系统的实际部署情况界定。该测评指标要求云服务客户在选择云服务商时，将云服务商的安全合规情况作为考察指标之一。此处的"安全合规的云服务商"主要关注云服务商的资质和云计算平台的安全保护能力等。在选择云服务商时，不能选择测评结论为"差"的云服务商，此处推荐选择测评结论为"优"或"良"的云服务商。

以定级对象某云服务客户的业务应用系统为例，测评实施步骤主要包括：访谈云服务客户业务应用系统建设负责人，了解其在选择云服务商和云计算平台时的筛选准则，以及对云服务商的资质要求和对云计算平台的安全保护能力要求，核查是否根据业务应用系统的安全保护等级，选择具有相应等级安全保护能力的云计算平台及具备相关资质要求的云服务商；核查采购云计算服务的招标文件及与云服务商签署的服务合同中，是否明确云服务商应具备的安全合规能力和云计算平台应具有的相应或高于其所承载业务应用系统的安全保护能力；核查云计算平台的定级情况及网络安全等级保护测评结果，确定云计算平台的安全保护等级高于或与被测系统一致，且测评结论不为"差"。如果测评结果表明，云服务客户选择了安全合规的云服务商，云计算平台的安全保护等级高于或与被测系统一致，且测评结论不为"差"，则单元判定结果为符合，否则为不符合或部分符合。

【L1-CMS2-02/L2-CMS2-02 解读和说明】

测评指标"应在服务水平协议中规定云服务的各项服务内容和具体技术指标"的主要测评对象是与云服务商签署的服务合同或服务水平协议等。

测评实施要点包括：该测评指标是针对云服务客户提出的要求，云服务商的选择权在云服务客户，签署的协议内容由云服务客户确定，安全责任由云服务客户承担；对于云服务商不适用。在测评时，需要明确"服务水平协议"是在一定开销下为保障服务的性能和可靠性，由云服务客户与云服务商签署的法律文件（如合同、协议等）。其中规定了服务等级和服务所必须满足的性能等级（包括服务水平测量、服务水平报告和信誉及费用等方面），并使云服务商有责任完成这些预定的服务等级。成熟的云服务商一般会提供固定模板的服务水平协议，需要根据云服务客户购买的具体服务来确认对应的服务水平协议。在测评时，应重点关注是否签署个性化的服务水平协议。服务水平协议应至少包含两个关键的技术指标：一是云服务商承诺的正常运行时间，建议要达到99.9%或更高的可用性；二是云服务商承诺的最严重服务问题的响应时间，建议要在半小时内做出响应。

以定级对象某云服务客户的业务应用系统为例，测评实施步骤主要包括：核查云服务客户与云服务商签署的服务水平协议中是否规定云服务的各项服务内容和具体技术指标；

核查服务水平协议中是否包括云服务商承诺的正常运行时间和最严重服务问题的响应时间两个关键的技术指标。如果测评结果表明，云服务客户与云服务商签署的服务水平协议中规定了云服务的各项服务内容和具体技术指标，且承诺的正常运行时间和最严重服务问题的响应时间不低于测评实施要点中的推荐值，则单元判定结果为符合，否则为不符合或部分符合。

【L1-CMS2-03/L2-CMS2-03 解读和说明】

测评指标"应在服务水平协议中规定云服务商的权限与责任，包括管理范围、职责划分、访问授权、隐私保护、行为准则、违约责任等"的主要测评对象是与云服务商签署的服务合同或服务水平协议等。

测评实施要点包括：该测评指标是针对云服务客户提出的要求，云服务商的选择权在云服务客户，签署的协议内容由云服务客户确定，安全责任由云服务客户承担；对于云服务商不适用。在测评时，应重点关注云服务客户是否与云服务商签署服务水平协议，以及服务水平协议中是否规定云服务商的权限与责任，包括管理范围、职责划分、访问授权、隐私保护、行为准则、违约责任等。

以定级对象某云服务客户的业务应用系统为例，测评实施步骤主要包括：访谈云服务客户业务应用系统建设负责人，了解其是否与云服务商签署服务水平协议；核查云服务客户与云服务商签署的服务水平协议中是否规定云服务商的权限与责任，包括管理范围、职责划分、访问授权、隐私保护、行为准则、违约责任等。如果测评结果表明，云服务客户与云服务商签署的服务水平协议中规定了云服务商的权限与责任，包括管理范围、职责划分、访问授权、隐私保护、行为准则、违约责任等，则单元判定结果为符合，否则为不符合或部分符合。

【L2-CMS2-04 解读和说明】

测评指标"应在服务水平协议中规定服务合约到期时，完整提供云服务客户数据，并承诺相关数据在云计算平台上清除"的主要测评对象是与云服务商签署的服务合同或服务水平协议等。

测评实施要点包括：该测评指标是针对云服务客户提出的要求，云服务商的选择权在云服务客户，签署的协议内容由云服务客户确定，安全责任由云服务客户承担；对于云服务商不适用。在测评时，应重点关注云服务客户是否与云服务商签署服务水平协议，以及服务水平协议中是否规定服务合约到期时的义务，其中至少包含以下两个方面的承诺：一是能够完整提供云服务客户数据；二是在云计算平台上及时清除相关数据。

以定级对象某云服务客户的业务应用系统为例，测评实施步骤主要包括：核查云服务客户与云服务商签署的服务水平协议中是否规定服务合约到期时，完整提供云服务客户数据，并承诺相关数据在云计算平台上清除；核查云服务商是否为云服务客户提供大批量数据的导出方式，若条件允许，则检验该数据迁移手段是否有效。如果测评结果表明，云服务客户与云服务商签署的服务水平协议中规定了服务合约到期时，完整提供云服务客户数据，并承诺相关数据在云计算平台上清除，且提供的数据迁移手段有效，则单元判定结果为符合，否则为不符合。

2. 供应链管理

【标准要求】

该控制点第一级包括测评单元 L1-CMS2-04，第二级包括测评单元 L2-CMS2-05、L2-CMS2-06。

【L1-CMS2-04/L2-CMS2-05 解读和说明】

测评指标"应确保供应商的选择符合国家有关规定"的主要测评对象是相应供应商的资质文件等。

测评实施要点包括：该测评指标是针对云服务商提出的要求，对于云服务客户不适用。在测评时，需要明确几个概念：云计算平台供应商主要包括软件供应商、硬件供应商、服务供应商等。其中，软件有操作系统、中间件、数据库、云计算平台专用软件等；硬件有服务器、网络设备、安全设备等；服务有安全服务、应急服务、电信服务、人才服务等。供应商管理属于公司/企业日常管理必需的工作，一般情况下，公司/企业通过年审或半年审的方式建立"合格供应商名录"。因此，云服务商在选择和建立"合格供应商名录"时，应将"供应商的选择符合国家有关规定"作为评价指标，如《中华人民共和国网络安全法》中规定"网络产品、服务应当符合相关国家标准的强制性要求"等。此测评指标可从被测单位制定的供应商管理相关制度入手，通过访谈负责供应商管理的相关人员，核查供应商审核过程是否包括国家有关规定要求的内容等方式，确定云服务商是否选择符合国家有关规定的供应商。

以定级对象某云服务商的云计算平台（服务模式为 IaaS）为例，测评实施步骤主要包括：访谈云服务商中负责供应商管理的相关人员，确认其如何对供应商进行管理；核查云服务商建立的供应商管理相关制度文档，确认其是否将"供应商的选择符合国家有关规定"作为筛选准则；核查供应商筛选的过程记录文档及供应商的资质文件等，确认供应商的选择是否符合国家有关规定。如果测评结果表明，云服务商的供应商选择符合国家有关规定，则单元判定结果为符合，否则为不符合。

【L2-CMS2-06 解读和说明】

测评指标"应将供应链安全事件信息或威胁信息及时传达到云服务客户"的主要测评对象是供应链安全事件报告或威胁报告等。

测评实施要点包括：该测评指标是针对云服务商提出的要求，对于云服务客户不适用。需要明确此处的"供应链安全事件信息"主要指供应链上的供应商、产品和服务近期发生的安全事件；"供应链威胁信息"主要指供应链上的供应商、产品和服务近期被暴露出来的安全隐患或漏洞。在测评时，主要核查服务水平协议、服务合同、供应链安全事件报告或威胁报告，重点关注以下几个方面：合同中是否包含告知义务，如云服务商须向云服务客户及时传达供应链安全事件信息或威胁信息的相关约定条款；告知的内容范围有无供应链安全事件信息或威胁信息的描述；有无约定告知的方式、时效等。核查云服务商能否提供供应链安全事件报告或威胁报告模板等，其描述的供应链安全事件信息或威胁信息是否详细明确。

以定级对象某云服务商的云计算平台（服务模式为 IaaS）为例，测评实施步骤主要包括：抽查云服务商与云服务客户签署的服务水平协议或服务合同，核查其中是否包含云服务商须向云服务客户及时传达供应链安全事件信息或威胁信息的相关约定条款；核查合同中是否包括供应链安全事件信息或威胁信息的内容范围描述，其中告知的内容范围应至少覆盖与云服务客户所购买服务相关的信息；核查合同中是否明确描述告知的方式，如电子邮件、手机短信、微信公众号等，是否明确描述告知的时效，如在安全事件或威胁发生（现）后几个工作日内告知；查阅云服务商的供应链安全事件报告或威胁报告模板，核查其描述的供应链安全事件信息或威胁信息是否详细明确；结合其信息采集的方式，判断云服务商是否具备供应链安全事件信息或威胁信息收集能力；访谈云服务商相关人员，了解近期是否发生过与云计算平台有关的供应链安全事件或威胁，并抽选若干记录，核查告知云服务客户的记录，以此验证云服务商是否有效地履行合同约定的内容。如果测评结果表明，云服务商已将供应链安全事件信息或威胁信息及时传达到云服务客户，则单元判定结果为符合，否则为不符合或部分符合。

1.2.10　安全运维管理

在对云计算平台/系统的"安全运维管理"测评时应同时依据安全测评通用要求和安全测评扩展要求，其中涉及安全测评通用要求的解读内容参见《网络安全等级保护测评要求（通用要求部分）应用指南》中的"安全运维管理"，安全测评扩展要求的解读内容参见本节。

云计算环境管理

【标准要求】

该控制点第一级未做相关要求，第二级包括测评单元 L2-MMS2-01。

【L2-MMS2-01 解读和说明】

测评指标"云计算平台的运维地点应位于中国境内，境外对境内云计算平台实施运维操作应遵循国家相关规定"的主要测评对象是运维设备、运维地点、运维记录和相关管理文档等。

测评实施要点包括：该测评指标是针对云服务商提出的要求，对于云服务客户不适用。在测评时，需要注意"云计算平台的运维地点"是指云服务商对云计算平台进行运维管理的场所，"中国境内"特指中国大陆地区，不包括港澳台地区。若云计算平台的运维地点位于中国港澳台地区或其他国家，且未通过国家有关部门许可的，则该条判定为不符合。境外对境内云计算平台实施运维操作，应符合我国相关法律法规的要求，如《中华人民共和国网络安全法》《数据出境安全评估办法》《个人信息出境标准合同办法》等。

以定级对象某云服务商的云计算平台（服务模式为 IaaS）为例，测评实施步骤主要包括：访谈云计算平台的运维人员，确认云计算平台的运维地点；核查云计算平台的运维地点是否位于中国境内；访谈是否有位于境外的运维操作，若有，则核查是否遵循国家相关规定开展并实施，访谈和核查遵循国家哪些法律法规。如果测评结果表明，该云计算平台的所有运维地点均位于中国境内，境外对境内云计算平台实施运维操作遵循国家相关规定，则单元判定结果为符合，否则为不符合。

1.3 第三级和第四级云计算安全测评扩展要求应用解读

1.3.1 安全物理环境

在对云计算平台/系统的"安全物理环境"测评时应同时依据安全测评通用要求和安全测评扩展要求，其中涉及安全测评通用要求的解读内容参见《网络安全等级保护测评要求（通用要求部分）应用指南》中的"安全物理环境"，安全测评扩展要求的解读内容参见本节。

由于云计算平台/系统的特点，在云计算环境下的物理机房数量比传统系统要多，可能一个云计算平台会包括上百间机房，因此在对安全物理环境（通用要求）测评时，应抽取不同类型的机房。但是安全物理环境（扩展要求）是全局性要求，如对"基础设施位置"的要求应包括所有的基础设施。

基础设施位置

【标准要求】

该控制点第三级包括测评单元 L3-PES2-01，第四级包括测评单元 L4-PES2-01。

【L3-PES2-01/L4-PES2-01 解读和说明】

测评指标"应保证云计算基础设施位于中国境内"的主要测评对象是物理机房、机房管理员和平台建设方案、办公场地等。如果被测对象有多间数据中心机房，则在抽取时应涵盖不同类型的机房。

测评实施要点包括：该测评指标是针对云计算平台提出的要求，因此云计算基础设施需要由云服务商提供，即使硬件服务器由他人代管，云服务商也有责任要求其代管商确保云计算基础设施位于中国境内；对于云服务客户不适用。在测评时，需要明确这里的"中国境内"特指除中华人民共和国拥有主权的香港特别行政区、澳门特别行政区及台湾地区外的中华人民共和国领土，即中国大陆地区，不包括港澳台地区。另外，云计算安全测评扩展要求是全局性要求，此处针对该要求项测评时应包括所有的云计算基础设施。

以定级对象某云服务商的云计算平台（服务模式为 IaaS）为例，测评实施步骤主要包括：访谈云服务商的机房管理员，了解云服务器、存储设备、网络设备、云管理平台、信息系统等运行业务和承载数据的软硬件所在的位置；核查机房清单及云计算平台建设方案，并现场核查机房所在的位置，抽取并确认部分物理服务器（宿主机）、存储设备、网络设备等运行关键业务和承载关键数据的物理设备在机房中的具体位置及运维终端的具体位置。如果测评结果表明，云服务器、存储设备、网络设备、云管理平台、信息系统等运行业务和承载数据的软硬件均位于中国境内，则单元判定结果为符合，否则为不符合或部分符合。

1.3.2　安全通信网络

在对云计算平台/系统的"安全通信网络"测评时应同时依据安全测评通用要求和安全测评扩展要求，其中涉及安全测评通用要求的解读内容参见《网络安全等级保护测评要求（通用要求部分）应用指南》中的"安全通信网络"，安全测评扩展要求的解读内容参见本节。

由于云计算平台/系统的特点，相对于传统系统的通信网络，云计算平台多了虚拟网络，也多了虚拟网络层面的扩展要求；对云服务客户来说，其网络实质是云计算平台虚拟网络的一部分，因此在测评时需要根据云服务商和云服务客户各自的具体情况来判断测评指标的适用性。例如，对云服务客户业务应用系统而言，安全通信网络层面的安全绝大部分由云计算平台来保障，但在选择测评指标时，应区分每个要求项是否有需要云服务客户自行保障或设置的部分，如通用要求中"网络架构"的 a）、b）两项，云计算平台确保整体网络的可用，但网络带宽等资源一般由云服务商作为付费的服务提供给云服务客户，因此在测评时，就需要核查云服务客户是否已购买足够的计算和网络带宽资源。

由于云计算安全测评扩展要求中的安全通信网络控制点下的相关要求项均是为了保障云计算平台自身的安全能力，以便将云计算平台提供给云服务客户使用，因此该控制点中的全部条款均是针对云计算平台提出的安全要求。

网络架构

【标准要求】

该控制点第三级包括测评单元 L3-CNS2-01、L3-CNS2-02、L3-CNS2-03、L3-CNS2-04、L3-CNS2-05，第四级包括测评单元 L4-CNS2-01、L4-CNS2-02、L4-CNS2-03、L4-CNS2-04、

L4-CNS2-05、L4-CNS2-06、L4-CNS2-07、L4-CNS2-08。

【L3-CNS2-01/L4-CNS2-01 解读和说明】

测评指标"应保证云计算平台不承载高于其安全保护等级的业务应用系统"的主要测评对象是云计算平台和业务应用系统定级备案材料（或定级情况），以及云服务商对云服务客户业务应用系统上云前的管控措施等。

测评实施要点包括：该测评指标是针对云计算平台提出的要求，适用于云服务商。在对云服务商的云计算平台测评时，需要关注云计算平台的定级情况及云服务客户业务应用系统的定级情况。但对云服务商来说，一般无权要求云服务客户提供其业务应用系统的定级报告、备案等材料，因此这里就需要云服务商针对上云的云服务客户业务应用系统的安全级别有相关的管控措施，可以是管理手段，也可以是技术手段。例如，针对新上云的云服务客户，云服务商可与其签署协议，要求上云的云服务客户业务应用系统的安全保护等级不得高于云计算平台的安全保护等级，否则必须终止服务；针对已上云的云服务客户，可通过发布相关公告或通知要求云服务客户业务应用系统的安全保护等级不得高于云计算平台的安全保护等级。

以定级对象某云服务商的云计算平台（服务模式为 IaaS）为例，测评实施步骤主要包括：核查被测云计算平台的定级备案材料，确认其安全保护等级；核查云服务商官网的信任中心、合规中心或其他声明页面，确认是否声明云计算平台的安全保护等级，是否与定级备案材料中的安全保护等级一致；核查云服务商是否针对上云的云服务客户业务应用系统的安全级别有相关的管控措施，如云服务商以何种途径告知云服务客户云计算平台的安全保护等级，是否提醒云服务客户高于云计算平台安全保护等级的业务应用系统不能上云。如果测评结果表明，云服务商在官网声明了云计算平台的安全保护等级，与定级备案材料中的安全保护等级一致，且云服务商针对上云的云服务客户业务应用系统的安全级别有相关的管控措施（如云服务商通过 SLA 或其他方式提醒云服务客户高于云计算平台安全保护等级的业务应用系统不能上云），可确保云计算平台的安全保护等级不低于其上的云服务客户业务应用系统的安全保护等级，则单元判定结果为符合，否则为不符合。

【L3-CNS2-02/L4-CNS2-02 解读和说明】

测评指标"应实现不同云服务客户虚拟网络之间的隔离"的主要测评对象是云计算平台的网络隔离措施、综合网管系统和云管理平台等。

测评实施要点包括：该测评指标是针对云计算平台提出的要求，也是对云服务商的能力要求，对于云服务客户不适用。在测评时，需要了解云服务商在建立云计算平台时所使用的网络层面的虚拟化技术，并且需要明确云服务商在为不同云服务客户创建虚拟网络环境时，如何实现不同云服务客户虚拟网络之间的隔离。针对该测评指标，测评实施的难点不是通过访谈或查看云服务商的相关技术方案来获取测评结果，而是需要通过技术手段来验证云服务商采取的网络隔离措施是否有效。因此，在测评时，需要结合工具测试等技术手段得出测评结论。

以定级对象某云服务商的云计算平台（服务模式为 IaaS）为例，其网络架构如图 1-2 所示，测评实施步骤主要包括：访谈云服务商，结合网络拓扑图，明确其网络边界（图 1-2 中云计算平台的网络边界涉及：边界 1 和边界 2 为同一个云服务客户的内部边界，边界 3 为不同云服务客户之间的边界，边界 4 为云计算平台与外部网络的通信边界。针对该测评指标，边界 3 应当作为关注重点）；访谈云服务商管理员，核查不同云服务客户虚拟网络的边界处是否采取网络隔离措施，如云防火墙、VPC、VxLAN 等，核查边界网络隔离措施的隔离技术文档、网络设计方案及隔离测试报告；开通测试账号模拟云服务客户，通过测试不同云服务客户服务器之间的路径是否可达，以及远程连接不同接口等方式验证网络隔离措施是否有效；通过工具测试验证云计算平台的网络隔离措施是否有效，如在边界 3 选择接入点，通过工具测试验证其网络隔离措施是否有效。如果测评结果表明，该云服务商的虚拟网络架构已为不同云服务客户划分不同的网络区域，如采用 VPC 进行网络隔离，且云服务商为云服务客户提供虚拟网络隔离措施的配置方式，网络资源隔离策略有效，能够实现不同云服务客户虚拟网络之间的隔离，则单元判定结果为符合，否则为不符合或部分符合。

【L3-CNS2-03/L4-CNS2-03 解读和说明】

测评指标"应具有根据云服务客户业务需求提供通信传输、边界防护、入侵防范等安全机制的能力"的主要测评对象是防火墙（包括虚拟防火墙）、IDS、入侵保护系统和抗 APT 攻击系统等安全设备。

测评实施要点包括：该测评指标是针对云计算平台提出的要求，也是对云服务商的能力要求，对于云服务客户不适用。在测评时，需要明确"网络边界"的概念，这里指不同的网络连接处，一般通过防火墙、IPS、抗 DDoS 攻击系统等防止来自网络外界的入侵，在网络边界处建立安全可靠的防护措施。

以定级对象某云服务商的云计算平台（服务模式为 IaaS）为例，测评实施步骤主要包括：核查云计算平台是否具有根据云服务客户的业务需求提供通信传输、边界防护、入侵防范等安全机制的能力，是否提供防火墙（包括虚拟防火墙）、IDS、入侵保护系统和抗 APT 攻击系统等安全设备；核查上述安全设备是否能够根据不同的安全需求开启不同的安全防护策略，安全机制是否满足云服务客户的业务需求；核查通信传输、边界防护、入侵防范等安全防护产品的销售许可证；通过漏洞扫描与安全渗透等方式核查各类安全防护措施是否有效。如果测评结果表明，该云计算平台能够提供通信传输、边界防护、入侵防范等安全防护产品，安全防护产品具有销售许可证，且安全机制满足云服务客户的业务需求，则单元判定结果为符合，否则为不符合或部分符合。

【L3-CNS2-04/L4-CNS2-04 解读和说明】

测评指标"应具有根据云服务客户业务需求自主设置安全策略的能力，包括定义访问路径、选择安全组件、配置安全策略"的主要测评对象是云管理平台、网络管理平台、云防火墙、安全组件、安全访问路径和云计算平台安全组件相关设计文档等。

测评实施要点包括：该测评指标是针对云计算平台提出的要求，也是对云服务商的能力要求，对于云服务客户不适用。在测评时需要注意，该测评指标是针对云计算平台提出的要求，不论云服务客户是否有需求，云计算平台均应提供此能力，支持云服务客户自主设置安全策略，如：定义 VPC 的访问路径；在 VPC 内划分网络安全域、划分子网；在虚拟化网络边界配置访问控制规则；在虚拟机（如操作系统、数据库）、云产品中配置安全策略等。

以定级对象某云服务商的云计算平台（服务模式为 IaaS）为例，测评实施步骤主要包括：以云服务客户的测试账号登录云服务客户控制台界面，核查云服务客户是否可以定义远程管理云上资源的访问路径，查看权限范围是否包括自主定义网络访问路径、配置路由策略和网络协议等；登录云服务客户控制台界面，核查云计算平台为云服务客户提供的虚拟网络隔离措施（包括 VPC、安全组等）是否可以自定义配置；核查云服务客户能否自主选择所需要的安全服务及安全组件；核查云计算平台安全服务及安全组件相关设计文档，查看相关的安全策略测试报告，测试验证各安全服务及安全组件实现的安全策略是否真实有效。如果测评结果表明，该云计算平台的相关平台或组件可以提供各项安全服务，满足云服务客户的安全需求，使云服务客户可自主设置安全策略，并且各安全服务的安全策略均真实有效，则单元判定结果为符合，否则为不符合或部分符合。

【L3-CNS2-05/L4-CNS2-05 解读和说明】

测评指标"应提供开放接口或开放性安全服务，允许云服务客户接入第三方安全产品或在云计算平台选择第三方安全服务"的主要测评对象是相关开放接口或开放性安全服务、安全设计文档。

测评实施要点包括：该测评指标是针对云计算平台的兼容性提出的安全性要求，也是对云服务商的能力要求，对于云服务客户不适用。在测评时，针对该测评指标进行实际验证不太好实现，若在技术验证困难的情况下，可考虑从如下几个方面入手：核查云服务商与云服务客户签署的服务水平协议中是否包括允许云服务客户接入第三方安全产品或在云计算平台选择第三方安全服务的内容；核查在云计算平台的安全设计文档中（如安全技术白皮书、云计算平台安全检测报告等）是否包括开放性和安全性要求的相关内容；核查在云服务客户接入第三方安全产品时，云服务商是否提供接入配置、接入清单、接入规范等。

以定级对象某云服务商的云计算平台（服务模式为 IaaS）为例，测评实施步骤主要包括：访谈云服务商，核查云计算平台是否提供开放接口或开放性安全服务；登录云服务商官网，核查是否提供 API（应用程序接口）、SDK（软件开发工具包）等开放接口服务；核查云计算平台的接口设计文档或开放性服务技术文档，确认提供的接口和安全服务是否符合开放性和安全性要求；核查云计算平台是否支持云服务客户接入第三方安全产品，核查接入配置、接入清单、接入规范等，或者登录云服务商官网，核查云服务商的云市场是否提供第三方安全产品或安全服务。如果测评结果表明，该云计算平台可以提供符合安全性要求的开放接口或开放性安全服务，在云服务客户接入第三方安全产品时，云服务商可以提供接入配置、接入清单、接入规范等供云服务客户参考，或者可以提供第三方安全产品或安全服务供云服务客户选择，则单元判定结果为符合，否则为不符合或部分符合。

【L4-CNS2-06 解读和说明】

测评指标"应提供对虚拟资源的主体和客体设置安全标记的能力，保证云服务客户可以依据安全标记和强制访问控制规则确定主体对客体的访问"的主要测评对象是系统管理员，以及虚拟路由器、虚拟交换机、虚拟防火墙、虚拟 WAF、VPN（虚拟专用网）、虚拟机等所有虚拟资源。

测评实施要点包括：该测评指标是针对云计算平台提出的要求，也是对云服务商的能力要求，对于云服务客户不适用。在对云计算平台进行测评时，虚拟资源的主体和客体均设置安全标记，并严格按照强制访问控制规则进行访问控制才可判定为符合。

以定级对象某云服务商的云计算平台（服务模式为 IaaS）为例，测评实施步骤主要包括：核查云计算平台是否提供对虚拟资源的主体和客体设置安全标记的能力；核查其是否对虚拟资源的主体和客体设置安全标记；测试验证基于安全标记和强制访问控制规则确定主体对客体的访问能否生效。如果测评结果表明，该云计算平台提供对虚拟路由器、虚拟交换机、虚拟防火墙、虚拟 WAF、VPN、虚拟机等所有虚拟资源基于标签的安全（Label Security，一种强制访问控制策略）功能［例如，虚拟路由器、虚拟交换机、虚拟防火墙、虚拟 WAF、VPN、虚拟机的主体是系统管理员，客体是系统内的文件，云服务客户对系统管理员设置了访问许可等级 5，对文件 a.txt、文件 b.bat、文件 c.exe、文件 d.sql 分别设置了敏感标记等级 1、6、4、3。经测试验证，系统管理员（级别为 5）无法读取文件 b.bat，只能读取文件 a.txt、文件 c.exe、文件 d.sql，或者有类似相关标记和配置（根据需要自己定义强制访问控制规则）］，则单元判定结果为符合，否则为不符合或部分符合。

【L4-CNS2-07 解读和说明】

测评指标"应提供通信协议转换或通信协议隔离等的数据交换方式，保证云服务客户可以根据业务需求自主选择边界数据交换方式"的主要测评对象是网闸等提供通信协议转换或通信协议隔离功能的设备或相关组件。

测评实施要点包括：该测评指标是针对云计算平台提出的要求，也是对云服务商的能力要求，对于云服务客户不适用。在测评时，在四级系统中，应关注云计算平台是否具有提供通信协议转换或通信协议隔离功能的设备或相关组件，保证只有许可交换的信息才能通过，常见的情形可通过网闸实现。这里需要注意网闸和防火墙在功能及原理上是两种不同的产品。

以定级对象某云服务商的云计算平台（服务模式为 IaaS）为例，测评实施步骤主要包括：核查云计算平台建设方案，了解云计算平台的网络架构设计；核查云计算平台的网络边界处是否部署提供通信协议转换或通信协议隔离功能的设备或相关组件；核查云计算平台是否支持云服务客户自主选择边界数据交换方式；通过渗透测试或其他方法，核查云计算平台采用什么手段针对通信协议进行隔离，可通过发送带通用协议的数据［如 Telnet（远程终端）协议、FTP（文件传输协议）、HTTP（超文本传输协议）］等测试方式，测试验证隔离手段是否有效。如果测评结果表明，该云计算平台的网络边界处部署了像网闸等提供通信协议转换或通信协议隔离功能的设备或相关组件，通过测试确认其隔离手段有效，或者有等同措施，则单元判定结果为符合，否则为不符合或部分符合。

【L4-CNS2-08 解读和说明】

测评指标"应为第四级业务应用系统划分独立的资源池"的主要测评对象是网络拓扑图及云计算平台建设方案。

测评实施要点包括：该测评指标是针对云计算平台提出的要求，也是对云服务商的能力要求，对于云服务客户不适用。在测评时，需要关注在云计算平台建设方案中是否明确对承载第四级业务应用系统的资源池做出独立划分设计，即是否对承载第四级业务应用系统的硬件、系统和平台做出独立划分设计。另外，需要了解"资源池"和"独立资源池"的概念。资源池是云计算平台中所涉及的各种硬件和软件的集合，按其类型可分为计算资源、存储资源和网络资源。在《云计算测评基准库——基于 ISO/IEC 17789 的测评指南》（第一版）中，将"资源池"定义为：资源池包含硬件、系统和平台两部分。其中，硬件部分包含终端设备、计算设备、存储设备和网络设备；系统和平台部分包含终端资源、基础设施资源、平台和应用资源，如图 1-3 所示。

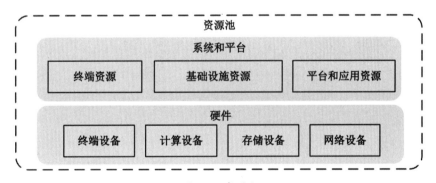

图 1-3　资源池

独立资源池包括计算资源独立、存储资源独立和网络资源独立等。例如，使用独立的宿主机承载第四级业务应用系统的虚拟机，属于计算资源独立；使用独立的存储设备和分布式存储系统，属于存储资源独立；使用独立的访问控制措施、边界防护措施等，属于网络资源独立。

以定级对象某云服务商的云计算平台（服务模式为 IaaS）为例，测评实施步骤主要包括：核查云计算平台建设方案，查看是否为第四级业务应用系统单独划分资源池；核查云计算平台的网络拓扑图，查看是否根据建设方案划分资源池，并进行网络隔离；测试验证云计算平台的资源池隔离措施是否有效。如果测评结果表明，该云计算平台为第四级业务应用系统划分了独立的资源池，则单元判定结果为符合，否则为不符合或部分符合。

1.3.3 安全区域边界

在对云计算平台/系统的"安全区域边界"测评时应同时依据安全测评通用要求和安全测评扩展要求，其中涉及安全测评通用要求的解读内容参见《网络安全等级保护测评要求（通用要求部分）应用指南》中的"安全区域边界"，安全测评扩展要求的解读内容参见本节。

由于云计算平台/系统的特点，除对传统的南北向流量进行访问控制外，还需要对云计算环境里特有的东西向流量进行访问控制。因此，在实施安全测评通用要求的要求项时，测评对象除考虑选择南北向流量的访问控制设备外，同时应考虑选择东西向流量的访问控制设备。另外，在对云服务客户进行测评时，需要认识到云服务客户网络是云计算平台虚拟网络的一部分，除考虑云计算平台公共的外部边界外，也要将云服务客户的内部边界考虑进来。例如，对云服务客户（IaaS 模式）而言，对于整体的边界访问控制、入侵防范、病毒防护、安全审计等，云计算平台会保证大部分的安全功能，但对于云服务客户所在的虚拟网络的安全防护，需要云服务客户自行保证。因此，在测评时一定要核查云服务客户的配置，如果多个业务应用系统被部署在同一 VPC 内部，则需要关注是否基于业务需求进行虚拟化网络区域划分、虚拟子网划分，划分逻辑区域后是否进行有效的隔离等。

1. 访问控制

【标准要求】

该控制点第三级包括测评单元 L3-ABS2-01、L3-ABS2-02，第四级包括测评单元 L4-ABS2-01、L4-ABS2-02。

【L3-ABS2-01/L4-ABS2-01 解读和说明】

测评指标"应在虚拟化网络边界部署访问控制机制，并设置访问控制规则"的主要测评对象是网络边界设备和虚拟化网络边界设备及其访问控制规则。对云服务商来说，测评对象是可进行虚拟化网络边界访问控制的设备，可能是物理交换机、虚拟交换机、物理防火墙、虚拟防火墙等；对云服务客户来说，测评对象是可进行虚拟化网络边界访问控制的设备，可能是虚拟交换机、虚拟防火墙、云安全防护组件、堡垒机等。

测评实施要点包括：该测评指标适用于云计算平台和云服务客户业务应用系统，需要云服务商和云服务客户同时对各自的等级保护对象进行安全防护，由云服务商和云服务客户各自承担各侧的安全责任，需要对各自的虚拟化网络边界进行防护。另外，在测评时需要明确"虚拟化网络边界"的概念，这里主要包括云服务客户虚拟网络与外网之间的边界、不同 VPC 之间的边界和同一 VPC 不同虚拟子网之间的边界（网络边界还包括云计算平台与互联网之间的边界。一般情况下，该边界的防护属于云计算平台的责任，可在安全测评通用要求中考虑）。因此，在测评时，上述虚拟化网络边界对于云服务商和云服务客户均适用，即云服务商为云服务客户分配不同的虚拟化网络区域，云服务客户在虚拟化网络边界部署访问控制机制，并根据业务需求设置访问控制规则。

以定级对象某云服务商的云计算平台（服务模式为 IaaS）为例，测评实施步骤主要包括：访谈云服务商的安全管理员，结合网络拓扑图，查看云计算平台是否为云服务客户虚拟网络与外网之间、云服务客户与云服务客户之间（不同 VPC 之间）、同一 VPC 不同虚拟子网之间明确划分虚拟化网络边界；核查虚拟化网络边界处是否部署虚拟化网络边界设备，是否设置访问控制规则；核查虚拟化网络边界设备，查看其访问控制规则设置的合理性；测试验证其访问控制规则是否有效。如果测评结果表明，该云计算平台为云服务客户虚拟网络与外网之间、云服务客户与云服务客户之间、同一 VPC 不同虚拟子网之间明确划分了虚拟化网络边界，并且部署了访问控制机制，这些机制设置了有效的访问控制规则，则单元判定结果为符合，否则为不符合或部分符合。

以定级对象某云服务客户的业务应用系统为例，测评实施步骤主要包括：访谈云服务客户的安全管理员，结合网络拓扑图，核查其虚拟网络与外网之间、不同 VPC 之间、同一 VPC 不同虚拟子网之间是否明确划分虚拟化网络边界；核查虚拟化网络边界处是否部署虚拟化网络边界设备，是否设置访问控制规则；核查虚拟化网络边界设备，查看其访问控制规则设置的合理性；测试验证其访问控制规则是否有效。如果测评结果表明，该云服务客户虚拟网络与外网之间、不同 VPC 之间、同一 VPC 不同虚拟子网之间明确划分了虚拟化网络边界，并且部署了访问控制机制，这些机制设置了有效的访问控制规则，则单元判定结果为符合，否则为不符合或部分符合。

【L3-ABS2-02/L4-ABS2-02 解读和说明】

测评指标"应在不同等级的网络区域边界部署访问控制机制，设置访问控制规则"的主要测评对象是网络边界设备、虚拟化网络边界设备等提供访问控制功能的设备及其访问控制规则。

　　测评实施要点包括：该测评指标适用于云计算平台和云服务客户业务应用系统，由云服务商和云服务客户各自承担各侧的安全责任。因此，在对云服务商进行测评时，应核查是否建立不同安全保护等级的网络区域供云服务客户使用，并在不同安全保护等级的网络区域边界部署访问控制机制，是否部署防火墙、路由器和交换机等提供访问控制功能的设备进行访问控制规则设置；在对云服务客户进行测评时，同一 VPC 内部若存在不同安全保护等级的系统，同样需要核查是否设置访问控制规则，当然 VPC 内部若无不同安全保护等级的系统，可判定为不适用。另外，在测评时需要明确什么是"不同等级"，这里强调的是云计算环境中不同安全保护等级的系统要设置访问控制规则，设有明确的虚拟边界，而不同安全保护等级的安全区域相关的访问控制规则在通用要求的相关条款及扩展要求的"安全区域边界"L3-ABS2-01 中已做要求。

　　以定级对象某云服务商的云计算平台（服务模式为 IaaS）为例，测评实施步骤主要包括：访谈云服务商的安全管理员，结合网络拓扑图，查看该云计算平台是否可以为不同安全保护等级的系统划分不同的安全区域；核查不同安全区域之间是否通过访问控制设备进行隔离，如通过部署 VPC 边界防火墙及其他访问控制设备来隔离；核查 VPC 边界防火墙及其他访问控制设备是否设置不同安全区域之间的访问控制规则；测试验证访问控制规则的有效性。如果测评结果表明，该云计算平台在不同安全保护等级的安全区域边界部署了访问控制机制，这些机制设置了有效的访问控制规则，则单元判定结果为符合，否则为不符合或部分符合。

　　以定级对象某云服务客户的业务应用系统为例，测评实施步骤主要包括：访谈云服务客户的安全管理员，核查网络拓扑图，若在不同 VPC 之间部署了不同安全保护等级的系统，则不同 VPC 之间默认隔离，但是若不同安全保护等级的系统需要实现互通，则核查云防火墙配置策略是否细化至五元组（目的 IP、源 IP、协议、目的端口、源端口），若在同一 VPC 中部署了不同安全保护等级的系统，则核查高级别系统的虚拟机的安全组是否设置访问控制规则，阻止低级别系统的虚拟机访问；测试验证访问控制规则的有效性，可要求安全管理员配合，登录低级别系统所在 VPC 中的任意一台虚拟机，核查与高级别系统的网络联通情况。如果测评结果表明，该云服务客户在不同安全保护等级的网络区域边界部署了访问控制机制，这些机制设置了有效的访问控制规则，则单元判定结果为符合，否则为不符合或部分符合；若该云服务客户在云计算平台上未部署不同安全保护等级的系统，则单元判定结果为不适用。

2. 入侵防范

【标准要求】

该控制点第三级包括测评单元 L3-ABS2-03、L3-ABS2-04、L3-ABS2-05、L3-ABS2-06，第四级包括测评单元 L4-ABS2-03、L4-ABS2-04、L4-ABS2-05、L4-ABS2-06。

【L3-ABS2-03/L4-ABS2-03 解读和说明】

测评指标"应能检测到云服务客户发起的网络攻击行为，并能记录攻击类型、攻击时间、攻击流量等"的主要测评对象是与入侵防范相关的安全防护设备（含虚拟设备），包括抗 APT 攻击系统、网络回溯系统、威胁情报检测系统、抗 DDoS 攻击系统、入侵保护系统或相关组件、VPC 边界防火墙、互联网边界防火墙等用于检测云服务客户发起的网络攻击行为的相关设备。

测评实施要点包括：该测评指标是针对云计算平台提出的要求，也是对云服务商的能力要求，对于云服务客户不适用。在测评时，需要考虑南北向和东西向攻击检测的问题，关注重点是云计算平台应能对云服务客户发起的攻击进行检测，如云服务客户发起的对本云计算平台的攻击及对本云计算平台上其他云服务客户的攻击等。不同的服务模式，攻击的内容和方法可能会存在一定的区别，因此在测评前需要明确攻击的方向及防护的设备和方法。

以定级对象某云服务商的云计算平台（服务模式为 IaaS）为例，测评实施步骤主要包括：访谈云服务商的安全管理员，核查云计算平台的设计文档、建设方案，结合访谈及现场核查结果，核查网络拓扑图，明确已经部署的入侵防范措施；核查入侵防范措施的规则库升级方式，确认是否已更新到最新版本；核查相关组件的安全防护范围是否能够检测云服务客户发起的攻击，查阅入侵防范措施的产品说明书或结合测评师对该入侵防范措施的认知经验，核查其是否具备对异常流量、大规模攻击流量、高级持续性攻击的检测功能，是否具备报警和清洗处置功能，是否能够覆盖云服务客户发起的攻击场景；通过模拟恶意云服务客户对外发起攻击，登录测试虚拟机，在其上部署渗透测试工具，如对云计算平台发起模拟攻击动作，登录相关入侵防范平台或产品，核查能否第一时间发出上述模拟攻击的报警信息；登录云管理平台，核查有无对上述模拟攻击的攻击类型、攻击时间、攻击流量等细节的记录，是否有对上述部分模拟攻击的阻断记录；登录发起模拟攻击的虚拟机，核查其日志或云管理平台中的云服务客户网络攻击日志记录。如果测评结果表明，该云计算平台在南北向和东西向都部署了入侵防范措施，如：能检测云服务客户发起的对本云计算平台的攻击，检测机制为态势感知系统、云安全中心；能检测云服务客户发起的对本云计算平台上其他云服务客户的攻击，检测机制为主机入侵防范、抗 APT 攻击系统、云 WAF、抗 DDoS 攻击系统；相关平台或产品能记录云服务客户发起的攻击类型、攻击时间、攻击流量等，相关入侵检测产品的规则库及时更新；通过模拟恶意云服务客户对外发起攻击，证明入侵防范措施有效，则单元判定结果为符合，否则为不符合或部分符合。

【L3-ABS2-04/L4-ABS2-04 解读和说明】

测评指标"应能检测到对虚拟网络节点的网络攻击行为，并能记录攻击类型、攻击时间、攻击流量等"的主要测评对象是与入侵防范相关的安全防护设备（含虚拟设备），包括抗 APT 攻击系统、网络回溯系统、威胁情报检测系统、抗 DDoS 攻击系统、入侵保护系统或相关组件、VPC 边界防火墙、互联网边界防火墙等，并从中筛选出用于检测虚拟网络节点所受网络攻击的相关设备。

测评实施要点包括：该测评指标适用于云计算平台和云服务客户业务应用系统，需要云服务商和云服务客户同时对各自的等级保护对象进行安全防护，由云服务商和云服务客户各自承担各侧的安全责任，需要对各自的虚拟化网络边界进行防护。因此，在对云服务客户业务应用系统进行测评时，不能直接判定为不适用，一般需要关注其云安全防护组件是否提供攻击类日志，记录攻击类型、攻击时间、攻击流量等。在测评时，需要明确"虚拟网络节点"的概念，这里主要指虚拟网络环境的所有构件，包括但不限于虚拟路由器、虚拟交换机、资源抽象控制组件等。虚拟网络节点有时也是计算节点。通常在云计算服务的关键节点（如虚拟网络节点）出入口实施安全防护，部署应用防火墙、入侵检测和防御设备、流量清洗设备来提升网络攻击防范能力，对虚拟网络节点的网络攻击行为进行检测，并记录攻击类型、攻击时间、攻击流量等。对云服务客户业务应用系统来说，可以通过购买云计算平台的安全服务或第三方安全服务来实现对虚拟网络外部和内部节点的网络攻击检测。因此，在测评云计算平台时需要关注其提供的安全服务是否合规，在测评云服务客户业务应用系统时需要关注其是否购买云计算平台的安全服务或第三方安全服务，以及是否启用并进行正确配置。

以定级对象某云服务商的云计算平台（服务模式为 IaaS）为例，测评实施步骤主要包括：访谈云服务商的安全管理员，核查云计算平台的设计文档、建设方案，结合访谈及现场核查结果，核查网络拓扑图，明确已经部署的用于检测虚拟网络节点所受网络攻击的相关设备；核查相关网络攻击检测设备的监控策略能否防范针对虚拟网络节点的攻击行为，并记录攻击类型、攻击时间、攻击流量等；核查相关网络攻击检测设备的规则库是否已更新到最新版本；通过模拟对云计算平台虚拟网络节点进行攻击，登录相关网络攻击检测设备，查看其日志记录中是否包含上述模拟攻击的攻击类型、攻击时间、攻击流量等细节。如果测评结果表明，该云计算平台在南北向和东西向都部署了入侵防范措施，如抗 APT 攻击系统、态势感知系统能检测对云计算平台侧虚拟路由器、虚拟交换机的攻击，主机入侵检测、云 WAF、态势感知系统能检测对云计算平台侧虚拟网络服务管理节点的攻击，相关入侵检测产品能记录虚拟网络节点所受的攻击类型、攻击时间、攻击流量等，且相关入侵检测产品的规则库及时更新，对异常流量和未知威胁的监控策略、报警策略有效，则单元判定结果为符合，否则为不符合或部分符合。

【L3-ABS2-05/L4-ABS2-05 解读和说明】

测评指标"应能检测到虚拟机与宿主机、虚拟机与虚拟机之间的异常流量"的主要测评对象是虚拟机、宿主机、安全防护设备、流量安全监控设备等。此处的安全防护设备包括抗 APT 攻击系统、网络回溯系统、威胁情报检测系统、抗 DDoS 攻击系统和入侵保护系统或相关组件。

测评实施要点包括：该测评指标适用于云计算平台和云服务客户业务应用系统，需要云服务商和云服务客户同时对各自的等级保护对象进行安全防护，由云服务商和云服务客户各自承担各侧的安全责任，需要对各自的虚拟化网络边界进行防护。在对云计算平台进行测评时，应关注所有虚拟机与宿主机、虚拟机与虚拟机之间的异常流量检测。前者侧重于发现虚拟机逃逸之类的网络攻击，后者侧重于发现虚拟机之间违反安全策略的攻击行为。在对云服务客户业务应用系统进行测评时，如常见的 IaaS 模式下的云服务客户，需要核查虚拟机与虚拟机之间的异常流量检测手段。若云服务客户单独租用整个宿主机服务器集群，那在测评时，除了关注虚拟机与虚拟机之间的异常流量检测，还需要关注虚拟机与宿主机之间的异常流量检测。另外，在测评时，应考虑到不同平台的实现方式会有不同。例如，建立管理网络平面和业务网络平面，这两个平面互相隔离，可在虚拟机上安装主机防护系统，能够对虚拟机与虚拟机之间的异常流量进行检测。目前主流的检测虚拟机与宿主机、虚拟机与虚拟机之间异常流量的方法一般有两种：一种是先将东西向流量实时引到流量安全监控设备中，再进行检测；另一种是在虚拟机部署代理客户端，对所在虚拟机的访问流量进行检测。在测评云计算平台时，可根据云计算平台实际采取的检测方式，分别核查流量安全监控设备或代理客户端。

以定级对象某云服务商的云计算平台（服务模式为 IaaS）为例，测评实施步骤主要包括：访谈云服务商的安全管理员，确认云计算平台的虚拟机和宿主机类型，以及两者间的通信手段；核查云计算平台的设计文档、建设方案，结合访谈及现场核查结果，核查网络拓扑图，明确已经部署的用于检测虚拟机与宿主机、虚拟机与虚拟机之间异常流量的相关设备；核查异常流量检测措施的监控策略是否合理有效；通过对其宿主机和另一台虚拟机发起短暂的模拟攻击，登录相关异常流量检测设备，核查是否有上述模拟攻击的监测日志记录。如果测评结果表明，该云计算平台的宿主机、管理虚拟机和业务虚拟机分属不同的网段，默认不通，如有异常流量，则由外部的流量探针进行检测；宿主机上的主机防护系统能够对虚拟机和宿主机的流量进行检测；跨 VPC 的虚拟机间的访问流量可通过虚拟防火墙、虚拟 IPS 进行检测，同一 VPC 内不同网段的虚拟机流量可通过虚拟防火墙、虚拟 IPS 进行检测，同一 VPC 内同一网段的虚拟机访问需要通过虚拟交换设备对流量进行重定向，将流量引到流量探针，进行异常流量检测等；或有类似措施能够检测到虚拟机与宿主机、虚拟机与虚拟机之间的异常流量，则单元判定结果为符合，否则为不符合或部分符合。

【L3-ABS2-06/L4-ABS2-06 解读和说明】

测评指标"应在检测到网络攻击行为、异常流量时进行告警"的主要测评对象是虚拟机、宿主机、与入侵防范相关的安全防护设备（含虚拟设备）。此处的安全防护设备包括抗 APT 攻击系统、网络回溯系统、威胁情报检测系统、抗 DDoS 攻击系统、入侵保护系统或相关组件、VPC 边界防火墙、互联网边界防火墙等。

测评实施要点包括：该测评指标适用于云计算平台和云服务客户业务应用系统，需要云服务商和云服务客户同时对各自的等级保护对象进行安全防护，由云服务商和云服务客户各自承担各侧的安全责任，需要对各自的虚拟化网络边界进行防护。该测评指标关注的重点是云计算平台在检测到网络攻击行为、异常流量时，能否第一时间发送告警信息，以便运维人员及时处置。因此，该测评指标对云服务商来说，要求其能够在检测到网络攻击行为、异常流量时进行告警，这是对前面检测到网络攻击行为、异常流量的进一步增强，即能够告警，告警的方式可以是短信、邮件、电话、微信等；该测评指标对云服务客户来说，不能直接判定为不适用，一般需要关注其是否采购云计算平台提供的与入侵检测相关的防护组件或服务，入侵检测防护组件是否能够在检测到网络攻击行为、异常流量时进行告警，或者该服务在检测到网络攻击行为、异常流量时是否将告警信息直接推送给云服务客户。

以定级对象某云服务商的云计算平台（服务模式为 IaaS）为例，测评实施步骤主要包括：汇总并梳理在执行上述 L3-ABS2-03、L3-ABS2-04、L3-ABS2-05 三个测评单元的过程中所取得的测评证据；访谈云服务商的安全管理员，并由安全管理员登录该设备的检测配置界面，核查其告警信息的发送方式有哪些，是否有本机日志告警、运维人员手机短信告警、电子邮件告警等；假设有运维人员手机短信告警，可模拟发起网络攻击行为，核查所关联的手机是否能够及时收到该模拟攻击的告警短信。如果测评结果表明，该云计算平台部署的入侵防范设备、异常流量检测设备或相关组件在检测到网络攻击行为、异常流量时具备告警能力，并进行告警，则单元判定结果为符合，否则为不符合或部分符合。

3. 安全审计

【标准要求】

该控制点第三级包括测评单元 L3-ABS2-07、L3-ABS2-08，第四级包括测评单元 L4-ABS2-07、L4-ABS2-08。

【L3-ABS2-07/L4-ABS2-07 解读和说明】

测评指标"应对云服务商和云服务客户在远程管理时执行的特权命令进行审计，至少包括虚拟机删除、虚拟机重启"的主要测评对象是堡垒机或相关组件。

测评实施要点包括：该测评指标适用于云计算平台和云服务客户业务应用系统，需要云服务商和云服务客户同时对各自的等级保护对象进行安全防护，由云服务商和云服务客户各自承担各侧的安全责任。在测评时，不论是针对云服务商还是针对云服务客户，均须考虑全面。例如，在对云计算平台进行测评时，要求云管理平台记录虚拟机删除、重启等操作，但要考虑不通过云管理平台进行虚拟机删除、重启等操作的情况，此时就需要核查是否有堡垒机或相关组件对执行的特权命令进行记录，是否留有审计记录；在对云服务客户业务应用系统进行测评时，由于对虚拟机的远程管理既可以通过云管理平台，也可以直接通过 RDP、SSH 协议等登录，还可以通过堡垒机登录，因此在测评时，需要核实以哪种方式对虚拟机进行管理。当然，不论哪种方式，都需要对这些操作进行记录，并且核查相关的审计记录。

以定级对象某云服务商的云计算平台（服务模式为 IaaS）为例，测评实施步骤主要包括：核查是否部署审计工具对云服务商和云服务客户执行的特权命令进行审计；核查云服务商在远程管理时执行的远程特权命令有哪些，访问途径分别是什么；核查各个途径是否有相关的审计记录；测试验证在删除或重启测试虚拟机时，是否能够被审计。如果测评结果表明，对于该虚拟机的删除、重启、关机等特权操作，均有相关的设备或平台提供完整的审计回放和权限控制服务，能够记录重要操作，则单元判定结果为符合，否则为不符合或部分符合。

【L3-ABS2-08/L4-ABS2-08 解读和说明】

测评指标"应保证云服务商对云服务客户系统和数据的操作可被云服务客户审计"的主要测评对象是综合审计系统或相关组件。

测评实施要点包括：该测评指标适用于云计算平台和云服务客户业务应用系统，需要云服务商和云服务客户同时对各自的等级保护对象进行安全防护，由云服务商和云服务客户各自承担各侧的安全责任。在测评时，需要关注云计算平台对云服务客户系统和数据的保护措施有哪些，云服务商是否能够对云服务客户的系统和数据进行访问，如果可以访问，则核查是否可以进行审计。在对云服务商进行测评时，要求云计算平台对云服务客户的系统和数据进行保护，如建立虚拟机的登录保护机制，使云计算平台管理员无法获取虚拟机的登录账号，或者将数据分布式存储在服务器上，只有通过虚拟机才能进行数据的调用和查看，管理员无法直接获取存储设备上的数据等；而且云计算平台应将云服务商对云服务客户系统和数据的操作进行记录，并将相关记录推送到云服务客户业务应用系统中。在对云服务客户进行测评时，当云服务商对云服务客户的系统和数据进行操作时，云服务客户应能够对云服务商进行审计，可依据云计算平台推送的记录进行审计。

以定级对象某云服务商的云计算平台（服务模式为 IaaS）为例，测评实施步骤主要包括：核查云计算平台对云服务客户系统和数据的保护措施有哪些，确认管理员是否能够对系统和数据进行访问，如果可以访问，则核查需要何种流程或授权；登录工单系统或其他授权系统，核查云服务客户授权记录；利用云计算平台测试账号，通过模拟云服务商操作云服务客户的系统和数据进行测试验证，核查云服务商对云服务客户系统和数据的操作是否可以被云服务客户审计。如果测评结果表明，该云计算平台所有的管理员均无法获取云服务客户的虚拟机登录账号，且无法直接获取存储设备上的数据；若在云服务客户的授权下，云服务商能够对云服务客户的系统和数据进行操作，有相关的授权记录及审计日志，且审计日志可被送至云服务客户业务应用系统中供云服务客户审计，则单元判定结果为符合，否则为不符合或部分符合。

1.3.4　安全计算环境

在对云计算平台/系统的"安全计算环境"测评时应同时依据安全测评通用要求和安全测评扩展要求，其中涉及安全测评通用要求的解读内容参见《网络安全等级保护测评要求（通用要求部分）应用指南》中的"安全计算环境"，安全测评扩展要求的解读内容参见本节。

由于云计算平台/系统的特点，安全计算环境的测评对象除了包括网络、主机和应用等，还包括虚拟机、虚拟防火墙、虚拟路由器、虚拟交换机等虚拟设备。

1. 身份鉴别

【标准要求】

该控制点第三级包括测评单元 L3-CES2-01，第四级包括测评单元 L4-CES2-01。

【L3-CES2-01/L4-CES2-01 解读和说明】

测评指标"当远程管理云计算平台中设备时，管理终端和云计算平台之间应建立双向身份验证机制"的主要测评对象是管理终端和云计算平台。

测评实施要点包括：该测评指标适用于云计算平台和云服务客户业务应用系统，需要云服务商和云服务客户同时对各自的等级保护对象进行安全防护，由云服务商和云服务客户各自承担各侧的安全责任。对云服务商来说，云计算平台中的设备既可以是平台内的各种系统、设备和服务器等，也可以是统一的运维入口（如堡垒机）与内部运维终端，还可以是供云服务客户使用的运维接口（云计算平台和云服务客户终端之间都应提供双向鉴别机制）；对云服务客户来说，虽然云服务客户业务应用系统是否能够满足此要求，在很大程度上依赖于云计算平台是否提供此功能，但如果云计算平台未提供此功能，云服务客户也应尽可能通过其他手段满足此要求。在测评时，需要注意"双向身份验证"的概念，这里指客户端既要验证服务端的身份，服务端也要验证客户端的身份，即当云服务商或云服务客户进行远程管理时，应在管理终端和云计算平台边界控制器（或接入网关）之间基于双向身份验证机制建立合法、有效的连接。由于云计算服务模式及部署模式不同，要求中的"云计算平台"涉及的对象也各不相同，可能提供统一的接口，也可能很分散。同时，该测评指标对不同等级保护对象的适用范围也存在差异，因此在测评过程中可根据实际情况确定测评对象。

以定级对象某云服务商的云计算平台（服务模式为 IaaS）为例，测评实施步骤主要包括：访谈云服务商，了解其在进行远程管理时是否建立双向身份验证机制，双向身份验证机制是如何实现的；测试双向身份验证机制是否有效。如果测评结果表明，在对云计算平台设备进行远程管理时，例如管理终端和云计算平台采用 HTTPS（超文本传输安全协议），服务端向客户端下发证书，实现了客户端对服务端的身份验证，而服务端对客户端通过用户名、静态口令及动态令牌进行认证，实现了服务端对客户端的身份验证，或者有等同措施，则单元判定结果为符合，否则为不符合或部分符合。

2. 访问控制

【标准要求】

该控制点第三级包括测评单元 L3-CES2-02、L3-CES2-03，第四级包括测评单元 L4-CES2-02、L4-CES2-03。

【L3-CES2-02/L4-CES2-02 解读和说明】

测评指标"应保证当虚拟机迁移时，访问控制策略随其迁移"的主要测评对象是虚拟机、虚拟机迁移记录和相关配置。

测评实施要点包括：该测评指标是针对云计算平台提出的要求，也是对云服务商的能力要求，对于云服务客户不适用。该测评指标虽然是针对云服务商提出的要求，但是关于虚拟机的迁移，既包括云计算平台自身虚拟机的迁移，也包括云服务客户业务应用系统虚拟机的迁移，因此在测评时，需要重点关注云服务商是否可以为云服务客户提供这样的能力，保证当这些虚拟机迁移时，原有的访问控制策略能够同步迁移。

以定级对象某云服务商的云计算平台（服务模式为 IaaS）为例，测评实施步骤主要包括：访谈云服务商，核查当虚拟机在同一云计算平台内从不同的物理机之间迁移时安全组策略是否随其迁移且有效；测试验证虚拟机迁移后，安全组策略是否跟随迁移，这里可新建一台测试虚拟机，测试验证虚拟机迁移过程，核查迁移后访问控制策略是否随其迁移，可根据向已禁止接口发送数据包测试是否有回应，并验证访问控制策略是否依然有效。如果测评结果表明，当该云计算平台的虚拟机迁移时，访问控制策略随其迁移且有效，则单元判定结果为符合，否则为不符合或部分符合。

【L3-CES2-03/L4-CES2-03 解读和说明】

测评指标"应允许云服务客户设置不同虚拟机之间的访问控制策略"的主要测评对象是虚拟机、安全组或相关组件等。

测评实施要点包括：该测评指标是针对云计算平台提出的要求，也是对云服务商的能力要求，对于云服务客户不适用。虽然该测评指标针对云服务客户测评时不适用，但这并不意味着云服务客户不需要对不同虚拟机之间的访问控制策略进行设置，这里要求云服务客户根据业务需求设置不同虚拟机之间的访问控制策略，因为类似要求已在通用要求中体现。在测评时，应关注云计算平台是否可以为云服务客户提供访问控制策略设置功能，是否允许云服务客户根据业务需求设置不同虚拟机之间的访问控制策略。

以定级对象某云服务商的云计算平台（服务模式为 IaaS）为例，测评实施步骤主要包括：访谈云服务商，核查其为云服务客户提供的不同虚拟机之间的访问控制机制包含哪些；分别核查上述访问控制机制，核查云服务商是否允许云服务客户根据业务需求设置不同虚拟机之间的访问控制策略；新建两至三台测试虚拟机，测试验证云服务客户是否能够根据业务需求设置不同虚拟机之间的访问控制策略。如果测评结果表明，该云计算平台允许云服务客户根据业务需求设置不同虚拟机之间的访问控制策略，不同虚拟机之间的访问控制策略可在安全组、虚拟交换机 ACL、云防火墙或类似功能的管理界面上设置，则单元判定结果为符合，否则为不符合或部分符合。

3. 入侵防范

【标准要求】

该控制点第三级包括测评单元 L3-CES2-04、L3-CES2-05、L3-CES2-06，第四级包括测评单元 L4-CES2-04、L4-CES2-05、L4-CES2-06。

【L3-CES2-04/L4-CES2-04 解读和说明】

测评指标"应能检测虚拟机之间的资源隔离失效，并进行告警"的主要测评对象是能够提供虚拟机之间资源隔离失效的检测告警机制的云管理平台或相关组件。

测评实施要点包括：该测评指标是针对云计算平台提出的要求，也是对云服务商的能力要求，对于云服务客户不适用。在测评时，需要明确"虚拟机之间的资源隔离失效"一般指虚拟机的 CPU、内存、内部网络、磁盘 I/O 和用户数据等的隔离失效，告警方式包括但不限于邮件、短信等。

以定级对象某云服务商的云计算平台（服务模式为 IaaS）为例，测评实施步骤主要包括：核查云管理平台是否具有检测虚拟机之间资源隔离失效的功能，如果有，则核查是否采取告警措施；核查虚拟机之间资源隔离失效的告警记录。如果测评结果表明，该云计算平台的云管理平台具有检测虚拟机之间资源隔离失效的功能，并通过邮件、短信等方式告警，或者有等同措施，则单元判定结果为符合，否则为不符合或部分符合。

【L3-CES2-05/L4-CES2-05 解读和说明】

测评指标"应能检测非授权新建虚拟机或者重新启用虚拟机，并进行告警"的主要测评对象是能够提供虚拟机异常检测、告警机制的云管理平台或相关组件。

测评实施要点包括：该测评指标是针对云计算平台提出的要求，也是对云服务商的能力要求，对于云服务客户不适用。因此在测评时，应关注云计算平台是否能够对虚拟机的非授权新建、删除、关闭、重新启用等行为进行检测，并在检测到此类非法动作时进行告警。在测评时，应以测试验证的方式获取测评结果。

以定级对象某云服务商的云计算平台（服务模式为 IaaS）为例，测评实施步骤主要包括：核查云管理平台或相关组件是否具有检测非授权新建或重新启用虚拟机的行为，如果有，则核查是否采取告警措施；建立测试账号，测试验证在非授权新建或重新启用虚拟机时，是否会产生告警提示。如果测评结果表明，该云计算平台的云管理平台或相关组件具有检测非授权新建或重新启用虚拟机的行为，并通过邮件、短信等方式告警，或者有等同措施，则单元判定结果为符合，否则为不符合。

【L3-CES2-06/L4-CES2-06 解读和说明】

测评指标"应能够检测恶意代码感染及在虚拟机间蔓延的情况，并进行告警"的主要测评对象是能够检测恶意代码感染及在虚拟机间蔓延的云管理平台或相关组件。

测评实施要点包括：该测评指标是针对云计算平台和云服务客户业务应用系统提出的要求，云计算平台侧重于检测恶意代码在不同云服务客户业务应用系统间蔓延的情况，云服务客户业务应用系统侧重于检测所管理的虚拟机个体感染的情况及在虚拟机间蔓延的情况。在测评时，需要注意恶意代码检测仅能在操作系统（虚拟机/宿主机）层面实施，或者通过网络防恶意代码产品实施，故在测评时主要关注操作系统（虚拟机/宿主机）层面及网络层面的恶意代码检测措施。

以定级对象某云服务商的云计算平台（服务模式为 IaaS）为例，测评实施步骤主要包括：核查是否部署工具或采取其他技术手段对所有虚拟机及虚拟机间的恶意代码进行检测，并登录设备或系统页面，查看检测规则和防恶意代码库是否为最新版本；核查是否采取虚拟机隔离技术或其他技术手段有效防止恶意代码蔓延整个云计算环境；核查是否在检测到恶意代码感染及在虚拟机间蔓延的情况后进行告警，查看相关的记录及产生的告警记录。如果测评结果表明，该云计算平台的云管理平台或相关组件能够检测恶意代码感染及在虚拟机间蔓延的情况，并在检测到恶意代码感染及在虚拟机间蔓延的情况后通过邮件、短信等方式告警，则单元判定结果为符合，否则为不符合。

4. 镜像和快照保护

【标准要求】

该控制点第三级包括测评单元 L3-CES2-07、L3-CES2-08、L3-CES2-09，第四级包括测评单元 L4-CES2-07、L4-CES2-08、L4-CES2-09。

【L3-CES2-07/L4-CES2-07 解读和说明】

测评指标"应针对重要业务系统提供加固的操作系统镜像或操作系统安全加固服务"的主要测评对象是虚拟机镜像文件。

测评实施要点包括：该测评指标适用于云计算平台，是针对云服务商提出的要求，此处不考虑云服务客户自定义镜像。此处要求的"加固"包括但不限于：删除账户，及时进行软件升级，关闭不必要的接口、协议和服务，启用安全审计功能等。

以定级对象某云服务商的云计算平台（服务模式为 IaaS）为例，测评实施步骤主要包括：访谈云服务商，核查其是否能够提供加固的操作系统镜像或操作系统安全加固服务；核查加固镜像使用的安全加固基线是否满足合规要求；核查安全加固基线是否定期更新；登录云服务商官网，使用云服务客户测试账号购买云服务器，查看是否能够选择加固镜像；在测试环境中，利用云计算平台提供的加固镜像进行虚拟机创建，创建完成后，经与安全策略比对，核查镜像是否为安全加固镜像。如果测评结果表明，该云计算平台能够提供加固的操作系统镜像，如加固镜像的安全策略有镜像基础安全配置、镜像漏洞修复、最佳安全实践等类似的安全加固服务，并定期更新，则单元判定结果为符合，否则为不符合。

【L3-CES2-08/L4-CES2-08 解读和说明】

测评指标"应提供虚拟机镜像、快照完整性校验功能，防止虚拟机镜像被恶意篡改"的主要测评对象是虚拟机镜像、快照或相关组件。

测评实施要点包括：该测评指标适用于云计算平台，是针对云服务商提出的要求。这里要求的"完整性校验功能"，一般需要使用密码校验技术（如哈希算法）保证虚拟机镜像、快照的完整性。

以定级对象某云服务商的云计算平台（服务模式为 IaaS）为例，测评实施步骤主要包括：访谈云服务商管理员并核查是否对镜像、快照文件进行完整性保护及校验；核查相关功能白皮书或说明文档，了解完整性校验采用哪种机制，如果可能，则由云服务商提供测试报告；核查是否能够对由快照功能生成的镜像、快照文件进行完整性校验，是否具有严格的校验记录机制；测试验证是否能够对镜像、快照文件进行完整性校验，如对虚拟机进行补丁更新或安全配置的更改，是否留有审计记录并报警。如果测评结果表明，该云计算平台能够提供镜像、快照文件的完整性校验功能，使用数据校验算法和单向散列算法进行了完整性校验，并且能够发现镜像、快照文件被损害或篡改，具有严格的完整性校验记录，则单元判定结果为符合，否则为不符合。

【L3-CES2-09/L4-CES2-09 解读和说明】

测评指标"应采取密码技术或其他技术手段防止虚拟机镜像、快照中可能存在的敏感资源被非法访问"的主要测评对象是虚拟机镜像、快照或相关组件。

测评实施要点包括：该测评指标适用于云计算平台，是针对云服务商提出的要求。在测评时，要求对虚拟机镜像、快照采取密码技术或访问控制措施，以保证其不被非法访问。通过访问控制的方式，如限制用户对虚拟机镜像、快照的非法访问，也会保护其安全性。因此，在测评时若未采取密码技术也不能直接判定为不符合。

以定级对象某云服务商的云计算平台（服务模式为 IaaS）为例，测评实施步骤主要包括：访谈云服务商管理员并核查是否对虚拟机镜像、快照采取密码技术或访问控制措施，以防止对其进行非法访问；验证密码技术或访问控制措施是否有效。如果测评结果表明，该云计算平台能够采取密码技术或访问控制措施防止虚拟机镜像、快照中可能存在的敏感资源被非法访问，则单元判定结果为符合，否则为不符合。

5. 数据完整性和保密性

【标准要求】

该控制点第三级包括测评单元 L3-CES2-10、L3-CES2-11、L3-CES2-12、L3-CES2-13，第四级包括测评单元 L4-CES2-10、L4-CES2-11、L4-CES2-12、L4-CES2-13。

【L3-CES2-10/L4-CES2-10 解读和说明】

测评指标"应确保云服务客户数据、用户个人信息等存储于中国境内，如需出境应遵循国家相关规定"的主要测评对象是数据库服务器、数据存储设备和管理文档记录等。

测评实施要点包括：该测评指标适用于云计算平台和云服务客户业务应用系统。无论是对于云服务商还是对于云服务客户，不管何种服务模式，只要涉及云服务客户数据、用户个人信息等，均应保证数据存储于中国境内，如需出境应遵循国家相关规定。因此，在测评时需要注意，不是只有云服务商才应确保对云服务客户数据、用户个人信息等的存储满足国家相关要求，云服务客户同样应确保对自己的数据、个人信息等的存储满足国家相关要求。

以定级对象某云服务商的云计算平台（服务模式为 IaaS）为例，测评实施步骤主要包括：访谈并核查云服务商在公有云平台上保存了哪些数据；核查这些数据的存储地点是否在中国境内；核查这些数据是否有出境需求，是否符合国家有关法律法规。如果测评结果表明，该云计算平台可确保云服务客户数据、用户个人信息等存储于中国境内，对有出境需求的数据遵循国家相关规定处理，则单元判定结果为符合，否则为不符合或部分符合。

【L3-CES2-11/L4-CES2-11 解读和说明】

测评指标"应确保只有在云服务客户授权下，云服务商或第三方才具有云服务客户数据的管理权限"的主要测评对象是云管理平台、数据库、相关授权文档和管理文档等。

测评实施要点包括：该测评指标是针对云计算平台提出的要求，也是对云服务商的能力要求，对于云服务客户不适用。测评要求中明确选取云管理平台、数据库、相关授权文档和管理文档作为测评对象，针对该测评指标的实现方式可能是技术手段或管理手段，在测评时需要核查其数据访问权限设置和相关管理要求。

以定级对象某云服务商的云计算平台（服务模式为 IaaS）为例，测评实施步骤主要包括：访谈云服务商，核查其是否具有云服务客户数据的管理权限，有无授权管理机制；核查云服务商对云服务客户数据管理权限的授权流程、授权方式和授权内容；通过云服务客户测试账号，测试验证云服务客户的授权及授权回收，查看是否只有在授权后，云服务商才具有云服务客户数据的管理权限，查看授权回收后，云服务商是否还能继续拥有该权限。如果测评结果表明，只有在云服务客户授权下，云服务商或第三方才具有云服务客户数据的管理权限，如云服务商或第三方通过工单系统向云服务客户提交申请，云服务客户在授权后为其分配子账户进行管理，或者有等同措施；在云服务客户授权回收后，云服务商或第三方不能继续拥有该权限，则单元判定结果为符合，否则为不符合或部分符合。

【L3-CES2-12/L4-CES2-12 解读和说明】

测评指标"应使用校验技术或密码技术保证虚拟机迁移过程中重要数据的完整性，并在检测到完整性受到破坏时采取必要的恢复措施"的主要测评对象是虚拟机等。

测评实施要点包括：该测评指标是针对云计算平台提出的要求，也是对云服务商的能力要求，对于云服务客户不适用。在测评时，虚拟机迁移的过程比较复杂，实际也比较难开展测评，针对这一情况可根据相关开发设计文档现场访谈开发设计人员，了解其迁移过程，并结合云计算平台的资源管理和监控机制，根据具体的技术手段并结合现场的验证综合判定。

以定级对象某云服务商的云计算平台（服务模式为 IaaS）为例，测评实施步骤主要包括：访谈云服务商，核查虚拟机迁移的相关开发设计文档，了解虚拟机迁移的方式有哪些，虚拟机迁移涉及哪些重要数据，分别使用哪些完整性保护措施；测试验证使用的校验技术或密码技术是否能够保证数据在迁移过程中的完整性；核查恢复措施是否能够在完整性受到破坏时，提供相应的恢复手段，保证业务正常运行。如果测评结果表明，该云计算平台在虚拟机迁移过程中使用的校验技术或密码技术能够保证重要数据的完整性，同时在迁移之前通过对重要数据进行备份，能够保证数据在迁移过程中一旦受到破坏可进行恢复，则单元判定结果为符合，否则为不符合。

【L3-CES2-13/L4-CES2-13 解读和说明】

测评指标"应支持云服务客户部署密钥管理解决方案，保证云服务客户自行实现数据的加解密过程"的主要测评对象是密钥管理解决方案。

测评实施要点包括：该测评指标是针对云计算平台提出的要求，也是对云服务商的能力要求，对于云服务客户不适用。在测评时，明确选取密钥管理解决方案作为测评对象，具体可以是云计算平台实现或采用第三方解决方案为云服务客户提供密钥管理服务。云服务客户根据业务需求能够自主选择云服务商提供的密钥管理服务或自行部署密钥管理解决方案，且方案能够及时生效。因此，若是云服务商为某一个云服务客户临时开发解决配置，可判定为部分符合。

以定级对象某云服务商的云计算平台（服务模式为 IaaS）为例，测评实施步骤主要包括：核查云计算平台是否开放标准接口支持云服务客户自行部署密钥管理解决方案；核查云服务商是否为云服务客户提供密钥管理解决方案，核查提供的密钥管理系统是否经过国家密码管理机构检测认证；核查密钥管理解决方案相关文档，查看部署的密钥管理解决方案是否能够保证云服务客户自行实现数据的加解密过程；使用测试账号进行自主加解密，验证方案是否有效。如果测评结果表明，该云计算平台支持云服务客户部署密钥管理解决方案，保证云服务客户自行实现数据的加解密过程，则单元判定结果为符合，否则为不符合或部分符合。

6. 数据备份恢复

【标准要求】

该控制点第三级包括测评单元 L3-CES2-14、L3-CES2-15、L3-CES2-16、L3-CES2-17，第四级包括测评单元 L4-CES2-14、L4-CES2-15、L4-CES2-16、L4-CES2-17。

【L3-CES2-14/L4-CES2-14 解读和说明】

测评指标"云服务客户应在本地保存其业务数据的备份"的主要测评对象是云管理平台或相关组件。

测评实施要点包括：该测评指标是针对云服务客户业务应用系统提出的要求，需要云服务客户进行本地备份。在对云服务客户业务应用系统进行测评时，需要注意"本地"保存，这里指脱离云计算环境备份数据，不能把云上提供的备份措施判定为符合。

以定级对象某云服务客户的业务应用系统为例，测评实施步骤主要包括：访谈云服务客户，核查其是否在本地保存了业务应用系统的业务数据，以及备份到何处；核查云服务客户数据在本地备份的记录。如果测评结果表明，该云服务客户在本地定期保存其业务数据的备份，则单元判定结果为符合，否则为不符合。

【L3-CES2-15/L4-CES2-15 解读和说明】

测评指标"应提供查询云服务客户数据及备份存储位置的能力"的主要测评对象是云管理平台或相关组件。

测评实施要点包括：该测评指标是针对云计算平台提出的要求，也是对云服务商的能力要求，对于云服务客户不适用。另外，在测评时，应要求云计算平台支持云服务客户通过云管理平台查询其数据存储在哪处物理位置，或者有相关的证明材料证明哪处物理位置存储着云服务客户数据。

以定级对象某云服务商的云计算平台（服务模式为 IaaS）为例，测评实施步骤主要包括：访谈云服务商，核查其是否为云服务客户提供数据及备份存储位置查询的接口或其他技术、管理手段；使用云服务客户测试账号进行查询，登录云管理平台或其他查询系统，核查是否具备数据及备份存储位置查询的接口或其他技术、管理手段；验证查询结果是否真实。如果测评结果表明，该云计算平台为云服务客户提供了通过云管理平台或其他查询系统查询其备份存储的物理位置及集群信息的能力，包括数据所在机房、集群、物理机、虚拟机、资源使用情况等相关信息，并验证查询结果真实，则单元判定结果为符合，否则为不符合。

【L3-CES2-16/L4-CES2-16 解读和说明】

测评指标"云服务商的云存储服务应保证云服务客户数据存在若干个可用的副本，各副本之间的内容应保持一致"的主要测评对象是云管理平台、云存储系统或相关组件。

测评实施要点包括：该测评指标是针对云计算平台提出的要求，也是对云服务商的能力要求，对于云服务客户不适用。在测评时，需要理解"副本"的概念，这里要求至少三份副本，常采用分布式存储的方式实现多副本，并将这些副本按照一定的策略存放在存储集群中的不同数据节点上，以保证数据的可用性；对云盘上的数据而言，无论是新增、修改还是删除，所有的读写操作都会同步到底层的多副本上，以保证数据的可靠性和一致性。

以定级对象某云服务商的云计算平台（服务模式为 IaaS）为例，测评实施步骤主要包括：访谈云服务商管理员并核查云存储服务采用何种技术架构；核查云存储服务的存储策略、存储方式，以及是否设置多副本存储模式；核查相关技术文档，了解其采取什么技术手段对多副本数据的完整性进行检测，以确保各副本之间内容的完整性和一致性；测试验证云服务客户的存储数据是否为多副本；测试验证同一数据的各副本之间的内容是否保持一致。如果测评结果表明，该云计算平台提供的云存储服务可实现对云服务客户数据的多副本存储，如存储三份副本，其中，第一份副本存放在客户端所在节点，第二份副本存放在远端机架的数据节点，第三份副本存放在客户端所在节点的相同机架的不同节点，且保证各副本之间的内容保持一致，则单元判定结果为符合，否则为不符合或部分符合。

【L3-CES2-17/L4-CES2-17 解读和说明】

测评指标"应为云服务客户将业务系统及数据迁移到其他云计算平台和本地系统提供技术手段，并协助完成迁移过程"的主要测评对象是提供相关能力的技术措施和手段。

测评实施要点包括：该测评指标是针对云计算平台提出的要求，也是对云服务商的能力要求，对于云服务客户不适用。由于云计算平台数量众多，规模不同，服务模式不同，技术手段也不尽相同，所以迁移时的技术措施和各个服务商的服务模式也必然多种多样。一般来说，在测评时，需要从技术和管理两个方面，同时结合现场具体情况来判断。

以定级对象某云服务商的云计算平台（服务模式为 IaaS）为例，测评实施步骤主要包括：访谈云服务商，核查其是否提供措施、手段或人员协助云服务客户对业务系统及数据进行迁移；核查是否有相关技术手段保证云服务客户能够将业务系统及数据迁移到其他云计算平台和本地系统，了解其技术实现方式、迁移数据的类型和管理规定；使用云服务客户测试账号进行数据迁移，核查是否与相关技术和管理文档一致。如果测评结果表明，该云计算平台通过服务器迁移工具或其他等同手段协助云服务客户将业务系统及数据迁移到了其他云计算平台和本地系统，并且在迁移时，云服务商制定了详细的数据迁移实施流程，并在数据迁移后进行了数据校验，以保证数据的准确性，则单元判定结果为符合，否则为不符合。

7. 剩余信息保护

【标准要求】

该控制点第三级包括测评单元 L3-CES2-18、L3-CES2-19，第四级包括测评单元 L4-CES2-18、L4-CES2-19。

【L3-CES2-18/L4-CES2-18 解读和说明】

测评指标"应保证虚拟机所使用的内存和存储空间回收时得到完全清除"的主要测评对象是提供相关能力的技术措施和手段。

测评实施要点包括：该测评指标是针对云计算平台提出的要求，也是对云服务商的能力要求，对于云服务客户不适用。在测评时，针对该测评指标不一定有条件进行实际测试，可以根据开发设计文档并结合现场测评核查综合判定，也可以查看平台所采用的云操作系统是否具备云操作系统信息安全产品的销售许可证，如果具备，则此项可判定为符合。

以定级对象某云服务商的云计算平台（服务模式为 IaaS）为例，测评实施步骤主要包括：核查云服务商的虚拟机所使用的内存和存储空间回收时，是否得到完全清除；核查在迁移或删除虚拟机后，数据及备份数据（如镜像、快照文件等）是否已被清理；通过测试系统进行验证，如通过内存和磁盘写入工具写入特定的数据，然后回收并重新分配，读取磁盘或内存，查看是否存在先前写入的特定数据。如果测评结果表明，该云计算平台采用卷标清除或数据全覆盖的方式，或者有等同措施，确保虚拟机所使用的内存和存储空间回收时得到完全清除，则单元判定结果为符合，否则为不符合。

【L3-CES2-19/L4-CES2-19 解读和说明】

测评指标"云服务客户删除业务应用数据时，云计算平台应将云存储中所有副本删除"的主要测评对象是云计算平台、云存储或提供相关能力的技术措施和手段。

测评实施要点包括：该测评指标是针对云计算平台提出的要求，也是对云服务商的能力要求，对于云服务客户不适用。这里的"业务应用数据"不单指云服务客户的业务应用数据，也包括虚拟机中的数据等，因此在测评时需要考虑全面。

以定级对象某云服务商的云计算平台（服务模式为 IaaS）为例，测评实施步骤主要包括：访谈云服务商，核查云服务客户数据被删除后，云服务商对备份及副本的处理措施；核查当云服务客户删除业务应用数据时，云存储中所有副本是否被删除。如果测评结果表明，云服务客户删除业务应用数据时，云计算平台采用 0-1 全覆盖或销毁的方式，或者有等同措施，将云存储中所有副本删除，则单元判定结果为符合，否则为不符合。

1.3.5　安全管理中心

在对云计算平台/系统的"安全管理中心"测评时应同时依据安全测评通用要求和安全测评扩展要求，其中涉及安全测评通用要求的解读内容参见《网络安全等级保护测评要求（通用要求部分）应用指南》中的"安全管理中心"，安全测评扩展要求的解读内容参见本节。

由于云计算平台/系统的特点，在云计算环境下涉及的设备种类较多，同时包含虚拟设备的集中管理。这里需要注意，对云服务客户而言，很多云服务客户侧的管理控制台都提供了一定的集中安全管理能力，但需要考虑云服务客户是否开启使用，还要考虑云服务客户是否使用第三方或自行设置的安全机制，该机制与云计算平台提供的机制是否能够进行统一汇总。

集中管控

【标准要求】

该控制点第三级包括测评单元 L3-SMC2-01、L3-SMC2-02、L3-SMC2-03、L3-SMC2-04，第四级包括测评单元 L4-SMC2-01、L4-SMC2-02、L4-SMC2-03、L4-SMC2-04。

【L3-SMC2-01/L4-SMC2-01 解读和说明】

测评指标"应对物理资源和虚拟资源按照策略做统一管理调度与分配"的主要测评对象是云管理平台或相关组件、资源调度平台。

测评实施要点包括：该测评指标是针对云计算平台提出的要求，也是对云服务商的能力要求，对于云服务客户不适用。这里的云计算平台虚拟资源调度主要包括虚拟机资源的动态调整与分配和虚拟机迁移。

以定级对象某云服务商的云计算平台（服务模式为 IaaS）为例，测评实施步骤主要包括：核查是否由资源调度平台等提供资源统一管理调度与分配策略；核查是否能够按照上述策略对物理资源和虚拟资源做统一管理调度与分配。如果测评结果表明，该云计算平台可以通过云管理平台或相关组件对物理资源和虚拟资源的使用情况进行监控与管理，按照策略做统一管理调度与分配，则单元判定结果为符合，否则为不符合或部分符合。

【L3-SMC2-02/L4-SMC2-02 解读和说明】

测评指标"应保证云计算平台管理流量与云服务客户业务流量分离"的主要测评对象是云管理平台及其网络架构。

测评实施要点包括：该测评指标是针对云计算平台提出的要求，也是对云服务商的能力要求，对于云服务客户不适用。这里的"云计算平台管理流量"是指云计算平台的管理、平台部署、系统加载等产生的流量，包括管理员进行资源管理、策略下发、平台部署、日志收集、事件告警等产生的流量；"云服务客户业务流量"是指为云服务客户提供业务应用所产生的流量，包括云服务客户登录管理控制台、登录虚拟机进行应用部署等产生的流量。云计算平台管理流量与云服务客户业务流量需要分离，可以通过带外管理或网络隔离技术和策略配置等方式实现管理流量与业务流量的分离。

以定级对象某云服务商的云计算平台（服务模式为IaaS）为例，测评实施步骤主要包括：核查网络架构和配置策略能否采用带外管理或策略配置等方式实现管理流量与业务流量的分离；通过在不同的网络平面抓包，验证管理流量与业务流量是否真正实现分离。如果测评结果表明，该云计算平台管理流量和云服务客户业务流量分别使用独立的网络平面，且在一个服务器上使用各自独立的网卡，实现管理流量与业务流量的分离，或者有等同措施，则单元判定结果为符合，否则为不符合或部分符合。

【L3-SMC2-03/L4-SMC2-03 解读和说明】

测评指标"应根据云服务商和云服务客户的职责划分，收集各自控制部分的审计数据并实现各自的集中审计"的主要测评对象是云管理平台、综合审计系统或相关组件。

测评实施要点包括：该测评指标适用于云计算平台和云服务客户业务应用系统，需要云服务商和云服务客户同时对各自的审计数据进行安全防护，由云服务商和云服务客户各自承担各侧的安全责任，需要能够收集各自控制部分的审计数据并进行集中审计。在测评时，要先明确云服务商和云服务客户各自控制部分的审计数据有哪些，云服务商是否审计了不在职责范围内的日志，云服务客户是否只能审计自身的日志，以及是否最终实现对所有日志的集中管理。另外，在对云计算平台进行测评时，需要关注云计算平台是否提供接口或环境允许云服务客户部署审计系统。此外，还需要注意的是，集中审计不代表只有一个系统或平台，当然一个系统是最好的（如综合审计系统或态势感知系统），但也可以分类进行集中审计。在测评时，应考虑到不同的服务模式，审计数据类型会有不同，但审计内容需要根据职责划分，以便收集各自控制部分的审计数据。例如，在IaaS模式下，对云服务商来说，其审计数据包括宿主机日志、与平台相关的虚拟机日志、网络设备日志、安全设备日志、各类IaaS管理平台的日志、云服务客户的IaaS登录日志等，但不能未授权查看云服务客户的虚拟机日志、IaaS平台提供的云服务客户端管理平台的日志（如有）和云服务客户业务应用系统的操作日志；对云服务客户来说，其审计数据包括虚拟机日志、IaaS平台提供的云服务客户端管理平台的日志（如有）、云服务客户业务应用系统的操作日志。

以定级对象某云服务商的云计算平台（服务模式为IaaS）为例，测评实施步骤主要包括：访谈云服务商，核查是否根据云服务商和云服务客户的职责划分，收集各自控制部分的审计数据，各自收集的数据有哪些；核查云计算平台是否支持云服务商和云服务客户收集各自的审计数据，是否允许云服务客户部署自己的审计系统；核查云计算平台是否建立自己的综合审计系统并进行日志集中审计，审计内容是否涵盖云服务客户业务应用系统的数据。如果测评结果表明，该云计算平台可以根据云服务商和云服务客户的职责划分，收集各自控制部分的审计数据并实现各自的集中审计，能够实现对云服务商控制部分的集中审计，且不收集云服务客户职责范围内的审计数据，提供接口允许云服务客户部署自己的审计系统，则单元判定结果为符合，否则为不符合或部分符合。

【L3-SMC2-04/L4-SMC2-04 解读和说明 】

测评指标"应根据云服务商和云服务客户的职责划分，实现各自控制部分，包括虚拟化网络、虚拟机、虚拟化安全设备等的运行状况的集中监测"的主要测评对象是云管理平台或相关组件。

测评实施要点包括：该测评指标适用于云计算平台和云服务客户业务应用系统，需要云服务商和云服务客户同时对各自的设备运行状况进行集中监测，由云服务商和云服务客户各自承担各侧的安全责任。在测评时，要先根据云服务商和云服务客户的职责划分，实现对各自控制部分的集中监测。另外，在对云计算平台进行测评时，需要关注云计算平台是否提供接口或环境允许云服务客户部署资源监测系统。对云服务商来说，测评对象是能够对职责范围内的虚拟化网络、虚拟机、虚拟化安全设备等的运行状况进行集中监测的平台，一般来说是云管理平台，但有些云管理平台不一定能对虚拟化网络的运行状况进行统一监测，这种情况下测评对象也可以是其他组件。但需要注意的是，云服务商的监测内容应是其职责范围内的，云服务客户内部的虚拟化网络不应是云服务商的监测内容，除非云服务商得到授权。该条要求在对云服务客户业务应用系统进行测评时，虽然会与通用要求的审计有些重复，但这里的侧重点可放在责任划分是否明确、是否落实到位上，测评对象是能够对自身的虚拟化网络、虚拟机、虚拟化安全设备等的运行状况进行集中监测的平台，这个监测平台可以由云服务商提供，也可以自己搭建集中的资源监测系统。

以定级对象某云服务商的云计算平台（服务模式为 IaaS）为例，测评实施步骤主要包括：访谈云服务商，核查是否能够根据云服务商和云服务客户的职责划分，实现对各自控制部分，包括虚拟化网络、虚拟机、虚拟化安全设备等的运行状况的集中监测；核查云计算平台是否支持云服务商和云服务客户实现对各自控制部分的集中监测，是否允许云服务客户部署自己的资源监测系统；核查云计算平台以什么技术手段实现对各自控制部分的集中监测，监测内容是否涵盖云服务客户业务应用系统的数据。如果测评结果表明，该云计算平台能够根据云服务商和云服务客户的职责划分，实现对各自控制部分，包括虚拟化网络、虚拟机、虚拟化安全设备等的运行状况的集中监测，并提供了接口允许云服务客户部署自己的资源监测系统，且云计算平台的集中监测范围覆盖了云服务商控制部分的所有设备，不监测云服务客户职责范围内的设备运行状况，则单元判定结果为符合，否则为不符合。

以定级对象某云服务客户的业务应用系统为例，测评实施步骤主要包括：核查云服务客户与云服务商签署的服务水平协议、云服务客户业务应用系统的设计文档和建设方案；核查云服务客户侧的管理控制台或自行部署的资源监测系统是否能够实现对自身的虚拟化网络、虚拟机、云防火墙、云主机防护、云 WAF 服务等的安全监测。如果测评结果表明，云服务客户侧的管理控制台或自行部署的资源监测系统能够实现对自身的虚拟化网络、虚拟机、云防火墙、云主机防护、云 WAF 服务等的安全监测，则单元判定结果为符合，否则为不符合。

1.3.6　安全管理制度

在对云计算平台/系统的"安全管理制度"测评时应依据安全测评通用要求，涉及安全测评通用要求的解读内容参见《网络安全等级保护测评要求（通用要求部分）应用指南》中的"安全管理制度"。

1.3.7　安全管理机构

在对云计算平台/系统的"安全管理机构"测评时应依据安全测评通用要求，涉及安全测评通用要求的解读内容参见《网络安全等级保护测评要求（通用要求部分）应用指南》中的"安全管理机构"。

1.3.8　安全管理人员

在对云计算平台/系统的"安全管理人员"测评时应依据安全测评通用要求，涉及安全测评通用要求的解读内容参见《网络安全等级保护测评要求（通用要求部分）应用指南》中的"安全管理人员"。

1.3.9　安全建设管理

在对云计算平台/系统的"安全建设管理"测评时应同时依据安全测评通用要求和安全测评扩展要求，其中涉及安全测评通用要求的解读内容参见《网络安全等级保护测评要求

（通用要求部分）应用指南》中的"安全建设管理"，安全测评扩展要求的解读内容参见本节。

1. 云服务商选择

【标准要求】

该控制点第三级包括测评单元 L3-CMS2-01、L3-CMS2-02、L3-CMS2-03、L3-CMS2-04、L3-CMS2-05，第四级包括测评单元 L4-CMS2-01、L4-CMS2-02、L4-CMS2-03、L4-CMS2-04、L4-CMS2-05。

【L3-CMS2-01/L4-CMS2-01 解读和说明】

测评指标"应选择安全合规的云服务商，其所提供的云计算平台应为其所承载的业务应用系统提供相应等级的安全保护能力"的主要测评对象是系统建设负责人、与云服务商签署的服务合同等。

测评实施要点包括：该测评指标是针对云服务客户提出的要求，云服务商的选择权在云服务客户，安全责任由云服务客户承担；对于云服务商不适用。在测评时，需要明确"云服务商"的概念。一般情况下，云服务商提供的 IaaS、PaaS、SaaS 等云计算服务模式，既可以由单个云服务商独立建设完成，也可以由若干个提供同类云计算服务的云服务商共同建设完成，还可以由若干个提供不同类云计算服务的云服务商通过分层部署的方式建设完成。测评过程中"云服务商"的范围需要根据被测系统的实际部署情况界定。该测评指标要求云服务客户在选择云服务商时，将云服务商的安全合规情况作为考察指标之一。此处的"安全合规的云服务商"主要关注云服务商的资质和云计算平台的安全保护能力等。在选择云服务商时，不能选择测评结论为"差"的云服务商，此处推荐选择测评结论为"优"或"良"的云服务商。

以定级对象某云服务客户的业务应用系统为例，测评实施步骤主要包括：访谈云服务客户业务应用系统建设负责人，了解其在选择云服务商和云计算平台时的筛选准则，以及对云服务商的资质要求和对云计算平台的安全保护能力要求，核查是否根据业务应用系统的安全保护等级，选择具有相应等级安全保护能力的云计算平台及具备相关资质要求的云服务商；核查采购云计算服务的招标文件及与云服务商签署的服务合同中，是否明确云服务商应具备的安全合规能力和云计算平台应具有的相应或高于其所承载业务应用系统的安全保护能力；核查云计算平台的定级情况及网络安全等级保护测评结果，确定云计算平台的安全保护等级高于或与被测系统一致，且测评结论不为"差"。如果测评结果表明，云服务客户选择了安全合规的云服务商，云计算平台的安全保护等级高于或与被测系统一致，且测评结论不为"差"，则单元判定结果为符合，否则为不符合或部分符合。

【L3-CMS2-02/L4-CMS2-02 解读和说明】

测评指标"应在服务水平协议中规定云服务的各项服务内容和具体技术指标"的主要测评对象是与云服务商签署的服务合同或服务水平协议等。

测评实施要点包括：该测评指标是针对云服务客户提出的要求，云服务商的选择权在云服务客户，签署的协议内容由云服务客户确定，安全责任由云服务客户承担；对于云服务商不适用。在测评时，需要明确"服务水平协议"是在一定开销下为保障服务的性能和可靠性，由云服务客户与云服务商签署的法律文件（如合同、协议等）。其中规定了服务等级和服务所必须满足的性能等级（包括服务水平测量、服务水平报告和信誉及费用等方面），并使云服务商有责任完成这些预定的服务等级。成熟的云服务商一般会提供固定模板的服务水平协议，需要根据云服务客户购买的具体服务来确认对应的服务水平协议。在测评时，应重点关注是否签署个性化的服务水平协议。服务水平协议应至少包含两个关键的技术指标：一是云服务商承诺的正常运行时间，建议要达到99.9%或更高的可用性；二是云服务商承诺的最严重服务问题的响应时间，建议要在半小时内做出响应。

以定级对象某云服务客户的业务应用系统为例，测评实施步骤主要包括：核查云服务客户与云服务商签署的服务水平协议中是否规定云服务的各项服务内容和具体技术指标；核查服务水平协议中是否包括云服务商承诺的正常运行时间和最严重服务问题的响应时间两个关键的技术指标。如果测评结果表明，云服务客户与云服务商签署的服务水平协议中规定了云服务的各项服务内容和具体技术指标，且承诺的正常运行时间和最严重服务问题的响应时间不低于测评实施要点中的推荐值，则单元判定结果为符合，否则为不符合或部分符合。

【L3-CMS2-03/L4-CMS2-03 解读和说明】

测评指标"应在服务水平协议中规定云服务商的权限与责任，包括管理范围、职责划分、访问授权、隐私保护、行为准则、违约责任等"的主要测评对象是与云服务商签署的服务合同或服务水平协议等。

测评实施要点包括：该测评指标是针对云服务客户提出的要求，云服务商的选择权在云服务客户，签署的协议内容由云服务客户确定，安全责任由云服务客户承担；对于云服务商不适用。在测评时，应重点关注云服务客户是否与云服务商签署服务水平协议，以及服务水平协议中是否规定云服务商的权限与责任，包括管理范围、职责划分、访问授权、隐私保护、行为准则、违约责任等。

以定级对象某云服务客户的业务应用系统为例，测评实施步骤主要包括：访谈云服务客户业务应用系统建设负责人，了解其是否与云服务商签署服务水平协议；核查云服务客户与云服务商签署的服务水平协议中是否规定云服务商的权限与责任，包括管理范围、职责划分、访问授权、隐私保护、行为准则、违约责任等。如果测评结果表明，云服务客户与云服务商签署的服务水平协议中规定了云服务商的权限与责任，包括管理范围、职责划分、访问授权、隐私保护、行为准则、违约责任等，则单元判定结果为符合，否则为不符合或部分符合。

【L3-CMS2-04/L4-CMS2-04 解读和说明】

测评指标"应在服务水平协议中规定服务合约到期时，完整提供云服务客户数据，并承诺相关数据在云计算平台上清除"的主要测评对象是与云服务商签署的服务合同或服务水平协议等。

测评实施要点包括：该测评指标是针对云服务客户提出的要求，云服务商的选择权在云服务客户，签署的协议内容由云服务客户确定，安全责任由云服务客户承担；对于云服务商不适用。在测评时，应重点关注云服务客户是否与云服务商签署服务水平协议，以及服务水平协议中是否规定服务合约到期时的义务，其中至少包含以下两个方面的承诺：一是能够完整提供云服务客户数据；二是在云计算平台上及时清除相关数据。

以定级对象某云服务客户的业务应用系统为例，测评实施步骤主要包括：核查云服务客户与云服务商签署的服务水平协议中是否规定服务合约到期时，完整提供云服务客户数据，并承诺相关数据在云计算平台上清除；核查云服务商是否为云服务客户提供大批量数据的导出方式，若条件允许，则检验该数据迁移手段是否有效。如果测评结果表明，云服务客户与云服务商签署的服务水平协议中规定了服务合约到期时，完整提供云服务客户数据，并承诺相关数据在云计算平台上清除，且提供的数据迁移手段有效，则单元判定结果为符合，否则为不符合。

【L3-CMS2-05/L4-CMS2-05 解读和说明】

测评指标"应与选定的云服务商签署保密协议，要求其不得泄露云服务客户数据"的主要测评对象是与云服务商签署的服务合同或服务水平协议等。

测评实施要点包括：该测评指标是针对云服务客户提出的要求，云服务商的选择权在云服务客户，签署的协议内容由云服务客户确定，安全责任由云服务客户承担；对于云服务商不适用。在测评时，应重点关注云服务客户是否与云服务商签署保密协议，其中至少包含以下两个方面的承诺：一是禁止故意泄露云服务客户数据；二是应采取必要措施，防止云服务客户数据被窃取。

以定级对象某云服务客户的业务应用系统为例，测评实施步骤主要包括：访谈云服务客户业务应用系统建设负责人，了解其是否与云服务商签署保密协议或服务合同；核查云服务客户与云服务商签署的保密协议或服务合同中是否包括测评实施要点中要求的内容。如果测评结果表明，云服务客户与云服务商签署的保密协议或服务合同中包括保密相关条款，要求云服务商不得泄露云服务客户数据，以及应采取必要措施，防止云服务客户数据被窃取，则单元判定结果为符合，否则为不符合。

2. 供应链管理

【标准要求】

该控制点第三级包括测评单元 L3-CMS2-07、L3-CMS2-08、L3-CMS2-09，第四级包括测评单元 L4-CMS2-07、L4-CMS2-08、L4-CMS2-09。

【L3-CMS2-07/L4-CMS2-07 解读和说明】

测评指标"应确保供应商的选择符合国家有关规定"的主要测评对象是相应供应商的资质文件等。

测评实施要点包括：该测评指标是针对云服务商提出的要求，对于云服务客户不适用。在测评时，需要明确几个概念：云计算平台供应商主要包括软件供应商、硬件供应商、服务供应商等。其中，软件有操作系统、中间件、数据库、云计算平台专用软件等；硬件有服务器、网络设备、安全设备等；服务有安全服务、应急服务、电信服务、人才服务等。供应商管理属于公司/企业日常管理必需的工作，一般情况下，公司/企业通过年审或半年审的方式建立"合格供应商名录"。因此，云服务商在选择和建立"合格供应商名录"时，应将"供应商的选择符合国家有关规定"作为评价指标，如《中华人民共和国网络安全法》中规定"网络产品、服务应当符合相关国家标准的强制性要求"等。此测评指标可从被测单位制定的供应商管理相关制度入手，通过访谈负责供应商管理的相关人员，核查供应商审核过程是否包括国家有关规定要求的内容等方式，确定云服务商是否选择符合国家有关规定的供应商。

以定级对象某云服务商的云计算平台（服务模式为 IaaS）为例，测评实施步骤主要包括：访谈云服务商中负责供应商管理的相关人员，确认其如何对供应商进行管理；核查云服务商建立的供应商管理相关制度文档，确认其是否将"供应商的选择符合国家有关规定"作为筛选准则；核查供应商筛选的过程记录文档及供应商的资质文件等，确认供应商的选择是否符合国家有关规定。如果测评结果表明，云服务商的供应商选择符合国家有关规定，则单元判定结果为符合，否则为不符合。

【L3-CMS2-08/L4-CMS2-08 解读和说明】

测评指标"应将供应链安全事件信息或威胁信息及时传达到云服务客户"的主要测评对象是供应链安全事件报告或威胁报告等。

测评实施要点包括：该测评指标是针对云服务商提出的要求，对于云服务客户不适用。需要明确此处的"供应链安全事件信息"主要指供应链上的供应商、产品和服务近期发生的安全事件；"供应链威胁信息"主要指供应链上的供应商、产品和服务近期被暴露出来的安全隐患或漏洞。在测评时，主要核查服务水平协议、服务合同、供应链安全事件报告或威胁报告，重点关注以下几个方面：合同中是否包含告知义务，如云服务商须向云服务客户及时传达供应链安全事件信息或威胁信息的相关约定条款；告知的内容范围有无供应链安全事件信息或威胁信息的描述；有无约定告知的方式、时效等。核查云服务商能否提供供应链安全事件报告或威胁报告模板等，其描述的供应链安全事件信息或威胁信息是否详细明确。

以定级对象某云服务商的云计算平台（服务模式为 IaaS）为例，测评实施步骤主要包括：抽查云服务商与云服务客户签署的服务水平协议或服务合同，核查其中是否包含云服务商须向云服务客户及时传达供应链安全事件信息或威胁信息的相关约定条款；核查合同中是否包括供应链安全事件信息或威胁信息的内容范围描述，其中告知的内容范围应至少覆盖与云服务客户所购买服务相关的信息；核查合同中是否明确描述告知的方式，如电子邮件、手机短信、微信公众号等，是否明确描述告知的时效，如在安全事件或威胁发生（现）后几个工作日内告知；查阅云服务商的供应链安全事件报告或威胁报告模板，核查其描述的供应链安全事件信息或威胁信息是否详细明确；结合其信息采集的方式，判断云服务商是否具备供应链安全事件信息或威胁信息收集能力；访谈云服务商相关人员，了解近期是否发生过与云计算平台有关的供应链安全事件或威胁，并抽选若干记录，核查告知云服务客户的记录，以此验证云服务商是否有效地履行合同约定的内容。如果测评结果表明，云服务商已将供应链安全事件信息或威胁信息及时传达到云服务客户，则单元判定结果为符合，否则为不符合或部分符合。

【L3-CMS2-09/L4-CMS2-09 解读和说明】

测评指标"应将供应商的重要变更及时传达到云服务客户，并评估变更带来的安全风险，采取措施对风险进行控制"的主要测评对象是供应商重要变更记录、风险评估报告和风险预案等。

测评实施要点包括：该测评指标是针对云服务商提出的要求，对于云服务客户不适用。一般情况下，这里的"供应商的重要变更"主要指可能导致云计算服务停止的平台组件版本升级变更或可能对云服务客户业务应用系统正常运行造成影响的变更等。例如，物理机房迁移、网络带宽降低或提升、硬件减配或升级、软件版本升级、漏洞补丁修补等。在测评时，重点在两个方面：一是判定云服务商是否具备风险控制能力；二是判定其是否履行及时传达义务。在测评时，主要核查服务水平协议、服务合同、重要变更记录、风险评估报告、风险预案等，重点关注以下几个方面：合同中是否包含告知义务，如云服务商须向云服务客户及时传达供应商的重要变更，并评估变更带来的安全风险，采取措施对风险进行控制的相关约定条款；告知的内容范围有无重要变更的描述；有无约定告知的方式、时效等。核查云服务商能否提供重要变更的风险评估计划及应急预案等，其描述的风险控制措施是否合理有效。

以定级对象某云服务商的云计算平台（服务模式为 IaaS）为例，测评实施步骤主要包括：抽查云服务商与云服务客户签署的服务水平协议或服务合同，核查其中是否包含云服务商须向云服务客户及时传达供应商的重要变更，并评估变更带来的安全风险，采取措施对风险进行控制的相关约定条款；核查合同中是否包括重要变更的内容范围描述，其中告知的内容范围应至少覆盖与云服务客户所购买服务相关的信息；核查合同中是否明确描述告知的方式，如电子邮件、手机短信、微信公众号等，是否明确描述告知的时效，如在重要变更发生（现）后几个工作日内告知；查阅云服务商的重要变更风险评估计划及应急预案等，核查其描述的安全措施是否合理，以此判断云服务商是否具备重要变更的风险控制能力；访谈云服务商的运维人员，了解是否在服务期间发生过重要变更，核查是否有相关变更记录、针对该变更的风险评估报告等，以此验证云服务商是否有效地履行合同约定的内容。如果测评结果表明，云服务商已将供应商的重要变更及时传达到云服务客户，并评估了变更带来的安全风险，采取了措施对风险进行控制，则单元判定结果为符合，否则为不符合或部分符合。

1.3.10　安全运维管理

在对云计算平台/系统的"安全运维管理"测评时应同时依据安全测评通用要求和安全测评扩展要求，其中涉及安全测评通用要求的解读内容参见《网络安全等级保护测评要求（通用要求部分）应用指南》中的"安全运维管理"，安全测评扩展要求的解读内容参见本节。

云计算环境管理

【标准要求】

该控制点第三级包括测评单元 L3-MMS2-01，第四级包括测评单元 L4-MMS2-01。

【L3-MMS2-01/L4-MMS2-01 解读和说明】

测评指标"云计算平台的运维地点应位于中国境内，境外对境内云计算平台实施运维操作应遵循国家相关规定"的主要测评对象是运维设备、运维地点、运维记录和相关管理文档等。

测评实施要点包括：该测评指标是针对云服务商提出的要求，对于云服务客户不适用。在测评时，需要注意"云计算平台的运维地点"是指云服务商对云计算平台进行运维管理的场所，"中国境内"特指中国大陆地区，不包括港澳台地区。若云计算平台的运维地点位于中国港澳台地区或其他国家，且未通过国家有关部门许可的，则该条判定为不符合。境外对境内云计算平台实施运维操作，应符合我国相关法律法规的要求，如《中华人民共和国网络安全法》《数据出境安全评估办法》《个人信息出境标准合同办法》等。

以定级对象某云服务商的云计算平台（服务模式为 IaaS）为例，测评实施步骤主要包括：访谈云计算平台的运维人员，确认云计算平台的运维地点；核查云计算平台的运维地点是否位于中国境内；访谈是否有位于境外的运维操作，若有，则核查是否遵循国家相关规定开展并实施，访谈和核查遵循国家哪些法律法规。如果测评结果表明，该云计算平台的所有运维地点均位于中国境内，境外对境内云计算平台实施运维操作遵循国家相关规定，则单元判定结果为符合，否则为不符合。

1.4　典型应用案例

1.4.1　公有云——IaaS

1. 被测系统描述

某基础云服务平台的安全保护等级定为第三级（S3A3）。该云计算平台主要通过虚拟化技术整合 IT 资源，为云服务客户提供互联网基础设施服务，根据云服务客户的实际需求提供云主机、镜像、块存储、虚拟网络、负载均衡、WAF、安全态势感知等基础服务。

基础云服务平台的网络拓扑图如图 1-4 所示。

基础云服务平台分为华南公有云、华东公有云、华北公有云，为三地多中心的架构模式。该云计算平台的网络架构包括服务区、网络区、安全管理区。

（1）服务区：服务器提供虚拟化集成，包括计算节点集群、存储节点集群、云负载均衡节点集群等。通过交换机接入网络区核心交换机。

（2）网络区：包括汇聚交换机、核心交换机、负载均衡等。网络出口使用多线 BGP（边界网关协议），可实现运营商和线路的冗余，保证业务的高可用性。同时，通过在网络出口部署流量清洗设备，可实现较高的安全性。各区域间通过内部专线互联，实现跨区域的高可用性和灾备冗余。

（3）安全管理区：包括运维系统、态势感知系统、WAF、日志服务器、网络管理服务器等。通过交换机接入网络区核心交换机，对网络设备、主机设备等进行管理。

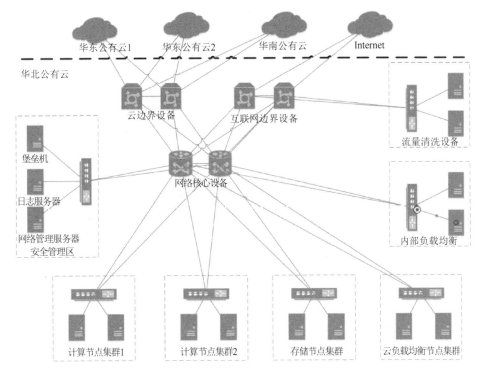

图 1-4　基础云服务平台的网络拓扑图

2. 测评对象选择

依据 GB/T 28449—2018《信息安全技术　网络安全等级保护测评过程指南》介绍的抽样方法，第三级信息系统的等级测评应基本覆盖测评对象的种类，并对其数量进行抽样，配置相同的安全设备、边界网络设备、网络互联设备、服务器、终端和备份设备，每类应至少抽取两台作为测评对象。

基础云服务平台涉及的测评对象包括物理机房、网络设备、安全设备、服务器/存储设备、终端、系统管理软件/平台、业务应用系统/平台等。在选择测评对象时一般采用抽查的方法，即抽查系统中具有代表性的组件作为测评对象。以物理机房、网络设备、安全设备、服务器、系统管理软件/平台和业务应用系统/平台为例，下面给出测评对象选择的结果。

1）物理机房

基础云服务平台涉及的物理机房如表 1-1 所示。

表1-1　物理机房（1）

序号	机房名称	物理位置	是否选择
1	华北机房	北京市××数据中心	是
2	华南机房	广州市××数据中心	是
3	华东机房	上海市××数据中心	是

2）网络设备

基础云服务平台涉及的网络设备如表1-2所示。

表1-2　网络设备（1）

序号	设备名称	是否为虚拟设备	品牌及型号	用途	是否选择	选择原则/方法
1	边界互联设备	否	华为 CE6851	边界互联	是	相同型号、相同配置抽取两台
2	互联网边界设备	否	华为 CE12500	互联网边界互联	是	相同型号、相同配置抽取两台
3	汇聚交换机	否	华为 CE12800	汇聚交换	是	相同型号、相同配置抽取两台
4	核心交换机	否	华为 CE12800	核心交换	是	相同型号、相同配置抽取两台
5	接入交换机	否	华为 CE6855	业务接入	是	相同型号、相同配置抽取两台

3）安全设备

基础云服务平台涉及的安全设备如表1-3所示。

表1-3　安全设备（1）

序号	设备名称	是否为虚拟设备	品牌及型号	用途	是否选择	选择原则/方法
1	流量清洗集群	是	自研	流量清洗、入侵防范	是	相同型号、相同配置抽取两台
2	门神堡垒机	是	自研	生产环境管理、行为审计	是	相同型号、相同配置抽取两台
3	WAF	是	自研	应用层防护	是	相同型号、相同配置抽取两台
4	态势感知集群	是	自研	展示安全态势	是	相同型号、相同配置抽取两台
5	主机安全防护系统	是	自研	主机防护	是	相同型号、相同配置抽取两台

4）服务器

基础云服务平台涉及的服务器如表 1-4 所示（以下测评对象仅按类别简单列出，在实际测评中需要按照实际情况，如根据设备用途等细化设备清单）。

表 1-4　服务器（1）

序号	服务器名称	是否为虚拟设备	品牌及型号	是否选择	选择原则/方法
1	云网站宿主服务器	否	CentOS 7.1	是	相同型号、相同配置抽取两台
2	用户中心宿主服务器	否	CentOS 7.1	是	相同型号、相同配置抽取两台
3	运维后台宿主服务器	否	CentOS 7.1	是	相同型号、相同配置抽取两台
4	存储节点服务器	否	CentOS 7.1	是	相同型号、相同配置抽取两台
5	计算节点服务器	否	CentOS 7.1	是	相同型号、相同配置抽取两台
6	网络节点服务器	否	CentOS 7.1	是	相同型号、相同配置抽取两台
7	数据库节点服务器	否	CentOS 7.1	是	相同型号、相同配置抽取两台
8	云负载均衡节点服务器	否	CentOS 7.1	是	相同型号、相同配置抽取两台

5）系统管理软件/平台

基础云服务平台涉及的系统管理软件/平台如表 1-5 所示。

表 1-5　系统管理软件/平台（1）

序号	系统管理软件/平台名称	所在设备名称	主要功能	是否选择
1	运维控制台	运维后台宿主服务器	基础云服务平台运维管理后台	是

6）业务应用系统/平台

基础云服务平台涉及的业务应用系统/平台如表 1-6 所示。

表 1-6　业务应用系统/平台（1）

序号	业务应用系统/平台名称	主要功能	是否选择
1	某云网站	基础云服务平台门户网站	是
2	用户中心控制台	为云服务客户提供公有云资产购买、管理及维护的统一平台，是用户登录云产品的统一入口	是

3. 测评指标选择

以云计算安全测评扩展要求为例，测评指标选择的结果如表 1-7 所示。

表 1-7　云计算安全测评扩展要求测评指标选择的结果（1）

安全类	控制点	测评指标	是否选择	选择原则/方法
安全物理环境	基础设施位置	应保证云计算基础设施位于中国境内	是	被测系统是安全保护等级为第三级的 IaaS 云计算平台，安全测评扩展要求的相关测评指标均适用于被测系统
安全通信网络	网络架构	a）应保证云计算平台不承载高于其安全保护等级的业务应用系统	是	
		b）应实现不同云服务客户虚拟网络之间的隔离	是	
		c）应具有根据云服务客户业务需求提供通信传输、边界防护、入侵防范等安全机制的能力	是	
		d）应具有根据云服务客户业务需求自主设置安全策略的能力，包括定义访问路径、选择安全组件、配置安全策略	是	
		e）应提供开放接口或开放性安全服务，允许云服务客户接入第三方安全产品或在云计算平台选择第三方安全服务	是	
安全区域边界	访问控制	a）应在虚拟化网络边界部署访问控制机制，并设置访问控制规则	是	
		b）应在不同等级的网络区域边界部署访问控制机制，设置访问控制规则	是	
	入侵防范	a）应能检测到云服务客户发起的网络攻击行为，并能记录攻击类型、攻击时间、攻击流量等	是	
		b）应能检测到对虚拟网络节点的网络攻击行为，并能记录攻击类型、攻击时间、攻击流量等	是	
		c）应能检测到虚拟机与宿主机、虚拟机与虚拟机之间的异常流量	是	
		d）应在检测到网络攻击行为、异常流量时进行告警	是	
	安全审计	a）应对云服务商和云服务客户在远程管理时执行的特权命令进行审计，至少包括虚拟机删除、虚拟机重启	是	
		b）应保证云服务商对云服务客户系统和数据的操作可被云服务客户审计	是	
安全计算环境	身份鉴别	当远程管理云计算平台中设备时，管理终端和云计算平台之间应建立双向身份验证机制	是	
	访问控制	a）应保证当虚拟机迁移时，访问控制策略随其迁移	是	
		b）应允许云服务客户设置不同虚拟机之间的访问控制策略	是	
	入侵防范	a）应能检测虚拟机之间的资源隔离失效，并进行告警	是	

安全类	控制点	测评指标	是否选择	选择原则/方法
安全计算环境	入侵防范	b）应能检测非授权新建虚拟机或者重新启用虚拟机，并进行告警	是	被测系统是安全保护等级为第三级的 IaaS 云计算平台，安全测评扩展要求的相关测评指标均适用于被测系统
		c）应能够检测恶意代码感染及在虚拟机间蔓延的情况，并进行告警	是	
	镜像和快照保护	a）应针对重要业务系统提供加固的操作系统镜像或操作系统安全加固服务	是	
		b）应提供虚拟机镜像、快照完整性校验功能，防止虚拟机镜像被恶意篡改	是	
		c）应采取密码技术或其他技术手段防止虚拟机镜像、快照中可能存在的敏感资源被非法访问	是	
	数据完整性和保密性	a）应确保云服务客户数据、用户个人信息等存储于中国境内，如需出境应遵循国家相关规定	是	
		b）应确保只在云服务客户授权下，云服务商或第三方才具有云服务客户数据的管理权限	是	
		c）应使用校验技术或密码技术保证虚拟机迁移过程中重要数据的完整性，并在检测到完整性受到破坏时采取必要的恢复措施	是	
		d）应支持云服务客户部署密钥管理解决方案，保证云服务客户自行实现数据的加解密过程	是	
	数据备份恢复	a）云服务客户应在本地保存其业务数据的备份	否	
		b）应提供查询云服务客户数据及备份存储位置的能力	是	
		c）云服务商的云存储服务应保证云服务客户数据存在若干个可用的副本，各副本之间的内容应保持一致	是	
		d）应为云服务客户将业务系统及数据迁移到其他云计算平台和本地系统提供技术手段，并协助完成迁移过程	是	
	剩余信息保护	a）应保证虚拟机所使用的内存和存储空间回收时得到完全清除	是	
		b）云服务客户删除业务应用数据时，云计算平台应将云存储中所有副本删除	是	
安全管理中心	集中管控	a）应对物理资源和虚拟资源按照策略做统一管理调度与分配	是	
		b）应保证云计算平台管理流量与云服务客户业务流量分离	是	
		c）应根据云服务商和云服务客户的职责划分，收集各自控制部分的审计数据并实现各自的集中审计	是	

续表

安全类	控制点	测评指标	是否选择	选择原则/方法
安全管理中心	集中管控	d）应根据云服务商和云服务客户的职责划分，实现各自控制部分，包括虚拟化网络、虚拟机、虚拟化安全设备等的运行状况的集中监测	是	被测系统是安全保护等级为第三级的 IaaS 云计算平台，安全测评扩展要求的相关测评指标均适用于被测系统
安全建设管理	云服务商选择	a）应选择安全合规的云服务商，其所提供的云计算平台应为其所承载的业务应用系统提供相应等级的安全保护能力	否	
		b）应在服务水平协议中规定云服务的各项服务内容和具体技术指标	否	
		c）应在服务水平协议中规定云服务商的权限与责任，包括管理范围、职责划分、访问授权、隐私保护、行为准则、违约责任等	否	
		d）应在服务水平协议中规定服务合约到期时，完整提供云服务客户数据，并承诺相关数据在云计算平台上清除	否	
		e）应与选定的云服务商签署保密协议，要求其不得泄露云服务客户数据	否	
	供应链管理	a）应确保供应商的选择符合国家有关规定	是	
		b）应将供应链安全事件信息或威胁信息及时传达到云服务客户	是	
		c）应将供应商的重要变更及时传达到云服务客户，并评估变更带来的安全风险，采取措施对风险进行控制	是	
安全运维管理	云计算环境管理	云计算平台的运维地点应位于中国境内，境外对境内云计算平台实施运维操作应遵循国家相关规定	是	

4．测评指标和测评对象的映射关系

依据 GB/T 22239—2019《信息安全技术　网络安全等级保护基本要求》，将已经得到的测评指标和测评对象结合起来，将测评指标映射到各测评对象上。针对云计算安全测评扩展要求，测评指标和测评对象的映射关系如表 1-8 所示（注：云计算安全测评扩展指标为全局性指标，不针对具体对象开展测评，但是其安全能力由具体对象实现。以下给出实现该能力的对象，仅供参考）。

表 1-8　测评指标和测评对象的映射关系（1）

安全类	控制点	测评对象
安全物理环境	基础设施位置	华北机房、华南机房、华东机房、办公场地

安全类	控制点	测评对象
安全通信网络	网络架构	云计算平台定级备案材料，以及云服务商对云服务客户业务应用系统上云前的管控措施、运维控制台、安全组、VPN、安全资源池、开放接口
安全区域边界	访问控制	核心交换机、接入设备、WAF、安全组
	入侵防范	主机安全防护系统、态势感知集群、WAF、流量清洗集群
	安全审计	用户中心控制台、运维控制台、堡垒机
安全计算环境	身份鉴别	管理终端、运维控制台
	访问控制	虚拟机及相关迁移记录、安全组
	入侵防范	主机安全防护系统、态势感知集群、运维控制台
	镜像和快照保护	虚拟机镜像、快照文件
	数据完整性和保密性	数据库服务器、数据存储设备、运维控制台、虚拟机、密钥管理解决方案
	数据备份恢复	运维控制台、云存储服务、云迁移服务
	剩余信息保护	数据清除措施、云存储
安全管理中心	集中管控	运维控制台、用户中心控制台、网络架构、态势感知系统
安全建设管理	供应链管理	供应商的资质文件、某云网站
安全运维管理	云计算环境管理	华北机房、华南机房、华东机房

5. 测评要点解析

1）安全通信网络

测评指标：应具有根据云服务客户业务需求自主设置安全策略的能力，包括定义访问路径、选择安全组件、配置安全策略。

安全现状分析：

该基础云服务平台提供 VPC、路由策略、ACL、安全组来实现根据云服务客户业务需求自主设置安全策略。

已有安全措施分析：

该基础云服务平台通过 VPC 使不同云服务客户在网络中隔离，在 VPC 中配置子网，通过配置路由策略和 ACL 设置 VPC 中不同子网的访问策略，云主机通过设置安全组来设置其对外开发的接口和服务。得出结论：该基础云服务平台通过 VPC、路由策略、ACL、安全组实现根据云服务客户业务需求自主设置安全策略，已有的安全措施符合测评指标的要求。

2）安全区域边界

测评指标：应在虚拟化网络边界部署访问控制机制，并设置访问控制规则。

安全现状分析：

虚拟网络与外网使用网络设备 ACL 进行访问控制；不同 VPC 之间默认隔离，对于使用对等连接不同 VPC 的情况，使用路由表和云防火墙进行访问控制；同一 VPC 不同虚拟子网使用路由表和云防火墙进行访问控制，并设置了访问控制规则。

已有安全措施分析：

该基础云服务平台为云服务客户虚拟网络与外网之间、云服务客户与云服务客户之间、同一 VPC 不同虚拟子网之间明确划分了虚拟化网络边界，并且部署了访问控制机制，这些机制设置了有效的访问控制规则，已有的安全措施符合测评指标的要求。

3）安全建设管理

测评指标：应将供应商的重要变更及时传达到云服务客户，并评估变更带来的安全风险，采取措施对风险进行控制。

安全现状分析：

该基础云服务平台通过某云网站推送与云服务客户相关的变更以告知云服务客户，然而内部并未对变更信息进行分类管理，以评估安全风险及制定预案。

安全风险分析：

该基础云服务平台会在官网上向云服务客户推送供应商的变更信息，但是由于云服务商内部并未评估变更带来的安全风险，也未采取措施对风险进行控制，一旦出现新的不可预知的风险将无法及时应对，可能给云服务客户带来损失，对云计算平台的名誉造成影响。该安全问题可能导致的风险等级为中。

1.4.2　公有云——PaaS

1. 被测系统描述

某公有云平台提供 PaaS，安全保护等级为第三级（S3A3），由云服务商直接负责底层基础设施的建设。该平台主要分为外网区、内网区和办公区，其网络拓扑图如图 1-5 所示，各区域情况如下。

（1）外网区部署了出口路由器、外网核心交换机、网关外网交换机、网关等网络设备，以及网络安全防护系统、应用防护系统等安全设备。

（2）内网区包括云安全中心、云存储区、应用/数据库服务器区、宿主机区。其中，云安全中心部署了异常流量检测系统、主机安全防护系统、漏洞扫描系统、认证系统、VPN和跳板机等；应用/数据库服务器区部署了应用服务器和数据库服务器，通过 VPC 和虚拟防火墙进行访问控制；宿主机区为云服务客户提供基础计算环境，云服务客户通过云计算平台提供的官网控制台对以上安全防护措施进行统一管理。

（3）办公区主要由运维人员通过办公网络对云计算平台进行运维。

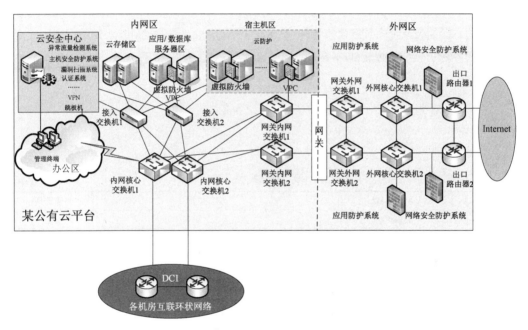

图 1-5　公有云平台（PaaS）的网络拓扑图

网关负责对网络流量进行负载均衡；网络安全防护系统提供流量清洗功能，能够对外部 DDoS 攻击进行防护；应用防护系统能够对应用层的攻击行为进行检测、记录和阻断；异常流量检测系统负责对网络中的异常流量进行检测和记录；主机安全防护系统负责对主机的入侵行为进行检测、记录和阻断；漏洞扫描系统负责定期对系统中的漏洞进行扫描；认证系统负责为管理操作系统的用户分配不同的权限；VPN 负责为云计算平台的运维人员提供互联网管理通道；跳板机能够审计用户的所有运维操作。通信线路、网络设备和服务器均为冗余部署。各地机房通过 DCI 网络进行互联。

2. 测评对象选择

依据 GB/T 28449—2018《信息安全技术 网络安全等级保护测评过程指南》介绍的抽样方法，第三级信息系统的等级测评应基本覆盖测评对象的种类，并对其数量进行抽样，配置相同的安全设备、边界网络设备、网络互联设备、服务器、终端和备份设备，每类应至少抽取两台作为测评对象。

公有云平台（PaaS）涉及的测评对象包括物理机房、网络设备、安全设备、服务器/存储设备、终端、系统管理软件/平台、业务应用系统/平台等。在选择测评对象时一般采用抽查的方法，即抽查系统中具有代表性的组件作为测评对象。以物理机房、网络设备、安全设备、服务器、系统管理软件/平台和业务应用系统/平台为例，下面给出测评对象选择的结果。

1）物理机房

公有云平台（PaaS）涉及的物理机房如表 1-9 所示。

表 1-9　物理机房（2）

序号	机房名称	物理位置	是否选择
1	北京机房	北京市××数据中心	是
2	上海机房	上海市××数据中心	是

2）网络设备

公有云平台（PaaS）涉及的网络设备如表 1-10 所示。

表 1-10　网络设备（2）

序号	设备名称	是否为虚拟设备	品牌及型号	用途	是否选择	选择原则/方法
1	出口路由器	否	华为 NE40E-X16A	路由选择	是	相同型号、相同配置抽取两台
2	外网核心交换机	否	思科 6509-E	数据交换	是	相同型号、相同配置抽取两台
3	网关外网交换机	否	思科 6509-E	数据交换	是	相同型号、相同配置抽取两台
4	网关内网交换机	否	思科 6509-E	数据交换	是	相同型号、相同配置抽取两台
5	内网核心交换机	否	思科 6509-E	数据交换	是	相同型号、相同配置抽取两台

续表

序号	设备名称	是否为虚拟设备	品牌及型号	用途	是否选择	选择原则/方法
6	接入交换机	否	思科 6509-E	服务器接入	是	相同型号、相同配置抽取两台
7	VPN	否	深信 SJW78-V60	外网用户接入	是	相同型号、相同配置抽取两台

3）安全设备

公有云平台（PaaS）涉及的安全设备如表 1-11 所示。

表 1-11　安全设备（2）

序号	设备名称	是否为虚拟设备	品牌及型号	用途	是否选择	选择原则/方法
1	网络安全防护系统	否	天融信 NGFW4000-UF	访问控制、网络层防护	是	相同型号、相同配置抽取两台
2	应用防护系统	否	华为 USG6550	应用层防护	是	相同型号、相同配置抽取两台
3	虚拟防火墙	是	自研	访问控制	是	相同型号、相同配置抽取两台
4	主机安全防护系统	是	自研	主机防护	是	同型号相同配置抽取两台

4）服务器

公有云平台（PaaS）涉及的服务器如表 1-12 所示（以下测评对象仅按类别简单列出，在实际测评中需要按照实际情况，如根据设备用途等细化设备清单）。

表 1-12　服务器（2）

序号	服务器名称	是否为虚拟设备	品牌及型号	是否选择	选择原则/方法
1	物理服务器	否	Linux 6.5	是	相同型号、相同配置抽取两台
2	应用服务器	是	Linux 6.5	是	相同型号、相同配置抽取两台
3	数据库服务器	是	Linux 7.1	是	相同型号、相同配置抽取两台
4	大数据计算服务器	是	Linux 7.1	是	相同型号、相同配置抽取两台

5）系统管理软件/平台

公有云平台（PaaS）涉及的系统管理软件/平台如表 1-13 所示。

表 1-13　系统管理软件/平台（2）

序号	系统管理软件/平台名称	所在设备名称	主要功能	是否选择
1	运维控制台	物理服务器	云服务客户登录云产品的统一入口	是

6）业务应用系统/平台

公有云平台（PaaS）涉及的业务应用系统/平台如表1-14所示。

表1-14　业务应用系统/平台（2）

序号	业务应用系统/平台名称	主要功能	是否选择
1	公有云平台	为云服务客户提供虚拟服务器和虚拟数据库服务	是

3. 测评指标选择

以云计算安全测评扩展要求为例，测评指标选择的结果如表1-15所示。

表1-15　云计算安全测评扩展要求测评指标选择的结果（2）

安全类	控制点	测评指标	是否选择	选择原则/方法
安全物理环境	基础设施位置	应保证云计算基础设施位于中国境内	是	
安全通信网络	网络架构	a）应保证云计算平台不承载高于其安全保护等级的业务应用系统	是	被测系统是安全保护等级为第三级的PaaS云计算平台，由云服务商直接负责底层基础设施的建设，因此测评指标同IaaS云计算平台，安全测评扩展要求的相关测评指标均适用于被测系统
		b）应实现不同云服务客户虚拟网络之间的隔离	是	
		c）应具有根据云服务客户业务需求提供通信传输、边界防护、入侵防范等安全机制的能力	是	
		d）应具有根据云服务客户业务需求自主设置安全策略的能力，包括定义访问路径、选择安全组件、配置安全策略	是	
		e）应提供开放接口或开放性安全服务，允许云服务客户接入第三方安全产品或在云计算平台选择第三方安全服务	是	
安全区域边界	访问控制	a）应在虚拟化网络边界部署访问控制机制，并设置访问控制规则	是	
		b）应在不同等级的网络区域边界部署访问控制机制，设置访问控制规则	是	
	入侵防范	a）应能检测到云服务客户发起的网络攻击行为，并能记录攻击类型、攻击时间、攻击流量等	是	
		b）应能检测到对虚拟网络节点的网络攻击行为，并能记录攻击类型、攻击时间、攻击流量等	是	
		c）应能检测到虚拟机与宿主机、虚拟机与虚拟机之间的异常流量	是	
		d）应在检测到网络攻击行为、异常流量时进行告警	是	

续表

安全类	控制点	测评指标	是否选择	选择原则/方法
安全区域边界	安全审计	a）应对云服务商和云服务客户在远程管理时执行的特权命令进行审计，至少包括虚拟机删除、虚拟机重启	是	被测系统是安全保护等级为第三级的PaaS云计算平台，由云服务商直接负责底层基础设施的建设，因此测评指标同IaaS云计算平台，安全测评扩展要求的相关测评指标均适用于被测系统
		b）应保证云服务商对云服务客户系统和数据的操作可被云服务客户审计	是	
安全计算环境	身份鉴别	当远程管理云计算平台中设备时，管理终端和云计算平台之间应建立双向身份验证机制	是	
	访问控制	a）应保证当虚拟机迁移时，访问控制策略随其迁移	是	
		b）应允许云服务客户设置不同虚拟机之间的访问控制策略	是	
	入侵防范	a）应能检测虚拟机之间的资源隔离失效，并进行告警	是	
		b）应能检测非授权新建虚拟机或者重新启用虚拟机，并进行告警	是	
		c）应能够检测恶意代码感染及在虚拟机间蔓延的情况，并进行告警	是	
	镜像和快照保护	a）应针对重要业务系统提供加固的操作系统镜像或操作系统安全加固服务	是	
		b）应提供虚拟机镜像、快照完整性校验功能，防止虚拟机镜像被恶意篡改	是	
		c）应采取密码技术或其他技术手段防止虚拟机镜像、快照中可能存在的敏感资源被非法访问	是	
	数据完整性和保密性	a）应确保云服务客户数据、用户个人信息等存储于中国境内，如需出境应遵循国家相关规定	是	
		b）应确保只有在云服务客户授权下，云服务商或第三方才具有云服务客户数据的管理权限	是	
		c）应使用校验技术或密码技术保证虚拟机迁移过程中重要数据的完整性，并在检测到完整性受到破坏时采取必要的恢复措施	是	
		d）应支持云服务客户部署密钥管理解决方案，保证云服务客户自行实现数据的加解密过程	是	
	数据备份恢复	a）云服务客户应在本地保存其业务数据的备份	否	
		b）应提供查询云服务客户数据及备份存储位置的能力	是	
		c）云服务商的云存储服务应保证云服务客户数据存在若干个可用的副本，各副本之间的内容应保持一致	是	

安全类	控制点	测评指标	是否选择	选择原则/方法
安全计算环境	数据备份恢复	d）应为云服务客户将业务系统及数据迁移到其他云计算平台和本地系统提供技术手段，并协助完成迁移过程	是	被测系统是安全保护等级为第三级的PaaS云计算平台，由云服务商直接负责底层基础设施的建设，因此测评指标同IaaS云计算平台，安全测评扩展要求的相关测评指标均适用于被测系统
	剩余信息保护	a）应保证虚拟机所使用的内存和存储空间回收时得到完全清除	是	
		b）云服务客户删除业务应用数据时，云计算平台应将云存储中所有副本删除	是	
安全管理中心	集中管控	a）应对物理资源和虚拟资源按照策略做统一管理调度与分配	是	
		b）应保证云计算平台管理流量与云服务客户业务流量分离	是	
		c）应根据云服务商和云服务客户的职责划分，收集各自控制部分的审计数据并实现各自的集中审计	是	
		d）应根据云服务商和云服务客户的职责划分，实现各自控制部分，包括虚拟化网络、虚拟机、虚拟化安全设备等的运行状况的集中监测	是	
安全建设管理	云服务商选择	a）应选择安全合规的云服务商，其所提供的云计算平台应为其所承载的业务应用系统提供相应等级的安全保护能力	否	
		b）应在服务水平协议中规定云服务的各项服务内容和具体技术指标	否	
		c）应在服务水平协议中规定云服务商的权限与责任，包括管理范围、职责划分、访问授权、隐私保护、行为准则、违约责任等	否	
		d）应在服务水平协议中规定服务合约到期时，完整提供云服务客户数据，并承诺相关数据在云计算平台上清除	否	
		e）应与选定的云服务商签署保密协议，要求其不得泄露云服务客户数据	否	
	供应链管理	a）应确保供应商的选择符合国家有关规定	是	
		b）应将供应链安全事件信息或威胁信息及时传达到云服务客户	是	
		c）应将供应商的重要变更及时传达到云服务客户，并评估变更带来的安全风险，采取措施对风险进行控制	是	
安全运维管理	云计算环境管理	云计算平台的运维地点应位于中国境内，境外对境内云计算平台实施运维操作应遵循国家相关规定	是	

4. 测评指标和测评对象的映射关系

依据 GB/T 22239—2019《信息安全技术　网络安全等级保护基本要求》，将已经得到的测评指标和测评对象结合起来，将测评指标映射到各测评对象上。针对云计算安全测评扩展要求，测评指标和测评对象的映射关系如表 1-16 所示（注：云计算安全测评扩展指标为全局性指标，不针对具体对象开展测评，但是其安全能力由具体对象实现。以下给出实现该能力的对象，仅供参考）。

表 1-16　测评指标和测评对象的映射关系（2）

安全类	控制点	测评对象
安全物理环境	基础设施位置	北京机房、上海机房、办公场地
安全通信网络	网络架构	云计算平台定级备案材料，以及云服务商对云服务客户业务应用系统上云前的管控措施、运维控制台、安全组、VPN、安全资源池、开放接口
安全区域边界	访问控制	核心交换机、虚拟防火墙、安全组
	入侵防范	网络安全防护系统、主机安全防护系统、应用防护系统、异常流量检测系统
	安全审计	运维控制台、堡垒机
安全计算环境	身份鉴别	管理终端、运维控制台
	访问控制	虚拟机及相关迁移记录、安全组
	入侵防范	主机安全防护系统、运维控制台
	镜像和快照保护	虚拟机镜像、快照文件
	数据完整性和保密性	数据库服务器、数据存储设备、运维控制台、虚拟机、密钥管理解决方案
	数据备份恢复	运维控制台、云存储服务、云迁移服务
	剩余信息保护	数据清除措施、云存储
安全管理中心	集中管控	运维控制台、堡垒机、公有云平台、网络架构
安全建设管理	供应链管理	供应商的资质文件、安全事件报告、变更通知
安全运维管理	云计算环境管理	运维地点

5. 测评要点解析

1）安全通信网络

（1）测评指标：应保证云计算平台不承载高于其安全保护等级的业务应用系统。

安全现状分析：

该云计算平台的安全保护等级为第三级，云服务商在官网上声明了云计算平台的安全保护等级，与定级备案材料中的安全保护等级一致；在云服务商与上云的云服务客户签署的合同中明确，若云服务客户业务应用系统的安全保护等级高于云计算平台的安全保护等级，则不能上云。

已有安全措施分析：

根据以上安全现状分析，可确保该云计算平台的安全保护等级不低于其上业务应用系统的安全保护等级，已有的安全措施符合测评指标的要求。

（2）测评指标：应实现不同云服务客户虚拟网络之间的隔离。

安全现状分析：

该云计算平台部署了 VPC 和虚拟防火墙，且云服务商为云服务客户提供了虚拟网络隔离措施的配置方式。

已有安全措施分析：

根据以上安全现状分析，该云计算平台部署的 VPC 和虚拟防火墙可以实现不同云服务客户之间的安全防护和不同云服务客户虚拟网络之间的隔离，已有的安全措施符合测评指标的要求。

2）安全管理中心

测评指标：应根据云服务商和云服务客户的职责划分，收集各自控制部分的审计数据并实现各自的集中审计。

安全现状分析：

云服务商通过堡垒机等收集网络设备、安全设备、物理服务器及运维侧的虚拟服务器的审计日志，但是缺少为云服务客户提供 PaaS 所在的虚拟服务器的审计内容。

安全风险分析：

在 PaaS 模式下，云服务商的责任对象包括虚拟机，缺少提供 PaaS 所在的虚拟服务器的审计内容，可能造成审计信息不全，无法追溯虚拟服务器层面的违规操作。该安全问题可能导致的风险等级为中。

1.4.3　专有云——IaaS

1. 被测系统描述

某单位在自建机房中部署了专有云，安全保护等级为第三级（S3A3）。该平台上部署的业务应用和云计算平台的责任主体一致，采用的是某云服务商专有云原生云架构，通过将物理服务器的计算和存储能力、网络设备虚拟化成虚拟计算、分布式存储和软件定义网络，为应用系统提供 IT 基础服务的支撑能力。专有云平台的网络拓扑图如图 1-6 所示。

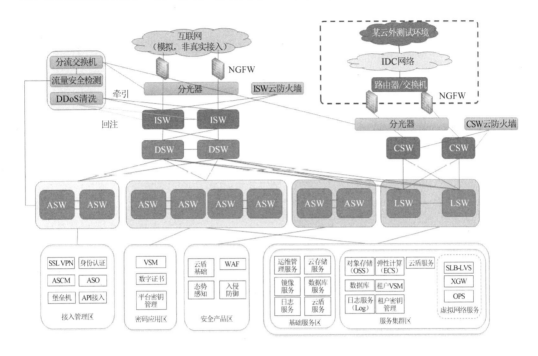

图 1-6　专有云平台的网络拓扑图

专有云的网络在逻辑上主要包括六个区域，分别是网络接入区（ASW 交换机及其上区域）、接入管理区、密码应用区、安全产品区、基础服务区和服务集群区，各个区域内分不同模块组合实现各自功能。此外，在外网接入模块会旁挂云安全防护系统，外网访问云网络的流量通过分光器引流至 Beaver，Beaver 在监测到攻击流量后将攻击流量引入 DDoS 系统进行清洗，并将清洗后的流量回注。

2. 测评对象选择

依据 GB/T 28449—2018《信息安全技术　网络安全等级保护测评过程指南》介绍的抽样方法，第三级信息系统的等级测评应基本覆盖测评对象的种类，并对其数量进行抽样，配置相同的安全设备、边界网络设备、网络互联设备、服务器、终端和备份设备，每类应至少抽取两台作为测评对象。

专有云平台涉及的测评对象包括物理机房、网络设备、安全设备、服务器/存储设备、终端、系统管理软件/平台、业务应用系统/平台等。在选择测评对象时一般采用抽查的方法，即抽查系统中具有代表性的组件作为测评对象。以物理机房、网络设备、安全设备、服务器、系统管理软件/平台和业务应用系统/平台为例，下面给出测评对象选择的结果。

1）物理机房

专有云平台涉及的物理机房如表 1-17 所示。

表 1-17　物理机房（3）

序号	机房名称	物理位置	是否选择
1	广东机房	广州市×号	是
2	上海机房	上海市×号	是

2）网络设备

专有云平台涉及的网络设备如表 1-18 所示。

表 1-18　网络设备（3）

序号	设备名称	是否为虚拟设备	品牌及型号	用途	是否选择	选择原则/方法
1	ASW	否	H3C S6800-54QF	数据交换模块接入交换机	是	相同型号、相同配置抽取两台
2	CSW	否	H3C S6800-4C	云网络内外部的路由分发交互	是	相同型号、相同配置抽取两台
3	DSW	否	H3C S12504X-AF	核心交换机	是	相同型号、相同配置抽取两台
4	ISW	否	H3C S6800-54QF	互联网接入交换机	是	相同型号、相同配置抽取两台
5	LSW	否	H3C S6800-54QF	云产品服务接入交换机	是	相同型号、相同配置抽取两台
6	OMR	否	H3C S5560-54QS-EI	带外交换机	是	相同型号、相同配置抽取两台
7	OASW	否	H3C S3100V3-52TP-EI	服务器带外交换机	是	相同型号、相同配置抽取两台

3）安全设备

专有云平台涉及的安全设备如表 1-19 所示。

表 1-19　安全设备（3）

序号	设备名称	是否为虚拟设备	品牌及型号	用途	是否选择	选择原则/方法
1	云盾	是	自研	云安全防护	是	相同型号、相同配置抽取两台
2	云防火墙	是	自研	边界安全防护	是	相同型号、相同配置抽取两台

4）服务器

专有云平台涉及的服务器如表 1-20 所示。

表 1-20　服务器（3）

序号	服务器名称	是否为虚拟设备	操作系统及版本	数据库管理系统及版本	是否选择	选择原则/方法
1	运维管理服务器	否	AliOS 7U2-x86-64	—	是	相同型号、相同配置抽取两台
2	租户物理资源池—服务器集群	否	AliOS 7U2-x86-64	—	是	相同型号、相同配置抽取两台
3	物理资源池—RDS服务器集群	否	AliOS 7U2-x86-64	—	是	相同型号、相同配置抽取两台
4	物理资源池—OSS服务器集群	否	AliOS 7U2-x86-64	—	是	相同型号、相同配置抽取两台
5	物理资源池—日志服务器集群	否	AliOS 7U2-x86-64	—	是	相同型号、相同配置抽取两台
6	数据库服务器	否	AliOS 7U2-x86-64	MySQL 5.6	是	相同型号、相同配置抽取两台

5）系统管理软件/平台

专有云平台涉及的系统管理软件/平台如表 1-21 所示。

表 1-21　系统管理软件/平台（3）

序号	系统管理软件/平台名称	主要功能	版本	是否选择
1	ASO	提供云计算平台资源管理服务	2.1	是
2	MySQL 数据库	数据管理	5.6	是

6）业务应用系统/平台

专有云平台涉及的业务应用系统/平台如表 1-22 所示。

表 1-22　业务应用系统/平台（3）

序号	业务应用系统/平台名称	主要功能	版本	开发厂商	是否选择
1	ASCM	提供云计算平台运维管理服务	2.1	厂商自研	是

3. 测评指标选择

以云计算安全测评扩展要求为例，测评指标选择的结果如表 1-23 所示（这是云计算平台和其上应用责任主体一致的情况，若专有云平台和其上应用责任主体不一致，则指标选择请参考公有云）。

表 1-23　云计算安全测评扩展要求测评指标选择的结果（3）

安全类	控制点	测评指标	是否选择	选择原则/方法
安全物理环境	基础设施位置	应保证云计算基础设施位于中国境内	是	
安全通信网络	网络架构	a）应保证云计算平台不承载高于其安全保护等级的业务应用系统	是	
		b）应实现不同云服务客户虚拟网络之间的隔离	否	
		c）应具有根据云服务客户业务需求提供通信传输、边界防护、入侵防范等安全机制的能力	否	
		d）应具有根据云服务客户业务需求自主设置安全策略的能力，包括定义访问路径、选择安全组件、配置安全策略	否	被测系统是专有云平台，且云计算平台和其上应用责任主体一致，没有云服务商和云服务客户的概念，如涉及各自承担责任的要求、对云计算平台应提供的能力要求（已在通用要求中要求）及云服务的选择等条款可不适用
		e）应提供开放接口或开放性安全服务，允许云服务客户接入第三方安全产品或在云计算平台选择第三方安全服务	否	
安全区域边界	访问控制	a）应在虚拟化网络边界部署访问控制机制，并设置访问控制规则	是	
		b）应在不同等级的网络区域边界部署访问控制机制，设置访问控制规则	是	
	入侵防范	a）应能检测到云服务客户发起的网络攻击行为，并能记录攻击类型、攻击时间、攻击流量等	否	
		b）应能检测到对虚拟网络节点的网络攻击行为，并能记录攻击类型、攻击时间、攻击流量等	是	
		c）应能检测到虚拟机与宿主机、虚拟机与虚拟机之间的异常流量	是	
		d）应在检测到网络攻击行为、异常流量时进行告警	是	
	安全审计	a）应对云服务商和云服务客户在远程管理时执行的特权命令进行审计，至少包括虚拟机删除、虚拟机重启	是	
		b）应保证云服务商对云服务客户系统和数据的操作可被云服务客户审计	否	

续表

安全类	控制点	测评指标	是否选择	选择原则/方法
安全计算环境	身份鉴别	当远程管理云计算平台中设备时，管理终端和云计算平台之间应建立双向身份验证机制	是	被测系统是专有云平台，且云计算平台和其上应用责任主体一致，没有云服务商和云服务客户的概念，如涉及各自承担责任的要求、对云计算平台应提供的能力要求（已在通用要求中要求）及云服务的选择等条款可不适用
	访问控制	a）应保证当虚拟机迁移时，访问控制策略随其迁移	是	
		b）应允许云服务客户设置不同虚拟机之间的访问控制策略	否	
	入侵防范	a）应能检测虚拟机之间的资源隔离失效，并进行告警	是	
		b）应能检测非授权新建虚拟机或者重新启用虚拟机，并进行告警	是	
		c）应能够检测恶意代码感染及在虚拟机间蔓延的情况，并进行告警	是	
	镜像和快照保护	a）应针对重要业务系统提供加固的操作系统镜像或操作系统安全加固服务	是	
		b）应提供虚拟机镜像、快照完整性校验功能，防止虚拟机镜像被恶意篡改	是	
		c）应采取密码技术或其他技术手段防止虚拟机镜像、快照中可能存在的敏感资源被非法访问	是	
	数据完整性和保密性	a）应确保云服务客户数据、用户个人信息等存储于中国境内，如需出境应遵循国家相关规定	是	
		b）应确保只有在云服务客户授权下，云服务商或第三方才具有云服务客户数据的管理权限	否	
		c）应使用校验技术或密码技术保证虚拟机迁移过程中重要数据的完整性，并在检测到完整性受到破坏时采取必要的恢复措施	是	
		d）应支持云服务客户部署密钥管理解决方案，保证云服务客户自行实现数据的加解密过程	否	
	数据备份恢复	a）云服务客户应在本地保存其业务数据的备份	否	
		b）应提供查询云服务客户数据及备份存储位置的能力	否	
		c）云服务商的云存储服务应保证云服务客户数据存在若干个可用的副本，各副本之间的内容应保持一致	是	
		d）应为云服务客户将业务系统及数据迁移到其他云计算平台和本地系统提供技术手段，并协助完成迁移过程	否	
	剩余信息保护	a）应保证虚拟机所使用的内存和存储空间回收时得到完全清除	是	
		b）云服务客户删除业务应用数据时，云计算平台应将云存储中所有副本删除	是	

安全类	控制点	测评指标	是否选择	选择原则/方法
安全管理中心	集中管控	a）应对物理资源和虚拟资源按照策略做统一管理调度与分配	是	被测系统是专有云平台，且云计算平台和其上应用责任主体一致，没有云服务商和云服务客户的概念，如涉及各自承担责任的要求、对云计算平台应提供的能力要求（已在通用要求中要求）及云服务的选择等条款可不适用
		b）应保证云计算平台管理流量与云服务客户业务流量分离	是	
		c）应根据云服务商和云服务客户的职责划分，收集各自控制部分的审计数据并实现各自的集中审计	否	
		d）应根据云服务商和云服务客户的职责划分，实现各自控制部分，包括虚拟化网络、虚拟机、虚拟化安全设备等的运行状况的集中监测	否	
安全建设管理	云服务商选择	a）应选择安全合规的云服务商，其所提供的云计算平台应为其所承载的业务应用系统提供相应等级的安全保护能力	否	
		b）应在服务水平协议中规定云服务的各项服务内容和具体技术指标	否	
		c）应在服务水平协议中规定云服务商的权限与责任，包括管理范围、职责划分、访问授权、隐私保护、行为准则、违约责任等	否	
		d）应在服务水平协议中规定服务合约到期时，完整提供云服务客户数据，并承诺相关数据在云计算平台上清除	否	
		e）应与选定的云服务商签署保密协议，要求其不得泄露云服务客户数据	否	
	供应链管理	a）应确保供应商的选择符合国家有关规定	是	
		b）应将供应链安全事件信息或威胁信息及时传达到云服务客户	否	
		c）应将供应商的重要变更及时传达到云服务客户，并评估变更带来的安全风险，采取措施对风险进行控制	否	
安全运维管理	云计算环境管理	云计算平台的运维地点应位于中国境内，境外对境内云计算平台实施运维操作应遵循国家相关规定	是	

4. 测评指标和测评对象的映射关系

依据 GB/T 22239—2019《信息安全技术　网络安全等级保护基本要求》，将已经得到的测评指标和测评对象结合起来，将测评指标映射到各测评对象上。针对云计算安全测评扩展要求，测评指标和测评对象的映射关系如表 1-24 所示（注：云计算安全测评扩展指标为全局性指标，不针对具体对象开展测评，但是其安全能力由具体对象实现。以下给出实现该能力的对象，仅供参考）。

表 1-24　测评指标和测评对象的映射关系（3）

安全类	控制点	测评对象
安全物理环境	基础设施位置	广东机房、上海机房、办公场地
安全通信网络	网络架构	云计算平台及其上系统的定级备案材料
安全区域边界	访问控制	VPC、云防火墙、云盾、堡垒机
	入侵防范	云盾、云防火墙
	安全审计	云控制台（ASO）、堡垒机
安全计算环境	身份鉴别	管理终端、云控制台（ASO）
	访问控制	虚拟机及相关迁移记录和相关配置、安全组、云防火墙和 VPC
	入侵防范	云安全中心（安骑士）、ASO 云监控
	镜像和快照保护	基础镜像、快照文件
	数据完整性和保密性	数据库服务器、数据存储设备、虚拟机
	数据备份恢复	云控制台、云存储
	剩余信息保护	零值覆盖
安全管理中心	集中管控	ASO、网络架构
安全建设管理	供应链管理	供应商的资质文件
安全运维管理	云计算环境管理	运维地点

5. 测评要点解析

1）安全计算环境

测评指标：应支持云服务客户部署密钥管理解决方案，保证云服务客户自行实现数据的加解密过程。

测评要点解析：

该测评指标是针对云计算平台提出的要求，但是由于该云计算平台为责任主体一致的专有云，此处没有云服务客户的概念，且该专有云平台在建设之初已经考虑密码应用需求，因此此要求项不适用。

2）安全管理中心

（1）测评指标：应保证云计算平台管理流量与云服务客户业务流量分离。

测评要点解析：

在测评时，虽然该云计算平台为责任主体一致的专有云，但仍需明确云计算平台管理流量与云服务客户业务流量，针对该要求项测评的实施步骤参考前文。

安全现状分析：

该云计算平台管理流量通过带外管理，业务流量通过上层网络；管理流量网络层使用的是经典网络，与业务网络 VPC 网络隔离。

已有安全措施分析：

根据以上安全现状分析，该云计算平台实现了管理流量与业务流量的分离，已有的安全措施符合测评指标的要求。

（2）测评指标：应根据云服务商和云服务客户的职责划分，收集各自控制部分的审计数据并实现各自的集中审计。

测评要点解析：

该测评指标是针对云计算平台提出的要求，但是由于该云计算平台为责任主体一致的专有云，此处没有云服务客户的概念，且集中审计的内容已在通用要求中有相关要求，因此此要求项不适用。

1.4.4　云上系统——IaaS

1. 被测系统描述

某网站系统被部署在某公有云上，安全保护等级为第三级（S3A3）。网站系统使用云服务器、云数据库和对象存储等，配置了堡垒机、DDoS 防护、主机安全防护、入侵检测等安全产品进行安全防护，设置了安全管理中心实现对系统设备运行状态的集中监控与审计分析等。云上系统的网络拓扑图如图 1-7 所示。

2. 测评对象选择

依据 GB/T 28449—2018《信息安全技术　网络安全等级保护测评过程指南》介绍的抽样方法，第三级信息系统的等级测评应基本覆盖测评对象的种类，并对其数量进行抽样，配置相同的安全设备、边界网络设备、网络互联设备、服务器、终端和备份设备，每类应至少抽取两台作为测评对象。

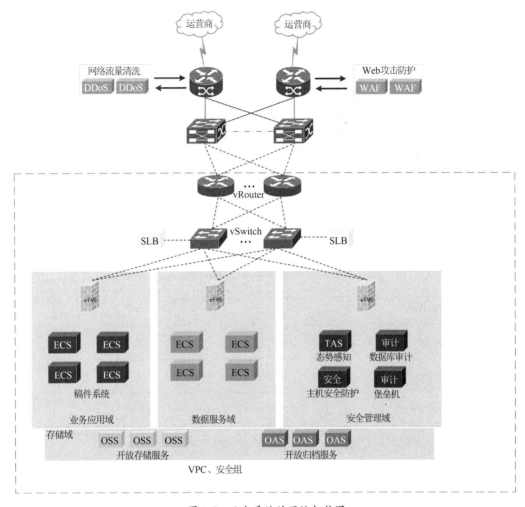

图 1-7　云上系统的网络拓扑图

　　该系统涉及的测评对象包括网络设备、安全设备、服务器/存储设备、终端、系统管理软件/平台、业务应用系统/平台、数据资源等（物理机房非云服务客户的责任，因此非云服务客户的测评对象）。在选择测评对象时一般采用抽查的方法，即抽查系统中具有代表性的组件作为测评对象。以网络设备、安全设备、服务器、系统管理软件/平台、业务应用系统/平台为例，下面给出测评对象选择的结果。

1）网络设备

该系统涉及的网络设备如表 1-25 所示。

表 1-25　网络设备（4）

序号	设备名称	是否为虚拟设备	品牌及型号	用途	是否选择	选择原则/方法
1	vSwitch	是	云厂商自研	虚拟交换机	是	相同型号、相同配置抽取两台
2	vRouter	是	云厂商自研	虚拟接入路由器	是	相同型号、相同配置抽取两台

2）安全设备

该系统涉及的安全设备如表 1-26 所示。

表 1-26　安全设备（4）

序号	设备名称	是否为虚拟设备	品牌及型号	用途	是否选择	选择原则/方法
1	vFW	是	云厂商自研	虚拟防火墙	是	相同型号、相同配置抽取两台
2	网络流量清洗	是	云厂商自研	流量清洗、入侵防范	是	相同型号、相同配置抽取两台
3	堡垒机	是	云厂商自研	生产环境管理、行为审计	是	相同型号、相同配置抽取两台
4	Web 攻击防护系统	是	云厂商自研	应用层防护	是	相同型号、相同配置抽取两台
5	态势感知系统	是	云厂商自研	展示安全态势	是	相同型号、相同配置抽取两台
6	数据库审计系统	是	云厂商自研	数据库审计	是	相同型号、相同配置抽取两台
7	主机安全防护系统	是	云厂商自研	主机防护	是	相同型号、相同配置抽取两台

3）服务器

该系统涉及的服务器如表 1-27 所示。

表 1-27　服务器（4）

序号	服务器名称	是否为虚拟设备	品牌及型号	数据库管理系统及版本	是否选择	选择原则/方法
1	内容管理服务器	是	CentOS 7.4	—	是	相同型号、相同配置抽取两台
2	错别字系统服务器	是	CentOS 7.4	—	是	相同型号、相同配置抽取两台
3	网站前台服务器	是	CentOS 7.4	—	是	相同型号、相同配置抽取两台

续表

序号	服务器名称	是否为虚拟设备	品牌及型号	数据库管理系统及版本	是否选择	选择原则/方法
4	数据库服务器	是	CentOS 7.4	MySQL 5.7	是	相同型号、相同配置抽取两台

4）系统管理软件/平台

该系统涉及的系统管理软件/平台如表 1-28 所示。

表 1-28　系统管理软件/平台（4）

序号	系统管理软件/平台名称	所在设备名称	主要功能	是否选择
1	云租户控制台	云管平台服务器	云服务平台运营管理，供云服务客户使用	是
2	MySQL 数据库	数据库服务器	业务数据处理	是

5）业务应用系统/平台

该系统涉及的业务应用系统/平台如表 1-29 所示。

表 1-29　业务应用系统/平台（4）

序号	业务应用系统/平台名称	主要功能	是否选择
1	网站系统	门户网站，展示公司动态等	是

3. 测评指标选择

以云计算安全测评扩展要求为例，测评指标选择的结果如表 1-30 所示。

表 1-30　云计算安全测评扩展要求测评指标选择的结果（4）

安全类	控制点	测评指标	是否选择	选择原则/方法
安全物理环境	基础设施位置	应保证云计算基础设施位于中国境内	否	被测系统是安全保护等级为第三级的云服务客户业务应用系统，使用的是 IaaS，根据云服务客户的主要责任选择安全测评扩展要求的相关测评指标
安全通信网络	网络架构	a）应保证云计算平台不承载高于其安全保护等级的业务应用系统	否	
		b）应实现不同云服务客户虚拟网络之间的隔离	否	
		c）应具有根据云服务客户业务需求提供通信传输、边界防护、入侵防范等安全机制的能力	否	
		d）应具有根据云服务客户业务需求自主设置安全策略的能力，包括定义访问路径、选择安全组件、配置安全策略	否	
		e）应提供开放接口或开放性安全服务，允许云服务客户接入第三方安全产品或在云计算平台选择第三方安全服务	否	

续表

安全类	控制点	测评指标	是否选择	选择原则/方法
安全区域边界	访问控制	a）应在虚拟化网络边界部署访问控制机制，并设置访问控制规则	是	被测系统是安全保护等级为第三级的云服务客户业务应用系统，使用的是 IaaS，根据云服务客户的主要责任选择安全测评扩展要求的相关测评指标
		b）应在不同等级的网络区域边界部署访问控制机制，设置访问控制规则	是	
	入侵防范	a）应能检测到云服务客户发起的网络攻击行为，并能记录攻击类型、攻击时间、攻击流量等	否	
		b）应能检测到对虚拟网络节点的网络攻击行为，并能记录攻击类型、攻击时间、攻击流量等	是	
		c）应能检测到虚拟机与宿主机、虚拟机与虚拟机之间的异常流量	是	
		d）应在检测到网络攻击行为、异常流量时进行告警	是	
	安全审计	a）应对云服务商和云服务客户在远程管理时执行的特权命令进行审计，至少包括虚拟机删除、虚拟机重启	是	
		b）应保证云服务商对云服务客户系统和数据的操作可被云服务客户审计	是	
安全计算环境	身份鉴别	当远程管理云计算平台中设备时，管理终端和云计算平台之间应建立双向身份验证机制	是	
	访问控制	a）应保证当虚拟机迁移时，访问控制策略随其迁移	否	
		b）应允许云服务客户设置不同虚拟机之间的访问控制策略	否	
	入侵防范	a）应能检测虚拟机之间的资源隔离失效，并进行告警	否	
		b）应能检测非授权新建虚拟机或者重新启用虚拟机，并进行告警	否	
		c）应能够检测恶意代码感染及在虚拟机间蔓延的情况，并进行告警	是	
	镜像和快照保护	a）应针对重要业务系统提供加固的操作系统镜像或操作系统安全加固服务	否	
		b）应提供虚拟机镜像、快照完整性校验功能，防止虚拟机镜像被恶意篡改	否	
		c）应采取密码技术或其他技术手段防止虚拟机镜像、快照中可能存在的敏感资源被非法访问	否	
	数据完整性和保密性	a）应确保云服务客户数据、用户个人信息等存储于中国境内，如需出境应遵循国家相关规定	是	
		b）应确保只有在云服务客户授权下，云服务商或第三方才具有云服务客户数据的管理权限	否	
		c）应使用校验技术或密码技术保证虚拟机迁移过程中重要数据的完整性，并在检测到完整性受到破坏时采取必要的恢复措施	否	
		d）应支持云服务客户部署密钥管理解决方案，保证云服务客户自行实现数据的加解密过程	否	

续表

安全类	控制点	测评指标	是否选择	选择原则/方法
安全计算环境	数据备份恢复	a）云服务客户应在本地保存其业务数据的备份	是	被测系统是安全保护等级为第三级的云服务客户业务应用系统，使用的是 IaaS，根据云服务客户的主要责任选择安全测评扩展要求的相关测评指标
		b）应提供查询云服务客户数据及备份存储位置的能力	否	
		c）云服务商的云存储服务应保证云服务客户数据存在若干个可用的副本，各副本之间的内容应保持一致	否	
		d）应为云服务客户将业务系统及数据迁移到其他云计算平台和本地系统提供技术手段，并协助完成迁移过程	否	
	剩余信息保护	a）应保证虚拟机所使用的内存和存储空间回收时得到完全清除	否	
		b）云服务客户删除业务应用数据时，云计算平台应将云存储中所有副本删除	否	
安全管理中心	集中管控	a）应对物理资源和虚拟资源按照策略做统一管理调度与分配	否	
		b）应保证云计算平台管理流量与云服务客户业务流量分离	否	
		c）应根据云服务商和云服务客户的职责划分，收集各自控制部分的审计数据并实现各自的集中审计	是	
	集中管控	d）应根据云服务商和云服务客户的职责划分，实现各自控制部分，包括虚拟化网络、虚拟机、虚拟化安全设备等的运行状况的集中监测	是	
安全建设管理	云服务商选择	a）应选择安全合规的云服务商，其所提供的云计算平台应为其所承载的业务应用系统提供相应等级的安全保护能力	是	
		b）应在服务水平协议中规定云服务的各项服务内容和具体技术指标	是	
		c）应在服务水平协议中规定云服务商的权限与责任，包括管理范围、职责划分、访问授权、隐私保护、行为准则、违约责任等	是	
		d）应在服务水平协议中规定服务合约到期时，完整提供云服务客户数据，并承诺相关数据在云计算平台上清除	是	
		e）应与选定的云服务商签署保密协议，要求其不得泄露云服务客户数据	是	
	供应链管理	a）应确保供应商的选择符合国家有关规定	否	
		b）应将供应链安全事件信息或威胁信息及时传达到云服务客户	否	
		c）应将供应商的重要变更及时传达到云服务客户，并评估变更带来的安全风险，采取措施对风险进行控制	否	
安全运维管理	云计算环境管理	云计算平台的运维地点应位于中国境内，境外对境内云计算平台实施运维操作应遵循国家相关规定	否	

4. 测评指标和测评对象的映射关系

依据 GB/T 22239—2019《信息安全技术 网络安全等级保护基本要求》，将已经得到的测评指标和测评对象结合起来，将测评指标映射到各测评对象上。针对云计算安全测评扩展要求，测评指标和测评对象的映射关系如表 1-31 所示（注：云计算安全测评扩展指标为全局性指标，不针对具体对象开展测评，但是其安全能力由具体对象实现。以下给出实现该能力的对象，仅供参考）。

表 1-31　测评指标和测评对象的映射关系（4）

安全类	控制点	测评对象
安全区域边界	访问控制	VPC、安全组、vFW、vSwitch
	入侵防范	vFW、主机安全防护系统、Web 攻击防护系统、态势感知系统
	安全审计	云租户控制台、堡垒机
安全计算环境	身份鉴别	管理终端、云租户控制台
	入侵防范	主机安全防护系统、态势感知系统
	数据完整性和保密性	数据库服务器、数据存储设备
	数据备份恢复	备份数据及存放地
安全管理中心	集中管控	云租户控制台、数据库审计系统
安全建设管理	云服务商选择	服务合同、服务水平协议

5. 测评要点解析

1）安全区域边界

（1）测评指标：应在虚拟化网络边界部署访问控制机制，并设置访问控制规则。

安全现状分析：

该单位系统被部署在公有云上的一个 VPC 中，云服务客户的虚拟网络与外网边界、不同 VPC 间的边界部署了云防火墙，同一 VPC 内区域边界通过安全组进行隔离，明确了边界访问控制策略，并设置了访问控制规则，且访问控制规则有效。

已有安全措施分析：

根据以上安全现状分析，该单位系统实现了在虚拟化网络边界部署访问控制机制，并设置访问控制规则，已有的安全措施符合测评指标的要求。

（2）测评指标：应在不同等级的网络区域边界部署访问控制机制，设置访问控制规则。

安全现状分析：

该单位系统被部署在公有云上的一个 VPC 中，在该 VPC 内还部署了两个二级系统，但是针对二级系统和三级系统尚未设置访问控制规则。

安全风险分析：

根据以上安全现状分析，该系统未在不同安全保护等级系统所在网络区域边界部署访问控制机制，二级系统和三级系统的网络区域边界访问控制缺失，三级系统资源可能存在未授权的访问，可能给网络攻击、恶意扫描、网络入侵带来机会。该安全问题可能导致的风险等级为中。

2）安全计算环境

测评指标：云服务客户应在本地保存其业务数据的备份。

安全现状分析：

云服务客户每月对其重要数据进行本地备份，并备份至光盘。

已有安全措施分析：

根据以上安全现状分析，该单位系统实现了云服务客户在本地保存其业务数据的备份，已有的安全措施符合测评指标的要求。

第 2 章　移动互联安全测评扩展要求

2.1　移动互联概述

2.1.1　移动互联

移动互联是指采用无线通信技术将移动终端接入有线网络的过程。采用移动互联技术的等级保护对象，其移动互联部分由移动终端、移动应用和无线网络三部分组成。移动终端通过无线通道连接无线接入设备接入，无线接入网关通过访问控制策略限制移动终端的访问行为，后台的移动终端管理系统负责对移动终端进行管理，包括向客户端软件发送移动设备管理、移动应用管理和移动内容管理策略等。

2.1.2　移动终端

移动终端是指在移动业务中使用的终端设备，包括智能手机、平板电脑、个人计算机等通用终端和专用终端设备。

2.1.3　无线接入网关

无线接入网关是指部署在无线网络与有线网络之间，对有线网络进行安全防护的设备。

2.1.4　移动应用软件

移动应用软件是指针对移动终端开发的应用软件。

2.1.5　移动终端管理系统

移动终端管理系统是指用于进行移动设备管理、移动应用管理和移动内容管理的专用软件，包括客户端软件和服务端软件。

2.2　第一级和第二级移动互联安全测评扩展要求应用解读

2.2.1　安全物理环境

在对移动互联系统的"安全物理环境"测评时应同时依据安全测评通用要求和安全测评扩展要求，其中涉及安全测评通用要求的解读内容参见《网络安全等级保护测评要求（通用要求部分）应用指南》中的"安全物理环境"，安全测评扩展要求的解读内容参见本节。

无线接入点的物理位置

【标准要求】

该控制点第一级包括测评单元 L1-PES3-01，第二级包括测评单元 L2-PES3-01。

【L1-PES3-01/L2-PES3-01 解读和说明】

测评指标"应为无线接入设备的安装选择合理位置，避免过度覆盖和电磁干扰"的主要测评对象是无线 AP（接入点）、无线路由器等。

测评实施要点包括：访谈安全管理员或网络管理员，询问无线接入设备的覆盖范围需求是否为最小化原则，初步判断覆盖范围是否合理，并且核查所有无线接入设备的安装位置；核查无线 AP、无线路由器等无线接入设备的部署位置，利用无线信号检测工具检测无线信号的覆盖范围，核查是否存在无线信号过度覆盖等问题，如核查是否在无线业务需要覆盖的范围外均搜索不到无线信号或无线信号强度极弱（如小于-80dBm），以保证较难被恶意人员利用；核查无线接入设备周围是否存在因机电或其他装置产生的电磁干扰，测试验证无线信号是否可以避免电磁干扰，如核查业务网络使用信道上有无其他无线信号，或者通过无线信号检测工具检测 SSID（服务集标识）信号强度是否小于-80dBm，通过 ping 命令检测数据包丢包率。

以华为 AC6005+华为 AP4030DN 为例，测评实施步骤主要包括：先核查无线接入设备的部署方案，确认 AP4030DN 的部署位置是否合理，再利用无线信号检测工具（如WirelessMon 等）检测无线信号的覆盖范围（见图 2-1）。如果在无线业务需要覆盖的范围外均搜索不到无线信号或无线信号强度极弱（如小于-80dBm），则较为安全；如果能搜索到 SSID 且无线信号强度较强，则存在安全隐患。

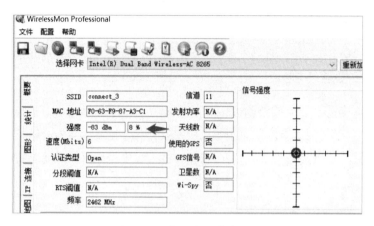

图 2-1　无线信号的覆盖范围

　　核查无线 AP 周围是否存在因机电或其他装置产生的电磁干扰，可利用无线信号检测工具检测周边无线网络的信道使用情况（见图 2-2），如核查业务网络使用信道上有无其他无线信号。如果无线接入设备旁有其他设备且造成信号干扰，并且通过无线信号检测工具检测到 SSID 信号强度小于-80dBm，通过 ping 命令检测到数据包丢包率较高，则存在安全隐患。

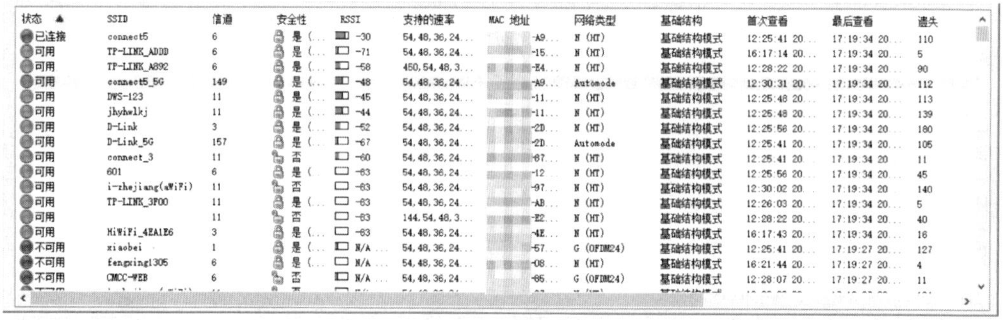

图 2-2　无线网络的信道使用情况

　　如果测评结果表明，为无线接入设备的安装选择了合理位置，经测试不存在无线信号过度覆盖和电磁干扰问题，则单元判定结果为符合，否则为不符合或部分符合。

2.2.2　安全通信网络

　　在对移动互联系统的"安全通信网络"测评时应依据安全测评通用要求，涉及安全测评通用要求的解读内容参见《网络安全等级保护测评要求（通用要求部分）应用指南》中的 "安全通信网络"。由于移动互联系统的特点，本节列出了部分安全测评通用要求在移动互联环境下的个性化解读内容。

网络架构

【标准要求】

该控制点第二级包括测评单元 L2-CNS1-01。

【L2-CNS1-01 解读和说明】

测评指标 "应划分不同的网络区域，并按照方便管理和控制的原则为各网络区域分配地址" 的主要测评对象是无线接入网关、无线 AP、无线路由器等。

测评实施要点包括：访谈网络管理员，确认是否依据组织 IP 地址规划原则和安全区域防护要求，在主要网络设备上进行不同网络区域的划分，包含物理网络划分和逻辑划分，如全部无线网络均应独立组网；核查无线网络区域（或子网）划分是否合理，是否满足方便控制、减少广播域等安全需求，重点关注是否将 "访客" 和 "内部员工" 划分为不同的网络区域进行管理；核查相关网络设备的配置信息，验证划分的网络区域是否与划分原则一致。

以华为无线接入网关为例，测评实施步骤主要包括：访谈网络管理员，确认是否依据方便控制、减少广播域等安全需求针对无线网络划分独立的网络区域；核查华为无线接入网关的配置信息，验证划分的网络区域是否与划分原则一致；登录华为无线接入网关，通过 "配置→AC 配置→VLAN" 查看独立组网的无线接入网络区域划分情况。如果测评结果表明，被测网络依据重要性、部门等因素划分了不同的网络区域，且通过核查相关网络设备的配置信息，验证划分的网络区域与划分原则一致，则单元判定结果为符合，否则为不符合或部分符合。

2.2.3　安全区域边界

在对移动互联系统的 "安全区域边界" 测评时应同时依据安全测评通用要求和安全测评扩展要求，其中涉及安全测评通用要求的解读内容参见《网络安全等级保护测评要求（通用要求部分）应用指南》中的 "安全区域边界"，安全测评扩展要求的解读内容参见本节。由于移动互联系统的特点，本节列出了部分安全测评通用要求在移动互联环境下的个性化解读内容。

1. 边界防护

【标准要求】

该控制点第一级包括测评单元 L1-ABS1-01、L1-ABS3-01，第二级包括测评单元 L2-ABS1-01、L2-ABS3-01。

【L1-ABS1-01/L2-ABS1-01 解读和说明】

测评指标"应保证跨越边界的访问和数据流通过边界设备提供的受控接口进行通信"的主要测评对象是无线接入网关、无线 AP、无线路由器等。

测评实施要点包括：访谈安全管理员或网络管理员，询问无线网络的组网方式，核查有线网络与无线网络之间是否部署边界访问控制设备；核查有线网络与无线网络之间边界访问控制设备的配置策略是否能够保证跨越无线网络边界的网络通信受控，粒度是否达到服务接口或通信接口级；核查无线接入网关、无线 AP、无线路由器等配置发布的无线网络 SSID 是否均为指定的 SSID，并对跨越无线网络边界的网络通信进行安全策略配置检查；采用其他技术手段（如非法无线网络设备定位、核查设备配置信息等）核查或测试验证是否不存在未指定的 SSID 和未受控的跨越无线网络边界的网络通信。

以 H3C 无线接入网关、无线 AP 组网为例，测评实施步骤主要包括：访谈网络管理员，查看具体无线网络的组网设备和策略等，确定无线网络的组网方式；查看无线接入网关和无线 AP 配置，确认是否仅存在指定的 SSID，无其他多余 SSID，同时对每个 SSID 确认是否已进行安全策略配置，保证跨越无线网络边界的网络通信受控；利用无线信号检测工具测试是否不存在未指定的 SSID 和无线网络设备。如果测评结果表明，无线接入网关和无线 AP 的安全策略配置合理，且不存在未指定的 SSID 和无线网络设备，则单元判定结果为符合，否则为不符合或部分符合。

【L1-ABS3-01/L2-ABS3-01 解读和说明】

测评指标"应保证有线网络与无线网络边界之间的访问和数据流通过无线接入网关设备"的主要测评对象是无线接入网关设备等。

测评实施要点包括：访谈网络管理员，了解无线网络的组网方式；核查是否为无线网络划分独立的网络区域〔VLAN（虚拟局域网）或子网〕，并分配独立的网段；核查实际网络拓扑图（含有线网络、无线网络），确认无线网络与有线网络之间是否通过无线接入网关设备进行接入控制；如果存在多个无线 AP，则核查各无线 AP 是否都通过无线接入网关设备接入有线网络。

以无线接入网关设备为例，测评实施步骤主要包括：访谈网络管理员，了解无线网络的组网方式，查看网络拓扑图（含有线网络、无线网络），确认无线网络与有线网络之间是否通过无线接入网关设备进行接入控制，如核查是否为无线网络划分独立的网络区域，无线网络接入有线网络是否通过无线接入网关设备进行接入控制，如图 2-3 所示。如果测评结果表明，无线网络独立组网或划分了独立的网络区域，并分配了独立的网段，且无线网络通过无线接入网关设备接入有线网络，则单元判定结果为符合，否则为不符合或部分符合。

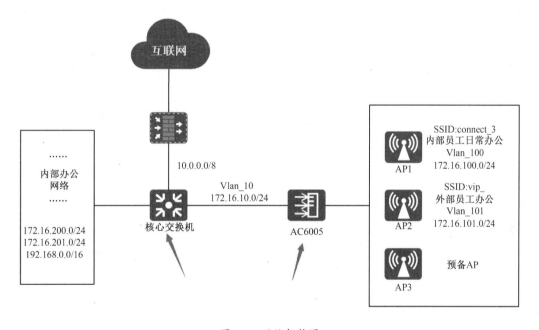

图 2-3　网络拓扑图

2. 访问控制

【标准要求】

该控制点第一级包括测评单元 L1-ABS3-02，第二级包括测评单元 L2-ABS3-02。

【L1-ABS3-02/L2-ABS3-02 解读和说明】

测评指标"无线接入设备应开启接入认证功能，并且禁止使用 WEP 方式进行认证，如使用口令，长度不小于 8 位字符"的主要测评对象是无线 AP、无线路由器等。

测评实施要点包括：访谈安全管理员或网络管理员，询问采用何种方式对移动终端进行认证；核查无线接入设备是否开启接入认证功能，形式可以是常规的密钥认证（如 WPA/WPA2）、认证服务器认证（如 Portal、Radius、LDAP 认证等）、第三方认证（如微信认证等），或者采用国家密码管理机构批准的密码模块进行认证，但禁止使用 WEP（有线等效加密）方式进行认证；核查相关认证方式，鉴别信息是否存在弱密码情况（如密钥长度小于 8 位字符、由纯字母/纯数字/纯字符单一组合）。

以某无线 AP 为例，测评实施步骤主要包括：核查用户终端接入无线 AP 是否需要进行身份认证，若需进行身份认证，则还应核查身份认证方式是什么，如密钥认证或第三方认证等（见图 2-4）；核查身份认证方式本身是否存在安全隐患，如核查是否使用 WEP 方式进行认证，或者口令长度是否小于 8 位字符等。如果测评结果表明，无线 AP 开启了接入认证功能，并且禁止使用 WEP 方式进行认证，如使用口令，长度不小于 8 位字符，则单元判定结果为符合，否则为不符合或部分符合。

图 2-4   AP 配置信息

3. 入侵防范

【标准要求】

该控制点第二级包括测评单元 L2-ABS3-03、L2-ABS3-04、L2-ABS3-05、L2-ABS3-06、L2-ABS3-07。

【L2-ABS3-03 解读和说明】

测评指标"应能够检测到非授权无线接入设备和非授权移动终端的接入行为"的主要

测评对象是终端准入控制系统、移动终端管理系统或相关组件。

测评实施要点包括：访谈安全管理员或网络管理员，询问采用何种技术手段检测非授权无线接入设备和非授权移动终端的接入行为；核查无线接入设备是否具备终端准入控制功能（如无线 EAD），如果具备则核查是否对接入的移动终端、无线 AP 设备进行准入控制；核查是否能够检测到非授权无线接入设备和非授权移动终端的接入行为（如部署无线入侵检测/防御系统），并核查相关的检测日志。

以 H3C 无线接入网关、无线 AP 组网为例，测评实施步骤主要包括：核查无线接入网关是否具备终端准入控制功能，如果具备则核查是否对接入的移动终端、无线 AP 设备进行准入控制；核查是否能够检测到非授权无线接入设备和非授权移动终端的接入行为，并查看是否存在相关的检测日志。如果测评结果表明，无线接入网关具备终端准入控制功能，通过无线入侵检测/防御系统能够检测到非授权无线接入设备和非授权移动终端的接入行为，且有相关的检测日志，则单元判定结果为符合，否则为不符合或部分符合。

【L2-ABS3-04 解读和说明】

测评指标"应能够检测到针对无线接入设备的网络扫描、DDoS 攻击、密钥破解、中间人攻击和欺骗攻击等行为"的主要测评对象是无线接入网关、无线入侵检测/防御系统等。

测评实施要点包括：核查无线接入设备是否具备无线入侵检测和防御功能〔如 H3C 无线接入网关的 WIPS（无线入侵防御系统）〕，如果具备则核查配置策略是否合理；查看检测日志，分析是否能够对网络扫描、DDoS 攻击、密钥破解、中间人攻击和欺骗攻击等行为进行检测或阻断；核查是否部署其他具有入侵检测或阻断功能的设备或组件，以对无线网络攻击行为进行检测或阻断；核查相关设备或组件的规则库版本是否及时更新。

以 H3C 无线接入网关、无线 AP 组网为例，测评实施步骤主要包括：核查无线接入网关是否启用 WIPS 功能，如果启用则核查配置策略是否合理，查看是否存在相关的检测日志；核查规则库版本是否及时更新。如果测评结果表明，无线接入网关启用了 WIPS 功能，能够对网络扫描、DDoS 攻击、密钥破解、中间人攻击和欺骗攻击等行为进行检测或阻断，并及时更新规则库版本，则单元判定结果为符合，否则为不符合或部分符合。

【L2-ABS3-05 解读和说明】

测评指标"应能够检测到无线接入设备的 SSID 广播、WPS 等高风险功能的开启状态"的主要测评对象是无线接入网关、无线 AP、无线路由器等。

测评实施要点包括：核查是否能够检测到无线接入设备的 SSID 广播、WPS（Wi-Fi 保护装置）等高风险功能的开启状态。为保证无线接入设备的安全，应禁止开启无线接入设备的 SSID 广播、WPS 等高风险功能。

以 H3C 无线接入网关、无线 AP 组网为例，测评实施步骤主要包括：核查通过何种技术手段检测无线接入设备的 SSID 广播、WPS 等高风险功能的开启状态；核查是否有无线接入设备的 SSID 广播、WPS 等高风险功能的开启状态检测日志。如果测评结果表明，通过无线入侵检测/防御系统能够检测到无线接入设备的 SSID 广播、WPS 等高风险功能的开启状态，则单元判定结果为符合，否则为不符合或部分符合。

【L2-ABS3-06 解读和说明】

测评指标"应禁用无线接入设备和无线接入网关存在风险的功能，如 SSID 广播、WEP 认证等"的主要测评对象是无线接入网关、无线 AP 等。

测评实施要点包括：核查是否禁用无线接入设备和无线接入网关的 SSID 广播、WEP 认证等存在风险的功能。

以 H3C 无线接入网关、无线 AP 组网为例，测评实施步骤主要包括：查看无线接入设备和无线接入网关的配置信息，核查是否关闭 SSID 广播、WEP 认证等存在风险的功能。如果测评结果表明，无线接入设备和无线接入网关未开启 SSID 广播和 WEP 认证等存在风险的功能，则单元判定结果为符合，否则为不符合或部分符合。

【L2-ABS3-07 解读和说明】

测评指标"应禁止多个 AP 使用同一个鉴别密钥"的主要测评对象是无线 AP、无线路由器等。

测评实施要点包括：核查无线 AP、无线路由器等无线接入设备是否分配不同的鉴别密钥，是否禁止多个 AP 使用同一个鉴别密钥。

以华为无线 AP 为例，测评实施步骤主要包括：核查不同无线 AP 是否使用同一个鉴别密钥。如果测评结果表明，不同无线 AP 使用不同的鉴别密钥，则单元判定结果为符合，否则为不符合。

2.2.4　安全计算环境

在对移动互联系统的"安全计算环境"测评时应同时依据安全测评通用要求和安全测

评扩展要求,其中涉及安全测评通用要求的解读内容参见《网络安全等级保护测评要求(通用要求部分)应用指南》中的"安全计算环境",安全测评扩展要求的解读内容参见本节。由于移动互联系统的特点,本节列出了部分安全测评通用要求在移动互联环境下的个性化解读内容。

1. 身份鉴别

【标准要求】

该控制点第一级包括测评单元 L1-CES1-01、L1-CES1-02,第二级包括测评单元 L2-CES1-01、L2-CES1-02、L2-CES1-03。

【L1-CES1-01/L2-CES1-01 解读和说明】

测评指标"应对登录的用户进行身份标识和鉴别,身份标识具有唯一性,身份鉴别信息具有复杂度要求并定期更换"的主要测评对象是无线 AP、无线接入网关、移动终端、移动终端管理系统、移动应用软件等。

测评实施要点包括:核查在用户登录无线 AP、无线接入网关、移动终端、移动终端管理系统、移动应用软件时是否具备身份鉴别措施,重点核查在未登录状态下,用户是否具有无线 AP、无线接入网关、移动终端、移动终端管理系统、移动应用软件的访问、操作权限;核查用户身份标识是否唯一,重点核查是否可以建立同名账户或同 ID 账户,如核查无线 AP 的后台数据库中是否具有相同的 SSID,移动终端管理系统的后台数据库中是否具有相同的终端号或终端名称,移动应用软件中是否存在同名账户等;核查用户口令是否至少为 8 位,由数字、大小写字母和特殊字符等两种或两种以上构成,且一般不应含有特殊意义的缩写;测试验证是否存在弱口令和空口令用户,核查用户口令是否符合上述规则。

以华为无线 AP 为例,测评实施步骤主要包括:核查用户在登录无线 AP 时是否进行身份鉴别;测试在未登录状态下,用户是否可以访问和管理无线 AP;记录用户在系统中的唯一性身份标识(如无线 AP 用户在数据库用户表中的唯一 SSID 等),尝试是否可以新建同名账户;核查用户口令是否具备长度、复杂度和更换周期限制,如口令长度至少为 8 位,需要包含数字、大小写字母和特殊字符,并强制 3 个月更换一次等;尝试新建用户并配置口令为弱口令或空口令,验证是否建立失败;核查是否存在弱口令和空口令用户,可通过基线核查设备进行扫描,查看是否存在弱口令、空口令和常见的默认口令。如果测评结果表明，系统具有身份鉴别功能模块，且用户无法绕过登录鉴别模块，用户在系统中的身份标识唯一，口令复杂度符合要求且定期更换，则单元判定结果为符合，否则为不符合或部分符合。

【L1-CES1-02/L2-CES1-02 解读和说明】

测评指标"应具有登录失败处理功能，应配置并启用结束会话、限制非法登录次数和当登录连接超时自动退出等相关措施"的主要测评对象是无线 AP、无线接入网关、移动终端、移动终端管理系统、移动应用软件等。

测评实施要点包括：登录设备或系统查看其配置信息，核查是否配置并启用结束会话、限制非法登录次数和当登录连接超时自动退出等相关措施，建议配置登录失败 5 次锁定 30 分钟，连接超时时间为 5 分钟；重点尝试利用同一账户通过不同移动终端使用错误口令登录，核查在不同的移动终端上登录失败次数是否叠加；在测评中应重点核查安全策略配置是否合理，如核查移动终端管理系统对移动终端的配置，确认是否配置并启用限制非法登录功能，是否配置并启用登录连接超时自动退出功能。

以某无线 AP 为例，测评实施步骤主要包括：测试无线 AP 是否提供登录失败处理功能，尝试使用错误口令连续多次登录无线 AP，查看是否锁定账户；核查安全策略配置是否合理，如是否存在锁定时间太短、超时时间太长等问题。如果测评结果表明，该无线 AP 具有登录失败锁定或退出功能，登录连接超时后自动退出，且超时时间配置合理，则单元判定结果为符合，否则为不符合或部分符合。

【L2-CES1-03 解读和说明】

测评指标"当进行远程管理时，应采取必要措施防止鉴别信息在网络传输过程中被窃听"的主要测评对象是无线 AP、无线接入网关、移动终端管理系统、移动应用软件等。

测评实施要点包括：核查是否采用加密等安全方式对系统进行远程管理（如采用 HTTPS、SSH 等），以防止鉴别信息在网络传输过程中被窃听，并通过抓包等方式确认鉴别信息在网络传输过程中是否被加密保护；核查设备是否禁止使用 Telnet、HTTP 等不安全协议进行远程管理，并尝试使用这些协议登录设备进行测试验证；如果通过第三方运维平台进行远程管理，则同时核查第三方运维平台是否采用加密等安全方式。

以某移动终端管理系统为例，测评实施步骤主要包括：核查移动终端管理系统的管理后台是否采用 HTTPS 或 SSH 等连接，打开网络数据包获取工具对用户登录移动终端管理系统管理后台的过程进行抓包分析，确认鉴别信息在网络传输过程中是否被加密保护；测试验证管理后台是否关闭 Telnet、HTTP 等不安全协议。如果测评结果表明，管理后台采用了 HTTPS、SSH 等安全方式对系统进行远程管理，则单元判定结果为符合，否则为不符合或部分符合。

2. 访问控制

【标准要求】

该控制点第一级包括测评单元 L1-CES1-03、L1-CES1-04、L1-CES1-05，第二级包括测评单元 L2-CES1-04、L2-CES1-05、L2-CES1-06、L2-CES1-07。

【L1-CES1-03/L2-CES1-04 解读和说明】

测评指标"应对登录的用户分配账户和权限"的主要测评对象是无线 AP、无线接入网关、移动终端、移动终端管理系统、移动应用软件等。

测评实施要点包括：核查无线 AP、无线接入网关、移动终端、移动终端管理系统、移动应用软件等是否具有用户账户和权限配置功能，是否能够为新建用户分配账户和权限；以不同角色的用户登录系统，核查用户的权限情况是否与分配的一致；尝试以登录用户的身份访问未授权的功能，查看访问控制策略是否有效；核查是否已禁用或限制匿名、默认账户的访问权限；核查移动终端管理系统对移动终端的配置，是否根据不同用户权限来设计对系统功能及数据的访问。

以华为无线 AP 为例，测评实施步骤主要包括：核查管理员为无线 AP 分配的账户和权限，查看不同账户的权限，尝试以不同角色的用户登录系统，验证其具备的功能权限，如对无线 AP 配置网段访问的权限，配置无线 AP 使其可覆盖生产区网络和访客区网络，新建访客账户，尝试利用访客账户非授权连接生产区网络，若无法连接，则说明无线 AP 的用户权限分配有效；通过菜单猜测等方式，验证登录用户是否不能访问未授权的功能权限，或者通过修改 SSID 参数值，尝试是否可以越权使用不同权限用户的访问权限；登录后台数据库，查看账户清单中是否存在匿名或默认账户，或者翻阅无线 AP 产品出厂说明书，查看是否具有默认账户，如 Admin 等，尝试登录匿名或默认账户，核查其是否具有相关权限。如果测评结果表明，系统为登录的每一个用户分配了相应的账户和权限，且不同用户之间无法越权操作，已禁用或限制匿名、默认账户的访问权限，则单元判定结果为符合，否则为不符合或部分符合。

【L1-CES1-04/L2-CES1-05 解读和说明】

测评指标"应重命名或删除默认账户，修改默认账户的默认口令"的主要测评对象是无线 AP、无线接入网关、移动终端、移动终端管理系统、移动应用软件等。

测评实施要点包括：核查是否已重命名默认账户或已删除默认账户；若存在默认账户，则核查默认账户的默认口令是否已被修改；核查无线 AP 的后台配置，确认是否存在默认账户或已重命名默认账户，是否已修改默认口令。

以华为无线 AP 为例，测评实施步骤主要包括：登录设备管理后台，核查是否存在默认账户，若存在默认账户，则尝试使用默认口令登录，核查是否已修改默认口令。如果测评结果表明，设备不存在默认账户，不存在默认口令，或者已重命名默认账户，则单元判定结果为符合，否则为不符合或部分符合。

【L1-CES1-05/L2-CES1-06 解读和说明】

测评指标"应及时删除或停用多余的、过期的账户，避免共享账户的存在"的主要测评对象是无线 AP、无线接入网关、移动终端、移动终端管理系统、移动应用软件等。

测评实施要点包括：核查管理用户与账户之间是否一一对应，分析是否存在多余的、过期的账户，若存在多余的、过期的账户，则测试验证多余的、过期的账户是否被停用；核查是否存在共享账户，重点核查是否存在因离职或岗位调整等导致之前管理人员的管理账户被接替人员沿用的问题；核查无线接入设备（如无线 AP）是否有临时访客账户接入，核查多余的、过期的临时访客账户是否存在、是否有效。

以华为无线 AP 为例，测评实施步骤主要包括：核查移动终端管理系统数据库，查看是否存在多余的、过期的接入无线 AP 的临时访客账户，通过使用临时访客账户尝试连接无线 AP 并查看是否可以上网，判断临时访客账户是否已被停用或删除；访谈系统管理员并查看无线 AP 的后台数据库，核查管理用户与账户之间是否一一对应，是否一人一户，是否存在共享账户。如果测评结果表明，系统不存在多余的、过期的管理账户和临时访客账户，且管理用户与账户之间一一对应，不存在共享账户，则单元判定结果为符合，否则为不符合或部分符合。

【L2-CES1-07 解读和说明】

测评指标"应授予管理用户所需的最小权限，实现管理用户的权限分离"的主要测评对象是无线 AP、无线接入网关、移动终端、移动终端管理系统、移动应用软件等。

测评实施要点包括：用管理账户登录，核查系统后台是否具有角色设置功能，或者默认设置了哪些角色，是否存在一个管理账户对应多个角色的情况；核查管理用户的权限是否已进行分离，管理账户之间是否形成权限制约，登录不同权限的管理账户，验证其权限制约情况；核查用户的权限是否为其完成工作任务所需的最小权限；抽取不同角色用户，核查用户对应的工作职责，登录系统查看该用户的实际权限分配情况是否与工作职责相符；核查移动终端管理系统对移动终端的配置，确认是否进行角色划分，是否为管理员分配完成工作任务所需的最小权限。

以某移动终端管理系统为例，测评实施步骤主要包括：用管理账户登录移动终端管理系统，查看是否具有角色设置功能，或者默认设置了哪些角色；核查用户管理与业务操作权限是否分离，系统管理与安全审计权限是否分离，管理用户权限之间是否具有相互制约的关系；核查用户是否仅具有完成工作任务所需的最小权限，如一般分为管理员权限、操作员权限、审计员权限等。如果测评结果表明，系统具有角色设置功能，各类管理用户具有权限分离机制，且用户的权限为其完成工作任务所需的最小权限，则单元判定结果为符合，否则为不符合或部分符合。

3. 安全审计

【标准要求】

该控制点第二级包括测评单元 L2-CES1-08、L2-CES1-09、L2-CES1-10。

【L2-CES1-08 解读和说明】

测评指标"应提供安全审计功能，审计覆盖到每个用户，对重要的用户行为和重要安全事件进行审计"的主要测评对象是无线 AP、无线接入网关、移动终端、移动终端管理系统、移动应用软件等。

测评实施要点包括：核查无线 AP、无线接入网关、移动终端、移动终端管理系统、移动应用软件等是否具有安全审计功能，如有则查看安全审计功能是否开启；查看审计日志内容，核查日志中的用户主体是否覆盖到系统内记录的每个用户，包括普通用户和管理用户；核查审计日志中是否包含重要的用户行为和重要的安全事件，包括但不限于移动终端上线/离线、移动终端安装/运行应用软件、管理员添加/删除/修改移动终端信息、管理员添加/删除/修改软件白名单配置等。

以华三无线 AP 为例，测评实施步骤主要包括：打开"系统监控→系统日志"，查看审计日志是否开启，审计是否覆盖到每个用户，是否对重要的用户行为和重要的安全事件进行审计；询问是否有第三方审计工具或系统，如果使用第三方审计系统，则查看审计系统的审计记录是否覆盖到全部操作系统的用户，是否记录重要的用户行为和重要的安全事件。如果测评结果表明，无线 AP 管理设备启用了安全审计功能，审计覆盖到每个用户，包括普通用户和管理用户，审计日志中包含重要的用户行为和重要的安全事件，包括但不限于移动终端上线/离线、管理员添加/删除/修改移动终端信息等，则单元判定结果为符合，否则为不符合或部分符合。

【L2-CES1-09 解读和说明】

测评指标"审计记录应包括事件的日期和时间、用户、事件类型、事件是否成功及其他与审计相关的信息"的主要测评对象是无线 AP、无线接入网关、移动终端、移动终端管理系统、移动应用软件等。

测评实施要点包括：核查移动终端管理系统的审计记录中是否包括事件的日期和时间、移动终端标识符（ID、IMEI 或 MAC 等）、IP 地址、用户、事件类型（软件安装、白名单配置修改等）、事件内容、执行结果（成功或失败）等；核查无线 AP 管理设备的审计记录中是否包括终端上线时间和离线时间、终端 MAC 地址、IP 地址、终端名称等。

以华三无线 AP 为例，测评实施步骤主要包括：打开"系统监控→系统日志"，查看审计记录中是否包括事件的日期和时间、用户、事件类型、事件是否成功及其他与审计相关的信息；如果部署了第三方审计工具，则查看审计记录中是否包括事件的日期和时间、用户、事件类型、事件是否成功及其他与审计相关的信息。如果测评结果表明，无线 AP 管理设备的审计记录中包括终端上线时间和离线时间、终端 MAC 地址、IP 地址、终端名称等，则单元判定结果为符合，否则为不符合或部分符合。

【L2-CES1-10 解读和说明】

测评指标"应对审计记录进行保护，定期备份，避免受到未预期的删除、修改或覆盖等"的主要测评对象是无线 AP、无线接入网关、移动终端、移动终端管理系统、移动应用软件等。

测评实施要点包括：核查被测对象的日志存储空间是否满足保存 6 个月以上的要求；核查是否具有日志转发功能，若配置了专门的日志服务器，则核查日志转发功能是否有效（IP 地址、接口、运行状态等）；核查本地存储的日志是否具有备份策略，是否采用定期手工全量备份、定期自动全量备份或多机热备方式。

以华为无线 AP 为例,测评实施步骤主要包括:打开"系统监控→系统日志",查看审计日志模块是否具有导出功能并进行定期备份,查看审计日志是否能够被删除、修改或覆盖。如果测评结果表明,审计日志模块具有导出功能,且通过手工或自动方式进行异地备份保存,定期备份周期不超过 7 天,保存时间超过 6 个月,则单元判定结果为符合,否则为不符合或部分符合。

4. 入侵防范

【标准要求】

该控制点第一级包括测评单元 L1-CES1-06、L1-CES1-07,第二级包括测评单元 L2-CES1-11、L2-CES1-12、L2-CES1-13、L2-CES1-14、L2-CES1-15。

【L1-CES1-06/L2-CES1-11 解读和说明】

测评指标"应遵循最小安装的原则,仅安装需要的组件和应用程序"的主要测评对象是移动终端、移动应用软件等。

测评实施要点包括:访谈应用管理员,了解业务与移动终端管控所需安装的组件和应用程序清单及对应功能,判断其必要性;对照清单核查移动终端设备中是否安装其他非必要的组件和应用程序;核查是否存在仍在开发或未经安全测试的功能模块。

以某 Android 移动终端为例,测评实施步骤主要包括:核查该移动终端的"设置→应用和通知→应用管理",查看已安装的组件和应用程序;对照应用管理员提供的业务及该移动终端管控所需安装的组件和应用程序清单,询问应用管理员安装的组件和应用程序的用途,核查并判断是否存在多余的组件和应用程序。如果测评结果表明,未发现该移动终端中存在非必要的组件和应用程序,则单元判定结果为符合,否则为不符合或部分符合。

【L1-CES1-07/L2-CES1-12 解读和说明】

测评指标"应关闭不需要的系统服务、默认共享和高危端口"的主要测评对象是无线AP、无线接入网关、移动终端等。

测评实施要点包括:核查无线 AP、无线接入网关是否已关闭非必要的系统服务和默认共享;查看移动终端系统服务列表及共享资源的信息,核查移动终端是否已关闭非必要的系统服务和默认共享；查看移动终端上进程占用端口情况，核查移动终端设备中是否存在非必要的高危端口，如关闭移动终端远程 adb 的 TCP 5555 端口等。

以某 Android 移动终端为例，测评实施步骤主要包括：先运行 adb shell 命令，再运行 service list 命令，获取移动终端系统服务列表，检查 Service 是否存在，检查有无多余的系统服务；查看移动终端共享资源的信息，确认是否打开默认共享；先运行 adb shell 命令，再运行 netstat 命令，查看进程占用端口情况，确认是否存在高危端口。如果测评结果表明，该移动终端不存在已开放默认共享、非必要系统服务或高危端口问题，则单元判定结果为符合，否则为不符合或部分符合。

【L2-CES1-13 解读和说明】

测评指标"应通过设定终端接入方式或网络地址范围对通过网络进行管理的管理终端进行限制"的主要测评对象是无线 AP、无线接入网关、移动终端、移动终端管理系统、移动应用软件等。

测评实施要点包括：核查移动终端管理系统的安全策略、配置文件、参数是否对无线 AP、无线接入网关、移动终端的接入方式或接入源网络地址范围进行限制；尝试未授权接入移动业务系统，查看是否成功。

以某移动终端管理系统为例，测评实施步骤主要包括：核查该移动终端管理系统中是否设置移动终端接入控制策略，是否仅允许经移动终端管理服务端注册的移动终端接入移动业务系统；尝试模拟未经移动终端管理服务端注册的移动终端接入移动业务系统，查看是否成功。如果测评结果表明，该移动终端管理系统中设置了移动终端接入控制策略且策略有效，则单元判定结果为符合，否则为不符合或部分符合。

【L2-CES1-14 解读和说明】

测评指标"应提供数据有效性检验功能，保证通过人机接口输入或通过通信接口输入的内容符合系统设定要求"的主要测评对象是移动终端管理系统、移动应用软件等。

测评实施要点包括：询问应用管理员系统移动应用软件是否具备软件容错能力，核查系统设计文档中是否包括数据有效性检验功能的内容或模块；在移动应用软件提供的输入接口中尝试输入不同格式或长度的数据，查看移动应用软件是否能够对输入数据的格式、长度等进行检查和验证。

以某移动终端业务应用软件为例，测评实施步骤主要包括：核查系统设计文档中是否包括数据有效性检验功能的内容或模块；若具备数据有效性检验功能，则尝试在移动终端业务应用软件管理页面分别输入符合和不符合软件设定要求的不同格式或长度的数据，核查该移动终端业务应用软件的数据有效性检验功能是否有效。如果测评结果表明，该移动终端业务应用软件中提供了对输入数据的格式、长度等进行检查和验证的功能且有效，则单元判定结果为符合，否则为不符合或部分符合。

【L2-CES1-15 解读和说明】

测评指标"应能发现可能存在的已知漏洞，并在经过充分测试评估后，及时修补漏洞"的主要测评对象是无线 AP、无线接入网关、移动终端、移动终端管理系统、移动应用软件等。

测评实施要点包括：查看移动终端"系统更新"中的当前补丁包及当前版本等信息，核查是否有新的更新版本；询问系统管理员是否定期对接入业务系统的无线 AP、无线接入网关、移动终端、移动终端管理系统、移动应用软件等进行漏洞扫描，是否对扫描发现的漏洞进行评估和补丁更新；通过漏洞扫描、渗透测试等方式，核查无线 AP、无线接入网关、移动终端、移动终端管理系统、移动应用软件等中是否存在高风险漏洞；核查无线 AP、无线接入网关、移动终端、移动终端管理系统、移动应用软件等是否在经过充分测试评估后及时修补漏洞，查阅针对无线 AP、无线接入网关、移动终端管理系统、移动应用软件等的漏洞扫描报告和补丁更新记录。

以某 Android 移动终端为例，测评实施步骤主要包括：抽选移动终端，查看"关于手机"中的 Android 版本和 Android 程序安全补丁级别；使用针对 Android 系统的漏洞扫描工具对抽选的移动终端进行漏洞扫描，查看是否存在已知的严重漏洞；查阅该移动终端的漏洞扫描报告和补丁更新记录。如果测评结果表明，该移动终端不存在已知的严重漏洞，则单元判定结果为符合，否则为不符合或部分符合。

5. 恶意代码防范

【标准要求】

该控制点第一级包括测评单元 L1-CES1-08，第二级包括测评单元 L2-CES1-16。

【L1-CES1-08/L2-CES1-16 解读和说明】

测评指标"应安装防恶意代码软件或配置具有相应功能的软件，并定期进行升级和更新防恶意代码库"的主要测评对象是移动终端。

测评实施要点包括：核查移动终端中是否安装防恶意代码软件或配置具有相应功能的软件，核查防护软件中的病毒查杀引擎是否已开启，核查是否能够定期升级和更新防恶意代码库，一般至少每周升级和更新一次防恶意代码库；核查移动终端在识别到入侵和病毒行为后是否能够将其有效阻断，核查历史阻断日志等。

以某移动终端为例，测评实施步骤主要包括：核查该移动终端中是否安装防恶意代码软件或配置具有相应功能的软件，若已安装或已配置，则查看防恶意代码产品运行是否正常；核查是否能够定期升级和更新防恶意代码库。如果测评结果表明，该移动终端中安装了防恶意代码软件或配置了具有相应功能的软件且运行正常，能够定期升级和更新防恶意代码库，则单元判定结果为符合，否则为不符合或部分符合。

6. 可信验证

【标准要求】

该控制点第一级包括测评单元 L1-CES1-09，第二级包括测评单元 L2-CES1-17。

【L1-CES1-09 解读和说明】

测评指标"可基于可信根对计算设备的系统引导程序、系统程序等进行可信验证，并在检测到其可信性受到破坏后进行报警"的主要测评对象是移动终端上的可信验证模块或组件。

测评实施要点包括：核查移动终端的技术说明书或可信芯片的国密批文，查看是否预置可信芯片或采用其他可信验证方式；核查移动终端启动过程中所涉及的系统引导程序、系统程序的可信度量结果；访谈安全管理员，核查其在检测到移动终端的可信性受到破坏后是否进行报警。此外，可信验证所涉及的密码技术，应符合国家密码管理机构批准使用的密码算法，建议依据 TCM 国家标准提供密码服务和密钥的管理体系，支撑可信计算身份认证、状态度量、保密存储过程中的密码服务。

以某移动终端为例，测评实施步骤主要包括：核查该移动终端的技术说明书或可信芯片的国密批文，查看是否预置可信芯片或采用其他可信验证方式；打开移动终端电源，保证网络通信功能正常，核查该移动终端启动过程中所涉及的系统引导程序、系统程序的可信度量结果；访谈安全管理员，核查其在检测到移动终端的可信性受到破坏后是否进行报警。如果测评结果表明，可信根存在且响应正常，在检测到其可信性受到破坏后进行了报警，则单元判定结果为符合，否则为不符合或部分符合。

【L2-CES1-17 解读和说明】

测评指标"可基于可信根对计算设备的系统引导程序、系统程序、重要配置参数和应用程序等进行可信验证，并在检测到其可信性受到破坏后进行报警，并将验证结果形成审计记录送至安全管理中心"的主要测评对象是移动终端上的可信验证模块或组件。

测评实施要点包括：核查移动终端的技术说明书或可信芯片的国密批文，查看是否预置可信芯片或采用其他可信验证方式；核查移动终端启动过程中所涉及的系统引导程序、系统程序、重要配置参数和应用程序的可信度量结果；核查在检测到其可信性受到破坏后是否进行报警；核查安全管理中心中是否具有可信验证审计记录。此外，可信验证所涉及的密码技术，应符合国家密码管理机构批准使用的密码算法，建议依据 TCM 国家标准提供密码服务和密钥的管理体系，支撑可信计算身份认证、状态度量、保密存储过程中的密码服务。

以某移动终端为例，测评实施步骤主要包括：核查该移动终端的技术说明书或可信芯片的国密批文，查看是否预置可信芯片或采用其他可信验证方式；打开移动终端电源，保证网络通信功能正常，核查该移动终端启动过程中所涉及的系统引导程序、系统程序、重要配置参数和应用程序的可信度量结果；核查在检测到其可信性受到破坏后是否进行报警；核查安全管理中心中是否具有可信验证审计记录。如果测评结果表明，可信根存在且响应正常，在检测到其可信性受到破坏后进行了报警，并将验证结果形成审计记录送至安全管理中心，则单元判定结果为符合，否则为不符合或部分符合。

7. 剩余信息保护

【标准要求】

该控制点第二级包括测评单元 L2-CES1-21。

【L2-CES1-21 解读和说明】

测评指标"应保证鉴别信息所在的存储空间被释放或重新分配前得到完全清除"的主要测评对象是移动终端、移动终端管理系统、移动应用软件等。

测评实施要点包括：核查相关配置信息和系统设计文档，查看移动终端操作系统、移动终端管理系统和移动应用软件是否具有清除用户鉴别信息的功能；重点核查在用户退出后，是否可以利用残余的临时缓存继续登录移动终端操作系统、移动终端管理系统和移动应用软件；核查在用户退出或注销后，是否存有残留的用户鉴别信息。

以某移动应用软件为例，测评实施步骤主要包括：访谈系统开发人员，询问移动应用软件是否具有清除用户鉴别信息的功能；核查在用户退出登录后，通过长按后退按钮能否访问之前的页面；核查在用户退出移动应用软件（正常退出或非强制关闭）或注销账户后，移动应用软件和移动终端操作系统临时文件（软件安装目录、用户 Cookies 目录等）中是否存有残留的用户鉴别信息。如果测评结果表明，该移动应用软件具有清除用户鉴别信息的功能，在用户退出或注销后无法访问之前的页面，且无残留的用户鉴别信息，则单元判定结果为符合，否则为不符合或部分符合。

8. 个人信息保护

【标准要求】

该控制点第二级包括测评单元 L2-CES1-22、L2-CES1-23。

【L2-CES1-22 解读和说明】

测评指标"应仅采集和保存业务必需的用户个人信息"的主要测评对象是移动终端管理系统、移动应用软件等。

测评实施要点包括：核查被测单位是否制定有关用户个人信息保护的管理制度和流程；重点核查管理制度和流程中是否详细列举业务必需的所有用户个人信息的种类、采集方式及存储位置，管理制度和流程是否涵盖系统所有业务，包括但不限于服务端、移动设备端、移动应用软件、数据管理端等；核查系统各个模块采集的用户个人信息是否与管理制度和流程中列举的一致；结合该系统业务流程，重点核查各个模块采集的用户个人信息是否为业务应用所必需；核查采集的用户个人信息的存储位置，如服务端相应目录、移动应用软件所在终端存储路径、数据库等，核查保存的用户个人信息类型是否与管理制度和流程中列举的一致；核查系统收集和处理用户个人信息的过程是否合法，是否遵循 GB/T 35273—2020《信息安全技术 个人信息安全规范》等标准和法律法规要求。

以某移动应用软件为例，测评实施步骤主要包括：核查该系统运营单位是否制定有关用户个人信息保护的管理制度和流程；核查管理制度和流程中是否详细列举业务必需的所有用户个人信息的种类、采集方式及存储位置；根据业务流程使用该移动应用软件，核查采集的用户个人信息是否与管理制度和流程中列举的一致，判断采集的用户个人信息是否超出该移动应用软件的业务范围；查看采集的用户个人信息的存储位置，核查保存的用户个人信息类型是否与管理制度和流程中列举的一致。如果测评结果表明，被测单位制定了有关用户个人信息保护的管理制度和流程，详细列举了业务必需的所有用户个人信息的种类、采集方式及存储位置，实际采集和保存的用户个人信息与管理制度和流程中规定的一致，并未超出业务范围，则单元判定结果为符合，否则为不符合或部分符合。

【L2-CES1-23 解读和说明】

测评指标"应禁止未授权访问和非法使用用户个人信息"的主要测评对象是移动终端管理系统、移动应用软件等。

测评实施要点包括：核查被测单位是否制定有关用户个人信息保护的管理制度和流程；重点核查管理制度和流程中是否说明限制用户个人信息访问或使用的技术措施，管理制度和流程是否涵盖系统所有业务，包括但不限于服务端、移动设备端、移动应用软件、数据管理端等；验证管理制度和流程中说明的技术措施，尝试绕过该措施访问或使用用户个人信息，如直接访问移动应用软件所在终端存储路径，查看是否可以未授权访问相关数据；核查该系统实际采取的措施是否与管理制度和流程中规定的一致且有效。

以某移动应用软件为例，测评实施步骤主要包括：核查该系统运营单位是否制定有关用户个人信息保护的管理制度和流程；核查管理制度和流程中是否说明限制用户个人信息访问或使用的技术措施；验证管理制度和流程中说明的技术措施，尝试绕过该措施访问或使用用户个人信息。如果测评结果表明，被测单位制定了有关用户个人信息保护的管理制度和流程，说明了限制用户个人信息访问或使用的技术措施，实际采取的措施与管理制度和流程中规定的一致且有效，则单元判定结果为符合，否则为不符合或部分符合。

9. 移动应用管控

【标准要求】

该控制点第一级包括测评单元 L1-CES3-01，第二级包括测评单元 L2-CES3-01、L2-CES3-02。

【L1-CES3-01/L2-CES3-01 解读和说明】

测评指标"应具有选择应用软件安装、运行的功能"的主要测评对象是移动终端管理客户端等。

测评实施要点包括：核查移动终端中是否安装移动终端管理客户端，验证客户端是否正常运行（可采用查看后台进程、任务栏常驻等方式），重点核查是否具有阻止用户自行关闭安全功能或卸载客户端的功能（如修改配置时输入管理密码等）；核查移动终端管理客户端是否正常接受服务端的策略，限制或控制移动终端可以安装、运行的应用软件；重点核查是否仅允许安装、运行白名单中的应用软件，白名单以外的应用软件是否无法安装、运行，是否提示相关错误信息；核查移动终端管理服务端是否具有审计功能，是否具有记录上述行为的日志记录，是否支持查看详细情况。

以某移动终端为例，测评实施步骤主要包括：核查受控移动终端中是否安装移动终端管理客户端，确认客户端在终端上的运行方式（后台进程、任务栏常驻等），核查是否可以阻止终端用户关闭或卸载客户端；核查移动终端管理客户端是否正常接受服务端的策略，限制或控制移动终端可以安装、运行的应用软件；尝试安装不允许的应用软件，验证移动终端管理客户端的安全策略是否有效。如果测评结果表明，移动终端中已安装移动终端管理客户端，客户端以后台进程或任务栏常驻等方式运行，终端用户无法自行关闭或卸载客户端，软件安装、运行策略合理有效，且能由管理员进行配置，则单元判定结果为符合，否则为不符合或部分符合。

【L2-CES3-02 解读和说明】

测评指标"应只允许可靠证书签名的应用软件安装和运行"的主要测评对象是移动终端管理客户端等。

测评实施要点包括：核查移动终端管理系统是否能够验证应用软件证书签名的有效性；核查全部移动应用是否经可信根证书签名；尝试在移动终端中安装未经可信根证书签名的软件，验证软件是否安装失败，是否运行失败；尝试在移动终端中安装经可信根证书签名的软件，验证软件是否安装成功，是否运行正常。

以某移动终端为例，测评实施步骤主要包括：从应用市场或互联网上下载一款未经可信根证书签名的软件并尝试安装在移动终端中，验证软件是否安装失败，是否运行失败；尝试在移动终端中安装经可信根证书签名的软件，验证软件是否安装成功，是否运行正常。如果测评结果表明，未经可信根证书签名的软件无法安装和运行，经可信根证书签名的软件可以正常安装和运行，则单元判定结果为符合，否则为不符合或部分符合。

2.2.5 安全管理中心

在对移动互联系统的"安全管理中心"测评时应依据安全测评通用要求，涉及安全测评通用要求的解读内容参见《网络安全等级保护测评要求（通用要求部分）应用指南》中的"安全管理中心"。

2.2.6 安全管理制度

在对移动互联系统的"安全管理制度"测评时应依据安全测评通用要求，涉及安全测评通用要求的解读内容参见《网络安全等级保护测评要求（通用要求部分）应用指南》中的"安全管理制度"。由于移动互联系统的特点，本节列出了部分安全测评通用要求在移动互联环境下的个性化解读内容。

管理制度

【标准要求】

该控制点第一级包括测评单元 L1-PSS1-01，第二级包括测评单元 L2-PSS1-02、L2-PSS1-03。

【L1-PSS1-01 解读和说明】

测评指标"应建立日常管理活动中常用的安全管理制度"的主要测评对象是移动互联安全管理制度类文档。

测评实施要点包括：核查是否针对移动互联安全管理工作建立常用的安全管理制度，重点核查是否针对移动终端接入管理、无线 AP 管理等制定相应的安全管理制度。

以一般单位的安全管理制度为例，测评实施步骤主要包括：核查相关安全管理制度中是否包含移动互联安全管理的内容，如针对移动终端接入管理、无线 AP 管理等制定相应的安全管理制度。如果测评结果表明，被测单位针对移动互联安全管理工作建立了常用的安全管理制度，则单元判定结果为符合，否则为不符合或部分符合。

【L2-PSS1-02 解读和说明】

测评指标"应对安全管理活动中的主要管理内容建立安全管理制度"的主要测评对象是移动互联安全管理制度类文档。

测评实施要点包括：核查是否针对移动互联安全主要管理工作建立相关的安全管理制度，重点核查是否针对移动终端接入管理、无线 AP 管理等制定相应的安全管理制度。

以一般单位的安全管理制度为例，测评实施步骤主要包括：核查相关安全管理制度中是否包含移动互联安全主要管理的内容，如针对移动终端接入管理、无线 AP 管理等制定相应的安全管理制度。如果测评结果表明，被测单位针对移动互联安全主要管理工作建立了相关的安全管理制度，则单元判定结果为符合，否则为不符合或部分符合。

【L2-PSS1-03 解读和说明】

测评指标"应对管理人员或操作人员执行的日常管理操作建立操作规程"的主要测评对象是移动互联安全操作规程类文档。

测评实施要点包括：核查是否针对移动互联安全管理工作建立专门的操作规程，如无线 AP 维护手册、无线接入网关配置规范等。

以一般单位的日常管理操作规程文件为例，测评实施步骤主要包括：核查相关操作规程文件，查看是否针对移动互联安全管理工作建立专门的操作规程，以规范移动互联安全管理工作的实施。如果测评结果表明，被测单位针对移动互联安全管理工作建立了专门的操作规程，则单元判定结果为符合，否则为不符合或部分符合。

2.2.7　安全管理机构

在对移动互联系统的"安全管理机构"测评时应依据安全测评通用要求，涉及安全测评通用要求的解读内容参见《网络安全等级保护测评要求（通用要求部分）应用指南》中的"安全管理机构"。

2.2.8　安全管理人员

在对移动互联系统的"安全管理人员"测评时应依据安全测评通用要求，涉及安全测评通用要求的解读内容参见《网络安全等级保护测评要求（通用要求部分）应用指南》中的"安全管理人员"。

2.2.9　安全建设管理

在对移动互联系统的"安全建设管理"测评时应同时依据安全测评通用要求和安全测

评扩展要求,其中涉及安全测评通用要求的解读内容参见《网络安全等级保护测评要求(通用要求部分)应用指南》中的"安全建设管理",安全测评扩展要求的解读内容参见本节。

1. 移动应用软件采购

【标准要求】

该控制点第一级包括测评单元 L1-CMS3-01,第二级包括测评单元 L2-CMS3-01、L2-CMS3-02。

【L1-CMS3-01/L2-CMS3-01 解读和说明】

测评指标"应保证移动终端安装、运行的应用软件来自可靠分发渠道或使用可靠证书签名"的主要测评对象是移动终端等。

测评实施要点包括:核查移动应用软件是否来自可靠的分发渠道,以降低移动应用软件安装带来的风险;核查移动终端安装、运行的应用软件是否采用证书签名,若采用则对签名文件、签名工具和开发工具进行检测,核查是否为可靠的证书签名,是否能够保证应用软件的完整性。

以某移动终端为例,测评实施步骤主要包括:查看移动应用软件分发渠道的来源,判断其是否为官方可靠的分发渠道;核查移动应用软件是否采用证书签名,若采用则需要测试验证证书签名的可靠性,可利用签名检测工具对签名文件的有效期、加密算法、加密强度进行检测。如果测评结果表明,移动终端安装、运行的应用软件来自可靠分发渠道或使用可靠证书签名,则单元判定结果为符合,否则为不符合或部分符合。

【L2-CMS3-02 解读和说明】

测评指标"应保证移动终端安装、运行的应用软件由可靠的开发者开发"的主要测评对象是移动终端等。

测评实施要点包括:查看系统设计文档及应用开发者信息,核查移动应用软件是否由可靠的开发者开发。

以某移动终端为例,测评实施步骤主要包括:核查移动终端安装、运行的应用软件是否明确开发者,是否记录移动应用软件的开发者,核查是否为可靠的开发者开发。如果测评结果表明,移动终端安装、运行的应用软件由可靠的开发者开发,则单元判定结果为符合,否则为不符合或部分符合。

2. 移动应用软件开发

【标准要求】

该控制点第二级包括测评单元 L2-CMS3-03、L2-CMS3-04。

【L2-CMS3-03 解读和说明】

测评指标"应对移动业务应用软件开发者进行资格审查"的主要测评对象是系统建设负责人。

测评实施要点包括：访谈系统建设负责人，了解其是否对移动业务应用软件开发者进行资格审查，如何进行审查，通过什么措施保证移动业务应用软件开发者可控；访谈系统建设负责人或其他负责人，了解移动业务应用软件开发者是否具备软件开发相关资质；核查是否有相关审查记录。

以某移动业务应用软件为例，测评实施步骤主要包括：访谈系统建设负责人，了解移动业务应用软件开发者的资格审查措施，如入职时是否有相关的背景调查、资格审查，如何保证移动业务应用软件开发者可控，如何保证移动业务应用软件开发者的专业性；访谈系统建设负责人或其他负责人，了解移动业务应用软件开发者是否具备软件开发相关资质。如果测评结果表明，被测单位对移动业务应用软件开发者进行了严格的背景调查，有严格手段考察其专业性，移动业务应用软件开发者具备软件开发相关资质，则单元判定结果为符合，否则为不符合或部分符合。

【L2-CMS3-04 解读和说明】

测评指标"应保证开发移动业务应用软件的签名证书合法性"的主要测评对象是软件的签名证书。

测评实施要点包括：核查开发移动业务应用软件的签名证书是否具有合法性，用于电子签名的数字证书是否由国家相关管理部门许可的 CA 机构颁发，数字证书的所有信息是否正确，签名技术是否可靠。

以某移动业务应用软件为例，测评实施步骤主要包括：核查开发移动业务应用软件的签名证书是否由国家相关管理部门许可的 CA 机构颁发；核查数字证书是否由电子签名人控制，所有者信息是否属实；核查数字证书的签名技术是否可靠，是否使用国家认可的可靠的密码技术。如果测评结果表明，被测单位开发移动业务应用软件的签名证书合法，则单元判定结果为符合，否则为不符合或部分符合。

2.2.10　安全运维管理

在对移动互联系统的"安全运维管理"测评时应依据安全测评通用要求，涉及安全测评通用要求的解读内容参见《网络安全等级保护测评要求（通用要求部分）应用指南》中的"安全运维管理"。

2.3　第三级和第四级移动互联安全测评扩展要求应用解读

2.3.1　安全物理环境

在对移动互联系统的"安全物理环境"测评时应同时依据安全测评通用要求和安全测评扩展要求，其中涉及安全测评通用要求的解读内容参见《网络安全等级保护测评要求（通用要求部分）应用指南》中的"安全物理环境"，安全测评扩展要求的解读内容参见本节。

无线接入点的物理位置

【标准要求】

该控制点第三级包括测评单元 L3-PES3-01，第四级包括测评单元 L4-PES3-01。

【L3-PES3-01/L4-PES3-01 解读和说明】

测评指标"应为无线接入设备的安装选择合理位置，避免过度覆盖和电磁干扰"的主要测评对象是无线 AP、无线路由器等。

测评实施要点包括：访谈安全管理员或网络管理员，询问无线接入设备的覆盖范围需求是否为最小化原则，初步判断覆盖范围是否合理，并且核查所有无线接入设备的安装位置；核查无线 AP、无线路由器等无线接入设备的部署位置，利用无线信号检测工具检测无线信号的覆盖范围，核查是否存在无线信号过度覆盖等问题，如核查是否在无线业务需要覆盖的范围外均搜索不到无线信号或无线信号强度极弱（如小于-80dBm），以保证较难被恶意人员利用；核查无线接入设备周围是否存在因机电或其他装置产生的电磁干扰，测试验证无线信号是否可以避免电磁干扰，如核查业务网络使用信道上有无其他无线信号，或者通过无线信号检测工具检测 SSID 信号强度是否小于-80dBm，通过 ping 命令检测数据包丢包率。

以华为 AC6005+华为 AP4030DN 为例，测评实施步骤主要包括：先核查无线接入设备的部署方案，确认 AP4030DN 的部署位置是否合理，再利用无线信号检测工具（如 WirelessMon 等）检测无线信号的覆盖范围（见图 2-1）。如果在无线业务需要覆盖的范围外均搜索不到无线信号或无线信号强度极弱（如小于-80dBm），则较为安全；如果能搜索到 SSID 且无线信号强度较强，则存在安全隐患。

核查无线 AP 周围是否存在因机电或其他装置产生的电磁干扰，可利用无线信号检测工具检测周边无线网络的信道使用情况（见图 2-2），如核查业务网络使用信道上有无其他无线信号。如果无线接入设备旁有其他设备且造成信号干扰，并且通过无线信号检测工具检测到 SSID 信号强度小于-80dBm，通过 ping 命令检测到数据包丢包率较高，则存在安全隐患。

如果测评结果表明，为无线接入设备的安装选择了合理位置，经测试不存在无线信号过度覆盖和电磁干扰问题，则单元判定结果为符合，否则为不符合或部分符合。

2.3.2　安全通信网络

在对移动互联系统的"安全通信网络"测评时应依据安全测评通用要求，涉及安全测评通用要求的解读内容参见《网络安全等级保护测评要求（通用要求部分）应用指南》中的"安全通信网络"。由于移动互联系统的特点，本节列出了部分安全测评通用要求在移动互联环境下的个性化解读内容。

网络架构

【标准要求】

该控制点第三级包括测评单元 L3-CNS1-01、L3-CNS1-02、L3-CNS1-03，第四级包括测评单元 L4-CNS1-01、L4-CNS1-02、L4-CNS1-03。

【L3-CNS1-01/L4-CNS1-01 解读和说明】

测评指标"应保证网络设备的业务处理能力满足业务高峰期需要"的主要测评对象是无线接入网关、无线 AP、无线路由器等。

测评实施要点包括：了解并掌握业务高峰时段，并在该时段内核查无线接入设备的业务处理能力是否满足业务高峰期需要；核查设备运行时间，如果设备运行时间较短，如只有几天时间，则需要进一步确认是否出现因设备性能不足而导致的设备宕机等情况；若条件允许，可对无线接入设备进行性能压力测试，确认其是否满足业务高峰期需要。

以华为无线接入网关为例，测评实施步骤主要包括：访谈网络管理员，查看综合网管系统近期的统计数据，确定被测系统的业务高峰时段；在业务高峰时段内，输入命令查看无线接入网关的 CPU 和内存使用情况（或通过网管平台查看相关使用情况）：

\<Huawei\> *display cpu-usage*

\<Huawei\> *display memory-usage*

或登录设备后通过"监控→AC→AC 概况"查看 CPU 和内存使用情况；核查综合网管系统的告警日志和设备运行时间，确认是否出现因设备性能不足而导致的设备宕机等情况。如果测评结果表明，无线接入网关的 CPU 和内存使用率峰值均不大于 70%，且综合网管系统未出现设备宕机或异常重启的告警日志，则单元判定结果为符合，否则为不符合或部分符合。

【L3-CNS1-02/L4-CNS1-02 解读和说明】

测评指标"应保证网络各个部分的带宽满足业务高峰期需要"的主要测评对象是无线接入网关、无线 AP、无线路由器等。

测评实施要点包括：了解并掌握业务高峰时段，并在该时段内核查无线接入设备的无线带宽是否满足业务高峰期需要，一般来说，设备的实际无线带宽不应超过设计带宽的 70%；若条件允许，可对无线接入设备进行带宽压力测试，确认其是否满足业务高峰期需要。

以华为无线接入网关为例，测评实施步骤主要包括：访谈网络管理员，查看综合网管系统近期的无线带宽统计数据，确定被测系统的业务高峰时段；在业务高峰时段内，查看无线接入设备的当前及历史无线带宽利用率，核查是否存在利用率长期高于 70% 的情况；登录设备后通过"概览"查看无线带宽统计数据；核查综合网管系统的告警日志和设备运行时间，确认是否出现因设备处理能力不足而导致的带宽不足或设备宕机等情况。如果测评结果表明，无线接入设备的无线带宽满足业务高峰期需要，则单元判定结果为符合，否则为不符合或部分符合。

【L3 CNS1-03/L4-CNS1-03 解读和说明】

测评指标"应划分不同的网络区域，并按照方便管理和控制的原则为各网络区域分配地址"的主要测评对象是无线接入网关、无线 AP、无线路由器等。

测评实施要点包括：访谈网络管理员，确认是否依据组织 IP 地址规划原则和安全区域防护要求，在主要网络设备上进行不同网络区域的划分，包含物理网络划分和逻辑划分，如全部无线网络均应独立组网；核查无线网络区域（或子网）划分是否合理，是否满足方便控制、减少广播域等安全需求，重点关注是否将"访客"和"内部员工"划分为不同的网络区域进行管理；核查相关网络设备的配置信息，验证划分的网络区域是否与划分原则一致。

以华为无线接入网关为例，测评实施步骤主要包括：访谈网络管理员，确认是否依据方便控制、减少广播域等安全需求针对无线网络划分独立的网络区域；核查华为无线接入网关的配置信息，验证划分的网络区域是否与划分原则一致；登录华为无线接入网关，通过"配置→AC 配置→VLAN"查看独立组网的无线接入网络区域划分情况。如果测评结果表明，被测网络依据重要性、部门等因素划分了不同的网络区域，且通过核查相关网络设备的配置信息，验证划分的网络区域与划分原则一致，则单元判定结果为符合，否则为不符合或部分符合。

2.3.3　安全区域边界

在对移动互联系统的"安全区域边界"测评时应同时依据安全测评通用要求和安全测评扩展要求，其中涉及安全测评通用要求的解读内容参见《网络安全等级保护测评要求（通用要求部分）应用指南》中的"安全区域边界"，安全测评扩展要求的解读内容参见本节。由于移动互联系统的特点，本节列出了部分安全测评通用要求在移动互联环境下的个性化解读内容。

1. 边界防护

【标准要求】

该控制点第三级包括测评单元 L3-ABS1-01、L3-ABS1-02、L3-ABS1-04、L3-ABS3-01，第四级包括测评单元 L4-ABS1-01、L4-ABS1-02、L4-ABS1-04、L4-ABS1-05、L4-ABS1-06、L4-ABS3-01。

【L3-ABS1-01/L4-ABS1-01 解读和说明】

测评指标"应保证跨越边界的访问和数据流通过边界设备提供的受控接口进行通信"

的主要测评对象是无线接入网关、无线 AP、无线路由器等。

测评实施要点包括：访谈安全管理员或网络管理员，询问无线网络的组网方式，核查有线网络与无线网络之间是否部署边界访问控制设备；核查有线网络与无线网络之间边界访问控制设备的配置策略是否能够保证跨越无线网络边界的网络通信受控，粒度是否达到服务接口或通信接口级；核查无线接入网关、无线 AP、无线路由器等配置发布的无线网络 SSID 是否均为指定的 SSID，并对跨越无线网络边界的网络通信进行安全策略配置检查；采用其他技术手段（如非法无线网络设备定位、核查设备配置信息等）核查或测试验证是否不存在未指定的 SSID 和未受控的跨越无线网络边界的网络通信。

以 H3C 无线接入网关、无线 AP 组网为例，测评实施步骤主要包括：访谈网络管理员，查看具体无线网络的组网设备和策略等，确定无线网络的组网方式；查看无线接入网关和无线 AP 配置，确认是否仅存在指定的 SSID，无其他多余 SSID，同时对每个 SSID 确认是否已进行安全策略配置，保证跨越无线网络边界的网络通信受控；利用无线信号检测工具测试是否不存在未指定的 SSID 和无线网络设备。如果测评结果表明，无线接入网关和无线 AP 的安全策略配置合理，且不存在未指定的 SSID 和无线网络设备，则单元判定结果为符合，否则为不符合或部分符合。

【L3-ABS1-02/L4-ABS1-02 解读和说明】

测评指标"应能够对非授权设备私自联到内部网络的行为进行检查或限制"的主要测评对象是无线接入网关、无线 AP、无线路由器等。

测评实施要点包括：利用非授权设备尝试接入无线网络进行测试，验证无线网络身份鉴别方式的有效性；如果无线网络开启了来宾模式，则验证来宾模式的接入验证方式是否有效，可通过修改 URL（统一资源定位符）参数或登录会话参数（如 Cookie 值）进行重放和绕过，核查是否能够将来宾账户提权成业务账户；核查无线接入网关、无线 AP、无线路由器等是否对设备的接入行为进行检查或限制，如是否开启准入认证或采用白名单设置的方式（如 IP-MAC 地址绑定）。

以 H3C 无线接入网关、无线 AP 组网为例，测评实施步骤主要包括：核查无线接入网关是否对移动终端和无线 AP 设备的接入行为进行检查或限制；利用非授权设备尝试接入无线 AP 进行测试，验证无线 AP 是否对移动终端的接入行为进行检查或限制。如果测评结果表明，采取技术手段对连接到内部网络的移动终端、无线 AP 设备进行了检查或限制，则单元判定结果为符合，否则为不符合或部分符合。

【L3-ABS1-04/L4-ABS1-04 解读和说明】

测评指标"应限制无线网络的使用，保证无线网络通过受控的边界设备接入内部网络"的主要测评对象是无线接入网关等。

测评实施要点包括：询问网络管理员网络中是否有授权的无线网络，这些无线网络是否在单独组网后接入有线网络；核查无线网络的部署方式，确认是否部署无线接入网关、无线网络控制器等设备；核查无线设备的配置是否合理，如无线设备信道的使用是否合理，用户口令的强度是否足够，以及是否使用 WPA2 加密方式等；核查网络中是否部署对非授权无线设备的管控措施，以及是否能够对非授权的无线设备进行检查、屏蔽，如是否使用无线嗅探器、无线入侵检测/防御系统、手持式无线信号检测系统等相关工具进行检测、限制。

以 H3C 无线接入网关、无线 AP 组网为例，测评实施步骤主要包括：访谈网络管理员，查看具体无线网络的组网设备和策略等，确定无线网络的组网方式；核查无线接入网关的配置是否合理，是否通过防火墙等访问控制设备接入有线网络；利用无线嗅探器核查是否存在其他非授权的无线设备。如果测评结果表明，无线网络单独组网后通过防火墙等访问控制设备接入有线网络，无线接入网关的配置合理，利用无线嗅探器核查未发现存在非授权的无线设备，则单元判定结果为符合，否则为不符合或部分符合。

【L4-ABS1-05 解读和说明】

测评指标"应能够在发现非授权设备私自联到内部网络的行为或内部用户非授权联到外部网络的行为时，对其进行有效阻断"的主要测评对象是无线接入网关、无线 AP、无线路由器等。

测评实施要点包括：访谈安全管理员或网络管理员，询问通过何种方式进行终端设备接入的身份鉴别，以及是否开启无线网络来宾接入功能；分析无线网络的边界，核查无线接入网关、无线 AP、无线路由器等是否对设备的接入行为进行限制和授权，如是否开启准入认证（如 Portal 认证、微信认证）或采用白名单设置的方式（如终端 MAC 地址绑定）；核查无线接入设备是否具有针对非法移动终端设备的接入告警功能，如告警日志、SNMP Trap、短信、邮件等方式；核查无线接入设备是否具有针对非法移动终端设备的强制下线、黑名单等功能，针对来宾接入方式是否设置来宾账户访问有效期；访谈安全管理员或网络管理员是否定期对内部多余的、过期的账户进行及时清理（删除或禁用）；通过模拟非授权设备接入无线网络进行测试，验证无线网络身份鉴别方式、强制下线、黑名单等功能的有效性；如果无线网络开启了来宾模式，则验证来宾模式的接入验证方式、来宾账户访问有效期等功能是否有效。

以华为 AC6005+华为 AP4030DN 为例，测评实施步骤主要包括：查看无线接入网关，确认其是否具有终端准入控制功能，是否通过白名单设置的方式对移动终端和无线 AP 设备的接入行为进行限制，同时确认其是否具有强制下线功能（见图 2-5）。如果测评结果表明，无线网络接入采取了一定的技术手段对连接内部网络的移动终端、无线 AP 设备进行相应的接入检查或限制，同时能通过强制下线或加入黑名单的方式有效阻断非法移动终端接入无线网络，则单元判定结果为符合，否则为不符合或部分符合。

图 2-5　无线接入网关的安全管理功能

【L4-ABS1-06 解读和说明】

测评指标"应采用可信验证机制对接入网络中的设备进行可信验证，保证接入网络的设备真实可信"的主要测评对象是无线接入网关、无线 AP、无线路由器、移动终端设备等。

测评实施要点包括：核查无线接入网关、无线 AP、无线路由器、移动终端设备的说明书，查看是否预置可信芯片或采用其他可信验证方式；向可信芯片下发测试平台身份证书，查看芯片是否正常响应；核查安全管理中心中是否具有可信验证审计记录。

以某移动终端为例，测评实施步骤主要包括：核查移动终端的技术说明书，查看是否预置可信芯片；向可信芯片下发测试平台身份证书，查看芯片是否正常响应；核查安全管理中心中是否具有可信验证审计记录。如果测评结果表明，该移动终端预置了可信芯片，可信芯片响应正常，安全管理中心中具有可信验证审计记录，则单元判定结果为符合，否则为不符合或部分符合。

【L3-ABS3-01/L4-ABS3-01 解读和说明】

测评指标"应保证有线网络与无线网络边界之间的访问和数据流通过无线接入网关设备"的主要测评对象是无线接入网关设备等。

测评实施要点包括：访谈网络管理员，了解无线网络的组网方式；核查是否为无线网络划分独立的网络区域（VLAN 或子网），并分配独立的网段；核查实际网络拓扑图（含有线网络、无线网络），确认无线网络与有线网络之间是否通过无线接入网关设备进行接入控制；如果存在多个无线 AP，则核查各无线 AP 是否都通过无线接入网关设备接入有线网络。

以无线接入网关设备为例，测评实施步骤主要包括：访谈网络管理员，了解无线网络的组网方式，查看网络拓扑图（含有线网络、无线网络），确认无线网络与有线网络之间是否通过无线接入网关设备进行接入控制，如核查是否为无线网络划分独立的网络区域，无线网络接入有线网络是否通过无线接入网关设备进行接入控制，如图 2-3 所示。如果测评结果表明，无线网络独立组网或划分了独立的网络区域，并分配了独立的网段，且无线网络通过无线接入网关设备接入有线网络，则单元判定结果为符合，否则为不符合或部分符合。

2. 访问控制

【标准要求】

该控制点第三级包括测评单元 L3-ABS3-02，第四级包括测评单元 L4-ABS3-02。

【L3-ABS3-02/L4-ABS3-02 解读和说明】

测评指标"无线接入设备应开启接入认证功能，并支持采用认证服务器认证或国家密码管理机构批准的密码模块进行认证"的主要测评对象是无线 AP、无线路由器等。

测评实施要点包括：访谈安全管理员或网络管理员，询问采用何种方式对移动终端进行认证；核查无线接入设备是否开启接入认证功能，形式可以是常规的密钥认证（如WPA/WPA2）、认证服务器认证（如 Portal、Radius、LDAP 认证等）、第三方认证（如微信认证等），或者采用国家密码管理机构批准的密码模块进行认证，但禁止使用 WEP 方式进行认证；核查相关认证方式，鉴别信息是否存在弱密码情况（如密钥长度小于 8 位字符、由纯字母/纯数字/纯字符单一组合）。

以某无线 AP 为例，测评实施步骤主要包括：核查用户终端接入无线 AP 是否需要进行身份认证，若需进行身份认证，则还应核查身份认证方式是什么，如密钥认证或第三方认证等（见图 2-4）；核查身份认证方式本身是否存在安全隐患，如核查是否使用 WEP 方式进行认证，或者口令长度是否小于 8 位字符等。如果测评结果表明，无线 AP 开启了接入认证功能，并且禁止使用 WEP 方式进行认证，如使用口令，长度不小于 8 位字符，则单元判定结果为符合，否则为不符合或部分符合。

3. 入侵防范

【标准要求】

该控制点第三级包括测评单元 L3-ABS3-03、L3-ABS3-04、L3-ABS3-05、L3-ABS3-06、L3-ABS3-07、L3-ABS3-08，第四级包括测评单元 L4-ABS3-03、L4-ABS3-04、L4-ABS3-05、L4-ABS3-06、L4-ABS3-07、L4-ABS3-08。

【L3-ABS3-03/L4-ABS3-03 解读和说明】

测评指标"应能够检测到非授权无线接入设备和非授权移动终端的接入行为"的主要测评对象是终端准入控制系统、移动终端管理系统或相关组件。

测评实施要点包括：访谈安全管理员或网络管理员，询问采用何种技术手段检测非授权无线接入设备和非授权移动终端的接入行为；核查无线接入设备是否具备终端准入控制功能（如无线 EAD），如果具备则核查是否对接入的移动终端、无线 AP 设备进行准入控制；核查是否能够检测到非授权无线接入设备和非授权移动终端的接入行为（如部署无线入侵检测/防御系统），并核查相关的检测日志。

以 H3C 无线接入网关、无线 AP 组网为例，测评实施步骤主要包括：核查无线接入网关是否具备终端准入控制功能，如果具备则核查是否对接入的移动终端、无线 AP 设备进行准入控制；核查是否能够检测到非授权无线接入设备和非授权移动终端的接入行为，并查看是否存在相关的检测日志。如果测评结果表明，无线接入网关具备终端准入控制功能，通过无线入侵检测/防御系统能够检测到非授权无线接入设备和非授权移动终端的接入行为，且有相关的检测日志，则单元判定结果为符合，否则为不符合或部分符合。

【L3-ABS3-04/L4-ABS3-04 解读和说明】

测评指标"应能够检测到针对无线接入设备的网络扫描、DDoS 攻击、密钥破解、中间人攻击和欺骗攻击等行为"的主要测评对象是无线接入网关、无线入侵检测/防御系统等。

测评实施要点包括：核查无线接入设备是否具备无线入侵检测和防御功能（如 H3C 无线接入网关的 WIPS），如果具备则核查配置策略是否合理；查看检测日志，分析是否能够对网络扫描、DDoS 攻击、密钥破解、中间人攻击和欺骗攻击等行为进行检测或阻断；核查是否部署其他具有入侵检测或阻断功能的设备或组件，以对无线网络攻击行为进行检测或阻断；核查相关设备或组件的规则库版本是否及时更新。

以 H3C 无线接入网关、无线 AP 组网为例，测评实施步骤主要包括：核查无线接入网关是否启用 WIPS 功能，如果启用则核查配置策略是否合理，查看是否存在相关的检测日志；核查规则库版本是否及时更新。如果测评结果表明，无线接入网关启用了 WIPS 功能，能够对网络扫描、DDoS 攻击、密钥破解、中间人攻击和欺骗攻击等行为进行检测或阻断，并及时更新规则库版本，则单元判定结果为符合，否则为不符合或部分符合。

【L3-ABS3-05/L4-ABS3-05 解读和说明】

测评指标"应能够检测到无线接入设备的 SSID 广播、WPS 等高风险功能的开启状态"的主要测评对象是无线接入网关、无线 AP、无线路由器等。

测评实施要点包括：核查是否能够检测到无线接入设备的 SSID 广播、WPS 等高风险功能的开启状态。为保证无线接入设备的安全，应禁止开启无线接入设备的 SSID 广播、WPS 等高风险功能。

以 H3C 无线接入网关、无线 AP 组网为例，测评实施步骤主要包括：核查通过何种技术手段检测无线接入设备的 SSID 广播、WPS 等高风险功能的开启状态；核查是否有无线接入设备的 SSID 广播、WPS 等高风险功能的开启状态检测日志。如果测评结果表明，通过无线入侵检测/防御系统能够检测到无线接入设备的 SSID 广播、WPS 等高风险功能的开启状态，则单元判定结果为符合，否则为不符合或部分符合。

【L3-ABS3-06/L4-ABS3-06 解读和说明】

测评指标"应禁用无线接入设备和无线接入网关存在风险的功能，如 SSID 广播、WEP 认证等"的主要测评对象是无线接入网关、无线 AP 等。

测评实施要点包括：核查是否禁用无线接入设备和无线接入网关的 SSID 广播、WEP 认证等存在风险的功能。

以 H3C 无线接入网关、无线 AP 组网为例，测评实施步骤主要包括：查看无线接入设备和无线接入网关的配置信息，核查是否关闭 SSID 广播、WEP 认证等存在风险的功能。如果测评结果表明，无线接入设备和无线接入网关未开启 SSID 广播和 WEP 认证等存在风险的功能，则单元判定结果为符合，否则为不符合或部分符合。

【L3-ABS3-07/L4-ABS3-07 解读和说明】

测评指标"应禁止多个 AP 使用同一个鉴别密钥"的主要测评对象是无线 AP、无线路由器等。

测评实施要点包括：核查无线 AP、无线路由器等无线接入设备是否分配不同的鉴别密钥，是否禁止多个 AP 使用同一个鉴别密钥。

以华为无线 AP 为例，测评实施步骤主要包括：核查不同无线 AP 是否使用同一个鉴别密钥。如果测评结果表明，不同无线 AP 使用不同的鉴别密钥，则单元判定结果为符合，否则为不符合。

【L3-ABS3-08/L4-ABS3-08 解读和说明】

测评指标"应能够阻断非授权无线接入设备或非授权移动终端"的主要测评对象是终端准入控制系统、移动终端管理系统或相关组件。

测评实施要点包括：核查移动终端管理系统的配置策略，确认是否针对无线接入设备或移动终端配置接入认证等策略；测试验证是否能够阻断非授权无线接入设备或非授权移动终端的接入。

以某移动终端管理系统为例，测评实施步骤主要包括：登录移动终端管理系统，核查是否设置定位与阻断策略（含黑白名单策略），是否能够阻断非授权无线接入设备或非授权移动终端的接入；尝试将非授权移动终端接入无线网络进行测试验证，确认是否能够阻断非授权移动终端的接入。如果测评结果表明，该移动终端管理系统设置了定位与阻断策略，且能够阻断非授权无线接入设备或非授权移动终端的接入，则单元判定结果为符合，否则为不符合或部分符合。

2.3.4 安全计算环境

在对移动互联系统的"安全计算环境"测评时应同时依据安全测评通用要求和安全测评扩展要求，其中涉及安全测评通用要求的解读内容参见《网络安全等级保护测评要求（通用要求部分）应用指南》中的"安全计算环境"，安全测评扩展要求的解读内容参见本节。

由于移动互联系统的特点，本节列出了部分安全测评通用要求在移动互联环境下的个性化解读内容。

1. 身份鉴别

【标准要求】

该控制点第三级包括测评单元 L3-CES1-01、L3-CES1-02、L3-CES1-03、L3-CES1-04，第四级包括测评单元 L4-CES1-01、L4-CES1-02、L4-CES1-03、L4-CES1-04。

【L3-CES1-01/L4-CES1-01 解读和说明】

测评指标"应对登录的用户进行身份标识和鉴别，身份标识具有唯一性，身份鉴别信息具有复杂度要求并定期更换"的主要测评对象是无线 AP、无线接入网关、移动终端、移动终端管理系统、移动应用软件等。

测评实施要点包括：核查在用户登录无线 AP、无线接入网关、移动终端、移动终端管理系统、移动应用软件时是否具备身份鉴别措施，重点核查在未登录状态下，用户是否具有无线 AP、无线接入网关、移动终端、移动终端管理系统、移动应用软件的访问、操作权限；核查用户身份标识是否唯一，重点核查是否可以建立同名账户或同 ID 账户，如核查无线 AP 的后台数据库中是否具有相同的 SSID，移动终端管理系统的后台数据库中是否具有相同的终端号或终端名称，移动应用软件中是否存在同名账户等；核查用户口令是否至少为 8 位，由数字、大小写字母和特殊字符等两种或两种以上构成，且一般不应含有特殊意义的缩写；测试验证是否存在弱口令和空口令用户，核查用户口令是否符合上述规则。

以华为无线 AP 为例，测评实施步骤主要包括：核查用户在登录无线 AP 时是否进行身份鉴别；测试在未登录状态下，用户是否可以访问和管理无线 AP；记录用户在系统中的唯一性身份标识（如无线 AP 用户在数据库用户表中的唯一 SSID 等），尝试是否可以新建同名账户；核查用户口令是否具备长度、复杂度和更换周期限制，如口令长度至少为 8 位，需要包含数字、大小写字母和特殊字符，并强制 3 个月更换一次等；尝试新建用户并配置口令为弱口令或空口令，验证是否建立失败；核查是否存在弱口令和空口令用户，可通过基线核查设备进行扫描，查看是否存在弱口令、空口令和常见的默认口令。如果测评结果表明，系统具有身份鉴别功能模块，且用户无法绕过登录鉴别模块，用户在系统中的身份标识唯一，口令复杂度符合要求且定期更换，则单元判定结果为符合，否则为不符合或部分符合。

【 L3-CES1-02/L4-CES1-02 解读和说明 】

测评指标"应具有登录失败处理功能,应配置并启用结束会话、限制非法登录次数和当登录连接超时自动退出等相关措施"的主要测评对象是无线 AP、无线接入网关、移动终端、移动终端管理系统、移动应用软件等。

测评实施要点包括:登录设备或系统查看其配置信息,核查是否配置并启用结束会话、限制非法登录次数和当登录连接超时自动退出等相关措施,建议配置登录失败 5 次锁定 30 分钟,连接超时时间为 5 分钟;重点尝试利用同一账户通过不同移动终端使用错误口令登录,核查在不同的移动终端上登录失败次数是否叠加;在测评中应重点核查安全策略配置是否合理,如核查移动终端管理系统对移动终端的配置,确认是否配置并启用限制非法登录功能,是否配置并启用登录连接超时自动退出功能。

以某无线 AP 为例,测评实施步骤主要包括:测试无线 AP 是否提供登录失败处理功能,尝试使用错误口令连续多次登录无线 AP,查看是否锁定账户;核查安全策略配置是否合理,如是否存在锁定时间太短、超时时间太长等问题。如果测评结果表明,该无线 AP 具有登录失败锁定或退出功能,登录连接超时后自动退出,且超时时间配置合理,则单元判定结果为符合,否则为不符合或部分符合。

【 L3-CES1-03/L4-CES1-03 解读和说明 】

测评指标"当进行远程管理时,应采取必要措施防止鉴别信息在网络传输过程中被窃听"的主要测评对象是无线 AP、无线接入网关、移动终端管理系统、移动应用软件等。

测评实施要点包括:核查是否采用加密等安全方式对系统进行远程管理(如采用 HTTPS、SSH 等),以防止鉴别信息在网络传输过程中被窃听,并通过抓包等方式确认鉴别信息在网络传输过程中是否被加密保护;核查设备是否禁止使用 Telnet、HTTP 等不安全协议进行远程管理,并尝试使用这些协议登录设备进行测试验证;如果通过第三方运维平台进行远程管理,则同时核查第三方运维平台是否采用加密等安全方式。

以某移动终端管理系统为例,测评实施步骤主要包括:核查移动终端管理系统的管理后台是否采用 HTTPS 或 SSH 等连接,打开网络数据包获取工具对用户登录移动终端管理系统管理后台的过程进行抓包分析,确认鉴别信息在网络传输过程中是否被加密保护;测试验证管理后台是否关闭 Telnet、HTTP 等不安全协议。如果测评结果表明,管理平台采用了 HTTPS、SSH 等安全方式对系统进行远程管理，则单元判定结果为符合，否则为不符合或部分符合。

【L3-CES1-04/L4-CES1-04 解读和说明】

测评指标"应采用口令、密码技术、生物技术等两种或两种以上组合的鉴别技术对用户进行身份鉴别，且其中一种鉴别技术至少应使用密码技术来实现"的主要测评对象是无线 AP、无线接入网关、移动终端、移动终端管理系统、移动应用软件等。

测评实施要点包括：核查无线接入设备、移动终端、移动终端管理系统、移动应用软件是否采用动态口令、数字证书和生物技术等两种或两种以上组合的鉴别技术对用户进行身份鉴别，需要注意在鉴别身份时如果输入两次不同的"用户名+口令"，则不能称之为双因素认证；核查其中一种鉴别技术是否使用密码技术来实现。一般来说，动态口令、数字证书均使用密码技术来实现，但口令、生物技术需要根据实际情况进行分析，应避免使用 DES、RSA1024 及以下、MD5 和 SHA-1 等具有安全隐患的密码算法。

以某移动终端为例，测评实施步骤主要包括：核查移动终端是否采用两种或两种以上组合的鉴别技术对用户进行身份鉴别，并核查其中一种鉴别技术是否使用密码技术来实现，如基于数字证书进行身份鉴别等。如果测评结果表明，系统启用了双因素认证措施对用户进行身份鉴别，且其中一种鉴别技术至少使用密码技术来实现，则单元判定结果为符合，否则为不符合或部分符合。

2. 访问控制

【标准要求】

该控制点第三级包括测评单元 L3-CES1-05、L3-CES1-06、L3-CES1-07、L3-CES1-08、L3-CES1-09、L3-CES1-10、L3-CES1-11，第四级包括测评单元 L4-CES1-05、L4-CES1-06、L4-CES1-07、L4-CES1-08、L4-CES1-09、L4-CES1-10、L4-CES1-11。

【L3-CES1-05/L4-CES1-05 解读和说明】

测评指标"应对登录的用户分配账户和权限"的主要测评对象是无线 AP、无线接入网关、移动终端、移动终端管理系统、移动应用软件等。

测评实施要点包括：核查无线 AP、无线接入网关、移动终端、移动终端管理系统、移动应用软件等是否具有用户账户和权限配置功能，是否能够为新建用户分配账户和权限；

以不同角色的用户登录系统，核查用户的权限情况是否与分配的一致；尝试以登录用户的身份访问未授权的功能，查看访问控制策略是否有效；核查是否已禁用或限制匿名、默认账户的访问权限；核查移动终端管理系统对移动终端的配置，是否根据不同用户权限来设计对系统功能及数据的访问。

以华为无线 AP 为例，测评实施步骤主要包括：核查管理员为无线 AP 分配的账户和权限，查看不同账户的权限，尝试以不同角色的用户登录系统，验证其具备的功能权限，如对无线 AP 配置网段访问的权限，配置无线 AP 使其可覆盖生产区网络和访客区网络，新建访客账户，尝试利用访客账户非授权连接生产区网络，若无法连接，则说明无线 AP 的用户权限分配有效；通过菜单猜测等方式，验证登录用户是否不能访问未授权的功能权限，或者通过修改 SSID 参数值，尝试是否可以越权使用不同权限用户的访问权限；登录后台数据库，查看账户清单中是否存在匿名或默认账户，或者翻阅无线 AP 产品出厂说明书，查看是否具有默认账户，如 Admin 等，尝试登录匿名或默认账户，核查其是否具有相关权限。如果测评结果表明，系统为登录的每一个用户分配了相应的账户和权限，且不同用户之间无法越权操作，已禁用或限制匿名、默认账户的访问权限，则单元判定结果为符合，否则为不符合或部分符合。

【L3-CES1-06/L4-CES1-06 解读和说明】

测评指标"应重命名或删除默认账户，修改默认账户的默认口令"的主要测评对象是无线 AP、无线接入网关、移动终端、移动终端管理系统、移动应用软件等。

测评实施要点包括：核查是否已重命名默认账户或已删除默认账户；若存在默认账户，则核查默认账户的默认口令是否已被修改；核查无线 AP 的后台配置，确认是否存在默认账户或已重命名默认账户，是否已修改默认口令。

以华为无线 AP 为例，测评实施步骤主要包括：登录设备管理后台，核查是否存在默认账户，若存在默认账户，则尝试使用默认口令登录，核查是否修改默认口令。如果测评结果表明，设备不存在默认账户，不存在默认口令，或者已重命名默认账户，则单元判定结果为符合，否则为不符合或部分符合。

【L3-CES1-07/L4-CES1-07 解读和说明】

测评指标"应及时删除或停用多余的、过期的账户，避免共享账户的存在"的主要测评对象是无线 AP、无线接入网关、移动终端、移动终端管理系统、移动应用软件等。

　　测评实施要点包括：核查管理用户与账户之间是否一一对应，分析是否存在多余的、过期的账户，若存在多余的、过期的账户，则测试验证多余的、过期的账户是否被停用；核查是否存在共享账户，重点核查是否存在因离职或岗位调整等导致之前管理人员的管理账户被接替人员沿用的问题；核查无线接入设备（如无线 AP）是否有临时访客账户接入，核查多余的、过期的临时访客账户是否存在、是否有效。

　　以华为无线 AP 为例，测评实施步骤主要包括：核查移动终端管理系统数据库，查看是否存在多余的、过期的接入无线 AP 的临时访客账户，通过使用临时访客账户尝试连接无线 AP 并查看是否可以上网，判断临时访客账户是否已被停用或删除；访谈系统管理员并查看无线 AP 的后台数据库，核查管理用户与账户之间是否一一对应，是否一人一户，是否存在共享账户。如果测评结果表明，系统不存在多余的、过期的管理账户和临时访客账户，且管理用户与账户之间一一对应，不存在共享账户，则单元判定结果为符合，否则为不符合或部分符合。

【L3-CES1-08/L4-CES1-08 解读和说明】

　　测评指标"应授予管理用户所需的最小权限，实现管理用户的权限分离"的主要测评对象是无线 AP、无线接入网关、移动终端、移动终端管理系统、移动应用软件等。

　　测评实施要点包括：用管理账户登录，核查系统后台是否具有角色设置功能，或者默认设置了哪些角色，是否存在一个管理账户对应多个角色的情况；核查管理用户的权限是否已进行分离，管理账户之间是否形成权限制约，登录不同权限的管理账户，验证其权限制约情况；核查用户的权限是否为其完成工作任务所需的最小权限；抽取不同角色用户，核查用户对应的工作职责，登录系统查看该用户的实际权限分配情况是否与工作职责相符；核查移动终端管理系统对移动终端的配置，确认是否进行角色划分，是否为管理员分配完成工作任务所需的最小权限。

　　以某移动终端管理系统为例，测评实施步骤主要包括：用管理账户登录移动终端管理系统，查看是否具有角色设置功能，或者默认设置了哪些角色；核查用户管理与业务操作权限是否分离，系统管理与安全审计权限是否分离，管理用户权限之间是否具有相互制约的关系；核查用户是否仅具有完成工作任务所需的最小权限，如一般分为管理员权限、操作员权限、审计员权限等。如果测评结果表明，系统具有角色设置功能，各类管理用户具有权限分离机制，且用户的权限为其完成工作任务所需的最小权限，则单元判定结果为符合，否则为不符合或部分符合。

【L3-CES1-09/L4-CES1-09 解读和说明】

测评指标"应由授权主体配置访问控制策略,访问控制策略规定主体对客体的访问规则"的主要测评对象是无线 AP、无线接入网关、移动终端、移动终端管理系统、移动应用软件等。

测评实施要点包括:核查是否由授权主体配置访问控制策略;以管理用户登录,查看权限管理功能和访问控制策略;核查授权主体是否依据安全策略配置主体对客体的访问规则,核查访问规则是否合理;核查非管理用户是否存在越权访问的情况,可通过对无线 SSID 参数修改、URL 参数修改等方式测试验证有无越权访问的情况。

以某移动终端管理系统为例,测评实施步骤主要包括:核查是否由授权主体配置访问控制策略;以管理用户登录,查看权限管理功能和访问控制策略,核查管理用户是否负责配置访问控制策略,尝试使用管理用户为新建账户分配不同的角色,并为每个角色分配不同的功能权限,核查当账户与角色关联时,该账户是否具备与角色相关联的功能操作,并登录新建账户进行核实;以非管理用户登录,核查其是否可以配置访问控制策略;核查授权主体配置访问控制策略的合理性,确认是否依据合理的安全策略授予用户相应的访问权限;核查无线终端用户是否存在越权访问的情况,可通过对无线 SSID 参数修改(如修改 SSID、修改 SSID 时间戳等参数)、URL 参数修改(如修改 URL 的用户 ID、客体 ID、目录 ID 等参数)等方式测试验证有无越权访问的情况。如果测评结果表明,系统由授权主体配置访问控制策略,授权主体依据合理的安全策略授予用户相应的访问权限,无法通过修改无线 SSID 参数或 URL 参数实现越权访问,则单元判定结果为符合,否则为不符合或部分符合。

【L3-CES1-10/L4-CES1-10 解读和说明】

测评指标"访问控制的粒度应达到主体为用户级或进程级,客体为文件、数据库表级"的主要测评对象是无线 AP、无线接入网关、移动终端、移动终端管理系统、移动应用软件等。

测评实施要点包括:核查是否由授权主体(如管理用户)负责配置访问控制策略;核查授权主体是否依据安全策略配置主体对客体的访问规则;核查访问控制策略的控制粒度是否达到主体为用户级或进程级,客体为文件、数据库表级;核查移动应用软件是否实现主体用户级对应用软件功能模块的访问控制。

以某移动终端管理系统为例，测评实施步骤主要包括：登录不同权限的账户查看访问的客体，如系统管理员应可查看用户的权限分配情况，审计管理员应可查看日志信息；核查系统管理员能否查看日志信息，审计管理员能否查看用户的权限分配情况。如果测评结果表明，系统内不同权限的账户主体只能访问权限对应的文件、数据库表等客体，则单元判定结果为符合，否则为不符合或部分符合。

【L3-CES1-11 解读和说明】

测评指标"应对重要主体和客体设置安全标记，并控制主体对有安全标记信息资源的访问"的主要测评对象是无线 AP、无线接入网关、移动终端、移动终端管理系统、移动应用软件等。

测评实施要点包括：核查是否依据安全策略对重要主体和客体设置安全标记；测试验证是否依据主体、客体的安全标记配置主体对客体访问的强制访问控制措施，如核查移动终端管理系统对移动终端是否设置安全标记，主体与客体的安全标记映射关系是否有效；新建具有不同安全标记的账户，登录后验证是否依据安全标记实现主体对客体的强制访问控制功能，即不同安全标记的主体（用户）是否只能访问拥有其相应安全标记的客体（文件、数据库表、字段等）。

以某移动终端管理系统为例，测评实施步骤主要包括：核查移动终端管理系统是否依据安全策略对重要主体和客体设置安全标记，如在移动终端管理系统的数据库中，是否对不同移动终端（主体）及其可以访问的敏感资源（客体）设置相匹配的安全标记；新建具有不同安全标记的账户，登录后验证是否依据安全标记实现不同移动终端（主体）对其可以访问的敏感资源（客体）的强制访问控制功能。如果测评结果表明，系统具有安全策略对应的安全标记，依据安全标记实现强制访问控制，则单元判定结果为符合，否则为不符合或部分符合。

【L4-CES1-11 解读和说明】

测评指标"应对主体、客体设置安全标记，并依据安全标记和强制访问控制规则确定主体对客体的访问"的主要测评对象是无线 AP、无线接入网关、移动终端、移动终端管理系统、移动应用软件等。

测评实施要点包括：核查是否依据安全策略对主体、客体设置安全标记；测试验证是否依据主体、客体的安全标记配置主体对客体访问的强制访问控制措施，如核查移动终端管理系统对移动终端是否设置安全标记，主体与客体的安全标记映射关系是否有效；新建具有不同安全标记的账户（涵盖所有安全标记类别的各类用户），登录后验证是否依据安全标记实现主体对客体的强制访问控制功能，即不同安全标记的主体（用户）是否只能访问拥有其相应安全标记的客体（文件、数据库表、字段等）。

以某移动终端管理系统为例，测评实施步骤主要包括：核查移动终端管理系统是否依据安全策略对主体、客体设置安全标记，如在移动终端管理系统的数据库中，是否对不同移动终端（主体）及其可以访问的敏感资源（客体）设置相匹配的安全标记；核查移动终端管理系统中是否形成全局主体安全标记列表和全局客体安全标记列表，是否根据系统的业务逻辑，实现授权管理、策略管理，生成主体和客体间基于安全标记的强制访问控制规则；新建具有不同安全标记的账户（涵盖所有安全标记类别的各类用户），登录后验证是否依据安全标记实现不同移动终端（主体）对其可以访问的敏感资源（客体）的强制访问控制功能。如果测评结果表明，系统具有安全策略对应的安全标记，依据安全标记实现强制访问控制，则单元判定结果为符合，否则为不符合或部分符合。

3. 安全审计

【标准要求】

该控制点第三级包括测评单元 L3-CES1-12、L3-CES1-13、L3-CES1-14、L3-CES1-15，第四级包括测评单元 L4-CES1-12、L4-CES1-13、L4-CES1-14、L4-CES1-15。

【L3-CES1-12/L4-CES1-12 解读和说明】

测评指标"应启用安全审计功能，审计覆盖到每个用户，对重要的用户行为和重要安全事件进行审计"的主要测评对象是无线 AP、无线接入网关、移动终端、移动终端管理系统、移动应用软件等。

测评实施要点包括：核查无线 AP、无线接入网关、移动终端、移动终端管理系统、移动应用软件等是否具有安全审计功能，如有则查看安全审计功能是否开启；查看审计日志内容，核查日志中的用户主体是否覆盖到系统内记录的每个用户，包括普通用户和管理用户；核查审计日志中是否包含重要的用户行为和重要的安全事件，包括但不限于移动终端上线/离线、移动终端安装/运行应用软件、管理员添加/删除/修改移动终端信息、管理员添加/删除/修改软件白名单配置等。

以华三无线 AP 为例，测评实施步骤主要包括：打开"系统监控→系统日志"，查看审计日志是否开启，审计是否覆盖到每个用户，是否对重要的用户行为和重要的安全事件进行审计；询问是否有第三方审计工具或系统，如果使用第三方审计系统，则查看审计系统的审计记录是否覆盖到全部操作系统的用户，是否记录重要的用户行为和重要的安全事件。如果测评结果表明，无线 AP 管理设备启用了安全审计功能，审计覆盖到每个用户，包括普通用户和管理用户，审计日志中包含重要的用户行为和重要的安全事件，包括但不限于移动终端上线/离线、管理员添加/删除/修改移动终端信息等，则单元判定结果为符合，否则为不符合或部分符合。

【L3-CES1-13 解读和说明】

测评指标"审计记录应包括事件的日期和时间、用户、事件类型、事件是否成功及其他与审计相关的信息"的主要测评对象是无线 AP、无线接入网关、移动终端、移动终端管理系统、移动应用软件等。

测评实施要点包括：核查移动终端管理系统的审计记录中是否包括事件的日期和时间、移动终端标识符（ID、IMEI 或 MAC 等）、IP 地址、用户、事件类型（软件安装、白名单配置修改等）、事件内容、执行结果（成功或失败）等；核查无线 AP 管理设备的审计记录中是否包括终端上线时间和离线时间、终端 MAC 地址、IP 地址、终端名称等。

以华三无线 AP 为例，测评实施步骤主要包括：打开"系统监控→系统日志"，查看审计记录中是否包括事件的日期和时间、用户、事件类型、事件是否成功及其他与审计相关的信息；如果部署了第三方审计工具，则查看审计记录中是否包括事件的日期和时间、用户、事件类型、事件是否成功及其他与审计相关的信息。如果测评结果表明，无线 AP 管理设备的审计记录中包括终端上线时间和离线时间、终端 MAC 地址、IP 地址、终端名称等，则单元判定结果为符合，否则为不符合或部分符合。

【L4-CES1-13 解读和说明】

测评指标"审计记录应包括事件的日期和时间、事件类型、主体标识、客体标识和结果等"的主要测评对象是无线 AP、无线接入网关、移动终端、移动终端管理系统、移动应用软件等。

测评实施要点包括：核查移动终端管理系统的审计记录中是否包括事件的日期和时间、移动终端标识符（ID、IMEI 或 MAC 等）、IP 地址、用户、事件类型（软件安装、白名单配置修改等）、主体标识访问控制审计内容、客体标识访问控制审计内容、执行结果

（成功或失败）等；核查无线 AP 管理设备的审计记录中是否包括终端上线时间和离线时间、终端 MAC 地址、IP 地址、终端名称等。

以华三无线 AP 为例，测评实施步骤主要包括：打开"系统监控→系统日志"，查看审计记录中是否包括事件的日期和时间、事件类型、主体标识、客体标识和结果等；如果部署了第三方审计工具，则查看审计记录中是否包括事件的日期和时间、事件类型、主体标识访问控制审计内容、客体标识访问控制审计内容等与审计相关的信息。如果测评结果表明，无线 AP 管理设备的审计记录中包括终端上线时间和离线时间、终端 MAC 地址、IP 地址、终端名称等，则单元判定结果为符合，否则为不符合或部分符合。

【L3-CES1-14/L4-CES1-14 解读和说明】

测评指标"应对审计记录进行保护，定期备份，避免受到未预期的删除、修改或覆盖等"的主要测评对象是无线 AP、无线接入网关、移动终端、移动终端管理系统、移动应用软件等。

测评实施要点包括：核查被测对象的日志存储空间是否满足保存 6 个月以上的要求；核查是否具有日志转发功能，若配置了专门的日志服务器，则核查日志转发功能是否有效（IP 地址、接口、运行状态等）；核查本地存储的日志是否具有备份策略，是否采用定期手工全量备份、定期自动全量备份或多机热备方式。

以华为无线 AP 为例，测评实施步骤主要包括：打开"系统监控→系统日志"，查看审计日志模块是否具有导出功能并进行定期备份，查看审计日志是否能够被删除、修改或覆盖。如果测评结果表明，审计日志模块具有导出功能，且通过手工或自动方式进行异地备份保存，定期备份周期不超过 7 天，保存时间超过 6 个月，则单元判定结果为符合，否则为不符合或部分符合。

【L3-CES1-15/L4-CES1-15 解读和说明】

测评指标"应对审计进程进行保护，防止未经授权的中断"的主要测评对象是无线 AP、无线接入网关、移动终端、移动终端管理系统、移动应用软件等。

测评实施要点包括：查看移动终端管理系统说明书，核查审计进程是独立的还是与管理系统进程一体的；核查是否采用安全措施阻止用户中断审计进程，如将审计进程与系统进程绑定、禁止移动终端使用超级管理员登录等；一般无线 AP 管理设备是硬件设备，审计进程无法单独中断，若无线 AP 管理设备以软件形式安装在服务器上，则须查看软件说明书，确定审计进程是独立的还是与 AP 管理软件进程一体的，核查是否采用安全措施阻止用户中断审计进程；核查移动终端管理服务端和客户端是否可以通过终止服务进程、退出软件、卸载软件等方式中断审计进程。

以华为无线 AP 为例，测评实施步骤主要包括：访谈系统管理员是否有第三方审计进程监控或保护措施，如果安装了第三方审计进程保护措施，则使用系统管理员登录，尝试中断保护进程是否成功；查看系统权限配置，核查审计日志模块非授权是否能够访问和操作。如果测评结果表明，审计进程采用了安全措施进行保护，无法由未授权用户进行中断，则单元判定结果为符合，否则为不符合或部分符合。

4. 入侵防范

【标准要求】

该控制点第三级包括测评单元 L3-CES1-17、L3-CES1-18、L3-CES1-19、L3-CES1-20、L3-CES1-21、L3-CES1-22，第四级包括测评单元 L4-CES1-16、L4-CES1-17、L4-CES1-18、L4-CES1-19、L4-CES1-20、L4-CES1-21。

【L3-CES1-17/L4-CES1-16 解读和说明】

测评指标"应遵循最小安装的原则，仅安装需要的组件和应用程序"的主要测评对象是移动终端、移动应用软件等。

测评实施要点包括：访谈应用管理员，了解业务与移动终端管控所需安装的组件和应用程序清单及对应功能，判断其必要性；对照清单核查移动终端设备中是否安装其他非必要的组件和应用程序；核查是否存在仍在开发或未经安全测试的功能模块。

以某 Android 移动终端为例，测评实施步骤主要包括：核查该移动终端的"设置→应用和通知→应用管理"，查看已安装的组件和应用程序；对照应用管理员提供的业务及该移动终端管控所需安装的组件和应用程序清单，询问应用管理员安装的组件和应用程序的用途，核查并判断是否存在多余的组件和应用程序。如果测评结果表明，未发现该移动终端中存在非必要的组件和应用程序，则单元判定结果为符合，否则为不符合或部分符合。

【L3-CES1-18/L4-CES1-17 解读和说明】

测评指标"应关闭不需要的系统服务、默认共享和高危端口"的主要测评对象是无线 AP、无线接入网关、移动终端等。

测评实施要点包括：核查无线 AP、无线接入网关是否已关闭非必要的系统服务和默认共享；查看移动终端系统服务列表及共享资源的信息，核查移动终端是否已关闭非必要的系统服务和默认共享；查看移动终端上进程占用端口情况，核查移动终端设备中是否存在非必要的高危端口，如关闭移动终端远程 adb 的 TCP 5555 端口等。

以某 Android 移动终端为例，测评实施步骤主要包括：先运行 adb shell 命令，再运行 service list 命令，获取移动终端系统服务列表，检查 Service 是否存在，检查有无多余的系统服务；查看移动终端共享资源的信息，确认是否打开默认共享；先运行 adb shell 命令，再运行 netstat 命令，查看进程占用端口情况，确认是否存在高危端口。如果测评结果表明，该移动终端不存在已开放默认共享、非必要系统服务或高危端口问题，则单元判定结果为符合，否则为不符合或部分符合。

【L3-CES1-19/L4-CES1-18 解读和说明】

测评指标"应通过设定终端接入方式或网络地址范围对通过网络进行管理的管理终端进行限制"的主要测评对象是无线 AP、无线接入网关、移动终端、移动终端管理系统、移动应用软件等。

测评实施要点包括：核查移动终端管理系统的安全策略、配置文件、参数是否对无线 AP、无线接入网关、移动终端的接入方式或接入源网络地址范围进行限制；尝试未授权接入移动业务系统，查看是否成功。

以某移动终端管理系统为例，测评实施步骤主要包括：核查该移动终端管理系统中是否设置移动终端接入控制策略，是否仅允许经移动终端管理服务端注册的移动终端接入移动业务系统；尝试模拟未经移动终端管理服务端注册的移动终端接入移动业务系统，查看是否成功。如果测评结果表明，该移动终端管理系统中设置了移动终端接入控制策略且策略有效，则单元判定结果为符合，否则为不符合或部分符合。

【L3-CES1-20/L4-CES1-19 解读和说明】

测评指标"应提供数据有效性检验功能，保证通过人机接口输入或通过通信接口输入的内容符合系统设定要求"的主要测评对象是移动终端管理系统、移动应用软件等。

测评实施要点包括：询问应用管理员系统移动应用软件是否具备软件容错能力，核查系统设计文档中是否包括数据有效性检验功能的内容或模块；在移动应用软件提供的输入接口中尝试输入不同格式或长度的数据，查看移动应用软件是否能够对输入数据的格式、长度等进行检查和验证。

以某移动终端业务应用软件为例，测评实施步骤主要包括：核查系统设计文档中是否包括数据有效性检验功能的内容或模块；若具备数据有效性检验功能，则尝试在移动终端业务应用软件管理页面分别输入符合和不符合软件设定要求的不同格式或长度的数据，核查该移动终端业务应用软件的数据有效性检验功能是否有效。如果测评结果表明，该移动终端业务应用软件中提供了对输入数据的格式、长度等进行检查和验证的功能且有效，则单元判定结果为符合，否则为不符合或部分符合。

【L3-CES1-21/L4-CES1-20 解读和说明】

测评指标"应能发现可能存在的已知漏洞，并在经过充分测试评估后，及时修补漏洞"的主要测评对象是无线 AP、无线接入网关、移动终端、移动终端管理系统、移动应用软件等。

测评实施要点包括：查看移动终端"系统更新"中的当前补丁包及当前版本等信息，核查是否有新的更新版本；询问系统管理员是否定期对接入业务系统的无线 AP、无线接入网关、移动终端、移动终端管理系统、移动应用软件等进行漏洞扫描，是否对扫描发现的漏洞进行评估和补丁更新；通过漏洞扫描、渗透测试等方式，核查无线 AP、无线接入网关、移动终端、移动终端管理系统、移动应用软件等中是否存在高风险漏洞；核查无线 AP、无线接入网关、移动终端、移动终端管理系统、移动应用软件等是否在经过充分测试评估后及时修补漏洞，查阅针对无线 AP、无线接入网关、移动终端、移动终端管理系统、移动应用软件等的漏洞扫描报告和补丁更新记录。

以某 Android 移动终端为例，测评实施步骤主要包括：抽选移动终端，查看"关于手机"中的 Android 版本和 Android 程序安全补丁级别；使用针对 Android 系统的漏洞扫描工具对抽选的移动终端进行漏洞扫描，查看是否存在已知的严重漏洞；查阅该移动终端的漏洞扫描报告和补丁更新记录。如果测评结果表明，该移动终端不存在已知的严重漏洞，则单元判定结果为符合，否则为不符合或部分符合。

【L3-CES1-22/L4-CES1-21 解读和说明】

测评指标"应能够检测到对重要节点进行入侵的行为，并在发生严重入侵事件时提供报警"的主要测评对象是无线 AP、无线接入网关、移动终端等。

测评实施要点包括：核查无线 AP、无线接入网关、移动终端是否有入侵检测措施，是否安装入侵检测系统等；核查操作系统在发生严重入侵事件时是否提供报警，核查是否存在历史入侵检测日志。

以某 Android 移动终端为例，测评实施步骤主要包括：核查系统管理员是否有针对该移动终端的入侵检测措施；若系统通过移动终端管理系统提供移动终端的入侵报警功能，则查看移动终端管理系统中的入侵报警记录。如果测评结果表明，系统提供了移动终端的入侵报警功能和入侵报警记录，则单元判定结果为符合，否则为不符合或部分符合。

5. 恶意代码防范

【标准要求】

该控制点第三级包括测评单元 L3-CES1-23，第四级包括测评单元 L4-CES1-22。

【L3-CES1-23 解读和说明】

测评指标"应采用免受恶意代码攻击的技术措施或主动免疫可信验证机制及时识别入侵和病毒行为，并将其有效阻断"的主要测评对象是移动终端。

测评实施要点包括：核查移动终端中是否安装防恶意代码软件或配置具有相应功能的软件，核查防护软件中的病毒查杀引擎是否已开启，核查是否能够定期升级和更新防恶意代码库，一般至少每周升级和更新一次防恶意代码库；核查移动终端是否采用主动免疫可信验证机制及时识别入侵和病毒行为，核查移动终端说明书或批文，查看是否预置可信芯片或采用其他可信验证方式，以实现对入侵和病毒行为的主动免疫；核查移动终端在识别到入侵和病毒行为后是否能够将其有效阻断，核查历史阻断日志等。

以某移动终端为例，测评实施步骤主要包括：核查该移动终端说明书或批文，查看是否预置可信芯片或采用其他可信验证方式，如有条件可进行可信验证操作；核查安全管理中心中是否具有可信验证审计记录。如果测评结果表明，该移动终端采用了可信验证机制，在识别到入侵和病毒行为后能够将其有效阻断，则单元判定结果为符合，否则为不符合或部分符合。

【L4-CES1-22 解读和说明】

测评指标"应采用主动免疫可信验证机制及时识别入侵和病毒行为，并将其有效阻断"的主要测评对象是移动终端。

测评实施要点包括：核查移动终端是否采用主动免疫可信验证机制及时识别入侵和病毒行为，核查移动终端说明书或批文，查看是否预置可信芯片或采用其他可信验证方式，以实现对入侵和病毒行为的主动免疫；核查移动终端在识别到入侵和病毒行为后是否能够将其有效阻断，核查历史阻断日志等。

以某移动终端为例，测评实施步骤主要包括：核查该移动终端说明书或批文，查看是否预置可信芯片或采用其他可信验证方式，如有条件可进行可信验证操作；核查安全管理中心中是否具有可信验证审计记录。如果测评结果表明，该移动终端采用了可信验证机制，在识别到入侵和病毒行为后能够将其有效阻断，则单元判定结果为符合，否则为不符合或部分符合。

6. 可信验证

【标准要求】

该控制点第三级包括测评单元 L3-CES1-24，第四级包括测评单元 L4-CES1-23。

【L3-CES1-24 解读和说明】

测评指标"可基于可信根对计算设备的系统引导程序、系统程序、重要配置参数和应用程序等进行可信验证，并在应用程序的关键执行环节进行动态可信验证，在检测到其可信性受到破坏后进行报警，并将验证结果形成审计记录送至安全管理中心"的主要测评对象是移动终端上的可信验证模块或组件。

测评实施要点包括：核查移动终端的技术说明书或可信芯片的国密批文，查看是否预置可信芯片或采用其他可信验证方式；核查移动终端启动过程中所涉及的系统引导程序、系统程序、重要配置参数和应用程序的可信度量结果；核查在应用程序的关键执行环节是否能够进行动态可信验证，在检测到其可信性受到破坏后是否进行报警；核查安全管理中心中是否具有可信验证审计记录。此外，可信验证所涉及的密码技术，应符合国家密码管理机构批准使用的密码算法，建议依据 TCM 国家标准提供密码服务和密钥的管理体系，支撑可信计算身份认证、状态度量、保密存储过程中的密码服务。

以某移动终端为例，测评实施步骤主要包括：核查该移动终端的技术说明书或可信芯片的国密批文，查看是否预置可信芯片或采用其他可信验证方式；打开移动终端电源，保证网络通信功能正常，核查该移动终端启动过程中所涉及的系统引导程序、系统程序、重要配置参数和应用程序的可信度量结果；核查在应用程序的关键执行环节是否能够进行动态可信验证，在检测到其可信性受到破坏后是否进行报警；核查安全管理中心中是否具有可信验证审计记录。如果测评结果表明，可信根存在且响应正常，则单元判定结果为符合，否则为不符合或部分符合。

【L4-CES1-23 解读和说明】

测评指标"可基于可信根对计算设备的系统引导程序、系统程序、重要配置参数和应用程序等进行可信验证，并在应用程序的所有执行环节进行动态可信验证，在检测到其可信性受到破坏后进行报警，并将验证结果形成审计记录送至安全管理中心，并进行动态关联感知"的主要测评对象是移动终端上的可信验证模块或组件。

测评实施要点包括：核查移动终端的技术说明书或可信芯片的国密批文，查看是否预置可信芯片或采用其他可信验证方式；核查移动终端启动过程中所涉及的系统引导程序、系统程序、重要配置参数和应用程序的可信度量结果；核查在应用程序的所有执行环节是否能够进行动态可信验证，在检测到其可信性受到破坏后是否进行报警；核查安全管理中心中是否具有可信验证审计记录；核查是否能够进行动态关联感知。此外，可信验证所涉及的密码技术，应符合国家密码管理机构批准使用的密码算法，建议依据 TCM 国家标准提供密码服务和密钥的管理体系，支撑可信计算身份认证、状态度量、保密存储过程中的密码服务。

以某移动终端为例，测评实施步骤主要包括：核查该移动终端的技术说明书或可信芯片的国密批文，查看是否预置可信芯片或采用其他可信验证方式；打开移动终端电源，保证网络通信功能正常，核查该移动终端启动过程中所涉及的系统引导程序、系统程序、重要配置参数和应用程序的可信度量结果；核查在应用程序的所有执行环节是否能够进行动态可信验证，在检测到其可信性受到破坏后是否进行报警；核查安全管理中心中是否具有可信验证审计记录；核查是否能够进行动态关联感知。如果测评结果表明，可信根存在且响应正常，同时能够进行动态关联感知，则单元判定结果为符合，否则为不符合或部分符合。

7. 剩余信息保护

【标准要求】

该控制点第三级包括测评单元 L3-CES1-32、L3-CES1-33，第四级包括测评单元 L4-

CES1-33、L4-CES1-34。

【L3-CES1-32/L4-CES1-33 解读和说明】

测评指标"应保证鉴别信息所在的存储空间被释放或重新分配前得到完全清除"的主要测评对象是移动终端、移动终端管理系统、移动应用软件等。

测评实施要点包括：核查相关配置信息和系统设计文档，查看移动终端操作系统、移动终端管理系统和移动应用软件是否具有清除用户鉴别信息的功能；重点核查在用户退出后，是否可以利用残余的临时缓存继续登录移动终端操作系统、移动终端管理系统和移动应用软件；核查在用户退出或注销后，是否存有残留的用户鉴别信息。

以某移动应用软件为例，测评实施步骤主要包括：访谈系统开发人员，询问移动应用软件是否具有清除用户鉴别信息的功能；核查在用户退出登录后，通过长按后退按钮能否访问之前的页面；核查在用户退出移动应用软件（正常退出或非强制关闭）或注销账户后，移动应用软件和移动终端操作系统临时文件（软件安装目录、用户 Cookies 目录等）中是否存有残留的用户鉴别信息。如果测评结果表明，该移动应用软件具有清除用户鉴别信息的功能，在用户退出或注销后无法访问之前的页面，且无残留的用户鉴别信息，则单元判定结果为符合，否则为不符合或部分符合。

【L3-CES1-33/L4-CES1-34 解读和说明】

测评指标"应保证存有敏感数据的存储空间被释放或重新分配前得到完全清除"的主要测评对象是移动终端、移动终端管理系统、移动应用软件等。

测评实施要点包括：核查相关配置信息和系统设计文档，查看移动终端操作系统、移动终端管理系统和移动应用软件是否具有清除用户敏感数据的功能；核查在用户退出或注销后，是否存有残留的用户敏感数据。

以某移动应用软件为例，测评实施步骤主要包括：访谈系统开发人员，询问移动应用软件是否具有清除用户敏感数据的功能；核查在用户退出移动应用软件（正常退出或非强制关闭）或注销账户后，移动应用软件和移动终端操作系统临时文件（软件安装目录、用户 Cookies 目录等）中是否存有残留的用户敏感数据。如果测评结果表明，该移动应用软件具有清除用户敏感数据的功能，且无残留的用户敏感数据，则单元判定结果为符合，否则为不符合或部分符合。

8. 个人信息保护

【标准要求】

该控制点第三级包括测评单元 L3-CES1-34、L3-CES1-35，第四级包括测评单元 L4-CES1-35、L4-CES1-36。

【L3-CES1-34/L4-CES1-35 解读和说明】

测评指标"应仅采集和保存业务必需的用户个人信息"的主要测评对象是移动终端管理系统、移动应用软件等。

测评实施要点包括：核查被测单位是否制定有关用户个人信息保护的管理制度和流程；重点核查管理制度和流程中是否详细列举业务必需的所有用户个人信息的种类、采集方式及存储位置，管理制度和流程是否涵盖系统所有业务，包括但不限于服务端、移动设备端、移动应用软件、数据管理端等；核查系统各个模块采集的用户个人信息是否与管理制度和流程中列举的一致；结合该系统业务流程，重点核查各个模块采集的用户个人信息是否为业务应用所必需；核查采集的用户个人信息的存储位置，如服务端相应目录、移动应用软件所在终端存储路径、数据库等，核查保存的用户个人信息类型是否与管理制度和流程中列举的一致；核查系统收集和处理用户个人信息的过程是否合法，是否遵循 GB/T 35273—2020《信息安全技术　个人信息安全规范》等标准和法律法规要求。

以某移动应用软件为例，测评实施步骤主要包括：核查该系统运营单位是否制定有关用户个人信息保护的管理制度和流程；核查管理制度和流程中是否详细列举业务必需的所有用户个人信息的种类、采集方式及存储位置；根据业务流程使用该移动应用软件，核查采集的用户个人信息是否与管理制度和流程中列举的一致，判断采集的用户个人信息是否超出该移动应用软件的业务范围；查看采集的用户个人信息的存储位置，核查保存的用户个人信息类型是否与管理制度和流程中列举的一致。如果测评结果表明，被测单位制定了有关用户个人信息保护的管理制度和流程，详细列举了业务必需的所有用户个人信息的种类、采集方式及存储位置，实际采集和保存的用户个人信息与管理制度和流程中规定的一致，并未超出业务范围，则单元判定结果为符合，否则为不符合或部分符合。

【L3-CES1-35/L4-CES1-36 解读和说明】

测评指标"应禁止未授权访问和非法使用用户个人信息"的主要测评对象是移动终端管理系统、移动应用软件等。

测评实施要点包括：核查被测单位是否制定有关用户个人信息保护的管理制度和流程；重点核查管理制度和流程中是否说明限制用户个人信息访问或使用的技术措施，管理制度和流程是否涵盖系统所有业务，包括但不限于服务端、移动设备端、移动应用软件、数据管理端等；验证管理制度和流程中说明的技术措施，尝试绕过该措施访问或使用用户个人信息，如直接访问移动应用软件所在终端存储路径，查看是否可以未授权访问相关数据；核查该系统实际采取的措施是否与管理制度和流程中规定的一致且有效。

以某移动应用软件为例，测评实施步骤主要包括：核查该系统运营单位是否制定有关用户个人信息保护的管理制度和流程；核查管理制度和流程中是否说明限制用户个人信息访问或使用的技术措施；验证管理制度和流程中说明的技术措施，尝试绕过该措施访问或使用用户个人信息。如果测评结果表明，被测单位制定了有关用户个人信息保护的管理制度和流程，说明了限制用户个人信息访问或使用的技术措施，实际采取的措施与管理制度和流程中规定的一致且有效，则单元判定结果为符合，否则为不符合或部分符合。

9. 移动终端管控

【标准要求】

该控制点第三级包括测评单元 L3-CES3-01、L3-CES3-02，第四级包括测评单元 L4-CES3-01、L4-CES3-02、L4-CES3-03。

【L3-CES3-01/L4-CES3-01 解读和说明】

测评指标"应保证移动终端安装、注册并运行终端管理客户端软件"的主要测评对象是移动终端和移动终端管理系统等。

测评实施要点包括：核查移动终端中是否安装终端管理客户端软件，重点核查软件是否正常运行，登录终端管理客户端软件，核查是否与移动终端管理系统通信正常；核查移动终端管理系统中是否注册移动终端，移动终端是否在线，重点核查注册信息是否与移动终端的设备信息一致，管控策略是否有效。

以某移动终端和某移动终端管理系统为例，测评实施步骤主要包括：核查移动终端中是否安装终端管理客户端软件，登录终端管理客户端软件，核查是否与移动终端管理系统通信正常；以管理员身份登录移动终端管理系统，查看系统中是否注册该移动终端，移动终端是否在线，重点核查注册信息是否与移动终端的设备信息一致，管控策略是否有效。如果测评结果表明，该移动终端中已安装终端管理客户端软件，且终端管理客户端软件与移动终端管理系统通信正常，同时移动终端管理系统中已经注册了该移动终端，注册信息与移动终端的设备信息一致，管控策略有效，则单元判定结果为符合，否则为不符合或部分符合。

【L3-CES3-02/L4-CES3-02 解读和说明】

测评指标"移动终端应接受移动终端管理服务端的设备生命周期管理、设备远程控制，如远程锁定、远程擦除等"的主要测评对象是移动终端和移动终端管理系统等。

测评实施要点包括：以管理员身份登录移动终端管理系统，核查是否对移动终端设置设备生命周期管理（如受控、注销、淘汰等）、设备远程控制（如远程锁定、远程擦除、外围接口管控、应用管控等）策略，重点核查策略是否下发成功；核查移动终端的设备生命周期管理策略是否与移动终端管理系统下发的设备生命周期管理策略一致；测试验证是否能够对移动终端进行远程锁定和远程擦除等。

以某移动终端和某移动终端管理系统为例，测评实施步骤主要包括：以管理员身份登录移动终端管理系统，核查是否对移动终端设置设备生命周期管理（如受控、注销、淘汰等）、设备远程控制（如远程锁定、远程擦除、外围接口管控、应用管控等）策略；核查移动终端的设备生命周期管理策略是否与移动终端管理系统下发的设备生命周期管理策略一致；测试验证是否能够对移动终端进行远程锁定和远程擦除等。如果测评结果表明，移动终端管理系统设置了对移动终端的设备生命周期管理、设备远程控制策略，且策略已生效，则单元判定结果为符合，否则为不符合或部分符合。

【L4-CES3-03 解读和说明】

测评指标"应保证移动终端只用于处理指定业务"的主要测评对象是移动终端。

测评实施要点包括：核查管理制度中是否规定移动终端只能用于处理指定业务；查看移动终端允许处理的业务类型，核查移动终端中是否安装其他应用程序，核查移动终端是否处理过其他业务。

以某移动终端为例，测评实施步骤主要包括：核查管理制度中是否规定移动终端只能用于处理指定业务，是否详细说明该移动终端允许处理的业务类型；查看移动终端允许处理的业务类型，核查移动终端的程序列表，验证其中是否安装其他应用程序，核查移动终端是否处理过其他业务。如果测评结果表明，管理制度中规定了移动终端只能用于处理指定业务，并详细说明了该移动终端允许处理的业务类型，移动终端中未安装其他应用程序，检查终端的处理日志，未发现处理过其他业务，则单元判定结果为符合，否则为不符合或部分符合。

10. 移动应用管控

【标准要求】

该控制点第三级包括测评单元 L3-CES3-03、L3-CES3-04、L3-CES3-05，第四级包括测评单元 L4-CES3-04、L4-CES3-05、L4-CES3-06、L4-CES3-07。

【L3-CES3-03/L4-CES3-04 解读和说明】

测评指标"应具有选择应用软件安装、运行的功能"的主要测评对象是移动终端管理客户端等。

测评实施要点包括：核查移动终端中是否安装移动终端管理客户端，验证客户端是否正常运行（可采用查看后台进程、任务栏常驻等方式），重点核查是否具有阻止用户自行关闭安全功能或卸载客户端的功能（如修改配置时输入管理密码等）；核查移动终端管理客户端是否正常接受服务端的策略，限制或控制移动终端可以安装、运行的应用软件；重点核查是否仅允许安装、运行白名单中的应用软件，白名单以外的应用软件是否无法安装、运行，是否提示相关错误信息；核查移动终端管理服务端是否具有审计功能，是否具有记录上述行为的日志记录，是否支持查看详细情况。

以某移动终端为例，测评实施步骤主要包括：核查受控移动终端中是否安装移动终端管理客户端，确认客户端在终端上的运行方式（后台进程、任务栏常驻等），核查是否可以阻止终端用户关闭或卸载客户端；核查移动终端管理客户端是否正常接受服务端的策略，限制或控制移动终端可以安装、运行的应用软件；尝试安装不允许的应用软件，验证移动终端管理客户端的安全策略是否有效。如果测评结果表明，移动终端中已安装移动终端管理客户端，客户端以后台进程或任务栏常驻等方式运行，终端用户无法自行关闭或卸载客户端，软件安装、运行策略合理有效，且能由管理员进行配置，则单元判定结果为符合，否则为不符合或部分符合。

【L3-CES3-04/L4-CES3-05 解读和说明】

测评指标"应只允许指定证书签名的应用软件安装和运行"的主要测评对象是移动终

端管理客户端等。

测评实施要点包括：核查移动终端管理系统是否具有证书管理功能，重点核查是否仅能由管理员进行证书的导入、删除等操作；核查是否仅能由管理员配置可以安装、运行软件的证书清单，用户不能自行修改证书清单；核查移动终端管理系统是否能够验证应用软件证书签名的有效性，重点核查移动终端管理客户端是否正常接受服务端的策略，且在安装由证书清单内的证书签名的应用软件时，证书是否校验通过，在安装未由证书清单内的证书签名的应用软件时，证书是否校验不通过，是否提示相关错误信息；核查移动终端管理服务端是否具有记录上述行为的日志记录，是否支持查看详细情况。

以某移动终端为例，测评实施步骤主要包括：核查移动终端管理系统是否具有证书管理功能，且仅能由管理员进行证书管理；核查移动终端管理系统是否能够验证应用软件证书签名的有效性，尝试在移动终端中安装由不合规的证书签名的应用软件，测试证书是否校验不通过。如果测评结果表明，移动终端管理系统具有证书管理功能，且仅能通过管理员进行证书管理和规则配置，只允许指定证书签名的应用软件安装和运行，则单元判定结果为符合，否则为不符合或部分符合。

【L3-CES3-05/L4-CES3-06 解读和说明】

测评指标"应具有软件白名单功能，应能根据白名单控制应用软件安装、运行"的主要测评对象是移动终端管理客户端等。

测评实施要点包括：核查移动终端管理系统是否具有软件白名单功能；核查软件白名单的配置是否仅能由管理员操作，用户无法自行修改；核查移动终端管理客户端是否正常接受服务端的策略，限制移动终端可以安装、运行的应用软件；核查软件白名单功能的有效性，重点核查是否仅允许安装、运行白名单中的应用软件，白名单以外的应用软件是否无法安装、运行，是否提示相关错误信息；核查移动终端管理服务端是否具有记录上述行为的日志记录，是否支持查看详细情况。

以某移动终端为例，测评实施步骤主要包括：核查移动终端管理系统是否具有软件白名单功能；核查移动终端管理客户端是否正常接受服务端的策略，限制移动终端可以安装、运行的应用软件；尝试安装白名单以外的应用软件，验证移动终端管理客户端的软件白名单功能是否有效。如果测评结果表明，移动终端管理系统具有软件白名单功能，且软件白名单功能仅能由管理员进行配置，移动终端无法安装、运行白名单以外的应用软件，则单元判定结果为符合，否则为不符合或部分符合。

【L4-CES3-07 解读和说明】

测评指标"应具有接受移动终端管理服务端推送的移动应用软件管理策略，并根据该策略对软件实施管控的能力"的主要测评对象是移动终端等。

测评实施要点包括：核查移动终端管理服务端是否为移动终端推送移动应用软件管理策略；核查移动终端管理客户端是否正常接受服务端的管理策略，并根据该策略对软件实施管控；测试验证移动应用软件管理策略的有效性，重点核查移动终端是否仅允许安装、运行服务端推送的移动应用软件，服务端推送以外的移动应用软件是否无法安装、运行，是否提示相关错误信息；核查移动终端管理服务端是否具有记录上述行为的日志记录，是否支持查看详细情况。

以某移动终端为例，测评实施步骤主要包括：核查移动终端管理服务端是否为移动终端推送移动应用软件管理策略；尝试安装服务端推送以外的移动应用软件，验证移动终端管理客户端的软件配置管理策略是否合理有效。如果测评结果表明，移动终端管理服务端为移动终端推送移动应用软件管理策略，且软件配置管理策略合理有效，移动终端无法安装服务端推送以外的移动应用软件，则单元判定结果为符合，否则为不符合或部分符合。

2.3.5　安全管理中心

在对移动互联系统的"安全管理中心"测评时应依据安全测评通用要求，涉及安全测评通用要求的解读内容参见《网络安全等级保护测评要求（通用要求部分）应用指南》中的"安全管理中心"。

2.3.6　安全管理制度

在对移动互联系统的"安全管理制度"测评时应依据安全测评通用要求，涉及安全测评通用要求的解读内容参见《网络安全等级保护测评要求（通用要求部分）应用指南》中的"安全管理制度"。由于移动互联系统的特点，本节列出了部分安全测评通用要求在移动互联环境下的个性化解读内容。

管理制度

【标准要求】

该控制点第三级包括测评单元 L3-PSS1-02、L3-PSS1-03、L3-PSS1-04，第四级包括测评单元 L4-PSS1-02、L4-PSS1-03、L4-PSS1-04。

【L3-PSS1-02/L4-PSS1-02 解读和说明】

测评指标"应对安全管理活动中的各类管理内容建立安全管理制度"的主要测评对象是移动互联安全管理制度类文档。

测评实施要点包括：核查是否针对移动互联安全管理工作建立专门的安全管理制度，重点核查是否针对移动终端接入管理、无线 AP 管理等制定相应的安全管理制度。

以一般单位的安全管理制度为例，测评实施步骤主要包括：核查相关安全管理制度中是否包含移动互联安全管理的内容，如针对移动终端接入管理、无线 AP 管理等制定相应的安全管理制度。如果测评结果表明，被测单位针对移动互联安全管理工作建立了专门的安全管理制度，则单元判定结果为符合，否则为不符合或部分符合。

【L3-PSS1-03/L4-PSS1-03 解读和说明】

测评指标"应对管理人员或操作人员执行的日常管理操作建立操作规程"的主要测评对象是移动互联安全操作规程类文档。

测评实施要点包括：核查是否针对移动互联安全管理工作建立专门的操作规程，如无线 AP 维护手册、无线接入网关配置规范等。

以一般单位的日常管理操作规程文件为例，测评实施步骤主要包括：核查相关操作规程文件，查看是否针对移动互联安全管理工作建立专门的操作规程，以规范移动互联安全管理工作的实施。如果测评结果表明，被测单位针对移动互联安全管理工作建立了专门的操作规程，则单元判定结果为符合，否则为不符合或部分符合。

【L3-PSS1-04/L4-PSS1-04 解读和说明】

测评指标"应形成由安全策略、管理制度、操作规程、记录表单等构成的全面的安全管理制度体系"的主要测评对象是移动互联安全管理制度类文档。

测评实施要点包括：核查总体方针策略文件、管理制度、操作规程、记录表单是否全面且具有关联性和一致性；核查安全管理制度体系中是否包含移动互联安全管理的相关内容。

以一般单位的安全管理制度为例，测评实施步骤主要包括：核查总体方针策略文件、管理制度、操作规程、记录表单是否全面且具有关联性和一致性；核查安全管理制度体系中是否包含移动互联安全管理的相关内容。如果测评结果表明，被测单位的总体方针策略文件、管理制度、操作规程、记录表单全面且具有关联性和一致性，且安全管理制度体系中包含移动互联安全管理的相关内容，则单元判定结果为符合，否则为不符合或部分符合。

2.3.7　安全管理机构

在对移动互联系统的"安全管理机构"测评时应依据安全测评通用要求，涉及安全测评通用要求的解读内容参见《网络安全等级保护测评要求（通用要求部分）应用指南》中的"安全管理机构"。

2.3.8　安全管理人员

在对移动互联系统的"安全管理人员"测评时应依据安全测评通用要求，涉及安全测评通用要求的解读内容参见《网络安全等级保护测评要求（通用要求部分）应用指南》中的"安全管理人员"。

2.3.9　安全建设管理

在对移动互联系统的"安全建设管理"测评时应同时依据安全测评通用要求和安全测评扩展要求，其中涉及安全测评通用要求的解读内容参见《网络安全等级保护测评要求（通用要求部分）应用指南》中的"安全建设管理"，安全测评扩展要求的解读内容参见本节。

1. 移动应用软件采购

【标准要求】

该控制点第三级包括测评单元 L3-CMS3-01、L3-CMS3-02，第四级包括测评单元 L4-CMS3-01、L4-CMS3-02。

【L3-CMS3-01/L4-CMS3-01 解读和说明】

测评指标"应保证移动终端安装、运行的应用软件来自可靠分发渠道或使用可靠证书签名"的主要测评对象是移动终端等。

测评实施要点包括：核查移动应用软件是否来自可靠的分发渠道，以降低移动应用软件安装带来的风险；核查移动终端安装、运行的应用软件是否采用证书签名，若采用则对签名文件、签名工具和开发工具进行检测，核查是否为可靠的证书签名，是否能够保证应用软件的完整性。

以某移动终端为例，测评实施步骤主要包括：查看移动应用软件分发渠道的来源，判断其是否为官方可靠的分发渠道；核查移动应用软件是否采用证书签名，若采用则需要测试验证证书签名的可靠性，可利用签名检测工具对签名文件的有效期、加密算法、加密强度进行检测。如果测评结果表明，移动终端安装、运行的应用软件来自可靠分发渠道或使用可靠证书签名，则单元判定结果为符合，否则为不符合或部分符合。

【L3-CMS3-02/L4-CMS3-02 解读和说明】

测评指标"应保证移动终端安装、运行的应用软件由指定的开发者开发"的主要测评对象是移动终端等。

测评实施要点包括：查看系统设计文档及应用开发者信息，核查移动应用软件是否由指定的开发者开发。

以某移动终端为例，测评实施步骤主要包括：核查移动终端安装、运行的应用软件是否明确开发者，是否记录移动应用软件的开发者，核查是否为指定的开发者开发。如果测评结果表明，移动终端安装、运行的应用软件由指定的开发者开发，则单元判定结果为符合，否则为不符合或部分符合。

2. 移动应用软件开发

【标准要求】

该控制点第三级包括测评单元 L3-CMS3-03、L3-CMS3-04，第四级包括测评单元 L4-CMS3-03、L4-CMS3-04。

【L3-CMS3-03/L4-CMS3-03 解读和说明】

测评指标"应对移动业务应用软件开发者进行资格审查"的主要测评对象是系统建设负责人。

测评实施要点包括：访谈系统建设负责人，了解其是否对移动业务应用软件开发者进行资格审查，如何进行审查，通过什么措施保证移动业务应用软件开发者可控；访谈系统建设负责人或其他负责人，了解移动业务应用软件开发者是否具备软件开发相关资质；核查是否有相关审查记录。

以某移动业务应用软件为例，测评实施步骤主要包括：访谈系统建设负责人，了解移动业务应用软件开发者的资格审查措施，如入职时是否有相关的背景调查、资格审查，如何保证移动业务应用软件开发者可控，如何保证移动业务应用软件开发者的专业性；访谈系统建设负责人或其他负责人，了解移动业务应用软件开发者是否具备软件开发相关资质。如果测评结果表明，被测单位对移动业务应用软件开发者进行了严格的背景调查，有严格手段考察其专业性，移动业务应用软件开发者具备软件开发相关资质，则单元判定结果为符合，否则为不符合或部分符合。

【L3-CMS3-04/L4-CMS3-04 解读和说明】

测评指标"应保证开发移动业务应用软件的签名证书合法性"的主要测评对象是软件的签名证书。

测评实施要点包括：核查开发移动业务应用软件的签名证书是否具有合法性，用于电子签名的数字证书是否由国家相关管理部门许可的 CA 机构颁发，数字证书的所有信息是否正确，签名技术是否可靠。

以某移动业务应用软件为例，测评实施步骤主要包括：核查开发移动业务应用软件的签名证书是否由国家相关管理部门许可的 CA 机构颁发；核查数字证书是否由电子签名人控制，所有者信息是否属实；核查数字证书的签名技术是否可靠，是否使用国家认可的可靠的密码技术。如果测评结果表明，被测单位开发移动业务应用软件的签名证书合法，则单元判定结果为符合，否则为不符合或部分符合。

2.3.10　安全运维管理

在对移动互联系统的"安全运维管理"测评时应同时依据安全测评通用要求和安全测评扩展要求，其中涉及安全测评通用要求的解读内容参见《网络安全等级保护测评要求（通用要求部分）应用指南》中的"安全运维管理"，安全测评扩展要求的解读内容参见本节。

配置管理

【标准要求】

该控制点第三级包括测评单元 L3-MMS3-01，第四级包括测评单元 L4-MMS3-01。

【L3-MMS3-01/L4-MMS3-01 解读和说明】

测评指标"应建立合法无线接入设备和合法移动终端配置库，用于对非法无线接入设备和非法移动终端的识别"的主要测评对象是记录表单类文档、移动终端管理系统或相关组件。

测评实施要点包括：核查是否建立合法无线接入设备和合法移动终端配置库，是否能够通过配置库识别非法设备；尝试使用未授权的无线接入设备或移动终端进行接入测试，查看是否被识别且无法接入。

以某移动终端配置管理为例，测评实施步骤主要包括：核查是否建立合法无线接入设备和合法移动终端配置库，是否能够通过配置库识别非法设备；尝试使用未授权的无线接入设备或移动终端进行接入测试，查看是否被识别且无法接入。如果测评结果表明，被测单位建立了合法无线接入设备和合法移动终端配置库，并通过配置库识别出非法设备，则单元判定结果为符合，否则为不符合或部分符合。

2.4　典型应用案例

2.4.1　自建无线通道场景

1. 被测系统描述

某银行的柜员移动系统由银行自建运行，银行柜员使用手持终端，通过无线 AP 接入银行内部网络进行业务数据上传和处理。该银行的柜员移动系统采用移动互联技术，将传统互联网技术与移动通信技术相结合，使行内手持终端可以随时随地接入银行内部网络开展业务。

柜员移动系统通过银行柜员移动终端实现业务功能，主要为客户办理借记卡单张开卡、批量预制开卡激活、网上银行、手机银行及短信通知综合签约等业务。柜员移动系统的安全保护等级为第三级（S3A3G3），其中业务信息安全保护等级为第三级，系统服务安全保护等级为第三级。

柜员移动系统的网络拓扑图如图 2-6 所示。

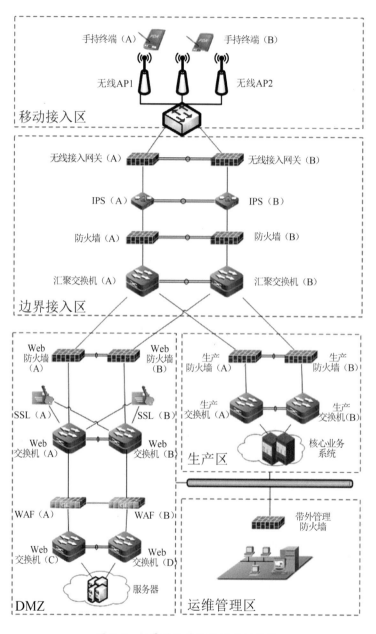

图 2-6　柜员移动系统的网络拓扑图

　　柜员移动系统的网络架构主要包括移动接入区、边界接入区、DMZ、生产区和运维管理区。

　　移动接入区主要实现对外部网络的链接，通过无线网络单独组网，实现手持终端无线接入；边界接入区主要实现内外部网络链接的汇聚和交换，通过无线接入网关隔离无线网络和有线网络，并部署了 IPS、防火墙等设备提供网络安全防护；DMZ 主要提供对外应用访问功能，通过 SSL 设备实现相关密码技术防护，部署了 WAF、防火墙进行进一步安全防护；生产区主要为内部核心业务区域，部署了防火墙进行内部安全隔离和访问控制；运维管理区主要为日常运维管理提供支持。

2. 测评对象选择

　　依据 GB/T 28449—2018《信息安全技术　网络安全等级保护测评过程指南》介绍的抽样方法，第三级信息系统的等级测评应基本覆盖测评对象的种类，并对其数量进行抽样，配置相同的安全设备、边界网络设备、网络互联设备、服务器、终端和备份设备，每类应至少抽取两台作为测评对象。

　　柜员移动系统涉及的测评对象包括网络设备、安全设备、服务器、终端、数据库管理系统、业务应用系统、安全相关人员和安全管理文档等。在选择测评对象时一般采用抽查的方法，即抽查系统中具有代表性的组件作为测评对象。以网络设备、安全设备、服务器、系统管理软件和业务应用系统为例，下面给出测评对象选择的结果。

　　1）网络设备

　　柜员移动系统涉及的网络设备如表 2-1 所示。

表 2-1　网络设备（1）

序号	设备名称	是否为虚拟设备	品牌及型号	用途	是否选择	选择原则/方法
1	无线接入网关（A）	否	华为　AC6805	无线接入管理	是	相同型号、相同配置抽取两台
2	无线接入网关（B）	否	华为　AC6805	无线接入管理	是	
3	汇聚交换机（A）	否	华为　S5700	汇聚接入	是	相同型号、相同配置抽取两台
4	汇聚交换机（B）	否	华为　S5700	汇聚接入	是	
5	Web 交换机（A）	否	华为　S5700	汇聚接入	是	相同型号、相同配置抽取两台
6	Web 交换机（B）	否	华为　S5700	汇聚接入	是	
7	Web 交换机（C）	否	华为　S5700	汇聚接入	否	二层不可管理式交换机
8	Web 交换机（D）	否	华为　S5700	汇聚接入	否	

序号	设备名称	是否为虚拟设备	品牌及型号	用途	是否选择	选择原则/方法
9	生产交换机（A）	否	华为 S5700	汇聚接入	是	相同型号、相同配置抽取两台
10	生产交换机（B）	否	华为 S5700	汇聚接入	是	
11	无线 AP1	否	华为 AP7060	终端接入	是	相同型号抽取两台
12	无线 AP2	否	华为 AP7060	终端接入	是	
13	无线 AP3	否	华为 AP7060	终端接入	否	

2）安全设备

柜员移动系统涉及的安全设备如表 2-2 所示。

表 2-2　安全设备（1）

序号	设备名称	是否为虚拟设备	品牌及型号	用途	是否选择	选择原则/方法
1	IPS（A）	否	绿盟 NIPS2000	入侵检测	是	相同型号、相同配置抽取两台
2	IPS（B）	否	绿盟 NIPS2000	入侵检测	是	
3	防火墙（A）	否	天融信 Topgate_500	访问控制	是	相同型号、相同配置抽取两台
4	防火墙（B）	否	天融信 Topgate_500	访问控制	是	
5	Web 防火墙（A）	否	天融信 Topgate_500	访问控制	是	相同型号、相同配置抽取两台
6	Web 防火墙（B）	否	天融信 Topgate_500	访问控制	是	
7	SSL（A）	否	思科 1500	SSL 加密	是	相同型号、相同配置抽取两台
8	SSL（B）	否	思科 1500	SSL 加密	是	
9	WAF（A）	否	绿盟 300A	Web 应用防护	是	相同型号、相同配置抽取两台
10	WAF（B）	否	绿盟 300A	Web 应用防护	是	
11	生产防火墙（A）	否	天融信 Topgate_500	访问控制	是	相同型号、相同配置抽取两台
12	生产防火墙（B）	否	天融信 Topgate_500	访问控制	是	
13	带外管理防火墙	否	天融信 Topgate_500	访问控制	是	不足两台全部选取

3）服务器

柜员移动系统涉及的服务器如表 2-3 所示。

表 2-3　服务器（1）

序号	服务器名称	是否为虚拟设备	品牌及型号	用途	是否选择	选择原则/方法
1	DMZ 服务器 1	是	Linux 6.5	服务器	是	相同型号、相同配置抽取两台
2	DMZ 服务器 2	是	Linux 6.5	服务器	是	
3	DMZ 服务器 3	是	Linux 6.5	服务器	否	
4	DMZ 服务器 4	是	Linux 6.5	服务器	否	
5	核心业务系统服务器 1	是	Linux 6.5	服务器	是	相同型号、相同配置至少抽取两台
6	核心业务系统服务器 2	是	Linux 6.5	服务器	是	
7	核心业务系统服务器 3	是	Linux 6.5	服务器	是	
8	……	是	Linux 6.5	服务器	否	
9	核心业务系统服务器 10	是	Linux 6.5	服务器	否	

4）系统管理软件

柜员移动系统涉及的系统管理软件如表 2-4 所示。

表 2-4　系统管理软件

序号	系统管理软件名称	主要功能	版本	是否选择
1	移动终端管理系统	对移动终端进行设备远程控制及设备生命周期管理等	V1.0.0	是

5）业务应用系统

柜员移动系统涉及的业务应用系统如表 2-5 所示。

表 2-5　业务应用系统（1）

序号	业务应用系统名称	主要功能	版本	是否选择
1	柜员移动系统	为客户办理借记卡单张开卡、批量预制开卡激活、网上银行、手机银行及短信通知综合签约等业务	V1.0.0	是

3. 测评指标选择

以移动互联安全测评扩展要求为例，测评指标选择的结果如表 2-6 所示。

表 2-6　移动互联安全测评扩展要求测评指标选择的结果（1）

安全类	控制点	测评指标	是否选择
安全物理环境	无线接入点的物理位置	应为无线接入设备的安装选择合理位置，避免过度覆盖和电磁干扰	是

安全类	控制点	测评指标	是否选择
安全区域边界	边界防护	应保证有线网络与无线网络边界之间的访问和数据流通过无线接入网关设备	是
	访问控制	无线接入设备应开启接入认证功能，并支持采用认证服务器认证或国家密码管理机构批准的密码模块进行认证	是
	入侵防范	a）应能够检测到非授权无线接入设备和非授权移动终端的接入行为	是
		b）应能够检测到针对无线接入设备的网络扫描、DDoS攻击、密钥破解、中间人攻击和欺骗攻击等行为	是
		c）应能够检测到无线接入设备的 SSID 广播、WPS 等高风险功能的开启状态	是
		d）应禁用无线接入设备和无线接入网关存在风险的功能，如 SSID 广播、WEP 认证等	是
		e）应禁止多个 AP 使用同一个鉴别密钥	是
		f）应能够阻断非授权无线接入设备或非授权移动终端	是
安全计算环境	移动终端管控	a）应保证移动终端安装、注册并运行终端管理客户端软件	是
		b）移动终端应接受移动终端管理服务端的设备生命周期管理、设备远程控制，如远程锁定、远程擦除等	是
	移动应用管控	a）应具有选择应用软件安装、运行的功能	是
		b）应只允许指定证书签名的应用软件安装和运行	是
		c）应具有软件白名单功能，应能根据白名单控制应用软件安装、运行	是
安全建设管理	移动应用软件采购	a）应保证移动终端安装、运行的应用软件来自可靠分发渠道或使用可靠证书签名	是
		b）应保证移动终端安装、运行的应用软件由指定的开发者开发	是
	移动应用软件开发	a）应对移动业务应用软件开发者进行资格审查	是
		b）应保证开发移动业务应用软件的签名证书合法性	是
安全运维管理	配置管理	应建立合法无线接入设备和合法移动终端配置库，用于对非法无线接入设备和非法移动终端的识别	是

4. 测评指标和测评对象的映射关系

依据 GB/T 22239—2019《信息安全技术　网络安全等级保护基本要求》，将已经得到的测评指标和测评对象结合起来，将测评指标映射到各测评对象上。针对移动互联安全测评扩展要求，测评指标和测评对象的映射关系如表 2-7 所示。

表 2-7　测评指标和测评对象的映射关系（1）

安全类	控制点	测评指标	测评对象
安全物理环境	无线接入点的物理位置	应为无线接入设备的安装选择合理位置，避免过度覆盖和电磁干扰	无线 AP1、无线 AP2
安全区域边界	边界防护	应保证有线网络与无线网络边界之间的访问和数据流通过无线接入网关设备	无线接入网关（A）、无线接入网关（B）
	访问控制	无线接入设备应开启接入认证功能，并支持采用认证服务器认证或国家密码管理机构批准的密码模块进行认证	无线 AP1、无线 AP2
	入侵防范	a）应能够检测到非授权无线接入设备和非授权移动终端的接入行为	移动终端管理系统
		b）应能够检测到针对无线接入设备的网络扫描、DDoS 攻击、密钥破解、中间人攻击和欺骗攻击等行为	无线接入网关（A）、无线接入网关（B）
		c）应能够检测到无线接入设备的 SSID 广播、WPS 等高风险功能的开启状态	无线接入网关（A）、无线接入网关（B）
		d）应禁用无线接入设备和无线接入网关存在风险的功能，如 SSID 广播、WEP 认证等	无线 AP1、无线 AP2、无线接入网关（A）、无线接入网关（B）
		e）应禁止多个 AP 使用同一个鉴别密钥	无线 AP1、无线 AP2
		f）应能够阻断非授权无线接入设备或非授权移动终端	移动终端管理系统
安全计算环境	移动终端管控	a）应保证移动终端安装、注册并运行终端管理客户端软件	手持终端（A）、手持终端（B）、移动终端管理系统
		b）移动终端应接受移动终端管理服务端的设备生命周期管理、设备远程控制，如远程锁定、远程擦除等	手持终端（A）、手持终端（B）、移动终端管理系统
	移动应用管控	a）应具有选择应用软件安装、运行的功能	移动终端管理客户端
		b）应只允许指定证书签名的应用软件安装和运行	移动终端管理客户端
		c）应具有软件白名单功能，应能根据白名单控制应用软件安装、运行	移动终端管理客户端
安全建设管理	移动应用软件采购	a）应保证移动终端安装、运行的应用软件来自可靠分发渠道或使用可靠证书签名	手持终端（A）、手持终端（B）
		b）应保证移动终端安装、运行的应用软件由指定的开发者开发	手持终端（A）、手持终端（B）
	移动应用软件开发	a）应对移动业务应用软件开发者进行资格审查	系统建设负责人
		b）应保证开发移动业务应用软件的签名证书合法性	柜员移动系统

续表

安全类	控制点	测评指标	测评对象
安全运维管理	配置管理	应建立合法无线接入设备和合法移动终端配置库，用于对非法无线接入设备和非法移动终端的识别	移动终端管理系统

5. 测评要点解析

1）安全区域边界

（1）测评指标：应保证有线网络与无线网络边界之间的访问和数据流通过无线接入网关设备。

安全现状分析：

手持终端通过无线网络接入有线网络，无线网络通过"无线接入网关+无线AP"的方式组网，有线网络与无线网络边界之间的访问和数据流通过华为AC6805无线接入网关，跨越无线网络边界的网络通信依据业务需求最小化配置了相关策略，不存在未指定的SSID和未受控的跨越无线网络边界的网络通信。

已有安全措施分析：

无线网络通过"无线接入网关+无线AP"的方式组网，手持终端通过无线AP接入无线网络，并通过华为AC6805无线接入网关访问内部网络，无线接入网关安全策略配置合理，通过该安全措施可保证跨越无线网络边界的网络通信受控，从而保障信息系统良好稳定运行，已有的安全措施符合测评指标的要求。

（2）测评指标：应禁用无线接入设备和无线接入网关存在风险的功能，如SSID广播、WEP认证等。

安全现状分析：

经测试发现无线接入网关未禁用SSID广播、WEP认证等存在风险的功能，可检测到该无线接入网关的SSID信号。

安全风险分析：

手持终端通过无线通道连接无线接入设备接入内部有线网络，其中无线接入网关通过访问控制策略限制手持终端的访问，但经测试发现无线接入网关未禁用SSID广播、WEP认证等存在风险的功能，容易被恶意人员利用进行攻击，可能导致无线接入网关服务不可用、策略失效或非授权访问等安全问题，因此该安全问题可能导致的风险等级为高。

2）安全计算环境

（1）测评指标：应保证移动终端安装、注册并运行终端管理客户端软件。

安全现状分析：

为了保证手持终端的安全，网络中部署了移动终端管理系统，并按照统一的设备生命周期管理策略对手持终端进行管理。经核查确认手持终端可安装、注册并运行终端管理客户端软件。

已有安全措施分析：

网络中部署了移动终端管理系统，手持终端可安装、注册并运行终端管理客户端软件，实现对手持终端的集中管理，确保了手持终端的安全，已有的安全措施符合测评指标的要求。

（2）测评指标：移动终端应接受移动终端管理服务端的设备生命周期管理、设备远程控制，如远程锁定、远程擦除等。

安全现状分析：

为了保证手持终端的安全，网络中部署了移动终端管理系统，对手持终端设置了设备生命周期管理、设备远程控制策略，手持终端可安装、注册并运行终端管理客户端软件。经测试验证移动终端管理系统能够对手持终端进行远程锁定和远程擦除。

已有安全措施分析：

网络中部署了移动终端管理系统，对手持终端设置了设备生命周期管理、设备远程控制策略，经测试验证移动终端管理系统能够对手持终端进行远程锁定和远程擦除，已有的安全措施符合测评指标的要求。

2.4.2　互联网无线通道场景

1. 被测系统描述

某单位在现场流动作业时采用专用移动终端，通过移动 App 开展程序手册查阅、现场数据填写及操作流程审批等业务，移动终端管理系统根据业务需求通过互联网定期发布和更新移动应用，并对移动终端的接入和认证进行管理。该移动终端管理系统的安全保护等级为第三级（S3A3G3），其中业务信息安全保护等级为第三级，系统服务安全保护等级为第三级。

移动终端管理系统的网络拓扑图如图 2-7 所示。

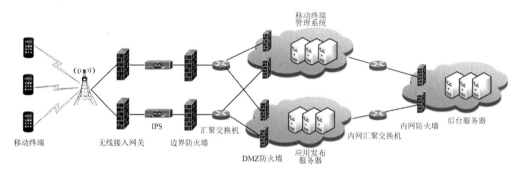

图 2-7　移动终端管理系统的网络拓扑图

移动终端管理系统的网络架构主要包括边界接入区、DMZ 和内网服务器区。

边界接入区主要实现对外部网络的链接，部署了 IPS、防火墙等设备提供网络安全防护；DMZ 主要提供对外应用访问功能；内网服务器区主要为内部核心业务区域，部署了防火墙进行内部安全隔离和访问控制。

2. 测评对象选择

依据 GB/T 28449—2018《信息安全技术　网络安全等级保护测评过程指南》介绍的抽样方法，第三级信息系统的等级测评应基本覆盖测评对象的种类，并对其数量进行抽样，配置相同的安全设备、边界网络设备、网络互联设备、服务器、终端和备份设备，每类应至少抽取两台作为测评对象。

移动终端管理系统涉及的测评对象包括网络设备、安全设备、服务器、终端、数据库管理系统、业务应用系统、安全相关人员和安全管理文档等。在选择测评对象时一般采用抽查的方法，即抽查系统中具有代表性的组件作为测评对象。以网络设备、安全设备、服务器和业务应用系统为例，下面给出测评对象选择的结果。

1）网络设备

移动终端管理系统涉及的网络设备如表 2-8 所示。

表 2-8　网络设备（2）

序号	设备名称	是否为虚拟设备	品牌及型号	用途	是否选择	选择原则/方法
1	汇聚交换机 1	否	华为 S5700	汇聚交换	是	相同型号、相同配置抽取两台
2	汇聚交换机 2	否	华为 S5700	汇聚交换	是	
3	内网汇聚交换机 1	否	华为 S3700	内网汇聚	是	相同型号、相同配置抽取两台
4	内网汇聚交换机 2	否	华为 S3700	内网汇聚	是	
5	无线接入网关 1	否	华为 AC6805	无线接入管理	是	相同型号、相同配置抽取两台
6	无线接入网关 2	否	华为 AC6805	无线接入管理	是	

2）安全设备

移动终端管理系统涉及的安全设备如表 2-9 所示。

表 2-9　安全设备（2）

序号	设备名称	是否为虚拟设备	品牌及型号	用途	是否选择	选择原则/方法
1	IPS1	否	绿盟 NIPS2000	入侵检测	是	相同型号、相同配置抽取两台
2	IPS2	否	绿盟 NIPS2000	入侵检测	是	
3	边界防火墙 1	否	天融信 Topgate_500	访问控制	是	相同型号、相同配置抽取两台
4	边界防火墙 2	否	天融信 Topgate_500	访问控制	是	
5	DMZ 防火墙 1	否	天融信 Topgate_500	DMZ 边界防护	是	相同型号、相同配置抽取两台
6	DMZ 防火墙 2	否	天融信 Topgate_500	DMZ 边界防护	是	
7	DMZ 防火墙 3	否	天融信 Topgate_500	DMZ 边界防护	是	相同型号、相同配置抽取两台
8	DMZ 防火墙 4	否	天融信 Topgate_500	DMZ 边界防护	是	
9	内网防火墙 1	否	天融信 Topgate_500	内网边界防护	是	相同型号、相同配置抽取两台
10	内网防火墙 2	否	天融信 Topgate_500	内网边界防护	是	

3）服务器

移动终端管理系统涉及的服务器如表 2-10 所示。

表 2-10   服务器（2）

序号	服务器名称	是否为虚拟设备	品牌及型号	用途	是否选择	选择原则/方法
1	移动终端管理系统服务器 1	是	Linux 6.5	服务器	是	相同型号、相同配置抽取两台
2	移动终端管理系统服务器 2	是	Linux 6.5	服务器	是	
3	……	是	Linux 6.5	服务器	否	
4	移动终端管理系统服务器 5	是	Linux 6.5	服务器	否	
5	移动应用发布服务器 1	是	Linux 6.5	服务器	是	相同型号、相同配置抽取两台
6	移动应用发布服务器 2	是	Linux 6.5	服务器	是	
7	……	是	Linux 6.5	服务器	否	
8	移动应用发布服务器 9	是	Linux 6.5	服务器	否	
9	后台应用服务器 1	是	Linux 6.5	服务器	是	相同型号、相同配置抽取两台
10	后台应用服务器 2	是	Linux 6.5	服务器	是	
11	……	是	Linux 6.5	服务器	否	
12	后台应用服务器 20	是	Linux 6.5	服务器	否	
13	签名验签服务器 1	是	Linux 6.5	服务器	是	相同型号、相同配置抽取两台
14	签名验签服务器 2	是	Linux 6.5	服务器	是	

4）业务应用系统

移动终端管理系统涉及的业务应用系统如表 2-11 所示。

表 2-11   业务应用系统（2）

序号	业务应用系统名称	主要功能	版本	是否选择
1	移动终端管理系统	根据业务需求通过互联网定期发布和更新移动应用，并对移动终端的接入和认证进行管理	V1.0.0	是

3. 测评指标选择

以移动互联安全测评扩展要求为例，测评指标选择的结果如表 2-12 所示。

表 2-12   移动互联安全测评扩展要求测评指标选择的结果（2）

安全类	控制点	测评指标	是否选择	选择原则/方法
安全物理环境	无线接入点的物理位置	应为无线接入设备的安装选择合理位置，避免过度覆盖和电磁干扰	否	使用互联网，无线接入设备不属于被测方资产，因此此项不适用
安全区域边界	边界防护	应保证有线网络与无线网络边界之间的访问和数据流通过无线接入网关设备	否	使用互联网，无线接入设备不属于被测方资产，因此此项不适用

续表

安全类	控制点	测评指标	是否选择	选择原则/方法
安全区域边界	访问控制	无线接入设备应开启接入认证功能，并支持采用认证服务器认证或国家密码管理机构批准的密码模块进行认证	否	使用互联网,无线接入设备不属于被测方资产,因此此项不适用
	入侵防范	a）应能够检测到非授权无线接入设备和非授权移动终端的接入行为	否	
		b）应能够检测到针对无线接入设备的网络扫描、DDoS 攻击、密钥破解、中间人攻击和欺骗攻击等行为	否	
		c）应能够检测到无线接入设备的 SSID 广播、WPS 等高风险功能的开启状态	否	
		d）应禁用无线接入设备和无线接入网关存在风险的功能，如 SSID 广播、WEP 认证等	否	
		e）应禁止多个 AP 使用同一个鉴别密钥	否	
		f）应能够阻断非授权无线接入设备或非授权移动终端	否	
安全计算环境	移动终端管控	a）应保证移动终端安装、注册并运行终端管理客户端软件	是	被测方通过移动应用管理端向终端下发策略,应具备该安全控制项要求的能力
		b）移动终端应接受移动终端管理服务端的设备生命周期管理、设备远程控制，如远程锁定、远程擦除等	是	
	移动应用管控	a）应具有选择应用软件安装、运行的功能	是	
		b）应只允许指定证书签名的应用软件安装和运行	是	
		c）应具有软件白名单功能,应能根据白名单控制应用软件安装、运行	是	
安全建设管理	移动应用软件采购	a）应保证移动终端安装、运行的应用软件来自可靠分发渠道或使用可靠证书签名	是	被测方通过移动应用管理端向终端下发策略,应具备该安全控制项要求的能力
		b）应保证移动终端安装、运行的应用软件由指定的开发者开发	是	
	移动应用软件开发	a）应对移动业务应用软件开发者进行资格审查	是	
		b）应保证开发移动业务应用软件的签名证书合法性	是	
安全运维管理	配置管理	应建立合法无线接入设备和合法移动终端配置库,用于对非法无线接入设备和非法移动终端的识别	否	使用互联网,无线接入设备不属于被测方资产,因此此项不适用

4.测评指标和测评对象的映射关系

依据 GB/T 22239—2019《信息安全技术 网络安全等级保护基本要求》，将已经得到的测评指标和测评对象结合起来，将测评指标映射到各测评对象上。针对移动互联安全测评扩展要求，测评指标和测评对象的映射关系如表 2-13 所示。

表 2-13　测评指标和测评对象的映射关系（2）

安全类	控制点	测评指标	测评对象
安全计算环境	移动终端管控	a）应保证移动终端安装、注册并运行终端管理客户端软件	专用终端、移动终端管理系统
		b）移动终端应接受移动终端管理服务端的设备生命周期管理、设备远程控制，如远程锁定、远程擦除等	专用终端、移动终端管理系统
	移动应用管控	a）应具有选择应用软件安装、运行的功能	移动终端管理客户端
		b）应只允许指定证书签名的应用软件安装和运行	移动终端管理客户端
		c）应具有软件白名单功能，应能根据白名单控制应用软件安装、运行	移动终端管理客户端
安全建设管理	移动应用软件采购	a）应保证移动终端安装、运行的应用软件来自可靠分发渠道或使用可靠证书签名	专用终端
		b）应保证移动终端安装、运行的应用软件由指定的开发者开发	专用终端
	移动应用软件开发	a）应对移动业务应用软件开发者进行资格审查	系统建设负责人
		b）应保证开发移动业务应用软件的签名证书合法性	移动终端管理系统

5.测评要点解析

1）安全计算环境

（1）测评指标：应保证移动终端安装、注册并运行终端管理客户端软件。

安全现状分析：

被测方使用专用移动终端，终端在派发前由安全人员安装了终端管理客户端软件，并保持运行状态，能够在移动终端管理系统中显示该移动终端已注册并在运行中。

已有安全措施分析：

移动终端只有先安装、注册并运行终端管理客户端软件，才能接受管理端下发的管控策略。该企业被测移动终端均安装、注册并运行了终端管理客户端软件，已有的安全措施符合测评指标的要求。

（2）测评指标：移动终端应接受移动终端管理服务端的设备生命周期管理、设备远程控制，如远程锁定、远程擦除等。

安全现状分析：

被测方通过移动终端管理服务端下发管控策略至终端管理客户端软件，实现设备注销、远程擦除（恢复出厂设置）等，支持设备生命周期管理。

已有安全措施分析：

该企业具备移动终端管理服务端，能够通过移动终端管理服务端向被控终端下发远程锁定、远程擦除等策略，实现移动终端的设备生命周期管理，已有的安全措施符合测评指标的要求。

2）安全建设管理

（1）测评指标：应对移动业务应用软件开发者进行资格审查。

安全现状分析：

被测方具备所经营移动业务应用软件的开发资质，所发布的移动业务应用软件开发者均为内部软件开发岗位的同事，经过企业严格筛选，通过合法合规程序录用，具备相关职业资格，且定期进行安全培训、安全考核，保留相关记录文件。

已有安全措施分析：

移动业务应用软件开发者的资格审查尤为重要，该企业具备移动业务应用软件开发资质，符合相关规范要求，合法经营，且软件开发岗位作为内部关键岗位，在录用开发人员时进行了严格的背景调查、技能考核，开发人员具备良好的安全意识、专业技能，可保证软件安全开发，保护内部机密资产，从而保障软件安全运行，已有的安全措施符合测评指标的要求。

（2）测评指标：应保证开发移动业务应用软件的签名证书合法性。

安全现状分析：

被测方未使用第三方认证的签名证书，使用自建证书对移动业务应用软件进行签名，证书使用国家认可的可靠的密码技术，所有者信息属实，证书使用由总经理严格把控。

安全风险分析：

合法的签名证书可有效证明移动业务应用软件的来源属实，但使用自建证书签名，可能导致用户无法校验证书的真实性，存在被恶意人员替换证书的可能性，从而导致软件被篡改等，因此该安全问题可能导致的风险等级为中。

第 3 章　物联网安全测评扩展要求

3.1　物联网概述

3.1.1　物联网系统的特征

物联网系统通常从架构上可分为三个逻辑层，即感知层、网络传输层和处理应用层。其中，感知层包括传感器节点和传感网网关节点，如感知设备及传感网网关、RFID 标签与 RFID 读写器之间的短距离通信（通常为无线通信）设备等；网络传输层包括将这些感知数据远距离传输到处理中心的网络，包括电信网/互联网、专用网、移动通信网等，以及几种不同网络的融合；处理应用层包括对感知数据进行存储与智能处理的平台，并为业务应用终端提供服务。对大型物联网来说，处理应用层一般是云计算平台和业务应用终端设备。

3.1.2　物联网系统的构成

物联网系统构成示意图如图 3-1 所示。对物联网的安全防护应包括感知层、网络传输层和处理应用层。由于网络传输层和处理应用层通常由计算机设备构成，因此这两部分按照安全通用要求提出的要求进行保护，物联网安全扩展要求针对感知层提出特殊的安全要求，与安全通用要求一起构成对物联网的完整安全要求。

图 3-1 中的网络传输层有两种建设情况。

（1）使用专线、私有网等专用网，并且网络是由系统自身管控的物联网系统。在这种情况下，网络传输层由物联网系统的运营使用单位进行安全防护，在对物联网系统进行等级测评时需要检测网络传输层的相应测评指标。

（2）使用移动通信网、电信网/互联网等公用网的物联网系统。在这种情况下，网络传输层由电信运营使用单位进行安全防护，在对物联网系统进行等级测评时不需要检测网络传输层的相应测评指标。

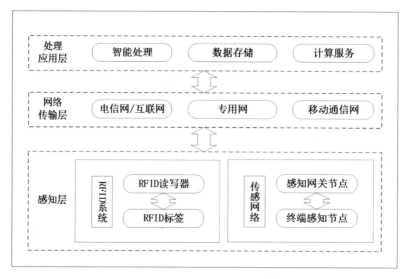

图 3-1　物联网系统构成示意图

物联网系统安全防护的关键是物联网终端（含感知网关）的安全防护。在不同行业和应用场景下物联网系统的安全要求不同，物联网终端的部署环境和网络架构复杂，部分场景受成本和功耗限制。根据物联网终端的特点，可将其分为强终端和弱终端两类（见表 3-1），二者面对威胁和安全时的需求不尽相同，需要在测评中予以区分。

表 3-1　物联网终端的分类

终端类型	特点	典型产品
强终端	计算能力强、存储容量大、网络带宽高、数据价值高、有操作系统	AI 摄像机、人脸识别门禁、智能汽车、感知网关等
弱终端	计算能力弱、存储容量有限、网络带宽低、对成本和功耗敏感	智能水表/电表、智能燃气表、RFID、温湿度烟感等

受成本和功耗限制，弱终端的计算能力和存储容量非常有限，难以运行复杂的安全防护措施，防护能力弱，面对攻击时防护面有限，攻击得手获利也相对较低。而强终端拥有较丰富的计算资源、网络带宽资源和数据资源，且内嵌通用操作系统，面对攻击时防护面大，攻击得手获利高（如窃取重要数据、劫持设备形成僵尸网络、"挖矿"等）。因此，即使在同一物联网系统中，强终端和弱终端面对的威胁也不尽相同，在等级测评时需要进行具体分析，选取相应的测评指标。以 AI 摄像机为例，按照图 3-1 所示的物联网系统构成模型，可视为其综合了感知层和处理应用层。

3.1.3　物联网安全扩展要求概述

《信息安全技术　网络安全等级保护基本要求》中明确了安全通用要求和安全扩展要求共同构成对等级保护对象的安全要求。

物联网安全扩展要求包括安全物理环境、安全区域边界、安全计算环境、安全运维管理四个安全类，相关控制点与安全类的隶属关系如表 3-2 所示。

表 3-2　物联网安全扩展要求所在的安全类

序号	安全类	控制点（安全扩展要求）
1	安全物理环境	感知节点设备物理防护
2	安全区域边界	接入控制、入侵防范
3	安全计算环境	感知节点设备安全、网关节点设备安全、抗数据重放、数据融合处理
4	安全运维管理	感知节点管理

物联网安全扩展要求在安全通用要求的基础上新增了感知节点设备物理防护、接入控制、入侵防范、感知节点设备安全、网关节点设备安全、抗数据重放、数据融合处理、感知节点管理的安全要求。

根据《信息安全技术　网络安全等级保护测评要求》，物联网安全测评扩展要求的控制点在各要求项数量上的逐级变化情况如表 3-3 所示。

表 3-3　物联网安全测评扩展要求的控制点数量变化

单位：个

序号	控制点	第一级	第二级	第三级	第四级
1	感知节点设备物理防护	2	2	4	4
2	接入控制	1	1	1	1
3	入侵防范	0	2	2	2
4	感知节点设备安全	0	0	3	3
5	网关节点设备安全	0	0	4	4
6	抗数据重放	0	0	2	2
7	数据融合处理	0	0	1	2
8	感知节点管理	1	2	3	3

3.1.4　基本概念

1. 物联网

物联网是指将感知节点设备通过互联网等网络连接起来构成的系统。

2. 感知节点设备

感知节点设备是指对物或环境进行信息采集和/或执行操作，并能联网进行通信的装置，有时也称感知终端。

3. 网关节点设备

网关节点设备是指对感知节点设备所采集的数据进行汇总、适当处理或数据融合，并进行转发的装置，有时也称物联网网关。

4. 安全组

安全组是一种虚拟防火墙，具备状态检测和数据包过滤的能力，用于在云端划分安全域。

5. 数据时效性

数据时效性是指保证数据发送和接收的时间有效，确保数据的传输没有被重放。

6. 数据新鲜性

数据新鲜性是指对所接收的历史数据或超出时限的数据进行识别的特性。

7. 安全功能硬件

安全功能硬件是指可独立进行密钥生成、加解密计算和随机数生成等操作，并能保护密钥、参数等密码材料安全存储的独立的处理器和存储单元。

3.2　第一级和第二级物联网安全测评扩展要求应用解读

3.2.1　安全物理环境

在对物联网的"安全物理环境"测评时应同时依据安全测评通用要求和安全测评扩展要求，其中涉及安全测评通用要求的解读内容参见《网络安全等级保护测评要求（通用要求部分）应用指南》中的"安全物理环境"，安全测评扩展要求的解读内容参见本节。

感知节点设备物理防护

【标准要求】

该控制点第一级包括测评单元 L1-PES4-01、L1-PES4-02，第二级包括测评单元 L2-

PES4-01、L2-PES4-02。

【L1-PES4-01/L2-PES4-01 解读和说明】

测评指标"感知节点设备所处的物理环境应不对感知节点设备造成物理破坏，如挤压、强振动"的主要测评对象是感知节点设备，如摄像机、LED 显示屏等。

测评实施要点包括：核查感知节点设备所处物理环境的设计或验收文档中是否有感知节点设备所处物理环境防挤压、防强振动等能力的说明，且是否与实际情况一致；核查感知节点设备所处物理环境是否采取防挤压、防强振动等防护措施。

以室外视频监控系统为例，测评实施步骤主要包括：核查室外监控摄像机所处物理环境的设计或验收文档中是否明确室外监控摄像机所处物理环境的防物理破坏要求，如是否具有防挤压、防强振动等能力的说明；核查室外监控摄像机所处物理环境是否采取防物理破坏的相应防护措施，包括在安装室外监控摄像机的外部装置时，是否在建筑物的外墙上打安装孔和放置支架，是否注意避免强烈撞击等。如果测评结果表明，室外监控摄像机所处物理环境的设计或验收文档中明确了室外监控摄像机所处物理环境的防物理破坏要求，如具有防挤压、防强振动等能力的说明，且室外监控摄像机所处物理环境采取了防物理破坏的相应防护措施，包括在安装室外监控摄像机的外部装置时，在建筑物的外墙上打安装孔和放置支架，注意避免强烈撞击等，则单元判定结果为符合，否则为不符合或部分符合。

【L1-PES4-02/L2-PES4-02 解读和说明】

测评指标"感知节点设备在工作状态所处物理环境应能正确反映环境状态（如温湿度传感器不能安装在阳光直射区域）"的主要测评对象是感知节点设备，如摄像机、LED 显示屏等。

测评实施要点包括：核查感知节点设备所处物理环境的设计或验收文档中是否有感知节点设备在工作状态所处物理环境的说明，且是否与实际情况一致；核查感知节点设备在工作状态所处物理环境是否能正确反映环境状态（如温湿度传感器不能安装在阳光直射区域）。

以室外视频监控系统为例，测评实施步骤主要包括：核查室外监控摄像机所处物理环境的设计或验收文档中是否明确室外监控摄像机在工作状态所处物理环境的说明；核查室外监控摄像机在工作状态所处物理环境是否能正确反映环境状态，包括室外监控摄像机的镜头不要对准强光处。如果测评结果表明，室外监控摄像机所处物理环境的设计或验收文档中明确了室外监控摄像机在工作状态所处物理环境的说明，且室外监控摄像机在工作状态所处物理环境能正确反映环境状态，包括室外监控摄像机的镜头不要对准强光处，则单元判定结果为符合，否则为不符合或部分符合。

3.2.2 安全通信网络

在对物联网的"安全通信网络"测评时应依据安全测评通用要求，涉及安全测评通用要求的解读内容参见《网络安全等级保护测评要求（通用要求部分）应用指南》中的"安全通信网络"。由于物联网的特点，本节列出了部分安全测评通用要求在物联网环境下的个性化解读内容。

1. 网络架构

【标准要求】

该控制点第二级包括测评单元 L2-CNS1-01、L2-CNS1-02。

【L2-CNS1-01 解读和说明】

测评指标"应划分不同的网络区域，并按照方便管理和控制的原则为各网络区域分配地址"的主要测评对象是路由器、交换机、防火墙、网关节点等。

测评实施要点包括：了解并掌握当前单位组织架构中的部门划分及重要性情况，核查主要网络设备中是否配置 VLAN 策略，或者采用 VPC 和安全组等方式；核查主要网络设备的 VLAN 信息及 VPC、安全组的配置信息，验证划分的网络区域是否能够与当前单位部门一一对应，并分配地址。

以视频监控系统的感知网关节点为例，测评实施步骤主要包括：确定当前视频监控系统的网络部署情况，访谈安全管理员/网络管理员，询问摄像机等感知节点部署的网络区域划分情况；核查感知网关节点 VLAN 区域划分及地址分配情况，确认划分的 VLAN 区域是否与当前感知节点部署的位置一一对应。如果测评结果表明，相关的感知网关节点存在 VLAN 区域划分，且划分原则基于感知节点部署区域的重要性，与各区域一一对应，则单元判定结果为符合，否则为不符合或部分符合。

【L2-CNS1-02 解读和说明】

测评指标"应避免将重要网络区域部署在边界处，重要网络区域与其他网络区域之间应采取可靠的技术隔离手段"的主要测评对象是网络拓扑图、路由器、交换机、防火墙、网关节点等。

测评实施要点包括：依据当前客户提供的最新网络拓扑图，核对机房设备的连接状态，确认网络拓扑图与实际网络运行环境是否一致；分析网络拓扑结构，核查重要区域边界之间、外联接入边界之间是否存在感知节点准入等安全防护措施；核查边界处的技术隔离手段，如网闸、感知节点网关、防火墙和设备访问控制列表，确认是否存在有效隔离措施，如端口、协议、地址等过滤；核查边界隔离措施是否有效，如通过工具验证等手段，对边界隔离措施进行验证。

以视频监控系统的终端感知节点为例，测评实施步骤主要包括：确定当前系统运行的网络拓扑情况，根据网络拓扑对比终端感知节点设备、感知节点网关的部署环境，确认与网络拓扑图的描述是否一致；分析网络拓扑的结构，重点查看各终端感知节点边界处是否部署隔离设备或措施，如核查准入设备、软件防火墙或感知节点网关中是否配置相关安全措施；核查终端感知节点设备或软件防火墙措施，核查策略配置是否合理，是否依据区域重要性和访问需求进行端口、协议、地址等过滤。如果测评结果表明，相关的网络拓扑图与实际运行情况一致，各区域边界均部署可靠的技术隔离手段且策略配置合理，仅开放需要使用的端口、协议、地址等，则单元判定结果为符合，否则为不符合或部分符合。

2. 通信传输

【标准要求】

该控制点第一级包括测评单元 L1-CNS1-01，第二级包括测评单元 L2-CNS1-03。

【L1-CNS1-01/L2-CNS1-03 解读和说明】

测评指标"应采用校验技术保证通信过程中数据的完整性"的主要测评对象是路由器、交换机、防火墙、网关节点、数据处理系统等。

测评实施要点包括：核查当前测评对象在数据传输过程中是否使用校验技术或其他手段保证数据的完整性；若无法确认传输过程中是否具备完整性校验功能，则通过工具抓包的方式，对抓包内容进行修改后再上传，核查能否成功进行测试，确认是否具备完整性保障措施。

以视频监控系统的感知节点为例，测评实施步骤主要包括：核查当前数据传输是否具备完整性校验功能；若通信协议具备完整性校验功能，则通过工具抓包的方式，验证通信协议的完整性校验规则是否有效。如果测评结果表明，相关的感知节点在数据传输层面具备完整性校验功能，且该功能经验证有效，则单元判定结果为符合，否则为不符合或部分符合。

3. 可信验证

【标准要求】

该控制点第一级包括测评单元 L1-CNS1-02，第二级包括测评单元 L2-CNS1-04。

【L1-CNS1-02 解读和说明】

测评指标"可基于可信根对通信设备的系统引导程序、系统程序等进行可信验证，并在检测到其可信性受到破坏后进行报警"的主要测评对象是可信验证平台、可信根等。

测评实施要点包括：核查是否基于可信根对通信设备的系统引导程序、系统程序等进行可信验证；测试验证在检测到通信设备的可信性受到破坏后是否进行报警。

以视频监控系统的感知层网关节点、感知节点为例，测评实施步骤主要包括：核查当前感知层网关节点、感知节点中是否部署类似可信根的措施对系统引导程序、系统程序等进行可信验证，并查看可信验证设备说明或部署记录；若存在可信验证措施，则测试验证在检测到感知层网关节点、感知节点的系统引导程序、系统程序等的可信性受到破坏后是否进行报警。如果测评结果表明，相关的网关节点设备、感知节点设备具备可信验证措施对系统引导程序、系统程序等进行可信验证，且能够在检测到其可信性受到破坏后进行报警，则单元判定结果为符合，否则为不符合或部分符合。

【L2-CNS1-04 解读和说明】

测评指标"可基于可信根对通信设备的系统引导程序、系统程序、重要配置参数和通信应用程序等进行可信验证，并在检测到其可信性受到破坏后进行报警，并将验证结果形成审计记录送至安全管理中心"的主要测评对象是可信验证平台、可信根、安全管理中心等。

测评实施要点包括：核查是否基于可信根对通信设备的系统引导程序、系统程序、重要配置参数和通信应用程序等进行可信验证；测试验证在检测到通信设备的可信性受到破坏后是否进行报警；核查验证结果是否以审计记录的形式被送至安全管理中心。

以视频监控系统的感知层网关节点、感知节点为例，测评实施步骤主要包括：核查当前感知层网关节点、感知节点中是否部署类似可信根的措施对通信、接入等主要过程进行可信验证，并查看可信验证设备说明或部署记录；若存在可信验证措施，则测试验证在检测到网关节点设备与感知节点设备的系统引导程序、系统程序、重要配置参数和通信应用程序等的可信性受到破坏后是否进行报警；核查验证结果是否以审计记录的形式被送至安全管理中心。如果测评结果表明，相关的网关节点设备、感知节点设备具备可信验证措施，对系统引导程序、系统程序、重要配置参数和通信应用程序等进行可信验证，且能够在检测到其可信性受到破坏后进行报警，并将验证结果形成审计记录送至安全管理中心，则单元判定结果为符合，否则为不符合或部分符合。

3.2.3　安全区域边界

在对物联网的"安全区域边界"测评时应同时依据安全测评通用要求和安全测评扩展要求，其中涉及安全测评通用要求的解读内容参见《网络安全等级保护测评要求（通用要求部分）应用指南》中的"安全区域边界"，安全测评扩展要求的解读内容参见本节。由于物联网的特点，本节列出了部分安全测评通用要求在物联网环境下的个性化解读内容。

1. 边界防护

【标准要求】

该控制点第一级包括测评单元 L1-ABS1-01，第二级包括测评单元 L2-ABS1-01。

【L1-ABS1-01/L2-ABS1-01 解读和说明】

测评指标"应保证跨越边界的访问和数据流通过边界设备提供的受控接口进行通信"的主要测评对象是网关节点设备，以及网闸、防火墙、路由器、交换机、无线接入网关等提供访问控制功能的设备或相关组件。

测评实施要点包括：核查网络拓扑图与实际网络链路是否一致，在网络边界处是否部署访问控制设备，明确边界设备端口；核查设备配置信息是否指定端口进行跨越边界的网络通信，指定端口是否配置并启用安全策略；通过其他技术手段（如非法无线网络设备定位，核查设备配置信息等）核查是否存在其他未受控端口（接口）进行跨越边界的网络通信。

以视频监控系统为例，测评实施步骤主要包括：核查网络拓扑图与实际网络链路是否一致，在感知层边界处是否部署网关节点设备或视频准入设备，确认链路接入端口无误；核查网关节点设备或视频准入设备是否对接入的感知节点设备使用受控端口进行跨越边界的网络通信；核查网关节点设备或视频准入设备是否对接入的感知节点设备进行跨越边界的网络通信端口配置并启用安全策略；通过其他技术手段（如非法无线网络设备定位，核查设备配置信息等）核查是否存在其他未受控端口进行跨越边界的网络通信。如果测评结果表明，在视频监控系统网络边界处部署了网关节点设备或视频准入设备，对接入的感知节点设备使用受控端口进行跨越边界的网络通信；网关节点设备或视频准入设备对接入的感知节点设备进行跨越边界的网络通信端口配置并启用了安全策略；通过其他技术手段核查不存在其他未受控端口进行跨越边界的网络通信，则单元判定结果为符合，否则为不符合或部分符合。

2. 访问控制

【标准要求】

该控制点第一级包括测评单元 L1-ABS1-02、L1-ABS1-03、L1-ABS1-04，第二级包括测评单元 L2-ABS1-02、L2-ABS1-03、L2-ABS1-04、L2-ABS1-05。

【L1-ABS1-02/L2-ABS1-02 解读和说明】

测评指标"应在网络边界或区域之间根据访问控制策略设置访问控制规则，默认情况下除允许通信外受控接口拒绝所有通信"的主要测评对象是网关节点设备，以及网闸、防火墙、路由器、交换机、无线接入网关等提供访问控制功能的设备或相关组件。

测评实施要点包括：核查在网络边界或区域之间是否部署访问控制设备并启用访问控制策略；核查设备的最后一条访问控制策略是否为禁止所有网络通信；核查配置的访问控制策略是否被实际应用到相应端口方向。

以视频监控系统为例，测评实施步骤主要包括：核查在视频监控系统网络边界处是否部署视频接入网关节点或视频准入设备，是否启用访问控制策略；核查视频接入网关节点或视频准入设备等访问控制设备的默认策略是否为禁止所有网络通信。如果测评结果表明，在视频监控系统网络边界处部署了视频接入网关节点或视频准入设备，访问控制设备采用白名单机制，最后一条访问控制策略为禁止所有网络通信，则单元判定结果为符合，否则为不符合或部分符合。

【L1-ABS1-03/L2-ABS1-03 解读和说明】

测评指标"应删除多余或无效的访问控制规则，优化访问控制列表，并保证访问控制规则数量最小化"的主要测评对象是网关节点设备,以及网闸、防火墙、路由器、交换机、无线接入网关等提供访问控制功能的设备或相关组件。

测评实施要点包括:根据物联网系统的实际业务需求和安全策略,核查是否存在多余或无效的访问控制策略,结合策略命中数分析策略是否有效;核查访问控制策略中是否禁止全通策略、多余端口,地址限制范围是否过大;核查不同的访问控制策略之间的逻辑关系及前后排列顺序是否合理。

以视频监控系统为例,测评实施步骤主要包括:根据系统的实际业务需求和安全策略,核查视频监控系统的准入控制设备中是否存在多余或无效的访问控制策略,结合策略命中数分析策略是否有效;核查是否部署视频设备准入控制系统,核查访问控制策略中是否禁止全通策略、多余端口,地址限制范围是否过大;核查不同的访问控制策略之间的逻辑关系及前后排列顺序是否合理。如果测评结果表明,根据系统的实际业务需求和安全策略,视频监控系统的准入控制设备中不存在多余或无效的访问控制策略,且策略有效;访问控制策略中禁止了全通策略、多余端口,地址限制范围合理;不同的访问控制策略之间的逻辑关系及前后排列顺序合理,则单元判定结果为符合,否则为不符合或部分符合。

【L1-ABS1-04/L2-ABS1-04 解读和说明】

测评指标"应对源地址、目的地址、源端口、目的端口和协议等进行检查,以允许/拒绝数据包进出"的主要测评对象是网关节点设备,以及网闸、防火墙、路由器、交换机、无线接入网关等提供访问控制功能的设备或相关组件。

测评实施要点包括:根据物联网系统的实际业务需求和安全策略,核查网关节点设备等访问控制设备的访问控制策略中是否明确设定源地址、目的地址、源端口、目的端口和协议等配置参数;通过工具测试,验证访问控制策略和控制粒度是否有效。

以视频监控系统为例,测评实施步骤主要包括:根据系统的实际业务需求和安全策略,核查视频监控系统的准入控制设备的访问控制策略中是否明确设定源地址、目的地址、源端口、目的端口和协议等配置参数;测试验证部署的视频设备准入控制系统的访问控制策略和控制粒度是否有效。如果测评结果表明,根据系统的实际业务需求和安全策略,视频监控系统的准入控制设备的访问控制策略中明确设定了源地址、目的地址、源端口、目的端口和协议等配置参数,且部署的视频设备准入控制系统的访问控制策略和控制粒度有效,则单元判定结果为符合,否则为不符合或部分符合。

【L2-ABS1-05 解读和说明】

在物联网环境下，在对测评单元 L2-ABS1-05 测评时应依据安全测评通用要求，涉及安全测评通用要求的解读内容参见《网络安全等级保护测评要求（通用要求部分）应用指南》中的测评单元 L2-ABS1-05。

3. 安全审计

【标准要求】

该控制点第二级包括测评单元 L2-ABS1-08、L2-ABS1-09、L2-ABS1-10。

【L2-ABS1-08 解读和说明】

测评指标"应在网络边界、重要网络节点进行安全审计，审计覆盖到每个用户，对重要的用户行为和重要安全事件进行审计"的主要测评对象是网关节点设备、综合安全审计系统。

测评实施要点包括：访谈网络管理员并查看网络拓扑图，了解被测系统的网络整体情况，梳理并分析被测系统的网络边界和重要网络节点；核查是否部署综合安全审计系统或具有类似功能的系统平台，并核查设备部署位置是否合理；核查审计是否覆盖到每个用户，是否对重要的用户行为和重要的安全事件进行审计。

以物联网接入网关为例，测评实施步骤主要包括：核查是否在感知层边界处部署综合安全审计系统，或者网关节点设备是否具备安全审计功能；核查网关节点设备的审计是否覆盖到登录网关节点设备的所有用户；核查网关节点设备对用户登录、配置变更、网关固件更新等重要事件是否进行审计。如果测评结果表明，在感知层边界处部署了综合安全审计系统或网关节点设备具备安全审计功能；网关节点设备的审计覆盖到登录网关节点设备的所有用户；网关节点设备对用户登录、配置变更、网关固件更新等重要事件进行了审计，则单元判定结果为符合，否则为不符合或部分符合。

【L2-ABS1-09 解读和说明】

测评指标"审计记录应包括事件的日期和时间、用户、事件类型、事件是否成功及其他与审计相关的信息"的主要测评对象是网关节点设备、综合安全审计系统。

测评实施要点包括：核查综合安全审计系统、网络审计系统或具有类似功能的系统平台，核查审计记录中是否包括事件的日期和时间、用户、事件类型、事件是否成功及其他与审计相关的信息，其中日期和时间需要关注准确性及时钟同步问题。

以物联网接入网关为例，测评实施步骤主要包括：核查网关节点设备的审计记录中是否包括事件的日期和时间、用户、事件类型、事件是否成功及其他与审计相关的信息。如果测评结果表明，网关节点设备的审计记录中包括事件的日期和时间、用户、事件类型、事件是否成功及其他与审计相关的信息，则单元判定结果为符合，否则为不符合或部分符合。

【L2-ABS1-10 解读和说明】

测评指标"应对审计记录进行保护，定期备份，避免受到未预期的删除、修改或覆盖等"的主要测评对象是网关节点设备、综合安全审计系统。

测评实施要点包括：核查是否采取技术措施对审计记录进行保护；核查是否采取技术措施对审计记录进行定期备份，并核查其备份策略。

以物联网接入网关为例，测评实施步骤主要包括：核查网关节点设备的本地审计记录是否经过加密存储，并于审计记录产生后及时将审计信息上传至综合安全审计系统或云端管理平台；核查综合安全审计系统或云端管理平台是否设置合理的备份策略；核查将网关节点设备的审计信息上传至综合安全审计系统或云端管理平台后，综合安全审计系统或云端管理平台是否对审计记录按备份策略进行定期备份。如果测评结果表明，网关节点设备的本地审计记录经过加密存储并第一时间上传至综合安全审计系统或云端管理平台；综合安全审计系统或云端管理平台设置了合理的备份策略，规定非授权用户无权对审计记录进行删除、修改或覆盖；综合安全审计系统或云端管理平台对审计记录按备份策略进行定期备份，则单元判定结果为符合，否则为不符合或部分符合。

4. 可信验证

【标准要求】

该控制点第一级包括测评单元 L1-ABS1-05，第二级包括测评单元 L2-ABS1-11。

【L1-ABS1-05 解读和说明】

测评指标"可基于可信根对边界设备的系统引导程序、系统程序等进行可信验证，并在检测到其可信性受到破坏后进行报警"的主要测评对象是网关节点设备。

测评实施要点包括：核查是否基于可信根对边界设备的系统引导程序、系统程序等进行可信验证；测试验证在检测到边界设备的可信性受到破坏后是否进行报警。

以智能监控摄像机为例，测评实施步骤主要包括：核查智能监控摄像机是否具有内置可信根，如出厂预置的可信根证书；核查摄像机在接入智能监控网和更新固件时是否需要使用可信根进行验证；测试使用无内置可信根的同型号摄像机接入智能监控网，核查是否无法接入；测试使用摄像机刷新无法通过可信验证的同版本固件，核查是否失败；核查摄像机使用可信根验证的相关事件信息是否正确录入审计数据库。如果测评结果表明，智能监控摄像机具有内置可信根；摄像机在接入智能监控网和更新固件时需要使用可信根进行验证；无内置可信根的同型号摄像机无法接入智能监控网；摄像机不能刷新无法通过可信验证的同版本固件；摄像机使用可信根验证的相关事件信息正确录入了审计数据库，则单元判定结果为符合，否则为不符合或部分符合。

【L2-ABS1-11 解读和说明】

测评指标"可基于可信根对边界设备的系统引导程序、系统程序、重要配置参数和边界防护应用程序等进行可信验证，并在检测到其可信性受到破坏后进行报警，并将验证结果形成审计记录送至安全管理中心"的主要测评对象是网关节点设备。

测评实施要点包括：核查是否基于可信根对边界设备的系统引导程序、系统程序、重要配置参数和边界防护应用程序等进行可信验证；测试验证在检测到边界设备的可信性受到破坏后是否进行报警；核查验证结果是否以审计记录的形式被送至安全管理中心。

以智能监控摄像机为例，测评实施步骤主要包括：核查智能监控摄像机是否具有内置可信根，如出厂预置的可信根证书；核查摄像机在接入智能监控网和更新固件时是否需要使用可信根进行验证；测试使用无内置可信根的同型号摄像机接入智能监控网，核查是否无法接入；测试使用摄像机刷新无法通过可信验证的同版本固件，核查是否失败；核查摄像机使用可信根验证的相关事件信息是否正确录入审计数据库；核查验证结果是否以审计记录的形式被送至安全管理中心。如果测评结果表明，智能监控摄像机具有内置可信根；摄像机在接入智能监控网和更新固件时需要使用可信根进行验证；无内置可信根的同型号摄像机无法接入智能监控网；摄像机不能刷新无法通过可信验证的同版本固件；摄像机使用可信根验证的相关事件信息正确录入了审计数据库；将验证结果形成审计记录送至安全管理中心，则单元判定结果为符合，否则为不符合或部分符合。

5. 接入控制

【标准要求】

该控制点第一级包括测评单元 L1-ABS4-01，第二级包括测评单元 L2-ABS4-01。

【L1-ABS4-01/L2-ABS4-01 解读和说明】

测评指标"应保证只有授权的感知节点可以接入"的主要测评对象是感知节点设备。

测评实施要点包括：核查感知节点接入机制的设计文档中是否包括防止非法的感知节点设备接入网络的机制及有关身份鉴别机制的描述；核查是否采用接入控制措施（如禁用闲置端口、设置访问控制策略、部署安全管理系统等），对设备接入进行管理；对边界和感知层网络进行渗透测试，确认是否存在绕过白名单或相关接入控制措施及身份鉴别机制的方法。

以视频监控系统的感知层为例，测评实施步骤主要包括：核查视频监控系统的各类摄像机和其他前端设备在接入网络时是否具备唯一标识，是否采用设备身份鉴别机制控制感知节点的接入；核查在视频网络中是否部署视频接入安全管理系统，对摄像机和其他前端设备进行品牌、型号、IP 地址、MAC 地址等的绑定，并进行准入策略管控，确保只有通过认证的设备才允许接入；对边界和感知层网络进行渗透测试，确认是否存在绕过白名单或相关接入控制措施及身份鉴别机制的方法。如果测评结果表明，相关的感知节点设备具备唯一标识，并采用设备身份鉴别机制控制感知节点的接入；在感知层部署了视频接入安全管理系统，对摄像机和其他前端设备进行品牌、型号、IP 地址、MAC 地址等的绑定，并进行准入策略管控，确保只有通过认证的设备才允许接入；对边界和感知层网络进行渗透测试，确认不存在绕过白名单或相关接入控制措施及身份鉴别机制的方法，则单元判定结果为符合，否则为不符合或部分符合。

6. 入侵防范

【标准要求】

该控制点第二级包括测评单元 L2-ABS4-02、L2-ABS4-03。

【L2-ABS4-02 解读和说明】

测评指标"应能够限制与感知节点通信的目标地址，以避免对陌生地址的攻击行为"

的主要测评对象是感知节点设备。

测评实施要点包括：核查感知层安全设计文档中是否有对感知节点通信目标地址的控制措施说明；核查感知节点设备中是否配置对感知节点通信目标地址的控制措施，相关参数配置是否符合设计要求；对感知节点设备进行渗透测试，验证是否能够限制感知节点设备对违反访问控制策略的通信目标地址进行访问或攻击。

以视频监控系统为例，测评实施步骤主要包括：核查摄像机和其他前端设备是否具备网络通信管控能力，是否可以通过网络通信管控策略阻止摄像机和其他前端设备与允许通信的目标地址白名单以外的陌生 IP 地址的通信；核查系统中是否具备对摄像机和其他前端设备网络通信管控策略的配置管理能力，包括对通信目标地址、端口等条件的设置和策略下发；对具有通信防护能力的摄像机和其他前端设备进行通信验证，核查设备是否能够正确阻止与陌生 IP 地址的通信；对摄像机和其他前端设备进行渗透测试，确认是否存在绕过网络通信管控策略访问或攻击陌生 IP 地址的方法。如果测评结果表明，该系统能够限制摄像机和其他前端设备的通信目标地址范围，能够通过网络通信管控策略配置通信目标地址、端口等管控条件，网络通信管控策略下发后能够按照该策略阻止与陌生 IP 地址的通信，且经过渗透测试验证不存在绕过网络通信管控策略的方法，则单元判定结果为符合，否则为不符合或部分符合。

【L2-ABS4-03 解读和说明】

测评指标"应能够限制与网关节点通信的目标地址，以避免对陌生地址的攻击行为"的主要测评对象是网关节点设备。

测评实施要点包括：核查感知层安全设计文档中是否有对网关节点通信目标地址的控制措施说明；核查网关节点设备中是否配置对网关节点通信目标地址的控制措施，相关参数配置是否符合设计要求；对网关节点设备进行渗透测试，验证是否能够限制网关节点设备对违反访问控制策略的通信目标地址进行访问或攻击。

以视频监控系统为例，测评实施步骤主要包括：核查是否具备限制网关节点设备通信的网络通信管控功能，且通过网络通信管控策略的配置是否能够阻止网关节点设备与允许通信的目标地址白名单以外的陌生 IP 地址的通信；核查系统中是否具备对网关节点设备网络通信管控策略的配置管理能力，包括对通信目标地址等条件的设置和策略下发；对网关节点设备设置并下发阻止与陌生 IP 地址通信的网络通信管控策略，验证网关是否按照网络通信管控策略阻止与陌生 IP 地址的通信；对网关节点设备进行渗透测试，确认是否存在绕过网络通信管控策略访问或攻击陌生 IP 地址的方法。如果测评结果表明，该系统具备限制网关节点设备与陌生 IP 地址通信的网络通信管控功能，能够通过网络通信管控策略配置通信目标地址等管控条件，网络通信管控策略下发后能够按照该策略阻止与陌生 IP 地址的通信，且经过渗透测试验证不存在绕过网络通信管控策略的方法，则单元判定结果为符合，否则为不符合或部分符合。

3.2.4　安全计算环境

在对物联网的"安全计算环境"测评时应依据安全测评通用要求，涉及安全测评通用要求的解读内容参见《网络安全等级保护测评要求（通用要求部分）应用指南》中的"安全计算环境"。由于物联网的特点，本节列出了部分安全测评通用要求在物联网环境下的个性化解读内容。

1．身份鉴别

【标准要求】

该控制点第一级包括测评单元 L1-CES1-01、L1-CES1-02，第二级包括测评单元 L2-CES1-01、L2-CES1-02、L2-CES1-03。

【L1-CES1-01/L2-CES1-01 解读和说明】

测评指标"应对登录的用户进行身份标识和鉴别，身份标识具有唯一性，身份鉴别信息具有复杂度要求并定期更换"的主要测评对象是感知节点设备、业务应用系统。

测评实施要点包括：核查用户在登录时是否采用身份鉴别措施；核查用户列表，确认用户身份标识是否具有唯一性；核查用户配置信息，测试验证是否存在空口令用户；核查身份鉴别信息是否具有复杂度要求并定期更换。

以物联网云端管理平台为例，测评实施步骤主要包括：核查管理平台在登录时是否采用身份鉴别措施（如账号口令、多因子认证等）；核查管理平台的数据库设计文档中是否说明用户身份标识为唯一键值；核查管理平台的用户列表中有无重复的用户身份标识；核查用户配置信息中是否存在空口令用户；核查管理平台对用户登录口令是否具有复杂度要求且设置口令更换时间。如果测评结果表明，管理平台在登录时采用了身份鉴别措施；管理平台的数据库设计文档中说明了用户身份标识为唯一键值；用户列表中无重复的用户身份标识；用户配置信息中不存在空口令用户；管理平台对用户登录口令设置了复杂度要求和口令更换时间，则单元判定结果为符合，否则为不符合或部分符合。

【L1-CES1-02/L2-CES1-02 解读和说明】

测评指标"应具有登录失败处理功能，应配置并启用结束会话、限制非法登录次数和当登录连接超时自动退出等相关措施"的主要测评对象是感知节点设备、业务应用系统。

测评实施要点包括：核查是否配置并启用登录失败处理功能；核查是否配置并启用限制非法登录功能，是否在非法登录达到一定次数后采取特定动作，如登录账户锁定等；核查是否配置并启用登录连接超时自动退出功能。

以物联网云端管理平台为例，测评实施步骤主要包括：核查管理平台的设计文档中是否说明具有限制非法登录和登录连接超时自动退出功能；核查管理平台是否配置并启用登录失败处理功能；核查管理平台是否配置并启用登录连接超时自动退出功能；测试验证达到非法登录策略条件后，管理平台是否正确执行限制非法登录策略，如登录账户锁定等。如果测评结果表明，管理平台具有限制非法登录和登录连接超时自动退出功能；管理平台配置并启用登录失败处理功能和登录连接超时自动退出功能；达到非法登录策略条件后，管理平台正确执行了锁定账户等限制非法登录策略，则单元判定结果为符合，否则为不符合或部分符合。

【L2-CES1-03 解读和说明】

测评指标"当进行远程管理时，应采取必要措施防止鉴别信息在网络传输过程中被窃听"的主要测评对象是感知节点设备。

测评实施要点包括：核查是否采用加密等安全方式对系统进行远程管理，防止鉴别信息在网络传输过程中被窃听。

以视频监控摄像机为例，测评实施步骤主要包括：核查视频监控摄像机的远程维护登录方式（如 Web 管理界面）是否采用加密技术（如 HTTPS）进行通信防护。如果测评结果表明，视频监控摄像机的远程维护登录方式采用了加密技术进行通信防护，则单元判定结果为符合，否则为不符合或部分符合。

2. 访问控制

【标准要求】

该控制点第一级包括测评单元 L1-CES1-03、L1-CES1-04、L1-CES1-05，第二级包括测评单元 L2-CES1-04、L2-CES1-05、L2-CES1-06、L2-CES1-07。

【L1-CES1-03 解读和说明】

测评指标"应对登录的用户分配账户和权限"的主要测评对象是感知节点设备。

测评实施要点包括：核查用户账户和权限设置情况；核查是否已禁用或限制匿名、默认账户的访问权限。

以视频监控摄像机远程管理系统为例，测评实施步骤主要包括：核查视频监控摄像机远程管理系统的用户账户和权限设置情况，了解是否对需要远程管理摄像机的用户设置对应权限的账户；核查视频监控摄像机远程管理系统是否已禁用或限制匿名、默认账户的访问权限。如果测评结果表明，视频监控摄像机远程管理系统对需要远程管理摄像机的用户设置了对应权限的账户，且已禁用或限制匿名、默认账户的访问权限，则单元判定结果为符合，否则为不符合或部分符合。

【L2-CES1-04 解读和说明】

测评指标"应对登录的用户分配账户和权限"的主要测评对象是感知节点设备、业务应用系统。

测评实施要点包括：核查是否为用户分配账户和权限，以及相关设置情况；核查是否已禁用或限制匿名、默认账户的访问权限。

以物联网云端管理平台为例，测评实施步骤主要包括：核查管理平台是否需要登录后才能使用；核查管理平台是否具备对不同账户设置不同权限的功能；核查管理平台是否无法使用匿名、默认账户登录。如果测评结果表明，管理平台需要登录后方可使用，可以对不同账户设置不同权限，且无法使用匿名、默认账户登录，则单元判定结果为符合，否则为不符合或部分符合。

【L1-CES1-04/L2-CES1-05 解读和说明】

测评指标"应重命名或删除默认账户，修改默认账户的默认口令"的主要测评对象是感知节点设备。

测评实施要点包括：核查是否已重命名或删除默认账户；核查是否已修改默认账户的默认口令。

以智能监控摄像机为例，测评实施步骤主要包括：核查智能监控摄像机是否已禁用Root账户；核查Root账户是否口令非空，且同型号摄像机间的Root账户口令均不相同。如果测评结果表明，智能监控摄像机已禁用Root账户，且同型号摄像机间的Root账户口令出厂前均不相同，则单元判定结果为符合，否则为不符合或部分符合。

【L1-CES1-05/L2-CES1-06 解读和说明】

测评指标"应及时删除或停用多余的、过期的账户，避免共享账户的存在"的主要测评对象是感知节点设备、业务应用系统。

测评实施要点包括：核查是否存在多余的、过期的账户，账户与用户之间是否一一对应；测试验证多余的、过期的账户是否被删除或停用。

以物联网云端管理平台为例，测评实施步骤主要包括：核查管理平台中是否存在多余的、过期的账户，账户与用户之间是否具有一一对应关系；测试验证管理平台是否删除或停用多余的、过期的账户。如果测评结果表明，管理平台中不存在多余的、过期的账户，账户与用户之间具有一一对应关系，多余的、过期的账户已经被删除或停用，则单元判定结果为符合，否则为不符合或部分符合。

【L2-CES1-07 解读和说明】

测评指标"应授予管理用户所需的最小权限，实现管理用户的权限分离"的主要测评对象是感知节点设备、业务应用系统。

测评实施要点包括：核查是否进行角色划分；核查管理用户的权限是否已进行分离；核查管理用户的权限是否为其完成工作任务所需的最小权限。

以物联网云端管理平台为例，测评实施步骤主要包括：核查管理平台是否对用户账户和管理账户进行角色划分；核查管理平台是否对管理用户的权限进行合理分离；核查管理用户的权限是否为其完成工作任务所需的最小权限，如审计管理员角色的管理账户不应当具有完成审计工作所需最小权限外的其他管理权限。如果测评结果表明，管理平台对用户账户和管理账户进行了角色划分，对管理用户的权限进行了合理分离，不同角色的管理用户权限按照其完成工作任务所需的最小权限分配，则单元判定结果为符合，否则为不符合或部分符合。

3. 安全审计

【标准要求】

该控制点第二级包括测评单元 L2-CES1-08、L2-CES1-09、L2-CES1-10。

【L2-CES1-08 解读和说明】

测评指标"应提供安全审计功能，审计覆盖到每个用户，对重要的用户行为和重要安全事件进行审计"的主要测评对象是业务应用系统。

测评实施要点包括：核查是否提供并开启安全审计功能；核查审计是否覆盖到每个用户；核查是否对重要的用户行为和重要的安全事件进行审计。

以物联网云端管理平台为例，测评实施步骤主要包括：核查管理平台中是否部署综合安全审计系统，并记录业务应用系统的审计信息，或者业务应用系统自身是否具备安全审计功能；核查管理平台的审计是否覆盖到所有用户，包括业务应用系统的重要用户和特权账号；核查用户在管理平台上的操作，如更改接入的物联网设备配置信息、改变接入设备的分组信息、更改策略配置、变更密码、创建账户、更改用户权限等行为是否均被审计且可回溯。如果测评结果表明，管理平台中部署了综合安全审计系统，并记录了业务应用系统的审计信息，或者业务应用系统自身具备安全审计功能；审计覆盖到包括业务应用系统的重要用户和特权账号在内的所有用户；用户在管理平台上进行的包括更改接入的物联网设备配置信息、改变接入设备的分组信息、更改策略配置、变更密码、创建账户、更改用户权限等行为均被审计且可回溯，则单元判定结果为符合，否则为不符合或部分符合。

【L2-CES1-09 解读和说明】

测评指标"审计记录应包括事件的日期和时间、用户、事件类型、事件是否成功及其他与审计相关的信息"的主要测评对象是业务应用系统。

测评实施要点包括：核查审计记录中是否包括事件的日期和时间、用户、事件类型、事件是否成功及其他与审计相关的信息。

以物联网云端管理平台为例，测评实施步骤主要包括：核查管理平台的安全审计功能是否能够对事件进行记录，且记录的信息中是否包括事件的日期和时间、用户、事件类型、事件是否成功及其他与审计相关的信息。如果测评结果表明，管理平台的安全审计功能能够对事件进行记录，且记录的信息中包括事件的日期和时间、用户、事件类型、事件是否成功及其他与审计相关的信息，则单元判定结果为符合，否则为不符合或部分符合。

【L2-CES1-10 解读和说明】

测评指标"应对审计记录进行保护，定期备份，避免受到未预期的删除、修改或覆盖等"的主要测评对象是业务应用系统。

测评实施要点包括：核查是否采取技术措施对审计记录进行保护；核查是否采取技术措施对审计记录进行定期备份，并核查其备份策略。

以物联网云端管理平台为例，测评实施步骤主要包括：核查管理平台是否不提供审计记录的删除、修改或覆盖等功能，如果具备相关功能，则核查是否限定不可删除、修改或覆盖 6 个月之内产生的审计记录，审计记录的存储时间是否满足至少保存 6 个月的要求；核查管理平台的审计记录是否存储于数据库中且按照策略定期进行数据备份；核查审计记录的备份策略是否合理。如果测评结果表明，管理平台无审计记录的删除、修改或覆盖等功能，或者限定不可删除、修改或覆盖 6 个月之内产生的审计记录，审计记录的存储时间满足至少保存 6 个月的要求，审计记录的备份策略合理，能够按照备份策略定期备份，则单元判定结果为符合，否则为不符合或部分符合。

4. 入侵防范

【标准要求】

该控制点第一级包括测评单元 L1-CES1-06、L1-CES1-07，第二级包括测评单元 L2-CES1-11、L2-CES1-12、L2-CES1-13、L2-CES1-14、L2-CES1-15。

【L1-CES1-06/L2-CES1-11 解读和说明】

测评指标"应遵循最小安装的原则，仅安装需要的组件和应用程序"的主要测评对象是感知节点设备。

测评实施要点包括：核查是否遵循最小安装的原则；核查是否安装非必要的组件和应用程序。

以智能监控摄像机为例，测评实施步骤主要包括：核查智能监控摄像机是否遵循最小安装的原则，是否只部署开展智能监控业务的必需组件；核查智能监控摄像机中是否存在除保障系统正常运行和智能监控业务正常开展外的其他非必要的组件和应用程序。如果测评结果表明，智能监控摄像机遵循最小安装的原则，只部署了开展智能监控业务的必需组件，且不存在除保障系统正常运行和智能监控业务正常开展外的其他非必要的组件和应用程序，则单元判定结果为符合，否则为不符合或部分符合。

【L1-CES1-07/L2-CES1-12 解读和说明】

测评指标"应关闭不需要的系统服务、默认共享和高危端口"的主要测评对象是感知节点设备。

测评实施要点包括：核查是否关闭非必要的系统服务和默认共享；核查是否存在非必要的高危端口。

以智能监控摄像机为例，测评实施步骤主要包括：核查智能监控摄像机是否关闭非必要的系统服务和默认共享（如 FTP、Telnet 等）；核查智能监控摄像机中是否存在非必要的高危端口（如 445、21、23 等）。如果测评结果表明，智能监控摄像机关闭了非必要的系统服务和默认共享（如 FTP、Telnet 等），且不存在非必要的高危端口（如 445、21、23 等），则单元判定结果为符合，否则为不符合或部分符合。

【L2-CES1-13 解读和说明】

测评指标"应通过设定终端接入方式或网络地址范围对通过网络进行管理的管理终端进行限制"的主要测评对象是感知节点设备。

测评实施要点包括：核查配置文件或参数是否对终端接入地址范围进行限制。

以视频监控摄像机为例，测评实施步骤主要包括：核查视频监控摄像机的配置文件或参数是否对接入地址范围进行限制；核查是否通过防火墙、交换机 ACL 等对摄像机的接入地址范围进行限制。如果测评结果表明，视频监控摄像机的配置文件或参数对接入地址范围进行了限制，或者通过防火墙、交换机 ACL 等对摄像机的接入地址范围进行了限制，则单元判定结果为符合，否则为不符合或部分符合。

【L2-CES1-14 解读和说明】

在物联网环境下，在对测评单元 L2-CES1-14 测评时应依据安全测评通用要求，涉及安全测评通用要求的解读内容参见《网络安全等级保护测评要求（通用要求部分）应用指南》中的测评单元 L2-CES1-14。

【L2-CES1-15 解读和说明】

测评指标"应能发现可能存在的已知漏洞，并在经过充分测试评估后，及时修补漏洞"的主要测评对象是感知节点设备。

测评实施要点包括：通过漏洞扫描、渗透测试等方式核查是否存在高风险漏洞；核查是否在经过充分测试评估后及时修补漏洞。

以视频监控摄像机为例，测评实施步骤主要包括：使用扫描工具对视频监控摄像机进行扫描，结合渗透测试，验证是否存在高风险漏洞；核查摄像机是否具有在线更新补丁的功能，是否合理设置更新频率；验证摄像机是否可以实现在线更新，或者通过补丁包方式及时进行漏洞修补。如果测评结果表明，视频监控摄像机不存在高风险漏洞，并具有在线更新补丁的功能，且更新频率设置合理；经验证摄像机可以实现在线更新，或者通过补丁包方式及时进行漏洞修补，则单元判定结果为符合，否则为不符合或部分符合。

5. 可信验证

【标准要求】

该控制点第一级包括测评单元 L1-CES1-09，第二级包括测评单元 L2-CES1-17。

【L1-CES1-09 解读和说明】

测评指标"可基于可信根对计算设备的系统引导程序、系统程序等进行可信验证，并在检测到其可信性受到破坏后进行报警"的主要测评对象是感知节点设备。

测评实施要点包括：核查是否基于可信根对计算设备的系统引导程序、系统程序等进行可信验证；测试验证在检测到计算设备的可信性受到破坏后是否进行报警。

以视频监控摄像机为例，测评实施步骤主要包括：核查在视频监控摄像机启动过程中系统引导程序是否对引导的固件通过可信密钥或可信哈希等手段进行可信验证；核查摄像机是否在系统引导、固件更新等关键执行环节对固件进行可信验证；测试使用同版本经过篡改或不完整的固件进行更新或引导，核查摄像机是否进行报警。如果测评结果表明，在视频监控摄像机启动过程中系统引导程序对引导的固件通过可信密钥或可信哈希等手段进行了可信验证；摄像机在系统引导、固件更新等关键执行环节对固件进行了可信验证；在使用同版本经过篡改或不完整的固件进行更新或引导时摄像机报警，则单元判定结果为符合，否则为不符合或部分符合。

【L2-CES1-17 解读和说明】

测评指标"可基于可信根对计算设备的系统引导程序、系统程序、重要配置参数和应用程序等进行可信验证,并在检测到其可信性受到破坏后进行报警,并将验证结果形成审计记录送至安全管理中心"的主要测评对象是感知节点设备。

测评实施要点包括:核查是否基于可信根对计算设备的系统引导程序、系统程序、重要配置参数和应用程序等进行可信验证;测试验证在检测到计算设备的可信性受到破坏后是否进行报警;核查验证结果是否以审计记录的形式被送至安全管理中心。

以视频监控摄像机为例,测评实施步骤主要包括:核查在视频监控摄像机启动过程中系统引导程序是否对引导的固件通过可信密钥或可信哈希等手段进行可信验证;测试使用同版本经过篡改或不完整的固件进行更新或引导,核查摄像机是否进行报警;验证摄像机在尝试加载或更新篡改过的固件时是否将相关操作和报警信息以审计记录的形式送至摄像机管理平台或其他安全管理中心。如果测评结果表明,在视频监控摄像机启动过程中系统引导程序对引导的固件通过可信密钥或可信哈希等手段进行了可信验证;在使用同版本经过篡改或不完整的固件进行更新或引导时摄像机报警;将相关操作和报警信息以审计记录的形式送至摄像机管理平台或其他安全管理中心,则单元判定结果为符合,否则为不符合或部分符合。

6. 数据完整性

【标准要求】

该控制点第一级包括测评单元 L1-CES1-10,第二级包括测评单元 L2-CES1-18。

【L1-CES1-10/L2-CES1-18 解读和说明】

测评指标"应采用校验技术保证重要数据在传输过程中的完整性"的主要测评对象是感知节点设备。

测评实施要点包括:访谈系统管理员,核查系统设计文档,验证重要数据在传输过程中是否采用校验技术保证完整性。

以视频监控摄像机为例,测评实施步骤主要包括:核查视频监控摄像机是否具有对重要数据在传输过程中进行完整性保护的措施,并确认该措施是否采用校验技术。如果测评结果表明,视频监控摄像机采用了校验技术对重要数据在传输过程中的完整性进行保护,则单元判定结果为符合，否则为不符合。

3.2.5 安全管理中心

在对物联网的"安全管理中心"测评时应依据安全测评通用要求，涉及安全测评通用要求的解读内容参见《网络安全等级保护测评要求（通用要求部分）应用指南》中的"安全管理中心"。由于物联网的特点，本节列出了部分安全测评通用要求在物联网环境下的个性化解读内容。

1. 系统管理

【标准要求】

该控制点第二级包括测评单元 L2-SMC1-01、L2-SMC1-02。

【L2-SMC1-01 解读和说明】

测评指标"应对系统管理员进行身份鉴别，只允许其通过特定的命令或操作界面进行系统管理操作，并对这些操作进行审计"的主要测评对象是感知节点统一管理系统，网络设备统一管理系统，为安全策略、恶意代码、补丁升级等安全相关事项提供集中管理功能的系统等，如 SOC（安全运营中心）、堡垒机、安全管理系统、日志审计平台等。

测评实施要点包括：核查是否对感知节点统一管理系统、网络设备统一管理系统、SOC、堡垒机、安全管理系统、日志审计平台等的系统管理员进行身份鉴别；核查是否只允许系统管理员通过特定的命令或操作界面进行系统管理操作，且没有其他绕过该系统的操作方式；核查是否对系统管理操作进行审计，审计内容是否覆盖所有管理操作。

以视频监控系统的摄像机管理系统为例，测评实施步骤主要包括：访谈系统管理员，核查摄像机管理系统是否对系统管理员进行身份鉴别，如是否采用"用户名+口令"方式，是否结合采用硬件 Key、生物特征等方式，是否提供双因素鉴别方式，并对鉴别方式进行测试验证，确认实际使用的鉴别方式；核查是否只允许系统管理员通过特定的命令或操作界面进行系统管理操作，核查是否有其他绕过该系统的操作方式，如核查系统管理员是否可以登录数据库系统对感知节点的相关信息进行设置或更改等；核查摄像机管理系统是否提供审计功能，核查能够审计的事件是否全面，审计信息是否全面。如果测评结果表明，摄像机管理系统提供了系统管理员的身份鉴别功能，只允许系统管理员通过特定的命令或操作界面进行系统管理操作，没有其他绕过该系统的操作方式，且通过系统自身或日志审计平台等为系统管理操作提供了全面的审计功能，则单元判定结果为符合，否则为不符合或部分符合。

【L2-SMC1-02 解读和说明】

测评指标"应通过系统管理员对系统的资源和运行进行配置、控制和管理，包括用户身份、资源配置、系统加载和启动、系统运行的异常处理、数据和设备的备份与恢复等"的主要测评对象是感知节点统一管理系统，网络设备统一管理系统，为安全策略、恶意代码、补丁升级等安全相关事项提供集中管理功能的系统等，如 SOC、堡垒机、安全管理系统、日志审计平台等。

测评实施要点包括：访谈系统管理员，了解系统资源和运行的配置、控制和管理情况，包括用户身份、资源配置、系统加载和启动、系统运行的异常处理、数据和设备的备份与恢复等操作的具体实施方式、操作人员角色；核查提供这些管理功能的系统中包含的操作人员及权限，确认是否均为系统管理员拥有管理权限，是否存在其他非管理员使用管理账户进行操作的情况；核查这些操作的具体日志中是否已记录所有操作内容，这些操作是否均由系统管理员实施。

以视频监控系统的摄像机管理系统为例，测评实施步骤主要包括：访谈系统管理员，了解用户身份、资源配置、系统加载和启动、系统运行的异常处理、数据和设备的备份与恢复等操作的具体实施方式、操作人员角色；核查摄像机管理系统中包含的操作人员及权限，确认是否均为系统管理员拥有管理权限，是否存在其他非管理员使用管理账户进行操作的情况；测试验证实施用户身份、资源配置、系统加载和启动、系统运行的异常处理、数据和设备的备份与恢复等操作后，这些操作的具体日志中是否已记录所有操作内容，是否正确记录实施人员和时间。如果测评结果表明，对系统的资源和运行进行配置、控制和管理，包括用户身份、资源配置、系统加载和启动、系统运行的异常处理、数据和设备的备份与恢复等仅通过系统管理员实施，且提供全面的审计功能，则单元判定结果为符合，否则为不符合或部分符合。

2. 审计管理

【标准要求】

该控制点第二级包括测评单元 L2-SMC1-03、L2-SMC1-04。

【L2-SMC1-03 解读和说明】

测评指标"应对审计管理员进行身份鉴别，只允许其通过特定的命令或操作界面进行安全审计操作，并对这些操作进行审计"的主要测评对象是感知节点统一管理系统，网络设备统一管理系统，为安全策略、恶意代码、补丁升级等安全相关事项提供集中管理功能的系统等，如 SOC、堡垒机、安全管理系统等。

测评实施要点包括：核查感知节点统一管理系统、网络设备统一管理系统、SOC、堡垒机、安全管理系统等是否提供审计功能，是否设置专门的审计管理员，是否对审计管理员进行身份鉴别；测试验证感知节点统一管理系统、网络设备统一管理系统、SOC、堡垒机、安全管理系统的审计功能是否仅审计管理员有权查看、管理，核查是否只允许审计管理员通过特定的命令或操作界面进行安全审计操作；测试验证审计管理员登录审计系统并进行查看、备份、清空（如有）等操作后，是否有相关的操作记录。

以视频监控系统的摄像机管理系统为例，测评实施步骤主要包括：访谈系统管理员，核查摄像机管理系统是否提供审计功能，是否设置专门的审计管理员，是否对审计管理员进行身份鉴别；核查摄像机管理系统如何实现其审计功能，如果摄像机管理系统自身带有审计功能，则核查是否仅审计管理员有权查看、管理，并且没有其他方式可以操作审计数据，如审计管理员不应具备数据库管理权限，不能直接对数据库中的审计数据进行操作，若将审计数据发送至第三方审计平台，则日志审计平台的管理员与摄像机管理系统的管理员不兼任；测试验证审计管理员登录审计系统并进行查看、备份、清空（如有）等操作后，是否有相关的操作记录。如果测评结果表明，摄像机管理系统设置了专门的审计管理员，对审计管理员进行了身份鉴别，没有其他绕过该系统的操作方式，且通过系统自身或日志审计平台等为安全审计操作提供了全面的审计功能，则单元判定结果为符合，否则为不符合或部分符合。

【L2-SMC1-04 解读和说明】

测评指标"应通过审计管理员对审计记录进行分析，并根据分析结果进行处理，包括根据安全审计策略对审计记录进行存储、管理和查询等"的主要测评对象是感知节点统一管理系统，网络设备统一管理系统，为安全策略、恶意代码、补丁升级等安全相关事项提供集中管理功能的系统等，如 SOC、堡垒机、安全管理系统等产生的审计记录。

测评实施要点包括：核查感知节点统一管理系统、网络设备统一管理系统、SOC、堡垒机、安全管理系统等是否提供审计功能，是否设置专门的审计管理员；了解是否仅由审计管理员定期对审计记录进行分析，是否根据分析结果进行处理，包括根据安全审计策略对审计记录进行存储、管理和查询等。

以视频监控系统的摄像机管理系统为例，测评实施步骤主要包括：访谈系统管理员，核查摄像机管理系统是否提供审计功能，是否设置专门的审计管理员；了解是否仅由审计管理员定期对审计记录进行分析，是否根据分析结果进行处理，包括根据安全审计策略对审计记录进行存储、管理和查询等。如果测评结果表明，摄像机管理系统设置了专门的审计管理员，仅由审计管理员定期对审计记录进行分析，并根据分析结果进行处理，包括根据安全审计策略对审计记录进行存储、管理和查询等，则单元判定结果为符合，否则为不符合或部分符合。

3.2.6　安全管理制度

在对物联网的"安全管理制度"测评时应依据安全测评通用要求，涉及安全测评通用要求的解读内容参见《网络安全等级保护测评要求（通用要求部分）应用指南》中的"安全管理制度"。

3.2.7　安全管理机构

在对物联网的"安全管理机构"测评时应依据安全测评通用要求，涉及安全测评通用要求的解读内容参见《网络安全等级保护测评要求（通用要求部分）应用指南》中的"安全管理机构"。

3.2.8　安全管理人员

在对物联网的"安全管理人员"测评时应依据安全测评通用要求，涉及安全测评通用要求的解读内容参见《网络安全等级保护测评要求（通用要求部分）应用指南》中的"安全管理人员"。

3.2.9　安全建设管理

在对物联网的"安全建设管理"测评时应依据安全测评通用要求，涉及安全测评通用要求的解读内容参见《网络安全等级保护测评要求（通用要求部分）应用指南》中的"安全建设管理"。

3.2.10　安全运维管理

在对物联网的"安全运维管理"测评时应同时依据安全测评通用要求和安全测评扩展要求，其中涉及安全测评通用要求的解读内容参见《网络安全等级保护测评要求（通用要求部分）应用指南》中的"安全运维管理"，安全测评扩展要求的解读内容参见本节。

感知节点管理

【标准要求】

该控制点第一级包括测评单元 L1-MMS4-01，第二级包括测评单元 L2-MMS4-01、L2-MMS4-02。

【L1-MMS4-01/L2-MMS4-01 解读和说明】

测评指标"应指定人员定期巡视感知节点设备、网关节点设备的部署环境，对可能影响感知节点设备、网关节点设备正常工作的环境异常进行记录和维护"的主要测评对象是可能影响感知节点设备、网关节点设备正常工作的环境异常记录和维护记录。

测评实施要点包括：访谈系统负责人，了解是否有专门的人员对感知节点设备、网关节点设备进行定期维护，明确维护周期及维护责任人；核查感知节点设备、网关节点设备的维护记录，确认维护记录中是否包含维护日期、当次维护人、维护设备信息、故障原因、维护结果等关键内容；核查维护记录中的维护日期间隔是否符合从系统负责人处了解的维护周期。

以视频监控系统为例，测评实施步骤主要包括：访谈系统负责人，了解是否对视频监控摄像机进行定期维护，明确维护周期及维护责任人；核查视频监控系统的维护记录中是否包含维护日期、当次维护人、维护设备信息，如当次维护记录中应包含故障设备的维护，还应核查维护记录中是否包含故障原因和维护结果等关键内容；核查视频监控系统的维护记录中对同一设备两次维护记录的最长间隔是否不长于在与系统负责人的访谈中了解的维护周期。如果测评结果表明，系统负责人能够提供对视频监控摄像机进行定期维护及维护周期、维护责任人的信息，维护记录中包含维护日期、当次维护人、维护设备信息、故障原因、维护结果等关键内容，且维护记录与系统负责人提供的信息相符合，则单元判定结果为符合，否则为不符合或部分符合。

【L2-MMS4-02 解读和说明】

测评指标"应对感知节点设备、网关节点设备入库、存储、部署、携带、维修、丢失和报废等过程作出明确规定，并进行全程管理"的主要测评对象是感知节点设备、网关节点设备的安全管理文档，较典型的测评对象是物联网设备管理办法或固定资产管理办法中的物联网感知节点设备相关部分。

测评实施要点包括：核查文档中对感知节点设备、网关节点设备入库、存储、部署、携带、维修、丢失和报废等过程是否有相关管理规定；核查文档中对感知节点设备、网关节点设备入库、存储、部署、携带、维修、丢失和报废等过程是否有相关清晰的流程说明；核查文档中对感知节点设备、网关节点设备的管理过程是否有要求，对入库、存储、部署、携带、维修、丢失和报废等过程是否有明确到责任人的记录；对于远程维护设备的，核查是否有远程维护安全规范。

以某资产管理文档中对感知节点设备、网关节点设备的资产管理为例，测评实施步骤主要包括：核查文档中对感知节点设备、网关节点设备入库、存储、部署、携带（运输）、维修、丢失和报废等过程是否有相关管理规定；核查感知节点设备、网关节点设备入库、存储、部署、携带（运输）、维修、丢失和报废等过程，确认是否对每个过程制定可明确到责任人的具体流程和记录要求；核查感知节点设备、网关节点设备入库、存储、部署、携带（运输）、维修、丢失和报废等过程的信息记录，确认是否可以对设备的生命周期实现完整回溯，相关过程的记录信息中是否包含具体责任人的信息。如果测评结果表明，资产管理文档中对感知节点设备、网关节点设备入库、存储、部署、携带（运输）、维修、丢失和报废等过程说明了管理规定；对感知节点设备、网关节点设备入库、存储、部署、携带（运输）、维修、丢失和报废等过程的具体流程进行了说明并要求记录；经过与实际记录信息的对比，可对感知节点设备、网关节点设备的生命周期实现完整回溯，相关过程的记录信息中包含具体责任人的信息，则单元判定结果为符合，否则为不符合或部分符合。

3.3　第三级和第四级物联网安全测评扩展要求应用解读

3.3.1　安全物理环境

在对物联网的"安全物理环境"测评时应同时依据安全测评通用要求和安全测评扩展要求，其中涉及安全测评通用要求的解读内容参见《网络安全等级保护测评要求（通用要求部分）应用指南》中的"安全物理环境"，安全测评扩展要求的解读内容参见本节。

感知节点设备物理防护

【标准要求】

该控制点第三级包括测评单元 L3-PES4-01、L3-PES4-02、L3-PES4-03、L3-PES4-04，第四级包括测评单元 L4-PES4-01、L4-PES4-02、L4-PES4-03、L4-PES4-04。

【L3-PES4-01/L4-PES4-01 解读和说明】

测评指标"感知节点设备所处的物理环境应不对感知节点设备造成物理破坏，如挤压、强振动"的主要测评对象是感知节点设备，如摄像机、LED 显示屏等。

测评实施要点包括：核查感知节点设备所处物理环境的设计或验收文档中是否有感知节点设备所处物理环境防挤压、防强振动等能力的说明，且是否与实际情况一致；核查感知节点设备所处物理环境是否采取防挤压、防强振动等防护措施。

以室外视频监控系统为例，测评实施步骤主要包括：核查室外监控摄像机所处物理环境的设计或验收文档中是否明确室外监控摄像机所处物理环境的防物理破坏要求，如是否具有防挤压、防强振动等能力的说明；核查室外监控摄像机所处物理环境是否采取防物理破坏的相应防护措施，包括在安装室外监控摄像机的外部装置时，是否在建筑物的外墙上打安装孔和放置支架，是否注意避免强烈撞击等。如果测评结果表明，室外监控摄像机所处物理环境的设计或验收文档中明确了室外监控摄像机所处物理环境的防物理破坏要求，如具有防挤压、防强振动等能力的说明，且室外监控摄像机所处物理环境采取了防物理破坏的相应防护措施，包括在安装室外监控摄像机的外部装置时，在建筑物的外墙上打安装孔和放置支架，注意避免强烈撞击等，则单元判定结果为符合，否则为不符合或部分符合。

【L3-PES4-02/L4-PES4-02 解读和说明】

测评指标"感知节点设备在工作状态所处物理环境应能正确反映环境状态（如温湿度传感器不能安装在阳光直射区域）"的主要测评对象是感知节点设备，如摄像机、LED 显示屏等。

测评实施要点包括：核查感知节点设备所处物理环境的设计或验收文档中是否有感知节点设备在工作状态所处物理环境的说明，且是否与实际情况一致；核查感知节点设备在工作状态所处物理环境是否能正确反映环境状态（如温湿度传感器不能安装在阳光直射区域）。

以室外视频监控系统为例，测评实施步骤主要包括：核查室外监控摄像机所处物理环境的设计或验收文档中是否明确室外监控摄像机在工作状态所处物理环境的说明；核查室外监控摄像机在工作状态所处物理环境是否能正确反映环境状态，包括室外监控摄像机的镜头不要对准强光处。如果测评结果表明，室外监控摄像机所处物理环境的设计或验收文档中明确了室外监控摄像机在工作状态所处物理环境的说明，且室外监控摄像机在工作状态所处物理环境能正确反映环境状态，包括室外监控摄像机的镜头不要对准强光处，则单元判定结果为符合，否则为不符合或部分符合。

【L3-PES4-03/L4-PES4-03 解读和说明】

测评指标"感知节点设备在工作状态所处物理环境应不对感知节点设备的正常工作造成影响，如强干扰、阻挡屏蔽等"的主要测评对象是感知节点设备，如摄像机、LED 显示屏等。

测评实施要点包括：核查感知节点设备所处物理环境的设计或验收文档中是否有感知节点设备在工作状态所处物理环境防强干扰、防阻挡屏蔽等能力的说明，且是否与实际情况一致；核查感知节点设备在工作状态所处物理环境是否采取防强干扰、防阻挡屏蔽等防护措施。

以视频监控系统为例，测评实施步骤主要包括：核查监控摄像机所处物理环境的设计或验收文档中是否有监控摄像机在工作状态所处物理环境防强干扰、防阻挡屏蔽等能力的说明，如红外摄像机的安装位置应该避免选择潮湿、多尘、强电磁辐射场所；核查监控摄像机在工作状态所处物理环境是否采取防强干扰、防阻挡屏蔽等防护措施。例如，如果监控摄像机探头经常遇上热气而起雾，则应该考虑安装镜头除雾器；如果监控摄像机探头安装在玻璃后面，则需要确保镜头靠近玻璃（如果距离太远，则玻璃容易反射图像）。如果测评结果表明，监控摄像机所处物理环境的设计或验收文档中有监控摄像机在工作状态所处物理环境防强干扰、防阻挡屏蔽等能力的说明，且监控摄像机在工作状态所处物理环境采取了防强干扰、防阻挡屏蔽等防护措施，则单元判定结果为符合，否则为不符合或部分符合。

【L3-PES4-04/L4-PES4-04 解读和说明】

测评指标"关键感知节点设备应具有可供长时间工作的电力供应（关键网关节点设备应具有持久稳定的电力供应能力）"的主要测评对象是感知节点设备，如摄像机、LED 显示屏等。

测评实施要点包括：核查关键感知节点设备（关键网关节点设备）的电力供应设计或验收文档中是否标明电力供应要求，其中是否明确保障关键感知节点设备长时间工作的电力供应措施（关键网关节点设备持久稳定的电力供应措施）；核查是否具有相关电力供应措施的运行维护记录，且是否与电力供应设计一致。

以视频监控系统为例，测评实施步骤主要包括：核查重点场所监控摄像机和视频网关的电力供应设计或验收文档中是否标明电力供应要求，其中是否明确保障关键监控摄像机长时间工作的电力供应措施，包括监控摄像机和视频网关配备交流电供电，并在系统中添加稳压电源；核查相关电力供应措施的运行维护记录，确保与电力供应设计一致。如果测评结果表明，重点场所监控摄像机和视频网关的电力供应设计或验收文档中标明了电力供应要求，其中明确了保障关键监控摄像机长时间工作的电力供应措施，包括监控摄像机和视频网关配备交流电供电，并在系统中添加稳压电源，且相关电力供应措施的运行维护记录与电力供应设计一致，则单元判定结果为符合，否则为不符合或部分符合。

3.3.2 安全通信网络

在对物联网的"安全通信网络"测评时应依据安全测评通用要求，涉及安全测评通用要求的解读内容参见《网络安全等级保护测评要求（通用要求部分）应用指南》中的"安全通信网络"。由于物联网的特点，本节列出了部分安全测评通用要求在物联网环境下的个性化解读内容。

1. 网络架构

【标准要求】

该控制点第三级包括测评单元 L3-CNS1-01、L3-CNS1-02、L3-CNS1-03、L3-CNS1-04、L3-CNS1-05，第四级包括测评单元 L4-CNS1-01、L4-CNS1-02、L4-CNS1-03、L4-CNS1-04、L4-CNS1-05、L4-CNS1-06。

【L3-CNS1-01/L4-CNS1-01 解读和说明】

测评指标"应保证网络设备的业务处理能力满足业务高峰期需要"的主要测评对象是路由器、交换机、防火墙、网关节点等。

测评实施要点包括：了解并掌握业务高峰时段，在该时段内核查主要网络设备的业务处理能力是否满足需要；核查设备运行时间，如果设备运行时间较短，如只有几天时间，则需要进一步确认是否因设备性能不足导致设备宕机或异常重启等情况；如果无法了解并掌握业务高峰时段，且设备也未发生过宕机或异常重启等情况，则可以利用工具测试验证设备的业务处理能力是否满足业务高峰期需要，如对系统进行压力测试等。

以 ETC（电子不停车收费系统）的网关节点为例，测评实施步骤主要包括：访谈网络管理员/业务管理员，查看网关节点管理平台近期的统计数据，确定被测系统的业务高峰时段；在业务高峰时段内，输入命令查看网关节点的 CPU 和内存使用情况（或通过网管平台查看相关使用情况）；核查网关节点告警日志或设备运行时间等，确认是否出现因设备性能不足而导致的设备宕机或异常重启等情况。如果测评结果表明，相关的网络设备 CPU 和内存使用率峰值均不大于 70%，且网关节点未出现设备宕机或异常重启等情况，则单元判定结果为符合，否则为不符合或部分符合。

【L3-CNS1-02/L4-CNS1-02 解读和说明】

测评指标"应保证网络各个部分的带宽满足业务高峰期需要"的主要测评对象是路由器、交换机、防火墙、网关节点、综合网管系统等。

测评实施要点包括：了解并掌握业务高峰时段，在该时段内核查流量使用情况；核查网络各通信链路的带宽是否满足业务流量的需要，如果各通信链路的带宽较小，则需要进一步确认是否因带宽不足导致业务服务中断等异常情况；核查带宽分配情况，如果通过流量控制设备对关键业务系统的流量带宽进行控制，或者在相关设备上启用 QoS（服务质量）

配置，对网络各个部分进行带宽分配，则可以确认带宽分配是否能保证业务高峰期业务服务的连续性；如果无法了解并掌握业务高峰时段，且也未发生过网络带宽瓶颈等情况，则可以利用工具测试验证物联网系统各个部分的带宽是否满足业务高峰期需要，如对系统进行压力测试等。

以视频监控系统的感知网关节点为例，测评实施步骤主要包括：访谈网络管理员/业务管理员，确定被测系统的业务高峰时段；在业务高峰时段内，通过视频监控系统查看相关使用情况和感知网关节点的带宽占用情况；核查感知网关节点的告警日志或流量日志，确认是否出现因带宽不足而导致的视频断流、画面质量下降等情况。如果测评结果表明，相关的出口安全设备、网络设备业务高峰期带宽使用率峰值不大于 70%，且不存在服务中断、404 报错等告警日志，则单元判定结果为符合，否则为不符合或部分符合。

【L3-CNS1-03/L4-CNS1-03 解读和说明】

测评指标"应划分不同的网络区域，并按照方便管理和控制的原则为各网络区域分配地址"的主要测评对象是路由器、交换机、防火墙、网关节点等。

测评实施要点包括：了解并掌握当前单位组织架构中的部门划分及重要性情况，核查主要网络设备中是否配置 VLAN 策略，或者采用 VPC 和安全组等方式；核查主要网络设备的 VLAN 信息及 VPC、安全组的配置信息，验证划分的网络区域是否能够与当前单位部门一一对应，并分配地址。

以视频监控系统的感知网关节点为例，测评实施步骤主要包括：确定当前视频监控系统的网络部署情况，访谈安全管理员/网络管理员，询问摄像机等感知节点部署的网络区域划分情况；核查感知网关节点 VLAN 区域划分及地址分配情况，确认划分的 VLAN 区域是否与当前感知节点部署的位置一一对应。如果测评结果表明，相关的感知网关节点存在 VLAN 区域划分，且划分原则基于感知节点部署区域的重要性，与各区域一一对应，则单元判定结果为符合，否则为不符合或部分符合。

【L3-CNS1-04/L4-CNS1-04 解读和说明】

测评指标"应避免将重要网络区域部署在边界处，重要网络区域与其他网络区域之间应采取可靠的技术隔离手段"的主要测评对象是网络拓扑图、路由器、交换机、防火墙、网关节点等。

测评实施要点包括：依据当前客户提供的最新网络拓扑图，核对机房设备的连接状态，确认网络拓扑图与实际网络运行环境是否一致；分析网络拓扑结构，核查重要区域边界之间、外联接入边界之间是否存在感知节点准入等安全防护措施；核查边界处的技术隔离手段，如网闸、感知节点网关、防火墙和设备访问控制列表，确认是否存在有效隔离措施，如端口、协议、地址等过滤；核查边界隔离措施是否有效，如通过工具验证等手段，对边界隔离措施进行验证。

以视频监控系统的终端感知节点为例，测评实施步骤主要包括：确定当前系统运行的网络拓扑情况，根据网络拓扑对比终端感知节点设备、感知节点网关的部署环境，确认与网络拓扑图的描述是否一致；分析网络拓扑的结构，重点查看各终端感知节点边界处是否部署隔离设备或措施，如核查准入设备、软件防火墙或感知节点网关中是否配置相关安全措施；核查终端感知节点设备或软件防火墙措施，核查策略配置是否合理，是否依据区域重要性和访问需求进行端口、协议、地址等过滤。如果测评结果表明，相关的网络拓扑图与实际运行情况一致，各区域边界均部署可靠的技术隔离手段且策略配置合理，仅开放需要使用的端口、协议、地址等，则单元判定结果为符合，否则为不符合或部分符合。

【L3-CNS1-05/L4-CNS1-05 解读和说明】

测评指标"应提供通信线路、关键网络设备和关键计算设备的硬件冗余，保证系统的可用性"的主要测评对象是网络拓扑图、路由器、交换机、防火墙、网关节点、数据处理系统等。

测评实施要点包括：访谈网络管理员/业务管理员，根据现场情况核查是否提供关键网络设备、安全设备的硬件冗余和通信线路冗余；根据现场情况核查是否提供关键计算设备的硬件冗余（主备或双活）和通信线路冗余。

以视频监控系统的感知层传感网络为例，测评实施步骤主要包括：确定当前系统运行的网络拓扑情况，根据网络拓扑（含感知网关节点设备网络拓扑）确认当前系统的通信线路、关键网络设备和关键计算设备是否有硬件冗余；确定在系统发生故障时是否能够快速恢复，不影响系统的正常运行等。如果测评结果表明，相关的通信线路、关键网络设备和关键计算设备有硬件冗余，在系统发生故障时能够及时恢复，则单元判定结果为符合，否则为不符合或部分符合。

【L4-CNS1-06 解读和说明】

测评指标"应按照业务服务的重要程度分配带宽，优先保障重要业务"的主要测评对象是网络拓扑图、路由器、交换机、网络管理系统等。

测评实施要点包括：访谈网络管理员/业务管理员，了解系统所承载的各类业务及其重要程度；按照网络拓扑图，了解各类业务的区域划分、通信与带宽分配情况，核查是否按照业务服务的重要程度对带宽进行合理分配，并优先保障重要业务的通信需求。

以视频监控系统的感知层传感网络为例，测评实施步骤主要包括：确定当前系统所承载的业务情况，了解各类业务及其重要程度；确定当前系统运行的网络拓扑情况，了解各类业务的区域划分、通信与带宽分配情况，核查是否按照业务服务的重要程度对带宽进行合理分配。如果测评结果表明，该系统对不同业务按照重要程度进行划分，并按照业务服务的重要程度对带宽进行合理分配，则单元判定结果为符合，否则为不符合或部分符合。

2. 通信传输

【标准要求】

该控制点第三级包括测评单元 L3-CNS1-06、L3-CNS1-07，第四级包括测评单元 L4-CNS1-07、L4-CNS1-08、L4-CNS1-09、L4-CNS1-10。

【L3-CNS1-06/L4-CNS1-07 解读和说明】

测评指标"应采用校验技术或密码技术保证通信过程中数据的完整性"的主要测评对象是感知节点、网关节点、数据处理系统等。

测评实施要点包括：核查当前测评对象在数据传输过程中是否使用校验技术或密码技术保证数据的完整性；若无法确认传输过程中是否具备完整性校验功能，则通过工具抓包的方式，对抓包内容进行修改后再上传，核查能否成功进行测试，确认是否具备完整性保障措施。

以视频监控系统的感知节点为例，测评实施步骤主要包括：核查当前数据传输是否具备完整性校验功能；若通信协议具备完整性校验功能，则通过工具抓包的方式，验证通信协议的完整性校验规则是否有效。如果测评结果表明，相关的感知节点在数据传输层面具备完整性校验功能，且该功能经验证有效，则单元判定结果为符合，否则为不符合或部分符合。

【L3-CNS1-07/L4-CNS1-08 解读和说明】

测评指标"应采用密码技术保证通信过程中数据的保密性"的主要测评对象是 VPN、加密机或其他传输加密组件。

测评实施要点包括：核查当前测评对象在数据传输过程中是否使用密码技术保证数据的保密性，并了解采用哪些技术措施；通过工具抓包的方式，测试信息是否为密文方式，是否具备保密性保障措施。

以视频监控系统的感知节点为例，测评实施步骤主要包括：核查当前数据传输是否具备数据加密能力，是否采用 PGP（优良保密）、SSL/TLS 或 IPSec（互联网安全）等协议，是否提供通信加密和认证功能；若通信协议具备加密功能，则通过工具抓包的方式，核查内容是否加密，验证通信协议的保密性规则是否有效。如果测评结果表明，相关的感知节点通信协议具备加密功能，且该功能经验证有效，则单元判定结果为符合，否则为不符合或部分符合。

【L4-CNS1-09 解读和说明】

测评指标"应在通信前基于密码技术对通信的双方进行验证或认证"的主要测评对象是 VPN、加密机或其他传输加密组件。

测评实施要点包括：核查当前测评对象在通信前是否使用密码技术（如数字证书等）对通信的双方进行验证或认证，并了解采用哪些技术措施；模拟通信过程，并通过工具抓包的方式，测试在通信前是否采用基于密码技术对通信的双方进行验证或认证的措施。

以视频监控系统的感知节点为例，测评实施步骤主要包括：核查当前测评对象在通信前是否具备双向身份验证或认证能力，是否采用 SSL/TLS 或 IPSec 等协议提供双向身份验证或认证服务；若通信协议具备双向身份验证或认证能力，则通过工具抓包的方式，核查相关功能是否在通信建立过程中启用并合理配置。如果测评结果表明，相关的感知节点通信协议具备双向身份验证或认证能力，且该功能经验证有效，则单元判定结果为符合，否则为不符合或部分符合。

【L4-CNS1-10 解读和说明】

测评指标"应基于硬件密码模块对重要通信过程进行密码运算和密钥管理"的主要测评对象是 VPN、加密机或其他硬件密码模块。

测评实施要点包括：核查当前测评对象是否基于硬件密码模块产生密钥，并进行密码运算；核查相关产品是否获得有效的国家密码管理机构规定的检测报告或密码产品型号证书。

以视频监控系统的感知节点为例，测评实施步骤主要包括：核查当前感知节点的设备信息，核查其是否为硬件密码设备，或者是否承载了硬件密码模块；若当前感知节点为硬件密码设备或承载了硬件密码模块，则核查其是否基于硬件密码模块产生密钥，并进行密码运算；核查相关产品是否获得有效的国家密码管理机构规定的检测报告或密码产品型号证书。如果测评结果表明，相关的感知节点为硬件密码设备或承载了硬件密码模块，基于硬件密码模块产生了密钥并进行了密码运算，且获得了有效的国家密码管理机构规定的检测报告或密码产品型号证书，则单元判定结果为符合，否则为不符合或部分符合。

3. 可信验证

【标准要求】

该控制点第三级包括测评单元 L3-CNS1-08，第四级包括测评单元 L4-CNS1-11。

【L3-CNS1-08/L4-CNS1-11 解读和说明】

测评指标"可基于可信根对通信设备的系统引导程序、系统程序、重要配置参数和通信应用程序等进行可信验证，并在应用程序的关键执行环节进行动态可信验证，在检测到其可信性受到破坏后进行报警，并将验证结果形成审计记录送至安全管理中心"的主要测评对象是可信验证平台、可信根、安全管理中心等。

测评实施要点包括：核查是否基于可信根对通信设备的系统引导程序、系统程序、重要配置参数和通信应用程序等进行可信验证；核查是否在设备建立邻接、通信等过程中进行动态可信验证，确保过程可信；测试验证在检测到通信设备的可信性（如基于可信根的可信链）受到破坏后是否进行报警；核查验证结果是否以审计记录的形式被送至安全管理中心。

以视频监控系统的感知层网关节点、感知节点为例，测评实施步骤主要包括：核查当前感知层网关节点、感知节点中是否部署类似可信根的措施对通信、接入等主要过程进行可信验证，并查看可信验证设备说明或部署记录；若存在可信验证措施，则测试验证在检测到网关节点设备与感知节点设备的系统引导程序、系统程序、重要配置参数和通信应用程序等的可信性受到破坏后是否进行报警；核查验证结果是否以审计记录的形式被送至安全管理中心。如果测评结果表明,相关的网关节点设备、感知节点设备具备可信验证措施,对系统引导程序、系统程序、重要配置参数和通信应用程序等进行可信验证,并在应用程序的关键执行环节进行动态可信验证,且能够在检测到其可信性受到破坏后进行报警,并将验证结果形成审计记录送至安全管理中心,则单元判定结果为符合,否则为不符合或部分符合。

3.3.3　安全区域边界

在对物联网的"安全区域边界"测评时应同时依据安全测评通用要求和安全测评扩展要求,其中涉及安全测评通用要求的解读内容参见《网络安全等级保护测评要求(通用要求部分)应用指南》中的"安全区域边界",安全测评扩展要求的解读内容参见本节。由于物联网的特点,本节列出了部分安全测评通用要求在物联网环境下的个性化解读内容。

1. 边界防护

【标准要求】

该控制点第三级包括测评单元 L3-ABS1-01、L3-ABS1-02、L3-ABS1-03、L3-ABS1-04,第四级包括测评单元 L4-ABS1-01、L4-ABS1-02、L4-ABS1-03、L4-ABS1-04、L4-ABS1-05、L4-ABS1-06。

【L3-ABS1-01/L4-ABS1-01 解读和说明】

测评指标"应保证跨越边界的访问和数据流通过边界设备提供的受控接口进行通信"的主要测评对象是网关节点设备,以及网闸、防火墙、路由器、交换机、无线接入网关等提供访问控制功能的设备或相关组件。

测评实施要点包括:核查网络拓扑图与实际网络链路是否一致,在网络边界处是否部署访问控制设备,明确边界设备端口;核查设备配置信息是否指定端口进行跨越边界的网络通信,指定端口是否配置并启用安全策略;通过其他技术手段(如非法无线网络设备定位,核查设备配置信息等)核查是否存在其他未受控端口进行跨越边界的网络通信。

以视频监控系统为例,测评实施步骤主要包括:核查网络拓扑图与实际网络链路是否一致,在感知层边界处是否部署网关节点设备或视频准入设备,确认链路接入端口无误;核查网关节点设备或视频准入设备是否对接入的感知节点设备使用受控端口进行跨越边界的网络通信;核查网关节点设备或视频准入设备是否对接入的感知节点设备进行跨越边界的网络通信端口配置并启用安全策略；通过其他技术手段（如非法无线网络设备定位，核查设备配置信息等）核查是否存在其他未受控端口进行跨越边界的网络通信。如果测评结果表明，在视频监控系统网络边界处部署了网关节点设备或视频准入设备，对接入的感知节点设备使用受控端口进行跨越边界的网络通信；网关节点设备或视频准入设备对接入的感知节点设备进行跨越边界的网络通信端口配置并启用了安全策略；通过其他技术手段核查不存在其他未受控端口进行跨越边界的网络通信，则单元判定结果为符合，否则为不符合或部分符合。

【L3-ABS1-02/L4-ABS1-02 解读和说明】

测评指标"应能够对非授权设备私自联到内部网络的行为进行检查或限制"的主要测评对象是网关节点设备、物联网安全准入控制系统等。

测评实施要点包括：访谈网络管理员，询问采用何种技术手段对非授权设备私自联到内部网络的行为进行检查或限制，并验证其有效性；核查所有路由器和交换机等相关设备的闲置端口是否均已关闭；如果通过部署物联网安全准入控制系统实现准入管控，则核查物联网感知节点设备是否被统一纳入物联网安全准入控制系统管理，如果采用 IP-MAC 地址绑定的方式实现准入管控，则核查接入层网络设备中是否配置 IP-MAC 地址绑定等措施。

以视频监控系统为例，测评实施步骤主要包括：核查视频监控接入网关节点设备、物联网安全准入控制系统等是否具备阻止非授权设备接入的功能；核查是否部署物联网安全准入控制系统，是否设置并有效启用相应的准入策略；核查网关节点设备和网络设备的闲置端口是否均为关闭状态。如果测评结果表明，视频监控接入网关节点设备、物联网安全准入控制系统等具备阻止非授权设备接入的功能，物联网感知节点设备均被统一纳入管理；网关节点设备和网络设备的闲置端口均为关闭状态，则单元判定结果为符合，否则为不符合或部分符合。

【L3-ABS1-03/L4-ABS1-03 解读和说明】

在物联网环境下，在对测评单元 L3-ABS1-03/L4-ABS1-03 测评时应依据安全测评通用要求，涉及安全测评通用要求的解读内容参见《网络安全等级保护测评要求（通用要求部分）应用指南》中的测评单元 L3-ABS1-03/L4-ABS1-03。

【L3-ABS1-04/L4-ABS1-04 解读和说明】

在物联网环境下，在对测评单元 L3-ABS1-04/L4-ABS1-04 测评时应依据安全测评通用要求，涉及安全测评通用要求的解读内容参见《网络安全等级保护测评要求（通用要求部分）应用指南》中的测评单元 L3-ABS1-04/L4-ABS1-04。

【L4-ABS1-05 解读和说明】

测评指标"应能够在发现非授权设备私自联到内部网络的行为或内部用户非授权联到外部网络的行为时，对其进行有效阻断"的主要测评对象是网关节点设备、物联网安全准入控制系统、业务终端、管理终端等。

测评实施要点包括：核查是否采取技术措施对非授权设备私自联到内部网络的行为或内部用户非授权联到外部网络的行为进行有效阻断；尝试利用非授权设备私自联到内部网络，以及利用内部用户非授权联到外部网络，重点核查该技术措施是否能够对终端的 USB 无线网卡等进行管控，并在网络管理员的配合下测试验证相关技术措施的有效性，如在终端上插入 USB 无线网卡等。

以视频监控系统为例，测评实施步骤主要包括：核查是否采取技术措施对非授权设备私自联到内部网络的行为或内部用户非授权联到外部网络的行为进行有效阻断，如通过部署物联网安全准入控制系统，设置并有效启用相应的策略；核查物联网感知节点设备是否被统一纳入管理。如果测评结果表明，视频监控接入网关节点设备、物联网安全准入控制系统等具备阻止非授权设备私自联到内部网络或内部用户非授权联到外部网络的功能，物联网感知节点设备均被统一纳入管理，则单元判定结果为符合，否则为不符合或部分符合。

【L4-ABS1-06 解读和说明】

测评指标"应采用可信验证机制对接入网络中的设备进行可信验证，保证接入网络的设备真实可信"的主要测评对象是感知节点设备。

测评实施要点包括：核查是否采用可信验证机制对接入网络中的设备进行可信验证；测试验证是否能够对连接到内部网络的设备进行可信验证。

以智能监控摄像机为例，测评实施步骤主要包括：核查智能监控摄像机是否具有内置可信根，如出厂预置的可信根证书；核查摄像机在接入智能监控网和更新固件时是否需要使用可信根进行验证；测试使用无内置可信根的同型号摄像机接入智能监控网，核查是否无法接入。如果测评结果表明，智能监控摄像机具有内置可信根；摄像机在接入智能监控网和更新固件时需要使用可信根进行验证；无内置可信根的同型号摄像机无法接入智能监控网，则单元判定结果为符合，否则为不符合或部分符合。

2. 访问控制

【标准要求】

该控制点第三级包括测评单元 L3-ABS1-05、L3-ABS1-06、L3-ABS1-07、L3-ABS1-08、L3-ABS1-09，第四级包括测评单元 L4-ABS1-07、L4-ABS1-08、L4-ABS1-09、L4-ABS1-10、L4-ABS1-11。

【L3-ABS1-05/L4-ABS1-07 解读和说明】

测评指标"应在网络边界或区域之间根据访问控制策略设置访问控制规则，默认情况下除允许通信外受控接口拒绝所有通信"的主要测评对象是网关节点设备，以及网闸、防火墙、路由器、交换机、无线接入网关等提供访问控制功能的设备或相关组件。

测评实施要点包括：核查在网络边界或区域之间是否部署访问控制设备并启用访问控制策略；核查设备的最后一条访问控制策略是否为禁止所有网络通信；核查配置的访问控制策略是否被实际应用到相应端口方向。

以视频监控系统为例，测评实施步骤主要包括：核查在视频监控系统网络边界处是否部署视频接入网关节点或视频准入设备，是否启用访问控制策略；核查视频接入网关节点或视频准入设备等访问控制设备的默认策略是否为禁止所有网络通信。如果测评结果表明，在视频监控系统网络边界处部署了视频接入网关节点或视频准入设备，访问控制设备采用白名单机制，最后一条访问控制策略为禁止所有网络通信，则单元判定结果为符合，否则为不符合或部分符合。

【L3-ABS1-06/L4-ABS1-08 解读和说明】

测评指标"应删除多余或无效的访问控制规则，优化访问控制列表，并保证访问控制规则数量最小化"的主要测评对象是网关节点设备，以及网闸、防火墙、路由器、交换机、无线接入网关等提供访问控制功能的设备或相关组件。

测评实施要点包括：根据物联网系统的实际业务需求和安全策略，核查是否存在多余或无效的访问控制策略，结合策略命中数分析策略是否有效；核查访问控制策略中是否禁止全通策略、多余端口，地址限制范围是否过大；核查不同的访问控制策略之间的逻辑关系及前后排列顺序是否合理。

以视频监控系统为例，测评实施步骤主要包括：根据系统的实际业务需求和安全策略，核查视频监控系统的准入控制设备中是否存在多余或无效的访问控制策略，结合策略命中数分析策略是否有效；核查是否部署视频设备准入控制系统，核查访问控制策略中是否禁止全通策略、多余端口，地址限制范围是否过大；核查不同的访问控制策略之间的逻辑关系及前后排列顺序是否合理。如果测评结果表明，根据系统的实际业务需求和安全策略，视频监控系统的准入控制设备中不存在多余或无效的访问控制策略，且策略有效；访问控制策略中禁止了全通策略、多余端口，地址限制范围合理；不同的访问控制策略之间的逻辑关系及前后排列顺序合理，则单元判定结果为符合，否则为不符合或部分符合。

【L3-ABS1-07/L4-ABS1-09 解读和说明】

测评指标"应对源地址、目的地址、源端口、目的端口和协议等进行检查，以允许/拒绝数据包进出"的主要测评对象是网关节点设备，以及网闸、防火墙、路由器、交换机、无线接入网关等提供访问控制功能的设备或相关组件。

测评实施要点包括：根据物联网系统的实际业务需求和安全策略，核查网关节点设备等访问控制设备的访问控制策略中是否明确设定源地址、目的地址、源端口、目的端口和协议等配置参数；通过工具测试，验证访问控制策略和控制粒度是否有效。

以视频监控系统为例，测评实施步骤主要包括：根据系统的实际业务需求和安全策略，核查视频监控系统的准入控制设备的访问控制策略中是否明确设定源地址、目的地址、源端口、目的端口和协议等配置参数；测试验证部署的视频设备准入控制系统的访问控制策略和控制粒度是否有效。如果测评结果表明，根据系统的实际业务需求和安全策略，视频监控系统的准入控制设备的访问控制策略中明确设定了源地址、目的地址、源端口、目的端口和协议等配置参数，且部署的视频设备准入控制系统的访问控制策略和控制粒度有效，则单元判定结果为符合，否则为不符合或部分符合。

【L3-ABS1-08/L4-ABS1-10 解读和说明】

在物联网环境下，在对测评单元 L3-ABS1-08/L4-ABS1-10 测评时应依据安全测评通用要求，涉及安全测评通用要求的解读内容参见《网络安全等级保护测评要求（通用要求部分）应用指南》中的测评单元 L3-ABS1-08/L4-ABS1-10。

【L3-ABS1-09 解读和说明】

在物联网环境下，在对测评单元 L3-ABS1-09 测评时应依据安全测评通用要求，涉及安全测评通用要求的解读内容参见《网络安全等级保护测评要求（通用要求部分）应用指南》中的测评单元 L3-ABS1-09。

【L4-ABS1-11 解读和说明】

在物联网环境下，在对测评单元 L4-ABS1-11 测评时应依据安全测评通用要求，涉及安全测评通用要求的解读内容参见《网络安全等级保护测评要求（通用要求部分）应用指南》中的测评单元 L4-ABS1-11。

3. 入侵防范（通用要求）

【标准要求】

该控制点第三级包括测评单元 L3-ABS1-10、L3-ABS1-11、L3-ABS1-12、L3-ABS1-13，第四级包括测评单元 L4-ABS1-12、L4-ABS1-13、L4-ABS1-14、L4-ABS1-15。

【L3-ABS1-10/L4-ABS1-12 解读和说明】

在物联网环境下，在对测评单元 L3-ABS1-10/L4-ABS1-12 测评时应依据安全测评通用要求，涉及安全测评通用要求的解读内容参见《网络安全等级保护测评要求（通用要求部分）应用指南》中的测评单元 L3-ABS1-10/L4-ABS1-12。

【L3-ABS1-11/L4-ABS1-13 解读和说明】

在物联网环境下，在对测评单元 L3-ABS1-11/L4-ABS1-13 测评时应依据安全测评通用要求，涉及安全测评通用要求的解读内容参见《网络安全等级保护测评要求（通用要求部分）应用指南》中的测评单元 L3-ABS1-11/L4-ABS1-13。

【L3-ABS1-12/L4-ABS1-14 解读和说明】

测评指标"应采取技术措施对网络行为进行分析，实现对网络攻击特别是新型网络攻击行为的分析"的主要测评对象是物联网 APT 分析平台。

测评实施要点包括：核查是否部署相关系统或组件对新型网络攻击行为进行检测和分析；测试验证是否对网络行为进行分析，实现对网络攻击特别是未知的新型网络攻击行为的检测和分析；核查相关系统或设备的规则库是否已更新到最新版本。

以智慧城市物联网系统为例，测评实施步骤主要包括：核查是否在网络关键节点部署流量数据采集设备，如在安全接入设备、接入层交换机、核心交换机中分别部署流量探针；核查是否部署安全接入设备、物联网 APT 分析平台对流量数据采集设备采集的数据进行基于网络行为的 APT 分析；通过 APT 模拟工具在网络上产生流量，并验证物联网 APT 分析平台是否可以识别网络攻击行为；核查物联网 APT 分析平台的规则库是否已更新，更新时间与测评时间是否较为接近。如果测评结果表明，在网络关键节点部署了流量数据采集设备；物联网 APT 分析平台会持续对各流量数据采集设备采集的数据进行大数据分析；经过 APT 模拟工具验证，物联网 APT 分析平台可以通过模拟工具产生的流量数据识别到网络攻击行为，则单元判定结果为符合，否则为不符合或部分符合。

【L3-ABS1-13/L4-ABS1-15 解读和说明】

测评指标"当检测到攻击行为时，记录攻击源 IP、攻击类型、攻击目标、攻击时间，在发生严重入侵事件时应提供报警"的主要测评对象是安全接入设备、物联网 APT 分析平台、入侵防护设备等。

测评实施要点：核查相关系统或组件的记录中是否包括攻击源 IP、攻击类型、攻击目标、攻击时间等相关内容；测试验证相关系统或组件的报警策略是否有效。

以智慧城市物联网系统为例，测评实施步骤主要包括：核查是否在智慧城市大数据平台层部署安全接入设备、物联网 APT 分析平台等攻击行为检测设备；通过 APT 模拟工具在网络上产生流量，并验证安全接入设备、物联网 APT 分析平台是否可以识别网络攻击行为；核查 APT 模拟工具在安全接入设备、物联网 APT 分析平台上触发的网络攻击事件记录中是否包括攻击源 IP、攻击类型、攻击目标、攻击时间等相关内容；改变安全接入设备、物联网 APT 分析平台对某种网络攻击行为的报警策略，如对蠕虫传播产生的报警级别由中级别调整至高级别，或者设置触发邮件通知等报警策略，重新模拟此类行为后核查安全接入设备、物联网 APT 分析平台是否按照新报警策略执行。如果测评结果表明，在大数据平台层部署了安全接入设备、物联网 APT 分析平台等设备；经过 APT 模拟工具验证，安全接入设备、物联网 APT 分析平台可以通过模拟工具产生的流量数据识别到网络攻击行为；安全接入设备、物联网 APT 分析平台记录的网络攻击行为包括攻击源 IP、攻击类型、攻击目标、攻击时间等相关内容；对 APT 报警策略调整后，安全接入设备、物联网 APT 分析平台按照新报警策略执行，则单元判定结果为符合，否则为不符合或部分符合。

4. 安全审计

【标准要求】

该控制点第三级包括测评单元 L3-ABS1-16、L3-ABS1-17、L3-ABS1-18、L3-ABS1-19，

第四级包括测评单元 L4-ABS1-18、L4-ABS1-19、L4-ABS1-20。

【L3-ABS1-16/L4-ABS1-18 解读和说明】

测评指标"应在网络边界、重要网络节点进行安全审计，审计覆盖到每个用户，对重要的用户行为和重要安全事件进行审计"的主要测评对象是网关节点设备、综合安全审计系统。

测评实施要点包括：访谈网络管理员并查看网络拓扑图，了解被测系统的网络整体情况，梳理并分析被测系统的网络边界和重要网络节点；核查是否部署综合安全审计系统或具有类似功能的系统平台，并核查设备部署位置是否合理；核查审计是否覆盖到每个用户，是否对重要的用户行为和重要的安全事件进行审计。

以物联网接入网关为例，测评实施步骤主要包括：核查是否在感知层边界处部署综合安全审计系统，或者网关节点设备是否具备安全审计功能；核查网关节点设备的审计是否覆盖到登录网关节点设备的所有用户；核查网关节点设备对用户登录、配置变更、网关固件更新等重要事件是否进行审计。如果测评结果表明，在感知层边界处部署了综合安全审计系统或网关节点设备具备安全审计功能；网关节点设备的审计覆盖到登录网关节点设备的所有用户；网关节点设备对用户登录、配置变更、网关固件更新等重要事件进行了审计，则单元判定结果为符合，否则为不符合或部分符合。

【L3-ABS1-17/L4-ABS1-19 解读和说明】

测评指标"审计记录应包括事件的日期和时间、用户、事件类型、事件是否成功及其他与审计相关的信息"的主要测评对象是网关节点设备、综合安全审计系统。

测评实施要点包括：核查综合安全审计系统、网络审计系统或具有类似功能的系统平台，核查审计记录中是否包括事件的日期和时间、用户、事件类型、事件是否成功及其他与审计相关的信息，其中日期和时间需要关注准确性及时钟同步问题。

以物联网接入网关为例，测评实施步骤主要包括：核查网关节点设备的审计记录中是否包括事件的日期和时间、用户、事件类型、事件是否成功及其他与审计相关的信息。如果测评结果表明，网关节点设备的审计记录中包括事件的日期和时间、用户、事件类型、事件是否成功及其他与审计相关的信息，则单元判定结果为符合，否则为不符合或部分符合。

【L3-ABS1-18/L4-ABS1-20 解读和说明】

测评指标"应对审计记录进行保护，定期备份，避免受到未预期的删除、修改或覆盖等"的主要测评对象是网关节点设备、综合安全审计系统。

测评实施要点包括：核查是否采取技术措施对审计记录进行保护；核查是否采取技术措施对审计记录进行定期备份，并核查其备份策略。

以物联网接入网关为例，测评实施步骤主要包括：核查网关节点设备的本地审计记录是否经过加密存储，并于审计记录产生后及时将审计信息上传至综合安全审计系统或云端管理平台；核查综合安全审计系统或云端管理平台是否设置合理的备份策略，规定非授权用户无权对审计记录进行删除、修改或覆盖；核查将网关节点设备的审计信息上传至综合安全审计系统或云端管理平台后，综合安全审计系统或云端管理平台是否对审计记录按备份策略进行定期备份。如果测评结果表明，网关节点设备的本地审计记录经过加密存储并第一时间上传至综合安全审计系统或云端管理平台；综合安全审计系统或云端管理平台设置了合理的备份策略，规定非授权用户无权对审计记录进行删除、修改或覆盖；综合安全审计系统或云端管理平台对审计记录按备份策略进行定期备份，则单元判定结果为符合，否则为不符合或部分符合。

【L3-ABS1-19 解读和说明】

在物联网环境下，在对测评单元 L3-ABS1-19 测评时应依据安全测评通用要求，涉及安全测评通用要求的解读内容参见《网络安全等级保护测评要求（通用要求部分）应用指南》中的测评单元 L3-ABS1-19。

5. 可信验证

【标准要求】

该控制点第三级包括测评单元 L3-ABS1-20，第四级包括测评单元 L4-ABS1-21。

【L3-ABS1-20/L4-ABS1-21 解读和说明】

测评指标"可基于可信根对边界设备的系统引导程序、系统程序、重要配置参数和边界防护应用程序等进行可信验证，并在应用程序的关键执行环节进行动态可信验证，在检测到其可信性受到破坏后进行报警，并将验证结果形成审计记录送至安全管理中心"的主要测评对象是网关节点设备。

测评实施要点包括：核查是否基于可信根对边界设备的系统引导程序、系统程序、重要配置参数和边界防护应用程序等进行可信验证；核查是否在应用程序的关键执行环节进行动态可信验证；测试验证在检测到边界设备的可信性受到破坏后是否进行报警；核查验证结果是否以审计记录的形式被送至安全管理中心。

以智能监控摄像机为例，测评实施步骤主要包括：核查智能监控摄像机是否具有内置可信根，如出厂预置的可信根证书；核查摄像机在接入智能监控网和更新固件时是否需要使用可信根进行验证；测试使用无内置可信根的同型号摄像机接入智能监控网，核查是否无法接入；测试使用摄像机刷新无法通过可信验证的同版本固件，核查是否失败；核查摄像机使用可信根验证的相关事件信息是否正确录入审计数据库；核查是否在应用程序的关键执行环节进行动态可信验证；测试验证在检测到边界设备的可信性受到破坏后是否进行报警；核查验证结果是否以审计记录的形式被送至安全管理中心。如果测评结果表明，智能监控摄像机具有内置可信根；摄像机在接入智能监控网和更新固件时需要使用可信根进行验证；无内置可信根的同型号摄像机无法接入智能监控网；摄像机不能刷新无法通过可信验证的同版本固件；摄像机使用可信根验证的相关事件信息正确录入了审计数据库；在应用程序的关键执行环节进行动态可信验证；在检测到边界设备的可信性受到破坏后进行报警；将验证结果形成审计记录送至安全管理中心，则单元判定结果为符合，否则为不符合或部分符合。

6. 接入控制

【标准要求】

该控制点第三级包括测评单元 L3-ABS4-01，第四级包括测评单元 L4-ABS4-01。

【L3-ABS4-01/L4-ABS4-01 解读和说明】

测评指标"应保证只有授权的感知节点可以接入"的主要测评对象是感知节点设备。

测评实施要点包括：核查感知节点接入机制的设计文档中是否包括防止非法的感知节点设备接入网络的机制及有关身份鉴别机制的描述；核查是否采用接入控制措施（如禁用闲置端口、设置访问控制策略、部署安全管理系统等），对设备接入进行管理；对边界和感知层网络进行渗透测试，确认是否存在绕过白名单或相关接入控制措施及身份鉴别机制的方法。

以视频监控系统的感知层为例，测评实施步骤主要包括：核查视频监控系统的各类摄像机和其他前端设备在接入网络时是否具备唯一标识，是否采用设备身份鉴别机制控制感知节点的接入；核查在视频网络中是否部署视频接入安全管理系统，对摄像机和其他前端设备进行品牌、型号、IP 地址、MAC 地址等的绑定，并进行准入策略管控，确保只有通过认证的设备才允许接入；对边界和感知层网络进行渗透测试，确认是否存在绕过白名单或相关接入控制措施及身份鉴别机制的方法。如果测评结果表明，相关的感知节点设备具备唯一标识，并采用设备身份鉴别机制控制感知节点的接入；在感知层部署了视频接入安全管理系统，对摄像机和其他前端设备进行品牌、型号、IP 地址、MAC 地址等的绑定，并进行准入策略管控，确保只有通过认证的设备才允许接入；对边界和感知层网络进行渗透测试，确认不存在绕过白名单或相关接入控制措施及身份鉴别机制的方法，则单元判定结果为符合，否则为不符合或部分符合。

7. 入侵防范（扩展要求）

【标准要求】

该控制点第三级包括测评单元 L3-ABS4-02、L3-ABS4-03，第四级包括测评单元 L4-ABS4-02、L3-ABS4-03。

【L3-ABS4-02/L4-ABS4-02 解读和说明】

测评指标"应能够限制与感知节点通信的目标地址，以避免对陌生地址的攻击行为"的主要测评对象是感知节点设备。

测评实施要点包括：核查感知层安全设计文档中是否有对感知节点通信目标地址的控制措施说明；核查感知节点设备中是否配置对感知节点通信目标地址的控制措施，相关参数配置是否符合设计要求；对感知节点设备进行渗透测试，验证是否能够限制感知节点设备对违反访问控制策略的通信目标地址进行访问或攻击。

以视频监控系统为例，测评实施步骤主要包括：核查摄像机和其他前端设备是否具备网络通信管控能力，是否可以通过网络通信管控策略阻止摄像机和其他前端设备与允许通信的目标地址白名单以外的陌生 IP 地址的通信；核查系统中是否具备对摄像机和其他前端设备网络通信管控策略的配置管理能力，包括对通信目标地址、端口等条件的设置和策略下发；对具有通信防护能力的摄像机和其他前端设备进行通信验证，核查设备是否能够正确阻止与陌生 IP 地址的通信；对摄像机和其他前端设备进行渗透测试，确认是否存在绕过网络通信管控策略访问或攻击陌生 IP 地址的方法。如果测评结果表明，该系统能够限制摄像机和其他前端设备的通信目标地址范围，能够通过网络通信管控策略配置通信目标地址、端口等管控条件，网络通信管控策略下发后能够按照该策略阻止与陌生 IP 地址的通信，且经过渗透测试验证不存在绕过网络通信管控策略的方法，则单元判定结果为符合，否则为不符合或部分符合。

【L3-ABS4-03/L4-ABS4-03 解读和说明】

测评指标"应能够限制与网关节点通信的目标地址，以避免对陌生地址的攻击行为"的主要测评对象是网关节点设备。

测评实施要点包括：核查感知层安全设计文档中是否有对网关节点通信目标地址的控制措施说明；核查网关节点设备中是否配置对网关节点通信目标地址的控制措施，相关参数配置是否符合设计要求；对网关节点设备进行渗透测试，验证是否能够限制网关节点设备对违反访问控制策略的通信目标地址进行访问或攻击。

以视频监控系统为例，测评实施步骤主要包括：核查是否具备限制网关节点设备通信的网络通信管控功能，且通过网络通信管控策略的配置是否能够阻止网关节点设备与允许通信的目标地址白名单以外的陌生 IP 地址的通信；核查系统中是否具备对网关节点设备网络通信管控策略的配置管理能力，包括对通信目标地址等条件的设置和策略下发；对网关节点设备设置并下发阻止与陌生 IP 地址通信的网络通信管控策略，验证网关是否按照网络通信管控策略阻止与陌生 IP 地址的通信；对网关节点设备进行渗透测试，确认是否存在绕过网络通信管控策略访问或攻击陌生 IP 地址的方法。如果测评结果表明，该系统具备限制网关节点设备与陌生 IP 地址通信的网络通信管控功能，能够通过网络通信管控策略配置通信目标地址等管控条件，网络通信管控策略下发后能够按照该策略阻止与陌生 IP 地址的通信，且经过渗透测试验证不存在绕过网络通信管控策略的方法，则单元判定结果为符合，否则为不符合或部分符合。

3.3.4　安全计算环境

在对物联网的"安全计算环境"测评时应同时依据安全测评通用要求和安全测评扩展要求，其中涉及安全测评通用要求的解读内容参见《网络安全等级保护测评要求（通用要求部分）应用指南》中的"安全计算环境"，安全测评扩展要求的解读内容参见本节。由于物联网的特点，本节列出了部分安全测评通用要求在物联网环境下的个性化解读内容。

1. 身份鉴别

【标准要求】

该控制点第三级包括测评单元 L3-CES1-01、L3-CES1-02、L3-CES1-03、L3-CES1-04，第四级包括测评单元 L4-CES1-01、L4-CES1-02、L4-CES1-03、L4-CES1-04。

【L3-CES1-01/L4-CES1-01 解读和说明】

测评指标"应对登录的用户进行身份标识和鉴别，身份标识具有唯一性，身份鉴别信息具有复杂度要求并定期更换"的主要测评对象是感知节点设备、业务应用系统。

测评实施要点包括：核查用户在登录时是否采用身份鉴别措施；核查用户列表，确认用户身份标识是否具有唯一性；核查用户配置信息，测试验证是否存在空口令用户；核查身份鉴别信息是否具有复杂度要求并定期更换。

以视频监控系统为例，测评实施步骤主要包括：核查视频监控系统的摄像机等前端设备在登录时是否采用身份标识和鉴别措施（如账号口令、数字证书等）；核查摄像机等前端设备的用户列表中是否能添加相同身份标识的用户；核查摄像机等前端设备的用户配置信息中是否存在空口令用户；核查摄像机等前端设备的用户登录口令是否具有复杂度要求且定期更换口令。如果测评结果表明，视频监控系统的摄像机等前端设备在登录时采用了身份标识和鉴别措施；用户列表中的用户身份标识唯一，不能添加相同身份标识的用户；用户配置信息中不存在空口令用户；用户登录口令具有复杂度要求且定期更换口令，则单元判定结果为符合，否则为不符合或部分符合。

【L3-CES1-02/L4-CES1-02 解读和说明】

测评指标"应具有登录失败处理功能，应配置并启用结束会话、限制非法登录次数和当登录连接超时自动退出等相关措施"的主要测评对象是感知节点设备、业务应用系统。

测评实施要点包括：核查是否配置并启用登录失败处理功能；核查是否配置并启用限制非法登录功能，是否在非法登录达到一定次数后采取特定动作，如登录账户锁定等；核查是否配置并启用登录连接超时自动退出功能。

以视频监控系统为例，测评实施步骤主要包括：核查视频监控系统的摄像机等感知节点是否配置并启用登录失败处理功能；核查摄像机等感知节点是否配置并启用结束会话和登录连接超时自动退出功能；核查摄像机等感知节点是否配置并启用限制非法登录功能，是否在非法登录达到一定次数后采取特定动作，如登录账户锁定、登录 IP 地址锁定等；测试验证登录失败处理功能，以及结束会话、限制非法登录次数和当登录连接超时自动退出等相关措施是否有效。如果测评结果表明，视频监控系统的摄像机等感知节点配置并启用了登录失败处理功能；配置并启用了结束会话和登录连接超时自动退出功能；配置并启用了限制非法登录功能，在非法登录达到一定次数后采取特定动作；经测试验证，登录失败处理功能，以及结束会话、限制非法登录次数和当登录连接超时自动退出等相关措施有效，则单元判定结果为符合，否则为不符合或部分符合。

【L3-CES1-03/L4-CES1-03 解读和说明】

测评指标"当进行远程管理时，应采取必要措施防止鉴别信息在网络传输过程中被窃听"的主要测评对象是感知节点设备。

测评实施要点包括：核查是否采用加密等安全方式对系统进行远程管理，防止鉴别信息在网络传输过程中被窃听。

以视频监控摄像机为例，测评实施步骤主要包括：核查视频监控摄像机的远程维护登录方式（如 Web 管理界面）是否采用加密技术（如 HTTPS）进行通信防护。如果测评结果表明，视频监控摄像机的远程维护登录方式采用了加密技术进行通信防护，则单元判定结果为符合，否则为不符合或部分符合。

【L3-CES1-04/L4-CES1-04 解读和说明】

测评指标"应采用口令、密码技术、生物技术等两种或两种以上组合的鉴别技术对用户进行身份鉴别，且其中一种鉴别技术至少应使用密码技术来实现"的主要测评对象是感知节点设备、业务应用系统。

测评实施要点包括：核查系统中的高安全场景是否存在两种或两种以上组合的鉴别技术，如是否采用口令、数字证书、生物技术、设备指纹等两种或两种以上组合的鉴别技术对用户进行身份鉴别；核查其中一种鉴别技术是否使用密码技术来实现。

以视频监控系统管理平台为例，测评实施步骤主要包括：核查视频监控系统管理平台在登录时是否采用口令、数字证书、生物技术、设备指纹等两种或两种以上组合的鉴别技术对用户进行身份鉴别；核查其中一种鉴别技术是否使用密码技术来实现。如果测评结果表明，视频监控系统管理平台在登录时采用了口令、数字证书、生物技术、设备指纹等两种或两种以上组合的鉴别技术对用户进行身份鉴别，且其中一种鉴别技术使用了密码技术来实现，则单元判定结果为符合，否则为不符合或部分符合。

2. 访问控制

【标准要求】

该控制点第三级包括测评单元 L3-CES1-05、L3-CES1-06、L3-CES1-07、L3-CES1-08、L3-CES1-09、L3-CES1-10、L3-CES1-11，第四级包括测评单元 L4-CES1-05、L4-CES1-06、L4-CES1-07、L4-CES1-08、L4-CES1-09、L4-CES1-10、L4-CES1-11。

【L3-CES1-05/L4-CES1-05 解读和说明】

测评指标"应对登录的用户分配账户和权限"的主要测评对象是感知节点设备、业务应用系统。

测评实施要点包括：核查是否为用户分配账户和权限，以及相关设置情况；核查是否已禁用或限制匿名、默认账户的访问权限。

以视频监控系统为例，测评实施步骤主要包括：核查视频监控系统的摄像机等感知节点是否为不同的登录用户分配各自的账户和相应的权限；核查摄像机等感知节点是否能够使用匿名、默认账户登录。如果测评结果表明，视频监控系统的摄像机等感知节点能够为不同的登录用户分配各自的账户和相应的权限，无法使用匿名、默认账户登录，则单元判定结果为符合，否则为不符合或部分符合。

【L3-CES1-06/L4-CES1-06 解读和说明】

测评指标"应重命名或删除默认账户，修改默认账户的默认口令"的主要测评对象是感知节点设备。

测评实施要点包括：核查是否已重命名或删除默认账户；核查是否已修改默认账户的默认口令。

以视频监控系统为例，测评实施步骤主要包括：核查视频监控系统的摄像机等感知节点是否已重命名或删除默认账户，如 Admin、Root 账户等；核查摄像机等感知节点是否已修改默认口令，如口令 Admin、Admin123 或空口令等，核查同型号摄像机的相同账户口令是否相同。如果测评结果表明，视频监控系统的摄像机等感知节点已重命名或删除默认账户，如 Admin、Root 账户等，已修改默认口令，且同型号摄像机的相同账户口令均不相同，则单元判定结果为符合，否则为不符合或部分符合。

【L3-CES1-07/L4-CES1-07 解读和说明】

测评指标"应及时删除或停用多余的、过期的账户，避免共享账户的存在"的主要测评对象是感知节点设备、业务应用系统。

测评实施要点包括：核查是否存在多余的、过期的账户，账户与用户之间是否一一对应；测试验证多余的、过期的账户是否被删除或停用。

以物联网云端管理平台为例，测评实施步骤主要包括：核查管理平台中是否存在多余的、过期的账户，账户与用户之间是否具有一一对应关系；测试验证管理平台是否删除或停用多余的、过期的账户。如果测评结果表明，管理平台中不存在多余的、过期的账户，账户与用户之间具有一一对应关系，多余的、过期的账户已经被删除或停用，则单元判定结果为符合，否则为不符合或部分符合。

【L3-CES1-08/L4-CES1-08 解读和说明】

测评指标"应授予管理用户所需的最小权限，实现管理用户的权限分离"的主要测评对象是感知节点设备、业务应用系统。

测评实施要点包括：核查是否进行角色划分；核查管理用户的权限是否已进行分离；核查管理用户的权限是否为其完成工作任务所需的最小权限。

以视频监控系统为例，测评实施步骤主要包括：核查视频监控系统的摄像机等感知节点是否对管理用户进行角色划分，如划分为账户管理员、安全管理员、审计管理员等；核查摄像机等感知节点是否对管理用户的权限进行合理分离，如管理账户、制定安全策略、查看审计记录等；核查管理用户的权限是否为其完成工作任务所需的最小权限，如审计管理员角色的管理账户不应当具有完成审计工作所需最小权限外的其他管理权限。如果测评结果表明，视频监控系统的摄像机等感知节点对管理用户进行了角色划分，对管理用户的权限进行了合理分离，不同角色的管理用户权限按照其完成工作任务所需的最小权限分配，则单元判定结果为符合，否则为不符合或部分符合。

【L3-CES1-09/L4-CES1-09 解读和说明】

测评指标"应由授权主体配置访问控制策略，访问控制策略规定主体对客体的访问规则"的主要测评对象是感知节点、准入管控设备等。

测评实施要点包括：核查是否由授权主体（如管理用户）负责配置访问控制策略；核

查授权主体是否依据安全策略配置主体对客体的访问规则；测试验证用户是否有越权访问的情形。

以视频监控系统准入设备为例，测评实施步骤主要包括：核查是否只有具有准入设备管理权限的账户才可以登录准入设备管理平台并进行准入策略配置；核查准入设备管理平台是否配置摄像机等感知节点接入视频监控网络的准入策略，如禁止白名单摄像机列表以外的其他摄像机接入视频监控网络；测试验证摄像机等感知节点是否能够越权接入并访问视频监控网络。如果测评结果表明，只有具有准入设备管理权限的账户才可以登录准入设备管理平台并进行准入策略配置；准入设备管理平台配置了摄像机等感知节点接入视频监控网络的准入策略；摄像机等感知节点不能越权接入并访问视频监控网络，则单元判定结果为符合，否则为不符合或部分符合。

【L3-CES1-10/L4-CES1-10 解读和说明】

在物联网环境下，在对测评单元 L3-CES1-10/L4-CES1-10 测评时应依据安全测评通用要求，涉及安全测评通用要求的解读内容参见《网络安全等级保护测评要求（通用要求部分）应用指南》中的测评单元 L3-CES1-10/L4-CES1-10。

【L3-CES1-11/L4-CES1-11 解读和说明】

在物联网环境下，在对测评单元 L3-CES1-11/L4-CES1-11 测评时应依据安全测评通用要求，涉及安全测评通用要求的解读内容参见《网络安全等级保护测评要求（通用要求部分）应用指南》中的测评单元 L3-CES1-11/L4-CES1-11。

3. 安全审计

【标准要求】

该控制点第三级包括测评单元 L3-CES1-12、L3-CES1-13、L3-CES1-14、L3-CES1-15，第四级包括测评单元 L4-CES1-12、L4-CES1-13、L4-CES1-14、L4-CES1-15。

【L3-CES1-12/L4-CES1-12 解读和说明】

测评指标"应启用安全审计功能，审计覆盖到每个用户，对重要的用户行为和重要安全事件进行审计"的主要测评对象是业务应用系统。

测评实施要点包括：核查是否提供并开启安全审计功能；核查审计是否覆盖到每个用

户；核查是否对重要的用户行为和重要的安全事件进行审计。

以物联网云端管理平台为例，测评实施步骤主要包括：核查管理平台中是否部署综合安全审计系统，并记录业务应用系统的审计信息，或者业务应用系统自身是否具备安全审计功能；核查管理平台的审计是否覆盖到所有用户，包括业务应用系统的重要用户和特权账号；核查用户在管理平台上的操作，如更改接入的物联网设备配置信息、改变接入设备的分组信息、更改策略配置、变更密码、创建账户、更改用户权限等行为是否均被审计且可回溯。如果测评结果表明，管理平台中部署了综合安全审计系统，并记录了业务应用系统的审计信息，或者业务应用系统自身具备安全审计功能；审计覆盖到包括业务应用系统的重要用户和特权账号在内的所有用户；用户在管理平台上进行的包括更改接入的物联网设备配置信息、改变接入设备的分组信息、更改策略配置、变更密码、创建账户、更改用户权限等行为均被审计且可回溯，则单元判定结果为符合，否则为不符合或部分符合。

【L3-CES1-13 解读和说明】

测评指标"审计记录应包括事件的日期和时间、用户、事件类型、事件是否成功及其他与审计相关的信息"的主要测评对象是业务应用系统。

测评实施要点包括：核查审计记录中是否包括事件的日期和时间、用户、事件类型、事件是否成功及其他与审计相关的信息。

以物联网云端管理平台为例，测评实施步骤主要包括：核查管理平台的安全审计功能是否能够对事件进行记录，且记录的信息中是否包括事件的日期和时间、用户、事件类型、事件是否成功及其他与审计相关的信息。如果测评结果表明，管理平台的安全审计功能能够对事件进行记录，且记录的信息中包括事件的日期和时间、用户、事件类型、事件是否成功及其他与审计相关的信息，则单元判定结果为符合，否则为不符合或部分符合。

【L4-CES1-13 解读和说明】

测评指标"审计记录应包括事件的日期和时间、事件类型、主体标识、客体标识和结果等"的主要测评对象是业务应用系统。

测评实施要点包括：核查审计记录中是否包括事件的日期和时间、事件类型、主体标识、客体标识和结果等。

以物联网云端管理平台为例，测评实施步骤主要包括：核查管理平台的安全审计功能是否能够对事件进行记录，且记录的信息中是否包括事件的日期和时间、事件类型、主体标识、客体标识和结果等。如果测评结果表明，管理平台的安全审计功能能够对事件进行记录，且记录的信息中包括事件的日期和时间、事件类型、主体标识、客体标识和结果等，则单元判定结果为符合，否则为不符合或部分符合。

【L3-CES1-14/L4-CES1-14 解读和说明】

测评指标"应对审计记录进行保护，定期备份，避免受到未预期的删除、修改或覆盖等"的主要测评对象是业务应用系统。

测评实施要点包括：核查是否采取技术措施对审计记录进行保护；核查是否采取技术措施对审计记录进行定期备份，并核查其备份策略。

以具有审计功能的物联网云端管理平台为例，测评实施步骤主要包括：核查管理平台的审计数据是否采取技术措施，如加密存储、记录防篡改等；核查审计数据的备份策略是否合理；核查审计数据是否按照备份策略定期备份。如果测评结果表明，管理平台的审计数据采取了技术措施，如加密存储、记录防篡改等；审计数据的备份策略合理；审计数据按照备份策略定期备份，则单元判定结果为符合，否则为不符合或部分符合。

【L3-CES1-15/L4-CES1-15 解读和说明】

测评指标"应对审计进程进行保护，防止未经授权的中断"的主要测评对象是业务应用系统。

测评实施要点包括：测试通过非审计管理员的其他账户来中断审计进程，验证审计进程是否受到保护。

以物联网云端管理平台为例，测评实施步骤主要包括：核查使用非审计管理员的账户是否可以在管理平台上关闭安全审计功能；测试验证使用非审计管理员的账户登录管理平台后，是否能够使用进程管理工具找到并终止审计进程；测试验证管理平台是否通过技术手段阻止非授权终止审计进程。如果测评结果表明，使用非审计管理员的账户无法关闭管理平台的安全审计功能，且无法通过进程管理工具终止审计进程，则单元判定结果为符合，否则为不符合或部分符合。

4. 入侵防范

【标准要求】

该控制点第三级包括测评单元 L3-CES1-17、L3-CES1-18、L3-CES1-19、L3-CES1-20、

L3-CES1-21、L3-CES1-22，第四级包括测评单元 L4-CES1-16、L4-CES1-17、L4-CES1-18、L4-CES1-19、L4-CES1-20、L4-CES1-21。

【L3-CES1-17/L4-CES1-16 解读和说明】

测评指标"应遵循最小安装的原则，仅安装需要的组件和应用程序"的主要测评对象是感知节点设备。

测评实施要点包括：核查是否遵循最小安装的原则；核查是否安装非必要的组件和应用程序。

以视频监控摄像机为例，测评实施步骤主要包括：核查视频监控摄像机是否遵循最小安装的原则，是否只部署开展视频监控业务的必需组件；核查视频监控摄像机中是否存在除保障系统正常运行和视频监控业务正常开展外的其他非必要的组件和应用程序。如果测评结果表明，视频监控摄像机遵循最小安装的原则，只部署了开展视频监控业务的必需组件，且不存在除保障系统正常运行和视频监控业务正常开展外的其他非必要的组件和应用程序，则单元判定结果为符合，否则为不符合或部分符合。

【L3-CES1-18/L4-CES1-17 解读和说明】

测评指标"应关闭不需要的系统服务、默认共享和高危端口"的主要测评对象是感知节点设备。

测评实施要点包括：核查是否关闭非必要的系统服务和默认共享；核查是否存在非必要的高危端口。

以视频监控摄像机为例，测评实施步骤主要包括：核查视频监控摄像机是否关闭非必要的系统服务和默认共享（如 FTP、Telnet 等）；核查视频监控摄像机中是否存在非必要的高危端口（如 445、21、23 等）。如果测评结果表明，视频监控摄像机关闭了非必要的系统服务和默认共享（如 FTP、Telnet 等），且不存在非必要的高危端口（如 445、21、23 等），则单元判定结果为符合，否则为不符合或部分符合。

【L3-CES1-19/L4-CES1-18 解读和说明】

测评指标"应通过设定终端接入方式或网络地址范围对通过网络进行管理的管理终端进行限制"的主要测评对象是感知节点设备。

测评实施要点包括：核查配置文件或参数是否对终端接入地址范围进行限制。

以视频准入设备为例，测评实施步骤主要包括：核查视频准入设备的策略配置是否能够对终端接入方式或网络地址范围进行限制。如果测评结果表明，视频准入设备的策略配置能够对终端接入方式或网络地址范围进行限制，则单元判定结果为符合，否则为不符合或部分符合。

【L3-CES1-20/L4-CES1-19 解读和说明】

测评指标"应提供数据有效性检验功能，保证通过人机接口输入或通过通信接口输入的内容符合系统设定要求"的主要测评对象是业务应用系统。

测评实施要点包括：核查系统设计文档中是否包括数据有效性检验功能的内容或模块；测试验证是否对通过人机接口输入或通过通信接口输入的内容进行有效性检验。

以物联网云端管理平台设备搜索为例，测评实施步骤主要包括：核查管理平台的设计文档中是否有对接口输入内容进行有效性检验的功能、模块说明；核查管理平台的设备搜索条件输入接口是否对输入的内容进行有效性检验。如果测评结果表明，管理平台具备对接口输入内容进行有效性检验的功能、模块说明；在设备搜索条件输入接口输入非法内容，如 SQL 注入等非法内容或无效内容，管理平台会提示输入的内容非法并拒绝执行，则单元判定结果为符合，否则为不符合或部分符合。

【L3-CES1-21/L4-CES1-20 解读和说明】

测评指标"应能发现可能存在的已知漏洞，并在经过充分测试评估后，及时修补漏洞"的主要测评对象是感知节点设备。

测评实施要点包括：通过漏洞扫描、渗透测试等方式核查是否存在高风险漏洞；核查是否在经过充分测试评估后及时修补漏洞。

以视频监控摄像机为例，测评实施步骤主要包括：使用固件分析工具对视频监控摄像机的固件进行分析，核查是否存在高风险漏洞；核查视频监控系统管理平台是否具备对接入的摄像机进行在线固件更新的功能；核查视频监控摄像机是否能够从管理平台处获取漏洞补丁，并及时修补漏洞。如果测评结果表明，视频监控摄像机的固件经过固件分析工具检测不存在高风险漏洞；视频监控系统管理平台具备对接入的摄像机进行在线固件更新的功能；视频监控摄像机能够从管理平台处获取漏洞补丁，并及时修补漏洞，则单元判定结果为符合，否则为不符合或部分符合。

【L3-CES1-22/L4-CES1-21 解读和说明】

测评指标"应能够检测到对重要节点进行入侵的行为，并在发生严重入侵事件时提供报警"的主要测评对象是物联网态势感知平台、威胁情报监测系统等。

测评实施要点包括：访谈并核查是否有入侵检测的措施；核查在发生严重入侵事件时是否提供报警。

以物联网态势感知平台为例，测评实施步骤主要包括：核查态势感知平台是否具有对网络攻击、恶意软件传播、APT 等入侵行为的检测措施；核查使用 APT 模拟工具产生威胁流量后，态势感知平台是否能够识别并提供报警。如果测评结果表明，态势感知平台具有对网络攻击、恶意软件传播、APT 等入侵行为的检测措施，且使用 APT 模拟工具产生威胁流量后，态势感知平台能够识别并提供报警，则单元判定结果为符合，否则为不符合或部分符合。

5. 可信验证

【标准要求】

该控制点第三级包括测评单元 L3-CES1-24，第四级包括测评单元 L4-CES1-23。

【L3-CES1-24 解读和说明】

测评指标"可基于可信根对计算设备的系统引导程序、系统程序、重要配置参数和应用程序等进行可信验证，并在应用程序的关键执行环节进行动态可信验证，在检测到其可信性受到破坏后进行报警，并将验证结果形成审计记录送至安全管理中心"的主要测评对象是感知节点设备。

测评实施要点包括：核查是否基于可信根对计算设备的系统引导程序、系统程序、重要配置参数和应用程序等进行可信验证；核查是否在应用程序的关键执行环节进行动态可信验证；测试验证在检测到计算设备的可信性受到破坏后是否进行报警；核查验证结果是否以审计记录的形式被送至安全管理中心。

以视频监控摄像机为例，测评实施步骤主要包括：核查在视频监控摄像机启动过程中系统引导程序是否对引导的固件通过可信密钥或可信哈希等手段进行可信验证；核查摄像机是否在系统引导、固件更新等关键执行环节对固件进行可信验证；测试使用同版本经过篡改或不完整的固件进行更新或引导，核查摄像机是否进行报警；验证摄像机在尝试加载或更新篡改过的固件时是否将相关操作和报警信息以审计记录的形式送至摄像机管理平台或其他安全管理中心。如果测评结果表明，在视频监控摄像机启动过程中系统引导程序对引导的固件通过可信密钥或可信哈希等手段进行了可信验证；摄像机在系统引导、固件更新等关键执行环节对固件进行了可信验证；在使用同版本经过篡改或不完整的固件进行更新或引导时摄像机报警；将相关操作和报警信息以审计记录的形式送至摄像机管理平台或其他安全管理中心，则单元判定结果为符合，否则为不符合或部分符合。

【L4-CES1-23 解读和说明】

测评指标"可基于可信根对计算设备的系统引导程序、系统程序、重要配置参数和应用程序等进行可信验证，并在应用程序的所有执行环节进行动态可信验证，在检测到其可信性受到破坏后进行报警，并将验证结果形成审计记录送至安全管理中心，并进行动态关联感知"的主要测评对象是感知节点设备。

测评实施要点包括：核查是否基于可信根对计算设备的系统引导程序、系统程序、重要配置参数和应用程序等进行可信验证；核查是否在应用程序的所有执行环节进行动态可信验证；测试验证在检测到计算设备的可信性受到破坏后是否进行报警；核查验证结果是否以审计记录的形式被送至安全管理中心；核查是否能够进行动态关联感知。

以视频监控摄像机为例，测评实施步骤主要包括：核查在视频监控摄像机启动过程中系统引导程序是否对引导的固件通过可信密钥或可信哈希等手段进行可信验证；核查摄像机是否在系统引导、固件更新、应用升级等所有执行环节均对固件或应用程序进行可信验证；测试使用同版本经过篡改或不完整的固件进行更新或引导，核查摄像机是否进行报警；测试使用经过篡改的新版本应用对摄像机进行应用升级，核查摄像机是否进行报警；验证摄像机在尝试加载或更新篡改过的固件时是否将相关操作和报警信息以审计记录的形式送至摄像机管理平台或其他安全管理中心；核查验证结果形成的审计记录是否可以与态势感知平台、威胁情报中心等进行动态关联感知。如果测评结果表明，在视频监控摄像机启动过程中系统引导程序对引导的固件通过可信密钥或可信哈希等手段进行了可信验证；摄像机在系统引导、固件更新、应用升级等所有执行环节均对固件或应用程序进行了可信验证；在使用同版本经过篡改或不完整的固件进行更新或引导时摄像机报警；在使用经过篡改的新版本应用对摄像机进行应用升级时摄像机报警；将相关操作和报警信息以审计记录的形式送至摄像机管理平台或其他安全管理中心；验证结果形成的审计记录可以与态势感知平台、威胁情报中心等进行动态关联感知，则单元判定结果为符合，否则为不符合或部分符合。

6. 数据完整性

【标准要求】

该控制点第三级包括测评单元 L3-CES1-25、L3-CES1-26，第四级包括测评单元 L4-CES1-24、L4-CES1-25、L4-CES1-26。

【L3-CES1-25/L4-CES1-24 解读和说明】

测评指标"应采用校验技术或密码技术保证重要数据在传输过程中的完整性，包括但不限于鉴别数据、重要业务数据、重要审计数据、重要配置数据、重要视频数据和重要个人信息等"的主要测评对象是感知节点设备。

测评实施要点包括：访谈系统管理员，核查系统设计文档，了解鉴别数据、重要业务数据、重要审计数据、重要配置数据、重要视频数据和重要个人信息等在传输过程中是否采用校验技术或密码技术保证完整性；使用工具对通信报文中的鉴别数据、重要业务数据、重要审计数据、重要配置数据、重要视频数据和重要个人信息等进行篡改，查看是否能够检测到数据在传输过程中的完整性受到破坏并及时恢复。

以视频监控摄像机为例，测评实施步骤主要包括：核查视频监控摄像机的系统设计文档，查看其中是否包括对重要数据在传输过程中进行完整性保护的措施，并核查该措施是否采用校验技术或密码技术；尝试在传输过程中对重要数据进行篡改，核查系统是否能够检测到数据在传输过程中的完整性受到破坏。如果测评结果表明，视频监控摄像机采用校验技术或密码技术对重要数据在传输过程中的完整性进行保护，且能够检测到对重要数据在传输过程中的篡改并及时恢复，则单元判定结果为符合，否则为不符合或部分符合。

【L3-CES1-26/L4-CES1-25 解读和说明】

测评指标"应采用校验技术或密码技术保证重要数据在存储过程中的完整性，包括但不限于鉴别数据、重要业务数据、重要审计数据、重要配置数据、重要视频数据和重要个人信息等"的主要测评对象是感知节点设备。

测评实施要点包括：访谈系统管理员，了解鉴别数据、重要业务数据、重要审计数据、重要配置数据、重要视频数据和重要个人信息等在存储过程中是否采用校验技术或密码技术保证完整性；使用工具对通信报文中的鉴别数据、重要业务数据、重要审计数据、重要配置数据、重要视频数据和重要个人信息等进行篡改，查看是否能够检测到数据在存储过程中的完整性受到破坏并及时恢复。

以视频监控摄像机为例，测评实施步骤主要包括：核查视频监控摄像机是否具有对重要数据在存储过程中进行完整性保护的措施，并核查该措施是否采用校验技术或密码技术；核查视频监控摄像机是否可以检测到存储的重要数据被篡改的行为，并具备恢复措施。如果测评结果表明，视频监控摄像机采用校验技术或密码技术对重要数据在存储过程中的完整性进行保护，且能够检测到对存储的重要数据的篡改并及时恢复，则单元判定结果为符合，否则为不符合或部分符合。

【L4-CES1-26 解读和说明】

在物联网环境下，在对测评单元 L4-CES1-26 测评时应依据安全测评通用要求，涉及安全测评通用要求的解读内容参见《网络安全等级保护测评要求（通用要求部分）应用指南》中的测评单元 L4-CES1-26。

7. 数据保密性

【标准要求】

该控制点第三级包括测评单元 L3-CES1-27、L3-CES1-28，第四级包括测评单元 L4-CES1-27、L4-CES1-28。

【L3-CES1-27/L4-CES1-27 解读和说明】

测评指标"应采用密码技术保证重要数据在传输过程中的保密性，包括但不限于鉴别数据、重要业务数据和重要个人信息等"的主要测评对象是感知节点设备。

测评实施要点包括：询问系统管理员是否采用密码技术保证鉴别数据、重要业务数据和重要个人信息等在传输过程中的保密性；尝试通过嗅探等方式抓取传输过程中的数据包，检测鉴别数据、重要业务数据和重要个人信息等在传输过程中是否进行加密处理。

以视频监控摄像机为例，测评实施步骤主要包括：核查视频监控摄像机是否采用密码技术对传输过程中的鉴别数据、重要业务数据和重要个人信息等进行保密性处理；尝试通过嗅探等方式抓取传输过程中的数据包，检测鉴别数据、重要业务数据和重要个人信息等在传输过程中是否进行加密处理。如果测评结果表明，视频监控摄像机采用密码技术保证重要数据在传输过程中的保密性，且通过嗅探网络数据封包验证重要数据在传输过程中进行了加密处理，则单元判定结果为符合，否则为不符合或部分符合。

【L3-CES1-28/L4-CES1-28 解读和说明】

测评指标"应采用密码技术保证重要数据在存储过程中的保密性，包括但不限于鉴别数据、重要业务数据和重要个人信息等"的主要测评对象是感知节点设备。

测评实施要点包括：询问系统管理员是否采用密码技术保证鉴别数据、重要业务数据和重要个人信息等在存储过程中的保密性；核查数据库或配置文件中的相关字段，查看鉴别数据、重要业务数据和重要个人信息等是否加密存储。

以视频监控摄像机为例，测评实施步骤主要包括：核查视频监控摄像机是否采用密码技术对存储在数据库或配置文件中的鉴别数据、重要业务数据和重要个人信息等进行保密性处理；核查数据库或配置文件中的鉴别数据、重要业务数据和重要个人信息等是否加密存储。如果测评结果表明，视频监控摄像机采用密码技术保证重要数据在存储过程中的保密性，且重要数据均加密存储，则单元判定结果为符合，否则为不符合或部分符合。

8. 感知节点设备安全

【标准要求】

该控制点第三级包括测评单元 L3-CES4-01、L3-CES4-02、L3-CES4-03，第四级包括测评单元 L4-CES4-01、L4-CES4-02、L4-CES4-03。

【L3-CES4-01/L4-CES4-01 解读和说明】

测评指标"应保证只有授权的用户可以对感知节点设备上的软件应用进行配置或变更"的主要测评对象是感知节点设备。

测评实施要点包括：核查感知节点设备是否采取一定的技术手段防止非授权用户对设备上的软件应用进行配置或变更；通过接入和控制传感网访问未授权的资源，测试验证感知节点设备的访问控制措施对非法访问和非法使用感知节点设备资源的行为控制是否有效。

以视频监控摄像机为例，测评实施步骤主要包括：核查视频监控摄像机是否只有登录成功后才能进入管理配置界面；核查是否只有授权用户（如安全管理员），才能配置或变更摄像机的软件应用功能和关键配置，如视频流上传地址、管理服务器地址等影响感知节点正常工作的配置，其他非授权用户不能配置或变更；通过仿冒授权网络地址、仿冒授权用户、仿冒授权设备等方式，如用笔记本电脑接入视频监控网络，测试验证是否能够非法访问和非法使用摄像机等感知节点资源。如果测评结果表明，视频监控摄像机只有登录成功后才能进入管理配置界面；只有授权用户才能配置或变更软件应用，其他非授权用户不能配置或变更软件应用；通过仿冒授权网络地址、仿冒授权用户、仿冒授权设备等方式，不能非法访问和非法使用摄像机等感知节点资源，则单元判定结果为符合，否则为不符合或部分符合。

【L3-CES4-02/L4-CES4-02 解读和说明】

测评指标"应具有对其连接的网关节点设备（包括读卡器）进行身份标识和鉴别的能力"的主要测评对象是网关节点设备（包括读卡器）。

测评实施要点包括：核查是否对连接的网关节点设备（包括读卡器）进行身份标识和鉴别，是否配置符合安全策略的参数；测试验证是否存在绕过身份标识和鉴别功能的方法。

以视频监控系统为例，测评实施步骤主要包括：核查在网关节点设备接入网络时，是否对该网关节点设备进行身份标识和鉴别，如核查是否具备唯一的设备编号和设备身份鉴别信息（如设备身份证书、设备鉴别口令等）；核查是否只有接入的网关节点设备符合身份鉴别策略，通过与其他设备的身份标识和鉴别后才允许接入网络；对网关节点设备进行渗透测试，核查是否存在绕过身份标识和鉴别功能的方法。如果测评结果表明，在网关节点设备接入网络时，对该网关节点设备进行了身份标识和鉴别；只有接入的网关节点设备符合身份鉴别策略，通过与其他设备的身份标识和鉴别后才允许接入网络；通过渗透测试验证不存在绕过身份标识和鉴别功能的方法，则单元判定结果为符合，否则为不符合或部分符合。

【L3-CES4-03/L4-CES4-03 解读和说明】

测评指标"应具有对其连接的其他感知节点设备（包括路由节点）进行身份标识和鉴别的能力"的主要测评对象是其他感知节点设备（包括路由节点）。

测评实施要点包括：核查是否对连接的其他感知节点设备（包括路由节点）进行身份标识和鉴别，是否配置符合安全策略的参数；测试验证是否存在绕过身份标识和鉴别功能的方法。

以具有智能组网能力的智慧路灯系统为例，测评实施步骤主要包括：核查在智慧路灯系统进行自组网时是否对互联的其他智慧路灯进行身份标识和鉴别，并配置相关安全策略、参数；通过渗透测试验证是否存在绕过身份标识和鉴别功能的方法。如果测评结果表明，在智慧路灯系统进行自组网时对互联的其他智慧路灯进行了身份标识和鉴别，并配置了相关安全策略、参数；通过渗透测试验证不存在绕过身份标识和鉴别功能的方法，则单元判定结果为符合，否则为不符合或部分符合。

以智能物流系统为例，测评实施步骤主要包括：核查在其他感知节点设备接入网络时，是否对该感知节点设备进行身份标识和鉴别，如核查是否具备唯一的设备编号和设备身份鉴别信息（如设备身份证书、设备鉴别口令等）；核查是否只有接入的其他感知节点设备符合身份鉴别策略，通过与其他设备的身份标识和鉴别后才允许接入网络；对其他感知节点设备进行渗透测试，核查是否存在绕过身份标识和鉴别功能的方法。如果测评结果表明，在其他感知节点设备接入网络时，对该感知节点设备进行了身份标识和鉴别；只有接入的其他感知节点设备符合身份鉴别策略，通过与其他设备的身份标识和鉴别后才允许接入网络；通过渗透测试验证不存在绕过身份标识和鉴别功能的方法，则单元判定结果为符合，否则为不符合或部分符合。

9. 网关节点设备安全

【标准要求】

该控制点第三级包括测评单元 L3-CES4-05、L3-CES4-06、L3-CES4-07、L3-CES4-08，第四级包括测评单元 L4-CES4-05、L4-CES4-06、L4-CES4-07、L4-CES4-08。

【L3-CES4-05/L4-CES4-05 解读和说明】

测评指标"应具备对合法连接设备（包括终端节点、路由节点、数据处理中心）进行标识和鉴别的能力"的主要测评对象是网关节点设备。

测评实施要点包括：核查网关节点设备是否能够对连接设备（包括终端节点、路由节点、数据处理中心）进行标识并配置鉴别功能；测试验证是否存在绕过身份标识和鉴别功能的方法。

以视频监控系统为例，测评实施步骤主要包括：核查视频接入网关节点设备是否能够识别连接设备标识（如设备唯一编号），是否能够利用连接设备身份鉴别信息（如设备数字证书、设备鉴别口令）配置鉴别功能，并进行设备鉴别；测试验证网关节点设备是否只允许经过身份鉴别的合法设备接入；对网关节点设备进行渗透测试，验证是否存在绕过身份标识和鉴别功能的方法。如果测评结果表明，视频接入网关节点设备能够识别连接设备标识，且利用连接设备身份鉴别信息配置鉴别功能，并进行设备鉴别；网关节点设备只允许经过身份鉴别的合法设备接入；通过渗透测试验证不存在绕过身份标识和鉴别功能的方法，则单元判定结果为符合，否则为不符合或部分符合。

【L3-CES4-06/L4-CES4-06 解读和说明】

测评指标"应具备过滤非法节点和伪造节点所发送的数据的能力"的主要测评对象是网关节点设备。

测评实施要点包括：核查是否具备过滤非法节点和伪造节点所发送的数据的能力；测试验证是否能够过滤非法节点和伪造节点所发送的数据。

以视频监控系统为例，测评实施步骤主要包括：核查视频接入网关节点设备是否具备识别非法节点和伪造节点，如非授权接入的摄像机和仿冒摄像机的计算机设备，并过滤其发送的数据的功能；测试验证网关节点设备是否能够过滤非法节点和伪造节点所发送的数据。如果测评结果表明，视频接入网关节点设备具备识别非法节点和伪造节点，并过滤其发送的数据的功能，能够过滤非法节点和伪造节点所发送的数据，则单元判定结果为符合，否则为不符合或部分符合。

【L3-CES4-07/L4-CES4-07 解读和说明】

测评指标"授权用户应能够在设备使用过程中对关键密钥进行在线更新"的主要测评对象是感知节点设备。

测评实施要点包括：核查感知节点设备是否对其关键密钥进行在线更新。

以视频监控摄像机为例，测评实施步骤主要包括：核查视频监控摄像机是否使用密钥，如果使用，则核查是否能够在设备使用过程中对关键密钥（如加密密钥、身份认证密钥）进行在线更新；测试验证视频监控摄像机是否能够在设备使用过程中对关键密钥进行在线更新。如果测评结果表明，视频监控摄像机使用密钥，且能够在设备使用过程中对关键密钥进行在线更新，则单元判定结果为符合，否则为不符合或部分符合。

【L3-CES4-08/L4-CES4-08 解读和说明】

测评指标"授权用户应能够在设备使用过程中对关键配置参数进行在线更新"的主要测评对象是感知节点设备。

测评实施要点包括：核查感知节点设备是否支持对其关键配置参数进行在线更新及在线更新方式是否有效。

以视频监控摄像机为例，测评实施步骤主要包括：核查授权用户通过在线管理平台或远程配置方式是否可以对接入摄像机的 MAC 地址白名单、通信端口白名单等关键配置参数进行在线更新；核查授权用户通过在线管理平台或远程配置方式改变摄像机的关键配置参数后，摄像机能否正确响应。如果测评结果表明，授权用户能够通过在线管理平台或远程配置方式在线更新接入摄像机的 MAC 地址白名单、通信端口白名单等关键配置参数，关键配置参数更新后摄像机按照新参数正确工作，则单元判定结果为符合，否则为不符合或部分符合。

10. 抗数据重放

【标准要求】

该控制点第三级包括测评单元 L3-CES4-09、L3-CES4-10，第四级包括测评单元 L4-CES4-09、L4-CES4-10。

【L3-CES4-09/L4-CES4-09 解读和说明】

测评指标"应能够鉴别数据的新鲜性，避免历史数据的重放攻击"的主要测评对象是感知节点设备。

测评实施要点包括：核查感知节点设备鉴别数据新鲜性的措施是否能够避免历史数据重放；核查物联网处理应用层的应用系统是否能够识别感知节点设备的历史数据重放，并丢弃重放数据；对感知节点设备的历史数据进行重放测试，验证其保护措施是否有效。

以视频监控系统为例，测评实施步骤主要包括：核查视频监控系统的摄像机等感知节点是否对数据使用时间戳或计数标记等措施，避免历史数据重放；核查视频监控系统管理平台是否能够识别感知节点设备的历史数据重放，并丢弃重放数据；对感知节点设备的历史数据进行重放测试，验证其保护措施是否有效。如果测评结果表明，视频监控系统的摄像机等感知节点对数据使用时间戳或计数标记等措施，避免历史数据重放；视频监控系统管理平台能够识别感知节点设备的历史数据重放，并丢弃重放数据；通过重放测试确认其保护措施有效，则单元判定结果为符合，否则为不符合或部分符合。

【L3-CES4-10/L4-CES4-10 解读和说明】

测评指标"应能够鉴别历史数据的非法修改，避免数据的修改重放攻击"的主要测评对象是感知节点设备。

测评实施要点包括：核查感知层是否配备检测感知节点设备的历史数据被非法修改的措施，在检测到数据被修改时是否能够采取必要的恢复措施；测试验证是否能够避免数据的修改重放攻击。

以水质监测系统网关为例，测评实施步骤主要包括：核查水质监测系统网关存储的水质传感器采集数据是否有完整性检测机制，实现对水质数据的完整性检测；核查水质监测系统网关对传输数据是否有完整性校验机制，实现对重要业务数据传输的完整性保护，如校验码、消息摘要、数字签名等；核查水质监测系统是否具有通信延时和中断的处理机制，是否能够避免数据的修改重放攻击。如果测评结果表明，水质监测系统网关存储的水质传感器采集数据有完整性检测机制，实现对水质数据的完整性检测；水质监测系统网关对传输数据有完整性校验机制，实现对重要业务数据传输的完整性保护，如校验码、消息摘要、数字签名等；水质监测系统具有通信延时和中断的处理机制，能够避免数据的修改重放攻击，则单元判定结果为符合，否则为不符合或部分符合。

以视频监控系统为例，测评实施步骤主要包括：核查视频监控系统是否具有检测感知节点设备的历史数据被非法修改的措施，如数据完整性校验等措施，避免历史数据重放；核查视频监控系统在检测到感知节点设备的历史数据被修改时，是否能够采取必要的恢复措施；修改感知节点设备的历史数据，验证其保护措施是否有效。如果测评结果表明，视频监控系统具有检测感知节点设备的历史数据被非法修改的措施；视频监控系统在检测到感知节点设备的历史数据被修改时能够采取必要的恢复措施；通过修改感知节点设备的历史数据，验证其保护措施有效，则单元判定结果为符合，否则为不符合或部分符合。

11. 数据融合处理

【标准要求】

该控制点第三级包括测评单元 L3-CES4-11，第四级包括测评单元 L4-CES4-11、L4-CES4-12。

【L3-CES4-11/L4-CES4-11 解读和说明】

测评指标"应对来自传感网的数据进行数据融合处理，使不同种类的数据可以在同一个平台被使用"的主要测评对象是业务应用系统。

测评实施要点包括：核查是否提供对来自传感网的数据进行数据融合处理的功能；测

试验证数据融合处理功能是否能够处理不同种类的数据。

以智慧城市环境监测系统为例，测评实施步骤主要包括：核查业务应用系统是否提供对来自传感网的多种数据（如气象感知设备、交通流量感知设备、视频感知设备等上报的数据）进行数据融合处理的功能；核查业务应用系统是否对来自传感网的多种数据进行数据融合处理。如果测评结果表明，业务应用系统具有对多种数据融合处理的功能，能够对来自传感网的多种数据正确进行数据融合处理，则单元判定结果为符合，否则为不符合或部分符合。

以智慧机房监控系统为例，测评实施步骤主要包括：核查网关节点设备或业务应用系统是否提供对来自传感网的多种数据（如烟感、温湿度传感器、水浸控制器等上报的数据）进行数据融合处理的功能；测试验证网关节点设备或业务应用系统是否对来自传感网的多种数据进行数据融合处理。如果测评结果表明，网关节点设备或业务应用系统具有对多种数据融合处理的功能，能够对来自传感网的多种数据正确进行数据融合处理，则单元判定结果为符合，否则为不符合或部分符合。

【L4-CES4-12 解读和说明】

测评指标"应对不同数据之间的依赖关系和制约关系等进行智能处理，如一类数据达到某个门限时可以影响对另一类数据采集终端的管理指令"的主要测评对象是业务应用系统。

测评实施要点包括：核查是否能够智能处理不同数据之间的依赖关系和制约关系。

以智能楼宇消防系统为例，测评实施步骤主要包括：核查智能楼宇消防系统管理平台是否对系统包含的多种感知设备（如温度感知设备、烟雾感知设备、自动阀门等）相关感知数据围绕火警监测中的关系进行智能处理，且当某些数据（如温度、烟雾浓度）达到门限时，依据火情预测结果自动控制对应区域的消防设备以进行应对。如果测评结果表明，智能楼宇消防系统管理平台对系统包含的多种感知设备（如温度感知设备、烟雾感知设备、自动阀门等）相关感知数据围绕火警监测中的关系进行智能处理，且当某些数据（如温度、烟雾浓度）达到门限时，依据火情预测结果自动控制对应区域的消防设备以进行应对，则单元判定结果为符合，否则为不符合或部分符合。

3.3.5 安全管理中心

在对物联网的"安全管理中心"测评时应依据安全测评通用要求，涉及安全测评通用要求的解读内容参见《网络安全等级保护测评要求（通用要求部分）应用指南》中的"安全管理中心"。由于物联网的特点，本节列出了部分安全测评通用要求在物联网环境下的个性化解读内容。

1. 系统管理

【标准要求】

该控制点第三级包括测评单元 L3-SMC1-01、L3-SMC1-02，第四级包括测评单元 L4-SMC1-01、L4-SMC1-02。

【L3-SMC1-01/L4-SMC1-01 解读和说明】

测评指标"应对系统管理员进行身份鉴别，只允许其通过特定的命令或操作界面进行系统管理操作，并对这些操作进行审计"的主要测评对象是感知节点统一管理系统，网络设备统一管理系统，为安全策略、恶意代码、补丁升级等安全相关事项提供集中管理功能的系统等，如 SOC、堡垒机、安全管理系统、日志审计平台等。

测评实施要点包括：核查是否对感知节点统一管理系统、网络设备统一管理系统、SOC、堡垒机、安全管理系统、日志审计平台等的系统管理员进行身份鉴别；核查是否只允许系统管理员通过特定的命令或操作界面进行系统管理操作，且没有其他绕过该系统的操作方式；核查是否对系统管理操作进行审计，审计内容是否覆盖所有管理操作。

以视频监控系统的摄像机管理系统为例，测评实施步骤主要包括：访谈系统管理员，核查摄像机管理系统是否对系统管理员进行身份鉴别，如是否采用"用户名+口令"方式，是否结合采用硬件 Key、生物特征等方式，是否提供双因素鉴别方式，并对鉴别方式进行测试验证，确认实际使用的鉴别方式；核查是否只允许系统管理员通过特定的命令或操作界面进行系统管理操作，核查是否有其他绕过该系统的操作方式，如核查系统管理员是否可以登录数据库系统对感知节点的相关信息进行设置或更改等；核查摄像机管理系统是否提供审计功能，核查能够审计的事件是否全面，审计信息是否全面。如果测评结果表明，摄像机管理系统提供了系统管理员的身份鉴别功能，只允许系统管理员通过特定的命令或操作界面进行系统管理操作，没有其他绕过该系统的操作方式，且通过系统自身或日志审计平台等为系统管理操作提供了全面的审计功能，则单元判定结果为符合，否则为不符合或部分符合。

【L3-SMC1-02/L4-SMC1-02 解读和说明】

测评指标"应通过系统管理员对系统的资源和运行进行配置、控制和管理，包括用户身份、资源配置、系统加载和启动、系统运行的异常处理、数据和设备的备份与恢复等"的主要测评对象是感知节点统一管理系统，网络设备统一管理系统，为安全策略、恶意代码、补丁升级等安全相关事项提供集中管理功能的系统等，如 SOC、堡垒机、安全管理系统、日志审计平台等。

测评实施要点包括：访谈系统管理员，了解系统资源和运行的配置、控制和管理情况，包括用户身份、资源配置、系统加载和启动、系统运行的异常处理、数据和设备的备份与恢复等操作的具体实施方式、操作人员角色；核查提供这些管理功能的系统中包含的操作人员及权限，确认是否均为系统管理员拥有管理权限，是否存在其他非管理员使用管理账户进行操作的情况；核查这些操作的具体日志中是否已记录所有操作内容，这些操作是否均由系统管理员实施。

以视频监控系统的摄像机管理系统为例，测评实施步骤主要包括：访谈系统管理员，了解用户身份、资源配置、系统加载和启动、系统运行的异常处理、数据和设备的备份与恢复等操作的具体实施方式、操作人员角色；核查摄像机管理系统中包含的操作人员及权限，确认是否均为系统管理员拥有管理权限，是否存在其他非管理员使用管理账户进行操作的情况；测试验证实施用户身份、资源配置、系统加载和启动、系统运行的异常处理、数据和设备的备份与恢复等操作后，这些操作的具体日志中是否已记录所有操作内容，是否正确记录实施人员和时间。如果测评结果表明，对系统的资源和运行进行配置、控制和管理，包括用户身份、资源配置、系统加载和启动、系统运行的异常处理、数据和设备的备份与恢复等仅通过系统管理员实施，且提供全面的审计功能，则单元判定结果为符合，否则为不符合或部分符合。

2. 审计管理

【标准要求】

该控制点第三级包括测评单元 L3-SMC1-03、L3-SMC1-04，第四级包括测评单元 L4-SMC1-03、L4-SMC1-04。

【L3-SMC1-03/L4-SMC1-03 解读和说明】

测评指标"应对审计管理员进行身份鉴别，只允许其通过特定的命令或操作界面进行安全审计操作，并对这些操作进行审计"的主要测评对象是感知节点统一管理系统，网络设备统一管理系统，为安全策略、恶意代码、补丁升级等安全相关事项提供集中管理功能的系统等，如 SOC、堡垒机、安全管理系统等。

测评实施要点包括：核查感知节点统一管理系统、网络设备统一管理系统、SOC、堡垒机、安全管理系统等是否提供审计功能，是否设置专门的审计管理员，是否对审计管理员进行身份鉴别；测试验证感知节点统一管理系统、网络设备统一管理系统、SOC、堡垒机、安全管理系统的审计功能是否仅审计管理员有权查看、管理，核查是否只允许审计管理员通过特定的命令或操作界面进行安全审计操作；测试验证审计管理员登录审计系统并进行查看、备份、清空（如有）等操作后，是否有相关的操作记录。

以视频监控系统的摄像机管理系统为例，测评实施步骤主要包括：访谈系统管理员，核查摄像机管理系统是否提供审计功能，是否设置专门的审计管理员，是否对审计管理员进行身份鉴别；核查摄像机管理系统如何实现其审计功能，如果摄像机管理系统自身带有审计功能，则核查是否仅审计管理员有权查看、管理，并且没有其他方式可以操作审计数据，如审计管理员不应具备数据库管理权限，不能直接对数据库中的审计数据进行操作，若将审计数据发送至第三方审计平台，则日志审计平台的管理员与摄像机管理系统的管理员不兼任；测试验证审计管理员登录审计系统并进行查看、备份、清空（如有）等操作后，是否有相关的操作记录。如果测评结果表明，摄像机管理系统设置了专门的审计管理员，对审计管理员进行了身份鉴别，没有其他绕过该系统的操作方式，且通过系统自身或日志审计平台等为安全审计操作提供了全面的审计功能，则单元判定结果为符合，否则为不符合或部分符合。

【L3-SMC1-04/L4-SMC1-04 解读和说明】

测评指标"应通过审计管理员对审计记录进行分析，并根据分析结果进行处理，包括根据安全审计策略对审计记录进行存储、管理和查询等"的主要测评对象是感知节点统一管理系统，网络设备统一管理系统，为安全策略、恶意代码、补丁升级等安全相关事项提供集中管理功能的系统等，如 SOC、堡垒机、安全管理系统等产生的审计记录。

测评实施要点包括：核查感知节点统一管理系统、网络设备统一管理系统、SOC、堡垒机、安全管理系统等是否提供审计功能，是否设置专门的审计管理员；了解是否仅由审计管理员定期对审计记录进行分析，是否根据分析结果进行处理，包括根据安全审计策略对审计记录进行存储、管理和查询等。

以视频监控系统的摄像机管理系统为例，测评实施步骤主要包括：访谈系统管理员，核查摄像机管理系统是否提供审计功能，是否设置专门的审计管理员；了解是否仅由审计管理员定期对审计记录进行分析，是否根据分析结果进行处理，包括根据安全审计策略对审计记录进行存储、管理和查询等。如果测评结果表明，摄像机管理系统设置了专门的审计管理员，仅由审计管理员定期对审计记录进行分析，并根据分析结果进行处理，包括根据安全审计策略对审计记录进行存储、管理和查询等，则单元判定结果为符合，否则为不符合或部分符合。

3. 安全管理

【标准要求】

该控制点第三级包括测评单元 L3-SMC1-05、L3-SMC1-06，第四级包括测评单元 L4-SMC1-05、L4-SMC1-06。

【L3-SMC1-05/L4-SMC1-05 解读和说明】

测评指标"应对安全管理员进行身份鉴别，只允许其通过特定的命令或操作界面进行安全管理操作，并对这些操作进行审计"的主要测评对象是感知节点统一管理系统，网络设备统一管理系统，为安全策略、恶意代码、补丁升级等安全相关事项提供集中管理功能的系统等，如 SOC、堡垒机、安全管理系统等。

测评实施要点包括：核查提供集中管理功能的感知节点统一管理系统、网络设备统一管理系统、SOC、堡垒机、安全管理系统等是否设置安全管理员，是否对安全管理员进行身份鉴别；核查是否只允许安全管理员通过特定的命令或操作界面进行安全管理操作，如安全策略设置、补丁下发、防恶意代码库升级等操作，且没有其他绕过该系统的操作方式；核查是否对安全管理操作进行审计，审计内容是否覆盖安全策略设置、补丁下发、防恶意代码库升级等事件。

以视频监控系统的摄像机管理系统为例，测评实施步骤主要包括：访谈安全管理员，核查摄像机管理系统是否对安全管理员进行身份鉴别，如是否采用"用户名+口令"方式，是否结合采用硬件 Key、生物特征等方式，并对鉴别方式进行测试验证，确认实际使用的鉴别方式；核查是否只允许安全管理员通过管理系统操作界面进行安全管理操作，核查是否有其他绕过该系统的操作方式，如核查安全管理员是否可以登录数据库系统对感知节点的相关信息进行设置或更改等；访谈审计管理员，核查摄像机管理系统是否提供审计功能，核查是否能够审计所有安全管理操作，如摄像机认证信息修改、IP 地址修改等，审计信息是否全面。如果测评结果表明，摄像机管理系统提供了安全管理员的身份鉴别功能，只允许安全管理员通过管理系统操作界面进行安全管理操作，没有其他绕过该系统的操作方式，且为系统安全管理操作提供了全面的审计功能，则单元判定结果为符合，否则为不符合或部分符合。

【L3-SMC1-06 解读和说明】

测评指标"应通过安全管理员对系统中的安全策略进行配置，包括安全参数的设置，对主体、客体进行统一安全标记，对主体进行授权，配置可信验证策略等"的主要测评对象是感知节点统一管理系统，网络设备统一管理系统，为安全策略、恶意代码、补丁升级等安全相关事项提供集中管理功能的系统等，如 SOC、堡垒机、安全管理系统、日志审计平台等。

测评实施要点包括：核查提供集中管理功能的感知节点统一管理系统、网络设备统一管理系统、SOC、堡垒机、安全管理系统、日志审计平台等是否由安全管理员对系统中的安全策略进行配置，包括安全参数的设置，对主体、客体进行统一安全标记，对主体进行授权，配置可信验证策略等。

以视频监控系统的摄像机管理系统为例，测评实施步骤主要包括：核查摄像机管理系统是否由安全管理员对系统中的安全策略进行配置，包括安全参数的设置，对主体、客体进行统一安全标记，对主体进行授权，配置可信验证策略等。如果测评结果表明，安全参数的设置，对主体、客体进行统一安全标记，对主体进行授权，配置可信验证策略等操作由安全管理员实施，则单元判定结果为符合，否则为不符合或部分符合。

【L4-SMC1-06 解读和说明】

测评指标"应通过安全管理员对系统中的安全策略进行配置，包括安全参数的设置，对主体、客体进行统一安全标记，对主体进行授权，配置可信验证策略等"的主要测评对象是感知节点统一管理系统，网络设备统一管理系统，为安全策略、恶意代码、补丁升级等安全相关事项提供集中管理功能的系统等，如 SOC、堡垒机、安全管理系统、日志审计平台等。

测评实施要点包括：核查提供集中管理功能的感知节点统一管理系统、网络设备统一管理系统、SOC、堡垒机、安全管理系统、日志审计平台等是否设置专门的安全管理员，是否了解包括安全参数的设置，对主体、客体进行统一安全标记，对主体进行授权，配置可信验证策略等操作的具体实施方式；核查提供这些安全管理功能的系统中包含的操作人员及权限，了解是否均为安全管理员拥有安全策略配置权限，是否存在其他非安全管理员使用安全管理员账号进行操作的情况；核查这些操作的具体日志中是否记录所有的操作内容，是否均由安全管理员实施。

以视频监控系统的摄像机管理系统为例，测评实施步骤主要包括：访谈安全管理员，了解摄像机安全参数的设置、摄像机管理权限的设置及授权是否均由安全管理员实施，以及操作的具体实施方式；核查摄像机管理系统中包含的操作人员及权限，了解所有安全管理权限是否仅安全管理员拥有，是否存在其他非安全管理员使用安全管理员账号进行操作的情况；测试验证实施摄像机安全参数的设置、摄像机管理权限的设置及授权等操作后，这些操作的具体日志中是否记录所有的操作内容，是否正确记录实施人员和时间。如果测评结果表明，安全参数的设置，对主体、客体进行统一安全标记，对主体进行授权，配置可信验证策略等操作由安全管理员实施，且提供全面的审计功能，则单元判定结果为符合，否则为不符合或部分符合。

4. 集中管控

【标准要求】

该控制点第三级包括测评单元 L3-SMC1-07、L3-SMC1-08、L3-SMC1-09、L3-SMC1-10、L3-SMC1-11、L3-SMC1-12，第四级包括测评单元 L4-SMC1-07、L4-SMC1-08、L4-SMC1-09、L4-SMC1-10、L4-SMC1-11、L4-SMC1-12、L4-SMC1-13。

【L3-SMC1-07/L4-SMC1-07 解读和说明】

测评指标"应划分出特定的管理区域，对分布在网络中的安全设备或安全组件进行管控"的主要测评对象是网络全局，在测评实施中应根据物联网系统的实际情况，对网络拓扑整体情况进行核查，既包括防火墙、IDS、堡垒机等常规安全设备，又包括近场通信感知节点、边缘节点的安全防护设备等。

测评实施要点包括：对于系统后台，核查是否划分出单独的网络区域用于部署防火墙、

IDS、堡垒机、网络准入系统、日志审计系统等；对于每个边缘节点网关，核查是否通过网关设置隔离区域，放置安全设备；核查防火墙、IDS、堡垒机、网络准入系统、日志审计系统等是否被集中部署在单独的网络区域内；核查边缘节点的安全防护设备是否被部署在指定的隔离区域内。

以视频监控系统的摄像机管理系统为例，测评实施步骤主要包括：核查系统后端是否划分出单独的网络区域用于部署防火墙、IDS、堡垒机、网络准入系统、日志审计系统等；对于每个信息采集集中汇聚的区域，核查是否通过网关设置隔离区域，放置安全设备；核查防火墙、IDS、堡垒机、网络准入系统、日志审计系统等是否被集中部署在单独的网络区域内；核查边缘节点的安全防护设备是否被部署在指定的隔离区域内。如果测评结果表明，系统后端划分出单独的网络区域，且边缘区域也设置了专门区域，用于集中部署安全设备或安全组件，则单元判定结果为符合，否则为不符合或部分符合。

【L3-SMC1-08/L4-SMC1-08 解读和说明】

测评指标"应能够建立一条安全的信息传输路径，对网络中的安全设备或安全组件进行管理"的主要测评对象是路由器、交换机、防火墙、网关节点等。

测评实施要点包括：访谈安全管理员，核查是否能够对网络中的安全设备或安全组件，如防火墙、IDS、堡垒机、网络准入系统、日志审计系统等，建立一条安全的信息传输路径（如 SSH、HTTPS、IPSec 等）并进行管理；核查是否存在其他绕过安全的信息传输路径的方式对安全设备或安全组件进行管理。

以视频监控系统的摄像机管理系统为例，测评实施步骤主要包括：访谈安全管理员，了解系统后端的防火墙、IDS、堡垒机、网络准入系统、日志审计系统等使用的传输协议，测试验证是否采用安全方式（如 SSH、HTTPS、IPSec 等）对安全设备或安全组件进行管理，是否存在其他方式对安全设备或安全组件进行管理，如仍然打开 Telnet 端口对设备进行维护；对于边缘区域，测试验证是否采用安全的连接方式对安全设备或安全组件进行管理；了解系统后端是否建立独立的带外管理网络对防火墙、IDS、堡垒机、网络准入系统、日志审计系统等进行管理，日常运维是否均通过带外管理网络进行。如果测评结果表明，该系统通过安全的连接方式建立了一条安全的信息传输路径，对网络中的安全设备或安全组件进行管理，并设置了单独的带外管理网络，则单元判定结果为符合，否则为不符合或部分符合。

【L3-SMC1-09/L4-SMC1-09 解读和说明】

测评指标"应对网络链路、安全设备、网络设备和服务器等的运行状况进行集中监测"的主要测评对象是综合网管系统、服务器监测系统、感知节点统一管理系统等。

测评实施要点包括：访谈系统管理员，核查是否部署具备运行状况监测功能的系统或设备，是否能够对网络链路、路由器、交换机、防火墙、网关节点、感知设备和服务器等的运行状况进行集中监测，如是否配置流量监控系统对网络设备的运行状况、网络流量进行监测，是否对安全设备、网络设备、服务器的 CPU 与内存等进行监测，是否配置阈值超限报警功能；对于感知设备及边缘节点，核查是否部署具有运行状况监测功能的系统或设备，是否能够对感知设备及边缘节点的运行状况进行监测；测试验证运行状况监测系统是否根据网络链路、安全设备、网络设备、网关节点、感知设备和服务器等的工作状态，依据设定的阈值报警，阈值设置是否合理，是否能够通过短信、邮件等方式报警。

以视频监控系统的摄像机管理系统为例，测评实施步骤主要包括：访谈系统管理员，了解系统后端是否部署运行状况监测系统对网络链路、安全设备、网络设备的运行状况、网络流量进行监测，是否对服务器的 CPU 与内存等进行监测，是否对应用系统、数据库的运行状况进行监测，是否配置阈值超限报警功能，阈值设置是否合理，是否能够通过短信、邮件等方式报警；对于感知设备及边缘节点，核查是否部署具有运行状况监测功能的系统或设备，是否能够对感知设备及边缘节点的运行状况进行监测，是否有对边缘区域流量的监控，是否能够将监测数据传回后端，一旦发现流量异常，是否能够通过边缘网关节点及系统后端报警。如果测评结果表明，系统后端及边缘节点部署了具有运行状况监测功能的系统或设备，能够对网络链路、安全设备、网络设备、网关节点、感知设备和服务器等的运行状况进行集中监测，并能够根据状态或设定的阈值实时报警，则单元判定结果为符合，否则为不符合或部分符合。

【L3-SMC1-10/L4-SMC1-10 解读和说明】

测评指标"应对分散在各个设备上的审计数据进行收集汇总和集中分析，并保证审计记录的留存时间符合法律法规要求"的主要测评对象是综合安全审计系统、数据库审计系统、堡垒机等。

测评实施要点包括：访谈系统管理员，了解是否部署统一的日志审计系统，是否统一收集路由器、交换机、防火墙、网关节点和服务器等的日志数据；核查网络设备、安全设备、服务器、数据库等是否配置并启用相关策略,将审计数据实时发送到独立于设备自身的综合安全审计系统中;核查综合安全审计系统、数据库审计系统、堡垒机等是否配置并启用相关策略,统一收集和存储各设备日志,并定期对审计数据进行集中分析和处理;核查综合安全审计系统、数据库审计系统、堡垒机等的审计记录留存时间是否至少为 6 个月,是否对日志进行备份,备份的频率及方式能否保证数据不会丢失。

以视频监控系统的摄像机管理系统为例,测评实施步骤主要包括:访谈系统管理员,了解系统后端是否部署统一的日志审计系统,是否统一收集路由器、交换机、防火墙、网关节点和服务器等的日志数据;核查网络设备、安全设备、服务器、数据库等是否配置并启用相关策略,将审计数据实时发送到综合安全审计系统中;对于视频设备,核查是否开启设备日志,是否有统一的日志收集管理系统,是否能够实时收集视频监控设备的操作日志;核查综合安全审计系统、数据库审计系统、堡垒机等是否配置并启用相关策略,统一收集和存储各设备日志,并定期对审计数据进行集中分析和处理;核查综合安全审计系统、数据库审计系统、堡垒机等的审计记录留存时间是否至少为 6 个月,是否对日志进行备份,备份的频率及方式能否保证数据不会丢失;核查视频监控设备的操作日志能否保存在边缘网关节点及系统后端,边缘网关节点及后端日志均应保存 6 个月以上,并有合适的备份策略。如果测评结果表明,能够通过综合安全审计系统、数据库审计系统、堡垒机等对分散在各个设备上的审计数据进行收集汇总和集中分析,并采取充分的备份措施,保证审计记录的留存时间为 6 个月以上,则单元判定结果为符合,否则为不符合或部分符合。

【L3-SMC1-11/L4-SMC1-11 解读和说明】

测评指标“应对安全策略、恶意代码、补丁升级等安全相关事项进行集中管理”的主要测评对象是感知节点统一管理系统,网络设备统一管理系统,为安全策略、恶意代码、补丁升级等安全相关事项提供集中管理功能的系统等,如 SOC、堡垒机、安全管理系统等。

测评实施要点包括:访谈安全管理员,了解安全策略(如防火墙访问控制策略、入侵保护系统防范策略、WAF 安全防护策略等)是否通过集中方式进行管理,如统一由安全管理员通过安全管理系统进行设置,并通过查看安全管理系统的策略设置及日志记录验证;了解操作系统的防恶意代码系统及网络恶意代码防护设备是否通过集中方式进行管理,核查主机安装的恶意代码查杀系统是否支持统一升级功能,核查操作系统的防恶意代码系统及网络恶意代码防护设备是否由安全管理员集中配置；核查是否对各个操作系统、网络设备、感知节点的补丁升级进行集中管理，使用的具体产品及方式是什么，是否定期核查需要升级的补丁，并在升级前进行安全评估；核查是否由安全管理员通过统一的 SOC 对设备的补丁升级进行管理。

以视频监控系统的摄像机管理系统为例，测评实施步骤主要包括：访谈安全管理员，了解边缘网关节点的安全策略是否通过集中方式进行管理，包括网络层访问控制措施、IDS 入侵防范策略设置等，是否统一由安全管理员通过感知节点统一管理系统进行设置，并通过查看感知节点统一管理系统的策略设置及日志记录验证；了解操作系统的防恶意代码系统及网络恶意代码防护设备是否通过集中方式进行管理，核查是否支持统一升级功能，是否可在系统后端或各区域节点统一由安全管理员集中配置；核查是否对各个操作系统、网络设备、感知节点的补丁升级进行集中管理，使用的具体产品及方式是什么，是否定期核查需要升级的补丁，并在升级前进行安全评估；核查是否由安全管理员通过边缘节点或统一运维平台对设备的补丁升级进行管理。如果测评结果表明，该系统能够通过感知节点统一管理系统、网络设备统一管理系统等对安全策略、恶意代码、补丁升级等安全相关事项进行集中管理，则单元判定结果为符合，否则为不符合或部分符合。

【 L3-SMC1-12/L4-SMC1-12 解读和说明 】

测评指标"应能对网络中发生的各类安全事件进行识别、报警和分析"的主要测评对象是感知节点统一管理系统、网络设备统一管理系统等。

测评实施要点包括：访谈系统管理员，核查是否部署具备安全事件分析功能的系统或设备，如态势感知平台、威胁分析平台、Web 防火墙等，是否能够对所有请求中夹杂的 CC（挑战黑洞）攻击、Web 攻击、爬虫、机器刷单等安全事件进行识别，并通过声、光、短信等方式报警；访谈安全管理员，核查相关处理记录中是否及时对安全事件报警进行分析和处理，是否有相关的处理记录、安全事件分析报告等；了解系统的数据流，核查态势感知平台、威胁分析平台、Web 防火墙等安全管理设备是否能够覆盖所有关键数据流，如互联网数据收集路径、VPN 或其他专线数据上传路径、企业子网等数据传输路径，以及各感知节点数据上传及指令下发的传输路径等。

以视频监控系统的摄像机管理系统为例，测评实施步骤主要包括：访谈系统管理员，了解视频设备监控节点是否部署具备安全事件分析功能的系统或设备，如态势感知平台、威胁分析平台、Web 防火墙等，是否能够对设备发起的请求中夹杂的 DDoS 攻击、恶意代码等进行识别，并通过声、光、短信等方式报警；访谈安全管理员，核查相关处理记录中是否及时对安全事件报警进行分析和处理，是否有相关的处理记录、安全事件分析报告等；了解视频监控系统的数据流，包括各边缘区域监控设备向区域网关传送的数据，核查网关节点是否能够通过态势感知平台、威胁分析平台、Web 防火墙等识别攻击流量，并进行报警或阻断，核查系统后端是否能够通过态势感知平台、威胁分析平台、Web 防火墙等监控到所有边缘网关传送的数据，识别恶意流量，并定位恶意流量来自哪些边缘节点，或者采取阻断措施。如果测评结果表明，系统后端及边缘节点能够对网络中发生的各类安全事件进行识别，并提供实时报警功能，及时分析恶意流量或采取阻断措施，则单元判定结果为符合，否则为不符合或部分符合。

【L4-SMC1-13 解读和说明】

测评指标"应保证系统范围内的时间由唯一确定的时钟产生，以保证各种数据的管理和分析在时间上的一致性"的主要测评对象是感知节点统一管理系统，网络设备统一管理系统，为安全策略、恶意代码、补丁升级等安全相关事项提供集中管理功能的系统等，如SOC、堡垒机、安全管理系统、日志审计平台等。

测评实施要点包括：核查提供集中管理功能的感知节点统一管理系统、网络设备统一管理系统、SOC、堡垒机、安全管理系统、日志审计平台等，以及其集中管控下的各个相关设备，如感知节点设备、网关节点设备、网络设备、服务器等，是否均使用唯一确定的时钟源。

以视频监控系统的摄像机管理系统为例，测评实施步骤主要包括：核查摄像机管理系统及其集中管控下的网络硬盘录像机、摄像机等是否均使用唯一确定的时钟源。如果测评结果表明，摄像机管理系统及其集中管控下的各个相关设备均使用唯一确定的时钟源，则单元判定结果为符合，否则为不符合或部分符合。

3.3.6　安全管理制度

在对物联网的"安全管理制度"测评时应依据安全测评通用要求，涉及安全测评通用要求的解读内容参见《网络安全等级保护测评要求（通用要求部分）应用指南》中的"安全管理制度"。

3.3.7　安全管理机构

在对物联网的"安全管理机构"测评时应依据安全测评通用要求，涉及安全测评通用要求的解读内容参见《网络安全等级保护测评要求（通用要求部分）应用指南》中的"安全管理机构"。

3.3.8　安全管理人员

在对物联网的"安全管理人员"测评时应依据安全测评通用要求，涉及安全测评通用要求的解读内容参见《网络安全等级保护测评要求（通用要求部分）应用指南》中的"安全管理人员"。

3.3.9　安全建设管理

在对物联网的"安全建设管理"测评时应依据安全测评通用要求，涉及安全测评通用要求的解读内容参见《网络安全等级保护测评要求（通用要求部分）应用指南》中的"安全建设管理"。

3.3.10　安全运维管理

在对物联网的"安全运维管理"测评时应同时依据安全测评通用要求和安全测评扩展要求，其中涉及安全测评通用要求的解读内容参见《网络安全等级保护测评要求（通用要求部分）应用指南》中的"安全运维管理"，安全测评扩展要求的解读内容参见本节。

感知节点管理

【标准要求】

该控制点第三级包括测评单元 L3-MMS4-01、L3-MMS4-02、L3-MMS4-03，第四级包括测评单元 L4-MMS4-01、L4-MMS4-02、L4-MMS4-03。

【L3-MMS4-01/L4-MMS4-01 解读和说明】

测评指标"应指定人员定期巡视感知节点设备、网关节点设备的部署环境，对可能影响感知节点设备、网关节点设备正常工作的环境异常进行记录和维护"的主要测评对象是感知节点设备和网关节点设备的巡检、环境异常及维护记录，较典型的测评对象是感知设备资产管理系统中关于巡检、异常、故障及维护记录的相关页面。

测评实施要点包括：访谈系统负责人，了解是否有专门的人员对感知节点设备、网关节点设备进行定期维护，明确维护周期及维护责任人；核查感知节点设备、网关节点设备的维护记录，确认维护记录中是否包含维护日期、当次维护人、维护设备信息、故障原因、维护结果等关键内容；核查维护记录中的维护日期间隔是否符合从系统负责人处了解的维护周期。

以视频监控系统为例，测评实施步骤主要包括：访谈系统负责人，了解是否对视频监控摄像机进行定期维护，明确维护周期及维护责任人；核查视频监控系统的维护记录中是否包含维护日期、当次维护人、维护设备信息，如当次维护记录中应包含故障设备的维护，还应核查维护记录中是否包含故障原因和维护结果等关键内容；核查视频监控系统的维护记录中对同一设备两次维护记录的最长间隔是否不长于在与系统负责人的访谈中了解的维护周期。如果测评结果表明，系统负责人能够提供对视频监控摄像机进行定期维护及维护周期、维护责任人的信息，维护记录中包含维护日期、当次维护人、维护设备信息、故障原因、维护结果等关键内容，且维护记录与系统负责人提供的信息相符合，则单元判定结果为符合，否则为不符合或部分符合。

【L3-MMS4-02/L4-MMS4-02 解读和说明】

测评指标"应对感知节点设备、网关节点设备入库、存储、部署、携带、维修、丢失和报废等过程作出明确规定，并进行全程管理"的主要测评对象是感知节点设备、网关节点设备的安全管理文档，较典型的测评对象是物联网设备管理办法或固定资产管理办法中的物联网感知节点设备相关部分。

测评实施要点包括：核查文档中对感知节点设备、网关节点设备入库、存储、部署、携带、维修、丢失和报废等过程是否有相关管理规定；核查文档中对感知节点设备、网关节点设备入库、存储、部署、携带、维修、丢失和报废等过程是否有相关清晰的流程说明；核查文档中对感知节点设备、网关节点设备的管理过程是否有要求，对入库、存储、部署、携带、维修、丢失和报废等过程是否有明确到责任人的记录；对于远程维护设备的，核查是否有远程维护安全规范。

以某资产管理文档中对感知节点设备、网关节点设备的资产管理为例，测评实施步骤主要包括：核查文档中对感知节点设备、网关节点设备入库、存储、部署、携带（运输）、维修、丢失和报废等过程是否有相关管理规定；核查感知节点设备、网关节点设备入库、存储、部署、携带（运输）、维修、丢失和报废等过程，确认是否对每个过程制定可明确到责任人的具体流程和记录要求；核查感知节点设备、网关节点设备入库、存储、部署、携带（运输）、维修、丢失和报废等过程的信息记录，确认是否可以对设备的生命周期实现完整回溯，相关过程的记录信息中是否包含具体责任人的信息。如果测评结果表明，资产管理文档中对感知节点设备、网关节点设备入库、存储、部署、携带（运输）、维修、丢失和报废等过程说明了管理规定；对感知节点设备、网关节点设备入库、存储、部署、携带（运输）、维修、丢失和报废等过程的具体流程进行了说明并要求记录；经过与实际记录信息的对比，可对感知节点设备、网关节点设备的生命周期实现完整回溯，相关过程的记录信息中包含具体责任人的信息，则单元判定结果为符合，否则为不符合或部分符合。

【L3-MMS4-03/L4-MMS4-03 解读和说明】

测评指标"应加强对感知节点设备、网关节点设备部署环境的保密性管理，包括负责检查和维护的人员调离工作岗位应立即交还相关检查工具和检查维护记录等"的主要测评对象是感知节点设备、网关节点设备的管理文档。

测评实施要点包括：核查感知节点设备、网关节点设备的管理文档中是否包括负责检查和维护的人员调离工作岗位须立即交还相关检查工具和检查维护记录等内容；核查感知节点设备、网关节点设备的管理文档中是否有对设备部署环境的相关保密性管理要求；核查感知节点设备、网关节点设备部署环境的相关记录是否符合保密性管理要求。

以某资产管理规定中对感知节点设备的相关管理文档为例，测评实施步骤主要包括：核查资产管理规定中是否说明负责感知节点设备、网关节点设备检查和维护的人员调离工作岗位须立即交还相关检查工具和检查维护记录；核查资产管理规定中是否对感知节点设备、网关节点设备的部署环境进行保密性管理要求，如对相关文档设定保密级别、对信息系统中的相关信息设置特殊权限等；核查包含感知节点设备、网关节点设备部署环境信息的相关文档或信息系统的相关内容，确认是否对相关文档设定保密级别，是否对信息系统中的相关信息设置特殊权限等。如果测评结果表明，资产管理规定中对负责感知节点设备、网关节点设备检查和维护的人员调离工作岗位须立即交还相关检查工具和检查维护记录进行了说明；资产管理规定中对感知节点设备、网关节点设备的部署环境进行了保密性管理要求，如对相关文档设定了保密级别、对信息系统中的相关信息设置了特殊权限；经过对相关文档或信息系统的核查，确认符合资产管理规定中的保密性管理要求，则单元判定结果为符合，否则为不符合或部分符合。

3.4　典型应用案例

3.4.1　被测系统描述

高速公路联网收费系统由收费公路联网结算管理中心（以下简称"部联网中心"）、省（区、市）联网结算管理中心（以下简称"省联网中心"）、省内区域中心/路段中心（路公司）、收费站、ETC（电子不停车收费系统）门架、ETC 车道、MTC（公路半自动车道收费系统）车道、ETC/MTC 混合车道等组成，如图 3-2 所示。

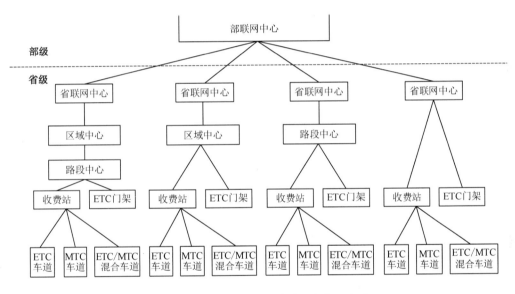

图 3-2　高速公路联网收费系统架构示意图

ETC 是高速公路联网收费系统的重要组成部分，安全保护等级为第三级（S3A3G3），其中业务信息安全保护等级为第三级，系统服务安全保护等级为第三级。其中，ETC 门架主要架设在高速公路门架上方，替代原有的省界收费站的功能，实现快速不停车通过，以及对所有过往车辆进行车牌识别与抓拍。ETC 门架是取消高速公路省界收费站后的一项必备的硬件设施，也是对原有省界收费站物理拆除后的必要补充。ETC 门架通过射频装置读取车载 ETC 的信息，实现对车辆行驶路径的精准记录，而车辆通过时完全不必放慢速度。它在确保快速不停车通过的同时实现精准计费，而不是单纯从"驶入站"到"驶出站"间的最短路径计算。

　　ETC 包括区域中心、路段中心、收费站三层网络架构，其网络拓扑图如图 3-3、图 3-4、图 3-5 所示。每层网络架构主要划分为对外接入区、核心交换区、安全区、ETC 业务区；交通专线接入通过防火墙、入侵防御系统；旁挂堡垒机系统、入侵检测系统、日志审计系统、数据库审计系统、ETC 门架安全可信接入系统。本次测评主要为 ETC 的收费站部分，其中 ETC 门架安全可信接入系统专门为 ETC 门架的物联网设备提供边界防护和访问控制功能。区域中心部署了两套 ETC 门架集中管控系统"可信边界综合安全网关"，对系统中所有的 ETC 门架设备进行集中管控。使用防火墙设备的访问控制策略实现 ETC 门架依托的收费站区域和外部区域的隔离。

　　可将 ETC 门架收费服务器集中划为收费业务区，ETC 门架管理终端集中划为管理区，ETC 门架设备集中划为 ETC 门架区（设备接入区）。ETC 门架的收费业务区使用 VLAN 技术措施进行安全域划分，与其他区域进行网络隔离，以提升安全防护水平。

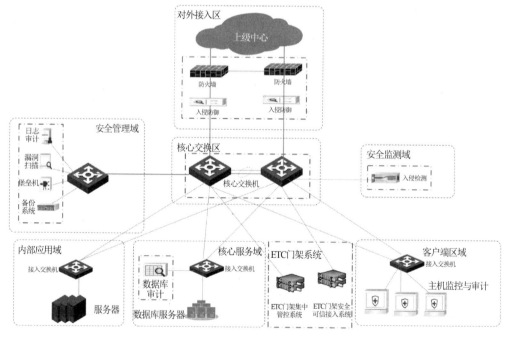

图 3-3　区域中心的网络拓扑图

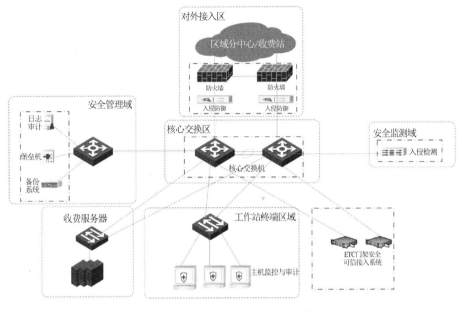

图 3-4　路段中心的网络拓扑图

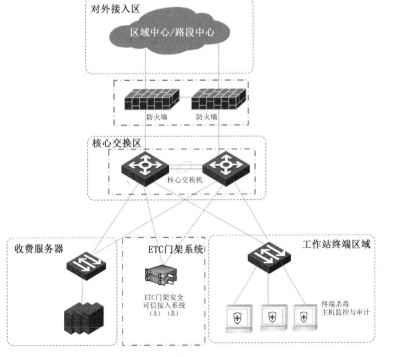

图 3-5　收费站的网络拓扑图

3.4.2 测评对象选择

依据 GB/T 28449—2018《信息安全技术 网络安全等级保护测评过程指南》介绍的抽样方法，第三级信息系统的等级测评应基本覆盖测评对象的种类，并对其数量进行抽样，配置相同的安全设备、边界网络设备、网络互联设备、服务器、终端和备份设备，每类应至少抽取两台作为测评对象。

ETC（收费站）涉及的测评对象包括物理机房、网络设备、安全设备、服务器、终端、数据库管理系统、业务应用系统、物联网设备、安全相关人员和安全管理文档等。在选择测评对象时一般采用抽查的方法，即抽查系统中具有代表性的组件作为测评对象。以物理机房、网络设备、安全设备、服务器、终端、系统管理软件、业务应用系统、物联网设备和重要数据类型为例，下面给出测评对象选择的结果。

1. 物理机房

ETC（收费站）涉及的物理机房如表 3-4 所示。

表 3-4　物理机房

序号	机房名称	物理位置	是否选择	重要程度
1	×××收费站机房	×××区×××路×××号	是	重要

2. 网络设备

ETC（收费站）涉及的网络设备如表 3-5 所示。

表 3-5　网络设备

序号	设备名称	是否为虚拟设备	品牌及型号	用途	是否选择	选择原则/方法
1	交换机（A）	否	华为 S5720	数据交换	是	相同型号、相同配置抽取两台
2	交换机（B）	否	华为 S5720	数据交换	是	相同型号、相同配置抽取两台
3	接入交换机（A）	否	华为 S5735S	服务器接入	是	相同型号、相同配置抽取两台
4	接入交换机（B）	否	华为 S5735S	终端接入	是	相同型号、相同配置抽取两台

3. 安全设备

ETC（收费站）涉及的安全设备如表 3-6 所示。

表 3-6　安全设备

序号	设备名称	是否为虚拟设备	品牌及型号	用途	是否选择	选择原则/方法
1	ETC 门架安全可信接入系统（A）	否	启明星辰 SJJ1541-ETC6020	用于 ETC 门架物联网设备的安全防护	是	相同型号、相同配置抽取两台
2	ETC 门架安全可信接入系统（B）	否	启明星辰 SJJ1541-ETC6020	用于 ETC 门架物联网设备的安全防护	是	相同型号、相同配置抽取两台
3	收费站出口防火墙（配备防病毒模块）（A）	否	NFNX3-CH3330	访问控制	是	相同型号、相同配置抽取两台
4	收费站出口防火墙（配备防病毒模块）（B）	否	NFNX3-CH3330	访问控制	是	相同型号、相同配置抽取两台
5	可信边界综合安全网关（A）	否	启明星辰 SCM1000	对区域内所有 ETC 门架设备进行接入控制、访问控制、安全连接、日志审计管理	是	相同型号、相同配置抽取两台
6	可信边界综合安全网关（B）	否	启明星辰 SCM1000	对区域内所有 ETC 门架设备进行接入控制、访问控制、安全连接、日志审计管理	是	相同型号、相同配置抽取两台

4. 服务器

ETC（收费站）涉及的服务器如表 3-7 所示。

表 3-7　服务器

序号	服务器名称	是否为虚拟设备	品牌及型号	是否选择	选择原则/方法
1	收费服务器（A）	否	CentOS 7.6.1810	是	相同型号、相同配置抽取两台
2	收费服务器（B）	否	CentOS 7.6.1810	是	相同型号、相同配置抽取两台
3	主机监控服务器（A）	否	Windows Server 2012 R2	是	相同型号、相同配置抽取两台
4	主机监控服务器（B）	否	Windows Server 2012 R2	是	相同型号、相同配置抽取两台

5. 终端

ETC（收费站）涉及的终端如表 3-8 所示。

表 3-8　终端

序号	设备名称	是否为虚拟设备	品牌及型号	是否选择	选择原则/方法
1	工作站（A）	否	Windows 7 SP1	是	相同型号、相同配置抽取一台
2	工作站（B）	否	Windows 7 SP1	否	相同型号、相同配置抽取一台

6. 系统管理软件

ETC（收费站）涉及的系统管理软件如表 3-9 所示。

表 3-9　系统管理软件

序号	系统管理软件名称	主要功能	软件版本	是否选择	选择原则/方法
1	主机监控与审计系统	对工作站终端主机进行监控与系统审计	2.0	是	相同型号、相同配置抽取一台

7. 业务应用系统

ETC（收费站）涉及的业务应用系统如表 3-10 所示。

表 3-10　业务应用系统

序号	业务应用系统名称	主要功能	重要程度
1	ETC（收费站）	具有 ETC（收费站）车辆的合法性验证、匝道收费里程扣费功能，可以生成相关交易记录	非常重要

8. 物联网设备

ETC（收费站）涉及的物联网设备如表 3-11 所示。

表 3-11　物联网设备

序号	设备名称	是否为虚拟设备	设备类别/用途	是否选择	选择原则/方法
1	RSU 天线（A）	否	负责信号与数据的发送和接收、调制/解调、收发参数控制	是	相同型号、相同配置抽取两台
2	RSU 天线（B）	否	负责信号与数据的发送和接收、调制/解调、收发参数控制	是	相同型号、相同配置抽取两台
3	天线控制器（A）	否	天线控制	是	相同型号、相同配置抽取两台

续表

序号	设备名称	是否为虚拟设备	设备类别/用途	是否选择	选择原则/方法
4	天线控制器（B）	否	天线控制	是	相同型号、相同配置抽取两台
5	车牌识别一体机（A）	否	300 万像素摄像头	否	相同型号、相同配置抽取两台
6	车牌识别一体机（B）	否	300 万像素摄像头	否	相同型号、相同配置抽取两台
7	车牌识别一体机（C）	否	900 万像素摄像头	是	相同型号、相同配置抽取两台
8	车牌识别一体机（D）	否	900 万像素摄像头	是	相同型号、相同配置抽取两台
9	车道控制器（A）	否	负责车道原始数据的生成、存储与传输，完成与收费站计算机系统的数据交换	是	相同型号、相同配置抽取两台
10	车道控制器（B）	否	负责车道原始数据的生成、存储与传输，完成与收费站计算机系统的数据交换	是	相同型号、相同配置抽取两台
11	高清摄像机（A）	否	高清摄像	是	相同型号、相同配置抽取两台
12	高清摄像机（B）	否	高清摄像	是	相同型号、相同配置抽取两台

9. 重要数据类型

ETC（收费站）涉及的重要数据类型如表 3-12 所示。

表 3-12　重要数据类型

序号	数据类型	所属业务应用	安全防护需求
1	车辆信息数据	ETC（收费站）	完整性、保密性
2	收费数据	ETC（收费站）	完整性、保密性

3.4.3　测评指标选择

以物联网安全测评扩展要求为例，测评指标选择的结果如表 3-13 所示。

表 3-13　物联网安全测评扩展要求测评指标选择的结果

安全类	控制点	测评指标	是否选择	选择原则/方法
安全物理环境	感知节点设备物理防护	a）感知节点设备所处的物理环境应不对感知节点设备造成物理破坏，如挤压、强振动	是	被测系统的安全保护等级为第三级，物联网安全的相关测评项均适用于被测系统

续表

安全类	控制点	测评指标	是否选择	选择原则/方法
安全物理环境	感知节点设备物理防护	b）感知节点设备在工作状态所处物理环境应能正确反映环境状态（如温湿度传感器不能安装在阳光直射区域）	是	被测系统的安全保护等级为第三级，物联网安全的相关测评项均适用于被测系统
		c）感知节点设备在工作状态所处物理环境应不对感知节点设备的正常工作造成影响，如强干扰、阻挡屏蔽等	是	
		d）关键感知节点设备应具有可供长时间工作的电力供应（关键网关节点设备应具有持久稳定的电力供应能力）	是	
安全区域边界	接入控制	应保证只有授权的感知节点可以接入	是	
	入侵防范	a）应能够限制与感知节点通信的目标地址，以避免对陌生地址的攻击行为	是	
		b）应能够限制与网关节点通信的目标地址，以避免对陌生地址的攻击行为	是	
安全计算环境	感知节点设备安全	a）应保证只有授权的用户可以对感知节点设备上的软件应用进行配置或变更	是	
		b）应具有对其连接的网关节点设备（包括读卡器）进行身份标识和鉴别的能力	是	
		c）应具有对其连接的其他感知节点设备（包括路由节点）进行身份标识和鉴别的能力	是	
	网关节点设备安全	a）应具备对合法连接设备（包括终端节点、路由节点、数据处理中心）进行标识和鉴别的能力	是	
		b）应具备过滤非法节点和伪造节点所发送的数据的能力	是	
		c）授权用户应能够在设备使用过程中对关键密钥进行在线更新	是	
		d）授权用户应能够在设备使用过程中对关键配置参数进行在线更新	是	
	抗数据重放	a）应能够鉴别数据的新鲜性，避免历史数据的重放攻击	是	
		b）应能够鉴别历史数据的非法修改，避免数据的修改重放攻击	是	
	数据融合处理	应对来自传感网的数据进行数据融合处理，使不同种类的数据可以在同一个平台被使用	是	

续表

安全类	控制点	测评指标	是否选择	选择原则/方法
安全运维管理	感知节点管理	a）应指定人员定期巡视感知节点设备、网关节点设备的部署环境，对可能影响感知节点设备、网关节点设备正常工作的环境异常进行记录和维护	是	被测系统的安全保护等级为第三级，物联网安全的相关测评项均适用于被测系统
		b）应对感知节点设备、网关节点设备入库、存储、部署、携带、维修、丢失和报废等过程作出明确规定，并进行全程管理	是	
		c）应加强对感知节点设备、网关节点设备部署环境的保密性管理，包括负责检查和维护的人员调离工作岗位应立即交还相关检查工具和检查维护记录等	是	

3.4.4　测评指标和测评对象的映射关系

依据 GB/T 22239—2019《信息安全技术　网络安全等级保护基本要求》，将已经得到的测评指标和测评对象结合起来，将测评指标映射到各测评对象上。针对物联网安全测评扩展要求，测评指标和测评对象的映射关系如表 3-14 所示。

表 3-14　测评指标和测评对象的映射关系

安全类	控制点	测评指标	测评对象
安全物理环境	感知节点设备物理防护	a）感知节点设备所处的物理环境应不对感知节点设备造成物理破坏，如挤压、强振动	RSU 天线、天线控制器、车牌识别一体机、车道控制器
		b）感知节点设备在工作状态所处物理环境应能正确反映环境状态（如温湿度传感器不能安装在阳光直射区域）	
		c）感知节点设备在工作状态所处物理环境应不对感知节点设备的正常工作造成影响，如强干扰、阻挡屏蔽等	
		d）关键感知节点设备应具有可供长时间工作的电力供应（关键网关节点设备应具有持久稳定的电力供应能力）	
安全区域边界	接入控制	应保证只有授权的感知节点可以接入	RSU 天线、天线控制器、车牌识别一体机、车道控制器、ETC 门架安全可信接入系统、防火墙
	入侵防范	a）应能够限制与感知节点通信的目标地址，以避免对陌生地址的攻击行为	
		b）应能够限制与网关节点通信的目标地址，以避免对陌生地址的攻击行为	
安全计算环境	感知节点设备安全	a）应保证只有授权的用户可以对感知节点设备上的软件应用进行配置或变更	RSU 天线、天线控制器、车牌识别一体机、车道控制器、ETC 门架安全可信接入系统
		b）应具有对其连接的网关节点设备（包括读卡器）进行身份标识和鉴别的能力	

续表

安全类	控制点	测评指标	测评对象
安全计算环境	感知节点设备安全	c）应具有对其连接的其他感知节点设备（包括路由节点）进行身份标识和鉴别的能力	RSU 天线、天线控制器、车牌识别一体机、车道控制器、ETC 门架安全可信接入系统
	网关节点设备安全	a）应具备对合法连接设备（包括终端节点、路由节点、数据处理中心）进行标识和鉴别的能力	
		b）应具备过滤非法节点和伪造节点所发送的数据的能力	
		c）授权用户应能够在设备使用过程中对关键密钥进行在线更新	
		d）授权用户应能够在设备使用过程中对关键配置参数进行在线更新	
	抗数据重放	a）应能够鉴别数据的新鲜性，避免历史数据的重放攻击	
		b）应能够鉴别历史数据的非法修改，避免数据的修改重放攻击	
	数据融合处理	应对来自传感网的数据进行数据融合处理，使不同种类的数据可以在同一个平台被使用	
安全运维管理	感知节点管理	a）应指定人员定期巡视感知节点设备、网关节点设备的部署环境，对可能影响感知节点设备、网关节点设备正常工作的环境异常进行记录和维护	感知节点设备和网关节点设备的安全管理文档
		b）应对感知节点设备、网关节点设备入库、存储、部署、携带、维修、丢失和报废等过程作出明确规定，并进行全程管理	
		c）应加强对感知节点设备、网关节点设备部署环境的保密性管理，包括负责检查和维护的人员调离工作岗位应立即交还相关检查工具和检查维护记录等	

3.4.5 测评要点解析

1. 安全物理环境

（1）测评指标：感知节点设备所处的物理环境应不对感知节点设备造成物理破坏，如挤压、强振动。

安全现状分析：

被测方的 ETC 门架感知节点设备 RSU 天线、摄像头、车牌识别一体机均被固定在门架上方，天线控制器和车道控制器被部署在门架机柜里。

已有安全措施分析：

被测方的感知节点设备的设计或验收文档中有相关说明，感知节点设备放在门架、机柜等处，均固定安装，不会造成挤压、强振动等，已有的安全措施符合测评指标的要求。

（2）测评指标：感知节点设备在工作状态所处物理环境应能正确反映环境状态（如温湿度传感器不能安装在阳光直射区域）。

安全现状分析：

被测方的 ETC 门架感知节点设备 RSU 天线、摄像头、车牌识别一体机均被固定在门架上方，安装符合设计要求，能够对车牌进行抓拍、对车载单元进行通信。

已有安全措施分析：

感知节点设备在工作状态所处物理环境能够正确反映环境状态，能够保障信息系统良好稳定运行，已有的安全措施符合测评指标的要求。

（3）测评指标：感知节点设备在工作状态所处物理环境应不对感知节点设备的正常工作造成影响，如强干扰、阻挡屏蔽等。

安全现状分析：

被测方的 ETC 门架感知节点设备 RSU 天线、摄像头、车牌识别一体机均被固定在无阻挡屏蔽的高处，天线控制器和车道控制器被部署在门架机柜里。在室外没有部署不必要的设备，计算设备被部署在具有温湿度控制、防盗防破坏条件的室内机房，通过有线通信网络与室外门架机柜连接。

已有安全措施分析：

感知节点设备在工作状态所处物理环境不会对设备的正常工作造成影响，没有强干扰、阻挡屏蔽等，相关文档和防护措施一致，能够保障信息系统良好稳定运行。远离强电磁干扰环境，避免对 ETC 门架系统设备的正常工作造成影响，已有的安全措施符合测评指标的要求。

（4）测评指标：关键感知节点设备应具有可供长时间工作的电力供应（关键网关节点设备应具有持久稳定的电力供应能力）。

安全现状分析：

关键感知节点设备由部署在门架机柜的双路电源供电，另外配有 UPS（不间断电源）。

已有安全措施分析：

关键感知节点设备具有可供长时间工作的电力供应，能够保障信息系统良好稳定运行，已有的安全措施符合测评指标的要求。

2. 安全区域边界

（1）测评指标：应保证只有授权的感知节点可以接入。

安全现状分析：

感知节点接入时须通过 ETC 门架安全接入防护设备进行资产管理，通过主动探测的方式获取感知节点的基本信息及指纹信息。其中，基本信息用于页面的显示，指纹信息用于设备的异常检测。对于新探测到的资产需要进行审批操作，可以对单一资产进行审批，也可以采用批量审批功能对多个资产进行快速审批。

已有安全措施分析：

感知节点接入时须绑定其 MAC 地址和 IP 地址、端口号并通过授权才允许接入，已有的安全措施符合测评指标的要求。

（2）测评指标：应能够限制与感知节点通信的目标地址，以避免对陌生地址的攻击行为。

安全现状分析：

被测方通过防火墙上的访问控制措施限制与感知节点通信的目标地址，且地址合理准确。

已有安全措施分析：

被测方通过配置目标 IP 地址和端口，限制了与感知节点通信的目标地址，能够避免对陌生地址的攻击行为，已有的安全措施符合测评指标的要求。

（3）测评指标：应能够限制与网关节点通信的目标地址，以避免对陌生地址的攻击行为。

安全现状分析：

收费站出口防火墙上可以配置通信双方的访问控制策略。

部署 ETC 门架安全可信接入系统，确保并网接入自由流虚拟站、区域中心/路段中心、收费站具有有效的安全认证和访问控制机制，保证收费专网的安全接入和隔离属性，实现安全可靠的通信传输和数据交换共享，及时监测与预警网内、网外的攻击行为。能满足 ETC 门架、收费站等系统的通信传输、边界防护、访问控制、入侵防范、安全审计等物联网安全扩展要求（如设备认证、身份鉴别等一体化安全防护需求）。

已有安全措施分析：

被测方通过防火墙和 ETC 门架安全可信接入系统配置的安全策略，能够限制与天线控制器、车道控制器等网关节点通信的目标地址，以避免对陌生地址的攻击行为，已有的安全措施符合测评指标的要求。

3. 安全计算环境

（1）测评指标：应保证只有授权的用户可以对感知节点设备上的软件应用进行配置或变更。

安全现状分析：

车牌识别一体机具有登录访问控制功能。

已有安全措施分析：

被测方的车牌识别一体机等相关感知节点设备具有登录访问控制功能，确保只有被授权的用户才能登录系统进行管理，已有的安全措施符合测评指标的要求。

（2）测评指标：应具有对其连接的网关节点设备（包括读卡器）进行身份标识和鉴别的能力。

安全现状分析：

车牌识别系统仅允许授权用户对该系统进行配置或变更。

已有安全措施分析：

被测方的车牌识别系统等相关网关节点设备可以在用户管理中添加被授权的管理员，通过管理员账号对网关节点进行授权管理，具有对其连接的网关节点设备进行身份标识和鉴别的能力，已有的安全措施符合测评指标的要求。

（3）测评指标：应具备对合法连接设备（包括终端节点、路由节点、数据处理中心）进行标识和鉴别的能力。

安全现状分析：

ETC 门架安全可信接入系统可以对连接的设备进行标识和鉴别。

已有安全措施分析：

被测方的 ETC 门架安全可信接入系统对连接的合法设备进行了标识，在相关配置里添加了所能识别的资产，只有能够识别的资产才能连通，已有的安全措施符合测评指标的要求。

（4）测评指标：应具备过滤非法节点和伪造节点所发送的数据的能力。

安全现状分析：

ETC 门架安全可信接入系统通过资产管控模块进行管理，在发现异常/仿冒资产之后，会对其进行异常隔离。异常隔离有交换机联动、黑名单资产和 ACL 黑名单三种配置模式。车牌识别一体机也可以配置过滤非法节点的规则。

已有安全措施分析：

被测方的车牌识别一体机等感知节点设备能够过滤非法节点和伪造节点所发送的数据，通过配置相关规则，添加黑名单、白名单进行过滤，已有的安全措施符合测评指标的要求。

（5）测评指标：授权用户应能够在设备使用过程中对关键密钥进行在线更新。

安全现状分析：

天线控制器等网关节点的管理用户在关键密钥自动检测并发现新版本后能够选择进行在线更新。

已有安全措施分析：

被测方的感知节点设备能够在使用过程中对关键密钥进行在线更新，以保证系统正常运行，已有的安全措施符合测评指标的要求。

（6）测评指标：授权用户应能够在设备使用过程中对关键配置参数进行在线更新。

安全现状分析：

天线控制器等网关节点的授权用户在使用过程中能够对关键配置参数进行在线更新。

已有安全措施分析：

被测方的感知节点设备能够在使用过程中对关键配置参数进行在线更新，以保证系统正常运行，已有的安全措施符合测评指标的要求。

（7）测评指标：应能够鉴别数据的新鲜性，避免历史数据的重放攻击。

安全现状分析：

感知节点、网关节点和后台系统通信采用 HTTPS，通过配置内容校验参数实现对数据的完整性、保密性保护。另外，采取了数据本地存储和同步传输至路段中心等措施。

已有安全措施分析：

车牌识别一体机通过加密传输及设置 SDK 参数双向认证方式等措施来实现对鉴别数据的新鲜性校验，可以避免历史数据的重放攻击，已有的安全措施符合测评指标的要求。

（8）测评指标：应对来自传感网的数据进行数据融合处理，使不同种类的数据可以在同一个平台被使用。

安全现状分析：

ETC 车道软件能够对物联网设备采集的车牌信息、车辆图像、路径信息等进行有效识别，具有 ETC 车辆的合法性验证、匝道收费里程扣费功能，可以生成相关交易记录。

已有安全措施分析：

被测方的应用系统具有对多种数据融合处理的功能，可以对来自传感网的多种数据正确进行数据融合处理，已有的安全措施符合测评指标的要求。

第4章 工业控制系统安全测评扩展要求

4.1 工业控制系统概述

4.1.1 工业控制系统的特征

工业控制系统（Industrial Control System，ICS）是多种控制系统的总称，包括监视控制与数据采集（Supervisory Control And Data Acquisition，SCADA）系统、分布式控制系统（Distributed Control System，DCS）和其他控制系统，如在工业部门和关键基础设施中经常使用的可编程逻辑控制器（Programmable Logic Controller，PLC）。工业控制系统通常用于电力、水和污水处理、石油和天然气、化工、交通运输、制药、纸浆和造纸、食品和饮料、离散制造（如汽车、航空航天和耐用品）等行业。

工业控制系统主要由过程级（现场控制层和现场设备层）、操作级（过程监控层），以及各级之间和内部的通信网络构成，对于大规模的工业控制系统，也包括管理级（企业资源层和生产管理层）。过程级包括被控对象、现场控制设备和测量仪表等；操作级包括工程师和操作员站、人机界面和组态软件、控制服务器等；管理级包括生产管理系统，有时还包括企业资源系统；通信网络包括商用以太网、工业以太网、现场总线等。

工业控制系统是工业基础设施的核心，具有可用性和实时性要求高、系统生命周期长、业务连续性要求高等特征。传统信息系统与工业控制系统存在诸多不同，二者的差异如表 4-1 所示。

表 4-1 传统信息系统与工业控制系统的差异

分类	传统信息系统	工业控制系统
性能需求	<ul><li>非实时</li><li>高吞吐量</li><li>允许高延迟和抖动</li><li>响应一致性</li></ul>	<ul><li>实时</li><li>适度的低吞吐量</li><li>允许低延迟和/或抖动</li><li>响应紧迫性</li></ul>
可用性需求	<ul><li>可以接受重启或中断</li><li>可以容忍可用性的缺陷，但这要取决于系统的操作要求</li></ul>	<ul><li>不能接受重启或中断，可能需要冗余系统</li><li>中断必须按计划执行</li><li>需要详尽的部署前测试</li></ul>

续表

分类	传统信息系统	工业控制系统
管理需求	• 数据保密性和完整性是最重要的 • 容错是非必要的，临时停机不是主要风险 • 主要的风险影响是业务操作的严重延迟	• 人身安全是最重要的，其次是过程保护 • 容错是必不可少的，即使瞬间的停机也可能无法接受 • 主要的风险影响是不合规，环境影响，生命、设备或生产损失
体系架构安全焦点	• 焦点是保护 IT 资产，以及在这些资产中存储和相互之间传输的信息 • 中央服务器可能需要更多的保护	• 首要目标是保护边缘客户端（现场设备，如过程控制器） • 中央服务器的保护也很重要
时间紧迫的交互	• 紧急交互是非必要的 • 可以根据必要的安全程度实施严格限制的访问控制	• 对人和其他紧急交互的响应是关键 • 应严格控制对工业控制系统的访问，但不应妨碍或干扰人机交互
系统操作	• 使用典型的操作系统 • 系统升级简单	• 使用特定的操作系统，往往无内置安全功能 • 软件变更必须小心进行，通常由软件供应商操作
资源限制	• 系统有足够的资源来支持附加的第三方应用程序	• 系统被设计为支持预期的工业过程，可能没有足够的资源支持附加的安全功能
通信	• 标准通信协议 • 主要是有线网络，稍带一些本地化的无线功能 • 典型的 IT 网络实践	• 许多专有的、标准的通信协议 • 使用多种类型的传播媒介，包括专用的有线和无线（无线电和卫星） • 网络是复杂的，有时需要控制工程师的专业知识
变更管理	• 在具有良好的安全策略和程序时，软件变更是快速自动应用的	• 软件变更必须进行彻底的测试，以递增的方式部署到整个系统，以确保工业控制系统的完整性；必须有中断计划，预定时间（天/周）；存在不再被厂商支持的操作系统
管理支持	• 允许多元化的支持模式	• 通常依赖单一供应商
组件生命周期	• 3～5 年	• 15～20 年
组件访问	• 组件通常在本地或远端，方便访问	• 组件可以是隔离的、远程的，通常需要大量的物力才能获得对其访问的权限

注：该对比表参考 NIST SP800-82。

4.1.2　工业控制系统的功能层次模型

　　图 4-1 所示为工业控制系统的功能层次模型。该功能层次模型从上到下共分为 5 个层级，依次为企业资源层、生产管理层、过程监控层、现场控制层和现场设备层，不同层级的实时性要求不同。企业资源层主要包括企业资源计划（Enterprise Resource Planning，ERP）系统功能单元，用于为企业决策层提供决策运行手段；生产管理层主要包括制造执行系统

（Manufacturing Execution System，MES）功能单元，用于对生产过程进行管理，如制造数据管理、生产调度管理等；过程监控层主要包括监控服务器与人机界面（Human Machine Interface，HMI）系统功能单元，用于对生产过程数据进行采集与监控，并利用 HMI 系统实现人机交互；现场控制层主要包括各类控制器单元，如 PLC 系统、DCS 等，用于对各类执行设备进行控制；现场设备层主要包括各类过程传感设备与执行设备单元，用于对生产过程进行感知与操作。

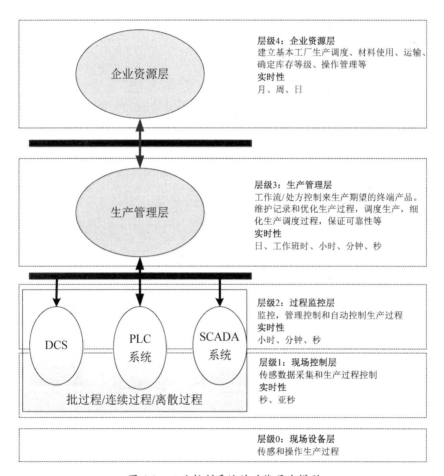

图 4-1　工业控制系统的功能层次模型

（注：本图为工业控制系统经典功能层次模型，参考国际标准 IEC 62264-1，但随着"工业 4.0"、信息物理系统的发展，本图已不能完全适用，因此对于不同的行业、企业实际发展情况，允许部分层级合并。）

工业控制系统通常是对可用性要求较高的等级保护对象，如果工业控制系统中的一些装置实现特定类型的安全措施，则可能会阻止其连续运行，因此原则上安全措施不应对高可用性的工业控制系统基本功能产生不利影响。例如，用于基本功能的账户不应被锁定，甚至短暂的锁定也不允许；安全措施的部署不应显著增加延迟而影响系统的响应时间；对于高可用性的工业控制系统，安全措施失效不应中断基本功能等。

经评估，在对可用性有较大影响而无法实施和落实安全等级保护要求的相关条款时，应进行安全声明，分析和说明此条款实施后可能产生的影响和后果，以及使用的补偿措施。

各功能层次包含的设备一般有以下几种类型。

（1）企业资源层：包括 ERP、办公自动化（Office Automation，OA）、数控（Numerical Control，NC）、企业应用系统（Enterprise Application System，EAS）、项目管理系统（Project Management System，PMS）、物流管理系统（Logistics Management System，LMS）等的服务器、终端等。

（2）生产管理层：包括 MES、监控信息系统（Supervisory Information System，SIS）、能源管理系统（Energy Management System，EMS）、先进过程控制（Advanced Process Control，APC）系统等的服务器、终端等。

（3）过程监控层：包括 SCADA 组态软件、对象链接与嵌入的过程控制（OLE for Process Control，OPC）服务器、历史数据库、实时数据库等的服务器、终端等。

（4）现场控制层：包括 PLC、DCS、远程测控终端（Remote Terminal Unit，RTU）、安全仪表系统（Safety Instrumented System，SIS①）、远程输入输出（Remote Input-Output，RIO）子站等控制单元。

（5）现场设备层：包括传感器、执行器、机器人、数控中心等。

4.1.3　工业控制系统的测评对象与测评指标

工业控制系统构成的复杂性、组网的多样性，以及等级保护对象划分的灵活性，给网络安全基本要求的使用带来了选择的需求。在选择工业控制系统安全扩展要求时需要先明确定级对象是否具备工业控制属性，通常在对工业控制系统进行定级时不包含企业资源层。如果仅对生产管理层单独定级，则应不考虑增加工业控制系统安全扩展要求指标，如制造业 MES 和电厂 SIS（不带控制和优化功能）。

---

① 除此之外，本书中的 SIS 均指监控信息系统。

工业控制系统中典型的测评对象如表 4-2 所示。

表 4-2 典型的测评对象

安全类	测评对象
安全物理环境	系统机房、集控室、无人值守监控室等物理场所[1]
安全通信网络	• 交换机[2]、路由器等网络设备 • 防火墙、网闸、加密装置等安全设备
安全区域边界	• 数传电台、无线网关等网络设备 • 网闸、防火墙、入侵检测系统（Intrusion Detection System，IDS）、入侵防御系统（Intrusion Prevention System，IPS）、防病毒检测、安全审计等安全设备
安全计算环境	• 服务器、操作终端 • 磁盘阵列等存储设备 • 控制设备、智能仪表、带以太网通信的远程子站 • MES、EMS、APC 系统等生产管理层软件[3] • SCADA 软件、DCS 监控软件、OPC 通信软件、实时/历史数据库软件、网络管理软件等 • PLC 编程软件、DCS 组态软件、SIS 编程软件、通信配置软件、固件升级软件等 • 操作系统、防恶意代码软件等
安全管理中心	安全运营中心、态势感知平台、审计系统等

注：【1】置于野外的室外控制箱也需要满足工业控制系统安全扩展要求。

【2】非管理型交换机不作为测评对象。

【3】单独定级的生产管理层软件，或者不具备控制功能的生产管理层软件无须满足工业控制系统安全扩展要求。

依据 GB/T 22239—2019《信息安全技术 网络安全等级保护基本要求》附录 G 中的工业控制系统层级内容，表 4-3 按照功能层次模型和各层次单元映射模型给出了各层次与等级保护基本要求的映射关系。

表 4-3 各层次与等级保护基本要求的映射关系

功能层次	技术要求
企业资源层	安全通用要求（安全物理环境）
	安全通用要求（安全通信网络）
	安全通用要求（安全区域边界）
	安全通用要求（安全计算环境）
	安全通用要求（安全管理中心）
生产管理层	安全通用要求（安全物理环境）
	安全通用要求（安全通信网络）+安全扩展要求（安全通信网络）
	安全通用要求（安全区域边界）+安全扩展要求（安全区域边界）
	安全通用要求（安全计算环境）
	安全通用要求（安全管理中心）

续表

功能层次	技术要求
过程监控层	安全通用要求（安全物理环境）
	安全通用要求（安全通信网络）+安全扩展要求（安全通信网络）
	安全通用要求（安全区域边界）+安全扩展要求（安全区域边界）
	安全通用要求（安全计算环境）
	安全通用要求（安全管理中心）
现场控制层	安全通用要求（安全物理环境）+安全扩展要求（安全物理环境）
	安全通用要求（安全通信网络）+安全扩展要求（安全通信网络）
	安全通用要求（安全区域边界）+安全扩展要求（安全区域边界）
	安全通用要求（安全计算环境）+安全扩展要求（安全计算环境）
现场设备层	安全通用要求（安全物理环境）+安全扩展要求（安全物理环境）
	安全通用要求（安全通信网络）+安全扩展要求（安全通信网络）
	安全通用要求（安全区域边界）+安全扩展要求（安全区域边界）
	安全通用要求（安全计算环境）+安全扩展要求（安全计算环境）

　　工业控制系统场景应对工业控制系统中的各软硬件设备及应用系统进行核查，按照附录 A 选择相应测评对象，其他通用信息系统按照安全通用要求开展测评。

4.1.4　典型工业控制系统

1. SCADA 系统

　　SCADA 系统即监视控制与数据采集系统，广泛应用于电力、冶金、石油、化工、燃气、铁路等领域的监视控制与数据采集及过程控制等活动中。

　　SCADA 系统通常采用 C/S 体系结构，硬件设备通常包括客户端、服务器、控制器、测控单元和现场设备等。SCADA 系统的网络组网方式和通信方式多样，测控单元或控制器可以通过串行总线、以太网或无线方式连接到服务器上，也可以通过以太网组网，总线连接通常采用 RS485 和 RS422，点对点连接通常采用 RS232。SCADA 系统的典型网络架构如图 4-2 所示。

　　以某城市燃气 SCADA 系统为例，系统通常分为中控室、两个门站和采集区三个区域，其网络架构示意图如图 4-3 所示。中控室操作员站负责监视燃气管道压力，采集用户用气量等信息，控制燃气管道压力和阀门通断；门站实现就地控制，通常会部署本地操作员站，控制器被部署在门站机房内；采集区包括居民用户和企业用户，远程采集的用户用气量等信息通过 RTU 经移动通信发送至远方中控室。

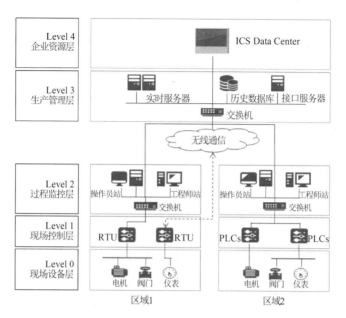

图 4-2　SCADA 系统的典型网络架构

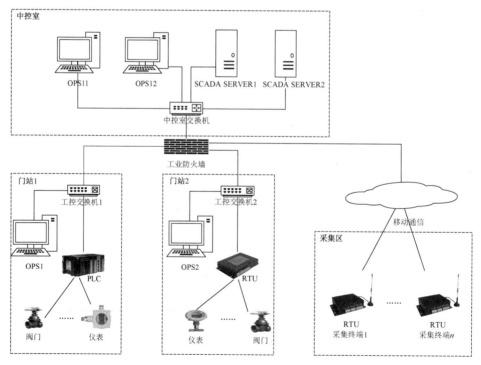

图 4-3　某城市燃气 SCADA 系统的网络架构示意图

对照 4.1.2 节的功能层次模型，表 4-4 给出了图 4-3 中资产与功能层次的对应关系。

表 4-4　资产与功能层次的对应关系（1）

功能层次	资产
企业资源层	不涉及
生产管理层	不涉及
过程监控层	OPS11、OPS12、SCADA SERVER1、SCADA SERVER2、中控室交换机、工控交换机 1、工控交换机 2、工业防火墙、监控软件及数据库软件
现场控制层	OPS1、OPS2、PLC、RTU
现场设备层	阀门、仪表、RTU 采集终端 1～RTU 采集终端 n

2. DCS

DCS 即分布式控制系统，也叫分散控制系统，广泛应用于电力、冶金、石油、化工、水处理、制药、供热等领域，具有分散控制、集中操作、分级管理、配置灵活及组态方便的特点。

DCS 通常采用双总线、环型或双重星型的拓扑结构，保证网络的实时性和可靠性。硬件设备通常包括工程师站、操作员站、DCS 主站、I/O 控制站和现场设备等。DCS 的典型网络架构如图 4-4 所示。

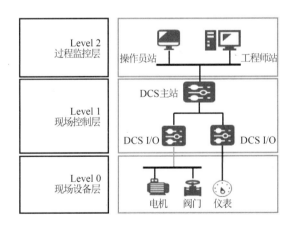

图 4-4　DCS 的典型网络架构

以某电厂的一个机组 DCS 为例，系统通常分为主控室、工程师站、电子间三个区域，其网络架构示意图如图 4-5 所示。主控室操作员站负责监视机组运行状态，实时控制阀门等现场设备；工程师站负责工程组态，也具备操作员站的功能；电子间用于部署控制机柜。

控制机柜与现场仪表间通常采用光纤、双绞线或硬接线连接。

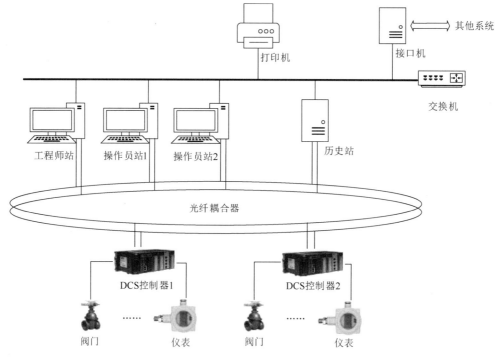

图 4-5　某电厂的一个机组 DCS 的网络架构示意图

对照 4.1.2 节的功能层次模型，表 4-5 给出了图 4-5 中资产与功能层次的对应关系。

表 4-5　资产与功能层次的对应关系（2）

功能层次	资产
企业资源层	不涉及
生产管理层	不涉及
过程监控层	工程师站、操作员站 1、操作员站 2、历史站、交换机、打印机、监控软件
现场控制层	DCS 控制器 1、DCS 控制器 2
现场设备层	阀门、仪表

3. PLC 系统

PLC 即可编程逻辑控制器，它采用一类可编程的存储器，用于存储程序，以执行逻辑运算、顺序控制、定时、计数与算术操作等面向用户的指令，并通过数字或模拟式输入/输出控制各种类型的机械或生产过程。它广泛应用于电力、石油、化工、钢铁、建材、机械制造、汽车、轻纺、交通运输等领域，具有配置灵活、操作方便、响应快速、动作精准的特点。

PLC 系统在网络架构上与 DCS 相似，硬件设备通常由工程师站、操作员站、控制器和现场设备组成，此处不再详细说明。

4.2　第一级和第二级工业控制系统安全测评扩展要求应用解读

4.2.1　安全物理环境

在对工业控制系统的"安全物理环境"测评时应同时依据安全测评通用要求和安全测评扩展要求，其中涉及安全测评通用要求的解读内容参见《网络安全等级保护测评要求（通用要求部分）应用指南》中的"安全物理环境"，安全测评扩展要求的解读内容参见本节。

室外控制设备物理防护

【标准要求】

该控制点第一级包括测评单元 L1-PES5-01、L1-PES5-02，第二级包括测评单元 L2-PES5-01、L2-PES5-02。

【L1-PES5-01/L2-PES5-01 解读和说明】

测评指标"室外控制设备应放置于采用铁板或其他防火材料制作的箱体或装置中并紧固；箱体或装置具有透风、散热、防盗、防雨和防火能力等"的主要测评对象是工业控制系统室外或就地控制设备。

测评实施要点包括：针对室外控制设备须保证其物理环境安全，核查是否放置于采用铁板或其他防火材料制作的箱体或装置中，并紧固于箱体或装置中；核查箱体或装置是否具有透风、散热、防盗、防雨和防火能力等，查看箱体材质采用铁板或其他防火材料制作的证明；核查箱体或装置是否具有通风散热口、散热孔或排风装置，是否能透风、散热，或者环境温度是否在室外控制设备正常工作范围内；核查箱体或装置是否有防盗措施，是否有雨水痕迹。

以城市燃气 SCADA 系统的室外控制设备为例，测评实施步骤主要包括：现场核查放置于室外的就地采集终端的箱体是否采用铁板或其他防火材料制作，是否安装紧固；现场核查箱体是否具有透风、散热、防盗、防雨和防火能力等。如果测评结果表明，室外控制设备所在的箱体安装紧固，且具有透风、散热、防盗、防雨和防火能力等，则单元判定结果为符合，否则为不符合或部分符合。

【L1-PES5-02/L2-PES5-02 解读和说明】

测评指标"室外控制设备放置应远离强电磁干扰、强热源等环境，如无法避免应及时做好应急处置及检修，保证设备正常运行"的主要测评对象是工业控制系统室外或就地控制设备。

测评实施要点包括：核查室外控制设备是否远离强电磁干扰、强热源等环境，如雷电、沙尘暴、大功率启停设备、高压输电线等强电磁干扰环境，以及加热炉、蒸汽等强热源环境；对于无法远离强电磁干扰、强热源等环境的室外控制设备，核查是否具有应急处置及检修记录。

以城市燃气 SCADA 系统的室外控制设备为例，测评实施步骤主要包括：访谈网络管理员，了解室外控制设备附近的强电磁干扰、强热源情况；核查室外控制设备是否远离强电磁干扰、强热源等环境；核查是否有应急处置及检修记录。如果测评结果表明，室外控制设备附近无强电磁干扰、强热源，或者室外控制设备附近有强电磁干扰、强热源，但有应急处置及检修记录，且设备运行正常，则单元判定结果为符合，否则为不符合或部分符合。

4.2.2　安全通信网络

在对工业控制系统的"安全通信网络"测评时应同时依据安全测评通用要求和安全测评扩展要求，其中涉及安全测评通用要求的解读内容参见《网络安全等级保护测评要求（通用要求部分）应用指南》中的"安全通信网络"，安全测评扩展要求的解读内容参见本节。由于工业控制系统的特点，本节列出了部分安全测评通用要求在工业控制系统环境下的个性化解读内容。

1. 网络架构

【标准要求】

该控制点第一级包括测评单元 L1-CNS5-01、L1-CNS5-02，第二级包括测评单元 L2-

CNS1-01、L2-CNS1-02、L2-CNS5-01、L2-CNS5-02、L2-CNS5-03。

【L2-CNS1-01 解读和说明】

测评指标"应划分不同的网络区域,并按照方便管理和控制的原则为各网络区域分配地址"的主要测评对象是三层交换机、路由器、无线接入网关、无线网络控制器、工业防火墙等提供 VLAN 功能的网络设备。

测评实施要点包括:核查是否依据地址规划和安全区域防护的要求,在重要网络设备上进行不同的网络区域划分;核查相关网络设备的配置信息,验证划分的网络区域是否与划分原则一致。

以城市燃气 SCADA 系统的 H3C 核心交换机为例,测评实施步骤主要包括:访谈网络管理员,核查是否根据部门职能、等级保护对象的重要程度和应用系统的级别及业务等情况划分 VLAN;核查核心交换机是否根据不同的业务功能进行 VLAN 划分,并验证各系统之间是否在不同的 VLAN 中。如果测评结果表明,核心交换机根据部门职能、等级保护对象的重要程度和应用系统的级别及业务等情况划分 VLAN 且配置合理,则单元判定结果为符合,否则为不符合或部分符合。

【L2-CNS1-02 解读和说明】

测评指标"应避免将重要网络区域部署在边界处,重要网络区域与其他网络区域之间应采取可靠的技术隔离手段"的主要测评对象是网络拓扑、工业防火墙等提供访问控制功能的设备或组件。

测评实施要点包括:核查重要网络区域是否被部署在互联网边界或其他网络边界处,若是则核查是否采取可靠的技术隔离手段,如划分安全接入区或部署网络隔离产品、防火墙和具有访问控制(如 ACL)功能的设备等。

以城市燃气 SCADA 系统的整体网络架构和工业防火墙为例,测评实施步骤主要包括:核查 SCADA 系统的网络拓扑图是否与实际运行情况一致;核查 SCADA 系统的重要业务区域是否被直接部署在互联网边界处;核查 SCADA 系统的重要业务区域与其他网络区域之间的工业防火墙的物理端口所连接的设备情况、路由策略配置情况,明确跨越边界的数据流是否通过指定的物理端口进行网络通信。如果测评结果表明,重要业务区域未被直接部署在互联网边界或其他网络边界处,或者具有安全隔离设备且配置正确的物理端口和安全有效的隔离策略,则单元判定结果为符合,否则为不符合或部分符合。

【L1-CNS5-01 解读和说明】

测评指标"工业控制系统与企业其他系统之间应划分为两个区域，区域间应采用技术隔离手段"的主要测评对象是路由器、防火墙、工业防火墙、网络隔离产品、无线接入网关、加密网关、三层交换机等提供访问控制功能的设备或组件。如果有生产区接入无线的情况，则选择无线接入网关或相关设备进行核查。

测评实施要点包括：核查工业控制系统边界是否存在与企业其他系统进行通信的情况，若存在则核查采用何种方式通信，采用何种设备或技术手段实现隔离；核查访问控制策略等技术隔离手段的有效性；关注工业控制系统的无线通信是否采取有效的隔离措施。

以城市燃气 SCADA 系统的防火墙为例，测评实施步骤主要包括：现场核查 SCADA 系统的网络架构是否划分为生产区与管理区；现场核查生产区与管理区之间是否部署防火墙；现场核查防火墙是否配置有效的隔离策略进行访问控制。如果测评结果表明，企业整体网络架构划分为工业控制系统与企业其他系统两个区域，且区域间部署防火墙，装置策略配置合理有效，则单元判定结果为符合，否则为不符合或部分符合。

【L2-CNS5-01 解读和说明】

测评指标"工业控制系统与企业其他系统之间应划分为两个区域，区域间应采用技术隔离手段"的主要测评对象是路由器、防火墙、工业防火墙、网络隔离产品、无线接入网关、加密网关、三层交换机等提供访问控制功能的设备或组件。如果有生产区接入无线的情况，则选择无线接入网关或相关设备进行核查。

测评实施要点包括：核查工业控制系统边界是否存在与企业其他系统进行通信的情况，若存在则核查采用何种方式通信；核查工业控制系统与企业其他系统之间是否采用技术隔离手段，如包过滤、访问控制、单向隔离、加密认证等措施，以保证数据流的受控传输。

以电力调度系统的单向隔离装置为例，测评实施步骤主要包括：现场核查电厂的网络架构是否划分为生产控制大区与信息管理大区；现场核查生产控制大区与信息管理大区之间是否部署单向隔离装置；现场核查单向隔离装置是否配置有效的单向隔离策略进行访问控制。如果测评结果表明，企业整体网络架构划分为工业控制系统与企业其他系统两个区域，且区域间部署单向隔离装置，装置策略配置合理有效，则单元判定结果为符合，否则为不符合或部分符合。

【L1-CNS5-02/L2-CNS5-02 解读和说明 】

测评指标"工业控制系统内部应根据业务特点划分为不同的安全域，安全域之间应采用技术隔离手段"的主要测评对象是路由器、防火墙、工业防火墙、网络隔离产品、三层交换机等提供访问控制功能的设备或组件。

测评实施要点包括：核查网络拓扑结构，查看工业控制系统内部是否根据业务特点划分为不同的安全域；核查工业控制系统不同安全域、各层级之间采用何种隔离技术；核查不同安全域之间的设备是否采取有效的隔离策略进行访问控制。

以城市燃气 SCADA 系统的工业防火墙为例，测评实施步骤主要包括：核查网络拓扑结构，查看 SCADA 系统是否根据业务特点划分为不同的安全域；核查不同安全域之间的工业防火墙是否配置合理的隔离策略。如果测评结果表明，系统整体网络架构划分为不同的安全域且不同的安全域之间部署了工业防火墙等隔离设备，设备策略配置合理有效，则单元判定结果为符合，否则为不符合或部分符合。

【L2-CNS5-03 解读和说明 】

测评指标"涉及实时控制和数据传输的工业控制系统，应使用独立的网络设备组网，在物理层面上实现与其他数据网及外部公共信息网的安全隔离"的主要测评对象是网络拓扑。

测评实施要点包括：访谈网络管理员，了解工业控制系统是否涉及实时控制和数据传输，并从网络拓扑中明确其数据传输情况；核查涉及实时控制和数据传输的工业控制系统是否在物理层面上独立组网，且与其他系统或非实时业务无共用设备的情况。

以城市燃气 SCADA 系统的整体网络架构为例，测评实施步骤主要包括：访谈网络管理员，了解工业控制系统是否具有实时控制和数据传输业务；核查涉及实时控制和数据传输的工业控制系统的路由器、交换机、网线链路等是否在物理层面上独立组网，且与其他系统无共用设备的情况。如果测评结果表明，系统涉及实时控制和数据传输业务，与其他数据网及外部公共信息网隔离，系统网络设备、通信线路等在物理层面上独立组网，则单元判定结果为符合，否则为不符合或部分符合。

2. 通信传输

【标准要求 】

该控制点第一级包括测评单元 L1-CNS1-01，第二级包括测评单元 L2-CNS1-03、L2-CNS5-04。

【L1-CNS1-01/L2-CNS1-03 解读和说明】

测评指标"应采用校验技术保证通信过程中数据的完整性"的主要测评对象是提供校验技术的设备或组件、支持通信校验的工业控制系统。如果被测系统的现场设备层与现场控制层之间采用模拟量或开关量传输，则本项在此层级判不适用。

测评实施要点包括：核查是否具有对鉴别数据、重要业务数据、重要审计数据、重要配置数据、重要视频数据和重要个人信息等在传输过程中采用校验技术［如循环冗余校验（Cyclic Redundancy Check，CRC）、奇偶校验等］的设备或组件，以保证通信过程中数据的完整性。

以城市燃气 SCADA 系统为例，测评实施步骤主要包括：访谈系统管理员，了解 SCADA 系统进行数据传输是否具有校验机制；核查系统技术手册或相关文档，查看系统是否采用有效的校验机制保证通信过程中数据的完整性。如果测评结果表明，SCADA 系统的重要业务数据传输具有校验机制，可以保证通信过程中数据的完整性，则单元判定结果为符合，否则为不符合或部分符合。

【L2-CNS5-04 解读和说明】

测评指标"在工业控制系统内使用广域网进行控制指令或相关数据交换的应采用加密认证技术手段实现身份认证、访问控制和数据加密传输"的主要测评对象是加密认证设备。若未使用广域网，则本项判不适用。

测评实施要点包括：访谈网络管理员，了解工业控制系统是否具有通过广域网进行控制指令或相关数据交换的需求，识别是否具有通过广域网传输的控制指令；核查工业控制系统与广域网是否使用加密认证设备，并查看设备是否配置加密策略；测试验证所使用的加密认证技术手段的有效性；在条件允许的情况下（如停机检修），可通过技术手段验证数据是否为密文传输。

以城市燃气 SCADA 系统的加密认证设备为例，测评实施步骤主要包括：访谈网络管理员，了解工业控制系统是否存在通过广域网进行控制指令或相关数据交换的情况；核查涉及控制指令或相关数据交换的工业控制系统是否采用加密认证设备进行身份认证、访问控制和数据加密传输；在条件允许的情况下，使用 Wireshark 等工具抓包，验证数据包是否经过加密。如果测评结果表明，工业控制系统与广域网进行通信时采用加密认证设备进行身份认证、访问控制和数据加密传输，且策略配置合理有效，则单元判定结果为符合，否则为不符合或部分符合。

3. 可信验证

【标准要求】

该控制点第一级包括测评单元 L1-CNS1-02，第二级包括测评单元 L2-CNS1-04。

【L1-CNS1-02 解读和说明】

测评指标"可基于可信根对通信设备的系统引导程序、系统程序等进行可信验证，并在检测到其可信性受到破坏后进行报警"的主要测评对象是交换机、路由器或其他通信设备等提供可信验证功能的设备或组件，以及提供集中审计功能的系统。

测评实施要点包括：访谈网络管理员，了解系统使用何种可信验证架构及可信根，并查看通信设备的技术白皮书等资料，了解通信设备是否具有可信芯片；核查是否基于可信根对通信设备的系统引导程序、系统程序等进行可信验证；测试验证在检测到通信设备的可信性受到破坏后是否进行报警。

以城市燃气 SCADA 系统的 H3C 核心交换机为例，测评实施步骤主要包括：核查 H3C 核心交换机是否采用可信验证技术，是否能够基于可信根在通信设备的启动和运行过程中对预装软件进行完整性验证或检测；核查是否在 H3C 核心交换机内置应用程序的关键执行环节进行动态可信验证；测试验证在检测到 H3C 核心交换机内置系统组件的可信性受到破坏后是否进行报警。如果测评结果表明，通信设备具有可信芯片，能够在应用程序的关键执行环节进行动态可信验证，并在检测到其可信性受到破坏后进行报警，则单元判定结果为符合，否则为不符合或部分符合。

【L2-CNS1-04 解读和说明】

测评指标"可基于可信根对通信设备的系统引导程序、系统程序、重要配置参数和通信应用程序等进行可信验证，并在检测到其可信性受到破坏后进行报警，并将验证结果形成审计记录送至安全管理中心"的主要测评对象是交换机、路由器或其他通信设备等提供可信验证功能的设备或组件，以及提供集中审计功能的系统。

测评实施要点包括：核查通信设备的系统引导程序、系统程序、重要配置参数和通信应用程序等是否采用可信验证技术，是否在应用程序的关键执行环节进行动态可信验证；

测试验证在检测到通信设备的可信性受到破坏后是否进行报警；核查验证结果是否以审计记录的形式被送至安全管理中心。

以城市燃气 SCADA 系统的 H3C 核心交换机为例，测评实施步骤主要包括：核查 H3C 核心交换机是否具有可信芯片（如 TCM 芯片），是否能够基于可信根在通信设备的启动和运行过程中对预装软件进行完整性验证或检测；核查是否在 H3C 核心交换机内置应用程序的关键执行环节进行动态可信验证；测试验证在检测到 H3C 核心交换机内置系统组件的可信性受到破坏后是否进行报警；访谈安全管理员，核查是否有安全管理中心，能否接收 H3C 核心交换机的验证结果记录，并查看验证结果。如果测评结果表明，通信设备具有可信芯片，能够在应用程序的关键执行环节进行动态可信验证，在检测到其可信性受到破坏后进行报警，并将验证结果以审计记录的形式送至安全管理中心，则单元判定结果为符合，否则为不符合或部分符合。

4.2.3 安全区域边界

在对工业控制系统的"安全区域边界"测评时应同时依据安全测评通用要求和安全测评扩展要求，其中涉及安全测评通用要求的解读内容参见《网络安全等级保护测评要求（通用要求部分）应用指南》中的"安全区域边界"，安全测评扩展要求的解读内容参见本节。由于工业控制系统的特点，本节列出了部分安全测评通用要求在工业控制系统环境下的个性化解读内容。

1. 边界防护

【标准要求】

该控制点第一级包括测评单元 L1-ABS1-01，第二级包括测评单元 L2-ABS1-01。

【L1-ABS1-01/L2-ABS1-01 解读和说明】

测评指标"应保证跨越边界的访问和数据流通过边界设备提供的受控接口进行通信"的主要测评对象是层级间、安全域间、有线网络与无线网络间、被测系统与其他系统间所有的边界的路由器、防火墙、网络隔离产品、无线接入网关、加密网关、三层交换机、接口机、协议转换装置及其他提供访问控制功能的设备或组件。

测评实施要点包括：访谈网络管理员，了解系统是否有最新的网络拓扑图；现场核查物理接线情况，确定网络拓扑图与物理连接情况是否一致，确认访问控制设备所隔离的区域之间是否存在可不通过访问控制设备的物理链路；根据系统部署情况，分析系统的安全区域情况及各区域所处的层级，核查不同层级网络边界处是否部署访问控制设备或组件（如防火墙、网络隔离产品、加密网关、路由器等），若未部署访问控制设备，则本项判不符合，若部署不具备管理功能的交换机，则本项判不符合；现场核查访问控制设备，检查访问控制策略。如果部署防火墙，则核查是否对防火墙进行设备配置，是否限制设备源地址、目的地址，是否指定端口进行跨越边界的网络通信，指定端口是否配置并启用安全策略；如果部署纵向加密设备，则核查加密设备是否限制源地址、目的地址，是否指定端口进行跨越边界的网络通信，且数据通信是否为密文传输；如果采用网络隔离产品，则核查是否对源地址、目的地址进行限制，查看是否指定访问控制端口；如果采用路由器，则需要查看路由器的配置信息，确认是否对物理端口进行限制，是否仅允许规定的 IP 地址进行通信。另外，可以采用其他技术手段（如非法无线网络设备定位，核查设备配置信息，区域外地址访问尝试等）核查是否存在其他未受控接口进行跨越边界的网络通信。

以城市燃气 SCADA 系统的工业防火墙为例，测评实施步骤主要包括：核查网络拓扑图与实际网络链路是否一致，是否明确网络边界和边界设备端口；核查防火墙的配置信息，确认是否指定物理端口进行跨越边界的网络通信；采用其他技术手段核查是否存在其他未受控接口进行跨越边界的网络通信。例如，采用无线嗅探器、无线入侵检测/防御系统、手持式无线信号检测系统等检测无线访问情况。如果测评结果表明，跨越边界的访问和数据流通过边界设备提供的受控接口进行通信，则单元判定结果为符合，否则为不符合或部分符合。

2. 访问控制

【标准要求】

该控制点第一级包括测评单元 L1-ABS1-02、L1-ABS1-03、L1-ABS1-04、L1-ABS5-01，第二级包括测评单元 L2-ABS1-02、L2-ABS1-03、L2-ABS1-04、L2-ABS1-05、L2-ABS5-01、L2-ABS5-02。

【L1-ABS1-02 解读和说明】

测评指标"应在网络边界根据访问控制策略设置访问控制规则，默认情况下除允许通信外受控接口拒绝所有通信"的主要测评对象是层级间、安全域间、有线网络与无线网络间、被测系统与其他系统间所有的边界的路由器、防火墙、网络隔离产品、无线接入网关、加密网关、三层交换机、接口机、协议转换装置及其他提供访问控制功能的设备或组件。

测评实施要点包括：访谈网络管理员，核查是否在网络边界部署访问控制设备（如防火墙、隔离设备、加密设备等），若未部署，则本项判不符合；现场核查访问控制设备是否启用访问控制策略，检查是否以默认禁止的方式进行规则配置。如果部署防火墙，则核查是否对防火墙进行设备配置，是否限制设备源地址、目的地址，是否指定端口进行跨越边界的网络通信，指定端口是否配置并启用安全策略；如果部署纵向加密设备，则核查加密设备是否限制源地址、目的地址，是否指定端口进行跨越边界的网络通信，且数据通信是否为密文传输；如果采用网络隔离产品，则核查是否对源地址、目的地址进行限制，查看是否指定访问控制端口。

以城市燃气 SCADA 系统的工业防火墙为例，测评实施步骤主要包括：核查工业防火墙的访问控制策略是否为白名单机制，是否仅允许授权的用户访问而禁止其他所有的网络访问行为；核查配置的访问控制策略是否被实际应用到相应接口的进或出。如果测评结果表明，网络边界处设置了访问控制策略，且仅允许受控接口进行通信，则单元判定结果为符合，否则为不符合或部分符合。

【L2-ABS1-02 解读和说明】

测评指标"应在网络边界或区域之间根据访问控制策略设置访问控制规则，默认情况下除允许通信外受控接口拒绝所有通信"的主要测评对象是层级间、安全域间、有线网络与无线网络间、被测系统与其他系统间所有的边界的路由器、防火墙、工业防火墙、网络隔离产品、无线接入网关、加密网关、三层交换机、接口机、协议转换装置及其他提供访问控制功能的设备或组件。

测评实施要点包括：核查网络边界或区域之间是否部署访问控制设备（如防火墙、隔离设备、加密设备等）；现场核查访问控制设备是否启用访问控制策略，检查是否以默认禁止的方式进行规则配置。如果部署防火墙，则核查是否对防火墙进行设备配置，是否限制设备源地址、目的地址，是否指定端口进行跨越边界的网络通信，指定端口是否配置并启用安全策略；如果部署纵向加密设备，则核查加密设备是否限制源地址、目的地址，是否指定端口进行跨越边界的网络通信，且数据通信是否为密文传输；如果采用网络隔离产品，则核查是否对源地址、目的地址进行限制，查看是否指定访问控制端口。除外部网络边界外，还需核查被测系统内部各区域间和各层面间的访问控制规则。

以城市燃气 SCADA 系统的工业防火墙为例，测评实施步骤主要包括：核查工业防火墙的访问控制策略是否为白名单机制，是否仅允许授权的用户访问而禁止其他所有的网络访问行为；核查配置的访问控制策略是否被实际应用到相应接口的进或出。如果测评结果表明，网络边界或区域之间设置了访问控制策略，且仅允许受控接口进行通信，则单元判定结果为符合，否则为不符合或部分符合。

【L1-ABS1-03/L2-ABS1-03 解读和说明】

测评指标"应删除多余或无效的访问控制规则，优化访问控制列表，并保证访问控制规则数量最小化"的主要测评对象是层级间、安全域间、有线网络与无线网络间、被测系统与其他系统间所有的边界的路由器、防火墙、工业防火墙、网络隔离产品、无线接入网关、加密网关、三层交换机等提供访问控制功能的设备或组件。

测评实施要点包括：访谈网络管理员，了解访问控制设备（如防火墙、交换机、加密设备等）是否设置访问控制规则并开启访问控制列表；现场核查不同的访问控制策略之间的逻辑关系及前后排列顺序是否合理；针对设备的访问控制规则，逐条访谈网络管理员，询问该条规则是否有用，与需求是否一致，若无用则须删除，如核查防火墙设备是否开启全通策略，是否未限制访问控制端口，访问地址限制范围是否过大，地址隔离设备、加密设备是否存在多余的访问控制策略；若访问控制设备具有规则匹配计数，则检查是否存在匹配数为 0 的规则，匹配数为 0 的规则通常被认为是多余规则。

以城市燃气 SCADA 系统的工业防火墙为例，测评实施步骤主要包括：访谈网络管理员，了解访问控制策略的配置情况，核查防火墙的访问控制策略与业务及管理需求的一致性，结合策略命中数分析策略是否有效；核查访问控制策略中是否禁用全通策略或端口、访问地址限制范围过大的策略；核查不同的访问控制策略之间的逻辑关系是否合理。如果测评结果表明，访问控制设备的访问控制规则数量已实现最小化，则单元判定结果为符合，否则为不符合或部分符合。

【L1-ABS1-04/L2-ABS1-04 解读和说明】

测评指标"应对源地址、目的地址、源端口、目的端口和协议等进行检查，以允许/拒绝数据包进出"的主要测评对象是层级间、安全域间、有线网络与无线网络间、被测系统与其他系统间所有的边界的路由器、防火墙、网络隔离产品、无线接入网关、加密网关、三层交换机、接口机、协议转换装置及其他提供访问控制功能的设备或组件。

测评实施要点包括：访谈网络管理员，核查是否对访问控制设备（如防火墙、交换机、隔离设备等）设置访问控制规则；现场核查设备的访问控制策略中是否根据源地址、目的地址、源端口、目的端口和协议等相关参数进行配置，原则上不得以网段的方式进行访问控制；核查防火墙的访问控制策略中是否对源地址、目的地址、源端口、目的端口和协议等进行限制；核查隔离设备中是否对端口进行限制；对于仅允许特定协议或服务通过的专用访问控制设备，若限制了源地址、目的地址，则本项可判符合。

以城市燃气 SCADA 系统的 H3C 交换机为例，测评实施步骤主要包括：核查 H3C 交换机的访问控制策略中是否设定源地址、目的地址、源端口、目的端口和协议等相关配置参数，如：

```
access-list 101 deny tcp 172.16.4.0 0.0.0.255 172.16.3.0 0.0.0.255 eq 21
access-list 101 permit ip any any
interface fastethernet0/0
ip access-group 101 out
```

拒绝所有从 172.16.4.0 到 172.16.3.0 的 FTP 通过 F0/0 接口。如果测评结果表明，访问控制设备对源地址、目的地址、源端口、目的端口和协议等进行有效限制，则单元判定结果为符合，否则为不符合或部分符合。

【L2-ABS1-05 解读和说明】

测评指标"应能根据会话状态信息为进出数据流提供明确的允许/拒绝访问的能力"的主要测评对象是层级间、安全域间、有线网络与无线网络间、被测系统与其他系统间所有的边界的路由器、防火墙、网络隔离产品、无线接入网关、加密设备等。

测评实施要点包括：访谈网络管理员，核查是否采用会话认证等机制为进出数据流提供明确的允许/拒绝访问的能力；现场核查访问控制设备的访问控制策略中是否对源地址、目的地址、源端口、目的端口和协议等进行有效限制。

以城市燃气 SCADA 系统的 H3C 交换机为例，测评实施步骤主要包括：核查是否采用会话认证等机制为进出数据流提供明确的允许/拒绝访问的能力，如：

```
access-list 101 permit tcp 192.168.2.0 0.0.0.255 192.168.3.100 0.0.0.255 eq 21
access-list 101 permit tcp 192.168.2.0 0.0.0.255 192.168.3.100 0.0.0.255 eq 80
access-list 101 deny ip any any
```

测试验证是否为进出数据流提供明确的允许/拒绝访问的能力。如果测评结果表明，访问控制设备对源地址、目的地址、源端口、目的端口和协议等进行有效限制，则单元判定结果为符合，否则为不符合或部分符合。

【L1-ABS5-01/L2-ABS5-01 解读和说明】

测评指标"应在工业控制系统与企业其他系统之间部署访问控制设备，配置访问控制策略，禁止任何穿越区域边界的 E-mail、Web、Telnet、Rlogin、FTP 等通用网络服务"的主要测评对象是被测系统与其他系统间所有的边界的路由器、防火墙、网络隔离产品、无线接入网关、加密网关、三层交换机、接口机、协议转换装置及其他提供访问控制功能的设备或组件。

测评实施要点包括：访谈网络管理员，了解工业控制系统与企业其他系统之间是否部署访问控制设备（如防火墙、隔离设备等），核查访问控制设备是否配置访问控制策略；现场核查访问控制设备的访问控制策略是否禁止 E-mail、Web、Telnet、Rlogin、FTP 等通用网络服务穿越区域边界。

以城市燃气 SCADA 系统的工业防火墙为例，测评实施步骤主要包括：核查城市燃气 SCADA 系统与企业其他系统之间是否部署访问控制设备，核查访问控制设备是否配置访问控制策略；核查访问控制策略是否禁止 E-mail、Web、Telnet、Rlogin、FTP 等通用网络服务穿越区域边界；对边界网络进行渗透测试，确认是否不存在绕过访问控制措施的方法。如果测评结果表明，访问控制设备配置访问控制策略，禁止任何穿越区域边界的 E-mail、Web、Telnet、Rlogin、FTP 等通用网络服务，则单元判定结果为符合，否则为不符合或部分符合。

【L2-ABS5-02 解读和说明】

测评指标"应在工业控制系统内安全域和安全域之间的边界防护机制失效时，及时进行报警"的主要测评对象是安全域和安全域边界之间的网络隔离产品、工业防火墙、路由器、交换机、内网安全管理系统等提供访问控制功能的设备。

测评实施要点包括：访谈网络管理员，核查是否部署网络监控预警系统或相关模块，以在边界防护机制失效时进行报警；现场核查网络监控预警系统或相关模块的相关功能是否启用，在边界防护机制失效时是否可及时报警。

以城市燃气 SCADA 系统的工业防火墙为例，测评实施步骤主要包括：核查边界防护设备/策略在非授权的情况下发生变更时是否进行报警；核查是否部署网络监控预警系统或相关模块，在边界防护机制失效时是否可及时报警。如果测评结果表明，安全域和安全域之间的访问控制设备配置访问控制策略，可在边界防护机制失效时及时进行报警，则单元判定结果为符合，否则为不符合或部分符合。

3. 入侵防范

【标准要求】

该控制点第二级包括测评单元 L2-ABS1-06。

【L2-ABS1-06 解读和说明】

测评指标"应在关键网络节点处监视网络攻击行为"的主要测评对象是层级间、安全域间、有线网络与无线网络间、被测系统与其他系统间所有的边界的 IDS、IPS、包含入侵防范模块的多功能安全网关（UTM）、防火墙等。

测评实施要点包括：访谈网络管理员，了解工业控制系统中是否部署专用或具有入侵检测/防御功能的设备等；现场核查相关设备是否启用入侵防范功能或白名单机制，是否能够监视发起的网络攻击行为；现场核查相关设备的规则库或威胁情报库是否已更新到最新版本；现场核查相关设备的配置信息或安全策略是否能够覆盖该边界的所有网络流量。

以城市燃气 SCADA 系统的 IDS 为例，测评实施步骤主要包括：核查 IDS 的部署位置是否正确；核查 IDS 的规则库是否已更新到最新版本；核查 IDS 的安全策略是否能够覆盖该边界的所有网络流量。如果测评结果表明，IDS 的部署位置正确，规则库已更新到最新版本，安全策略能够覆盖该边界的所有网络流量，则单元判定结果为符合，否则为不符合或部分符合。

4. 恶意代码防范

【标准要求】

该控制点第二级包括测评单元 L2-ABS1-07。

【L2-ABS1-07 解读和说明】

测评指标"应在关键网络节点处对恶意代码进行检测和清除，并维护恶意代码防护机制的升级和更新"的主要测评对象是安全域间、被测系统与其他系统间所有的边界的防病毒网关、基于网络流量的恶意代码检测产品、包含防病毒模块的多功能安全网关（UTM）等。

测评实施要点包括：查看关键网络节点处是否部署防恶意代码产品或基于网络流量的恶意代码检测产品，若部署的是基于网络流量的恶意代码检测产品，则查看是否具有网络安全专用产品销售许可证；访谈网络管理员，询问是否对防恶意代码产品的特征库进行升级，升级的具体方式如何，并登录查看特征库的升级情况，核查当前是否为最新版本，原则上防恶意代码产品的特征库的上一次升级应在最近一个月内。

以城市燃气 SCADA 系统的防病毒网关为例，测评实施步骤主要包括：查看网络拓扑结构，核查在网络边界处是否部署防病毒网关；访谈网络管理员，询问是否对防病毒网关的特征库进行升级，升级的具体方式如何，并登录查看特征库的升级情况，核查当前是否为最新版本。如果测评结果表明，访问控制设备中包含防病毒模块，规则库已更新到最新版本，则单元判定结果为符合，否则为不符合或部分符合。

5. 安全审计

【标准要求】

该控制点第二级包括测评单元 L2-ABS1-08、L2-ABS1-09、L2-ABS1-10。

【L2-ABS1-08 解读和说明】

测评指标"应在网络边界、重要网络节点进行安全审计，审计覆盖到每个用户，对重要的用户行为和重要安全事件进行审计"的主要测评对象是层级间、安全域间、有线网络与无线网络间、被测系统与其他系统间所有的边界的综合安全审计系统、工控审计产品、行业专用网络安全平台、内网安全管理平台、电力监控系统网络安全平台、路由器、交换机、防火墙、网络隔离产品等访问控制设备。

测评实施要点包括：访谈安全管理员，了解是否部署综合安全审计系统或具有类似功能的系统平台，或者访问控制设备是否启用流量通信审计功能；现场核查部署的工控审计系统或具有类似功能的系统平台是否启用安全审计功能，安全审计范围是否覆盖到边界的所有通信流量；现场核查是否对重要的用户行为和重要的安全事件进行审计，若没有审计系统或具有类似功能的系统平台，则核查边界设备及重要网络节点设备的安全审计功能是否启用。

以城市燃气 SCADA 系统的综合安全审计系统为例，测评实施步骤主要包括：访谈安全管理员，核查是否部署综合安全审计系统或具有类似功能的系统平台；核查系统内主要的网络安全设备是否启用安全审计功能；核查安全审计范围是否覆盖到每个用户；核查审计内容中是否包含重要的用户行为和重要的安全事件。如果测评结果表明，访问控制设备具有安全审计功能，审计内容能够覆盖到每个用户且包含重要的用户行为和重要的安全事件，则单元判定结果为符合，否则为不符合或部分符合。

【L2-ABS1-09 解读和说明】

测评指标"审计记录应包括事件的日期和时间、用户、事件类型、事件是否成功及其他与审计相关的信息"的主要测评对象是层级间、安全域间、有线网络与无线网络间、被测系统与其他系统间所有的边界的综合安全审计系统、工控审计产品、行业专用网络安全平台、内网安全管理平台、电力监控系统网络安全平台、路由器、交换机、防火墙、网络隔离产品等访问控制设备。

测评实施要点包括：访谈安全管理员，了解系统中安全设备（如防火墙、隔离设备、加密设备等）的访问控制策略是否启用流量审计功能；现场核查安全设备（如防火墙、隔离设备、加密设备等）的访问控制策略的日志功能是否开启，常见路由器、交换机是否默认开启安全审计功能，审计记录是否包括事件的日期和时间、用户、事件类型、事件是否成功及其他与审计相关的信息。

以城市燃气 SCADA 系统的综合安全审计系统为例，测评实施步骤主要包括：访谈安全管理员，核查是否部署综合安全审计系统或具有类似功能的系统平台；核查系统内主要的网络安全设备是否启用安全审计功能；核查审计记录是否包括事件的日期和时间、用户、事件类型、事件是否成功及其他与审计相关的信息。如果测评结果表明，访问控制设备具有安全审计功能，审计记录包括事件的日期和时间、用户、事件类型、事件是否成功及其他与审计相关的信息，则单元判定结果为符合，否则为不符合或部分符合。

【L2-ABS1-10 解读和说明】

测评指标"应对审计记录进行保护，定期备份，避免受到未预期的删除、修改或覆盖等"的主要测评对象是层级间、安全域间、有线网络与无线网络间、被测系统与其他系统间所有的边界的综合安全审计系统、工控审计产品、行业专用网络安全平台、内网安全管理平台、电力监控系统网络安全平台、路由器、交换机、防火墙、网络隔离产品等访问控制设备。

测评实施要点包括：核查是否采取保护措施对审计记录进行保护，其中包含两个层面，一是设置专门的管理员对审计记录（包括设备本地及备份日志）进行管理，非授权用户无权对审计记录进行删除、修改或覆盖，二是具有日志存储规则和同步外发的备份机制，防止原始审计日志意外丢失或被攻击者擦除；核查审计记录是否进行定期备份，并核查日志的存储时间。

以城市燃气 SCADA 系统的防火墙为例，测评实施步骤主要包括：访谈安全管理员，核查是否实现权限分离，是否设置审计账户，其他账户是否无权删除本地和日志服务器上的审计记录；了解采取何种技术措施对审计记录进行保护，如开启日志外发功能，将日志转发至日志服务器等；核查审计记录的备份，查看存储时间是否超过 6 个月。如果测评结果表明，访问控制设备具有安全审计功能，已对审计记录进行保护及定期备份，则单元判定结果为符合，否则为不符合或部分符合。

6. 可信验证

【标准要求】

该控制点第一级包括测评单元 L1-ABS1-05，第二级包括测评单元 L2-ABS1-11。

【L1-ABS1-05 解读和说明】

测评指标"可基于可信根对边界设备的系统引导程序、系统程序等进行可信验证，并在检测到其可信性受到破坏后进行报警"的主要测评对象是被测系统与其他系统间所有的边界的路由器、交换机、防火墙、网络隔离产品等。

测评实施要点包括：核查是否基于可信根对边界设备的系统引导程序、系统程序等进行可信验证；测试验证在检测到边界设备的可信性受到破坏后是否进行报警。

以城市燃气 SCADA 系统的工业防火墙为例，测评实施步骤主要包括：核查工业防火墙是否具有可信芯片或硬件模块；测试验证在检测到边界设备的可信性受到破坏后是否进行报警。如果测评结果表明，边界设备具有基于可信根的可信验证功能，并在检测到其可信性受到破坏后进行报警，则单元判定结果为符合，否则为不符合或部分符合。

【L2-ABS1-11 解读和说明】

测评指标"可基于可信根对边界设备的系统引导程序、系统程序、重要配置参数和边界防护应用程序等进行可信验证，并在检测到其可信性受到破坏后进行报警，并将验证结果形成审计记录送至安全管理中心"的主要测评对象是被测系统与其他系统间所有的边界的路由器、交换机、防火墙、网络隔离产品等。

测评实施要点包括：核查是否基于可信根对边界设备的系统引导程序、系统程序、重要配置参数和边界防护应用程序等进行可信验证；测试验证在检测到边界设备的可信性受到破坏后是否进行报警；核查验证结果是否以审计记录的形式被送至安全管理中心。

以城市燃气 SCADA 系统的工业防火墙为例，测评实施步骤主要包括：核查工业防火墙是否具有可信芯片或硬件模块；测试验证在检测到边界设备的可信性受到破坏后是否进行报警；访谈安全管理员，核查是否有安全管理中心，能否接收设备的验证结果记录，并查看验证结果。如果测评结果表明，边界设备具有基于可信根的可信验证功能，在检测到其可信性受到破坏后进行报警，并将验证结果以审计记录的形式送至安全管理中心，则单元判定结果为符合，否则为不符合或部分符合。

7. 拨号使用控制

【标准要求】

该控制点第二级包括测评单元 L2-ABS5-03。

【L2-ABS5-03 解读和说明】

测评指标"工业控制系统确需使用拨号访问服务的，应限制具有拨号访问权限的用户数量，并采取用户身份鉴别和访问控制等措施"的主要测评对象是拨号服务器、客户端、VPN 等。当系统未使用拨号访问服务时，本项判不适用。

测评实施要点包括：现场核查拨号设备是否限制具有拨号访问权限的用户数量，拨号服务器和客户端是否使用账户/口令等身份鉴别方式，是否采取控制账户权限等访问控制措施；若采用 VPN 接入进行拨号访问，则查看是否采取访问控制措施。

以城市燃气 SCADA 系统的拨号服务器为例，测评实施步骤主要包括：访谈网络管理员，核查拨号访问服务是否确需使用，若确需使用拨号访问服务，则核查拨号服务器是否限制具有拨号访问权限的用户数量；核查拨号服务器和客户端是否使用账户/口令等身份鉴别方式；核查拨号服务器是否采取控制账户权限等访问控制措施。如果测评结果表明，访问控制设备采用拨号访问服务，且配置安全策略，限制具有拨号访问权限的用户数量，并采取用户身份鉴别和访问控制等措施，则单元判定结果为符合，否则为不符合或部分符合。

8. 无线使用控制

【标准要求】

该控制点第一级包括测评单元 L1-ABS5-02、L1-ABS5-03，第二级包括测评单元 L2-ABS5-04、L2-ABS5-05。

【L1-ABS5-02/L2-ABS5-04 解读和说明】

测评指标"应对所有参与无线通信的用户（人员、软件进程或者设备）提供唯一性标识和鉴别"的主要测评对象是无线路由器、无线接入网关、无线终端等。当系统未使用无线通信时，本项判不适用。

测评实施要点包括：现场核查无线通信的用户在登录时是否采取身份鉴别措施，如账户/口令、生物识别等，通信设备是否通过唯一性标识进行识别，如 MAC 地址、设备串号等；现场核查用户身份标识是否具有唯一性。

以城市燃气 SCADA 系统的无线路由器为例，测评实施步骤主要包括：核查无线设备是否采取身份鉴别措施，如账户/口令；核查用户身份标识是否具有唯一性。如果测评结果表明，访问控制设备对所有参与无线通信的用户（人员、软件进程或者设备）提供唯一性标识和鉴别，则单元判定结果为符合，否则为不符合或部分符合。

【L1-ABS5-03 解读和说明】

测评指标"应对无线连接的授权、监视以及执行使用进行限制"的主要测评对象是无线路由器、无线接入网关、无线终端等。当系统未使用无线通信时，本项判不适用。

测评实施要点包括：访谈网络管理员，核查在无线通信过程中是否对用户进行授权；现场核查在无线通信过程中是否对无线连接的授权、监视以及执行使用进行限制。

以城市燃气 SCADA 系统的无线接入网关为例，测评实施步骤主要包括：核查在无线通信过程中是否对用户进行授权（如可访问的 IP 地址）；现场核查在无线通信过程中是否对无线连接的授权、监视以及执行使用进行限制。如果测评结果表明，访问控制设备对无线连接的授权、监视以及执行使用进行限制，则单元判定结果为符合，否则为不符合或部分符合。

【L2-ABS5-05 解读和说明】

测评指标"应对所有参与无线通信的用户（人员、软件进程或者设备）进行授权以及执行使用进行限制"的主要测评对象是无线路由器、无线接入网关、无线终端等。当系统未使用无线通信时，本项判不适用。

测评实施要点包括：核查在无线通信过程中是否对用户进行授权，具体权限是否合理，未授权的使用是否可以被发现并告警。

以城市燃气 SCADA 系统的无线接入网关为例，测评实施步骤主要包括：核查在无线通信过程中是否对用户进行授权（如可访问的 IP 地址），具体权限是否合理，未授权的使用是否可以被发现并告警。如果测评结果表明，访问控制设备对所有参与无线通信的用户（人员、软件进程或者设备）进行授权以及执行使用进行限制，则单元判定结果为符合，否则为不符合或部分符合。

4.2.4 安全计算环境

在对工业控制系统的"安全计算环境"测评时应同时依据安全测评通用要求和安全测评扩展要求，其中涉及安全测评通用要求的解读内容参见《网络安全等级保护测评要求（通用要求部分）应用指南》中的"安全计算环境"，安全测评扩展要求的解读内容参见本节。由于工业控制系统的特点，本节列出了部分安全测评通用要求在工业控制系统环境下的个性化解读内容。

1. 身份鉴别

【标准要求】

该控制点第一级包括测评单元 L1-CES1-01、L1-CES1-02，第二级包括测评单元 L2-CES1-01、L2-CES1-02、L2-CES1-03。

【L1-CES1-01/L2-CES1-01 解读和说明】

测评指标"应对登录的用户进行身份标识和鉴别，身份标识具有唯一性，身份鉴别信息具有复杂度要求并定期更换"的主要测评对象是工业控制系统内的网络设备（包括虚拟化网络设备）、安全设备（包括虚拟化安全设备）、工作站和服务器设备中的操作系统（包括宿主机和虚拟机操作系统）、控制设备、控制设备管理系统、业务应用系统、数据库系统、中间件和系统管理软件及系统设计文档等。

测评实施要点包括：核查用户配置信息中是否存在空口令用户，若测评对象存在空口令或弱口令的情况，则须进一步核查是否采用双因素认证或其他同等管控手段进行防护；核查身份鉴别信息是否具有复杂度要求并定期更换，若受条件限制在技术层面无法实现上述要求，则须核查是否通过管理手段实现同等功能。如果测评对象为控制设备，则须核查是否配置编程密码，编程密码是否具有复杂度要求并定期更换；如果测评对象为控制设备，且控制设备与其上位机的组态软件成套部署，并使用组态软件下发控制器配置，则须核查其上位机的组态软件针对控制器的配置，如是否采用身份鉴别措施，用户身份标识是否具有唯一性，身份鉴别信息是否具有复杂度要求并定期更换。

以城市燃气 SCADA 系统的应用服务器为例，测评实施步骤主要包括：现场核查应用服务器是否采用账户/口令或其他身份鉴别方式进行身份鉴别，验证登录是否有效；现场核查应用服务器的管理账户身份标识是否唯一，有无相同账户名，测试是否能够新建相同身份标识的账户；现场核查是否存在空口令用户；现场核查操作系统的密码策略，查看是否启用密码复杂度功能，并设置合理的策略。如果测评结果表明，对登录应用服务器的用户进行身份标识和鉴别，身份标识具有唯一性，身份鉴别信息具有复杂度要求并定期更换，则单元判定结果为符合，否则为不符合或部分符合。

【L1-CES1-02/L2-CES1-02 解读和说明】

测评指标"应具有登录失败处理功能，应配置并启用结束会话、限制非法登录次数和当登录连接超时自动退出等相关措施"的主要测评对象是工业控制系统内的网络设备（包括虚拟化网络设备）、安全设备（包括虚拟化安全设备）、工作站和服务器设备中的操作系统（包括宿主机和虚拟机操作系统）、控制设备、控制设备管理系统、业务应用系统、数据库系统、中间件和系统管理软件及系统设计文档等。

测评实施要点包括：核查是否配置并启用登录失败处理功能；核查是否配置并启用限制非法登录功能，是否在非法登录达到一定次数后采取特定动作，如锁定账户等；核查是否配置并启用登录连接超时自动退出功能。如果测评对象为控制设备，且控制设备与其上位机的组态软件成套部署，并使用组态软件下发控制器配置，则须核查其上位机的组态软件针对控制器的配置，如是否配置并启用限制非法登录、登录连接超时自动退出功能。

以城市燃气 SCADA 系统的业务应用系统为例，测评实施步骤主要包括：核查业务应用系统是否配置并启用登录失败处理功能；核查业务应用系统在非法登录达到一定次数后是否有账户锁定功能；核查业务应用系统是否配置并启用登录连接超时自动退出功能。如果测评结果表明，业务应用系统具有登录失败处理功能，且配置并启用了限制非法登录、登录连接超时自动退出功能，则单元判定结果为符合，否则为不符合或部分符合。

【L2-CES1-03 解读和说明】

测评指标"当进行远程管理时，应采取必要措施防止鉴别信息在网络传输过程中被窃听"的主要测评对象是工业控制系统内的网络设备（包括虚拟化网络设备）、安全设备（包括虚拟化安全设备）、工作站和服务器设备中的操作系统（包括宿主机和虚拟机操作系统）、控制设备、控制设备管理系统、业务应用系统、数据库系统、中间件和系统管理软件及系统设计文档等。当仅存在本地管理时，本项判不适用。

测评实施要点包括：核查是否采用加密等安全方式对系统进行远程管理，防止鉴别信息在网络传输过程中被窃听。如果测评对象为控制设备，且控制设备与其上位机的组态软件成套部署，并使用组态软件下发控制器配置，则须核查其上位机的组态软件针对控制器的配置，如是否采用加密等安全方式对控制设备进行远程管理。

以城市燃气 SCADA 系统的应用服务器为例，测评实施步骤主要包括：核查应用服务器内是否允许进行远程管理；核查是否有明确的技术措施（如堡垒机或其他监测审计措施）对远程管理操作进行管理，并对技术措施的有效性进行核查。如果测评结果表明，应用服务器采用加密等安全方式进行远程管理，则单元判定结果为符合，否则为不符合或部分符合。

2. 访问控制

【标准要求】

该控制点第一级包括测评单元 L1-CES1-03、L1-CES1-04、L1-CES1-05，第二级包括测评单元 L2-CES1-04、L2-CES1-05、L2-CES1-06、L2-CES1-07。

【L1-CES1-03/L2-CES1-04 解读和说明】

测评指标"应对登录的用户分配账户和权限"的主要测评对象是工业控制系统内的网络设备（包括虚拟化网络设备）、安全设备（包括虚拟化安全设备）、工作站和服务器设备中的操作系统（包括宿主机和虚拟机操作系统）、控制设备、控制设备管理系统、业务应用系统、数据库系统、中间件和系统管理软件及系统设计文档等。

测评实施要点包括：核查用户账户和权限设置情况，测试是否根据不同用户的权限设计对系统功能及数据的访问；核查是否已禁用或限制匿名、默认账户的访问权限。如果业务应用系统采用 B/S 架构进行登录，则测试在不登录系统的前提下是否可以对系统的功能及数据进行访问；如果测评对象为控制设备，且控制设备与其上位机的组态软件成套部署，并使用组态软件下发控制器配置，则须核查其上位机的组态软件针对控制器的配置，如是否根据不同用户的权限设计对系统功能及数据的访问。

以城市燃气 SCADA 系统的业务应用系统为例，测评实施步骤主要包括：核查业务应用系统的用户账户和权限设置情况；核查业务应用系统是否已禁用默认账户的访问权限；测试在不登录系统的前提下是否可以对系统功能及数据进行访问。如果测评结果表明，已对登录业务应用系统的用户分配了账户和权限，且不存在默认账户，无法对系统进行非授权访问，则单元判定结果为符合，否则为不符合或部分符合。

【L1-CES1-04/L2-CES1-05 解读和说明】

测评指标"应重命名或删除默认账户，修改默认账户的默认口令"的主要测评对象是工业控制系统内的网络设备（包括虚拟化网络设备）、安全设备（包括虚拟化安全设备）、工作站和服务器设备中的操作系统（包括宿主机和虚拟机操作系统）、控制设备、控制设备管理系统、业务应用系统、数据库系统、中间件和系统管理软件及系统设计文档等。

测评实施要点包括：核查是否存在默认账户或已重命名默认账户；核查是否已修改默认账户的默认口令。如果测评对象为控制设备，则须验证编程密码是否已修改默认口令；如果测评对象为控制设备，且控制设备与其上位机的组态软件成套部署，并使用组态软件下发控制器配置，则须核查其上位机的组态软件针对控制器的配置，如是否存在默认账户或已重命名默认账户，是否已修改默认口令。

以城市燃气 SCADA 系统的控制设备 PLC 为例，测评实施步骤主要包括：核查控制设备的编程密码是否已修改；核查其上位机的组态软件针对控制器的配置，如是否存在默认账户或已重命名默认账户，是否已修改默认口令。如果测评结果表明，已修改控制设备的编程密码，其上位机的组态软件针对控制器的配置不存在默认账户及默认口令，则单元判定结果为符合，否则为不符合或部分符合。

【L1-CES1-05/L2-CES1-06 解读和说明】

测评指标"应及时删除或停用多余的、过期的账户，避免共享账户的存在"的主要测评对象是工业控制系统内的网络设备（包括虚拟化网络设备）、安全设备（包括虚拟化安全设备）、工作站和服务器设备中的操作系统（包括宿主机和虚拟机操作系统）、控制设备、控制设备管理系统、业务应用系统、数据库系统、中间件和系统管理软件及系统设计文档等。

测评实施要点包括：核查是否存在共享账户，管理用户与账户之间是否一一对应；核查并测试多余的、过期的账户是否被删除或停用。如果测评对象为控制设备，且控制设备与其上位机的组态软件成套部署，并使用组态软件下发控制器配置，则须核查其上位机的组态软件针对控制器的配置，如是否存在共享的、多余的、过期的账户。

以城市燃气 SCADA 系统的业务应用系统为例，测评实施步骤主要包括：核查业务应用系统中是否存在共享账户，管理用户与账户之间是否一一对应；核查并测试业务应用系统中是否存在多余的、过期的账户。如果测评结果表明，业务应用系统中不存在共享的、多余的、过期的账户，则单元判定结果为符合，否则为不符合或部分符合。

【L2-CES1-07 解读和说明】

测评指标"应授予管理用户所需的最小权限，实现管理用户的权限分离"的主要测评对象是工业控制系统内的网络设备（包括虚拟化网络设备）、安全设备（包括虚拟化安全设备）、工作站和服务器设备中的操作系统（包括宿主机和虚拟机操作系统）、控制设备、控制设备管理系统、业务应用系统、数据库系统、中间件和系统管理软件及系统设计文档等。

测评实施要点包括：重点核查是否建立不同的管理用户，如系统管理员、安全管理员、审计管理员；核查是否进行角色划分，是否对管理用户的职责进行分离；核查是否对管理用户的权限进行分离，管理用户的权限是否为其完成工作任务所需的最小权限；核查访问控制策略，验证管理用户的权限是否已进行分离；重点验证工业控制系统内工程师站和操作员站中的业务应用软件用户的权限是否分离。如果测评对象为控制设备，且控制设备与其上位机的组态软件成套部署，并使用组态软件下发控制器配置，则须核查其上位机的组态软件针对控制器的配置，如是否进行角色划分，管理用户的权限是否为其完成工作任务所需的最小权限。

以城市燃气 SCADA 系统的业务应用系统为例，测评实施步骤主要包括：核查是否对管理用户进行角色划分；核查工程师站中的业务应用软件是否根据业务需要进行权限分离，如一般分为管理员权限、操作员权限、工程师权限；验证不同的用户登录业务应用软件是否可执行不同的业务功能模块。如果测评结果表明，业务应用系统按照最小授权原则划分了管理用户的权限，则单元判定结果为符合，否则为不符合或部分符合。

3. 安全审计

【标准要求】

该控制点第二级包括测评单元 L2-CES1-08、L2-CES1-09、L2-CES1-10。

【L2-CES1-08 解读和说明】

测评指标"应提供安全审计功能，审计覆盖到每个用户，对重要的用户行为和重要安全事件进行审计"的主要测评对象是工业控制系统内的网络设备（包括虚拟化网络设备）、安全设备（包括虚拟化安全设备）、工作站和服务器设备中的操作系统（包括宿主机和虚拟机操作系统）、控制设备、控制设备管理系统、业务应用系统、数据库系统、中间件和系统管理软件及系统设计文档等。

测评实施要点包括：核查是否提供并开启安全审计功能；核查安全审计范围是否覆盖到每个用户；核查是否对重要的用户行为和重要的安全事件进行审计。如果测评对象为控制设备，则须核查是否提供并开启操作日志、运行日志、错误日志的安全审计功能；如果测评对象为控制设备，且控制设备与其上位机的组态软件成套部署，并使用组态软件下发控制器配置，则须核查其上位机的组态软件针对控制器的配置，如是否提供并开启安全审计功能，安全审计范围是否覆盖到每个用户，是否对重要的用户行为和重要的安全事件进行审计。

以城市燃气 SCADA 系统的应用服务器为例，测评实施步骤主要包括：核查服务器操作系统是否提供并开启安全审计功能；核查安全审计范围是否覆盖到服务器操作系统的每个用户；核查是否对重要的用户行为和重要的安全事件进行审计。如果测评结果表明，应用服务器提供并开启了覆盖到所有用户的安全审计功能，且能够对重要的用户行为和重要的安全事件进行审计，则单元判定结果为符合，否则为不符合或部分符合。

【L2-CES1-09 解读和说明】

测评指标"审计记录应包括事件的日期和时间、用户、事件类型、事件是否成功及其他与审计相关的信息"的主要测评对象是工业控制系统内的网络设备（包括虚拟化网络设备）、安全设备（包括虚拟化安全设备）、工作站和服务器设备中的操作系统（包括宿主机和虚拟机操作系统）、控制设备、控制设备管理系统、业务应用系统、数据库系统、中间件和系统管理软件及系统设计文档等。

测评实施要点包括：核查审计记录是否包括事件的日期和时间、用户、事件类型、事件是否成功及其他与审计相关的信息；核查审计记录的保留时间是否至少为 6 个月。如果测评对象为控制设备，则须核查其审计记录是否包括事件的日期和时间、用户、事件类型、事件是否成功及其他与审计相关的信息；如果测评对象为控制设备，且控制设备与其上位机的组态软件成套部署，则其日志信息须在上位机内查看。

以城市燃气 SCADA 系统的工业防火墙为例，测评实施步骤主要包括：核查工业防火墙是否开启安全审计功能；核查工业防火墙记录的安全事件日志信息中是否包括事件的日期和时间、用户、事件类型、事件是否成功及其他与审计相关的信息；核查设备的审计记录是否至少保留 6 个月。如果测评结果表明，工业防火墙的审计记录内容符合要求，且审计记录至少保留 6 个月，则单元判定结果为符合，否则为不符合或部分符合。

【L2-CES1-10 解读和说明】

测评指标"应对审计记录进行保护，定期备份，避免受到未预期的删除、修改或覆盖等"的主要测评对象是工业控制系统内的网络设备（包括虚拟化网络设备）、安全设备（包括虚拟化安全设备）、工作站和服务器设备中的操作系统（包括宿主机和虚拟机操作系统）、控制设备、控制设备管理系统、业务应用系统、数据库系统、中间件和系统管理软件及系统设计文档等。

测评实施要点包括：核查是否采取保护措施对审计记录进行保护，如配置日志服务器；核查是否采取技术措施对审计记录进行定期备份，并核查其备份策略；核查日志保留的周期是否考虑到《中华人民共和国网络安全法》中对于日志审计记录 6 个月的存储要求及《关键信息基础设施安全保护条例》中对于日志审计记录 12 个月的存储要求。如果测评对象为控制设备，且控制设备与其上位机的组态软件成套部署，并使用组态软件下发控制器配置，则须核查其上位机的组态软件针对控制器的配置，如是否采取保护措施对审计记录进行保护，是否采取技术措施对审计记录进行定期备份，以及核查审计记录的保留时间。核查对于关键控制设备的日志存储磁盘位置和业务应用系统的日志存储磁盘位置是否有相关的访问控制策略进行权限管控。

以城市燃气 SCADA 系统的工业防火墙为例，测评实施步骤主要包括：核查工业防火墙是否开启安全审计功能；核查是否采取保护措施对审计记录进行保护，如配置日志服务器、日志审计系统；核查审计记录是否至少保留 6 个月。如果测评结果表明，为工业防火墙配备了审计记录保护措施，且审计记录至少保留 6 个月，则单元判定结果为符合，否则为不符合或部分符合。

4. 入侵防范

【标准要求】

该控制点第一级包括测评单元 L1-CES1-06、L1-CES1-07，第二级包括测评单元 L2-CES1-11、L2-CES1-12、L2-CES1-13、L2-CES1-14、L2-CES1-15。

【L1-CES1-06/L2-CES1-11 解读和说明】

测评指标"应遵循最小安装的原则，仅安装需要的组件和应用程序"的主要测评对象是工业控制系统的工作站操作系统、服务器操作系统（包括宿主机和虚拟机操作系统）、应用程序和控制设备。

测评实施要点包括：核查是否遵循最小安装的原则；核查是否安装非必要的组件和应用程序，如 QQ 等非业务程序。如果测评对象为控制设备，则查看产品设计文档，核查是否根据任务需求最小裁剪模块和组件。

以某汽车制造企业工业控制系统的应用服务器为例，测评实施步骤主要包括：核查应用服务器是否遵循最小安装的原则；核查是否安装非必要的组件和应用程序。如果测评结果表明，应用服务器仅安装需要的组件和应用程序，则单元判定结果为符合，否则为不符合或部分符合。

【L1-CES1-07/L2-CES1-12 解读和说明】

测评指标"应关闭不需要的系统服务、默认共享和高危端口"的主要测评对象是工业控制系统内的网络设备（包括虚拟化网络设备）、安全设备（包括虚拟化安全设备）、工作站和服务器设备中的操作系统（包括宿主机和虚拟机操作系统）。针对现场控制层，本项适用于通过以太网/工业以太网与其上位机连接的控制设备，不适用于通过现场总线或硬接线方式与其上位机连接的控制设备。

测评实施要点包括：核查是否关闭非必要的系统服务和默认共享；核查是否存在非必要的高危端口；在采用工具进行漏洞检查时，应在业务应用系统停机时，分类别进行漏洞检查，若使用漏洞扫描工具则须采用轻量级扫描模式。如果工业现场需要申请对施工点/天窗点进行漏洞检查，则须保证在施工点/天窗点完工结束前 30 分钟内完成检查，以预留时间恢复业务应用系统。如果测评对象为以太网/工业以太网环境下的控制设备，则须核查是否存在非必要的高危端口，可采用工控漏洞扫描工具进行漏洞检查。

以城市燃气 SCADA 系统的工业防火墙为例，测评实施步骤主要包括：访谈网络管理员，核查是否定期对系统服务进行梳理，是否关闭非必要的系统服务和默认共享；核查工业防火墙是否存在非必要的高危端口；通过低影响的漏洞扫描工具对工业防火墙进行漏洞扫描，核查是否存在已知的高风险漏洞；核查在设备上线前由第三方权威机构出具的安全健壮性测试报告，确认有无高风险漏洞。如果测评结果表明，工业防火墙未开启多余的系统服务、默认共享和高危端口，则单元判定结果为符合，否则为不符合或部分符合。

【L2-CES1-13 解读和说明】

测评指标"应通过设定终端接入方式或网络地址范围对通过网络进行管理的管理终端进行限制"的主要测评对象是工业控制系统内的网络设备（包括虚拟化网络设备）、安全设备（包括虚拟化安全设备）、工作站和服务器设备中的操作系统（包括宿主机和虚拟机操作系统）。针对现场控制层，本项适用于通过以太网/工业以太网与其上位机连接的控制设备，不适用于通过现场总线或硬接线方式与其上位机连接的控制设备。

测评实施要点包括：核查配置文件或参数中是否对终端接入范围进行限制；访谈网络管理员，核查是否具备独立的、可控的安全运维区，核查安全运维区的技术措施是否满足对管理终端的安全要求。如果测评对象为以太网/工业以太网环境下的控制设备，则须核查是否对终端接入范围进行限制。

以城市燃气 SCADA 系统的业务应用系统为例，测评实施步骤主要包括：核查配置文件或参数中是否对业务应用系统的终端接入范围进行限制；访谈网络管理员，核查是否具备独立的、可控的安全运维区，核查安全运维区的技术措施是否满足对管理终端的安全要求。如果测评结果表明，已限制接入业务应用系统的终端范围，则单元判定结果为符合，否则为不符合或部分符合。

【L2-CES1-14 解读和说明】

测评指标"应提供数据有效性检验功能，保证通过人机接口输入或通过通信接口输入的内容符合系统设定要求"的主要测评对象是工业控制系统内的控制设备管理系统、业务应用系统、中间件和系统管理软件及系统设计文档等。

测评实施要点包括：核查系统设计文档中是否具备数据有效性检验功能的内容或模块。

以城市燃气 SCADA 系统的业务应用系统为例，测评实施步骤主要包括：核查系统设计文档中是否具备数据有效性检验功能的内容或模块。如果测评结果表明，业务应用系统提供数据有效性检验功能，则单元判定结果为符合，否则为不符合或部分符合。

【L2-CES1-15 解读和说明】

测评指标"应能发现可能存在的已知漏洞，并在经过充分测试评估后，及时修补漏洞"的主要测评对象是工业控制系统内的网络设备（包括虚拟化网络设备）、安全设备（包括虚拟化安全设备）、工作站和服务器设备中的操作系统（包括宿主机和虚拟机操作系统）、控制设备、控制设备管理系统、业务应用系统、数据库系统、中间件和系统管理软件等。针对现场控制层，本项适用于通过以太网/工业以太网与其上位机连接的控制设备，不适用于通过现场总线或硬接线方式与其上位机连接的控制设备。

测评实施要点包括：通过漏洞扫描、渗透测试等方式核查是否存在高风险漏洞；访谈安全管理员，了解漏洞检查措施，核查是否在经过充分测试评估后及时修补漏洞。如果测评对象为以太网/工业以太网环境下的控制设备，则可采用工控漏洞扫描工具核查是否存在高风险漏洞。关键控制设备：在工业场景中部分关键控制设备采用国外品牌，因此对其漏洞情况要重点测评；安全设备：安全设备是工业控制系统信息安全的主要保障手段，其自身不可引入或存在高风险漏洞；关键业务应用系统：工业控制系统内的关键业务应用系统有相当一部分是从国外引入的，因此可能存在产生严重后果的高风险漏洞。

以城市燃气 SCADA 系统的防火墙为例，测评实施步骤主要包括：访谈安全管理员，了解防火墙是否存在高风险漏洞，安全厂家是否提交第三方漏洞检测报告，核查检测报告的有效性；通过低影响的漏洞扫描工具对防火墙进行漏洞扫描，核查是否存在高风险漏洞；核查是否有定期检查漏洞并修补的机制，存在的漏洞是否已更新，或者是否有补丁更新计划。如果测评结果表明，防火墙具备定期检查漏洞并修补的机制，则单元判定结果为符合，否则为不符合或部分符合。

5. 恶意代码防范

【标准要求】

该控制点第一级包括测评单元 L1-CES1-08，第二级包括测评单元 L2-CES1-16。

【L1-CES1-08/L2-CES1-16 解读和说明】

测评指标"应安装防恶意代码软件或配置具有相应功能的软件，并定期进行升级和更新防恶意代码库"的主要测评对象是工业控制系统内的安全设备（包括虚拟化安全设备）、工作站和服务器设备中的操作系统（包括宿主机和虚拟机操作系统）。

测评实施要点包括：核查是否安装防恶意代码软件或配置具有相应功能的软件；核查是否定期升级和更新防恶意代码库（包括客户端服务器升级和移动介质离线升级两种方式）。

以城市燃气 SCADA 系统的应用服务器为例，测评实施步骤主要包括：核查应用服务器是否安装防恶意代码软件；访谈安全管理员，核查是否有完备的补丁更新/病毒库测试升级计划，核查病毒库的定期升级机制及升级记录。如果测评结果表明，应用服务器安装了防恶意代码软件并及时升级了防恶意代码库，则单元判定结果为符合，否则为不符合或部分符合。

6. 可信验证

【标准要求】

该控制点第一级包括测评单元 L1-CES1-09，第二级包括测评单元 L2-CES1-17。

【L1-CES1-09 解读和说明】

测评指标"可基于可信根对计算设备的系统引导程序、系统程序等进行可信验证，并在检测到其可信性受到破坏后进行报警"的主要测评对象是工业控制系统内的网络设备（包括虚拟化网络设备）、安全设备（包括虚拟化安全设备）、工作站和服务器设备中的操作系统（包括宿主机和虚拟机操作系统）、控制设备、控制设备管理系统、业务应用系统、数据库系统、中间件和系统管理软件及系统设计文档等。

测评实施要点包括：核查是否基于可信根（如 TCM 安全芯片）对计算设备的系统引导程序、系统程序等进行可信验证；测试验证在检测到计算设备的可信性受到破坏后是否进行报警。

以城市燃气 SCADA 系统的应用服务器为例，测评实施步骤主要包括：核查工业控制系统内部署的可信组件和安全管理中心（如 TCM 服务器），验证其是否具备可信验证、结果日志记录、集中报警功能；进入应用服务器"设备管理器"或 BIOS 界面 Security 标签页下，核查应用服务器是否具备和应用可信芯片组件或设备；核查可信验证未通过时是否有报警机制。如果测评结果表明，应用服务器采用可信验证技术并配置了报警机制，则单元判定结果为符合，否则为不符合或部分符合。

【L2-CES1-17 解读和说明】

测评指标"可基于可信根对计算设备的系统引导程序、系统程序、重要配置参数和应用程序等进行可信验证，并在检测到其可信性受到破坏后进行报警，并将验证结果形成审计记录送至安全管理中心"的主要测评对象是工业控制系统内的网络设备（包括虚拟化网络设备）、安全设备（包括虚拟化安全设备）、工作站和服务器设备中的操作系统（包括宿主机和虚拟机操作系统）、控制设备、控制设备管理系统、业务应用系统、数据库系统、中间件和系统管理软件及系统设计文档等。

测评实施要点包括：核查是否基于可信根（如 TCM 安全芯片）对计算设备的系统引导程序、系统程序、重要配置参数和应用程序等进行可信验证；测试验证在检测到计算设备的可信性受到破坏后是否进行报警；核查验证结果是否以审计记录的形式被送至安全管理中心。

以工业互联网平台的业务应用系统、计算节点设备（如服务器设备、终端、网络设备、安全设备等）为例，测评实施步骤主要包括：核查工业互联网平台是否提供可信组件或平台［如虚拟化（vTCM）］，验证平台提供的可信组件和安全管理中心是否具备可信验证、结果日志记录、集中报警功能；核查平台虚拟化主机、边缘层数据采集终端、网络设备、安全设备操作系统是否基于可信组件进行引导，工业互联网平台应用是否采取可信验证；核查可信验证未通过时是否有报警机制，在安全管理中心是否有验证结果记录。如果测评结果表明，系统采用可信验证技术并配置了报警机制，且将验证结果以审计记录的形式送至安全管理中心，则单元判定结果为符合，否则为不符合或部分符合。

7. 数据完整性

【标准要求】

该控制点第一级包括测评单元 L1-CES1-10，第二级包括测评单元 L2-CES1-18。

【L1-CES1-10/L2-CES1-18 解读和说明】

测评指标"应采用校验技术保证重要数据在传输过程中的完整性"的主要测评对象是工业控制系统内的网络设备（包括虚拟化网络设备）、安全设备（包括虚拟化安全设备）、工作站和服务器设备中的操作系统（包括宿主机和虚拟机操作系统）、控制设备、控制设备管理系统、业务应用系统、数据库系统、数据安全保护系统、中间件和系统管理软件及系统设计文档等。

测评实施要点包括：查看系统设计文档，核查重要管理数据、重要业务数据在传输过程中是否采用校验技术保证完整性。如果测评对象为控制设备，则核查其上位工程师站和控制器之间的网络传输是否采用校验技术进行数据完整性保护。

以城市燃气 SCADA 系统的业务应用系统为例，测评实施步骤主要包括：核查 SCADA 系统的设计文档（包括概要设计、详细设计等），确认系统的业务数据在传输过程中是否采取数据校验或密码保护措施，必要时需要对系统开发商进行访谈，了解系统的数据完整性保护机制。如果测评结果表明，业务应用系统采用校验技术保证重要数据在传输过程中的完整性，则单元判定结果为符合，否则为不符合或部分符合。

8. 数据备份恢复

【标准要求】

该控制点第一级包括测评单元 L1-CES1-11，第二级包括测评单元 L2-CES1-19、L2-CES1-20。

【L1-CES1-11/L2-CES1-19 解读和说明】

测评指标"应提供重要数据的本地数据备份与恢复功能"的主要测评对象是工业控制系统内的网络设备（包括虚拟化网络设备）、安全设备（包括虚拟化安全设备）、工作站和服务器设备中的操作系统（包括宿主机和虚拟机操作系统）、控制设备、控制设备管理系统、业务应用系统、数据库系统、数据安全保护系统、中间件和系统管理软件及系统设计文档等。

测评实施要点包括：核查是否按照管理制度中规定的备份策略进行本地备份；核查备份策略是否合理，备份配置是否正确；核查备份结果与备份策略是否一致；检查近期的恢复测试记录，确认是否能够利用备份文件进行正常的数据恢复。

以城市燃气 SCADA 系统的业务应用软件为例，测评实施步骤主要包括：核查 SCADA 系统的备份策略是否合理，备份配置是否正确；检查 SCADA 系统的备份文件，确认备份结果与备份策略是否一致；检查近期的恢复测试记录，确认是否能够利用备份文件进行正常的数据恢复。如果测评结果表明，定期对业务应用系统进行备份，并且能够进行恢复，则单元判定结果为符合，否则为不符合或部分符合。

【L2-CES1-20 解读和说明】

测评指标"应提供异地数据备份功能，利用通信网络将重要数据定时批量传送至备份场地"的主要测评对象是工业控制系统内的网络设备（包括虚拟化网络设备）、安全设备（包括虚拟化安全设备）、工作站和服务器设备中的操作系统（包括宿主机和虚拟机操作系统）、控制设备、控制设备管理系统、业务应用系统、数据库系统、数据安全保护系统、中间件和系统管理软件及系统设计文档等。

测评实施要点包括：核查配置数据、业务数据是否有异地数据备份机制；核查备份场地是否符合异地备份要求；核查是否能够通过通信网络将配置数据、业务数据定时批量传送至备份场地；核查数据备份记录，确认异地数据备份机制是否有效执行。

以城市燃气 SCADA 系统的业务应用软件为例，测评实施步骤主要包括：核查 SCADA 系统的配置数据、业务数据是否有异地数据备份机制；核查备份场地是否符合异地备份要求；核查数据备份记录，确认异地数据备份机制是否有效执行。如果测评结果表明，已提供对业务应用系统的异地数据备份功能，则单元判定结果为符合，否则为不符合或部分符合。

9. 剩余信息保护

【标准要求】

该控制点第二级包括测评单元 L2-CES1-21。

【L2-CES1-21 解读和说明】

测评指标"应保证鉴别信息所在的存储空间被释放或重新分配前得到完全清除"的主要测评对象是工业控制系统内的网络设备（包括虚拟化网络设备）、安全设备（包括虚拟化安全设备）、工作站和服务器设备中的操作系统（包括宿主机和虚拟机操作系统）、控制设备、控制设备管理系统、现场设备、业务应用系统、数据库系统、中间件和系统管理软件及系统设计文档等。

测评实施要点包括：核查生产管理层、过程监控层、现场控制层、现场设备层的系统或设备，查看其配置信息或系统设计文档，验证鉴别信息所在的存储空间被释放或重新分配前是否得到完全清除。

以城市燃气 SCADA 系统的业务应用软件为例，测评实施步骤主要包括：核查 SCADA 系统中各系统或设备的设计文档，确认系统机制是否在鉴别信息被释放或清除后彻底清除存储空间；新建测试账户并使用测试账户登录系统或设备进行操作，成功后，管理员删除测试鉴别信息，再次尝试用测试账户登录系统或设备进行操作，确认是否无法登录或进行操作。如果测评结果表明，在鉴别信息被释放或清除后已彻底清除存储空间，则单元判定结果为符合，否则为不符合或部分符合。

10. 个人信息保护

【标准要求】

该控制点第二级包括测评单元 L2-CES1-22、L2-CES1-23。

【L2-CES1-22 解读和说明】

测评指标"应仅采集和保存业务必需的用户个人信息"的主要测评对象是工业控制系统内的控制设备管理系统、业务应用系统、数据库系统、系统管理软件等。

测评实施要点包括：核查生产管理层或过程监控层采集的用户个人信息是否是业务必需的；核查是否制定有关用户个人信息保护的管理制度和流程。

以城市燃气 SCADA 系统中采集用户个人信息的业务应用软件为例，测评实施步骤主要包括：查看管理制度文档，核查是否制定有关用户个人信息保护的管理制度和流程；核查 SCADA 系统采集的用户个人信息是否是业务必需的。如果测评结果表明，仅采集和保存业务必需的用户个人信息，且制定了有关用户个人信息保护的管理制度和流程，则单元判定结果为符合，否则为不符合或部分符合。

【L2-CES1-23 解读和说明】

测评指标"应禁止未授权访问和非法使用用户个人信息"的主要测评对象是工业控制系统内的控制设备管理系统、业务应用系统、数据库系统、系统管理软件等。

测评实施要点包括：查看管理制度文档，核查是否制定有关用户个人信息保护的管理制度和流程，其中是否包含禁止未授权访问用户个人信息的内容；核查是否采取技术措施限制对用户个人信息的未授权访问和非法使用。

以城市燃气 SCADA 系统中采集用户个人信息的业务应用软件为例，测评实施步骤主要包括：查看管理制度文档，核查是否制定有关用户个人信息保护的管理制度和流程，其中是否包含禁止未授权访问用户个人信息的内容；核查 SCADA 系统中存储的用户个人信息是否采取未授权访问防护等技术措施；测试在未经授权的情况下访问用户个人信息时，是否无法未授权访问和非法使用用户个人信息。如果测评结果表明，禁止未授权访问和非法使用用户个人信息，且制定了有关用户个人信息保护的管理制度和流程，则单元判定结果为符合，否则为不符合或部分符合。

11. 控制设备安全

【标准要求】

该控制点第一级包括测评单元 L1-CES5-01、L1-CES5-02，第二级包括测评单元 L2-CES5-01、L2-CES5-02。

【L1-CES5-01/L2-CES5-01 解读和说明】

测评指标"控制设备自身应实现相应级别安全通用要求提出的身份鉴别、访问控制和安全审计等安全要求，如受条件限制控制设备无法实现上述要求，应由其上位控制或管理设备实现同等功能或通过管理手段控制"的主要测评对象是现场控制层的 DCS 控制器、PLC、RTU、过程控制器、无纸记录仪、测控装置等。如果现场控制层的设备无法直接登录验证其提供的身份鉴别、访问控制和安全审计等安全功能，则测评对象需要扩展到控制设备的上位控制或管理设备，如工程师站、操作员站等。如果未以技术手段实现控制设备的相关安全要求，则选择管理手段作为测评对象。本项适用于现场控制层设备的资产组件，在测评实施中应关注控制设备本身实现安全功能的情况。

测评实施要点包括：因工业控制系统更侧重实时性的需求，安全通用要求中的部分安全控制措施不适用于控制设备，故此处测评实施须结合 GB/T 25070—2019《信息安全技术 网络安全等级保护安全设计技术要求》第一级/第二级系统安全保护环境设计中的工业控制系统安全计算环境设计技术要求落实。"身份鉴别"控制点的测评实施关注控制设备上运行的程序及相应的数据集合是否具有唯一性标识，以防止未经授权的修改；"访问控制"控制点的测评实施关注控制设备收到操作命令后，能否检验下发操作命令的上位程序或用户是否拥有执行该操作的权限；"安全审计"控制点的测评实施关注控制设备是否采用实时审计跟踪技术，以确保及时捕获网络安全事件信息。当需要核查其上位控制或管理设备时，应关注其上位控制或管理设备如何实现针对控制设备的身份鉴别、访问控制和安全审计等安全功能，而非其上位控制或管理设备本身的这些安全控制措施。若被测单位通过管理措施实现控制设备的身份鉴别、访问控制和安全审计等控制点，则必须仔细核查管理措施的人员配备、落实情况、执行记录、视频记录情况等，确保管理措施能够实现同等的安全控制效果。

以城市燃气 SCADA 系统的 PLC 为例，测评实施步骤主要包括：核查 PLC 是否具备身份鉴别、访问控制和安全审计等安全功能。若控制设备具备下述功能，则采取以下措施。①身份鉴别：访谈设备管理员或安全管理员，了解 PLC 是否具备身份鉴别功能；核查是否针对 PLC 用户（包括账号、程序）具有唯一性标识；核查 PLC 上运行的程序及相应的数据集合是否有唯一性标识管理。②访问控制：检查 PLC 是否具备基于角色的访问控制功能；核查用户账户和权限设置情况，检验是否根据不同用户的权限设计对操作的访问。若条件允许，则进行非授权操作，核查能否向上层设备发出报警信息，或者查看上层设备的日志中是否有报警信息。此外，若条件允许，则测试是否能够以非授权用户对设备进行组态下装、软件更新、数据更新、参数设定等操作；若不允许进行测试，则核查设计文档、说明文档中是否有防止程序、操作命令被非授权修改及非授权操作报警的描述。③安全审计：核查 PLC 是否具备安全审计功能，查看其日志信息；核查能否及时捕获网络安全事件信息并报警。④数据完整性保护：访谈安全管理员，核查相关设计文档或说明文档，确认是否在控制及操作指令远程传输时进行完整性保护。⑤数据保密性保护：访谈安全管理员，核查相关设计文档或说明文档，确认是否采用密码技术支持的保密性保护机制或物理保护机制，对控制设备内存储的有保密需要的数据、程序、配置信息等进行保密性保护。

若 PLC 不具备身份鉴别、访问控制和安全审计等安全功能，则采取以下措施。①核查是否由其上位控制或管理设备实现同等功能，若其上位控制或管理设备具备相关功能，则针对其上位控制或管理设备参考安全测评通用要求的测试步骤进行测试。②若通过管理手段控制，则访谈安全管理员如何通过管理措施进行身份鉴别、访问控制和安全审计，核查管理措施是否能够有效实现同等功能。如果测评结果表明，PLC 提供的身份鉴别、访问控制和安全审计等安全功能配置正确，或者由其上位控制或管理设备实现同等功能或通过管理手段控制，且存有规范的管理记录，则单元判定结果为符合，否则为不符合或部分符合。

【L1-CES5-02/L2-CES5-02 解读和说明】

测评指标"应在经过充分测试评估后，在不影响系统安全稳定运行的情况下对控制设备进行补丁更新、固件更新等工作"的主要测评对象是 DCS 控制器、PLC、RTU、过程控制器、无纸记录仪、测控装置等。

测评实施要点包括：访谈负责控制设备日常更新的管理员，了解控制设备是否具备补丁更新、固件更新的条件；核查控制设备的漏洞是否可以通过扫描、关注漏洞发布平台或跟踪官方补丁发布等方式发现；关注在设备版本、补丁及固件更新前采用何种方式测试，以评估更新对系统安全稳定性的影响，如在备用控制设备上进行测试或在搭建的测试环境中进行测试，查看测试记录。

以城市燃气 SCADA 系统的 PLC 为例，测评实施步骤主要包括：访谈设备管理员或安全管理员，了解控制设备是否定期或不定期进行补丁更新、固件更新；核查是否有针对 PLC 的安全测试报告、漏洞扫描或评估记录；核查在设备版本、补丁及固件更新前，是否对 PLC 及现场设备的安全稳定性影响进行充分测试，查看测试记录或测试环境的痕迹。如果测评结果表明，被测单位在对 PLC 升级或更新前会进行充分的测试，以评估升级或更新可能带来的影响，则单元判定结果为符合，否则为不符合或部分符合。

4.2.5　安全管理中心

在对工业控制系统的"安全管理中心"测评时应依据安全测评通用要求，涉及安全测评通用要求的解读内容参见《网络安全等级保护测评要求（通用要求部分）应用指南》中的"安全管理中心"。

4.2.6　安全管理制度

在对工业控制系统的"安全管理制度"测评时应依据安全测评通用要求，涉及安全测评通用要求的解读内容参见《网络安全等级保护测评要求（通用要求部分）应用指南》中的"安全管理制度"。

4.2.7　安全管理机构

在对工业控制系统的"安全管理机构"测评时应依据安全测评通用要求，涉及安全测评通用要求的解读内容参见《网络安全等级保护测评要求（通用要求部分）应用指南》中的"安全管理机构"。

4.2.8　安全管理人员

在对工业控制系统的"安全管理人员"测评时应依据安全测评通用要求，涉及安全测评通用要求的解读内容参见《网络安全等级保护测评要求（通用要求部分）应用指南》中的"安全管理人员"。

4.2.9　安全建设管理

在对工业控制系统的"安全建设管理"测评时应同时依据安全测评通用要求和安全测评扩展要求，其中涉及安全测评通用要求的解读内容参见《网络安全等级保护测评要求（通用要求部分）应用指南》中的"安全建设管理"，安全测评扩展要求的解读内容参见本节。

1. 产品采购和使用

【标准要求】

该控制点第二级包括测评单元 L2-CMS5-01。

【L2-CMS5-01 解读和说明】

测评指标"工业控制系统重要设备应通过专业机构的安全性检测后方可采购使用"的主要测评对象是工业控制系统的安全系统建设负责人、检测报告文档、检测机构的资质证书。

测评实施要点包括：核查系统使用的工业控制系统重要设备及网络安全专用产品是否通过专业机构的安全性检测，是否有专业机构出具的安全性检测报告；核查检测机构是否符合国家规定或相关部门规定的要求。

以城市燃气系统的控制设备、网络关键设备、网络安全专用产品的检测报告及检测机构的资质证书为例，测评实施步骤主要包括：访谈安全系统建设负责人，了解城市燃气系统使用的 PLC 等控制设备、交换机等网络关键设备及网关等网络安全专用产品是否通过专业机构的安全性检测；核查城市燃气系统中的 PLC 等控制设备、交换机等网络关键设备及网关等网络安全专用产品是否有专业机构出具的安全性检测报告；核查整个系统是否有专业机构出具的安全性检测报告；核查检测机构是否符合国家规定或相关部门规定的要求。如果测评结果表明，被测单位的工业控制系统重要设备具有专业机构出具的安全性检测报告，且专业机构具有检测资质，则单元判定结果为符合，否则为不符合或部分符合。

2. 外包软件开发

【标准要求】

该控制点第二级包括测评单元 L2-CMS5-02。

【L2-CMS5-02 解读和说明】

测评指标"应在外包开发合同中规定针对开发单位、供应商的约束条款,包括设备及系统在生命周期内有关保密、禁止关键技术扩散和设备行业专用等方面的内容"的主要测评对象是外包开发合同。

测评实施要点包括:核查外包开发合同中是否规定针对开发单位、供应商的约束条款,包括设备及系统在生命周期内有关保密、禁止关键技术扩散和设备行业专用等方面的内容。

以城市燃气系统的《城市燃气系统外包开发合同》为例,测评实施步骤主要包括:访谈安全系统建设负责人,了解在城市燃气系统进行外包项目时,是否与外包公司及控制设备提供商签署保密协议或合同;核查是否在《城市燃气系统服务供应商安全服务报告》中规定针对开发单位、供应商的约束条款,包括设备及系统在生命周期内有关保密、禁止关键技术扩散和设备行业专用等方面的内容。如果测评结果表明,外包开发合同中规定针对开发单位、供应商的约束条款,包括设备及系统在生命周期内有关保密、禁止关键技术扩散和设备行业专用等方面的内容,则单元判定结果为符合,否则为不符合或部分符合。

4.2.10　安全运维管理

在对工业控制系统的"安全运维管理"测评时应依据安全测评通用要求,涉及安全测评通用要求的解读内容参见《网络安全等级保护测评要求(通用要求部分)应用指南》中的"安全运维管理"。

4.3　第三级和第四级工业控制系统安全测评扩展要求应用解读

4.3.1　安全物理环境

在对工业控制系统的"安全物理环境"测评时应同时依据安全测评通用要求和安全测

评扩展要求，其中涉及安全测评通用要求的解读内容参见《网络安全等级保护测评要求（通用要求部分）应用指南》中的"安全物理环境"，安全测评扩展要求的解读内容参见本节。

室外控制设备物理防护

【标准要求】

该控制点第三级包括测评单元 L3-PES5-01、L3-PES5-02，第四级包括测评单元 L4-PES5-01、L4-PES5-02。

【L3-PES5-01/L4-PES5-01 解读和说明】

测评指标"室外控制设备应放置于采用铁板或其他防火材料制作的箱体或装置中并紧固；箱体或装置具有透风、散热、防盗、防雨和防火能力等"的主要测评对象是工业控制系统室外或就地控制设备。

测评实施要点包括：针对室外控制设备须保证其物理环境安全，核查是否放置于采用铁板或其他防火材料制作的箱体或装置中，并紧固于箱体或装置中；核查箱体或装置是否具有透风、散热、防盗、防雨和防火能力等，查看箱体材质采用铁板或其他防火材料制作的证明；核查箱体或装置是否具有通风散热口、散热孔或排风装置，是否能透风、散热，或者环境温度是否在室外控制设备正常工作范围内；核查箱体或装置是否有防盗措施，是否有雨水痕迹。

以城市燃气 SCADA 系统的室外控制设备为例，测评实施步骤主要包括：现场核查放置于室外的就地采集终端的箱体是否采用铁板或其他防火材料制作，是否安装紧固；现场核查箱体是否具有透风、散热、防盗、防雨和防火能力等。如果测评结果表明，室外控制设备所在的箱体安装紧固，且具有透风、散热、防盗、防雨和防火能力等，则单元判定结果为符合，否则为不符合或部分符合。

【L3-PES5-02/L4-PES5-02 解读和说明】

测评指标"室外控制设备放置应远离强电磁干扰、强热源等环境，如无法避免应及时做好应急处置及检修，保证设备正常运行"的主要测评对象是工业控制系统室外或就地控制设备。

测评实施要点包括：核查室外控制设备是否远离强电磁干扰、强热源等环境，如雷电、沙尘暴、大功率启停设备、高压输电线等强电磁干扰环境，以及加热炉、蒸汽等强热源环境；对于无法远离强电磁干扰、强热源等环境的室外控制设备，核查是否具有应急处置及检修记录。

以城市燃气 SCADA 系统的室外控制设备为例，测评实施步骤主要包括：访谈网络管理员，了解室外控制设备附近的强电磁干扰、强热源情况；核查室外控制设备是否远离强电磁干扰、强热源等环境；核查是否有应急处置及检修记录。如果测评结果表明，室外控制设备附近无强电磁干扰、强热源，或者室外控制设备附近有强电磁干扰、强热源，但有应急处置及检修记录，且设备运行正常，则单元判定结果为符合，否则为不符合或部分符合。

4.3.2　安全通信网络

在对工业控制系统的"安全通信网络"测评时应同时依据安全测评通用要求和安全测评扩展要求，其中涉及安全测评通用要求的解读内容参见《网络安全等级保护测评要求（通用要求部分）应用指南》中的"安全通信网络"，安全测评扩展要求的解读内容参见本节。由于工业控制系统的特点，本节列出了部分安全测评通用要求在工业控制系统环境下的个性化解读内容。

1. 网络架构

【标准要求】

该控制点第三级包括测评单元 L3-CNS1-01、L3-CNS1-02、L3-CNS1-03、L3-CNS1-04、L3-CNS1-05、L3-CNS5-01、L3-CNS5-02、L3-CNS5-03，第四级包括测评单元 L4-CNS1-01、L4-CNS1-02、L4-CNS1-03、L4-CNS1-04、L4-CNS1-05、L4-CNS1-06、L4-CNS5-01、L4-CNS5-02、L4-CNS5-03。

【L3-CNS1-01/L4-CNS1-01 解读和说明】

测评指标"应保证网络设备的业务处理能力满足业务高峰期需要"的主要测评对象是交换机、路由器、无线接入网关、加密网关、接口机、协议转换装置、网络隔离产品、工业防火墙等提供网络通信功能的设备或组件。

测评实施要点包括：确定是否存在业务高峰期，若存在业务高峰期，则核查关键网络节点与安全节点设备的 CPU 和内存使用率，CPU 和内存使用率一般不超过 70%（限额根据系统运行情况可做调整）；查看告警日志和设备运行时间等信息，确认是否发生过因设备性能问题导致的通信故障事件。

以城市燃气 SCADA 系统的 H3C 核心交换机为例，测评实施步骤主要包括：在业务高峰时段内，输入命令"display cpu"查看 H3C 核心交换机的 CPU 使用情况，输入命令"display memory"查看 H3C 核心交换机的内存使用情况，输入命令 "display version" 查看设备运行时间，或者通过综合网管平台查看相关使用情况；核查 H3C 核心交换机的告警日志和设备运行时间等信息，查看是否存在因设备性能问题发生的宕机、重启事件。如果测评结果表明，H3C 核心交换机的 CPU 和内存使用率满足要求且设备未发生过宕机、重启事件，则单元判定结果为符合，否则为不符合或部分符合。

【L3-CNS1-02/L4-CNS1-02 解读和说明】

测评指标"应保证网络各个部分的带宽满足业务高峰期需要"的主要测评对象是综合网管系统、交换机、路由器、无线接入网关、加密网关、接口机、协议转换装置、网络隔离产品、防火墙等提供网络通信功能的设备或组件。

测评实施要点包括：掌握工业控制系统在业务高峰期的业务流量情况，访谈网络管理员，核查是否部署综合网管系统或流量控制设备，或者在相关设备中查询是否启用服务质量（Quality of Service，QoS）功能；若设备无此功能，则核查设备技术文档，查询设备的支持带宽是否满足业务高峰期的流量需要，并询问系统管理员是否发生过因网络带宽不足导致的系统崩溃或其他安全事件。

以城市燃气 SCADA 系统的 H3C 核心交换机为例，测评实施步骤主要包括：访谈系统管理员，了解 DCS 在业务高峰期的业务流量，核查 H3C 核心交换机（或配置文件）是否开启 QoS 功能对带宽进行限制；若 H3C 核心交换机不具有此功能或未启用此功能，则查看 H3C 核心交换机的技术文档，查询 H3C 核心交换机的支持带宽是否满足业务高峰期流量不超过 60%的要求；询问系统管理员是否发生过因网络带宽不足导致的系统崩溃或其他安全事件。如果测评结果表明，H3C 核心交换机启用 QoS 功能对带宽进行分配，且未发生过因网络带宽不足导致的系统崩溃或其他安全事件，则单元判定结果为符合，否则为不符合或部分符合。

【L3-CNS1-03/L4-CNS1-03 解读和说明】

测评指标"应划分不同的网络区域，并按照方便管理和控制的原则为各网络区域分配地址"的主要测评对象是三层交换机、路由器、无线接入网关、无线网络控制器、工业防火墙等提供 VLAN 功能的网络设备。

测评实施要点包括：核查是否依据地址规划和安全区域防护的要求，在重要网络设备上进行不同的网络区域划分；核查相关网络设备的配置信息，验证划分的网络区域是否与划分原则一致。

以城市燃气 SCADA 系统的 H3C 核心交换机为例，测评实施步骤主要包括：访谈网络管理员，核查是否根据部门职能、等级保护对象的重要程度和应用系统的级别及业务等情况划分 VLAN；核查核心交换机是否根据不同的业务功能进行 VLAN 划分，并验证各系统之间是否在不同的 VLAN 中。如果测评结果表明，核心交换机根据部门职能、等级保护对象的重要程度和应用系统的级别及业务等情况划分 VLAN 且配置合理，则单元判定结果为符合，否则为不符合或部分符合。

【L3-CNS1-04/L4-CNS1-04 解读和说明】

测评指标"应避免将重要网络区域部署在边界处，重要网络区域与其他网络区域之间应采取可靠的技术隔离手段"的主要测评对象是网络拓扑、工业防火墙等提供访问控制功能的设备或组件。

测评实施要点包括：核查重要网络区域是否被部署在互联网边界或其他网络边界处，若是则核查是否采取可靠的技术隔离手段，如划分安全接入区或部署网络隔离产品、防火墙和具有访问控制（如 ACL）功能的设备等。

以城市燃气 SCADA 系统的整体网络架构和工业防火墙为例，测评实施步骤主要包括：核查 SCADA 系统的网络拓扑图是否与实际运行情况一致；核查 SCADA 系统的重要业务区域是否被直接部署在互联网边界处；核查 SCADA 系统的重要业务区域与其他网络区域之间的工业防火墙的物理端口所连接的设备情况、路由策略配置情况，明确跨越边界的数据流是否通过指定的物理端口进行网络通信。如果测评结果表明，重要业务区域未被直接部署在互联网边界或其他网络边界处，或者具有安全隔离设备且配置正确的物理端口和安全有效的隔离策略，则单元判定结果为符合，否则为不符合或部分符合。

【L3-CNS1-05/L4-CNS1-05 解读和说明】

测评指标"应提供通信线路、关键网络设备和关键计算设备的硬件冗余，保证系统的可用性"的主要测评对象是网络拓扑、交换机、路由器、安全设备及服务器等。

测评实施要点包括：采用访谈、核查的手段梳理工业控制系统的网络架构，查看系统的通信线路、关键网络设备（如出口路由器、核心交换机）和关键计算设备（如重要服务器、控制设备）是否硬件冗余；访谈网络管理员，了解系统的关键设备是否为主备或双活模式，核查其配置模式是否能够有效避免单点故障。

以城市燃气 SCADA 系统的整体网络架构为例，测评实施步骤主要包括：核查 SCADA 系统的通信链路、核心交换机、重要服务器、控制器等是否硬件冗余；访谈网络管理员，了解系统的核心交换机、重要服务器、控制器等设备冗余的运行模式；核查主备是否正常运行，查看其配置情况，核实其运行模式是否正确且能够有效避免单点故障。如果测评结果表明，系统的通信链路、核心交换机、重要服务器、控制器等硬件冗余，则单元判定结果为符合，否则为不符合或部分符合。

【L4-CNS1-06 解读和说明】

测评指标"应按照业务服务的重要程度分配带宽，优先保障重要业务"的主要测评对象是交换机、路由器、防火墙、流量控制设备等提供带宽控制功能的设备或组件。

测评实施要点包括：访谈系统管理员，了解系统的业务情况，确定各业务服务对系统的重要程度，区分关键业务和一般业务；访谈网络管理员，核查是否根据业务服务的重要程度分配带宽；核查带宽控制设备是否按照业务服务的重要程度配置并启用带宽策略。

以电力调度系统的 H3C 核心交换机为例，测评实施步骤主要包括：访谈系统管理员，了解电力调度系统的业务情况，确定各业务服务对系统的重要程度，划分业务优先级；访谈网络管理员，核查是否根据业务服务的重要程度分配带宽；核查 H3C 核心交换机是否按照业务服务的重要程度配置 QoS 功能限制带宽和速率，以保证重要业务的正常运行。如果测评结果表明，H3C 核心交换机按照业务服务的重要程度配置 QoS 功能限制带宽和速率，则单元判定结果为符合，否则为不符合或部分符合。

【L3-CNS5-01 解读和说明】

测评指标"工业控制系统与企业其他系统之间应划分为两个区域，区域间应采用单向的技术隔离手段"的主要测评对象是路由器、防火墙、工业防火墙、网络隔离产品、无线接入网关、加密网关、三层交换机等提供访问控制功能的设备或组件。

测评实施要点包括：核查工业控制系统边界是否存在与企业其他系统进行通信的情况，若存在则核查采用何种方式通信，采用何种访问控制设备或技术手段实现单向隔离；

核查单向隔离策略是否有效；若使用无线通信的工业控制系统，则核查工业控制系统的无线通信是否采用有效的单向隔离措施。

以电力调度系统的单向隔离装置为例，测评实施步骤主要包括：现场核查电厂的网络架构是否划分为生产控制大区与信息管理大区；现场核查生产控制大区与信息管理大区之间是否部署单向隔离装置；现场核查单向隔离装置是否配置有效的单向隔离策略进行访问控制。如果测评结果表明，企业整体网络架构划分为工业控制系统与企业其他系统两个区域，且区域间部署单向隔离装置，装置策略配置合理有效，则单元判定结果为符合，否则为不符合或部分符合。

【L4-CNS5-01 解读和说明】

测评指标"工业控制系统与企业其他系统之间应划分为两个区域，区域间应采用符合国家或行业规定的专用产品实现单向安全隔离"的主要测评对象是路由器、防火墙、工业防火墙、网络隔离产品、无线接入网关、加密网关、三层交换机等提供访问控制功能的设备或组件。

测评实施要点包括：核查工业控制系统边界是否存在与企业其他系统进行通信的情况，若存在则核查采用何种方式通信；核查工业控制系统与企业其他系统之间是否采用单向的技术隔离措施，以保证数据流的单向传输；核查单向安全隔离设备是否满足国家或行业规定的专用产品要求。

以电力调度系统的电力专用横向单向安全隔离装置为例，测评实施步骤主要包括：除关注设备部署位置和设备本身的安全策略是否有效外，还应核查电力专用横向单向安全隔离装置是否具有国家指定部门的检测报告。如果测评结果表明，电力专用横向单向安全隔离装置被部署在工业控制系统与企业其他系统之间，装置隔离策略配置 IP 地址、MAC 地址和端口等内容有效，且经过国家指定部门检测认证，则单元判定结果为符合，否则为不符合或部分符合。

【L3-CNS5-02/L4-CNS5-02 解读和说明】

测评指标"工业控制系统内部应根据业务特点划分为不同的安全域，安全域之间应采用技术隔离手段"的主要测评对象是路由器、防火墙、工业防火墙、网络隔离产品、三层交换机等提供访问控制功能的设备或组件。

测评实施要点包括：核查网络拓扑结构，查看工业控制系统内部是否根据业务特点划分为不同的安全域；核查工业控制系统不同安全域、各层级之间采用何种隔离技术；核查不同安全域之间的设备是否采取有效的隔离策略进行访问控制。

以城市燃气 SCADA 系统的工业防火墙为例，测评实施步骤主要包括：核查网络拓扑结构，查看 SCADA 系统是否根据业务特点划分为不同的安全域；核查不同安全域之间的工业防火墙是否配置合理的隔离策略。如果测评结果表明，系统整体网络架构划分为不同的安全域且不同的安全域之间部署了工业防火墙等隔离设备，设备策略配置合理有效，则单元判定结果为符合，否则为不符合或部分符合。

【L3-CNS5-03/L4-CNS5-03 解读和说明】

测评指标"涉及实时控制和数据传输的工业控制系统，应使用独立的网络设备组网，在物理层面上实现与其他数据网及外部公共信息网的安全隔离"的主要测评对象是网络拓扑。

测评实施要点包括：访谈网络管理员，了解工业控制系统是否涉及实时控制和数据传输，并从网络拓扑中明确其数据传输情况；核查涉及实时控制和数据传输的工业控制系统是否在物理层面上独立组网，且与其他系统或非实时业务无共用设备的情况。

以城市燃气 SCADA 系统的整体网络架构为例，测评实施步骤主要包括：访谈网络管理员，了解工业控制系统是否具有实时控制和数据传输业务；核查涉及实时控制和数据传输的工业控制系统的路由器、交换机、网线链路等是否在物理层面上独立组网，且与其他系统无共用设备的情况。如果测评结果表明，系统涉及实时控制和数据传输业务，与其他数据网及外部公共信息网隔离，系统网络设备、通信线路等在物理层面上独立组网，则单元判定结果为符合，否则为不符合或部分符合。

2. 通信传输

【标准要求】

该控制点第三级包括测评单元 L3-CNS1-06、L3-CNS1-07、L3-CNS5-04，第四级包括测评单元 L4-CNS1-07、L4-CNS1-08、L4-CNS1-09、L4-CNS1-10、L4-CNS5-04。

【L3-CNS1-06 解读和说明】

测评指标"应采用校验技术或密码技术保证通信过程中数据的完整性"的主要测评对象是提供校验技术或密码技术的设备或组件、支持通信校验的工业控制系统。如果被测系统的现场设备层与现场控制层之间采用 I/O 接口模拟量通信，则本项在此层级判不适用。

测评实施要点包括：核查是否具有对鉴别数据、重要业务数据、重要审计数据、重要配置数据、重要视频数据和重要个人信息等在传输过程中采用校验技术（如 CRC、奇偶校验等）或密码技术（如哈希校验等）的设备或组件，以保证通信过程中数据的完整性。

以城市燃气 SCADA 系统为例，测评实施步骤主要包括：访谈系统管理员，了解 SCADA 系统进行数据传输是否具有校验机制；核查系统技术手册或相关文档，查看系统是否采用有效的校验机制保证通信过程中数据的完整性。如果测评结果表明，SCADA 系统的重要业务数据传输具有校验机制，可以保证通信过程中数据的完整性，则单元判定结果为符合，否则为不符合或部分符合。

【L4-CNS1-07 解读和说明】

测评指标"应采用密码技术保证通信过程中数据的完整性"的主要测评对象是提供密码技术的设备或组件、支持通信校验的工业控制系统。如果被测系统的现场设备层与现场控制层之间采用 I/O 接口模拟量通信，则本项在此层级判不适用。

测评实施要点包括：核查是否具有对鉴别数据、重要业务数据、重要审计数据、重要配置数据、重要视频数据和重要个人信息等在传输过程中采用密码技术（如哈希校验等）的设备或组件，以保证通信过程中数据的完整性。

以电力调度系统的应用系统为例，测评实施步骤主要包括：访谈系统管理员，了解电力调度系统进行数据传输是否具有密码校验机制；核查系统技术手册或相关文档，查看系统是否采用有效的密码校验机制进行数据完整性保护。如果测评结果表明，应用系统在数据传输过程中具有密码校验机制，可以保证通信过程中数据的完整性，则单元判定结果为符合，否则为不符合或部分符合。

【L3-CNS1-07/L4-CNS1-08 解读和说明】

测评指标"应采用密码技术保证通信过程中数据的保密性"的主要测评对象是加密机、加密认证设备、加密模块等提供密码技术的设备或组件。

测评实施要点包括：核查是否在通信过程中采用加密保护措施，具体采用哪些技术措施，如加密机、加密模块、虚拟专用网络（Virtual Private Network，VPN）设备等，采用何种加密协议（如 IPSec 协议）或加密算法［如高级加密标准（Advanced Encryption Standard，AES）、数据加密标准（Data Encryption Standard，DES）等］；在条件允许的情况下，测试验证在通信过程中是否对敏感字段或整个报文进行加密；若不具备条件，则须查看系统设计文档，了解在通信过程中是否对敏感字段或整个报文进行加密处理。

以城市燃气 SCADA 系统的 VPN 设备为例，测评实施步骤主要包括：访谈网络管理员，了解 SCADA 系统的远程访问是否通过 VPN 设备对通信进行加密；核查 VPN 设备采用何种加密协议，策略设置是否合理。如果测评结果表明，SCADA 系统通过 VPN 设备进行通信加密，且数据传为密文，则单元判定结果为符合，否则为不符合或部分符合。

【L4-CNS1-09 解读和说明】

测评指标"应在通信前基于密码技术对通信的双方进行验证或认证"的主要测评对象是加密机、加密认证设备、加密模块等提供密码技术的设备或组件。

测评实施要点包括：核查是否在通信双方建立连接之前利用密码技术进行会话初始化验证或认证，具体采用哪些技术措施。

以电力调度系统的纵向加密设备为例，测评实施步骤主要包括：核查纵向加密设备的策略是否采用 IPSec 隧道对系统的通信过程进行加密，注重检查设备是否工作在正常状态，而非旁路状态；核查纵向加密设备是否通过 CA 证书或 U-key 对设备进行通信认证。如果测评结果表明，电力调度系统采用纵向加密设备且通过 CA 证书或 U-key 对设备进行通信认证，则单元判定结果为符合，否则为不符合或部分符合。

【L4-CNS1-10 解读和说明】

测评指标"应基于硬件密码模块对重要通信过程进行密码运算和密钥管理"的主要测评对象是加密机、加密认证设备、加密模块等提供密码技术的设备或组件。

测评实施要点包括：核查工业控制系统设计文档中的通信过程是否采用硬件密码模块；核查相关产品是否具有有效的国家密码管理机构规定的检测报告或密码产品型号证书。

以电力调度系统的纵向加密设备为例，测评实施步骤主要包括：核查纵向加密设备的产品说明书，查看是否基于硬件密码模块产生密钥并进行密码运算；核查纵向加密设备是否具有有效的国家密码管理机构规定的检测报告或密码产品型号证书。如果测评结果表明，纵向加密设备的产品说明书中有硬件密码模块的说明和国家密码管理机构规定的检测报告或密码产品型号证书，则单元判定结果为符合，否则为不符合或部分符合。

【L3-CNS5-04/L4-CNS5-04 解读和说明】

测评指标"在工业控制系统内使用广域网进行控制指令或相关数据交换的应采用加密

认证技术手段实现身份认证、访问控制和数据加密传输"的主要测评对象是加密认证设备。若未使用广域网，则本项判不适用。

测评实施要点包括：访谈网络管理员，了解工业控制系统是否具有通过广域网进行控制指令或相关数据交换的需求，识别是否具有通过广域网传输的控制指令；核查工业控制系统与广域网是否使用加密认证设备，并查看设备是否配置加密策略；测试验证所使用的加密认证技术手段的有效性；在条件允许的情况下（如停机检修），可通过技术手段验证数据是否为密文传输。

以城市燃气 SCADA 系统的加密认证设备为例，测评实施步骤主要包括：访谈网络管理员，了解工业控制系统是否存在通过广域网进行控制指令或相关数据交换的情况；核查涉及控制指令或相关数据交换的工业控制系统是否采用加密认证设备进行身份认证、访问控制和数据加密传输；在条件允许的情况下，使用 Wireshark 等工具抓包，验证数据包是否经过加密。如果测评结果表明，工业控制系统与广域网进行通信时采用加密认证设备进行身份认证、访问控制和数据加密传输，且策略配置合理有效，则单元判定结果为符合，否则为不符合或部分符合。

3. 可信验证

【标准要求】

该控制点第三级包括测评单元 L3-CNS1-08，第四级包括测评单元 L4-CNS1-11。

【L3-CNS1-08 解读和说明】

测评指标"可基于可信根对通信设备的系统引导程序、系统程序、重要配置参数和通信应用程序等进行可信验证，并在应用程序的关键执行环节进行动态可信验证，在检测到其可信性受到破坏后进行报警，并将验证结果形成审计记录送至安全管理中心"的主要测评对象是交换机、路由器或其他通信设备等提供可信验证功能的设备或组件，以及提供集中审计功能的系统。

测评实施要点包括：核查通信设备的系统引导程序、系统程序、重要配置参数和通信应用程序等是否采用可信验证技术，是否在应用程序的关键执行环节进行动态可信验证；测试验证在检测到通信设备的可信性受到破坏后是否进行报警；核查验证结果是否以审计记录的形式被送至安全管理中心。

以城市燃气 SCADA 系统的 H3C 核心交换机为例，测评实施步骤主要包括：核查 H3C 核心交换机是否具有可信芯片（如 TCM 芯片），是否能够基于可信根在通信设备的启动和运行过程中对预装软件进行完整性验证或检测；核查是否在 H3C 核心交换机内置应用程序的关键执行环节进行动态可信验证；测试验证在检测到 H3C 核心交换机内置系统组件的可信性受到破坏后是否进行报警；访谈安全管理员，核查是否有安全管理中心，能否接收 H3C 核心交换机的验证结果记录，并查看验证结果。如果测评结果表明，通信设备具有可信芯片，能够在应用程序的关键执行环节进行动态可信验证，在检测到其可信性受到破坏后进行报警，并将验证结果以审计记录的形式送至安全管理中心，则单元判定结果为符合，否则为不符合或部分符合。

【L4-CNS1-11 解读和说明】

测评指标"可基于可信根对通信设备的系统引导程序、系统程序、重要配置参数和通信应用程序等进行可信验证，并在应用程序的所有执行环节进行动态可信验证，在检测到其可信性受到破坏后进行报警，并将验证结果形成审计记录送至安全管理中心，并进行动态关联感知"的主要测评对象是交换机、路由器或其他通信设备等提供可信验证功能的设备或组件，以及提供集中审计功能的系统。

测评实施要点包括：核查通信设备的系统引导程序、系统程序、重要配置参数和通信应用程序等是否采用可信验证技术，是否在应用程序的所有执行环节进行动态可信验证；测试验证在检测到通信设备的可信性受到破坏后是否进行报警；核查验证结果是否以审计记录的形式被送至安全管理中心；核查可信验证机制是否能够对审计记录进行动态关联感知。

以城市燃气 SCADA 系统的 H3C 核心交换机为例，测评实施步骤主要包括：核查 H3C 核心交换机是否具有可信芯片（如 TCM 芯片），是否能够基于可信根在通信设备的启动和运行过程中对预装软件进行完整性验证或检测；核查是否在 H3C 核心交换机内置应用程序的所有执行环节进行动态可信验证；测试验证在检测到 H3C 核心交换机内置系统组件的可信性受到破坏后是否进行报警；访谈安全管理员，核查是否有安全管理中心，能否接收 H3C 核心交换机的验证结果记录，并查看验证结果；核查审计记录能否关联至态势感知设备进行趋势预测等。如果测评结果表明，通信设备具有可信芯片，能够在应用程序的所有执行环节进行动态可信验证，在检测到其可信性受到破坏后进行报警，并将验证结果以审计记录的形式送至安全管理中心和态势感知设备，则单元判定结果为符合，否则为不符合或部分符合。

4.3.3 安全区域边界

在对工业控制系统的"安全区域边界"测评时应同时依据安全测评通用要求和安全测评扩展要求,其中涉及安全测评通用要求的解读内容参见《网络安全等级保护测评要求(通用要求部分)应用指南》中的"安全区域边界",安全测评扩展要求的解读内容参见本节。由于工业控制系统的特点,本节列出了部分安全测评通用要求在工业控制系统环境下的个性化解读内容。

1. 边界防护

【标准要求】

该控制点第三级包括测评单元 L3-ABS1-01、L3-ABS1-02、L3-ABS1-03、L3-ABS1-04,第四级包括测评单元 L4-ABS1-01、L4-ABS1-02、L4-ABS1-03、L4-ABS1-04、L4-ABS1-05、L4-ABS1-06。

【L3-ABS1-01/L4-ABS1-01 解读和说明】

测评指标"应保证跨越边界的访问和数据流通过边界设备提供的受控接口进行通信"的主要测评对象是层级间、安全域间、有线网络与无线网络间、被测系统与其他系统间所有的边界的路由器、防火墙、网络隔离产品、无线接入网关、加密网关、三层交换机、接口机、协议转换装置及其他提供访问控制功能的设备或组件。

测评实施要点包括:访谈网络管理员,了解系统是否有最新的网络拓扑图;现场核查物理接线情况,确定网络拓扑图与物理连接情况是否一致,确认访问控制设备所隔离的区域之间是否存在可不通过访问控制设备的物理链路;根据系统部署情况,分析系统的安全区域情况及各区域所处的层级,核查不同层级网络边界处是否部署访问控制设备或组件(如防火墙、网络隔离产品、加密网关、路由器等),若未部署访问控制设备,则本项判不符合,若部署不具备管理功能的交换机,则本项判不符合;现场核查访问控制设备,检查访问控制策略。如果部署防火墙,则核查是否对防火墙进行设备配置,是否限制设备源地址、目的地址,是否指定端口进行跨越边界的网络通信,指定端口是否配置并启用安全策略;如果部署纵向加密设备,则核查加密设备是否限制源地址、目的地址,是否指定端口进行跨越边界的网络通信,且数据通信是否为密文传输;如果采用网络隔离产品,则核查是否对源地址、目的地址进行限制,查看是否指定访问控制端口;如果采用路由器,则需要查看路由器的配置信息,确认是否对物理端口进行限制,是否仅允许规定的 IP 地址进行通信。另外，可以采用其他技术手段（如非法无线网络设备定位，核查设备配置信息，区域外地址访问尝试等）核查是否存在其他未受控接口进行跨越边界的网络通信。

以城市燃气 SCADA 系统的工业防火墙为例，测评实施步骤主要包括：核查网络拓扑图与实际网络链路是否一致，是否明确网络边界和边界设备端口；核查防火墙的配置信息，确认是否指定物理端口进行跨越边界的网络通信；采用其他技术手段核查是否存在其他未受控接口进行跨越边界的网络通信。例如，采用无线嗅探器、无线入侵检测/防御系统、手持式无线信号检测系统等检测无线访问情况。如果测评结果表明，跨越边界的访问和数据流通过边界设备提供的受控接口进行通信，则单元判定结果为符合，否则为不符合或部分符合。

【L3-ABS1-02/L4-ABS1-02 解读和说明】

测评指标"应能够对非授权设备私自联到内部网络的行为进行检查或限制"的主要测评对象是层级间、安全域间、有线网络与无线网络间、被测系统与其他系统间所有的边界的内网安全管理系统、专用接入控制设备、具有接入控制功能的终端管理系统、路由器、交换机、工控网络审计设备等。

测评实施要点包括：核查接入层网络设备是否配置 IP-MAC 地址绑定等措施；核查是否部署专用的接入控制设备或内网接入控制系统，检查其是否具有网络安全专用产品销售许可证，检查是否配置严格的接入控制或检查措施；若无技术措施，则访谈网络管理员，核查是否具有其他辅助措施，如严格的物理访问控制措施，全方位的视频监控措施、管理措施等。

以城市燃气 SCADA 系统的交换机为例，测评实施步骤主要包括：访谈网络管理员，询问采用何种技术措施或管理措施对非授权设备私自联到内部网络的行为进行检查或限制，并在网络管理员的配合下验证其有效性；核查所有交换机的闲置端口是否均已关闭，以华为交换机为例，输入命令"display ip interface brief"；如果采用 IP-MAC 地址绑定的方式进行准入控制，则核查接入层网络设备是否配置 IP-MAC 地址绑定等措施，以华为交换机为例，输入命令"display arp all"；如果通过部署内网安全管理系统准入，则核查各终端设备是否统一部署，是否存在不可控特殊权限的接入设备。如果测评结果表明，访问控制设备能够对非授权设备私自联到内部网络的行为进行检查或限制，则单元判定结果为符合，否则为不符合或部分符合。

【L3-ABS1-03/L4-ABS1-03 解读和说明】

测评指标"应能够对内部用户非授权联到外部网络的行为进行检查或限制"的主要测评对象是被测系统与其他系统间所有的边界的内网安全管理系统、专用接入控制设备、具有接入控制功能的终端管理系统、路由器、交换机、工控网络审计设备、终端计算机、服务器等。

测评实施要点包括：访谈网络管理员，核查是否采用技术措施检查或限制内部用户的非授权外联行为，若采用技术措施，则针对其采用的不同技术措施对其进行现场检查；现场核查专用的接入控制设备，检查其是否具有网络安全专用产品销售许可证，检查是否配置严格的接入控制或检查措施；现场核查内网安全管理系统，确认是否对所有终端设备进行接入管理，并启用相关策略，如禁用双网卡、USB 接口、Modem、无线网络等；现场核查计算机的配置信息，如限制终端计算机用户权限（禁止安装程序或驱动程序）、关闭外围接口（如 USB 接口、无线网卡等）、禁止修改 IP 地址及网关等，分析是否足以检查或限制非授权外联行为；若无技术措施，则访谈网络管理员，核查是否具有其他辅助措施，如定期的操作系统访问记录检查，全方位的视频监控措施、管理措施等。

以城市燃气 SCADA 系统的内网安全管理系统为例，测评实施步骤主要包括：访谈网络管理员，核查内网安全管理系统或其他技术手段是否对内部用户非授权联到外部网络的行为进行检查或限制；核查内网安全管理系统，确认是否对所有终端设备进行接入管理，并启用相关策略，如禁用双网卡、USB 接口、Modem、无线网络等。如果测评结果表明，访问控制设备能够对内部用户非授权联到外部网络的行为进行检查或限制，则单元判定结果为符合，否则为不符合或部分符合。

【L3-ABS1-04/L4-ABS1-04 解读和说明】

测评指标"应限制无线网络的使用，保证无线网络通过受控的边界设备接入内部网络"的主要测评对象是无线网络接入有线网络的网络区域边界的无线接入网关、无线网络控制器、网络拓扑图、无线网络接入控制设备、无线网络接入有线网络的边界访问控制设备等。

测评实施要点包括：访谈网络管理员，了解系统是否使用无线网络，如 Wi-Fi、4G/5G 移动通信等，若未使用无线网络，则本项判不适用；现场核查无线网络是否通过受控的边界设备接入内部网络；如果采用安全接入网关设备，则核查安全接入网关是否对接入 IP 地址进行限制，加密设备是否对数据进行加密传输管理并限制端口；现场核查网络中是否部署对非授权无线设备的管控措施，如无线嗅探器、无线入侵检测系统、手持式无线信号检测系统等。

以城市燃气 SCADA 系统的安全接入网关为例，测评实施步骤主要包括：访谈网络管理员，核查是否有授权的无线网络，这些无线网络是否在单独组网后接入有线网络；核查无线网络的部署方式，以及是否部署安全接入网关、无线网络控制器；核查设备配置是否合理，如无线设备信道的使用是否合理，用户口令是否具备足够强度、是否使用 WPA2 加密方式等；核查网络中是否部署对非授权无线设备的管控措施，如无线嗅探器、无线入侵检测系统、手持式无线信号检测系统等。如果测评结果表明，无线网络通过受控的边界设备接入内部网络，则单元判定结果为符合，否则为不符合或部分符合。

【L4-ABS1-05 解读和说明】

测评指标"应能够在发现非授权设备私自联到内部网络的行为或内部用户非授权联到外部网络的行为时，对其进行有效阻断"的主要测评对象是层级间、安全域间、有线网络与无线网络间、被测系统与其他系统间所有的边界的内网安全管理系统、专用接入控制设备、具有接入控制功能的终端管理系统。

测评实施要点包括：现场核查专用的接入控制设备，检查其是否具有网络安全专用产品销售许可证，检查是否配置严格的接入控制或检查措施；现场核查内网安全管理系统，确认是否对所有终端设备进行接入管理，并启用相关策略对非授权外联行为、内联行为进行有效阻断；若无技术措施，则访谈网络管理员，核查是否具有其他辅助措施，如定期的操作系统访问记录检查，全方位的视频监控措施、管理措施等。

以城市燃气 SCADA 系统的内网安全管理系统为例，测评实施步骤主要包括：访谈网络管理员，核查内网安全管理系统是否对非授权外联行为、内联行为进行有效阻断；核查内网安全管理系统，确认是否对所有终端设备进行接入管理，并启用相关策略对非授权外联行为、内联行为进行有效阻断。如果测评结果表明，访问控制设备能够对非授权设备私自联到内部网络的行为或内部用户非授权联到外部网络的行为进行有效阻断，则单元判定结果为符合，否则为不符合或部分符合。

【L4-ABS1-06 解读和说明】

测评指标"应采用可信验证机制对接入网络中的设备进行可信验证，保证接入网络的设备真实可信"的主要测评对象是终端管理系统、路由器、交换机、防火墙、网络隔离产品、安全接入网关、工控网络审计设备、终端计算机、服务器等。

测评实施要点包括：访谈网络管理员，了解系统是否采用可信验证机制，对接入网络中的设备进行可信验证；现场核查是否基于可信根对边界设备的系统引导程序、系统程序、重要配置参数和边界防护应用程序等进行可信验证。

以城市燃气 SCADA 系统的安全接入网关为例，测评实施步骤主要包括：访谈网络管理员，了解 SCADA 系统是否采用可信验证机制，对接入网络中的设备进行可信验证；现场核查是否基于可信根对边界设备的系统引导程序、系统程序、重要配置参数和边界防护应用程序等进行可信验证。如果测评结果表明，SCADA 系统能够采用可信验证机制对接入网络中的设备进行可信验证，则单元判定结果为符合，否则为不符合或部分符合。

2. 访问控制

【标准要求】

该控制点第三级包括测评单元 L3-ABS1-05、L3-ABS1-06、L3-ABS1-07、L3-ABS1-08、L3-ABS1-09、L3-ABS5-01、L3-ABS5-02，第四级包括测评单元 L4-ABS1-07、L4-ABS1-08、L4-ABS1-09、L4-ABS1-10、L4-ABS1-11、L4-ABS5-01、L4-ABS5-02。

【L3-ABS1-05/L4-ABS1-07 解读和说明】

测评指标"应在网络边界或区域之间根据访问控制策略设置访问控制规则，默认情况下除允许通信外受控接口拒绝所有通信"的主要测评对象是层级间、安全域间、有线网络与无线网络间、被测系统与其他系统间所有的边界的路由器、防火墙、工业防火墙、网络隔离产品、无线接入网关、加密网关、三层交换机、接口机、协议转换装置及其他提供访问控制功能的设备或组件。

测评实施要点包括：核查网络边界或区域之间是否部署访问控制设备（如防火墙、隔离设备、加密设备等）；现场核查访问控制设备是否启用访问控制策略，检查是否以默认禁止的方式进行规则配置。如果部署防火墙，则核查是否对防火墙进行设备配置，是否限制设备源地址、目的地址，是否指定端口进行跨越边界的网络通信，指定端口是否配置并启用安全策略；如果部署纵向加密设备，则核查加密设备是否限制源地址、目的地址，是否指定端口进行跨越边界的网络通信，且数据通信是否为密文传输；如果采用网络隔离产品，则核查是否对源地址、目的地址进行限制，查看是否指定访问控制端口。除外部网络边界外，还需核查被测系统内部各区域间和各层面间的访问控制规则。

以城市燃气 SCADA 系统的工业防火墙为例，测评实施步骤主要包括：核查工业防火墙的访问控制策略是否为白名单机制，是否仅允许授权的用户访问而禁止其他所有的网络访问行为；核查配置的访问控制策略是否被实际应用到相应接口的进或出。如果测评结果表明，网络边界或区域之间设置了访问控制策略，且仅允许受控接口进行通信，则单元判定结果为符合，否则为不符合或部分符合。

【L3-ABS1-06/L4-ABS1-08 解读和说明】

测评指标"应删除多余或无效的访问控制规则，优化访问控制列表，并保证访问控制规则数量最小化"的主要测评对象是层级间、安全域间、有线网络与无线网络间、被测系统与其他系统间所有的边界的路由器、防火墙、工业防火墙、网络隔离产品、无线接入网关、加密网关、三层交换机等提供访问控制功能的设备或组件。

测评实施要点包括：访谈网络管理员，了解访问控制设备（如防火墙、交换机、加密设备等）是否设置访问控制规则并开启访问控制列表；现场核查不同的访问控制策略之间的逻辑关系及前后排列顺序是否合理；针对设备的访问控制规则，逐条访谈网络管理员，询问该条规则是否有用，与需求是否一致，若无用则须删除，如核查防火墙设备是否开启全通策略，是否未限制访问控制端口，访问地址限制范围是否过大，地址隔离设备、加密设备是否存在多余的访问控制策略；若访问控制设备具有规则匹配计数，则检查是否存在匹配数为 0 的规则，匹配数为 0 的规则通常被认为是多余规则。

以城市燃气 SCADA 系统的 H3C 交换机为例，测评实施步骤主要包括：现场核查访问控制策略的配置情况，通过"display acl all"命令核查 H3C 核心交换机的访问控制列表；访谈网络管理员，逐条询问所做访问控制策略是否有效，访问控制策略与业务及管理需求是否一致。如果测评结果表明，访问控制设备的访问控制规则数量已实现最小化，则单元判定结果为符合，否则为不符合或部分符合。

【L3-ABS1-07/L4-ABS1-09 解读和说明】

测评指标"应对源地址、目的地址、源端口、目的端口和协议等进行检查，以允许/拒绝数据包进出"的主要测评对象是层级间、安全域间、有线网络与无线网络间、被测系统与其他系统间所有的边界的路由器、防火墙、网络隔离产品、无线接入网关、加密网关、三层交换机、接口机、协议转换装置及其他提供访问控制功能的设备或组件。

测评实施要点包括：访谈网络管理员，核查是否对访问控制设备（如防火墙、交换机、隔离设备等）设置访问控制规则；现场核查设备的访问控制策略中是否根据源地址、目的地址、源端口、目的端口和协议等相关参数进行配置，原则上不得以网段的方式进行访问控制；核查防火墙的访问控制策略中是否对源地址、目的地址、源端口、目的端口和协议等进行限制；核查隔离设备中是否对端口进行限制；对于仅允许特定协议或服务通过的专用访问控制设备，若限制了源地址、目的地址，则本项可判符合。

以城市燃气 SCADA 系统的 H3C 交换机为例，测评实施步骤主要包括：核查 H3C 交换机的访问控制策略中是否设定源地址、目的地址、源端口、目的端口和协议等相关配置参数，如：

```
access-list 101 deny tcp 172.16.4.0 0.0.0.255 172.16.3.0 0.0.0.255 eq 21
access-list 101 permit ip any any
interface fastethernet0/0
ip access-group 101 out
```

拒绝所有从 172.16.4.0 到 172.16.3.0 的 FTP 通过 F0/0 接口。如果测评结果表明，访问控制设备对源地址、目的地址、源端口、目的端口和协议等进行有效限制，则单元判定结果为符合，否则为不符合或部分符合。

【L3-ABS1-08/L4-ABS1-10 解读和说明】

测评指标“应能根据会话状态信息为进出数据流提供明确的允许/拒绝访问的能力”的主要测评对象是层级间、安全域间、有线网络与无线网络间、被测系统与其他系统间所有的边界的路由器、防火墙、网络隔离产品、无线接入网关、加密设备等。

测评实施要点包括：访谈网络管理员，核查是否采用会话认证等机制为进出数据流提供明确的允许/拒绝访问的能力；现场核查访问控制设备的访问控制策略中是否对源地址、目的地址、源端口、目的端口和协议等进行有效限制。

以城市燃气 SCADA 系统的工业防火墙为例，测评实施步骤主要包括：核查是否采用会话认证等机制为进出数据流提供明确的允许/拒绝访问的能力；核查是否配置访问控制策略，限制源地址、目的地址、源端口、目的端口和协议等相关配置信息；测试验证是否为进出数据流提供明确的允许/拒绝访问的能力。如果测评结果表明，访问控制设备对源地址、目的地址、源端口、目的端口和协议等进行有效限制，则单元判定结果为符合，否则为不符合或部分符合。

【L3-ABS1-09 解读和说明】

测评指标"应对进出网络的数据流实现基于应用协议和应用内容的访问控制"的主要测评对象是层级间、安全域间、有线网络与无线网络间、被测系统与其他系统间所有的边界的路由器、防火墙、网络隔离产品、无线接入网关、加密设备等。

测评实施要点包括：访谈网络管理员，核查是否部署下一代防火墙或安全组件，并启用访问控制策略；现场核查访问控制设备的访问控制策略是否能够对基于应用的协议（非端口）进行配置；现场核查是否具有应用内容的访问控制策略，如禁用 ModBus TCP 的某些特定控制参数、点位地址等。

以城市燃气 SCADA 系统的下一代防火墙为例，测评实施步骤主要包括：核查应用协议和应用内容的访问控制是否主要由下一代防火墙或安全组件实现；核查工业防火墙是否为下一代防火墙，若是则核查是否配置相关策略，以对应用协议和应用内容进行访问控制，并对策略的有效性进行验证。如果测评结果表明，访问控制设备配置了相关策略，可对应用协议和应用内容进行访问控制，并对策略的有效性进行验证，则单元判定结果为符合，否则为不符合或部分符合。

【L4-ABS1-11 解读和说明】

测评指标"应在网络边界通过通信协议转换或通信协议隔离等方式进行数据交换"的主要测评对象是层级间、安全域间、有线网络与无线网络间、被测系统与其他系统间所有的边界的路由器、防火墙、网络隔离产品、无线接入网关、加密设备等。

测评实施要点包括：访谈网络管理员，核查是否部署下一代防火墙或安全组件，并启用访问控制策略；现场核查访问控制设备的访问控制策略是否能够对基于通信协议的转换进行配置；现场核查是否具有应用内容的访问控制策略。

以城市燃气 SCADA 系统的下一代防火墙为例，测评实施步骤主要包括：核查应用协议和应用内容的访问控制是否主要由下一代防火墙或安全组件实现；核查工业防火墙是否为下一代防火墙，若是则核查是否配置相关策略，以对通信协议进行访问控制，并对策略的有效性进行验证。如果测评结果表明，访问控制设备配置了相关策略，可对通信协议进行访问控制，并对策略的有效性进行验证，则单元判定结果为符合，否则为不符合或部分符合。

【L3-ABS5-01/L4-ABS5-01 解读和说明】

测评指标"应在工业控制系统与企业其他系统之间部署访问控制设备,配置访问控制策略,禁止任何穿越区域边界的 E-mail、Web、Telnet、Rlogin、FTP 等通用网络服务"的主要测评对象是被测系统与其他系统间所有的边界的路由器、防火墙、网络隔离产品、无线接入网关、加密网关、三层交换机、接口机、协议转换装置及其他提供访问控制功能的设备或组件。

测评实施要点包括:访谈网络管理员,了解工业控制系统与企业其他系统之间是否部署访问控制设备(如防火墙、隔离设备等),核查访问控制设备是否配置访问控制策略;现场核查访问控制设备的访问控制策略是否禁止 E-mail、Web、Telnet、Rlogin、FTP 等通用网络服务穿越区域边界。

以城市燃气 SCADA 系统的工业防火墙为例,测评实施步骤主要包括:核查城市燃气 SCADA 系统与企业其他系统之间是否部署访问控制设备,核查访问控制设备是否配置访问控制策略;核查访问控制策略是否禁止 E-mail、Web、Telnet、Rlogin、FTP 等通用网络服务穿越区域边界;对边界网络进行渗透测试,确认是否不存在绕过访问控制措施的方法。如果测评结果表明,访问控制设备配置访问控制策略,禁止任何穿越区域边界的 E-mail、Web、Telnet、Rlogin、FTP 等通用网络服务,则单元判定结果为符合,否则为不符合或部分符合。

【L3-ABS5-02/L4-ABS5-02 解读和说明】

测评指标"应在工业控制系统内安全域和安全域之间的边界防护机制失效时,及时进行报警"的主要测评对象是安全域和安全域边界之间的网络隔离产品、工业防火墙、路由器、交换机、内网安全管理系统等提供访问控制功能的设备。

测评实施要点包括:访谈网络管理员,核查是否部署网络监控预警系统或相关模块,以在边界防护机制失效时进行报警;现场核查网络监控预警系统或相关模块的相关功能是否启用,在边界防护机制失效时是否可及时报警。

以城市燃气 SCADA 系统的工业防火墙为例,测评实施步骤主要包括:核查边界防护设备/策略在非授权的情况下发生变更时是否进行报警;核查是否部署网络监控预警系统或相关模块,在边界防护机制失效时是否可及时报警。如果测评结果表明,安全域和安全域之间的访问控制设备配置访问控制策略,可在边界防护机制失效时及时进行报警,则单元判定结果为符合，否则为不符合或部分符合。

3. 入侵防范

【标准要求】

该控制点第三级包括测评单元 L3-ABS1-10、L3-ABS1-11、L3-ABS1-12、L3-ABS1-13，第四级包括测评单元 L4-ABS1-12、L4-ABS1-13、L4-ABS1-14、L4-ABS1-15。

【L3-ABS1-10/L4-ABS1-12 解读和说明】

测评指标"应在关键网络节点处检测、防止或限制从外部发起的网络攻击行为"的主要测评对象是层级间、安全域间、有线网络与无线网络间、被测系统与其他系统间所有的边界的 IDS、IPS、包含入侵防范模块的多功能安全网关（UTM）、防火墙等。

测评实施要点包括：访谈网络管理员，了解工业控制系统中是否部署专用或具有入侵检测/防御功能的设备等；现场核查相关设备是否启用入侵防范功能或白名单机制，是否能够检测从外部发起的网络攻击行为；现场核查相关设备的规则库或威胁情报库是否已更新到最新版本；现场核查相关设备的配置信息或安全策略是否能够覆盖该边界的所有网络流量。

以城市燃气 SCADA 系统的防火墙为例，测评实施步骤主要包括：核查防火墙是否包含入侵防范模块，入侵防范模块是否启用；核查防火墙的规则库是否已更新到最新版本；核查防火墙的安全策略是否能够覆盖该边界的所有网络流量。如果测评结果表明，访问控制设备包含入侵防范模块，规则库已更新到最新版本，安全策略能够覆盖该边界的所有网络流量，则单元判定结果为符合，否则为不符合或部分符合。

【L3-ABS1-11/L4-ABS1-13 解读和说明】

测评指标"应在关键网络节点处检测、防止或限制从内部发起的网络攻击行为"的主要测评对象是层级间、安全域间、有线网络与无线网络间、被测系统与其他系统间所有的边界的 IDS、IPS、包含入侵防范模块的多功能安全网关（UTM）、防火墙等。

测评实施要点包括：访谈网络管理员，了解工业控制系统中是否部署专用或具有入侵检测/防御功能的设备等；现场核查相关设备是否启用入侵防范功能或白名单机制，是否能够检测从内部发起的网络攻击行为；现场核查相关设备的规则库或威胁情报库是否已更新到最新版本；现场核查相关设备的配置信息或安全策略是否能够覆盖该边界的所有网络流量。

以城市燃气 SCADA 系统的防火墙为例，测评实施步骤主要包括：核查防火墙是否包含入侵防范模块，入侵防范模块是否启用；核查防火墙的规则库是否已更新到最新版本；核查防火墙的安全策略是否能够覆盖该边界的所有网络流量。如果测评结果表明，访问控制设备包含入侵防范模块，规则库已更新到最新版本，安全策略能够覆盖该边界的所有网络流量，则单元判定结果为符合，否则为不符合或部分符合。

【L3-ABS1-12/L4-ABS1-14 解读和说明】

测评指标"应采取技术措施对网络行为进行分析，实现对网络攻击特别是新型网络攻击行为的分析"的主要测评对象是被测系统与其他系统间所有的边界的抗 APT 攻击系统、网络回溯系统、工控审计系统、态势感知系统、综合日志分析系统等。

测评实施要点包括：访谈网络管理员，了解工业控制系统中是否部署抗 APT 攻击系统、网络回溯系统等对新型网络攻击行为进行检测和分析，相关的网络安全产品或系统是否采用网络行为分析技术、综合日志分析技术等识别新型网络攻击行为，而非采用基于已有知识库的方式识别已有的网络攻击行为；现场核查抗 APT 攻击系统、网络回溯系统等是否启用访问控制规则且规则库是否已更新到最新版本。

以城市燃气 SCADA 系统的入侵防范设备为例，测评实施步骤主要包括：访谈网络管理员，查看网络拓扑结构，核查是否部署抗 APT 攻击系统、网络回溯系统等对新型网络攻击行为进行检测和分析；现场核查抗 APT 攻击系统、网络回溯系统等是否启用访问控制规则且规则库是否已更新到最新版本。如果测评结果表明，访问控制设备能够对网络攻击行为进行分析，则单元判定结果为符合，否则为不符合或部分符合。

【L3-ABS1-13/L4-ABS1-15 解读和说明】

测评指标"当检测到攻击行为时，记录攻击源 IP、攻击类型、攻击目标、攻击时间，在发生严重入侵事件时应提供报警"的主要测评对象是被测系统与其他系统间所有的边界的抗 APT 攻击系统、网络回溯系统、威胁情报检测系统、抗 DDoS 攻击系统、IDS、IPS、包含入侵防范模块的多功能安全网关（UTM）等。

测评实施要点包括：访谈网络管理员，了解工业控制系统中是否部署包含入侵防范模块的设备；现场核查相关系统或组件是否启用日志记录功能，日志中是否包括攻击源 IP、攻击类型、攻击目标、攻击时间等内容；测试验证相关系统或组件的报警策略是否有效，报警功能是否已开启且处于正常使用状态，报警信息是否能够以有效手段（如短信、监控大屏等）及时通知到相关人员。

以城市燃气 SCADA 系统的 IPS 为例，测评实施步骤主要包括：核查访问控制设备中是否包含入侵防范模块，是否启用控制策略，是否记录攻击源 IP、攻击类型、攻击目标和攻击时间等信息。如果测评结果表明，访问控制设备中包含入侵防范模块，启用控制策略，记录了攻击源 IP、攻击类型、攻击目标和攻击时间等信息，则单元判定结果为符合，否则为不符合或部分符合。

4. 恶意代码和垃圾邮件防范

【标准要求】

该控制点第三级包括测评单元 L3-ABS1-14、L3-ABS1-15，第四级包括测评单元 L4-ABS1-16、L4-ABS1-17。

【L3-ABS1-14/L4-ABS1-16 解读和说明】

测评指标"应在关键网络节点处对恶意代码进行检测和清除，并维护恶意代码防护机制的升级和更新"的主要测评对象是安全域间、被测系统与其他系统间所有的边界的防病毒网关、基于网络流量的恶意代码检测产品、包含防病毒模块的多功能安全网关（UTM）等。

测评实施要点包括：查看关键网络节点处是否部署防恶意代码产品或基于网络流量的恶意代码检测产品，若部署的是基于网络流量的恶意代码检测产品，则查看是否具有网络安全专用产品销售许可证；访谈网络管理员，询问是否对防恶意代码产品的特征库进行升级，升级的具体方式如何，并登录查看特征库的升级情况，核查当前是否为最新版本，原则上防恶意代码产品的特征库的上一次升级应在最近一个月内。

以城市燃气 SCADA 系统的防病毒网关为例，测评实施步骤主要包括：查看网络拓扑结构，核查在网络边界处是否部署防病毒网关；访谈网络管理员，询问是否对防病毒网关的特征库进行升级，升级的具体方式如何，并登录查看特征库的升级情况，核查当前是否为最新版本。如果测评结果表明，访问控制设备中包含防病毒模块，规则库已更新到最新版本，则单元判定结果为符合，否则为不符合或部分符合。

【L3-ABS1-15/L4-ABS1-17 解读和说明】

测评指标"应在关键网络节点处对垃圾邮件进行检测和防护，并维护垃圾邮件防护机制的升级和更新"的主要测评对象是安全域间、被测系统与其他系统间所有的边界的防垃圾邮件产品。通常情况下该指标不适用于工业控制系统，但用户有该应用需求时除外。

测评实施要点包括：核查系统中是否使用电子邮件协议，是否部署电子邮件服务器；若系统中使用电子邮件协议，则访谈网络管理员，核查是否在关键网络节点处部署防垃圾邮件产品等技术措施；现场核查防垃圾邮件产品的运行是否正常，防垃圾邮件规则库是否已更新到最新版本。

以城市燃气 SCADA 系统的防垃圾邮件产品为例，测评实施步骤主要包括：核查在关键网络节点处是否部署防垃圾邮件产品；核查防垃圾邮件产品的运行是否正常，防垃圾邮件规则库是否已更新到最新版本。如果测评结果表明，启用防垃圾邮件产品且规则库已更新到最新版本，则单元判定结果为符合，否则为不符合或部分符合。

5. 安全审计

【标准要求】

该控制点第三级包括测评单元 L3-ABS1-16、L3-ABS1-17、L3-ABS1-18、L3-ABS1-19，第四级包括测评单元 L4-ABS1-18、L4-ABS1-19、L4-ABS1-20。

【L3-ABS1-16/L4-ABS1-18 解读和说明】

测评指标"应在网络边界、重要网络节点进行安全审计，审计覆盖到每个用户，对重要的用户行为和重要安全事件进行审计"的主要测评对象是层级间、安全域间、有线网络与无线网络间、被测系统与其他系统间所有的边界的综合安全审计系统、工控审计产品、行业专用网络安全平台、内网安全管理平台、电力监控系统网络安全平台、路由器、交换机、防火墙、网络隔离产品等访问控制设备。

测评实施要点包括：访谈安全管理员，了解是否部署综合安全审计系统或具有类似功能的系统平台，或者访问控制设备是否启用流量通信审计功能；现场核查部署的工控审计系统或具有类似功能的系统平台是否启用安全审计功能，安全审计范围是否覆盖到边界的所有通信流量；现场核查是否对重要的用户行为和重要的安全事件进行审计，若没有审计系统或具有类似功能的系统平台，则核查边界设备及重要网络节点设备的安全审计功能是否启用。

以城市燃气 SCADA 系统的综合安全审计系统为例，测评实施步骤主要包括：访谈安全管理员，核查是否部署综合安全审计系统或具有类似功能的系统平台；核查系统内主要的网络安全设备是否启用安全审计功能；核查安全审计范围是否覆盖到每个用户；核查审计内容中是否包含重要的用户行为和重要的安全事件。如果测评结果表明，访问控制设备具有安全审计功能，审计内容能够覆盖到每个用户且包含重要的用户行为和重要的安全事件，则单元判定结果为符合，否则为不符合或部分符合。

【L3-ABS1-17/L4-ABS1-19 解读和说明】

测评指标"审计记录应包括事件的日期和时间、用户、事件类型、事件是否成功及其他与审计相关的信息"的主要测评对象是层级间、安全域间、有线网络与无线网络间、被测系统与其他系统间所有的边界的综合安全审计系统、工控审计产品、行业专用网络安全平台、内网安全管理平台、电力监控系统网络安全平台、路由器、交换机、防火墙、网络隔离产品等访问控制设备。

测评实施要点包括：访谈安全管理员，了解系统中安全设备（如防火墙、隔离设备、加密设备等）的访问控制策略是否启用流量审计功能；现场核查安全设备（如防火墙、隔离设备、加密设备等）的访问控制策略的日志功能是否开启，常见路由器、交换机是否默认开启安全审计功能，审计记录是否包括事件的日期和时间、用户、事件类型、事件是否成功及其他与审计相关的信息。

以城市燃气 SCADA 系统的综合安全审计系统为例，测评实施步骤主要包括：访谈安全管理员，核查是否部署综合安全审计系统或具有类似功能的系统平台；核查系统内主要的网络安全设备是否启用安全审计功能；核查审计记录是否包括事件的日期和时间、用户、事件类型、事件是否成功及其他与审计相关的信息。如果测评结果表明，访问控制设备具有安全审计功能，审计记录包括事件的日期和时间、用户、事件类型、事件是否成功及其他与审计相关的信息，则单元判定结果为符合，否则为不符合或部分符合。

【L3-ABS1-18/L4-ABS1-20 解读和说明】

测评指标"应对审计记录进行保护，定期备份，避免受到未预期的删除、修改或覆盖等"的主要测评对象是层级间、安全域间、有线网络与无线网络间、被测系统与其他系统间所有的边界的综合安全审计系统、工控审计产品、行业专用网络安全平台、内网安全管理平台、电力监控系统网络安全平台、路由器、交换机、防火墙、网络隔离产品等访问控制设备。

测评实施要点包括：核查是否采取保护措施对审计记录进行保护，其中包含两个层面，一是设置专门的管理员对审计记录（包括设备本地及备份日志）进行管理，非授权用户无权对审计记录进行删除、修改或覆盖，二是具有日志存储规则和同步外发的备份机制，防止原始审计日志意外丢失或被攻击者擦除；核查审计记录是否进行定期备份，并核查日志的存储时间。

以城市燃气 SCADA 系统的防火墙为例，测评实施步骤主要包括：访谈安全管理员，核查是否实现权限分离，是否设置审计账户，其他账户是否无权删除本地和日志服务器上的审计记录；了解采取何种技术措施对审计记录进行保护，如开启日志外发功能，将日志转发至日志服务器等；核查审计记录的备份，查看存储时间是否超过 6 个月。如果测评结果表明，访问控制设备具有安全审计功能，已对审计记录进行保护及定期备份，则单元判定结果为符合，否则为不符合或部分符合。

【L3-ABS1-19 解读和说明】

测评指标"应能对远程访问的用户行为、访问互联网的用户行为等单独进行行为审计和数据分析"的主要测评对象是层级间、安全域间、有线网络与无线网络间、被测系统与其他系统间所有的边界的综合安全审计系统、工控审计产品、行业专用网络安全平台、内网安全管理平台、电力监控系统网络安全平台、路由器、交换机、防火墙、网络隔离产品等访问控制设备。若系统内的用户不能访问互联网且不能远程访问，则本项判不适用。

测评实施要点包括：访谈安全管理员，核查是否有远程访问用户及互联网访问用户；若有，则核查综合安全审计系统或具有类似功能的系统平台是否对用户行为进行单独审计，是否有相应的审计记录。

以城市燃气 SCADA 系统的综合安全审计系统为例，测评实施步骤主要包括：访谈安全管理员，核查是否有远程访问用户及互联网访问用户；若有，则核查是否对用户行为进行单独审计，是否有相应的审计记录。如果测评结果表明，访问控制设备具有安全审计功能，对远程访问用户及互联网访问用户进行了单独审计，则判定结果为符合，否则为不符合或部分符合。

6. 可信验证

【标准要求】

该控制点第三级包括测评单元 L3-ABS1-20，第四级包括测评单元 L4-ABS1-21。

【L3-ABS1-20 解读和说明】

测评指标"可基于可信根对边界设备的系统引导程序、系统程序、重要配置参数和边界防护应用程序等进行可信验证，并在应用程序的关键执行环节进行动态可信验证，在检测到其可信性受到破坏后进行报警，并将验证结果形成审计记录送至安全管理中心"的主要测评对象是被测系统与其他系统间所有的边界的路由器、交换机、防火墙、网络隔离产品等。

测评实施要点包括：核查是否基于可信根对边界设备的系统引导程序、系统程序、重要配置参数和边界防护应用程序等进行可信验证；核查是否在应用程序的关键执行环节进行动态可信验证；测试验证在检测到边界设备的可信性受到破坏后是否进行报警；核查验证结果是否以审计记录的形式被送至安全管理中心。

以城市燃气 SCADA 系统的工业防火墙为例，测评实施步骤主要包括：核查工业防火墙是否具有可信芯片或硬件模块，若有则核查是否在应用程序的启动等关键执行环节进行动态可信验证；测试验证在检测到边界设备的可信性受到破坏后是否进行报警；访谈安全管理员，核查是否有安全管理中心，能否接收设备的验证结果记录，并查看验证结果。如果测评结果表明，边界设备具有基于可信根的可信验证功能，在应用程序的关键执行环节进行动态可信验证，在检测到其可信性受到破坏后进行报警，并将验证结果以审计记录的形式送至安全管理中心，则单元判定结果为符合，否则为不符合或部分符合。

【L4-ABS1-21 解读和说明】

测评指标"可基于可信根对边界设备的系统引导程序、系统程序、重要配置参数和边界防护应用程序等进行可信验证，并在应用程序的所有执行环节进行动态可信验证，在检测到其可信性受到破坏后进行报警，并将验证结果形成审计记录送至安全管理中心，并进行动态关联感知"的主要测评对象是被测系统与其他系统间所有的边界的路由器、交换机、防火墙、网络隔离产品等。

测评实施要点包括：核查是否基于可信根对边界设备的系统引导程序、系统程序、重要配置参数和边界防护应用程序等进行可信验证；核查是否在应用程序的所有执行环节进行动态可信验证；测试验证在检测到边界设备的可信性受到破坏后是否进行报警；核查验证结果是否以审计记录的形式被送至安全管理中心，并进行动态关联感知。

以城市燃气 SCADA 系统的工业防火墙为例，测评实施步骤主要包括：核查工业防火墙是否具有可信芯片或硬件模块，若有则核查是否在应用程序的所有执行环节进行动态可信验证；测试验证在检测到边界设备的可信性受到破坏后是否进行报警；访谈安全管理员，核查是否有安全管理中心，能否接收设备的验证结果记录，并进行动态关联感知。如果测评结果表明，边界设备具有基于可信根的可信验证功能，在应用程序的所有执行环节进行动态可信验证，在检测到其可信性受到破坏后进行报警，将验证结果以审计记录的形式送至安全管理中心，并进行动态关联感知，则单元判定结果为符合，否则为不符合或部分符合。

7. 拨号使用控制

【标准要求】

该控制点第三级包括测评单元 L3-ABS5-03、L3-ABS5-04，第四级包括测评单元 L4-ABS5-03、L4-ABS5-04、L4-ABS5-05。

【L3-ABS5-03/L4-ABS5-03 解读和说明】

测评指标"工业控制系统确需使用拨号访问服务的，应限制具有拨号访问权限的用户数量，并采取用户身份鉴别和访问控制等措施"的主要测评对象是拨号服务器、客户端、VPN 等。当系统未使用拨号访问服务时，本项判不适用。

测评实施要点包括：现场核查拨号设备是否限制具有拨号访问权限的用户数量，拨号服务器和客户端是否使用账户/口令等身份鉴别方式，是否采取控制账户权限等访问控制措施；若采用 VPN 接入进行拨号访问，则查看是否采取访问控制措施。

以城市燃气 SCADA 系统的拨号服务器为例，测评实施步骤主要包括：访谈网络管理员，核查拨号访问服务是否确需使用，若确需使用拨号访问服务，则核查拨号服务器是否限制具有拨号访问权限的用户数量；核查拨号服务器和客户端是否使用账户/口令等身份鉴别方式；核查拨号服务器是否采取控制账户权限等访问控制措施。如果测评结果表明，访问控制设备采用拨号访问服务，且配置安全策略，限制具有拨号访问权限的用户数量，并采取用户身份鉴别和访问控制等措施，则单元判定结果为符合，否则为不符合或部分符合。

【L3-ABS5-04/L4-ABS5-04 解读和说明】

测评指标"拨号服务器和客户端均应使用经安全加固的操作系统，并采取数字证书认证、传输加密和访问控制等措施"的主要测评对象是拨号服务器、客户端等。当系统未使用拨号访问服务时，本项判不适用。

测评实施要点包括：访谈网络管理员，核查拨号服务器和客户端是否使用经安全加固的操作系统，拨号服务器和客户端之间的通信是否采取加密措施，是否采取数字证书认证方式；若使用经安全加固的操作系统，则须现场核查该操作系统是否关闭不需要的端口和服务，是否启用登录失败处理功能，是否设置密码策略，是否设置访问控制列表等；现场核查数据通信是否采取数字证书认证方式，拨号服务器和客户端之间的通信过程是否部署加密认证装置或服务器密码机。

以城市燃气 SCADA 系统的拨号服务器为例，测评实施步骤主要包括：核查拨号服务器和客户端是否使用经安全加固的操作系统；核查拨号服务器和客户端之间的通信是否采取数字证书认证、传输加密和访问控制等安全防护措施。如果测评结果表明，访问控制设备使用经安全加固的操作系统，且采取数字证书认证、传输加密和访问控制等安全防护措施，则单元判定结果为符合，否则为不符合或部分符合。

【L4-ABS5-05 解读和说明】

测评指标"涉及实时控制和数据传输的工业控制系统禁止使用拨号访问服务"的主要测评对象是拨号服务器、客户端等。当系统不涉及实时控制和数据传输时，本项判不适用。

测评实施要点包括：访谈网络管理员，核查涉及实时控制和数据传输的工业控制系统是否使用拨号访问服务；现场核查是否有拨号访问服务设备。

以城市燃气 SCADA 系统的拨号服务器为例，测评实施步骤主要包括：访谈网络管理员，核查涉及实时控制和数据传输的工业控制系统是否使用拨号访问服务；现场核查是否有拨号访问服务设备。如果测评结果表明，涉及实时控制和数据传输的工业控制系统未使用拨号访问服务，则单元判定结果为符合，否则为不符合或部分符合。

8. 无线使用控制

【标准要求】

该控制点第三级包括测评单元 L3-ABS5-05、L3-ABS5-06、L3-ABS5-07、L3-ABS5-08，

第四级包括测评单元 L4-ABS5-06、L4-ABS5-07、L4-ABS5-08、L4-ABS5-09。

【L3-ABS5-05/L4-ABS5-06 解读和说明】

测评指标"应对所有参与无线通信的用户（人员、软件进程或者设备）提供唯一性标识和鉴别"的主要测评对象是无线路由器、无线接入网关、无线终端等。当系统未使用无线通信时，本项判不适用。

测评实施要点包括：现场核查无线通信的用户在登录时是否采取身份鉴别措施，如账户/口令、生物识别等，通信设备是否通过唯一性标识进行识别，如 MAC 地址、设备串号等；现场核查用户身份标识是否具有唯一性。

以城市燃气 SCADA 系统的无线路由器为例，测评实施步骤主要包括：核查无线设备是否采取身份鉴别措施，如账户/口令；核查用户身份标识是否具有唯一性。如果测评结果表明，访问控制设备对所有参与无线通信的用户（人员、软件进程或者设备）提供唯一性标识和鉴别，则单元判定结果为符合，否则为不符合或部分符合。

【L3-ABS5-06/L4-ABS5-07 解读和说明】

测评指标"应对所有参与无线通信的用户（人员、软件进程或者设备）进行授权以及执行使用进行限制"的主要测评对象是无线路由器、无线接入网关、无线终端等。当系统未使用无线通信时，本项判不适用。

测评实施要点包括：核查在无线通信过程中是否对用户进行授权，具体权限是否合理，未授权的使用是否可以被发现并告警。

以城市燃气 SCADA 系统的无线接入网关为例，测评实施步骤主要包括：核查在无线通信过程中是否对用户进行授权（如可访问的 IP 地址），具体权限是否合理，未授权的使用是否可以被发现并告警。如果测评结果表明，访问控制设备对所有参与无线通信的用户（人员、软件进程或者设备）进行授权以及执行使用进行限制，则单元判定结果为符合，否则为不符合或部分符合。

【L3-ABS5-07/L4-ABS5-08 解读和说明】

测评指标"应对无线通信采取传输加密的安全措施，实现传输报文的机密性保护"的主要测评对象是加密认证设备。当系统未使用无线通信时，本项判不适用。

测评实施要点包括：访谈网络管理员，了解无线通信传输中是否采取传输加密的安全措施，核查系统中所采用的无线通信技术类型；现场核查无线通信传输中是否部署加密认证设备或加密模块进行加密传输，是否对数据进行加密处理，保证传输报文的机密性；若采用 4G/5G 无线通信技术，则默认为符合；若采用 Wi-Fi 通信，则现场核查 AP 的配置是否启用加密传输方式，如 WPA2 等。

以城市燃气 SCADA 系统的加密模块为例，测评实施步骤主要包括：核查无线设备是否有加密模块，是否能够保证传输报文的机密性；访谈网络管理员，核查网络拓扑结构，了解其中是否部署加密认证设备，以保证无线通信传输中报文的机密性。如果测评结果表明，无线设备采用加密模块，实现加密传输，则单元判定结果为符合，否则为不符合或部分符合。

【L3-ABS5-08/L4-ABS5-09 解读和说明】

测评指标"对采用无线通信技术进行控制的工业控制系统，应能识别其物理环境中发射的未经授权的无线设备，报告未经授权试图接入或干扰控制系统的行为"的主要测评对象是无线嗅探器、无线入侵检测/防御系统、手持式无线信号检测系统等。当系统未使用无线通信时，本项判不适用。

测评实施要点包括：访谈网络管理员，核查工业控制系统是否可以实时监测其物理环境中发射的未经授权的无线设备；核查工业控制系统在发现未经授权的无线设备后是否能够及时告警，并对试图接入的无线设备进行屏蔽。

以城市燃气 SCADA 系统的无线嗅探器、无线入侵检测/防御系统、手持式无线信号检测系统为例，测评实施步骤主要包括：核查无线嗅探器、无线入侵检测/防御系统、手持式无线信号检测系统是否可以实时监测其物理环境中发射的未经授权的无线设备；核查无线嗅探器、无线入侵检测/防御系统、手持式无线信号检测系统在发现未经授权的无线设备后是否能够及时告警，并对试图接入的无线设备进行屏蔽。如果测评结果表明，访问控制设备可以实时监测其物理环境中发射的未经授权的无线设备，在发现未经授权的无线设备后能够及时告警，并对试图接入的无线设备进行屏蔽，则单元判定结果为符合，否则为不符合或部分符合。

4.3.4　安全计算环境

在对工业控制系统的"安全计算环境"测评时应同时依据安全测评通用要求和安全测

评扩展要求,其中涉及安全测评通用要求的解读内容参见《网络安全等级保护测评要求(通用要求部分)应用指南》中的"安全计算环境",安全测评扩展要求的解读内容参见本节。由于工业控制系统的特点,本节列出了部分安全测评通用要求在工业控制系统环境下的个性化解读内容。

1. 身份鉴别

【标准要求】

该控制点第三级包括测评单元 L3-CES1-01、L3-CES1-02、L3-CES1-03、L3-CES1-04,第四级包括测评单元 L4-CES1-01、L4-CES1-02、L4-CES1-03、L4-CES1-04。

【L3-CES1-01/L4-CES1-01 解读和说明】

测评指标"应对登录的用户进行身份标识和鉴别,身份标识具有唯一性,身份鉴别信息具有复杂度要求并定期更换"的主要测评对象是工业控制系统内的网络设备(包括虚拟化网络设备)、安全设备(包括虚拟化安全设备)、工作站和服务器设备中的操作系统(包括宿主机和虚拟机操作系统)、控制设备、控制设备管理系统、业务应用系统、数据库系统、中间件和系统管理软件及系统设计文档等。

测评实施要点包括:核查用户配置信息中是否存在空口令用户,若测评对象存在空口令或弱口令的情况,则须进一步核查是否采用双因素认证或其他同等管控手段进行防护;核查身份鉴别信息是否具有复杂度要求并定期更换,若受条件限制在技术层面无法实现上述要求,则须核查是否通过管理手段实现同等功能。如果测评对象为控制设备,则须核查是否配置编程密码,编程密码是否具有复杂度要求并定期更换;如果测评对象为控制设备,且控制设备与其上位机的组态软件成套部署,并使用组态软件下发控制器配置,则须核查其上位机的组态软件针对控制器的配置,如是否采用身份鉴别措施,用户身份标识是否具有唯一性,身份鉴别信息是否具有复杂度要求并定期更换。

以城市燃气 SCADA 系统的应用服务器为例,测评实施步骤主要包括:现场核查应用服务器是否采用账户/口令或其他身份鉴别方式进行身份鉴别,验证登录是否有效;现场核查应用服务器的管理账户身份标识是否唯一,有无相同账户名,测试是否能够新建相同身份标识的账户;现场核查是否存在空口令用户;现场核查操作系统的密码策略,查看是否启用密码复杂度功能,并设置合理的策略。如果测评结果表明,对登录应用服务器的用户进行身份标识和鉴别,身份标识具有唯一性,身份鉴别信息具有复杂度要求并定期更换,则单元判定结果为符合，否则为不符合或部分符合。

【L3-CES1-02/L4-CES1-02 解读和说明】

测评指标"应具有登录失败处理功能，应配置并启用结束会话、限制非法登录次数和当登录连接超时自动退出等相关措施"的主要测评对象是工业控制系统内的网络设备（包括虚拟化网络设备）、安全设备（包括虚拟化安全设备）、工作站和服务器设备中的操作系统（包括宿主机和虚拟机操作系统）、控制设备、控制设备管理系统、业务应用系统、数据库系统、中间件和系统管理软件及系统设计文档等。

测评实施要点包括：核查是否配置并启用登录失败处理功能；核查是否配置并启用限制非法登录功能，是否在非法登录达到一定次数后采取特定动作，如锁定账户等；核查是否配置并启用登录连接超时自动退出功能。如果测评对象为控制设备，且控制设备与其上位机的组态软件成套部署，并使用组态软件下发控制器配置，则须核查其上位机的组态软件针对控制器的配置，如是否配置并启用限制非法登录、登录连接超时自动退出功能。

以城市燃气 SCADA 系统的业务应用系统为例，测评实施步骤主要包括：核查业务应用系统是否配置并启用登录失败处理功能；核查业务应用系统在非法登录达到一定次数后是否有账户锁定功能；核查业务应用系统是否配置并启用登录连接超时自动退出功能。如果测评结果表明，业务应用系统具有登录失败处理功能，且配置并启用了限制非法登录、登录连接超时自动退出功能，则单元判定结果为符合，否则为不符合或部分符合。

【L3-CES1-03/L4-CES1-03 解读和说明】

测评指标"当进行远程管理时，应采取必要措施防止鉴别信息在网络传输过程中被窃听"的主要测评对象是工业控制系统内的网络设备（包括虚拟化网络设备）、安全设备（包括虚拟化安全设备）、工作站和服务器设备中的操作系统（包括宿主机和虚拟机操作系统）、控制设备、控制设备管理系统、业务应用系统、数据库系统、中间件和系统管理软件及系统设计文档等。当仅存在本地管理时，本项判不适用。

测评实施要点包括：核查是否采用加密等安全方式对系统进行远程管理，防止鉴别信息在网络传输过程中被窃听。如果测评对象为控制设备，且控制设备与其上位机的组态软件成套部署，并使用组态软件下发控制器配置，则须核查其上位机的组态软件针对控制器的配置，如是否采用加密等安全方式对控制设备进行远程管理。

以城市燃气 SCADA 系统的应用服务器为例，测评实施步骤主要包括：核查应用服务器内是否允许进行远程管理；核查是否有明确的技术措施（如堡垒机或其他监测审计措施）对远程管理操作进行管理，并对技术措施的有效性进行核查。如果测评结果表明，应用服务器采用加密等安全方式进行远程管理，则单元判定结果为符合，否则为不符合或部分符合。

【L3-CES1-04/L4-CES1-04 解读和说明】

测评指标"应采用口令、密码技术、生物技术等两种或两种以上组合的鉴别技术对用户进行身份鉴别，且其中一种鉴别技术至少应使用密码技术来实现"的主要测评对象是工业控制系统内的网络设备（包括虚拟化网络设备）、安全设备（包括虚拟化安全设备）、工作站和服务器设备中的操作系统（包括宿主机和虚拟机操作系统）、控制设备、控制设备管理系统、业务应用系统、数据库系统、中间件和系统管理软件及系统设计文档等。

测评实施要点包括：核查是否采用双因素身份鉴别的身份认证方式；核查是否采用动态口令、数字证书、生物技术和设备指纹等两种或两种以上组合的鉴别技术对用户进行身份鉴别；核查其中一种鉴别技术是否使用密码技术来实现。如果测评对象为控制设备，且控制设备与其上位机的组态软件成套部署，并使用组态软件下发控制器配置，则须核查其上位机的组态软件针对控制器的配置，如是否采用双因素身份鉴别的身份认证方式。

以城市燃气 SCADA 系统的 PLC 为例，测评实施步骤主要包括：访谈网络管理员，了解设备登录方式，核查是否有明确的技术措施实现对控制设备的双因素身份鉴别。如果测评结果表明，控制设备使用两种或两种以上组合的鉴别技术对用户进行身份鉴别，且其中一种鉴别技术至少使用密码技术来实现，则单元判定结果为符合，否则为不符合或部分符合。

2. 访问控制

【标准要求】

该控制点第三级包括测评单元 L3-CES1-05、L3-CES1-06、L3-CES1-07、L3-CES1-08、L3-CES1-09、L3-CES1-10、L3-CES1-11，第四级包括测评单元 L4-CES1-05、L4-CES1-06、L4-CES1-07、L4-CES1-08、L4-CES1-09、L4-CES1-10、L4-CES1-11。

【L3-CES1-05/L4-CES1-05 解读和说明】

测评指标"应对登录的用户分配账户和权限"的主要测评对象是工业控制系统内的网络设备（包括虚拟化网络设备）、安全设备（包括虚拟化安全设备）、工作站和服务器设备中的操作系统（包括宿主机和虚拟机操作系统）、控制设备、控制设备管理系统、业务应用系统、数据库系统、中间件和系统管理软件及系统设计文档等。

测评实施要点包括：核查用户账户和权限设置情况，测试是否根据不同用户的权限设计对系统功能及数据的访问；核查是否已禁用或限制匿名、默认账户的访问权限。如果业务应用系统采用 B/S 架构进行登录，则测试在不登录系统的前提下是否可以对系统的功能及数据进行访问；如果测评对象为控制设备，且控制设备与其上位机的组态软件成套部署，并使用组态软件下发控制器配置，则须核查其上位机的组态软件针对控制器的配置，如是否根据不同用户的权限设计对系统功能及数据的访问。

以城市燃气 SCADA 系统的业务应用系统为例，测评实施步骤主要包括：核查业务应用系统的用户账户和权限设置情况；核查业务应用系统是否已禁用默认账户的访问权限；测试在不登录系统的前提下是否可以对系统功能及数据进行访问。如果测评结果表明，已对登录业务应用系统的用户分配了账户和权限，且不存在默认账户，无法对系统进行非授权访问，则单元判定结果为符合，否则为不符合或部分符合。

【L3-CES1-06/L4-CES1-06 解读和说明】

测评指标"应重命名或删除默认账户，修改默认账户的默认口令"的主要测评对象是工业控制系统内的网络设备（包括虚拟化网络设备）、安全设备（包括虚拟化安全设备）、工作站和服务器设备中的操作系统（包括宿主机和虚拟机操作系统）、控制设备、控制设备管理系统、业务应用系统、数据库系统、中间件和系统管理软件及系统设计文档等。

测评实施要点包括：核查是否存在默认账户或已重命名默认账户；核查是否已修改默认账户的默认口令。如果测评对象为控制设备，则须验证编程密码是否已修改默认口令；如果测评对象为控制设备，且控制设备与其上位机的组态软件成套部署，并使用组态软件下发控制器配置，则须核查其上位机的组态软件针对控制器的配置，如是否存在默认账户或已重命名默认账户，是否已修改默认口令。

以城市燃气 SCADA 系统的应用服务器为例，测评实施步骤主要包括：现场核查应用服务器设备默认账户的用户名是否已被重命名或删除；现场核查应用服务器设备默认账户的密码是否已被修改为强密码。如果测评结果表明，服务器的操作系统中不存在默认账户及默认口令，则单元判定结果为符合，否则为不符合或部分符合。

【L3-CES1-07/L4-CES1-07 解读和说明】

测评指标"应及时删除或停用多余的、过期的账户,避免共享账户的存在"的主要测评对象是工业控制系统内的网络设备(包括虚拟化网络设备)、安全设备(包括虚拟化安全设备)、工作站和服务器设备中的操作系统(包括宿主机和虚拟机操作系统)、控制设备、控制设备管理系统、业务应用系统、数据库系统、中间件和系统管理软件及系统设计文档等。

测评实施要点包括:核查是否存在共享账户,管理用户与账户之间是否一一对应;核查并测试多余的、过期的账户是否被删除或停用。如果测评对象为控制设备,且控制设备与其上位机的组态软件成套部署,并使用组态软件下发控制器配置,则须核查其上位机的组态软件针对控制器的配置,如是否存在共享的、多余的、过期的账户。

以城市燃气 SCADA 系统的业务应用系统为例,测评实施步骤主要包括:核查业务应用系统中是否存在共享账户,管理用户与账户之间是否一一对应;核查并测试业务应用系统中是否存在多余的、过期的账户。如果测评结果表明,业务应用系统中不存在共享的、多余的、过期的账户,则单元判定结果为符合,否则为不符合或部分符合。

【L3-CES1-08/L4-CES1-08 解读和说明】

测评指标"应授予管理用户所需的最小权限,实现管理用户的权限分离"的主要测评对象是工业控制系统内的网络设备(包括虚拟化网络设备)、安全设备(包括虚拟化安全设备)、工作站和服务器设备中的操作系统(包括宿主机和虚拟机操作系统)、控制设备、控制设备管理系统、业务应用系统、数据库系统、中间件和系统管理软件及系统设计文档等。

测评实施要点包括:重点核查是否建立不同的管理用户,如系统管理员、安全管理员、审计管理员;核查是否进行角色划分,是否对管理用户的职责进行分离;核查是否对管理用户的权限进行分离,管理用户的权限是否为其完成工作任务所需的最小权限;核查访问控制策略,验证管理用户的权限是否已进行分离;重点验证工业控制系统内工程师站和操作员站中的业务应用软件用户的权限是否分离。如果测评对象为控制设备,且控制设备与其上位机的组态软件成套部署,并使用组态软件下发控制器配置,则须核查其上位机的组态软件针对控制器的配置,如是否进行角色划分,管理用户的权限是否为其完成工作任务所需的最小权限。

以城市燃气 SCADA 系统的业务应用系统为例,测评实施步骤主要包括:核查是否对管理用户进行角色划分；核查工程师站中的业务应用软件是否根据业务需要进行权限分离，如一般分为管理员权限、操作员权限、工程师权限；验证不同的用户登录业务应用软件是否可执行不同的业务功能模块。如果测评结果表明，业务应用系统按照最小授权原则划分了管理用户的权限，则单元判定结果为符合，否则为不符合或部分符合。

【L3-CES1-09/L4-CES1-09 解读和说明】

测评指标"应由授权主体配置访问控制策略，访问控制策略规定主体对客体的访问规则"的主要测评对象是工业控制系统内的网络设备（包括虚拟化网络设备）、安全设备（包括虚拟化安全设备）、工作站和服务器设备中的操作系统（包括宿主机和虚拟机操作系统）、控制设备、控制设备管理系统、业务应用系统、数据库系统、中间件和系统管理软件及系统设计文档等。

测评实施要点：访谈系统管理员，核查是否对各个厂家不同的用户主体进行不同的访问控制策略配置，规避越权访问的行为；核查是否针对第三方运维厂家的不同操作用户配置不同的访问控制策略，验证访问控制策略是否有效；核查是否由管理用户负责配置访问控制策略；测试验证是否存在低权限用户访问高权限用户的系统功能模块的情况。如果测评对象为控制设备，且控制设备与其上位机的组态软件成套部署，并使用组态软件下发控制器配置，则须核查其上位机的组态软件针对控制器的配置，如是否依据安全策略配置主体对客体的访问规则。

以城市燃气 SCADA 系统的业务应用系统为例，测评实施步骤主要包括：核查是否由管理用户负责配置访问控制策略；核查是否针对第三方运维厂家的不同操作用户配置不同的访问控制策略，第三方运维人员对应用业务的管理是否在受控的访问控制策略的管理下；测试验证临时用户对业务应用系统的访问情况，查看是否存在越权访问的行为。如果测评结果表明，业务应用系统的管理用户按照安全策略配置访问规则，则单元判定结果为符合，否则为不符合或部分符合。

【L3-CES1-10/L4-CES1-10 解读和说明】

测评指标"访问控制的粒度应达到主体为用户级或进程级，客体为文件、数据库表级"的主要测评对象是工业控制系统内的网络设备（包括虚拟化网络设备）、安全设备（包括虚拟化安全设备）、工作站和服务器设备中的操作系统（包括宿主机和虚拟机操作系统）、控制设备、控制设备管理系统、业务应用系统、数据库系统、中间件和系统管理软件及系统设计文档等。

测评实施要点包括：核查是否由授权主体（如管理用户）负责配置访问控制策略；核查授权主体是否依据安全策略配置主体对客体的访问规则。如果测评对象为服务器设备，则须核查是否实现主体用户级对客体文件级的访问控制；如果测评对象为数据库系统，则须核查是否实现主体用户级对客体数据库表级的访问控制；如果测评对象为控制设备，且控制设备与其上位机的组态软件成套部署，并使用组态软件下发控制器配置，则须核查其上位机的组态软件针对控制器的配置，如是否配置访问控制策略，并核查其访问控制的粒度。

以城市燃气 SCADA 系统的数据库系统为例，测评实施步骤主要包括：核查是否由管理用户负责配置数据库的访问控制策略；核查数据库的授权主体是否依据安全策略配置主体对客体的访问规则；核查数据库系统是否实现主体用户级对客体数据库表级的访问控制。如果测评结果表明，数据库对用户配置的访问控制粒度达到数据库表级，则单元判定结果为符合，否则为不符合或部分符合。

【L3-CES1-11 解读和说明】

测评指标"应对重要主体和客体设置安全标记，并控制主体对有安全标记信息资源的访问"的主要测评对象是工业控制系统内的网络设备（包括虚拟化网络设备）、安全设备（包括虚拟化安全设备）、工作站和服务器设备中的操作系统（包括宿主机和虚拟机操作系统）、控制设备、控制设备管理系统、业务应用系统、数据库系统、中间件和系统管理软件及系统设计文档等。

测评实施要点包括：核查是否依据安全策略对主体、客体设置安全标记；测试验证是否依据主体、客体的安全标记配置主体对客体访问的访问控制措施。如果测评对象为控制设备，且控制设备与其上位机的组态软件成套部署，并使用组态软件下发控制器配置，则须核查其上位机的组态软件针对控制器的配置，如是否设置安全标记。

以城市燃气 SCADA 系统的数据库系统为例，测评实施步骤主要包括：核查数据库系统内是否依据安全策略对敏感信息资源设置安全标记；测试验证主体对客体的访问控制功能。如果测评结果表明，数据库对敏感信息资源设置了安全标记，且配置了访问控制策略，则单元判定结果为符合，否则为不符合或部分符合。

【L4-CES1-11 解读和说明】

测评指标"应对主体、客体设置安全标记，并依据安全标记和强制访问控制规则确定主体对客体的访问"的主要测评对象是工业控制系统内的网络设备（包括虚拟化网络设备）、安全设备（包括虚拟化安全设备）、工作站和服务器设备中的操作系统（包括宿主机和虚拟机操作系统）、控制设备、控制设备管理系统、业务应用系统、数据库系统、中间件和系统管理软件及系统设计文档等。

测评实施要点包括：核查是否依据安全策略对主体、客体设置安全标记；测试验证是否依据主体、客体的安全标记配置主体对客体访问的强制访问控制措施。如果测评对象为控制设备，且控制设备与其上位机的组态软件成套部署，并使用组态软件下发控制器配置，则须核查其上位机的组态软件针对控制器的配置，如是否设置安全标记。

以城市燃气 SCADA 系统的数据库系统为例，测评实施步骤主要包括：核查数据库系统内是否依据安全策略对敏感信息资源设置安全标记；测试验证主体对客体的强制访问控制功能。如果测评结果表明，数据库对敏感信息资源设置了安全标记，且配置了强制访问控制策略，则单元判定结果为符合，否则为不符合或部分符合。

3. 安全审计

【标准要求】

该控制点第三级包括测评单元 L3-CES1-12、L3-CES1-13、L3-CES1-14、L3-CES1-15，第四级包括测评单元 L4-CES1-12、L4-CES1-13、L4-CES1-14、L4-CES1-15。

【L3-CES1-12/L4-CES1-12 解读和说明】

测评指标"应启用安全审计功能，审计覆盖到每个用户，对重要的用户行为和重要安全事件进行审计"的主要测评对象是工业控制系统内的网络设备（包括虚拟化网络设备）、安全设备（包括虚拟化安全设备）、工作站和服务器设备中的操作系统（包括宿主机和虚拟机操作系统）、控制设备、控制设备管理系统、业务应用系统、数据库系统、中间件和系统管理软件及系统设计文档等。

测评实施要点包括：核查是否提供并开启安全审计功能；核查安全审计范围是否覆盖到每个用户；核查是否对重要的用户行为和重要的安全事件进行审计。如果测评对象为控制设备，则须核查是否提供并开启操作日志、运行日志、错误日志的安全审计功能；如果测评对象为控制设备，且控制设备与其上位机的组态软件成套部署，并使用组态软件下发控制器配置，则须核查其上位机的组态软件针对控制器的配置，如是否提供并开启安全审计功能，安全审计范围是否覆盖到每个用户，是否对重要的用户行为和重要的安全事件进行审计。

以城市燃气 SCADA 系统的应用服务器为例，测评实施步骤主要包括：核查服务器操作系统是否提供并开启安全审计功能；核查安全审计范围是否覆盖到服务器操作系统的每个用户；核查是否对重要的用户行为和重要的安全事件进行审计。如果测评结果表明，应用服务器提供并开启了覆盖到所有用户的安全审计功能，且能够对重要的用户行为和重要的安全事件进行审计，则单元判定结果为符合，否则为不符合或部分符合。

【L3-CES1-13 解读和说明】

测评指标"审计记录应包括事件的日期和时间、用户、事件类型、事件是否成功及其他与审计相关的信息"的主要测评对象是工业控制系统内的网络设备（包括虚拟化网络设备）、安全设备（包括虚拟化安全设备）、工作站和服务器设备中的操作系统（包括宿主机和虚拟机操作系统）、控制设备、控制设备管理系统、业务应用系统、数据库系统、中间件和系统管理软件及系统设计文档等。

测评实施要点包括：核查审计记录是否包括事件的日期和时间、用户、事件类型、事件是否成功及其他与审计相关的信息；核查审计记录的保留时间是否至少为 6 个月。如果测评对象为控制设备，则须核查其审计记录是否包括事件的日期和时间、用户、事件类型、事件是否成功及其他与审计相关的信息；如果测评对象为控制设备，且控制设备与其上位机的组态软件成套部署，则其日志信息须在上位机内查看。

以城市燃气 SCADA 系统的工业防火墙为例，测评实施步骤主要包括：核查工业防火墙是否开启安全审计功能；核查工业防火墙记录的安全事件日志信息中是否包括事件的日期和时间、用户、事件类型、事件是否成功及其他与审计相关的信息；核查设备的审计记录是否至少保留 6 个月。如果测评结果表明，工业防火墙的审计记录内容符合要求，且审计记录至少保留 6 个月，则单元判定结果为符合，否则为不符合或部分符合。

【L4-CES1-13 解读和说明】

测评指标"审计记录应包括事件的日期和时间、事件类型、主体标识、客体标识和结果等"的主要测评对象是工业控制系统内的网络设备（包括虚拟化网络设备）、安全设备

（包括虚拟化安全设备）、工作站和服务器设备中的操作系统（包括宿主机和虚拟机操作系统）、控制设备、控制设备管理系统、业务应用系统、数据库系统、中间件和系统管理软件及系统设计文档等。

测评实施要点包括：核查审计记录是否包括事件的日期和时间、事件类型、主体标识、客体标识和结果等；核查审计记录的保留时间是否至少为 6 个月。如果测评对象为控制设备，则须核查其审计记录是否包括事件的日期和时间、事件类型、主体标识、客体标识和结果等；如果测评对象为控制设备，且控制设备与其上位机的组态软件成套部署，则其日志信息须在上位机内查看。

以城市燃气 SCADA 系统的工业防火墙为例，测评实施步骤主要包括：核查工业防火墙是否开启安全审计功能；核查工业防火墙记录的安全事件日志信息中是否包括事件的日期和时间、事件类型、主体标识、客体标识和结果等；核查设备的审计记录是否至少保留 6 个月。如果测评结果表明，工业防火墙的审计记录内容符合要求，且审计记录至少保留 6 个月，则单元判定结果为符合，否则为不符合或部分符合。

【 L3-CES1-14/L4-CES1-14 解读和说明 】

测评指标"应对审计记录进行保护，定期备份，避免受到未预期的删除、修改或覆盖等"的主要测评对象是工业控制系统内的网络设备（包括虚拟化网络设备）、安全设备（包括虚拟化安全设备）、工作站和服务器设备中的操作系统（包括宿主机和虚拟机操作系统）、控制设备、控制设备管理系统、业务应用系统、数据库系统、中间件和系统管理软件及系统设计文档等。

测评实施要点包括：核查是否采取保护措施对审计记录进行保护，如配置日志服务器；核查是否采取技术措施对审计记录进行定期备份，并核查其备份策略；核查日志保留的周期是否考虑到《中华人民共和国网络安全法》中对于日志审计记录 6 个月的存储要求及《关键信息基础设施安全保护条例》中对于日志审计记录 12 个月的存储要求。如果测评对象为控制设备，且控制设备与其上位机的组态软件成套部署，并使用组态软件下发控制器配置，则须核查其上位机的组态软件针对控制器的配置，如是否采取保护措施对审计记录进行保护，是否采取技术措施对审计记录进行定期备份，以及核查审计记录的保留时间。核查对于关键控制设备的日志存储磁盘位置和业务应用系统的日志存储磁盘位置是否有相关的访问控制策略进行权限管控。

以城市燃气 SCADA 系统的工业防火墙为例，测评实施步骤主要包括：核查工业防火墙是否开启安全审计功能；核查是否采取保护措施对审计记录进行保护，如配置日志服务器、日志审计系统；核查审计记录是否至少保留 6 个月。如果测评结果表明，为工业防火墙配备了审计记录保护措施，且审计记录至少保留 6 个月，则单元判定结果为符合，否则为不符合或部分符合。

【L3-CES1-15/L4-CES1-15 解读和说明】

测评指标"应对审计进程进行保护，防止未经授权的中断"的主要测评对象是工业控制系统内的网络设备（包括虚拟化网络设备）、安全设备（包括虚拟化安全设备）、工作站和服务器设备中的操作系统（包括宿主机和虚拟机操作系统）、控制设备、控制设备管理系统、业务应用系统、数据库系统、中间件和系统管理软件及系统设计文档等。

测评实施要点包括：测试通过非审计管理员的其他账户来中断审计进程，验证审计进程是否受到保护。如果测评对象为控制设备，且工业现场关键控制设备的日志由上位机接收，则在测评时须注意，上位机的接收日志审计进程应有响应保护机制。

以城市燃气 SCADA 系统的工业防火墙为例，测评实施步骤主要包括：核查工业防火墙是否开启安全审计功能；核查工业防火墙的审计进程是否具备防中断保护机制；测试通过非审计管理员的其他账户来中断审计进程，验证审计进程是否受到保护。如果测评结果表明，工业防火墙的审计进程具备防中断保护机制，则单元判定结果为符合，否则为不符合或部分符合。

4. 入侵防范

【标准要求】

该控制点第三级包括测评单元 L3-CES1-17、L3-CES1-18、L3-CES1-19、L3-CES1-20、L3-CES1-21、L3-CES1-22，第四级包括测评单元 L4-CES1-16、L4-CES1-17、L4-CES1-18、L4-CES1-19、L4-CES1-20、L4-CES1-21。

【L3-CES1-17/L4-CES1-16 解读和说明】

测评指标"应遵循最小安装的原则，仅安装需要的组件和应用程序"的主要测评对象是工业控制系统的工作站操作系统、服务器操作系统（包括宿主机和虚拟机操作系统）、应用程序和控制设备。

测评实施要点包括：核查是否遵循最小安装的原则；核查是否安装非必要的组件和应

用程序，如 QQ 等非业务程序。如果测评对象为控制设备，则查看产品设计文档，核查是否根据任务需求最小裁剪模块和组件。

以某汽车制造企业工业控制系统的应用服务器为例，测评实施步骤主要包括：核查应用服务器是否遵循最小安装的原则；核查是否安装非必要的组件和应用程序。如果测评结果表明，应用服务器仅安装需要的组件和应用程序，则单元判定结果为符合，否则为不符合或部分符合。

【L3-CES1-18/L4-CES1-17 解读和说明】

测评指标"应关闭不需要的系统服务、默认共享和高危端口"的主要测评对象是工业控制系统内的网络设备（包括虚拟化网络设备）、安全设备（包括虚拟化安全设备）、工作站和服务器设备中的操作系统（包括宿主机和虚拟机操作系统）。针对现场控制层，本项适用于通过以太网/工业以太网与其上位机连接的控制设备，不适用于通过现场总线或硬接线方式与其上位机连接的控制设备。

测评实施要点包括：核查是否关闭非必要的系统服务和默认共享；核查是否存在非必要的高危端口；在采用工具进行漏洞检查时，应在业务应用系统停机时，分类别进行漏洞检查，若使用漏洞扫描工具则须采用轻量级扫描模式。如果工业现场需要申请对施工点/天窗点进行漏洞检查，则须保证在施工点/天窗点完工结束前 30 分钟内完成检查，以预留时间恢复业务应用系统。如果测评对象为以太网/工业以太网环境下的控制设备，则须核查是否存在非必要的高危端口，可采用工控漏洞扫描工具进行漏洞检查。

以城市燃气 SCADA 系统的工业防火墙为例，测评实施步骤主要包括：访谈网络管理员，核查是否定期对系统服务进行梳理，是否关闭非必要的系统服务和默认共享；核查工业防火墙是否存在非必要的高危端口；通过低影响的漏洞扫描工具对工业防火墙进行漏洞扫描，核查是否存在已知的高风险漏洞；核查在设备上线前由第三方权威机构出具的安全健壮性测试报告，确认有无高风险漏洞。如果测评结果表明，工业防火墙未开启多余的系统服务、默认共享和高危端口，则单元判定结果为符合，否则为不符合或部分符合。

【L3-CES1-19/L4-CES1-18 解读和说明】

测评指标"应通过设定终端接入方式或网络地址范围对通过网络进行管理的管理终端进行限制"的主要测评对象是工业控制系统内的网络设备（包括虚拟化网络设备）、安全设备（包括虚拟化安全设备）、工作站和服务器设备中的操作系统（包括宿主机和虚拟机操作系统）。针对现场控制层，本项适用于通过以太网/工业以太网与其上位机连接的控制设备，不适用于通过现场总线或硬接线方式与其上位机连接的控制设备。

测评实施要点包括：核查配置文件或参数中是否对终端接入范围进行限制；访谈网络管理员，核查是否具备独立的、可控的安全运维区，核查安全运维区的技术措施是否满足对管理终端的安全要求。如果测评对象为以太网/工业以太网环境下的控制设备，则须核查是否对终端接入范围进行限制。

以城市燃气 SCADA 系统的业务应用系统为例，测评实施步骤主要包括：核查配置文件或参数中是否对业务应用系统的终端接入范围进行限制；访谈网络管理员，核查是否具备独立的、可控的安全运维区，核查安全运维区的技术措施是否满足对管理终端的安全要求。如果测评结果表明，已限制接入业务应用系统的终端范围，则单元判定结果为符合，否则为不符合或部分符合。

【L3-CES1-20/L4-CES1-19 解读和说明】

测评指标"应提供数据有效性检验功能，保证通过人机接口输入或通过通信接口输入的内容符合系统设定要求"的主要测评对象是工业控制系统内的控制设备管理系统、业务应用系统、中间件和系统管理软件及系统设计文档等。

测评实施要点包括：核查系统设计文档中是否具备数据有效性检验功能的内容或模块。

以城市燃气 SCADA 系统的业务应用系统为例，测评实施步骤主要包括：核查系统设计文档中是否具备数据有效性检验功能的内容或模块。如果测评结果表明，业务应用系统提供数据有效性检验功能，则单元判定结果为符合，否则为不符合或部分符合。

【L3-CES1-21/L4-CES1-20 解读和说明】

测评指标"应能发现可能存在的已知漏洞，并在经过充分测试评估后，及时修补漏洞"的主要测评对象是工业控制系统内的网络设备（包括虚拟化网络设备）、安全设备（包括虚拟化安全设备）、工作站和服务器设备中的操作系统（包括宿主机和虚拟机操作系统）、控制设备、控制设备管理系统、业务应用系统、数据库系统、中间件和系统管理软件等。针对现场控制层，本项适用于通过以太网/工业以太网与其上位机连接的控制设备，不适用于通过现场总线或硬接线方式与其上位机连接的控制设备。

测评实施要点包括：通过漏洞扫描、渗透测试等方式核查是否存在高风险漏洞；访谈安全管理员，了解漏洞检查措施，核查是否在经过充分测试评估后及时修补漏洞。如果测评对象为以太网/工业以太网环境下的控制设备，则可采用工控漏洞扫描工具核查是否存在高风险漏洞。关键控制设备：在工业场景中部分关键控制设备采用国外品牌，因此对其漏洞情况要重点测评；安全设备：安全设备是工业控制系统信息安全的主要保障手段，其自身不可引入或存在高风险漏洞；关键业务应用系统：工业控制系统内的关键业务应用系统有相当一部分是从国外引入的，因此可能存在产生严重后果的高风险漏洞。

以城市燃气 SCADA 系统的防火墙为例，测评实施步骤主要包括：访谈安全管理员，了解防火墙是否存在高风险漏洞，安全厂家是否提交第三方漏洞检测报告，核查检测报告的有效性；通过低影响的漏洞扫描工具对防火墙进行漏洞扫描，核查是否存在高风险漏洞；核查是否有定期检查漏洞并修补的机制，存在的漏洞是否已更新，或者是否有补丁更新计划。如果测评结果表明，防火墙具备定期检查漏洞并修补的机制，则单元判定结果为符合，否则为不符合或部分符合。

【L3-CES1-22/L4-CES1-21 解读和说明】

测评指标"应能够检测到对重要节点进行的入侵行为，并在发生严重入侵事件时提供报警"的主要测评对象是工业控制系统内的网络设备（包括虚拟化网络设备）、安全设备（包括虚拟化安全设备）、工作站和服务器设备中的操作系统（包括宿主机和虚拟机操作系统）。

测评实施要点包括：核查是否具有入侵检测措施；核查在发生严重入侵事件时是否提供报警；在工业场景下，因为各节点一般不具备自主发现入侵行为的能力，所以一般采取第三方技术措施实现，须核查所部署的第三方技术措施是否有效。

以城市燃气 SCADA 系统的应用服务器为例，测评实施步骤主要包括：核查应用服务器是否采取入侵检测措施；核查应用服务器的入侵检测措施，并测试策略是否有效；核查应用服务器的设备日志，查阅是否有相应的报警日志。如果测评结果表明，应用服务器采取了入侵检测措施且配置了报警功能，则单元判定结果为符合，否则为不符合或部分符合。

5. 恶意代码防范

【标准要求】

该控制点第三级包括测评单元 L3-CES1-23，第四级包括测评单元 L4-CES1-22。

【L3-CES1-23 解读和说明】

测评指标"应采用免受恶意代码攻击的技术措施或主动免疫可信验证机制及时识别入侵和病毒行为,并将其有效阻断"的主要测评对象是工业控制系统内的网络设备(包括虚拟化网络设备)、安全设备(包括虚拟化安全设备)、工作站和服务器设备中的操作系统(包括宿主机和虚拟机操作系统)。

测评实施要点包括:核查是否安装防恶意代码软件或配置具有相应功能的软件;核查是否定期升级和更新防恶意代码库(包括网络层面定期升级和移动介质本地摆渡两个层面);核查是否采用免受恶意代码攻击的技术措施或主动免疫可信验证机制及时识别入侵和病毒行为;核查在识别到入侵和病毒行为后是否将其有效阻断。

以城市燃气 SCADA 系统的应用服务器为例,测评实施步骤主要包括:核查应用服务器是否安装防恶意代码软件;访谈安全管理员,核查是否有完备的补丁更新/病毒库测试升级计划,核查病毒库的定期升级机制及升级记录;核查是否采用免受恶意代码攻击的技术措施或主动免疫可信验证机制;查看检测记录,核查在识别到入侵和病毒行为后是否将其有效阻断。如果测评结果表明,应用服务器采用免受恶意代码攻击的技术措施或主动免疫可信验证机制识别并阻断入侵和病毒行为,则单元判定结果为符合,否则为不符合或部分符合。

【L4-CES1-22 解读和说明】

测评指标"应采用主动免疫可信验证机制及时识别入侵和病毒行为,并将其有效阻断"的主要测评对象是工业控制系统内的网络设备(包括虚拟化网络设备)、安全设备(包括虚拟化安全设备)、工作站和服务器设备中的操作系统(包括宿主机和虚拟机操作系统)。

测评实施要点包括:核查是否安装防恶意代码软件或配置具有相应功能的软件;核查是否定期升级和更新防恶意代码库(包括网络层面定期升级和移动介质本地摆渡两个层面);核查是否采用主动免疫可信验证机制及时识别入侵和病毒行为;核查在识别到入侵和病毒行为后是否将其有效阻断。

以城市燃气 SCADA 系统的应用服务器为例,测评实施步骤主要包括:核查应用服务器是否安装防恶意代码软件;访谈安全管理员,核查是否有完备的补丁更新/病毒库测试升级计划,核查病毒库的定期升级机制及升级记录;核查是否采用主动免疫可信验证机制;查看检测记录,核查在识别到入侵和病毒行为后是否将其有效阻断。如果测评结果表明,应用服务器采用主动免疫可信验证机制识别并阻断入侵和病毒行为，则单元判定结果为符合，否则为不符合或部分符合。

6. 可信验证

【标准要求】

该控制点第三级包括测评单元 L3-CES1-24，第四级包括测评单元 L4-CES1-23。

【L3-CES1-24 解读和说明】

测评指标"可基于可信根对计算设备的系统引导程序、系统程序、重要配置参数和应用程序等进行可信验证，并在应用程序的关键执行环节进行动态可信验证，在检测到其可信性受到破坏后进行报警，并将验证结果形成审计记录送至安全管理中心"的主要测评对象是工业控制系统内的网络设备（包括虚拟化网络设备）、安全设备（包括虚拟化安全设备）、工作站和服务器设备中的操作系统（包括宿主机和虚拟机操作系统）、控制设备、控制设备管理系统、业务应用系统、数据库系统、中间件和系统管理软件及系统设计文档等。

测评实施要点包括：核查是否基于可信根（如 TCM 安全芯片）对计算设备的系统引导程序、系统程序、重要配置参数和应用程序等进行可信验证；核查是否在应用程序的关键执行环节进行动态可信验证；测试验证在检测到计算设备的可信性受到破坏后是否进行报警；核查验证结果是否以审计记录的形式被送至安全管理中心。

以城市燃气 SCADA 系统的应用服务器为例，测评实施步骤主要包括：核查工业控制系统内部署的可信组件和安全管理中心（如 TCM 服务器），验证其是否具备可信验证、结果日志记录、集中报警功能；进入应用服务器"设备管理器"或 BIOS 界面 Security 标签页下，核查应用服务器是否具备和应用可信芯片组件或设备；核查是否在应用程序的关键执行环节进行动态可信验证；核查可信验证未通过时是否有报警机制，在安全管理中心是否有验证结果记录。如果测评结果表明，应用服务器采用可信验证技术并配置了报警机制，能够在应用程序的关键执行环节进行动态可信验证，且将验证结果以审计记录的形式送至安全管理中心，则单元判定结果为符合，否则为不符合或部分符合。

【L4-CES1-23 解读和说明】

测评指标"可基于可信根对计算设备的系统引导程序、系统程序、重要配置参数和应用程序等进行可信验证，并在应用程序的所有执行环节进行动态可信验证，在检测到其可信性受到破坏后进行报警，并将验证结果形成审计记录送至安全管理中心，并进行动态关联感知"的主要测评对象是工业控制系统内的网络设备（包括虚拟化网络设备）、安全设备（包括虚拟化安全设备）、工作站和服务器设备中的操作系统（包括宿主机和虚拟机操作系统）、控制设备、控制设备管理系统、业务应用系统、数据库系统、中间件和系统管理软件及系统设计文档等。

测评实施要点包括：核查是否基于可信根（如 TCM 安全芯片）对计算设备的系统引导程序、系统程序、重要配置参数和应用程序等进行可信验证；核查是否在应用程序的所有执行环节进行动态可信验证；测试验证在检测到计算设备的可信性受到破坏后是否进行报警；核查验证结果是否以审计记录的形式被送至安全管理中心；核查是否对验证结果进行动态关联感知。

以城市燃气 SCADA 系统的应用服务器为例，测评实施步骤主要包括：核查工业控制系统内部署的可信组件和安全管理中心（如 TCM 服务器），验证其是否具备可信验证、结果日志记录、集中报警功能；进入应用服务器"设备管理器"或 BIOS 界面 Security 标签页下，核查应用服务器是否具备和应用可信芯片组件或设备；核查是否在应用程序的所有执行环节进行动态可信验证；核查可信验证未通过时是否有报警机制，在安全管理中心是否有验证结果记录，是否进行动态关联感知。如果测评结果表明，应用服务器采用可信验证技术并配置了报警机制，能够在应用程序的所有执行环节进行动态可信验证，且将验证结果以审计记录的形式送至安全管理中心，并进行动态关联感知，则单元判定结果为符合，否则为不符合或部分符合。

7. 数据完整性

【标准要求】

该控制点第三级包括测评单元 L3-CES1-25、L3-CES1-26，第四级包括测评单元 L4-CES1-24、L4-CES1-25、L4-CES1-26。

【L3-CES1-25/L4-CES1-24 解读和说明】

测评指标"应采用校验技术或密码技术保证重要数据在传输过程中的完整性，包括但不限于鉴别数据、重要业务数据、重要审计数据、重要配置数据、重要视频数据和重要个人信息等"的主要测评对象是工业控制系统内的网络设备（包括虚拟化网络设备）、安全设备（包括虚拟化安全设备）、工作站和服务器设备中的操作系统（包括宿主机和虚拟机操作系统）、控制设备、控制设备管理系统、业务应用系统、数据库系统、数据安全保护系统、中间件和系统管理软件及系统设计文档等。

测评实施要点包括：查看系统设计文档，核查鉴别数据、重要业务数据、重要审计数据、重要配置数据、重要视频数据和重要个人信息等在传输过程中是否采用校验技术或密码技术保证完整性；在传输过程中对鉴别数据、重要业务数据、重要审计数据、重要配置数据、重要视频数据和重要个人信息等进行篡改，验证系统是否能够检测到数据在传输过程中的完整性受到破坏并及时恢复。如果测评对象为控制设备，则核查其上位工程师站和控制器之间的网络传输是否采用校验技术或密码技术进行数据完整性保护。

以城市燃气SCADA系统的业务应用系统为例，测评实施步骤主要包括：核查SCADA系统的设计文档（包括概要设计、详细设计等），确认系统的业务数据在传输过程中是否采取数据校验或密码保护措施，必要时需要对系统开发商进行访谈，了解系统的数据完整性保护机制；用户现场具备SCADA系统离线仿真环境的，可在离线环境中对业务数据在传输过程中进行数据篡改测试，验证数据完整性保护措施的有效性，检测数据在传输过程中的完整性受到破坏后能否及时恢复。如果测评结果表明，业务应用系统采用校验技术或密码技术保证重要数据在传输过程中的完整性，则单元判定结果为符合，否则为不符合或部分符合。

【L3-CES1-26/L4-CES1-25解读和说明】

测评指标"应采用校验技术或密码技术保证重要数据在存储过程中的完整性，包括但不限于鉴别数据、重要业务数据、重要审计数据、重要配置数据、重要视频数据和重要个人信息等"的主要测评对象是工业控制系统内的网络设备（包括虚拟化网络设备）、安全设备（包括虚拟化安全设备）、工作站和服务器设备中的操作系统（包括宿主机和虚拟机操作系统）、控制设备、控制设备管理系统、业务应用系统、数据库系统、数据安全保护系统、中间件和系统管理软件及系统设计文档等。

测评实施要点包括：查看系统设计文档，核查鉴别数据、重要业务数据、重要审计数据、重要配置数据、重要视频数据和重要个人信息等在存储过程中是否采用校验技术或密码技术保证完整性；核查是否采取技术措施（如数据安全保护系统等）保证鉴别数据、重要业务数据、重要审计数据、重要配置数据、重要视频数据和重要个人信息等在存储过程中的完整性；在存储过程中对鉴别数据、重要业务数据、重要审计数据、重要配置数据、重要视频数据和重要个人信息等进行篡改，验证系统是否能够检测到数据在存储过程中的完整性受到破坏并及时恢复。

以城市燃气 SCADA 系统的业务应用系统为例,测评实施步骤主要包括:核查 SCADA 系统的设计文档(包括概要设计、详细设计等),确认系统的业务数据在存储过程中是否采取数据校验或密码保护措施,必要时需要对系统开发商进行访谈,了解系统的数据完整性保护机制;用户现场具备 SCADA 系统离线仿真环境的,可在离线环境中对业务数据在存储过程中进行数据篡改测试,验证数据完整性保护措施的有效性,检测数据在存储过程中的完整性受到破坏后能否及时恢复。如果测评结果表明,业务应用系统采用校验技术或密码技术保证重要数据在存储过程中的完整性,则单元判定结果为符合,否则为不符合或部分符合。

【L4-CES1-26 解读和说明】

测评指标"在可能涉及法律责任认定的应用中,应采用密码技术提供数据原发证据和数据接收证据,实现数据原发行为的抗抵赖和数据接收行为的抗抵赖"的主要测评对象是工业控制系统内可能涉及法律责任认定的业务应用系统、系统管理软件及系统设计文档等。

测评实施要点包括:访谈系统管理员,了解系统的运行目的、背景、流程等,核查系统应用是否可能涉及法律责任认定;查看系统设计文档,核查是否采用密码技术保证数据发送和数据接收操作的不可抵赖性;核查系统是否采用数字证书等技术实现抗抵赖。

以某电网计费系统的业务应用系统为例,测评实施步骤主要包括:核查系统应用是否可能涉及法律责任认定;查看系统设计文档,核查是否采用密码技术保证数据发送和数据接收操作的不可抵赖性;核查系统是否采用数字证书或其他可信第三方实现抗抵赖。如果测评结果表明,业务应用系统采用密码技术实现抗抵赖,则单元判定结果为符合,否则为不符合或部分符合。

8. 数据保密性

【标准要求】

该控制点第三级包括测评单元 L3-CES1-27、L3-CES1-28,第四级包括测评单元 L4-CES1-27、L4-CES1-28。

【L3-CES1-27/L4-CES1-27 解读和说明】

测评指标"应采用密码技术保证重要数据在传输过程中的保密性,包括但不限于鉴别数据、重要业务数据和重要个人信息等"的主要测评对象是工业控制系统内的网络设备（包括虚拟化网络设备）、安全设备（包括虚拟化安全设备）、工作站和服务器设备中的操作系统（包括宿主机和虚拟机操作系统）、控制设备、控制设备管理系统、业务应用系统、数据库系统、数据安全保护系统、中间件和系统管理软件及系统设计文档等。

测评实施要点包括：查看系统设计文档，核查鉴别数据、重要业务数据和重要个人信息等在传输过程中是否采用密码技术保证保密性；通过嗅探等方式抓取传输过程中的数据包，验证鉴别数据、重要业务数据和重要个人信息等在传输过程中是否进行加密处理。如果测评对象为控制设备，则核查其上位工程师站和控制器之间的网络传输是否采用密码技术进行数据保密性保护。

以城市燃气 SCADA 系统的业务应用系统为例，测评实施步骤主要包括：核查 SCADA 系统的设计文档，确认系统的业务数据在传输过程中是否采取数据密码技术进行保护，特别是 SCADA 系统与底层控制设备（如 PLC、RTU 等）之间的数据传输是否采取加密措施；通过嗅探等方式抓取 SCADA 系统与底层控制设备在传输过程中的数据包，核查抓取的数据是否为密文。如果测评结果表明，业务应用系统采用密码技术保证重要数据在传输过程中的保密性，则单元判定结果为符合，否则为不符合或部分符合。

【L3-CES1-28/L4-CES1-28 解读和说明】

测评指标"应采用密码技术保证重要数据在存储过程中的保密性，包括但不限于鉴别数据、重要业务数据和重要个人信息等"的主要测评对象是工业控制系统内的网络设备（包括虚拟化网络设备）、安全设备（包括虚拟化安全设备）、工作站和服务器设备中的操作系统（包括宿主机和虚拟机操作系统）、控制设备、控制设备管理系统、业务应用系统、数据库系统、数据安全保护系统、中间件和系统管理软件及系统设计文档等。

测评实施要点包括：查看系统设计文档，核查鉴别数据、重要业务数据和重要个人信息等在存储过程中是否采用密码技术保证保密性；核查是否采取技术措施（如数据安全保护系统等）保证鉴别数据、重要业务数据和重要个人信息等在存储过程中的保密性；测试验证是否对指定的数据进行加密处理。

以城市燃气 SCADA 系统的业务应用系统为例，测评实施步骤主要包括：核查 SCADA 系统的设计文档，确认系统的业务数据在存储过程中是否采取数据密码技术进行保护，主要核查 SCADA 系统依赖的实时数据库和历史数据库系统是否采取加密措施；测试验证系统的关键业务数据文件是否采用密文存储。如果测评结果表明，业务应用系统采用密码技术保证重要数据在存储过程中的保密性，则单元判定结果为符合，否则为不符合或部分符合。

9. 数据备份恢复

【标准要求】

该控制点第三级包括测评单元 L3-CES1-29、L3-CES1-30、L3-CES1-31，第四级包括测评单元 L4-CES1-29、L4-CES1-30、L4-CES1-31、L4-CES1-32。

【L3-CES1-29/L4-CES1-29 解读和说明】

测评指标"应提供重要数据的本地数据备份与恢复功能"的主要测评对象是工业控制系统内的网络设备（包括虚拟化网络设备）、安全设备（包括虚拟化安全设备）、工作站和服务器设备中的操作系统（包括宿主机和虚拟机操作系统）、控制设备、控制设备管理系统、业务应用系统、数据库系统、数据安全保护系统、中间件和系统管理软件及系统设计文档等。

测评实施要点包括：核查是否按照管理制度中规定的备份策略进行本地备份；核查备份策略是否合理，备份配置是否正确；核查备份结果与备份策略是否一致；检查近期的恢复测试记录，确认是否能够利用备份文件进行正常的数据恢复。

以城市燃气 SCADA 系统的业务应用软件为例，测评实施步骤主要包括：核查 SCADA 系统的备份策略是否合理，备份配置是否正确；检查 SCADA 系统的备份文件，确认备份结果与备份策略是否一致；检查近期的恢复测试记录，确认是否能够利用备份文件进行正常的数据恢复。如果测评结果表明，定期对业务应用系统进行备份，并且能够进行恢复，则单元判定结果为符合，否则为不符合或部分符合。

【L3-CES1-30/L4-CES1-30 解读和说明】

测评指标"应提供异地实时备份功能，利用通信网络将重要数据实时备份至备份场地"的主要测评对象是工业控制系统内的网络设备（包括虚拟化网络设备）、安全设备（包括虚拟化安全设备）、工作站和服务器设备中的操作系统（包括宿主机和虚拟机操作系统）、控制设备、控制设备管理系统、业务应用系统、数据库系统、数据安全保护系统、中间件和系统管理软件及系统设计文档等。

测评实施要点包括：核查配置数据、业务数据是否有异地实时备份机制；核查备份场地是否符合异地备份要求；核查是否能够通过通信网络将配置数据、业务数据备份至备份场地；核查数据备份记录，确认异地实时备份机制是否有效执行。

以城市燃气 SCADA 系统的业务应用软件为例，测评实施步骤主要包括：核查 SCADA 系统的配置数据、业务数据是否有异地实时备份机制；核查备份场地是否符合异地备份要求；核查数据备份记录，确认异地实时备份机制是否有效执行。如果测评结果表明，已提供对业务应用系统的异地实时备份功能，则单元判定结果为符合，否则为不符合或部分符合。

【L3-CES1-31/L4-CES1-31 解读和说明】

测评指标"应提供重要数据处理系统的热冗余，保证系统的高可用性"的主要测评对象是工业控制系统内的网络设备（包括虚拟化网络设备）、安全设备（包括虚拟化安全设备）、工作站和服务器设备中的操作系统（包括宿主机和虚拟机操作系统）、控制设备、控制设备管理系统、业务应用系统、数据库系统、数据安全保护系统、中间件等。

测评实施要点包括：核查生产管理层的重要数据处理系统是否采用热冗余部署方式；核查过程监控层的监控服务器、历史服务器是否采用热冗余部署方式；核查现场控制层的重要控制设备是否采用热冗余部署方式。

以城市燃气 SCADA 系统的服务器为例，测评实施步骤主要包括：核查 SCADA 系统的实时服务器、历史服务器是否采用热冗余部署方式。如果测评结果表明，已采取措施保证系统的高可用性，则单元判定结果为符合，否则为不符合或部分符合。

【L4-CES1-32 解读和说明】

测评指标"应建立异地灾难备份中心，提供业务应用的实时切换"的主要测评对象是工业控制系统内的灾难备份中心及相关组件，包括灾难备份中心的网络设备（包括虚拟化网络设备）、安全设备（包括虚拟化安全设备）、工作站和服务器设备中的操作系统（包括宿主机和虚拟机操作系统）、控制设备、控制设备管理系统、业务应用系统、数据库系统、中间件和系统管理软件等。

测评实施要点包括：核查是否建立异地灾难备份中心，并配备灾难恢复所需的通信线路、网络设备、安全设备和数据处理设备；核查是否提供业务应用的实时切换；重点关注对业务连续性要求较高的系统，如交通行业的智能交通管控系统、气象行业的气象采集系统、电力行业的系统等。

以某智能交通管控系统的业务应用软件为例，测评实施步骤主要包括：核查是否建立异地灾难备份中心，并配备灾难恢复所需的通信线路、网络设备、安全设备和数据处理设备；核查是否提供业务应用的实时切换。如果测评结果表明，已建立异地灾难备份中心，并提供业务应用的实时切换，则单元判定结果为符合，否则为不符合或部分符合。

10. 剩余信息保护

【标准要求】

该控制点第三级包括测评单元 L3-CES1-32、L3-CES1-33，第四级包括测评单元 L4-CES1-33、L4-CES1-34。

【L3-CES1-32/L4-CES1-33 解读和说明】

测评指标"应保证鉴别信息所在的存储空间被释放或重新分配前得到完全清除"的主要测评对象是工业控制系统内的网络设备（包括虚拟化网络设备）、安全设备（包括虚拟化安全设备）、工作站和服务器设备中的操作系统（包括宿主机和虚拟机操作系统）、控制设备、控制设备管理系统、现场设备、业务应用系统、数据库系统、中间件和系统管理软件及系统设计文档等。

测评实施要点包括：核查生产管理层、过程监控层、现场控制层、现场设备层的系统或设备，查看其配置信息或系统设计文档，验证鉴别信息所在的存储空间被释放或重新分配前是否得到完全清除。

以城市燃气 SCADA 系统的业务应用软件为例，测评实施步骤主要包括：核查 SCADA 系统中各系统或设备的设计文档，确认系统机制是否在鉴别信息被释放或清除后彻底清除存储空间；新建测试账户并使用测试账户登录系统或设备进行操作，成功后，管理员删除测试鉴别信息，再次尝试用测试账户登录系统或设备进行操作，确认是否无法登录或进行操作。如果测评结果表明，在鉴别信息被释放或清除后已彻底清除存储空间，则单元判定结果为符合，否则为不符合或部分符合。

【L3-CES1-33/L4-CES1-34 解读和说明】

测评指标"应保证存有敏感数据的存储空间被释放或重新分配前得到完全清除"的主要测评对象是工业控制系统内的网络设备（包括虚拟化网络设备）、安全设备（包括虚拟化安全设备）、工作站和服务器设备中的操作系统（包括宿主机和虚拟机操作系统）、控制设备、控制设备管理系统、现场设备、业务应用系统、数据库系统、中间件和系统管理软件及系统设计文档等。

测评实施要点包括：核查生产管理层、过程监控层、现场控制层、现场设备层的系统或设备，查看其配置信息或系统设计文档，验证存有敏感数据的存储空间被释放或重新分配前是否得到完全清除。

以城市燃气 SCADA 系统的业务应用软件为例，测评实施步骤主要包括：核查 SCADA 系统中各系统或设备的设计文档，确认系统机制是否在敏感数据被释放或清除后彻底清除存储空间；新建测试敏感数据，使用普通账户登录 SCADA 系统后访问敏感数据，成功后，管理员删除敏感数据，再次使用普通账户登录 SCADA 系统后访问敏感数据，确认敏感数据是否已被彻底删除。如果测评结果表明，在敏感数据被释放或清除后已彻底清除存储空间，则单元判定结果为符合，否则为不符合或部分符合。

11. 个人信息保护

【标准要求】

该控制点第三级包括测评单元 L3-CES1-34、L3-CES1-35，第四级包括测评单元 L4-CES1-35、L4-CES1-36。

【L3-CES1-34/L4-CES1-35 解读和说明】

测评指标"应仅采集和保存业务必需的用户个人信息"的主要测评对象是工业控制系统内的控制设备管理系统、业务应用系统、数据库系统、系统管理软件等。

测评实施要点包括：核查生产管理层或过程监控层采集的用户个人信息是否是业务必需的；核查是否制定有关用户个人信息保护的管理制度和流程。

以城市燃气 SCADA 系统中采集用户个人信息的业务应用软件为例，测评实施步骤主要包括：查看管理制度文档，核查是否制定有关用户个人信息保护的管理制度和流程；核查 SCADA 系统采集的用户个人信息是否是业务必需的。如果测评结果表明，仅采集和保存业务必需的用户个人信息，且制定了有关用户个人信息保护的管理制度和流程，则单元判定结果为符合，否则为不符合或部分符合。

【L3-CES1-35/L4-CES1-36 解读和说明】

测评指标"应禁止未授权访问和非法使用用户个人信息"的主要测评对象是工业控制系统内的控制设备管理系统、业务应用系统、数据库系统、系统管理软件等。

测评实施要点包括：查看管理制度文档，核查是否制定有关用户个人信息保护的管理制度和流程，其中是否包含禁止未授权访问用户个人信息的内容；核查是否采取技术措施限制对用户个人信息的未授权访问和非法使用。

以城市燃气 SCADA 系统中采集用户个人信息的业务应用软件为例，测评实施步骤主要包括：查看管理制度文档，核查是否制定有关用户个人信息保护的管理制度和流程，其中是否包含禁止未授权访问用户个人信息的内容；核查 SCADA 系统中存储的用户个人信息是否采取未授权访问防护等技术措施；测试在未经授权的情况下访问用户个人信息时，是否无法未授权访问和非法使用用户个人信息。如果测评结果表明，禁止未授权访问和非法使用用户个人信息，且制定了有关用户个人信息保护的管理制度和流程，则单元判定结果为符合，否则为不符合或部分符合。

12. 控制设备安全

【标准要求】

该控制点第三级包括测评单元 L3-CES5-01、L3-CES5-02、L3-CES5-03、L3-CES5-04、L3-CES5-05，第四级包括测评单元 L4-CES5-01、L4-CES5-02、L4-CES5-03、L4-CES5-04、L4-CES5-05。

【L3-CES5-01/L4-CES5-01 解读和说明】

测评指标"控制设备自身应实现相应级别安全通用要求提出的身份鉴别、访问控制和安全审计等安全要求，如受条件限制控制设备无法实现上述要求，应由其上位控制或管理设备实现同等功能或通过管理手段控制"的主要测评对象是现场控制层的 DCS 控制器、PLC、RTU、过程控制器、无纸记录仪、测控装置等。如果现场控制层的设备无法直接登录验证其提供的身份鉴别、访问控制和安全审计等安全功能，则测评对象需要扩展到控制设备的上位控制或管理设备，如工程师站、操作员站等。如果未以技术手段实现控制设备的相关安全要求，则选择管理手段作为测评对象。本项适用于现场控制层设备的资产组件，在测评实施中应关注控制设备本身实现安全功能的情况。

测评实施要点包括：因工业控制系统更侧重实时性的需求，安全通用要求中的部分安全控制措施不适用于控制设备，故此处测评实施须结合 GB/T 25070—2019《信息安全技术网络安全等级保护安全设计技术要求》第一级/第二级系统安全保护环境设计中的工业控制系统安全计算环境设计技术要求落实。"身份鉴别"控制点的测评实施关注控制设备上运行的程序及相应的数据集合是否具有唯一性标识，以防止未经授权的修改；"访问控制"控制点的测评实施关注控制设备收到操作命令后，能否检验下发操作命令的上位程序或用户是否拥有执行该操作的权限；"安全审计"控制点的测评实施关注控制设备是否采用实时审计跟踪技术，以确保及时捕获网络安全事件信息。当需要核查其上位控制或管理设备时，应关注其上位控制或管理设备如何实现针对控制设备的身份鉴别、访问控制和安全审计等安全功能，而非其上位控制或管理设备本身的这些安全控制措施。若被测单位通过管理措施实现控制设备的身份鉴别、访问控制和安全审计等控制点，则必须仔细核查管理措施的人员配备、落实情况、执行记录、视频记录情况等，确保管理措施能够实现同等的安全控制效果。

　　以城市燃气 SCADA 系统的 PLC 为例，测评实施步骤主要包括：核查 PLC 是否具备身份鉴别、访问控制和安全审计等安全功能。若控制设备具备下述功能，则采取以下措施。①身份鉴别：访谈设备管理员或安全管理员，了解 PLC 是否具备身份鉴别功能；核查是否针对 PLC 用户（包括账号、程序）具有唯一性标识；核查 PLC 上运行的程序及相应的数据集合是否有唯一性标识管理。②访问控制：检查 PLC 是否具备基于角色的访问控制功能；核查用户账户和权限设置情况，检验是否根据不同用户的权限设计对操作的访问。若条件允许，则进行非授权操作，核查能否向上层设备发出报警信息，或者查看上层设备的日志中是否有报警信息。此外，若条件允许，则测试是否能够以非授权用户对设备进行组态下装、软件更新、数据更新、参数设定等操作；若不允许进行测试，则核查设计文档、说明文档中是否有防止程序、操作命令被非授权修改及非授权操作报警的描述。③安全审计：核查 PLC 是否具备安全审计功能，查看其日志信息；核查能否及时捕获网络安全事件信息并报警。④数据完整性保护：访谈安全管理员，核查相关设计文档或说明文档，确认是否在控制及操作指令远程传输时进行完整性保护。⑤数据保密性保护：访谈安全管理员，核查相关设计文档或说明文档，确认是否采用密码技术支持的保密性保护机制或物理保护机制，对控制设备内存储的有保密需要的数据、程序、配置信息等进行保密性保护。

　　若 PLC 不具备身份鉴别、访问控制和安全审计等安全功能，则采取以下措施。①核查是否由其上位控制或管理设备实现同等功能，若其上位控制或管理设备具备相关功能，则针对其上位控制或管理设备参考安全测评通用要求的测试步骤进行测试。②若通过管理手段控制，则访谈安全管理员如何通过管理措施进行身份鉴别、访问控制和安全审计，核查管理措施是否能够有效实现同等功能。如果测评结果表明，PLC 提供的身份鉴别、访问控制和安全审计等安全功能配置正确，或者由其上位控制或管理设备实现同等功能或通过管理手段控制，且存有规范的管理记录，则单元判定结果为符合，否则为不符合或部分符合。

【L3-CES5-02/L4-CES5-02 解读和说明】

测评指标"应在经过充分测试评估后，在不影响系统安全稳定运行的情况下对控制设备进行补丁更新、固件更新等工作"的主要测评对象是 DCS 控制器、PLC、RTU、过程控制器、无纸记录仪、测控装置等。

测评实施要点包括：访谈负责控制设备日常更新的管理员，了解控制设备是否具备补丁更新、固件更新的条件；核查控制设备的漏洞是否可以通过扫描、关注漏洞发布平台或跟踪官方补丁发布等方式发现；关注在设备版本、补丁及固件更新前采用何种方式测试，以评估更新对系统安全稳定性的影响，如在备用控制设备上进行测试或在搭建的测试环境中进行测试，查看测试记录。

以城市燃气 SCADA 系统的 PLC 为例，测评实施步骤主要包括：访谈设备管理员或安全管理员，了解控制设备是否定期或不定期进行补丁更新、固件更新；核查是否有针对 PLC 的安全测试报告、漏洞扫描或评估记录；核查在设备版本、补丁及固件更新前，是否对 PLC 及现场设备的安全稳定性影响进行充分测试，查看测试记录或测试环境的痕迹。如果测评结果表明，被测单位在对 PLC 升级或更新前会进行充分的测试，以评估升级或更新可能带来的影响，则单元判定结果为符合，否则为不符合或部分符合。

【L3-CES5-03/L4-CES5-03 解读和说明】

测评指标"应关闭或拆除控制设备的软盘驱动、光盘驱动、USB 接口、串行口或多余网口等，确需保留的应通过相关的技术措施实施严格的监控管理"的主要测评对象是 DCS 控制器、PLC、RTU、过程控制器、无纸记录仪、测控装置等。本项适用于现场控制层的设备，在测评实施中应根据工业控制系统的业务功能情况，选择能检测和控制工业生产过程及装置的设备进行测评。

测评实施要点包括：访谈设备管理员或安全管理员，核查控制设备具备哪些接口或驱动，如软盘驱动、光盘驱动、USB 接口、串行口或多余网口等，哪些接口或驱动必须保留使用；确需保留接口或驱动的原因应足够充分，并记录其用途；核查监控管理措施是否包括控制设备所在机柜/机箱并配有破坏报警装置，或者是否通过运维监控系统针对接口或驱动的使用情况进行监控报警。

以城市燃气 SCADA 系统的 DCS 控制器为例，测评实施步骤主要包括：访谈设备管理员或安全管理员，了解接口使用情况，核查是否关闭或拆除 DCS 控制器不用的软盘驱动、光盘驱动、USB 接口、串行口或多余网口等；若确需保留则核查是否通过技术措施监控必须保留的接口，如通过运维监控系统对接口的使用情况进行监控报警，或者设置硬件保护锁装置并配有破坏报警装置；若条件允许，则测试监控管理措施是否有效，或者查看监控管理措施是否正常工作。如果测评结果表明，被测单位关闭或拆除了 DCS 控制器不用的软盘驱动、光盘驱动、USB 接口、串行口或多余网口等，或者通过技术措施监控必须保留的接口且存有监控记录，则单元判定结果为符合，否则为不符合或部分符合。

【L3-CES5-04/L4-CES5-04 解读和说明】

测评指标"应使用专用设备和专用软件对控制设备进行更新"的主要测评对象是 DCS 控制器、PLC、RTU、过程控制器、无纸记录仪、测控装置等。本项适用于现场控制层的设备，在测评实施中应根据工业控制系统的业务功能情况，选择能检测和控制工业生产过程及装置的设备进行测评。

测评实施要点包括：访谈设备管理员或安全管理员，尝试更新控制设备所使用的专用设备和专用软件的品牌型号、软件版本，核查是否由其上位控制或管理设备中的服务程序实现；核查专用设备和专用软件的更新记录，确认是否其正常工作。

以城市燃气 SCADA 系统的 PLC 为例，测评实施步骤主要包括：访谈设备管理员或安全管理员，核查是否使用专用设备和专用软件对 PLC 等进行更新；核查专用设备和专用软件中是否有更新记录。如果测评结果表明，被测单位使用专用设备和专用软件对控制设备进行更新，则单元判定结果为符合，否则为不符合或部分符合。

【L3-CES5-05/L4-CES5-05 解读和说明】

测评指标"应保证控制设备在上线前经过安全性检测，避免控制设备固件中存在恶意代码程序"的主要测评对象是 DCS 控制器、PLC、RTU、过程控制器、无纸记录仪、测控装置等。本项适用于现场控制层的设备，在测评实施中应根据工业控制系统的业务功能情况，选择能检测和控制工业生产过程及装置的设备进行测评。

测评实施要点包括：核查控制设备固件中是否存在被预置恶意代码程序的可能性；核查控制设备在上线前是否在离线环境中进行专项安全性检测[其中，"离线环境"指的是与生产环境物理隔离的环境，实施安全性检测的机构应为具备国家或国际授权认可的实验室，如具有中国合格评定国家认可委员会（China National Accreditation Service for Conformity Assessment，CNAS）资质的实验室]；关注安全性检测报告中针对控制设备固件恶意代码程序的检测部分。

以城市燃气 SCADA 系统的 PLC 为例，测评实施步骤主要包括：访谈安全管理员，了解 PLC 是否具有相关部门出具或认可的安全性检测报告；核查安全性检测报告中针对 PLC 的安全性检测，确认检测结果是否显示不存在恶意代码程序。如果测评结果表明，被测单位的 PLC 在上线前经过恶意代码程序安全性检测，则单元判定结果为符合，否则为不符合或部分符合。

4.3.5　安全管理中心

在对工业控制系统的"安全管理中心"测评时应依据安全测评通用要求，涉及安全测评通用要求的解读内容参见《网络安全等级保护测评要求（通用要求部分）应用指南》中的"安全管理中心"。

4.3.6　安全管理制度

在对工业控制系统的"安全管理制度"测评时应依据安全测评通用要求，涉及安全测评通用要求的解读内容参见《网络安全等级保护测评要求（通用要求部分）应用指南》中的"安全管理制度"。

4.3.7　安全管理机构

在对工业控制系统的"安全管理机构"测评时应依据安全测评通用要求，涉及安全测评通用要求的解读内容参见《网络安全等级保护测评要求（通用要求部分）应用指南》中的"安全管理机构"。

4.3.8　安全管理人员

在对工业控制系统的"安全管理人员"测评时应依据安全测评通用要求，涉及安全测评通用要求的解读内容参见《网络安全等级保护测评要求（通用要求部分）应用指南》中的"安全管理人员"。

4.3.9　安全建设管理

在对工业控制系统的"安全建设管理"测评时应同时依据安全测评通用要求和安全测评扩展要求，其中涉及安全测评通用要求的解读内容参见《网络安全等级保护测评要求（通用要求部分）应用指南》中的"安全建设管理"，安全测评扩展要求的解读内容参见本节。

1. 产品采购和使用

【标准要求】

该控制点第三级包括测评单元 L3-CMS5-01，第四级包括测评单元 L4-CMS5-01。

【L3-CMS5-01/L4-CMS5-01 解读和说明】

测评指标"工业控制系统重要设备应通过专业机构的安全性检测后方可采购使用"的主要测评对象是工业控制系统的安全系统建设负责人、检测报告文档、检测机构的资质证书。

测评实施要点包括：核查系统使用的工业控制系统重要设备及网络安全专用产品是否通过专业机构的安全性检测，是否有专业机构出具的安全性检测报告；核查检测机构是否符合国家规定或相关部门规定的要求。

以城市燃气系统的控制设备、网络关键设备、网络安全专用产品的检测报告及检测机构的资质证书为例，测评实施步骤主要包括：访谈安全系统建设负责人，了解城市燃气系统使用的 PLC 等控制设备、交换机等网络关键设备及网关等网络安全专用产品是否通过专业机构的安全性检测；核查城市燃气系统中的 PLC 等控制设备、交换机等网络关键设备及网关等网络安全专用产品是否有专业机构出具的安全性检测报告；核查整个系统是否有专业机构出具的安全性检测报告；核查检测机构是否符合国家规定或相关部门规定的要求。如果测评结果表明，被测单位的工业控制系统重要设备具有专业机构出具的安全性检测报告，且专业机构具有检测资质，则单元判定结果为符合，否则为不符合或部分符合。

2. 外包软件开发

【标准要求】

该控制点第三级包括测评单元 L3-CMS5-02，第四级包括测评单元 L4-CMS5-02。

【L3-CMS5-02/L4-CMS5-02 解读和说明】

测评指标"应在外包开发合同中规定针对开发单位、供应商的约束条款,包括设备及系统在生命周期内有关保密、禁止关键技术扩散和设备行业专用等方面的内容"的主要测评对象是外包开发合同。

测评实施要点包括:核查外包开发合同中是否规定针对开发单位、供应商的约束条款,包括设备及系统在生命周期内有关保密、禁止关键技术扩散和设备行业专用等方面的内容。

以城市燃气系统的《城市燃气系统外包开发合同》为例,测评实施步骤主要包括:访谈安全系统建设负责人,了解在城市燃气系统进行外包项目时,是否与外包公司及控制设备提供商签署保密协议或合同;核查是否在《城市燃气系统服务供应商安全服务报告》中规定针对开发单位、供应商的约束条款,包括设备及系统在生命周期内有关保密、禁止关键技术扩散和设备行业专用等方面的内容。如果测评结果表明,外包开发合同中规定针对开发单位、供应商的约束条款,包括设备及系统在生命周期内有关保密、禁止关键技术扩散和设备行业专用等方面的内容,则单元判定结果为符合,否则为不符合或部分符合。

4.3.10　安全运维管理

在对工业控制系统的"安全运维管理"测评时应依据安全测评通用要求,涉及安全测评通用要求的解读内容参见《网络安全等级保护测评要求(通用要求部分)应用指南》中的"安全运维管理"。

4.4　典型应用案例

4.4.1　被测系统描述

DCS 是火力发电厂的发电主控系统,是发电厂生产经营的核心系统。该系统与发电厂 SIS(厂级监控)之间逻辑隔离。DCS 集控室主要部署锅炉、炉膛、汽机等现场控制设备[分散处理单元(Distributed Processing Unit,DPU)、数字量输入(Digital Input,DI)、数字量输出(Digital Output,DO)、模拟量输入(Analog Input,AI)、模拟量输出(Analog Output,AO)组件],通过星型分布式结构与工程师站、操作员站、历史站等上位机相连,实现数据交换。DCS 通过 DCS 接口机经单向隔离装置将生产数据传输给 SIS 接口机，并直接将生产数据转发给 SIS，实现生产数据监控。

　　DCS 的安全保护等级为第三级，其中业务信息安全保护等级为第三级，系统服务安全保护等级为第三级。该系统主要包括以下几个重要组件。

　　（1）过程级：下位机区域设备，如现场控制设备（DPU、DI、DO、AI、AO 组件）、交换设备等。

　　（2）操作级：上位机区域设备，如工程师站、操作员站、历史站、SIS 接口机、DCS 组态与编程软件程序。

　　（3）管理级：通信工控机、交换机等设备。

　　DCS 的网络拓扑图如图 4-6 所示。

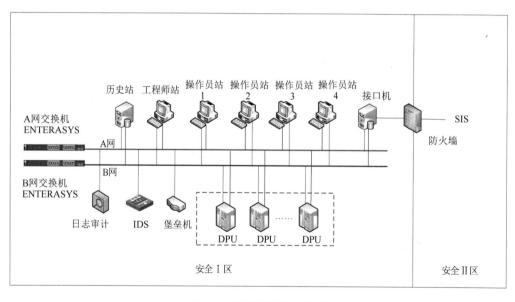

图 4-6　DCS 的网络拓扑图

　　该系统的硬件主要由下位机区域网、上位机区域网两部分组成，上位机和下位机直接通过 A、B 网交换机实现双线冗余连接。上位机部分通过接口机，经边界防火墙与 SIS 相连。同时，连接 A 网交换机旁路部署了日志审计、IDS、堡垒机等网络安全设备。该系统的软件主要是组态与编程软件程序。下位机区域网采用令牌环网通信协议，上位机区域网采用 TCP 传输，将生产数据发送给 SIS，实现厂级监控、统筹经营的管理模式。软件分组态与编程两部分，组态软件负责实施并监控生产过程，编程软件负责编辑新程序并下发。

4.4.2　测评对象选择

依据 GB/T 28449—2018《信息安全技术　网络安全等级保护测评过程指南》介绍的抽样方法，第三级信息系统的等级测评应基本覆盖测评对象的种类，并对其数量进行抽样，配置相同的安全设备、边界网络设备、网络互联设备、服务器、终端和备份设备，每类应至少抽取两台作为测评对象。

DCS 涉及的测评对象包括物理机房、网络设备、安全设备、服务器、终端、业务应用系统、控制设备、安全相关人员和安全管理文档等。在选择测评对象时一般采用抽查的方法，即抽查系统中具有代表性的组件作为测评对象。以物理机房、网络设备、安全设备、终端、业务应用系统和控制设备为例，下面给出测评对象选择的结果。

1. 物理机房

DCS 涉及的物理机房如表 4-6 所示。

表 4-6　物理机房

序号	机房名称	物理位置	是否选择
1	DCS 集控室	集控楼	是
2	DCS 电子设备间	集控楼	是

2. 网络设备

DCS 涉及的网络设备如表 4-7 所示。

表 4-7　网络设备

序号	设备名称	品牌及型号	用途	是否选择	选择原则/方法
1	A 网交换机	Enterasys A2H124-24FX-RH	数据交换	是	相同型号、相同配置抽取两台
2	B 网交换机	Enterasys A2H124-24FX-RH	数据交换	是	相同型号、相同配置抽取两台

3. 安全设备

DCS 涉及的安全设备如表 4-8 所示。

表 4-8　安全设备

序号	设备名称	品牌及型号	用途	是否选择
1	防火墙	Cisco PIX51TE	Ⅰ区、Ⅱ区之间的安全隔离	是
2	IDS	天融信 TOPsentry3000	入侵检测	是
3	日志审计	天融信 TOPAudit	日志审计	是
4	堡垒机	天融信 TA-SAG	运维管理	是

4. 终端

DCS 涉及的终端如表 4-9 所示。

表 4-9　终端

序号	终端名称	是否为虚拟设备	操作系统	是否选择	选择原则/方法
1	工程师站	否	Sun Solaris	是	—
2	历史站	否	Sun Solaris	是	—
3	接口机	否	Sun Solaris	是	—
4	操作员站1	否	Sun Solaris	是	相同型号、相同配置抽取两台
5	操作员站2	否	Sun Solaris	是	相同型号、相同配置抽取两台
6	操作员站3	否	Sun Solaris	否	相同型号、相同配置抽取两台
7	操作员站4	否	Sun Solaris	否	相同型号、相同配置抽取两台

5. 业务应用系统

DCS 涉及的业务应用系统如表 4-10 所示。

表 4-10　业务应用系统

序号	业务应用系统名称	主要功能	业务应用软件	开发厂商	是否选择
1	DCS 应用组态软件	控制系统组态，生成用户画面，诊断系统，配置数据	FoxView AW5101	上海福克斯波罗有限公司	是
2	实时数据库	数据存储	eDNA 数据库	美国 InStep 公司	是

6. 控制设备

DCS 涉及的控制设备如表 4-11 所示。

表 4-11　控制设备

序号	设备名称	是否为虚拟设备	品牌及型号	是否选择	选择原则/方法
1	DPU 1	否	IDT P9148	是	相同型号、相同配置抽取两台
2	DPU 2	否	IDT P9148	是	相同型号、相同配置抽取两台

4.4.3　测评指标选择

以工业控制系统安全测评扩展要求为例，测评指标选择的结果如表 4-12 所示。

表 4-12　工业控制系统安全测评扩展要求测评指标选择的结果

安全类	控制点	测评指标	是否选择	选择原则/方法
安全物理环境	室外控制设备物理防护	a）室外控制设备应放置于采用铁板或其他防火材料制作的箱体或装置中并紧固；箱体或装置具有透风、散热、防盗、防雨和防火能力等	否	该系统无室外控制设备
		b）室外控制设备放置应远离强电磁干扰、强热源等环境，如无法避免应及时做好应急处置及检修，保证设备正常运行	否	该系统无室外控制设备
安全通信网络	网络架构	a）工业控制系统与企业其他系统之间应划分为两个区域，区域间应采用单向的技术隔离手段	是	被测系统的安全保护等级为第三级，工业控制系统的安全相关测评项适用于被测系统

续表

安全类	控制点	测评指标	是否选择	选择原则/方法
安全通信网络	网络架构	b) 工业控制系统内部应根据业务特点划分为不同的安全域，安全域之间应采用技术隔离手段	否	该系统内部不再进行安全域的划分
		c) 涉及实时控制和数据传输的工业控制系统，应使用独立的网络设备组网，在物理层面上实现与其他数据网及外部公共信息网的安全隔离	是	被测系统的安全保护等级为第三级，工业控制系统的安全相关测评项适用于被测系统
	通信传输	在工业控制系统内使用广域网进行控制指令或相关数据交换的应采用加密认证技术手段实现身份认证、访问控制和数据加密传输	否	该系统不使用广域网进行控制指令或相关数据交换
安全区域边界	访问控制	a) 应在工业控制系统与企业其他系统之间部署访问控制设备，配置访问控制策略，禁止任何穿越区域边界的 E-mail、Web、Telnet、Rlogin、FTP 等通用网络服务	是	被测系统的安全保护等级为第三级，工业控制系统的安全相关测评项适用于被测系统
		b) 应在工业控制系统内安全域和安全域之间的边界防护机制失效时，及时进行报警	否	该系统内部不再进行安全域的划分
	拨号使用控制	a) 工业控制系统确需使用拨号访问服务的，应限制具有拨号访问权限的用户数量，并采取用户身份鉴别和访问控制等措施	否	该系统不使用拨号访问服务
		b) 拨号服务器和客户端均应使用经安全加固的操作系统，并采取数字证书认证、传输加密和访问控制等措施	否	该系统不使用拨号访问服务
	无线使用控制	a) 应对所有参与无线通信的用户（人员、软件进程或者设备）提供唯一性标识和鉴别	否	该系统未采用无线技术
		b) 应对所有参与无线通信的用户（人员、软件进程或者设备）进行授权以及执行使用进行限制	否	该系统未采用无线技术
		c) 应对无线通信采取传输加密的安全措施，实现传输报文的机密性保护	否	该系统未采用无线技术
		d) 对采用无线通信技术进行控制的工业控制系统，应能识别其物理环境中发射的未经授权的无线设备，报告未经授权试图接入或干扰控制系统的行为	否	该系统未采用无线技术
安全计算环境	控制设备安全	a) 控制设备自身应实现相应级别安全通用要求提出的身份鉴别、访问控制和安全审计等安全要求，如受条件限制控制设备无法实现上述要求，应由其上位控制或管理设备实现同等功能或通过管理手段控制	是	被测系统的安全保护等级为第三级，工业控制系统的安全相关测评项适用于被测系统

续表

安全类	控制点	测评指标	是否选择	选择原则/方法
安全计算环境	控制设备安全	b）应在经过充分测试评估后，在不影响系统安全稳定运行的情况下对控制设备进行补丁更新、固件更新等工作	是	被测系统的安全保护等级为第三级，工业控制系统的安全相关测评项适用于被测系统
		c）应关闭或拆除控制设备的软盘驱动、光盘驱动、USB 接口、串行口或多余网口等，确需保留的应通过相关的技术措施实施严格的监控管理	是	被测系统的安全保护等级为第三级，工业控制系统的安全相关测评项适用于被测系统
		d）应使用专用设备和专用软件对控制设备进行更新	是	被测系统的安全保护等级为第三级，工业控制系统的安全相关测评项适用于被测系统
		e）应保证控制设备在上线前经过安全性检测，避免控制设备固件中存在恶意代码程序	是	被测系统的安全保护等级为第三级，工业控制系统的安全相关测评项适用于被测系统
安全建设管理	产品采购和使用	工业控制系统重要设备应通过专业机构的安全性检测后方可采购使用	是	被测系统的安全保护等级为第三级，工业控制系统的安全相关测评项适用于被测系统
	外包软件开发	应在外包开发合同中规定针对开发单位、供应商的约束条款，包括设备及系统在生命周期内有关保密、禁止关键技术扩散和设备行业专用等方面的内容	否	该系统无外包软件开发，故不适用

4.4.4　测评指标和测评对象的映射关系

依据 GB/T 22239—2019《信息安全技术　网络安全等级保护基本要求》，将已经得到的测评指标和测评对象结合起来，将测评指标映射到各测评对象上。针对工业控制系统安全测评扩展要求，测评指标和测评对象的映射关系如表4-13所示。

表4-13　测评指标和测评对象的映射关系

安全类	控制点	测评指标	测评对象
安全通信网络	网络架构	a）工业控制系统与企业其他系统之间应划分为两个区域，区域间应采用单向的技术隔离手段	防火墙
		c）涉及实时控制和数据传输的工业控制系统，应使用独立的网络设备组网，在物理层面上实现与其他数据网及外部公共信息网的安全隔离	防火墙、A网交换机、B网交换机
安全区域边界	访问控制	a）应在工业控制系统与企业其他系统之间部署访问控制设备，配置访问控制策略，禁止任何穿越区域边界的 E-mail、Web、Telnet、Rlogin、FTP 等通用网络服务	防火墙、A网交换机、B网交换机
安全计算环境	控制设备安全	a）控制设备自身应实现相应级别安全通用要求提出的身份鉴别、访问控制和安全审计等安全要求，如受条件限制控制设备无法实现上述要求，应由其上位控制或管理设备实现同等功能或通过管理手段控制	DPU
		b）应在经过充分测试评估后，在不影响系统安全稳定运行的情况下对控制设备进行补丁更新、固件更新等工作	
		c）应关闭或拆除控制设备的软盘驱动、光盘驱动、USB 接口、串行口或多余网口等，确需保留的应通过相关的技术措施实施严格的监控管理	
		d）应使用专用设备和专用软件对控制设备进行更新	
		e）应保证控制设备在上线前经过安全性检测，避免控制设备固件中存在恶意代码程序	
安全建设管理	产品采购和使用	工业控制系统重要设备应通过专业机构的安全性检测后方可采购使用	DPU、防火墙、IDS、日志审计、堡垒机

4.4.5　测评要点解析

1. 安全通信网络

（1）测评指标：工业控制系统与企业其他系统之间应划分为两个区域，区域间应采用单向的技术隔离手段。

安全现状分析：

DCS 通过 DCS 接口机经 Cisco PIX51TE 防火墙将生产数据传输给 SIS，实现生产数据监控。

已有安全措施分析：

该系统为 DCS 与 SIS 划分了不同的网络区域，在 DCS 与 SIS 之间部署了 Cisco PIX51TE 防火墙，并实现了 DCS、SIS 之间的单向隔离，已有的安全措施符合测评指标的要求。

（2）测评指标：涉及实时控制和数据传输的工业控制系统，应使用独立的网络设备组网，在物理层面上实现与其他数据网及外部公共信息网的安全隔离。

安全现状分析：

DCS 通过 A、B 网交换机单独组网，与 SIS 之间经 Cisco PIX51TE 防火墙单向传输生产数据。

已有安全措施分析：

作为涉及实时控制和数据传输的工业控制系统，DCS 使用独立网络设备组网，与 SIS 经 Cisco PIX51TE 防火墙单向传输生产数据，且不与其他公共网络连接，实现了独立组网，已有的安全措施符合测评指标的要求。

2. 安全区域边界

测评指标：应在工业控制系统与企业其他系统之间部署访问控制设备，配置访问控制策略，禁止任何穿越区域边界的 E-mail、Web、Telnet、Rlogin、FTP 等通用网络服务。

安全现状分析：

DCS 与 SIS 之间经 Cisco PIX51TE 防火墙单向传输生产数据。

已有安全措施分析：

DCS 通过 DCS 接口机经 Cisco PIX51TE 防火墙将生产数据传输给 SIS，Cisco PIX51TE 防火墙配置了相关访问控制策略，可禁止任何穿越区域边界的 E-mail、Web、Telnet、Rlogin、FTP 等通用网络服务，已有的安全措施符合测评指标的要求。

3. 安全计算环境

（1）测评指标：控制设备自身应实现相应级别安全通用要求提出的身份鉴别、访问控制和安全审计等安全要求，若受条件限制控制设备无法实现上述要求，则应由其上位控制或管理设备实现同等功能或通过管理手段控制。

安全现状分析：

DPU 控制器本身未实现安全通用要求提出的身份鉴别、访问控制和安全审计等安全要求，但其上位主机（工程师站）具有身份鉴别、访问控制和安全审计功能，其业务应用软件（DCS 应用组态软件）也能实现对控制系统组态、配置数据等操作的审计。

已有安全措施分析：

由于条件有限，因此 DPU 控制器本身未实现安全通用要求提出的身份鉴别、访问控制和安全审计等安全要求，但其上位主机（工程师站）及其业务应用软件（DCS 应用组态软件）实现了同等功能，已有的安全措施符合测评指标的要求。

（2）测评指标：应在经过充分测试评估后，在不影响系统安全稳定运行的情况下对控制设备进行补丁更新、固件更新等工作。

安全现状分析：

未发现 DPU 控制器存在重大漏洞，若发现重大漏洞则会联系厂商进行补丁和固件更新。

已有安全措施分析：

考虑到 DCS 的稳定运行，在发现重大漏洞后会联系厂商进行补丁和固件更新，已有的安全措施符合测评指标的要求。

（3）测评指标：应关闭或拆除控制设备的软盘驱动、光盘驱动、USB 接口、串行口或多余网口等，确需保留的应通过相关的技术措施实施严格的监控管理。

安全现状分析：

DPU 控制器仅开启必需的通信网口，已物理封闭 USB 接口及多余网口。

已有安全措施分析：

DPU 控制器已物理封闭 USB 接口及多余网口，已有的安全措施符合测评指标的要求。

（4）测评指标：应使用专用设备和专用软件对控制设备进行更新。

安全现状分析：

DPU 控制器可通过专用调试工具和 DCS 应用组态软件进行管理和更新。

已有安全措施分析：

DPU 控制器仅能通过专用调试工具和 DCS 应用组态软件进行管理和更新，已有的安全措施符合测评指标的要求。

（5）测评指标：应保证控制设备在上线前经过安全性检测，避免控制设备固件中存在恶意代码程序。

安全现状分析：

DCS 出厂要求的工厂验收测试（Factory Acceptance Test，FAT）阶段和现场验收测试（Site Acceptance Test，SAT）阶段均未包含与恶意代码程序相关的安全性检测。DPU 控制器在 FAT 阶段会进行系统健壮性测试。

已有安全措施分析：

DPU 控制器未进行过与恶意代码程序相关的安全性检测，仅在 FAT 阶段进行了系统健壮性测试，已有的安全措施不符合测评指标的要求。

4.5　测评指标和测评对象的适用性

以第三级测评指标为例，介绍安全通信网络、安全区域边界和安全计算环境三个层面测评指标和测评对象的适用性。

1. 安全通信网络的测评对象选择

安全通信网络的测评对象选择如表 4-14 所示。

表4-14　安全通信网络的测评对象选择

控制点	测评指标	工业控制系统层级			
		安全测评通用要求			
		生产管理层	过程监控层	现场控制层	现场设备层
网络架构	a）应保证网络设备的业务处理能力满足业务高峰期需要	网络设备（包括虚拟化网络设备）、安全设备（包括虚拟化安全设备）	网络设备（包括虚拟化网络设备）、安全设备（包括虚拟化安全设备）	控制设备（DCS控制器、PLC、测控装置等）	不适用
	b）应保证网络各个部分的带宽满足业务高峰期需要	网络设备（包括虚拟化网络设备）、安全设备（包括虚拟化安全设备）	网络设备（包括虚拟化网络设备）、安全设备（包括虚拟化安全设备）、接口机、协议转换装置	控制设备（DCS控制器、PLC、测控装置等）	不适用
	c）应划分不同的网络区域，并按照方便管理和控制的原则为各网络区域分配地址	网络设备（包括虚拟化网络设备）、安全设备（包括虚拟化安全设备）	网络设备（包括虚拟化网络设备）、安全设备（包括虚拟化安全设备）	不适用	不适用
	d）应避免将重要网络区域部署在边界处，重要网络区域与其他网络区域之间应采取可靠的技术隔离手段	网络拓扑、网络设备、安全设备、虚拟化网络设备、虚拟化安全设备	网络拓扑、网络设备、安全设备、虚拟化网络设备、虚拟化安全设备	不适用	不适用
	e）应提供通信线路、关键网络设备和关键计算设备的硬件冗余，保证系统的可用性	网络拓扑、网络设备、安全设备、虚拟化网络设备、虚拟化安全设备、服务器	网络拓扑、网络设备、安全设备、虚拟化网络设备、虚拟化安全设备、服务器	控制设备（主控单元、测控装置等）	不适用
通信传输	a）应采用校验技术或密码技术保证通信过程中数据的完整性	加密设备或组件、业务应用系统、系统管理软件及系统设计文档	加密设备或组件、业务应用系统、系统管理软件及系统设计文档	加密设备或组件、业务应用软件及系统设计文档	不适用
	b）应采用密码技术保证通信过程中数据的保密性	加密设备或组件、业务应用系统、系统管理软件及系统设计文档	加密设备或组件、业务应用系统、系统管理软件及系统设计文档	加密设备或组件、业务管理系统、系统管理软件及系统设计文档	不适用

续表

控制点	测评指标	工业控制系统层级			
		生产管理层	过程监控层	现场控制层	现场设备层
可信验证	可基于可信根对通信设备的系统引导程序、系统程序、重要配置参数和通信应用程序等进行可信验证，并在应用程序的关键执行环节进行动态可信验证，在检测到其可信性受到破坏后进行报警，并将验证结果形成审计记录送至安全管理中心	网络设备（包括虚拟化网络设备）、安全设备（包括虚拟化安全设备）、工作站和服务器设备中的操作系统（包括宿主机和虚拟机操作系统）、业务应用系统、数据库系统、中间件和系统管理软件及系统设计文档等	网络设备（包括虚拟化网络设备）、安全设备（包括虚拟化安全设备）、工作站和服务器设备中的操作系统（包括宿主机和虚拟机操作系统）、控制管理系统、数据库系统、中间件和监控软件及系统设计文档等	控制设备（DCS 控制器、PLC、测控装置等）	不适用
安全测评扩展要求					
网络架构	a）工业控制系统与企业其他系统之间应划分为两个区域，区域间应采用单向技术隔离手段	网络设备（包括虚拟化网络设备）、安全设备（包括虚拟化安全设备）	网络设备（包括虚拟化网络设备）、安全设备（包括虚拟化安全设备）	网络设备（包括虚拟化网络设备）、安全设备（包括虚拟化安全设备）	不适用
	b）工业控制系统内部应根据业务特点划分为不同的安全域，安全域之间应采用技术隔离手段	网络设备（包括虚拟化网络设备）、安全设备（包括虚拟化安全设备）	网络设备（包括虚拟化网络设备）、安全设备（包括虚拟化安全设备）	网络设备（包括虚拟化网络设备）、安全设备（包括虚拟化安全设备）	不适用
	c）涉及实时控制和数据传输的工业控制系统，应使用独立的网络设备组网，在物理层面上实现与其他数据网及外部公共信息网的安全隔离	网络拓扑、网络设备（包括虚拟化网络设备）、安全设备（包括虚拟化安全设备）	网络拓扑、网络设备（包括虚拟化网络设备）、安全设备（包括虚拟化安全设备）	控制设备（DCS 控制器、PLC、测控装置等）	不适用
通信传输	在工业控制系统内使用广域网进行控制指令或相关数据交换的应采用加密认证技术手段实现身份认证、访问控制和数据加密传输	加密认证设备	加密认证设备	加密认证设备	不适用

2. 安全区域边界的测评对象选择

安全区域边界的测评对象选择如表 4-15 所示。

表 4-15　安全区域边界的测评对象选择

控制点	测评指标	安全测评通用要求	工业控制系统层级			
		生产管理层	过程监控层	现场控制层	现场设备层
边界防护	a) 应保证跨越边界的访问和数据流通过边界设备提供的受控接口进行通信	路由器、防火墙、加密网关、无线接入端、接口机、三层交换机、协议转换装置及其他提供访问控制功能的设备或组件	路由器、防火墙、网络隔离产品、无线接入端、加密网关、接口机、三层交换机、协议转换装置及其他提供访问控制功能的设备或组件	路由器、防火墙、网络隔离产品、无线接入端、加密网关、接口机、三层交换机、协议转换装置及其他提供访问控制功能的设备或组件	不适用
	b) 应能够对非授权设备私自联到内部网络的行为进行检查或限制	内网安全管理系统、专用接入控制设备、具有接入控制功能的终端管理系统、路由器、交换机、工控网络审计设备等	内网安全管理系统、专用接入控制设备、具有接入控制功能的终端管理系统、路由器、交换机、工控网络审计设备等	内网安全管理系统、专用接入控制设备、具有接入控制功能的终端管理系统、路由器、交换机、工控网络审计设备等	不适用
	c) 应能够对内部用户非授权联到外部网络的行为进行检查或限制	内网安全管理系统、具有接入控制功能的终端管理系统、工控网络审计设备、路由器、交换机、终端计算机、服务器等	内网安全管理系统、专用接入控制设备、具有接入控制功能的终端管理系统、路由器、交换机、终端计算机、服务器等	内网安全管理系统、专用接入控制设备、具有接入控制功能的终端管理系统、路由器、交换机、终端计算机、服务器等	不适用
	d) 应限制无线网络的使用，保证无线网络通过受控的边界设备接入内部网络	无线接入网关、无线网络控制器、网络拓扑图、无线网络接入设备、无线网络接入有线网络的边界访问控制设备等	无线接入网关、无线网络控制器、网络拓扑图、无线网络接入设备、无线网络接入有线网络的边界访问控制设备等	无线接入网关、网络拓扑图、无线网络控制器、网络拓扑图、无线网络接入设备、无线网络接入有线网络的边界访问控制设备等	不适用

续表

控制点	测评指标	工业控制系统层级			
		生产管理层	过程监控层	现场控制层	现场设备层
访问控制	a) 应在网络边界或区域之间根据访问控制策略设置访问控制规则，默认情况下除允许通信外受控接口拒绝所有通信	路由器、防火墙、工业防火墙、网络隔离产品、无线接入网关、接口机、三层交换装置及其他转换提供访问控制功能的设备或组件	路由器、防火墙、工业防火墙、网络隔离产品、无线接入网关、加密网关、接口机、三层交换装置及其他提供访问控制功能的设备或组件	路由器、防火墙、工业防火墙、网络隔离产品、无线接入网关、加密网关、接口机、协议转换装置及其他提供访问控制功能的设备或组件	不适用
	b) 应删除多余或无效的访问控制规则，优化访问控制列表，并保证访问控制规则数量最小化	路由器、防火墙、工业防火墙、网络隔离产品、无线接入网关、三层交换机等提供访问控制功能的设备或组件	路由器、防火墙、工业防火墙、网络隔离产品、无线接入网关、三层交换机、协议转换装置及其他提供访问控制功能的设备或组件	路由器、防火墙、工业防火墙、网络隔离产品、无线接入网关、加密网关、三层交换机等提供访问控制功能的设备或组件	不适用
	c) 应对源地址、目的地址、源端口、目的端口和协议等进行检查，以允许/拒绝数据包进出	路由器、防火墙、网络隔离产品、无线接入网关、接口机、三层交换机、协议转换装置及其他提供访问控制功能的设备或组件	路由器、防火墙、网络隔离产品、无线接入网关、三层交换机、协议转换装置及其他提供访问控制功能的设备或组件	路由器、防火墙、网络隔离产品、无线接入网关、接口机、协议转换装置及其他提供访问控制功能的设备或组件	不适用
	d) 应能根据会话状态信息为进出数据流提供明确的允许/拒绝访问的能力	路由器、防火墙、网络隔离产品、无线接入网关、加密网关等	路由器、防火墙、网络隔离产品、无线接入网关、加密设备等	路由器、防火墙、网络隔离产品、无线接入网关、加密设备等	不适用
	e) 应对进出网络的数据流实现基于应用协议和应用内容的访问控制	路由器、防火墙、网络隔离产品、无线接入网关、加密网关等	路由器、防火墙、网络隔离产品、无线接入网关、加密设备等	路由器、防火墙、网络隔离产品、无线接入网关、加密设备等	不适用
入侵防范	a) 应在关键网络节点处检测、防止或限制从外部发起的网络攻击行为	IDS、IPS、包含入侵防范模块的多功能安全网关（UTM）、防火墙等	IDS、IPS、包含入侵防范模块的多功能安全网关（UTM）、防火墙等	IDS、IPS、包含入侵防范模块的多功能安全网关（UTM）、防火墙等	不适用

续表

控制点	测评指标	工业控制系统层级			
		生产管理层	过程监控层	现场控制层	现场设备层
入侵防范	b）应在关键网络节点处检测、防止或限制从内部发起的网络攻击行为	IDS、IPS、包含入侵防范模块的多功能安全网关（UTM）、防火墙等	IDS、IPS、包含入侵防范模块的多功能安全网关（UTM）、防火墙等	IDS、IPS、包含入侵防范模块的多功能安全网关（UTM）、防火墙等	不适用
	c）应采取技术措施对网络行为进行分析，实现对网络攻击特别是新型网络攻击行为的分析	抗APT攻击系统、网络回溯系统、工控审计系统、态势感知系统、综合日志分析系统等	抗APT攻击系统、工控审计系统、态势分析系统、综合日志分析系统等	抗APT攻击系统、网络回溯系统、工控审计系统、态势感知系统、综合日志分析系统等	不适用
	d）当检测到攻击行为时，记录攻击源IP、攻击类型、攻击目标、攻击时间，在发生严重入侵事件时应提供报警	抗APT攻击系统、网络回溯系统、威胁情报检测系统、抗DDoS攻击系统、IDS、IPS、包含入侵防范模块的多功能安全网关（UTM）等	抗APT攻击系统、威胁情报检测系统、抗DDoS攻击系统、IDS、IPS、包含入侵防范模块的多功能安全网关（UTM）等	抗APT攻击系统、网络回溯系统、威胁情报检测系统、抗DDoS攻击系统、IDS、IPS、包含入侵防范模块的多功能安全网关（UTM）等	不适用
恶意代码和垃圾邮件防范	a）应在关键网络节点处对恶意代码进行检测和清除，并维护恶意代码防护机制的升级和更新	防病毒网关、基于网络流量的恶意代码检测产品、包含防病毒模块的多功能安全网关（UTM）等	防病毒网关、基于网络流量的恶意代码检测产品、包含防病毒模块的多功能安全网关（UTM）等	防病毒网关、基于网络流量的恶意代码检测产品、包含防病毒模块的多功能安全网关（UTM）等	不适用
	b）应在关键网络节点处对垃圾邮件进行检测和防护，并维护垃圾邮件防护机制的升级和更新	防垃圾邮件产品	防垃圾邮件产品	防垃圾邮件产品	不适用
安全审计	a）应在网络边界、重要网络节点进行安全审计，审计覆盖到每个用户，对重要的用户行为和重要安全事件进行审计	综合安全审计系统、工控审计产品、行业专用网络安全平台、内网安全管理平台、电力监控系统网络安全平台、安全路由网络产品、交换机、防火墙、网络隔离产品等访问控制设备	综合安全审计系统、工控审计产品、行业专用网络安全平台、内网安全管理平台、电力监控系统网络安全平台、安全路由网络产品、交换机、防火墙、网络隔离产品等访问控制设备	综合安全审计系统、工控审计产品、行业专用网络安全平台、内网安全管理平台、电力监控系统网络安全平台、路由器、交换机、防火墙、网络隔离产品等访问控制设备	不适用

续表

控制点	测评指标	工业控制系统层级			
		生产管理层	过程监控层	现场控制层	现场设备层
安全审计	b) 审计记录应包括事件的日期和时间、用户、事件类型、事件是否成功及其他与审计相关的信息	综合安全审计系统、工控审计产品、行业专用网络安全平台、内网安全管理平台、电力监控系统网络安全平台、路由器、交换机、防火墙、网络隔离隔离产品等访问控制设备	综合安全审计系统、工控审计产品、行业专用网络安全平台、内网安全管理平台、电力监控系统网络安全平台、路由器、交换机、防火墙、网络隔离隔离产品等访问控制设备	综合安全审计系统、工控审计产品、行业专用网络安全平台、内网安全管理平台、电力监控系统网络安全平台、路由器、交换机、防火墙、网络隔离隔离产品等访问控制设备	不适用
	c) 应对审计记录进行保护，定期备份，避免受到未预期的删除、修改或覆盖等	综合安全审计系统、工控审计产品、行业专用网络安全平台、内网安全管理平台、电力监控系统网络安全平台、路由器、交换机、防火墙、网络隔离隔离产品等访问控制设备	综合安全审计系统、工控审计产品、行业专用网络安全平台、内网安全管理平台、电力监控系统网络安全平台、路由器、交换机、防火墙、网络隔离隔离产品等访问控制设备	综合安全审计系统、工控审计产品、行业专用网络安全平台、内网安全管理平台、电力监控系统网络安全平台、路由器、交换机、防火墙、网络隔离隔离产品等访问控制设备	不适用
	d) 应能对远程访问的用户行为、访问互联网的用户行为等单独进行行为审计和数据分析	综合安全审计系统、工控审计产品、行业专用网络安全平台、内网安全管理平台、电力监控系统网络安全平台、路由器、交换机、防火墙、网络隔离隔离产品等访问控制设备	综合安全审计系统、工控审计产品、行业专用网络安全平台、内网安全管理平台、电力监控系统网络安全平台、路由器、交换机、防火墙、网络隔离隔离产品等访问控制设备	综合安全审计系统、工控审计产品、行业专用网络安全平台、内网安全管理平台、电力监控系统网络安全平台、路由器、交换机、防火墙、网络隔离隔离产品等访问控制设备	不适用
可信验证	可基于可信根对边界设备的系统引导程序、系统程序、重要配置参数和边界防护应用程序等进行可信验证，并在应用程序的关键执行环节进行动态可信验证，在检测到其可信性受到破坏后进行报警，并将验证结果形成审计记录送至安全管理中心	路由器、交换机、防火墙、网络隔离产品等	路由器、交换机、防火墙、网络隔离产品等	路由器、交换机、防火墙、网络隔离产品等	不适用

续表

控制点	测评指标	工业控制系统层级			
		安全测评扩展要求			
		生产管理层	过程监控层	现场控制层	现场设备层
访问控制	a）应在工业控制系统与企业其他系统之间部署访问控制设备，配置访问控制策略，禁止任何穿越区域边界的 E-mail、Web、Telnet、Rlogin、FTP 等通用网络服务	路由器、防火墙、网络隔离产品、加密网关、接口机、三层交换机、协议转换装置及其他提供访问控制功能的设备或组件	路由器、防火墙、网络隔离产品、无线接入网关、加密网关、接口机、三层交换机、协议转换装置及其他提供访问控制功能的设备或组件	路由器、防火墙、网络隔离产品、无线接入网关、加密网关、接口机、三层交换机、协议转换装置及其他提供访问控制功能的设备或组件	不适用
	b）应在工业控制系统内安全域和安全域之间的边界防护机制失效时，及时进行报警	网络隔离产品、工业防火墙、路由器、交换机、内网安全管理系统等提供访问控制功能的设备	网络隔离产品、工业防火墙、路由器、交换机、内网安全管理系统等提供访问控制功能的设备	网络隔离产品、工业防火墙、路由器、交换机、内网安全管理系统等提供访问控制功能的设备	不适用
拨号使用控制	a）工业控制系统确需使用拨号访问服务的，应限制具有拨号访问权限的用户数量，并采取用户身份鉴别和访问控制等措施	拨号服务器、客户端、VPN等	拨号服务器、客户端、VPN等	拨号服务器、客户端、VPN等	不适用
	b）拨号服务器和客户端均应使用经安全加固的操作系统，并采取数字证书认证、传输加密和访问控制等措施	拨号服务器、客户端等	拨号服务器、客户端等	拨号服务器、客户端等	不适用
无线使用控制	a）应对所有参与无线通信的用户（人员、软件进程或者设备）提供唯一性标识和鉴别	无线路由器、无线接入网关、无线终端等	无线路由器、无线接入网关、无线终端等	无线路由器、无线接入网关、无线终端等	不适用
	b）应对所有参与无线通信的用户（人员、软件进程或者设备）进行授权以及执行使用进行限制	无线路由器、无线接入网关、无线终端等	无线路由器、无线接入网关、无线终端等	无线路由器、无线接入网关、无线终端等	不适用

续表

控制点	测评指标	工业控制系统层级			
		生产管理层	过程监控层	现场控制层	现场设备层
无线使用控制	c) 应对无线通信采取输加密的安全措施，实现传输报文的机密性保护	加密认证设备	加密认证设备	加密认证设备	不适用
	d) 对采用无线通信技术进行控制的工业控制系统，应能识别其物理环境中发射的未经授权无线设备，报告未经授权接入或试图干扰控制系统的行为	无线嗅探器、无线入侵检测/防御系统、手持式无线信号检测系统等	无线嗅探器、无线入侵检测/防御系统、手持式无线信号检测系统等	无线嗅探器、无线入侵检测/防御系统、手持式无线信号检测系统等	不适用

3. 安全计算环境的测评对象选择

安全计算环境的测评对象选择如表 4-16 所示。

表 4-16　安全计算环境的测评对象选择

控制点	测评指标	工业控制系统层级			
		生产管理层	过程监控层	现场控制层	现场设备层
	安全测评通用要求				
身份鉴别	a) 应对登录的用户进行身份标识和鉴别，身份标识具有唯一性，身份鉴别信息具有复杂度要求并定期更换	网络设备（包括虚拟化网络设备）、安全设备（包括虚拟化安全设备）、工作站和服务器设备中的操作系统（包括宿主机和虚拟机操作系统）、业务应用系统、数据库系统、中间件和系统管理软件及系统设计文档等	网络设备（包括虚拟化网络设备）、安全设备（包括虚拟化安全设备）、工作站和服务器设备中的操作系统（包括宿主机和虚拟机操作系统）、控制设备管理系统、数据库系统、中间件和监控软件及系统设计文档等	控制设备（DCS控制器、PLC、测控装置等）	不适用

续表

控制点	测评指标	工业控制系统层级			
		生产管理层	过程监控层	现场控制层	现场设备层
身份鉴别	b) 应具有登录失败处理功能，应配置并启用结束会话、限制非法登录次数和当登录连接超时自动退出等相关措施	网络设备（包括虚拟化网络设备）、安全设备（包括虚拟化安全设备）、工作站和服务器设备中的操作系统（包括宿主机和虚拟机操作系统）、业务应用系统、数据库系统、中间件和系统管理软件及系统设计文档等	网络设备（包括虚拟化网络设备）、安全设备（包括虚拟化安全设备）、工作站和服务器设备中的操作系统（包括宿主机和虚拟机操作系统）、控制设备、数据库系统、中间件和监控软件及系统设计文档等	控制设备（DCS控制器、PLC、测控装置等）	不适用
	c) 当进行远程管理时，应采取必要措施防止鉴别信息在网络传输过程中被窃听	网络设备（包括虚拟化网络设备）、安全设备（包括虚拟化安全设备）、工作站和服务器设备中的操作系统（包括宿主机和虚拟机操作系统）、业务应用系统、数据库系统、中间件和系统管理软件及系统设计文档等	网络设备（包括虚拟化网络设备）、安全设备（包括虚拟化安全设备）、工作站和服务器设备中的操作系统（包括宿主机和虚拟机操作系统）、控制设备、数据库系统、中间件和监控软件及系统设计文档等	控制设备（DCS控制器、PLC、测控装置等）	不适用
	d) 应采用口令、密码技术、生物技术等两种或两种以上组合的鉴别技术对用户进行身份鉴别，且其中一种鉴别技术至少应使用密码技术来实现	网络设备（包括虚拟化网络设备）、安全设备（包括虚拟化安全设备）、工作站和服务器设备中的操作系统（包括宿主机和虚拟机操作系统）、业务应用系统、数据库系统、中间件和系统管理软件及系统设计文档等	网络设备（包括虚拟化网络设备）、安全设备（包括虚拟化安全设备）、工作站和服务器设备中的操作系统（包括宿主机和虚拟机操作系统）、控制设备、数据库系统、中间件和监控软件及系统设计文档等	控制设备（DCS控制器、PLC、测控装置等）	不适用
访问控制	a) 应对登录的用户分配账户和权限	网络设备（包括虚拟化网络设备）、安全设备（包括虚拟化安全设备）、工作站和服务器设备中的操作系统（包括宿主机和虚拟机操作系统）、业务应用系统、数据库系统、中间件和系统管理软件及系统设计文档等	网络设备（包括虚拟化网络设备）、安全设备（包括虚拟化安全设备）、工作站和服务器设备中的操作系统（包括宿主机和虚拟机操作系统）、控制设备、数据库系统、中间件和监控软件及系统设计文档等	控制设备（DCS控制器、PLC、测控装置等）	不适用

续表

控制点	测评指标	工业控制系统层级			
		生产管理层	过程监控层	现场控制层	现场设备层
	b) 应重命名或删除默认账户，修改默认账户的默认口令	网络设备（包括虚拟化网络设备）、安全设备（包括虚拟化安全设备）、工作站和服务器设备中的操作系统（包括宿主机和虚拟机操作系统）、业务应用系统、数据库系统、中间件和系统管理软件及系统设计文档等	网络设备（包括虚拟化网络设备）、安全设备（包括虚拟化安全设备）、工作站和服务器设备中的操作系统（包括宿主机和虚拟机操作系统）、控制设备管理系统、数据库系统、中间件和监控软件及系统设计文档等	控制设备（DCS控制器、PLC、测控装置等）	不适用
	c) 应及时删除或停用多余的、过期的账户，避免共享账户的存在	网络设备（包括虚拟化网络设备）、安全设备（包括虚拟化安全设备）、工作站和服务器设备中的操作系统（包括宿主机和虚拟机操作系统）、业务应用系统、数据库系统、中间件和系统管理软件及系统设计文档等	网络设备（包括虚拟化网络设备）、安全设备（包括虚拟化安全设备）、工作站和服务器设备中的操作系统（包括宿主机和虚拟机操作系统）、控制设备管理系统、数据库系统、中间件和监控软件及系统设计文档等	控制设备（DCS控制器、PLC、测控装置等）	不适用
访问控制	d) 应授予管理用户所需的最小权限，实现管理用户的权限分离	网络设备（包括虚拟化网络设备）、安全设备（包括虚拟化安全设备）、工作站和服务器设备中的操作系统（包括宿主机和虚拟机操作系统）、业务应用系统、数据库系统、中间件和系统管理软件及系统设计文档等	网络设备（包括虚拟化网络设备）、安全设备（包括虚拟化安全设备）、工作站和服务器设备中的操作系统（包括宿主机和虚拟机操作系统）、控制设备管理系统、数据库系统、中间件和监控软件及系统设计文档等	控制设备（DCS控制器、PLC、测控装置等）	不适用
	e) 应由授权主体配置访问控制策略，访问控制策略规定主体对客体的访问规则	网络设备（包括虚拟化网络设备）、安全设备（包括虚拟化安全设备）、工作站和服务器设备中的操作系统（包括宿主机和虚拟机操作系统）、业务应用系统、数据库系统、中间件和系统管理软件及系统设计文档等	网络设备（包括虚拟化网络设备）、安全设备（包括虚拟化安全设备）、工作站和服务器设备中的操作系统（包括宿主机和虚拟机操作系统）、控制设备管理系统、数据库系统、中间件和监控软件及系统设计文档等	控制设备（DCS控制器、PLC、测控装置等）	不适用

续表

控制点	测评指标	工业控制系统层级			
		生产管理层	过程监控层	现场控制层	现场设备层
访问控制	f) 访问控制的粒度应达到主体为用户级或进程级，客体为文件、数据库表级	网络设备（包括虚拟化网络设备）、安全设备（包括虚拟化安全设备）、工作站和服务器设备中的操作系统（包括宿主机和虚拟机操作系统）、业务应用系统、数据库系统、中间件和系统管理软件及系统设计文档等	网络设备（包括虚拟化网络设备）、安全设备（包括虚拟化安全设备）、工作站和服务器设备中的操作系统（包括宿主机和虚拟机操作系统）、控制系统、数据库系统、中间件和监控软件及系统设计文档等	控制设备（DCS控制器、PLC、测控装置等）	不适用
	g) 应对重要主体和客体设置安全标记，并控制主体对有安全标记信息资源的访问	网络设备（包括虚拟化网络设备）、安全设备（包括虚拟化安全设备）、工作站和服务器设备中的操作系统（包括宿主机和虚拟机操作系统）、业务应用系统、数据库系统、中间件和系统管理软件及系统设计文档等	网络设备（包括虚拟化网络设备）、安全设备（包括虚拟化安全设备）、工作站和服务器设备中的操作系统（包括宿主机和虚拟机操作系统）、控制系统、数据库系统、中间件和监控软件及系统设计文档等	控制设备（DCS控制器、PLC、测控装置等）	不适用
安全审计	a) 应启用安全审计功能，对重要的用户、重要的用户行为和重要安全事件进行审计	网络设备（包括虚拟化网络设备）、安全设备（包括虚拟化安全设备）、工作站和服务器设备中的操作系统（包括宿主机和虚拟机操作系统）、业务应用系统、数据库系统、中间件和系统管理软件及系统设计文档等	网络设备（包括虚拟化网络设备）、安全设备（包括虚拟化安全设备）、工作站和服务器设备中的操作系统（包括宿主机和虚拟机操作系统）、控制系统、数据库系统、中间件和监控软件及系统设计文档等	控制设备（DCS控制器、PLC、测控装置等）	不适用
	b) 审计记录应包括事件的日期和时间、用户、事件类型、事件是否成功及其他与审计相关的信息	网络设备（包括虚拟化网络设备）、安全设备（包括虚拟化安全设备）、工作站和服务器设备中的操作系统（包括宿主机和虚拟机操作系统）、业务应用系统、数据库系统、中间件和系统管理软件及系统设计文档等	网络设备（包括虚拟化网络设备）、安全设备（包括虚拟化安全设备）、工作站和服务器设备中的操作系统（包括宿主机和虚拟机操作系统）、控制系统、数据库系统、中间件和监控软件及系统设计文档等	控制设备（DCS控制器、PLC、测控装置等）	不适用

续表

控制点	测评指标	工业控制系统层级			
		生产管理层	过程监控层	现场控制层	现场设备层
安全审计	c）应对审计记录进行保护，定期备份，避免受到未预期的删除、修改或覆盖盖等	网络设备（包括虚拟化网络设备）、安全设备（包括虚拟化安全设备）、工作站和服务器设备中的操作系统（包括宿主机和虚拟机操作系统）、业务应用系统、数据库系统、中间件和系统管理软件及系统设计文档等	网络设备（包括虚拟化网络设备）、安全设备（包括虚拟化安全设备）、工作站和服务器设备中的操作系统（包括宿主机和虚拟机操作系统）、控制设备管理系统、数据库系统、中间件和监控软件及系统设计文档等	控制设备（DCS控制器，PLC、测控装置等）	不适用
	d）应对审计进程进行保护，防止未经授权的中断	网络设备（包括虚拟化网络设备）、安全设备（包括虚拟化安全设备）、工作站和服务器设备中的操作系统（包括宿主机和虚拟机操作系统）、业务应用系统、数据库系统、中间件和系统管理软件及系统设计文档等	网络设备（包括虚拟化网络设备）、安全设备（包括虚拟化安全设备）、工作站和服务器设备中的操作系统（包括宿主机和虚拟机操作系统）、控制设备管理系统、数据库系统、中间件和监控软件及系统设计文档等	控制设备（DCS控制器，PLC、测控装置等）	不适用
入侵防范	a）应遵循最小安装的原则，仅安装需要的组件和应用程序	工作站操作系统、服务器操作系统（包括宿主机和虚拟机操作系统）、应用程序	工作站操作系统、服务器操作系统（包括宿主机和虚拟机操作系统）、应用程序	控制设备（DCS控制器，PLC、测控装置等）	不适用
	b）应关闭不需要的系统服务、默认共享和高危端口	网络设备（包括虚拟化网络设备）、安全设备（包括虚拟化安全设备）、工作站和服务器设备中的操作系统（包括宿主机和虚拟机操作系统）	网络设备（包括虚拟化网络设备）、安全设备（包括虚拟化安全设备）、工作站和服务器设备中的操作系统（包括宿主机和虚拟机操作系统）	控制设备（DCS控制器，PLC、测控装置等）	不适用
	c）应通过设定终端接入方式或网络地址范围对通过网络进行管理的管理终端进行限制	网络设备（包括虚拟化网络设备）、安全设备（包括虚拟化安全设备）、工作站和服务器设备中的操作系统（包括宿主机和虚拟机操作系统）	网络设备（包括虚拟化网络设备）、安全设备（包括虚拟化安全设备）、工作站和服务器设备中的操作系统（包括宿主机和虚拟机操作系统）	控制设备（DCS控制器，PLC、测控装置等）	不适用

续表

控制点	测评指标	工业控制系统层级			
		生产管理层	过程监控层	现场控制层	现场设备层
入侵防范	d）应提供数据有效性检验功能，保证通过人机接口输入或通过通信接口输入的内容符合系统设定要求	业务应用系统、中间件和系统管理软件及系统设计文档	控制设备管理系统、中间件和监控软件及系统设计文档	不适用	不适用
	e）应能发现可能存在的已知漏洞，并经过充分测试评估后，及时修补漏洞	网络设备、安全设备（包括虚拟化网络设备（包括虚拟服务器设备和虚拟机操作系统）、工作站（包括宿主机和虚拟机操作系统）、业务应用系统、数据库系统、中间件和系统管理软件等	网络设备、安全设备（包括虚拟化网络设备（包括虚拟服务器设备和虚拟机操作系统）、工作站（包括宿主机和虚拟机操作系统）、控制设备管理系统、数据库系统、中间件和监控软件等	控制设备（DCS控制器、PLC、测控装置等）	不适用
	f）应能够检测到对重要节点进行入侵的行为，并在发生严重入侵事件时提供报警	网络设备、安全设备（包括虚拟化网络设备（包括虚拟服务器设备和虚拟机操作系统）、工作站（包括宿主机和虚拟机操作系统）	网络设备、安全设备（包括虚拟化网络设备）、工作站和服务器设备中的操作系统（包括宿主机和虚拟机操作系统）	不适用	不适用
恶意代码防范	应采用免受恶意代码攻击的技术措施或主动免疫可信验证机制及时识别入侵和病毒等行为，并将其有效阻断	网络设备、安全设备（包括虚拟化网络设备（包括虚拟服务器设备和虚拟机操作系统）、工作站（包括宿主机和虚拟机操作系统）	网络设备、安全设备（包括虚拟化网络设备）、工作站和服务器设备中的操作系统（包括宿主机和虚拟机操作系统）	不适用	不适用
可信验证	可基于可信根对计算设备的系统引导程序、系统程序、重要配置参数和应用程序等进行可信验证，并在应用程序的关键执行环节进行动态可信验证，在检测到其可信性受到破坏后进行报警，并将验证结果形成审计记录送至安全管理中心	网络设备、安全设备（包括虚拟化网络设备（包括虚拟服务器设备和虚拟机操作系统）、工作站（包括宿主机和虚拟机操作系统）、业务应用系统、数据库系统、中间件和系统管理软件及系统设计文档等	网络设备、安全设备（包括虚拟化网络设备（包括虚拟服务器设备和虚拟机操作系统）、工作站（包括宿主机和虚拟机操作系统）、控制设备管理系统、数据库系统、中间件和监控软件及系统设计文档等	控制设备（DCS控制器、PLC、测控装置等）	不适用

续表

控制点	测评指标	工业控制系统层级			
		生产管理层	过程监控层	现场控制层	现场设备层
数据完整性	a) 应采用校验技术或密码技术保证重要数据在传输过程中的完整性，包括但不限于鉴别数据、重要业务数据、重要审计数据、重要配置数据、重要视频数据和重要个人信息等	网络设备（包括虚拟化网络设备）、安全设备（包括虚拟化安全设备）、工作站和服务器设备（包括宿主机和虚拟机操作系统）、业务应用系统、数据库系统、中间件和系统管理软件及系统设计文档等	网络设备（包括虚拟化网络设备）、安全设备（包括虚拟化安全设备）、工作站和服务器设备（包括宿主机和虚拟机操作系统）、控制设备管理系统、数据库系统、中间件和监控软件及系统设计文档等	控制设备（DCS控制器，PLC，测控装置等）	不适用
	b) 应采用校验技术或密码技术保证重要数据在存储过程中的完整性，包括但不限于鉴别数据、重要业务数据、重要审计数据、重要配置数据、重要视频数据和重要个人信息等	网络设备（包括虚拟化网络设备）、安全设备（包括虚拟化安全设备）、工作站和服务器设备（包括宿主机和虚拟机操作系统）、业务应用系统、数据库系统、中间件和系统管理软件及系统设计文档等	网络设备（包括虚拟化网络设备）、安全设备（包括虚拟化安全设备）、工作站和服务器设备（包括宿主机和虚拟机操作系统）、控制设备管理系统、数据库系统、中间件和监控软件及系统设计文档等	控制设备（DCS控制器，PLC，测控装置等）	不适用
数据保密性	a) 应采用密码技术保证重要数据在传输过程中的保密性，包括但不限于鉴别数据、重要业务数据和重要个人信息等	网络设备（包括虚拟化网络设备）、安全设备（包括虚拟化安全设备）、工作站和服务器设备（包括宿主机和虚拟机操作系统）、业务应用系统、数据库系统、中间件和系统管理软件及系统设计文档等	网络设备（包括虚拟化网络设备）、安全设备（包括虚拟化安全设备）、工作站和服务器设备（包括宿主机和虚拟机操作系统）、控制设备管理系统、数据库系统、中间件和监控软件及系统设计文档等	控制设备（DCS控制器，PLC，测控装置等）	不适用
	b) 应采用密码技术保证重要数据在存储过程中的保密性，包括但不限于鉴别数据、重要业务数据和重要个人信息等	网络设备（包括虚拟化网络设备）、安全设备（包括虚拟化安全设备）、工作站和服务器设备（包括宿主机和虚拟机操作系统）、业务应用系统、数据库系统、中间件和系统管理软件及系统设计文档等	网络设备（包括虚拟化网络设备）、安全设备（包括虚拟化安全设备）、工作站和服务器设备（包括宿主机和虚拟机操作系统）、控制设备管理系统、数据库系统、中间件和监控软件及系统设计文档等	控制设备（DCS控制器，PLC，测控装置等）	不适用

续表

控制点	测评指标	工业控制系统层级			
		生产管理层	过程监控层	现场控制层	现场设备层
数据备份恢复	a) 应提供重要数据的本地数据备份与恢复功能	网络设备、安全设备（包括虚拟化网络设备）、工作站和服务器设备中的操作系统（包括宿主机和虚拟机操作系统）、业务应用系统、数据库系统、中间件和系统安全保护系统、中间件和系统管理软件及系统设计文档等	网络设备、安全设备（包括虚拟化网络设备）、工作站和服务器设备中的操作系统（包括宿主机和虚拟机操作系统）、控制设备管理系统、数据库系统、中间件和监控软件及系统设计文档等	控制设备（DCS控制器，PLC，测控装置等）	不适用
	b) 应提供异地实时备份功能，利用通信网络将重要数据实时备份至备份场地	网络设备、安全设备（包括虚拟化网络设备）、工作站和服务器设备中的操作系统（包括宿主机和虚拟机操作系统）、业务应用系统、数据库系统、中间件和系统安全保护系统、中间件和系统管理软件及系统设计文档等	网络设备、安全设备（包括虚拟化网络设备）、工作站和服务器设备中的操作系统（包括宿主机和虚拟机操作系统）、控制设备管理系统、数据库系统、中间件和监控软件及系统设计文档等	不适用	不适用
	c) 应提供重要数据处理系统的热冗余，保证系统的高可用性	网络设备、安全设备（包括虚拟化网络设备）、工作站和服务器设备中的操作系统（包括宿主机和虚拟机操作系统）、业务应用系统、数据库系统、中间件等	网络设备、安全设备（包括虚拟化网络设备）、工作站和服务器设备中的操作系统（包括宿主机和虚拟机操作系统）、控制设备管理系统、数据库系统、中间件等	控制设备（DCS控制器，PLC，测控装置等）	不适用
剩余信息保护	a) 应保证鉴别信息所在的存储空间被释放或重新分配前得到完全清除	网络设备、安全设备（包括虚拟化网络设备）、工作站和服务器设备中的操作系统（包括宿主机和虚拟机操作系统）、业务应用系统、数据库系统、中间件和系统管理软件及系统设计文档等	网络设备、安全设备（包括虚拟化网络设备）、工作站和服务器设备中的操作系统（包括宿主机和虚拟机操作系统）、控制设备管理系统、数据库系统、中间件和监控软件及系统设计文档等	控制设备（DCS控制器，PLC，测控装置等）	部分现场设备（智能仪表等）

续表

控制点	测评指标	工业控制系统层级			
		生产管理层	过程监控层	现场控制层	现场设备层
剩余信息保护	b) 应保证存有敏感数据的存储空间被释放或重新分配前得到完全清除	网络设备（包括虚拟化网络设备）、安全设备（包括虚拟化安全设备）、工作站（包括服务器设备中的操作系统（包括宿主机和虚拟机操作系统）、业务应用系统、数据库系统、中间件和系统管理软件及系统设计文档等	网络设备（包括虚拟化网络设备）、安全设备（包括虚拟化安全设备）、工作站和服务器设备中的操作系统（包括宿主机和虚拟机操作系统）、控制设备管理系统、数据库系统、中间件和监控软件及系统设计文档等	控制设备（DCS控制器，PLC、测控装置等）	部分现场设备（智能仪表设备等）
个人信息保护	a) 应仅采集和保存业务必需的用户个人信息	业务应用系统、数据系统、系统管理软件等	控制设备管理系统、数据库系统、系统管理软件等	不适用	不适用
	b) 应禁止未授权访问和非法使用用户个人信息	业务应用系统、数据库系统、系统管理软件等	控制设备管理系统、数据库系统、系统管理软件等	不适用	不适用
安全测评扩展要求					
控制设备安全	a) 控制设备自身应实现相应级别安全通用要求提出的身份鉴别、访问控制和安全审计等安全要求，如受条件限制控制设备无法实现上述要求，应由其上位控制或管理设备实现同等功能或通过管理手段控制	不适用	不适用	DCS控制器，PLC、RTU、过程控制器、无纸记录仪、测控装置等	不适用
	b) 应在经过充分测试评估后，在不影响系统安全稳定运行的情况下对控制设备进行补丁更新、固件更新等工作	不适用	不适用	DCS控制器，PLC、RTU、过程控制器、无纸记录仪、测控装置等	不适用

续表

控制点	测评指标	工业控制系统层级			
		生产管理层	过程监控层	现场控制层	现场设备层
	c) 应关闭或拆除控制设备的软盘驱动、光盘驱动、USB 接口、串行口或多余网口等，确需保留的应通过相关的技术措施实施严格的监控管理	不适用	不适用	DCS 控制器、PLC、RTU、过程控制器、无纸记录仪、测控装置等	不适用
控制设备安全	d) 应使用专用设备和专用软件对控制设备进行更新	不适用	不适用	DCS 控制器、PLC、RTU、过程控制器、无纸记录仪、测控装置等	不适用
	e) 应保证控制设备在上线前经过安全性检测，避免控制设备固件中存在恶意代码程序	不适用	不适用	DCS 控制器、PLC、RTU、过程控制器、无纸记录仪、测控装置等	不适用

第 5 章　大数据安全测评扩展要求

5.1　大数据概述

5.1.1　大数据

具有体量巨大、来源多样、生成极快且多变等特征，难以用传统数据体系结构有效处理的包含大量数据集的数据，称为大数据。

大数据是指无法用现有的软件工具提取、存储、搜索、共享、分析和处理的海量的、复杂的数据集合。业界通常用"4V"来概括大数据的特征。

（1）数据体量巨大（Volume）。目前典型计算机硬盘的容量为 TB 量级，而一些大企业的数据量已经接近 EB 量级。海量数据存在泄露、被篡改、丢失的风险，需要加强对海量数据存储、隔离、查询、清除的安全防护能力，保证数据传输和存储的保密性与完整性，保障数据的备份恢复能力。

（2）数据来源多样（Variety）。数据可能来自多个数据仓库、数据领域，或者拥有多种类型，包括结构化数据和非结构化数据。非结构化数据包括网络日志、音频、视频、图片、地理位置信息等。一旦数据出现问题，多样的数据来源就容易造成责任认定困难，因此需要提升数据溯源的安全能力，保障个人和企业的权益维护，以及法律责任的追溯和认定。

（3）处理速度快（Velocity）。在海量数据面前，处理数据的效率就是企业的生命。在数据处理的过程中容易出现误操作和操作中断等安全风险，需要保证操作过程的安全性、稳定性，提升组件之间网络通信安全、网络边界防护、身份鉴别、数据处理安全审计、数据清洗和转换的安全能力，保证海量数据处理的高效性、安全性和稳定性。

（4）多变性（Variability）。大数据的数量和类型每时每刻都处在变化与发展中，这妨碍了数据的处理和有效管理。在数据处理的过程中容易出现价值数据或个人信息泄露等安全风险，需要提升数据分类分级、数据访问控制、数据脱敏和去标识化的安全能力，保障个人的敏感信息不被泄露。

5.1.2　大数据等级保护对象

1. 大数据平台

大数据平台是指为大数据应用提供资源和服务的支撑集成环境，包括基础设施层、数据平台层和计算分析层，以及大数据管理平台等部分或全部的功能。基础设施层提供物理或虚拟的计算、网络和存储能力；数据平台层提供结构化数据和非结构化数据的物理存储、逻辑存储能力；计算分析层提供处理大量、高速、多样和多变数据的分析计算能力；大数据管理平台提供大数据平台的辅助服务能力。大数据平台可以为多个大数据应用及多种大数据资源提供服务。

大数据平台包含的技术组件有文件系统（如 HDFS）、数据存储（如 HBase）、内存技术（如 Ignite、GemFire、GridGain）、数据采集、消息系统、数据处理（如 Spark、Hadoop、Spark Streaming、Storm、HaLoop、Yahoo! S4、Flink、Trident）、查询引擎（如 Presto、Drill、Phoenix、Pig、Hive、SparkSQL、Stinger、Impala、Shark）、分析和报告工具（如 Kylin、Druid）、调度与管理服务（如 YARN、Mesos、Ambari、ZooKeeper、Thrift、Chukwa）、机器学习、开发平台（如 Lumify、Cascading、HPCC）等。

下面以 Hadoop 大数据平台为例进行说明。

1）基础设施层

基础设施层由两部分组成：ZooKeeper 集群和 Hadoop 集群。它为数据平台层提供基础设施服务，如命名服务、分布式文件系统、MapReduce/YARN 等。

2）数据平台层

数据平台层由三部分组成：任务调度控制台、HBase 和 Hive。它为计算分析层提供基础服务调用接口。

3）计算分析层

计算分析层用于为终端用户提供个性化的调用接口及用户的身份认证，是用户唯一可见的大数据平台操作入口。终端用户只有通过计算分析层提供的接口才可以与大数据平台进行交互。

2. 大数据应用

大数据应用是指基于大数据平台执行与数据生命周期相关的数据处理活动，通常包括数据采集、数据传输、数据存储、数据处理（如计算、分析、可视化等）、数据交换、数据销毁等。

大数据应用的常见案例有文字和图片搜索系统、电视媒体的视频搜索系统、自动泊车系统、超市物品摆放分析系统、地图导航系统、在线教育系统、翻译系统、产品推送广告系统等。

3. 大数据资源

大数据资源主要是指数据资源，即具有体量巨大、来源多样、生成极快且多变等特征，难以用传统数据体系结构有效处理的包含大量数据集的数据。

由于不同运营者单独承担安全责任，因此从定级对象的责任主体出发，大数据资源可独立作为定级对象，也可与大数据平台或大数据应用组合作为定级对象。当大数据资源独立作为定级对象时，承载其数据的载体（如服务器、数据库系统等）也应包含在大数据资源的定级对象范围内。若大数据资源对外提供数据资源服务，则安全防护软硬件也应包含在大数据资源的定级对象范围内。

5.2　安全扩展要求与最佳实践

GB/T 22239—2019《信息安全技术　网络安全等级保护基本要求》的附录 H 给出了大数据应用场景说明。为更有效地指导大数据系统的网络安全等级保护测评，本节给出了 GB/T 22239—2019 附录 H 与大数据安全保护最佳实践的对照（见表 5-1）。5.3 节和 5.4 节的内容在解读 GB/T 22239—2019 的基础上增加了对大数据安全保护最佳实践的解读（最佳实践只解读标准中没有的条款，若标准中已有，最佳实践对应重复的内容，则不再重复解读），以供读者参考。

表 5-1　GB/T 22239—2019 附录 H 与大数据安全保护最佳实践对照表

安全类	控制点	GB/T 22239—2019 附录 H			大数据安全保护最佳实践	
		标号	测评指标	对应等级	测评指标	对应等级
安全物理环境	基础设施位置	H.3.1 H.4.1 H.5.1	a）应保证承载大数据存储、处理和分析的设备机房位于中国境内	二、三、四	a）应保证承载大数据存储、处理和分析的设备机房位于中国境内	二、三、四

续表

安全类	控制点	GB/T 22239—2019 附录 H			大数据安全保护最佳实践	
		标号	测评指标	对应等级	测评指标	对应等级
安全通信网络	网络架构	H.2.1 H.3.2 H.4.2 H.5.2	a）应保证大数据平台不承载高于其安全保护等级的大数据应用	一、二、三、四	a）应保证大数据平台不承载高于其安全保护等级的大数据应用	一、二、三、四
		H.4.2 H.5.2	b）应保证大数据平台的管理流量与系统业务流量分离	三、四	b）应保证大数据平台的管理流量与系统业务流量分离	三、四
安全计算环境	身份鉴别	H.2.2 H.3.3 H.4.3 H.5.3	a）大数据平台应对数据采集终端、数据导入服务组件、数据导出终端、数据导出服务组件的使用实施身份鉴别	一、二、三、四	a）应对数据采集终端、数据导入服务组件、数据导出终端、数据导出服务组件的使用实施身份鉴别	一、二、三、四
		H.3.3 H.4.3 H.5.3	b）大数据平台应能对不同客户的大数据应用实施标识和鉴别	二、三、四	b）大数据平台应能对不同客户的大数据应用进行身份鉴别	一、二、三、四
					c）大数据资源应对调用其功能的对象进行身份鉴别	一、二、三、四
		—	—	—	d）大数据平台提供的重要外部调用接口应进行身份鉴别	二
					d）大数据平台提供的各类外部调用接口应依据调用主体的操作权限进行相应强度的身份鉴别	三、四
	访问控制	H.3.3 H.4.3 H.5.3	g）对外提供服务的大数据平台，平台或第三方只有在大数据应用授权下才可以对大数据应用的数据资源进行访问、使用和管理	二、三、四	a）对外提供服务的大数据平台，平台或第三方只有在大数据应用授权下才可以对大数据应用的数据资源进行访问、使用和管理	二、三、四
		H.4.3 H.5.3	h）大数据平台应提供数据分类分级安全管理功能，供大数据应用针对不同类别级别的数据采取不同的安全保护措施	三、四	b）应对数据进行分类管理	二
					b）大数据平台应提供数据分类分级标识功能	三、四
			i）大数据平台应提供设置数据安全标记功能，基于安全标记的授权和访问控制措施，满足细粒度授权访问控制管理能力要求	三、四	c）大数据平台应具备设置数据安全标记功能，并基于安全标记进行访问控制	三、四

安全类	控制点	GB/T 22239—2019 附录 H			大数据安全保护最佳实践	
		标号	测评指标	对应等级	测评指标	对应等级
安全计算环境	访问控制	H.4.3 H.5.3	j）大数据平台应在数据采集、存储、处理、分析等各个环节，支持对数据进行分类分级处置，并保证安全保护策略保持一致	三、四	d）应在数据采集、传输、存储、处理、交换及销毁等各个环节，根据数据分类分级标识对数据进行不同处置，最高等级数据的相关保护措施不低于第三级安全要求，安全保护策略在各环节保持一致	三
					d）应在数据采集、传输、存储、处理、交换及销毁等各个环节，根据数据分类分级标识对数据进行不同处置，最高等级数据的相关保护措施不低于第四级安全要求，安全保护策略在各环节保持一致	四
			k）涉及重要数据接口、重要服务接口的调用，应实施访问控制，包括但不限于数据处理、使用、分析、导出、共享、交换等相关操作	三、四	c）应采取技术手段对数据采集终端、数据导入服务组件、数据导出终端、数据导出服务组件的使用进行限制	二
					e）大数据平台应对其提供的各类接口的调用实施访问控制，包括但不限于数据采集、处理、使用、分析、导出、共享、交换等相关操作	三、四
					f）应最小化各类接口操作权限	二、三、四
		—	—	—	g）应最小化数据使用、分析、导出、共享、交换的数据集	二、三、四
					h）大数据平台应提供隔离不同客户应用数据资源的能力	三、四
					i）应采用技术手段限制在终端输出重要数据	四
		H.5.3	o）大数据平台应具备对不同类别、不同级别数据全生命周期区分处置的能力	四	j）大数据平台应具备对不同类别、不同级别数据全生命周期区分处置的能力	四

| 安全类 | 控制点 | GB/T 22239—2019 附录 H | | | 大数据安全保护最佳实践 | |
		标号	测评指标	对应等级	测评指标	对应等级
安全计算环境	安全审计	H.4.3 H.5.3	n）大数据平台应保证不同客户大数据应用的审计数据隔离存放，并提供不同客户审计数据收集汇总和集中分析的能力	三、四	a）大数据平台应保证不同客户大数据应用的审计数据隔离存放，并能够为不同客户提供接口调用相关审计数据的收集汇总	三、四
					b）大数据平台应对其提供的重要接口的调用情况进行审计	二
		—	—	—	b）大数据平台应对其提供的各类接口的调用情况进行审计	三、四
					c）应保证大数据平台服务商对服务客户数据的操作可被服务客户审计	二、三、四
	入侵防范	—	—	—	a）应对导入或者其他数据采集方式收集到的数据进行检测，避免出现恶意数据输入	三、四
	数据完整性	—	—	—	a）应采用技术手段对数据交换过程进行数据完整性检测	一、二、三、四
					b）数据在存储过程中的完整性保护应满足数据源系统的安全保护要求	一、二、三、四
	数据保密性	H.3.3 H.4.3 H.5.3	f）大数据平台应提供静态脱敏和去标识化的工具或服务组件技术	二、三、四	a）大数据平台应提供静态脱敏和去标识化的工具或服务组件技术	二、三、四
					b）应依据相关安全策略对数据进行静态脱敏和去标识化处理	一、二
		—	—	—	b）应依据相关安全策略和数据分类分级标识对数据进行静态脱敏和去标识化处理	三、四
					c）数据在存储过程中的保密性保护应满足数据源系统的安全保护要求	二、三、四
	数据备份恢复	—	—	—	a）备份数据应采取与原数据一致的安全保护措施	二、三、四

安全类	控制点	GB/T 22239—2019 附录 H			大数据安全保护最佳实践	
		标号	测评指标	对应等级	测评指标	对应等级
安全计算环境	数据备份恢复	—	—	—	b）大数据平台应保证用户数据存在若干个可用的副本，各副本之间的内容应保持一致性，并定期对副本进行验证	三、四
					c）应提供对关键溯源数据的备份	三、四
	剩余信息保护	—	—	—	a）在数据整体迁移的过程中，应杜绝数据残留	二、三、四
					b）大数据平台应能够根据大数据应用提出的数据销毁要求和方式实施数据销毁	二、三、四
					c）大数据应用应基于数据分类分级保护策略，明确数据销毁要求和方式	三、四
	个人信息保护	—	—	—	a）采集、处理、使用、转让、共享、披露个人信息应在个人信息处理的授权同意范围内	二、三、四
					b）应采取措施防止在数据处理、使用、分析、导出、共享、交换等过程中识别出个人身份信息	二、三、四
	数据溯源	H.4.3 H.5.3	m）应跟踪和记录数据采集、处理、分析和挖掘等过程，保证溯源数据能重现相应过程，溯源数据满足合规审计要求	三、四	a）应跟踪和记录数据采集、处理、分析和挖掘等过程，保证溯源数据能重现相应过程	三、四
					b）溯源数据应满足数据业务要求和合规审计要求	三、四
			l）应在数据清洗和转换过程中对重要数据进行保护，以保证重要数据清洗和转换后的一致性，避免数据失真，并在产生问题时能有效还原和恢复	三、四	c）应在数据清洗和转换过程中对重要数据进行保护，以保证重要数据清洗和转换后的一致性，避免数据失真，并在产生问题时能有效还原和恢复	三、四
		—	—	—	d）应采用技术手段，保证数据源的真实可信	三、四
					e）应采用技术手段，保证溯源数据的真实性和保密性	四

续表

安全类	控制点	GB/T 22239—2019 附录 H			大数据安全保护最佳实践	
		标号	测评指标	对应等级	测评指标	对应等级
安全管理中心	系统管理①	H.3.3	c）大数据平台应为大数据应用提供管控其计算和存储资源使用状况的能力	二	a）大数据平台应为大数据应用提供管理其计算和存储资源使用状况的能力	二
		H.4.3 H.5.3	c）大数据平台应为大数据应用提供集中管控其计算和存储资源使用状况的能力	三、四	a）大数据平台应为大数据应用提供集中管理其计算和存储资源使用状况的能力	三、四
		H.3.3 H.4.3 H.5.3	d）大数据平台应对其提供的辅助工具或服务组件，实施有效管理	二、三、四	b）大数据平台应对其提供的辅助工具或服务组件，实施有效管理	二、三、四
			e）大数据平台应屏蔽计算、内存、存储资源故障，保障业务正常运行	二、三、四	c）大数据平台应屏蔽计算、内存、存储资源故障，保障业务正常运行	二、三、四
		—	—	—	d）大数据平台在系统维护、在线扩容等情况下，应保证大数据应用的正常业务处理能力	二、三、四
	集中管控	—	—	—	a）应对大数据平台提供的各类接口的使用情况进行集中审计和监测	三、四
安全管理机构	授权和审批	—	—	—	a）数据的采集应获得数据源管理者的授权，确保数据收集最小化原则	一、二、三、四
					b）应建立数据集成、分析、交换、共享及公开的授权审批控制流程，依据流程实施相关控制和记录过程	三、四
					c）应建立跨境数据的评估、审批及监管控制流程，并依据流程实施相关控制和记录过程	三、四
安全建设管理	大数据服务商选择	H.2.3 H.3.4 H.4.4 H.5.4	a）应选择安全合规的大数据平台，其所提供的大数据平台服务应为其所承载的大数据应用提供相应等级的安全保护能力	一、二、三、四	a）应选择安全合规的大数据平台，其所提供的大数据平台服务应为其所承载的大数据应用提供相应等级的安全保护能力	一、二、三、四

① 标准中将此内容放在"安全计算环境"中，本书根据实际情况做了调整。

续表

安全类	控制点	GB/T 22239—2019 附录 H			大数据安全保护最佳实践	
		标号	测评指标	对应等级	测评指标	对应等级
安全建设管理	大数据服务商选择	H.3.4 H.4.4 H.5.4	b）应以书面方式约定大数据平台提供者的权限与责任、各项服务内容和具体技术指标等，尤其是安全服务内容	二、三、四	b）应以书面方式约定大数据平台提供者的权限与责任、各项服务内容和具体技术指标等，尤其是安全服务内容	二、三、四
	供应链管理	—	—	—	a）应确保供应商的选择符合国家有关规定	一、二、三、四
		H.4.4 H.5.4	c）应明确约束数据交换、共享的接收方对数据的保护责任，并确保接收方有足够或相当的安全防护能力	三、四	b）应以书面方式约定数据交换、共享的接收方对数据的保护责任，并明确数据安全保护要求，同时应将供应链安全事件信息或安全威胁信息及时传达到数据交换、共享的接收方	三、四
	数据源管理	—	—	—	a）应通过合法正当渠道获取各类数据	一、二、三、四
安全运维管理	资产管理	H.3.5 H.4.5 H.5.5	a）应建立数字资产安全管理策略，对数据全生命周期的操作规范、保护措施、管理人员职责等进行规定，包括但不限于数据采集、存储、处理、应用、流动、销毁等过程①	二、三、四	a）应建立数据资产安全管理策略，对数据全生命周期的操作规范、保护措施、管理人员职责等进行规定，包括但不限于数据采集、传输、存储、处理、交换、销毁等过程	二、三、四
		H.4.5 H.5.5	b）应制定并执行数据分类分级保护策略，针对不同类别级别的数据制定不同的安全保护措施	三、四	b）应制定并执行数据分类分级保护策略，针对不同类别级别的数据制定相应强度的安全保护要求	三、四
			c）应在数据分类分级的基础上，划分重要数字资产范围，明确重要数据进行自动脱敏或去标识的使用场景和业务处理流程	三、四	c）应对数据资产进行登记管理，建立数据资产清单	二
					c）应对数据资产和对外数据接口进行登记管理，建立相应资产清单	三、四
			d）应定期评审数据的类别和级别，如需要变更数据的类别或级别，应依据变更审批流程执行变更	三、四	d）应定期评审数据的类别和级别，如需要变更数据所属类别或级别，应依据变更审批流程执行变更	三、四

---

① 标准中的"数字资产"涵盖范围较广，这里只是针对数据提出的安全保护要求，所以后续解读时用的都是"数据资产"。

| 安全类 | 控制点 | GB/T 22239—2019 附录 H | | | 大数据安全保护最佳实践 | |
		标号	测评指标	对应等级	测评指标	对应等级
安全运维管理	介质管理	—	—	—	a）应在中国境内对数据进行清除或销毁	二、三、四
	网络和系统安全管理	—	—	—	a）应建立对外数据接口安全管理机制，所有的接口调用均应获得授权和批准	二、三、四

5.3　第一级和第二级大数据安全测评扩展要求应用解读

5.3.1　安全物理环境

在对大数据系统的"安全物理环境"测评时应同时依据安全测评通用要求和安全测评扩展要求，其中涉及安全测评通用要求的解读内容参见《网络安全等级保护测评要求（通用要求部分）应用指南》中的"安全物理环境"，安全测评扩展要求的解读内容参见本节。

基础设施位置

【标准要求】

该控制点第二级包括测评单元安全物理环境 BDS-L2-01。

【安全物理环境 BDS-L2-01 解读和说明】

测评指标"应保证承载大数据存储、处理和分析的设备机房位于中国境内"的主要测评对象是大数据平台出具的物理机房位置说明文档或存储及处理数据资源的物理机房等。该测评指标适用于包含大数据平台、大数据应用或大数据资源的定级对象。

测评实施要点包括：访谈大数据平台管理员，了解与被测定级对象相关的大数据平台的存储节点、处理节点、分析节点和大数据管理平台等承载大数据业务与数据的软硬件所在机房的物理位置；核查大数据平台建设方案中是否明确大数据平台的存储节点、处理节点、分析节点和大数据管理平台等承载大数据业务与数据的软硬件均位于中国境内；若大数据平台构建在第三方基础设施上，则核查第三方基础设施机房是否位于中国境内；核查大数据平台服务器、存储设备等物理基础设施是否位于中国境内。

以对外提供大数据服务的大数据平台为例，测评实施步骤主要包括：访谈大数据平台管理员，了解大数据平台的基础设施采用何种部署方式，若其基础设施部署在第三方基础设施上，则了解相关的软硬件所在的第三方基础设施机房有几个、物理位置在哪里，若其基础设施未部署在第三方基础设施上，则了解相关的软硬件所在机房的物理位置；结合访谈结果，若大数据平台构建在第三方基础设施上，则查看第三方基础设施机房位于中国境内的证明，若大数据平台未构建在第三方基础设施上，则查看大数据平台建设方案，核查大数据平台的存储节点、处理节点、分析节点和大数据管理平台等承载大数据业务与数据的软硬件是否均位于中国境内。若部署大数据平台环境的机房及存储、处理、分析等各类服务器，以及大数据管理平台等承载大数据业务与数据的软硬件均位于中国境内，则单元判定结果为符合，否则为不符合或部分符合。

5.3.2　安全通信网络

在对大数据系统的"安全通信网络"测评时应同时依据安全测评通用要求和安全测评扩展要求，其中涉及安全测评通用要求的解读内容参见《网络安全等级保护测评要求（通用要求部分）应用指南》中的"安全通信网络"，安全测评扩展要求的解读内容参见本节。由于大数据系统的特点，本节列出了部分安全测评通用要求在大数据环境下的个性化解读内容。

1．通信传输

【标准要求】

该控制点第一级包括测评单元 L1-CNS1-01，第二级包括测评单元 L2-CNS1-03。

【L1-CNS1-01/L2-CNS1-03 解读和说明】

测评指标"应采用校验技术保证通信过程中数据的完整性"的主要测评对象是大数据平台、大数据应用、大数据资源之间的通信数据，以及大数据平台、大数据应用、大数据资源之间进行数据传输的设备/组件。其中，通信数据包括但不限于鉴别数据、重要业务数据、重要审计数据、重要配置数据、重要视频数据和重要个人信息等，应重点关注大数据平台（或应用）处理的大数据；进行数据传输的设备/组件包括但不限于 VPN、消息中间件、API、Web 页面等。该测评指标适用于包含大数据平台、大数据应用或大数据资源的定级对象。

测评实施要点包括：为了防止数据在通信过程中被修改或破坏，应核查是否采用校验技术保证通信过程中数据的完整性。通过校验技术提取待发送数据的特征码，特征码定长输出，不可逆。常用算法有 SM3、MD5、SHA1、SHA256、SHA512、CRC32，推荐使用国密杂凑算法 SM3。将数据的特征码及源数据发送到接收方，接收方根据源数据计算特征码并与接收的特征码进行比对，验证通信过程中数据的完整性，如果一样则数据没有被修改，反之数据被修改过；或者核查进行数据传输的设备/组件是否采用 HTTPS、TLS 或 SSL 保证通信信道中数据传输的完整性。

以对外提供大数据服务的大数据平台为例，测评实施步骤主要包括：核查是否在数据传输过程中使用校验技术保证其完整性；测试验证设备/组件是否可以保证通信过程中数据的完整性。若对鉴别数据、重要业务数据、重要审计数据、重要配置数据、重要视频数据和重要个人信息等采用校验技术保证通信过程中数据的完整性，则单元判定结果为符合，否则为不符合或部分符合。

2. 网络架构

【标准要求】

该控制点第一级包括测评单元安全通信网络 BDS-L1-01，第二级包括测评单元安全通信网络 BDS-L2-01。

【安全通信网络 BDS-L1-01/BDS-L2-01 解读和说明】

测评指标"应保证大数据平台不承载高于其安全保护等级的大数据应用"的主要测评对象是大数据平台、大数据应用系统、大数据资源的定级材料和备案证明。该测评指标适用于包含大数据平台、大数据应用或大数据资源的定级对象。

测评实施要点包括：通过查看定级对象的备案证明等备案材料，明确大数据系统中各定级对象的安全保护等级。当大数据平台、大数据应用、大数据资源分别作为独立定级对象，或者任意组合作为定级对象时：大数据应用、大数据资源的安全保护等级均不能高于大数据平台的安全保护等级；大数据资源的安全保护等级不能高于大数据应用的安全保护等级。

以大数据应用为例，测评实施步骤主要包括：访谈大数据应用管理员，了解大数据应用及其所在大数据平台的等级保护定级情况；核查大数据应用及其所在大数据平台的定级材料和备案证明，如定级报告、备案表、专家评审意见等。若大数据应用的安全保护等级不高于其所在大数据平台的安全保护等级，则单元判定结果为符合，否则为不符合。

5.3.3　安全区域边界

在对大数据系统的"安全区域边界"测评时应依据安全测评通用要求，涉及安全测评通用要求的解读内容参见《网络安全等级保护测评要求（通用要求部分）应用指南》中的"安全区域边界"。由于大数据系统的特点，本节列出了部分安全测评通用要求在大数据环境下的个性化解读内容。

安全审计

【标准要求】

该控制点第二级包括测评单元 L2-ABS1-08。

【L2-ABS1-08 解读和说明】

测评指标"应在网络边界、重要网络节点进行安全审计，审计覆盖到每个用户，对重要的用户行为和重要安全事件进行审计"的主要测评对象是审计设备、审计系统等。该测评指标适用于包含大数据平台、大数据应用或大数据资源的定级对象。

测评实施要点包括：对于大数据系统而言，除关注一般信息系统应关注的安全审计行为和事件外，还应关注安全审计范围是否覆盖到重要数据全生命周期中的访问及操作等行为。

以对外提供大数据服务的大数据平台为例，测评实施步骤主要包括：核查是否部署综合安全审计系统或具有类似功能的系统平台；核查安全审计范围是否覆盖到重要数据全生命周期中的访问及操作等行为，生命周期的环节至少包括数据的采集、存储、处理，以及所有数据的输出、交换等。若在网络边界和重要网络节点处部署了审计设备，审计能够覆盖到每个用户，且审计事项涵盖重要的用户行为和重要的安全事件（含数据的访问及操作），则单元判定结果为符合，否则为不符合或部分符合。

5.3.4　安全计算环境

在对大数据系统的"安全计算环境"测评时应同时依据安全测评通用要求和安全测评扩展要求，其中涉及安全测评通用要求的解读内容参见《网络安全等级保护测评要求（通用要求部分）应用指南》中的"安全计算环境"，安全测评扩展要求的解读内容参见本节。

1. 身份鉴别

【标准要求】

该控制点第一级包括测评单元安全计算环境 BDS-L1-01，第二级包括测评单元安全计算环境 BDS-L2-01、BDS-L2-02。

【安全计算环境 BDS-L1-01/BDS-L2-01 解读和说明】

测评指标"大数据平台应对数据采集终端、数据导入服务组件、数据导出终端、数据导出服务组件的使用实施身份鉴别"的主要测评对象是数据采集终端、数据导入服务组件、业务应用系统、数据管理系统、系统管理软件、外部数据库管理系统、外部文件服务器、数据导出终端、数据导出服务组件等。该测评指标适用于包含大数据平台的定级对象。

测评实施要点包括：核查大数据平台有哪些数据采集终端、数据导入服务组件、数据导出终端、数据导出服务组件；核查大数据平台是否对各类组件及服务实施身份鉴别措施；测试验证身份鉴别措施是否可以被绕过。

以对外提供大数据服务的大数据平台为例，测评实施步骤主要包括：访谈大数据平台管理员，了解系统的数据采集终端、数据导入服务组件、数据导出终端、数据导出服务组件在登录时是否采取身份鉴别措施；结合访谈结果，核查大数据平台中各数据采集终端、数据导入服务组件、数据导出终端、数据导出服务组件在登录时是否采取身份鉴别措施；测试验证身份鉴别措施是否可以被绕过。若上述要求全部满足，且身份鉴别措施无法被绕过，则单元判定结果为符合，否则为不符合或部分符合。

【安全计算环境 BDS-L2-02 解读和说明】

测评指标"大数据平台应能对不同客户的大数据应用实施标识和鉴别"的主要测评对象是大数据平台、大数据平台管理系统、大数据应用系统。该测评指标适用于包含大数据平台的定级对象。

测评实施要点包括：核查大数据平台能否对所有客户的大数据应用进行身份鉴别；测试验证身份鉴别措施是否可以被绕过。

以对外提供大数据服务的大数据平台为例，测评实施步骤主要包括：访谈大数据平台管理员及大数据应用管理员，了解大数据平台的身份鉴别措施通过什么系统、什么措施实现；结合访谈结果，核查大数据平台、大数据平台管理系统、大数据应用系统及大数据平台应用客户端等所采取的身份鉴别措施；测试验证身份鉴别措施是否可以被绕过。若大数据平台能对不同客户的大数据应用实施标识和鉴别，且身份鉴别措施无法被绕过，则单元判定结果为符合，否则为不符合或部分符合。

【最佳实践】

该控制点第一级包括身份鉴别最佳实践 c)，第二级包括身份鉴别最佳实践 c) 和 d)（见表 5-1）。

【身份鉴别最佳实践 c) 解读和说明】

测评指标"大数据资源应对调用其功能的对象进行身份鉴别"的主要测评对象是调用其功能的外部数据管理系统、业务应用系统、数据导出服务组件等。该测评指标适用于包含大数据资源的定级对象。

测评实施要点包括：梳理调用大数据资源的外部实体有哪些；梳理大数据资源对所有调用其功能的外部实体实施何种身份鉴别措施；测试验证身份鉴别措施是否可以被绕过。

以对外提供大数据服务的大数据资源为例，测评实施步骤主要包括：访谈大数据资源管理员，了解调用其功能的外部数据管理系统、业务应用系统、数据导出服务组件等外部实体有哪些；结合访谈结果，核查大数据资源是否对调用其功能的外部数据管理系统、业务应用系统、数据导出服务组件等实施身份鉴别措施；测试验证身份鉴别措施是否可以被绕过。若上述要求全部满足，且身份鉴别措施无法被绕过，则单元判定结果为符合，否则为不符合或部分符合。

【身份鉴别最佳实践 d) 解读和说明】

测评指标"大数据平台提供的重要外部调用接口应进行身份鉴别"的主要测评对象是大数据平台对外提供调用的重要接口，以及调用其接口的外部实体（包括数据库管理系统、业务应用系统、系统管理软件、文件系统等）。该测评指标适用于包含大数据平台的定级对象。

测评实施要点包括：梳理大数据平台有哪些对外提供调用的接口；结合大数据平台对外提供调用的重要接口，核查在外部实体调用时是否对其实施身份鉴别措施；测试验证身份鉴别措施是否可以被绕过。

以对外提供大数据服务的大数据平台为例，测评实施步骤主要包括：访谈大数据平台管理员，了解大数据平台有哪些对外提供调用的重要接口；结合访谈结果，核查大数据平台对外提供调用的重要接口在被外部实体调用时是否对其实施身份鉴别措施；测试验证身份鉴别措施是否可以被绕过。若上述要求全部满足，且身份鉴别措施无法被绕过，则单元判定结果为符合，否则为不符合或部分符合。

2. 访问控制

【标准要求】

该控制点第二级包括测评单元安全计算环境 BDS-L2-07。

【安全计算环境 BDS-L2-07 解读和说明】

测评指标"对外提供服务的大数据平台，平台或第三方只有在大数据应用授权下才可以对大数据应用的数据资源进行访问、使用和管理"的主要测评对象是大数据平台、大数据应用系统、大数据平台应用客户端、数据管理系统和系统设计文档等。该测评指标适用于包含大数据平台或大数据应用的定级对象。

测评实施要点包括：核查大数据平台是否提供针对大数据应用数据资源的访问控制功能；核查大数据应用是否能够使用大数据平台的访问控制功能，对所属数据资源实施访问控制；核查是否对大数据应用进行访问控制策略配置；测试验证在未经授权的情况下，大数据平台或第三方是否可以越权访问大数据应用的数据资源。

以对外提供大数据服务的大数据平台为例，测评实施步骤主要包括：访谈大数据平台管理员，查阅系统设计文档，查看大数据平台是否具有设置大数据应用数据资源访问控制规则的功能；核查访问控制规则是否由经授权的管理员或其他主体进行配置；结合访谈及查阅结果，核查针对大数据应用数据资源的访问控制策略是否由经授权的主体按照安全策略进行配置；测试验证在未经授权的情况下，大数据平台或第三方是否可以越权访问大数据应用的数据资源。若上述要求全部满足，且大数据平台或第三方无法越权访问大数据应用的数据资源，则单元判定结果为符合，否则为不符合或部分符合。

【最佳实践】

该控制点第二级包括访问控制最佳实践 b）、c）、f）和 g）（见表 5-1）。

【访问控制最佳实践 b）解读和说明】

测评指标"应对数据进行分类管理"的主要测评对象是大数据平台、大数据应用系统、大数据平台应用客户端、数据管理系统和系统设计文档等。该测评指标适用于包含大数据平台、大数据应用或大数据资源的定级对象。

测评实施要点包括：核查大数据平台是否根据国家、地方、行业标准及法规，制定分类策略。

以对外提供大数据服务的大数据平台为例，测评实施步骤主要包括：访谈大数据平台管理员，查阅系统设计文档；结合访谈结果，核查大数据平台是否能够根据数据分类标识为大数据应用提供分类安全管理功能。若上述要求全部满足，则单元判定结果为符合，否则为不符合或部分符合。

【访问控制最佳实践 c）解读和说明】

测评指标"应采取技术手段对数据采集终端、数据导入服务组件、数据导出终端、数据导出服务组件的使用进行限制"的主要测评对象是数据采集终端、数据导入服务组件、业务应用系统、数据管理系统和系统管理软件等。该测评指标适用于包含大数据平台、大数据应用或大数据资源的定级对象。

测评实施要点包括：核查大数据平台、大数据应用及大数据资源有哪些数据采集终端、数据导入服务组件、数据导出终端、数据导出服务组件；核查大数据平台、大数据应用及大数据资源是否对各类组件及服务实施访问控制措施。

以对外提供大数据服务的大数据平台为例，测评实施步骤主要包括：访谈大数据平台管理员、大数据应用管理员、大数据资源管理员，了解系统的数据采集终端、数据导入服务组件、数据导出终端、数据导出服务组件在登录时是否采取访问控制措施；结合访谈结果，核查大数据平台、大数据应用、大数据资源中各数据采集终端、数据导入服务组件、数据导出终端、数据导出服务组件在登录时是否采取身份鉴别措施；测试验证访问控制措施是否可以被绕过。若各数据采集终端、数据导入服务组件、数据导出终端、数据导出服务组件在登录时采取了访问控制措施，且访问控制措施无法被绕过，则单元判定结果为符合，否则为不符合或部分符合。

【访问控制最佳实践 f）解读和说明】

测评指标"应最小化各类接口操作权限"的主要测评对象是大数据平台、大数据应用系统、数据管理系统和系统管理软件等。该测评指标适用于包含大数据平台、大数据应用或大数据资源的定级对象。

测评实施要点包括：梳理各类接口所需的基本权限。

以对外提供大数据服务的大数据平台为例，测评实施步骤主要包括：访谈大数据平台管理员，了解大数据平台是否制定安全策略，并规定各类接口所需的操作权限；结合访谈结果，核查大数据平台各操作接口是否具备非必要的操作权限。若上述要求全部满足，则单元判定结果为符合，否则为不符合或部分符合。

【访问控制最佳实践 g）解读和说明】

测评指标"应最小化数据使用、分析、导出、共享、交换的数据集"的主要测评对象是大数据平台、大数据应用系统、数据管理系统和系统管理软件等。该测评指标适用于包含大数据平台、大数据应用或大数据资源的定级对象。

测评实施要点包括：可根据某一业务线，查看其数据使用、分析、导出、共享、交换各个环节的数据集是否遵从相关安全策略，数据集内各类数据的操作是否经过审批流程批准；可在数据使用、分析、导出、共享、交换各个环节对数据进行抽测，核查数据集内各类数据的操作是否经过审批流程批准，是否遵从相关安全策略。

以对外提供大数据服务的大数据平台为例，测评实施步骤主要包括：核查数据使用、分析、导出、共享、交换的数据集是否包含非必要数据。若数据使用、分析、导出、共享、交换的数据集不包含非必要数据，则单元判定结果为符合，否则为不符合或部分符合。

3. 安全审计

【最佳实践】

该控制点第二级包括安全审计最佳实践 b）和 c）（见表 5-1）。

【安全审计最佳实践 b）解读和说明】

测评指标"大数据平台应对其提供的重要接口的调用情况进行审计"的主要测评对象是大数据平台提供的重要接口及审计模块的记录内容。该测评指标适用于包含大数据平台的定级对象。

测评实施要点包括：确认重要数据服务接口类型的访问控制策略与审计模块的记录内容；按功能类别划分重要接口服务，对每类重要接口服务进行测试验证，并且在审计模块中查看日志的记录情况。

以对外提供大数据服务的大数据平台为例，测评实施步骤主要包括：访谈大数据平台管理员、大数据应用管理员，了解大数据平台重要接口的访问是否记入审计模块；结合访谈结果，按功能类别划分重要接口服务，对每类重要接口服务进行测试验证，并且在审计模块中查看日志的记录情况。若通过测试验证所有功能类别的接口的操作记录均存在审计记录，则单元判定结果为符合，否则为不符合或部分符合。

【安全审计最佳实践 c) 解读和说明】

测评指标"应保证大数据平台服务商对服务客户数据的操作可被服务客户审计"的主要测评对象是大数据平台为服务客户提供的审计模块，或者其他服务客户的消息通知方式（如平台配置变更公告）。该测评指标适用于包含大数据平台或大数据应用的定级对象。

测评实施要点包括：确认大数据平台服务商对服务客户数据的操作如何被服务客户审计；核查服务客户侧可看到的大数据平台服务商对服务客户数据的操作历史记录。

以对外提供大数据服务的大数据平台为例，测评实施步骤主要包括：访谈大数据平台开发人员和大数据应用管理员，了解大数据平台的配置变更情况是否被记入审计模块，确认服务客户侧的审计模块是否可看到关乎服务客户侧的平台的重要配置变更情况，或者是否存在公告流程以公布平台的重要配置变更情况；核查服务客户侧的审计模块是否可看到关乎服务客户侧的平台的重要配置变更情况；核查以公告流程公布平台的重要配置变更情况的记录。若存在服务客户侧的审计模块且可看到关乎服务客户侧的平台的重要配置变更情况，或者存在以公告流程公布平台的重要配置变更情况的记录供服务客户查看，则单元判定结果为符合，否则为不符合或部分符合。

4. 数据完整性

【最佳实践】

该控制点第一级包括数据完整性最佳实践 a) 和 b)，第二级包括数据完整性最佳实践 a) 和 b)（见表 5-1）。

【数据完整性最佳实践 a) 解读和说明】

测评指标"应采用技术手段对数据交换过程进行数据完整性检测"的主要测评对象是系统在数据交换阶段采用的完整性校验技术相关产品或组件。该测评指标适用于包含大数据平台、大数据应用或大数据资源的定级对象。

测评实施要点包括：确认数据交换过程中所采用的完整性校验技术，关注的对象包括系统业务数据、系统配置参数数据、镜像快照数据、存储的备份数据、日志记录等；核查在数据交换过程中，完整性校验不通过时系统所采取的反馈行为和处理策略。

以对外提供大数据服务的大数据平台为例，测评实施步骤主要包括：访谈大数据平台管理员、大数据应用管理员，了解数据交换过程（内部交换、外部交换）及其所采用的完整性校验技术，记录实现完整性校验的密码技术及算法参数、行业标准等；核查在数据交换过程中，完整性校验不通过时系统所采取的反馈行为和处理策略。进行数据完整性校验有如下两种方式——数据源完整性校验、数据通道完整性校验。两种方式分别采用不同的测试验证方式：如果对业务数据字段进行数据源完整性校验，若使用标准的完整性算法，则可取简单数据进行相同的完整性算法计算，然后对比 Hash 列表进行算法有效性校验，也可使用消息序列认证技术；如果采用数据通道完整性校验技术实现完整性保护，则使用数据包截取工具截取交换数据包，查看完整性算法是否与预期的一致。若采用的密码算法及其配置参数符合行业标准，通过测试验证完整性算法与预期的一致，则单元判定结果为符合；若使用其他非密码技术，如传统 CRC 校验（可保证数据完整性但是无法防碰撞攻击），则需要根据数据重要程度和数据交换空间（内部交换、外部交换）将单元判定为不符合或部分符合。

【数据完整性最佳实践 b）解读和说明】

测评指标"数据在存储过程中的完整性保护应满足数据源系统的安全保护要求"的主要测评对象是系统在数据存储阶段采用的完整性校验技术相关产品或组件。该测评指标适用于包含大数据平台、大数据应用或大数据资源的定级对象。

测评实施要点包括：确认数据源系统的安全保护等级，了解大数据系统在数据存储过程中所采用的完整性校验技术，关注的对象包括但不限于系统业务数据、镜像快照数据、存储的备份数据；对比本系统和数据源系统采取的数据存储保护完整性要求。

以对外提供大数据服务的大数据平台为例，测评实施步骤主要包括：访谈大数据系统开发人员，了解是否存在数据源系统，若不存在则判定为不适用，若存在则询问数据源系统是否具有数据存储保护完整性要求；对本系统采取的数据存储保护完整性要求条款进行核查，并与数据源系统的数据存储保护完整性要求对比。若采用的密码技术、密码算法及其配置参数满足数据源系统的安全保护要求，通过测试验证完整性算法与预期的一致，则单元判定结果为符合，否则为不符合或部分符合。

5. 数据保密性

【标准要求】

该控制点第二级包括测评单元安全计算环境 BDS-L2-06。

【安全计算环境 BDS-L2-06 解读和说明】

测评指标"大数据平台应提供静态脱敏和去标识化的工具或服务组件技术"的主要测评对象是数据清洗模块或其他数据脱敏和去标识化组件。该测评指标适用于包含大数据平台的定级对象。

测评实施要点包括：核查大数据平台是否提供静态脱敏和去标识化的工具或服务组件；记录组件的脱敏和去标识化原理，不限于 Tokenization、Masking、加密、抑制、数据发现、TDE（透明数据加密）等。

以对外提供大数据服务的大数据平台为例，测评实施步骤主要包括：访谈大数据系统管理员和开发人员，了解系统中是否存在对数据脱敏和去标识化的处理及采用的系统或组件，记录数据的脱敏和去标识化处理规则。若大数据平台存在对数据脱敏和去标识化的处理，则单元判定结果为符合，否则为不符合或部分符合。

【最佳实践】

该控制点第一级包括数据保密性最佳实践 b），第二级包括数据保密性最佳实践 b）和 c）（见表 5-1）。

【数据保密性最佳实践 b）解读和说明】

测评指标"应依据相关安全策略对数据进行静态脱敏和去标识化处理"的主要测评对象是数据清洗模块或其他数据脱敏和去标识化组件。该测评指标适用于包含大数据平台、大数据应用或大数据资源的定级对象。

测评实施要点包括：确认系统中是否存在对数据脱敏和去标识化的处理及采用的系统或组件；核查脱敏和去标识化后的数据可否通过社工等方式还原以获取源数据信息。

以对外提供大数据服务的大数据平台为例，测评实施步骤主要包括：访谈大数据系统管理员和开发人员，了解系统中是否存在对数据脱敏和去标识化的处理及采用的系统或组件，记录数据的脱敏和去标识化处理规则；核查脱敏和去标识化处理前后数据的差异，查询相关行业信息安全标准并与处理后的数据进行字段对比，导入不同类型的测试数据，核查脱敏和去标识化后的数据可否通过社工等方式还原以获取源数据信息。若存在对数据脱敏和去标识化的处理规则，各类数据脱敏和去标识化后均无法通过社工等方式还原以获取源数据信息，则单元判定结果为符合，否则为不符合或部分符合。

【数据保密性最佳实践 c) 解读和说明】

测评指标"数据在存储过程中的保密性保护应满足数据源系统的安全保护要求"的主要测评对象是系统在各阶段采用的保密性存储技术相关产品或组件，或者独立提供数据存储服务的数据管理系统。该测评指标适用于包含大数据平台、大数据应用或大数据资源的定级对象。

测评实施要点包括：确认数据源系统的安全保护等级；了解数据存储过程中所采用的存储控制系统，核查存储控制系统所使用的保密性存储技术和参考的行业标准；对比本系统和数据源系统采取的数据存储保护保密性要求。

以对外提供大数据服务的大数据平台为例，测评实施步骤主要包括：访谈大数据系统开发人员，了解是否存在数据源系统，若不存在则判定为不适用，若存在则询问数据源系统是否具有数据存储保护保密性要求；了解数据存储过程中所采用的数据保密技术，关注的对象包括但不限于系统业务数据、镜像快照数据、存储的备份数据；对本系统采取的数据存储保护保密性要求条款进行核查，并与数据源系统的数据存储保护保密性要求对比。由于大数据的加密计算量比普通系统大，因此数据存储加密方式可能有如下两种：部署单独的数据存储系统进行密钥设计访问控制；单独对数据、文件进行密码算法加密存储。两种方式分别采用不同的测试验证方式：如果部署单独的数据存储系统进行密钥设计访问控制，则核查系统未进行身份鉴别时是否可以调取存储的数据，记录密钥所采用的算法、算法参数、身份鉴别参数，并且验证数据存储系统是否可以绕过授权直接访问数据；如果单独对数据、文件进行密码算法加密存储，则测试验证是否可以从存储的数据中获取明文数据、明文文件等。若采用的密码算法及其配置参数符合行业标准，且加密存储的数据通过测试验证无法获取明文数据、明文文件等，则单元判定结果为符合，否则为不符合或部分符合。

6. 数据备份恢复

【最佳实践】

该控制点第二级包括数据备份恢复最佳实践 a)（见表 5-1）。

【数据备份恢复最佳实践 a）解读和说明】

测评指标"备份数据应采取与原数据一致的安全保护措施"的主要测评对象是数据备份模块及对应数据备份策略、独立提供数据存储服务的数据管理系统。该测评指标适用于包含大数据平台、大数据应用或大数据资源的定级对象。

测评实施要点包括：对须进行完整性保护的备份数据进行分类；确认备份的实现方式是否使用可靠的完整性密码算法或其他可靠的完整性检测策略；核查备份数据完整性检测策略的有效性；对备份数据的安全保护措施进行核查，并与原数据的安全保护措施对比。

以对外提供大数据服务的大数据平台为例，测评实施步骤主要包括：访谈大数据平台管理员和开发人员，了解安全保护的备份数据及对应的数据备份策略；记录备份的实现方式、数据完整性保护的实现方式，确认是否使用可靠的完整性密码算法并且存储为 Hash 列表。若使用标准的密码技术，则查看对应的标准文档；若使用非标准的密码技术并且使用单一的算法，则记录算法类型、算法参数；若原数据与备份数据存储点之间的网络环境不可控，则需要确认备份的传输方式是否存在被非授权获取的风险（安全的方式包括传输通道完整性保护、专线传输保护等）。数据保密性、完整性保护的实现方式可能包括如下三种：采用独立的备份或存储系统，身份鉴别、访问控制策略均结合密码技术，以起到安全授权访问的作用；在备份数据存储前挂加密机进行数据保密性、完整性校验；对备份数据实施数据保密性、完整性保护的其他方案。若存在有效的备份数据完整性检测策略，使数据从原数据到备份点全程存在保密性、完整性校验保护，使用可靠的加密技术或可靠的加密算法、可靠的完整性密码算法，并且 Hash 字段表的权限受到保护，则单元判定结果为符合；若未使用标准的密码技术，并且使用单一的不可靠完整性密码算法（如 SHA1、MD5）或单一的不可靠加密算法（如 DES），则单元判定结果为不符合或部分符合。

7. 剩余信息保护

【最佳实践】

该控制点第二级包括剩余信息保护最佳实践 a）和 b）（见表 5-1）。

【剩余信息保护最佳实践 a）解读和说明】

测评指标"在数据整体迁移的过程中，应杜绝数据残留"的主要测评对象是基础设施层、数据平台层和计算分析层，以及大数据管理平台等的数据迁移过程中涉及的对象，包括终端和服务器等设备中的操作系统（包括宿主机和虚拟机操作系统）、网络设备（包括虚拟化网络设备）、安全设备（包括虚拟化安全设备）、业务应用系统、数据库管理系统、中间件和系统管理软件及系统设计文档等。该测评指标适用于包含大数据平台、大数据应用或大数据资源的定级对象。

测评实施要点包括：核查是否存在制度流程，支撑数据迁移过程中的细节要求，如物理销毁、先大量写入数据再擦除以进行数据覆盖等方式；核查被测定级对象相关的数据是否存在整体迁移的情况，了解迁移过程，验证采用何种方式避免数据残留，检查的对象包括但不限于磁盘、硬盘等存储设备；核查大数据平台在进行数据迁移时，是否存在数据迁移记录，是否在代码、系统建设方案中说明采用何种方式避免数据残留，确认"回收站"中存储的历史数据是否被完全删除。

以对外提供大数据服务的大数据平台为例，测评实施步骤主要包括：访谈大数据平台管理员，了解被测单位关于数据迁移的相关管理规范，查看是否对数据迁移过程中的数据残留进行了相关规范；了解大数据平台是否进行过数据整体迁移，如果进行过数据整体迁移，则查看当时数据迁移的过程文档、迁移方案等，了解平台数据原本的存储位置、迁移的过程及对原始存储空间的处理方式，并根据被测单位的处理方式查看相应的代码和案例，如果没有进行过数据整体迁移，则关注系统建设方案中是否有关于数据残留的处理方法；结合访谈、检查的结果，若存在数据整体迁移，则查看数据迁移过程中的历史数据，结合该单位中关于数据迁移的规章制度，核查是否做到合规，是否对原始存储空间进行数据销毁，避免数据残留。若数据整体迁移过程符合规章制度，并按照要求进行数据销毁，则单元判定结果为符合，否则为不符合或部分符合；若不存在数据整体迁移，则主要关注系统建设方案中是否有关于数据残留的处理方法，若方法得当，则单元判定结果为符合，否则为不符合或部分符合。

【剩余信息保护最佳实践 b）解读和说明】

测评指标"大数据平台应能够根据大数据应用提出的数据销毁要求和方式实施数据销毁"的主要测评对象是大数据平台、大数据应用系统、数据管理系统、设计和建设文档、服务协议或合同等。该测评指标适用于包含大数据平台的定级对象。

测评实施要点包括：核查大数据平台的设计和建设文档，查看其中是否包含多种类型的数据销毁方式（如索引表删除、磁盘擦除、覆盖擦除、磁盘销毁等）；核查大数据平台和大数据应用之间的服务协议或合同，查看其中是否有相应的数据销毁要求和方式，若有则检查大数据平台的数据销毁方式是否符合大数据应用的要求，并核查实际数据销毁方式是否符合要求。

以对外提供大数据服务的大数据平台为例，测评实施步骤主要包括：访谈大数据平台管理员，核查大数据平台的设计和建设文档，查看其中是否包含多种类型的数据销毁方式；核查大数据平台和大数据应用之间的服务协议或合同，查看其中是否有相应的数据销毁要求和方式，若有则检查大数据平台的数据销毁方式是否符合大数据应用的要求，并核查实际数据销毁方式是否符合要求。若大数据平台能够使用符合大数据应用提出的数据销毁要求的方式实施数据销毁，则单元判定结果为符合，否则为不符合或部分符合。

8. 个人信息保护

【最佳实践】

该控制点第二级包括个人信息保护最佳实践 a）和 b）（见表 5-1）。

【个人信息保护最佳实践 a）解读和说明】

测评指标"采集、处理、使用、转让、共享、披露个人信息应在个人信息处理的授权同意范围内"的主要测评对象是数据管理系统、大数据平台、大数据应用系统及系统管理软件等。该测评指标适用于包含大数据平台、大数据应用或大数据资源的定级对象。

测评实施要点包括：明确测评对象中是否包含采集、处理、使用、转让、共享、披露个人信息等个人信息处理情况；核查注册协议和个人隐私保护协议，查看其中是否覆盖采集、处理、使用、转让、共享、披露个人信息等个人信息处理的授权同意范围；核查是否明确对个人信息进行处理后的个人画像，是否得到个人信息主体的授权。

以对外提供大数据服务的大数据平台为例，测评实施步骤主要包括：访谈大数据平台管理员，明确被测系统中包括采集、处理、使用、转让、共享、披露个人信息的哪些层面，确认相应的测评对象；查阅数据来源方的注册协议和个人隐私保护协议（若数据由其他第三方提供，则应查看第三方系统的注册协议、隐私保护协议和合同是否已授权），核查其中是否覆盖采集、处理、使用、转让、共享、披露个人信息等个人信息处理的授权同意范围，且授权同意范围中是否包含对其进行分析、处理后的信息。若相关文档内容满足上述要求，则单元判定结果为符合，否则为不符合或部分符合。

【个人信息保护最佳实践 b）解读和说明】

测评指标"应采取措施防止在数据处理、使用、分析、导出、共享、交换等过程中识别出个人身份信息"的主要测评对象是基础设施层、数据平台层和计算分析层，以及大数据管理平台等的数据处理、使用、分析、导出、共享、交换等过程中涉及的对象，包括终端和服务器等设备中的操作系统（包括宿主机和虚拟机操作系统）、业务应用系统、数据库管理系统、中间件和系统管理软件及系统设计文档等。该测评指标适用于包含大数据平台、大数据应用或大数据资源的定级对象。

测评实施要点包括：访谈大数据平台管理员，了解采取何种措施防止在数据处理、使用、分析、导出、共享、交换等过程中识别出个人身份信息；如果对数据进行脱敏、加密等，则脱敏、加密所采用的密钥不应放在被测系统内，而应严格管控，避免被还原；核查在数据处理、使用、分析、导出、共享、交换等过程中是否可以识别出个人身份信息，避免多方数据整合后可得到完整个人身份信息的情况出现。

以对外提供大数据服务的大数据平台为例，测评实施步骤主要包括：访谈大数据平台管理员，了解采取何种措施防止在数据处理、使用、分析、导出、共享、交换等过程中识别出个人身份信息；核查在数据处理、使用、分析、导出、共享、交换等过程中是否可以识别出个人身份信息，避免多方数据整合后可得到完整个人身份信息的情况出现。例如，在对身份证号码进行脱敏时，隐藏前 4 位，但是又给出该人员的居住省、市，这样就可得到该人员完整的身份证号码。若采取的措施可有效防止识别出个人身份信息，则单元判定结果为符合，否则为不符合或部分符合。

5.3.5　安全管理中心

在对大数据系统的"安全管理中心"测评时应同时依据安全测评通用要求和安全测评扩展要求，其中涉及安全测评通用要求的解读内容参见《网络安全等级保护测评要求（通用要求部分）应用指南》中的"安全管理中心"，安全测评扩展要求的解读内容参见本节。

系统管理

【标准要求】

该控制点第二级包括测评单元安全管理中心 BDS-L2-03、BDS-L2-04、BDS-L2-05。

【安全管理中心 BDS-L2-03 解读和说明】

测评指标"大数据平台应为大数据应用提供管控其计算和存储资源使用状况的能力"的主要测评对象是大数据平台为大数据应用提供计算和存储资源管控的系统/组件。该测评指标适用于包含大数据平台的定级对象。

测评实施要点包括：为了保障大数据应用的正常运行，大数据平台应为大数据应用提供管控功能，以对其使用的计算和存储资源进行监控和管理。例如，部署具备运行状态监控功能的系统或设备，对计算和存储资源的使用状况进行实时监控；部署具备管理功能的系统或设备，对计算和存储资源进行实时管理。

以对外提供大数据服务的大数据平台为例，测评实施步骤主要包括：核查是否部署系统管理功能对大数据应用使用的计算和存储资源进行监控和管理；核查该管理系统是否能够对计算和存储资源的使用状况进行实时监控，如资源所占空间、资源利用率、服务状态等；核查该管理系统是否能够对计算和存储资源进行实时管理，如资源的扩充、缩减、启用、停用等。此外，可以建立大数据应用测试账户，测试验证使用状况监控功能是否根据资源的工作状态，依据设定的阈值（或默认阈值）进行告警，是否可以对资源进行管理操作；或者可以通过查看历史告警记录和管理操作记录验证该功能。若大数据平台具备为大数据应用提供管控其计算和存储资源使用状况的能力，则单元判定结果为符合，否则为不符合或部分符合。

【安全管理中心 BDS-L2-04 解读和说明】

测评指标"大数据平台应对其提供的辅助工具或服务组件，实施有效管理"的主要测评对象是提供辅助工具或服务组件的管理平台/组件。该测评指标适用于包含大数据平台的定级对象。

测评实施要点包括：为了保障大数据平台提供正常的服务，大数据平台应对其提供的辅助工具或服务组件实施有效管理，如身份鉴别、访问控制、权限管理、日志审计等。其中，访问控制指限制不同权限的人员访问其权限范围内的辅助工具或服务组件；权限管理指为超级管理员和普通用户授予不同的权限。另外，根据使用方的需求情况，大数据平台可以提供辅助工具或服务组件的安装、部署、升级、卸载等安全管理措施。

以对外提供大数据服务的大数据平台为例，测评实施步骤主要包括：核查提供的辅助工具或服务组件是否具有身份鉴别、访问控制、权限管理、日志审计等安全措施；如果提供的辅助工具或服务组件具有安装、部署、升级、卸载等安全管理措施，则核查该功能是否有效；通过渗透测试，验证各个账号间是否存在水平越权或垂直越权的情况。若提供的辅助工具或服务组件可以进行身份鉴别、访问控制、权限管理、日志审计等，具有安装、部署、升级、卸载等安全管理措施且功能有效，经渗透测试，验证各个账号间不存在水平越权或垂直越权的情况，则单元判定结果为符合，否则为不符合或部分符合。

【安全管理中心 BDS-L2-05 解读和说明】

测评指标"大数据平台应屏蔽计算、内存、存储资源故障，保障业务正常运行"的主要测评对象是计算、内存、存储资源部署模式的相关设计文档，计算、内存、存储资源运行的告警记录，大数据平台和大数据应用的运行记录。该测评指标适用于包含大数据平台的定级对象。

测评实施要点包括：核查设计和建设文档中是否具备屏蔽计算、内存、存储资源故障的措施及技术手段，如内存故障转移方式、计算模式、存储模式、硬盘故障恢复机制等；监控计算、内存、存储资源的使用状况，核查在存储资源耗尽、坏盘、存储磁盘坏道，以及计算异常时如何告警，并查看告警记录；进行测试验证或查看历史记录，核查当计算、内存、存储资源出现异常情况（如单一计算节点或存储节点关闭、磁盘故障等）时，是否影响大数据平台和大数据应用业务的正常运行。

以对外提供大数据服务的大数据平台为例，测评实施步骤主要包括：访谈大数据平台管理员，核查设计和建设文档中是否具备屏蔽计算、内存、存储资源故障的措施及技术手段，如内存故障转移方式、计算模式、存储模式、硬盘故障恢复机制等；监控计算、内存、存储资源的使用状况，核查在存储资源耗尽、坏盘、存储磁盘坏道，以及计算异常时如何告警，并查看告警记录；测试验证当单一计算节点或存储节点关闭时，是否影响大数据平台和大数据应用业务的正常运行；结合大数据平台的计算、内存、存储资源的告警记录，查看同一时间段内大数据平台和大数据应用的运行记录，核查是否因此出现故障。若大数据平台的设计和建设文档中具备屏蔽计算、内存、存储资源故障的措施及技术手段，具有监控计算、内存、存储资源使用状况的措施及告警记录，且当计算、内存、存储资源出现异常情况时不影响大数据平台和大数据应用业务的正常运行，则单元判定结果为符合，否则为不符合或部分符合。

【最佳实践】

该控制点第二级包括系统管理最佳实践 d）（见表 5-1）。

【系统管理最佳实践 d）解读和说明】

测评指标"大数据平台在系统维护、在线扩容等情况下，应保证大数据应用的正常业务处理能力"的主要测评对象是在线扩容的设计方案，重大变更、批量变更的流程制度和相关记录，应急处置方案。该测评指标适用于包含大数据平台的定级对象。

测评实施要点包括：为了保障大数据应用业务的正常运行，大数据平台应屏蔽在系统维护、在线扩容时对大数据应用的影响。对于在线扩容，可查看在线扩容的设计方案中是否屏蔽其对大数据应用的影响，以及采取的具体措施，并查看扩容的实施过程记录和结果记录；访谈大数据平台管理员，了解在磁盘在线扩容时数据迁移的磁盘 I/O 如何限制，是否影响大数据应用的运行状态；核查是否具有针对大数据平台在线扩容的应急处置方案，并查看具体措施。对于系统维护，主要关注大数据平台的重大变更，如变更流程、变更机制等；核查变更流程的相关制度文件，查看制度文件中是否包含重大变更的定义、变更的审批流程和操作流程等，并查看变更记录（常见的重大变更有系统升级、批量变更等，变更机制有批量变更命令的黑白名单限制等）；核查是否具有针对大数据平台重大变更的应急处置方案，并查看具体措施。

以对外提供大数据服务的大数据平台为例，测评实施步骤主要包括：访谈大数据平台管理员，核查在线扩容的设计方案中是否具备屏蔽其对大数据应用产生影响的具体措施和技术手段，并查看扩容的实施过程记录和结果记录；核查是否具有针对大数据平台在线扩容的应急处置方案，并查看具体措施；核查变更流程的相关制度文件，查看制度文件中是否包含重大变更的定义、变更的审批流程和操作流程等，并查看变更记录；核查是否具有针对大数据平台重大变更的应急处置方案，并查看具体措施。若大数据平台的设计方案中具备屏蔽在大数据平台在线扩容时对大数据应用产生影响的具体措施和技术手段，具有针对大数据平台进行重大变更的相关制度文件及变更记录，且具有针对大数据平台在线扩容和重大变更的应急处置方案，则单元判定结果为符合，否则为不符合或部分符合。

5.3.6　安全管理制度

在对大数据系统的"安全管理制度"测评时应依据安全测评通用要求，涉及安全测评通用要求的解读内容参见《网络安全等级保护测评要求（通用要求部分）应用指南》中的"安全管理制度"。由于大数据系统的特点，本节列出了部分安全测评通用要求在大数据环境下的个性化解读内容。

1. 安全策略

【标准要求】

该控制点第二级包括测评单元 L2-PSS1-01。

【L2-PSS1-01 解读和说明】

测评指标"应制定网络安全工作的总体方针和安全策略，阐明机构安全工作的总体目标、范围、原则和安全框架等"的主要测评对象是网络安全工作的总体方针和安全策略文件、明确网络安全工作总体策略的文件，其形式可以是单一文件，也可以是一套文件。该测评指标适用于包含大数据平台、大数据应用或大数据资源的定级对象。

测评实施要点包括：核查总体方针和安全策略文件中是否包含大数据安全工作的总体目标、范围、原则、安全框架和需要遵循的总体安全策略等；查看总体方针和安全策略文件中是否包含数据采集、传输、存储、处理（如计算、分析、可视化等）、交换、销毁等大数据系统全生命周期中所有关键的安全管理活动，如数据溯源、数据授权、敏感数据输出控制、数据的事件处置和应急响应等。

以对外提供大数据服务的大数据平台为例，测评实施步骤主要包括：访谈大数据平台管理员，了解大数据平台是否具有网络安全方针和策略文件；核查网络安全方针和策略文件是否涵盖大数据安全工作的安全方针和安全策略，或者是否具有独立的大数据安全工作的安全方针和安全策略；核查网络安全方针和策略文件中是否明确大数据安全工作的总体目标、范围、原则、安全框架和需要遵循的总体安全策略等；查看网络安全方针和策略文件中是否包含数据采集、传输、存储、处理（如计算、分析、可视化等）、交换、销毁等大数据系统全生命周期中所有关键的安全管理活动。若大数据平台具有网络安全方针和策略文件，其中涵盖大数据安全工作的安全方针和安全策略，或者具有独立的大数据安全工作的安全方针和安全策略，且文件中明确了大数据安全工作的总体目标、范围、原则、安全框架和需要遵循的总体安全策略等，包含数据采集、传输、存储、处理（如计算、分析、可视化等）、交换、销毁等大数据系统全生命周期中所有关键的安全管理活动，则单元判定结果为符合，否则为不符合或部分符合。

2. 管理制度

【标准要求】

该控制点第二级包括测评单元 L2-PSS1-02。

【L2-PSS1-02 解读和说明】

测评指标"应对安全管理活动中的主要管理内容建立安全管理制度"的主要测评对象是针对主要安全管理活动建立的一系列安全管理制度。该制度可以由若干制度构成，也可以由若干分册构成。该测评指标适用于包含大数据平台、大数据应用或大数据资源的定级对象。

测评实施要点包括：核查具体的安全管理制度是否在网络安全方针和策略文件的基础上，根据实际情况建立；核查安全管理制度中是否包含大数据系统全生命周期涉及的与安全管理活动（如数据采集、传输、存储、处理、交换、销毁等环节）相关的管理制度，或者根据大数据系统的特点建立独立的大数据管理制度。

以对外提供大数据服务的大数据平台为例，测评实施步骤主要包括：核查是否具有安全管理制度，若有则核查安全管理制度中是否包含大数据系统全生命周期中相关的管理制度；核查安全管理制度是否涵盖安全管理机构、安全管理人员、安全建设管理、安全运维管理、物理和环境等层面的管理内容；核查安全管理制度中是否明确大数据系统全生命周期涉及的安全管理活动（如数据采集、传输、存储、处理、交换、销毁等环节）。若机构建立了大数据系统全生命周期中相关的管理制度，安全管理制度涵盖了安全管理机构、安全管理人员、安全建设管理、安全运维管理、物理和环境等层面的管理内容，且制度中明确了大数据系统全生命周期涉及的安全管理活动（如数据采集、传输、存储、处理、交换、销毁等环节），则单元判定结果为符合，否则为不符合或部分符合。

5.3.7　安全管理机构

在对大数据系统的"安全管理机构"测评时应同时依据安全测评通用要求和安全测评扩展要求，其中涉及安全测评通用要求的解读内容参见《网络安全等级保护测评要求（通用要求部分）应用指南》中的"安全管理机构"，安全测评扩展要求的解读内容参见本节。由于大数据系统的特点，本节列出了部分安全测评通用要求在大数据环境下的个性化解读内容。

1. 岗位设置

【标准要求】

该控制点第二级包括测评单元 L2-ORS1-02。

【L2-ORS1-02 解读和说明】

测评指标"应设立系统管理员、审计管理员和安全管理员等岗位，并定义部门及各个工作岗位的职责"的主要测评对象是安全主管、岗位职责文档等。该测评指标适用于包含大数据平台、大数据应用或大数据资源的定级对象。

测评实施要点包括：对于大数据系统，应明确数据采集、传输、存储、处理、交换、销毁等过程中负责数据安全管理的角色或岗位，并明确负责数据安全管理的角色或岗位在数据采集、传输、存储、处理、交换、销毁等过程中的安全职责。

以对外提供大数据服务的大数据平台为例，测评实施步骤主要包括：访谈安全主管，了解是否进行安全管理岗位的划分，是否设立系统管理员、审计管理员、安全管理员及负责数据安全管理的角色或岗位；核查岗位职责文档中是否明确各个工作岗位的职责，是否明确各个工作岗位负责的网络安全工作的具体内容；核查负责数据安全管理的角色或岗位是否明确在数据采集、传输、存储、处理、交换、销毁等过程中的职责，如数据的分类分级、安全标记、脱敏和去标识化、关键数据溯源等职责。若机构设立了系统管理员、审计管理员、安全管理员及负责数据安全管理的角色或岗位，且明确了各个工作岗位的职责，其中包含数据采集、传输、存储、处理、交换、销毁等过程中的职责，则单元判定结果为符合，否则为不符合或部分符合。

2. 授权和审批

【标准要求】

该控制点第二级包括测评单元 L2-ORS1-05。

【L2-ORS1-05 解读和说明】

测评指标"应针对系统变更、重要操作、物理访问和系统接入等事项执行审批过程"的主要测评对象是事项的审批记录及逐级审批记录表单等。该测评指标适用于包含大数据平台、大数据应用或大数据资源的定级对象。

测评实施要点包括：对于大数据系统，应针对数据采集、传输、存储、处理、交换、销毁等过程中的数据授权、数据脱敏和去标识化处理、敏感数据输出控制、数据分类标识存储及数据的分类分级销毁等事项执行审批过程，确定事项的审批人和审批部门，并明确其中哪些事项需要审批；核查审批记录是否与审批程序一致。

以对外提供大数据服务的大数据平台为例，测评实施步骤主要包括：访谈安全主管，询问重要活动的审批范围、审批流程，以及哪些事项需要审批；核查重要活动的审批范围是否涵盖大数据安全相关活动，包含哪些大数据安全相关活动，审批流程如何；核查系统变更、重要操作、物理访问和系统接入等事项的审批记录，查看各级审批人、审批部门是否签字/盖章；核查审批记录是否与审批程序一致。若系统变更、重要操作、物理访问和系统接入等重要活动的审批记录涵盖数据采集、传输、存储、处理、交换、销毁等过程中的数据授权、数据脱敏和去标识化处理、敏感数据输出控制、数据分类标识存储及数据的分类分级销毁等事项，审批记录具有各级审批人、审批部门的签字/盖章，且与审批程序一致，则单元判定结果为符合，否则为不符合或部分符合。

【最佳实践】

该控制点第一级包括授权和审批最佳实践 a)，第二级包括授权和审批最佳实践 a)(见表 5-1)。

【授权和审批最佳实践 a) 解读和说明】

测评指标"数据的采集应获得数据源管理者的授权，确保数据收集最小化原则"的主要测评对象是数据源管理者针对数据采集签订的授权协议或合同、大数据平台建设方案或系统需求分析设计方案等。该测评指标适用于包含大数据平台、大数据应用或大数据资源的定级对象。

测评实施要点包括：对于大数据系统，针对采集的数据应与数据源管理者签订授权协议或合同，明确数据采集的授权范围、数据用途等，确保数据来源的合法性；依据大数据系统开展的业务，核查所使用的数据是否超范围采集，是否保证只使用满足明确业务目的和业务场景需要的最小范围数据。

以大数据应用为例，测评实施步骤主要包括：访谈安全主管，询问其数据采集的方式，以及双方是否签订授权协议或合同；访谈大数据系统管理员，了解大数据平台采集数据的范围和用途；核查数据源管理者针对数据采集签订的授权协议或合同，了解数据源管理者对数据采集是否授权；核查大数据平台建设方案或系统需求分析设计方案等文档，了解大数据平台是否依据大数据系统开展业务，数据采集是否遵循最小化原则，仅采集满足业务需要的数据，有无超范围采集的情况。若大数据平台针对采集的数据与数据源管理者签订授权协议或合同，依据授权内容采集数据，且所采集的数据遵循最小化原则，为业务开展所必需的数据，则单元判定结果为符合，否则为不符合或部分符合。

3. 审核和检查

【标准要求】

该控制点第二级包括测评单元 L2-ORS1-09。

【L2-ORS1-09 解读和说明】

测评指标"应定期进行常规安全检查，检查内容包括系统日常运行、系统漏洞和数据备份等情况"的主要测评对象是安全管理制度、常规安全检查记录等。该测评指标适用于包含大数据平台、大数据应用或大数据资源的定级对象。

测评实施要点包括：对于大数据系统，应针对数据采集、传输、存储、处理、交换、销毁等过程中的数据授权、数据脱敏和去标识化处理、敏感数据输出控制、对重要操作的审计，以及数据的分类分级销毁、数据溯源等情况定期进行常规安全检查；核查常规安全检查记录是否与相关制度的规定一致。

以对外提供大数据服务的大数据平台为例，测评实施步骤主要包括：访谈安全管理员，了解是否定期进行常规安全检查；核查常规安全检查记录是否包括系统日常运行、系统漏洞和数据备份等情况；核查常规安全检查记录中是否包括数据采集、传输、存储、处理、交换、销毁等过程中的数据授权、数据脱敏和去标识化处理、敏感数据输出控制、对重要操作的审计，以及数据的分类分级销毁、数据溯源等情况；核查常规安全检查记录是否与相关制度规定的常规安全检查的周期（如每月、每季度或每半年）、检查内容等一致。若定期进行常规安全检查，检查内容包括数据采集、传输、存储、处理、交换、销毁等过程中的数据授权、数据脱敏和去标识化处理、敏感数据输出控制、对重要操作的审计，以及数据的分类分级销毁、数据溯源等情况，并具有相应的常规安全检查记录，且与相关制度的规定一致，则单元判定结果为符合，否则为不符合或部分符合。

5.3.8　安全管理人员

在对大数据系统的"安全管理人员"测评时应依据安全测评通用要求，涉及安全测评通用要求的解读内容参见《网络安全等级保护测评要求（通用要求部分）应用指南》中的

"安全管理人员"。由于大数据系统的特点，本节列出了部分安全测评通用要求在大数据环境下的个性化解读内容。

人员离岗

【标准要求】

该控制点第一级包括测评单元 L1-HRS1-02，第二级包括测评单元 L2-HRS1-03。

【L1-HRS1-02/L2-HRS1-03 解读和说明】

测评指标"应及时终止离岗人员的所有访问权限，取回各种身份证件、钥匙、徽章等以及机构提供的软硬件设备"的主要测评对象是人事负责人、部门负责人、安全管理制度、人员离岗记录、资产登记表单等。该测评指标适用于包含大数据平台、大数据应用或大数据资源的定级对象。

测评实施要点包括：对于大数据系统，除了取回各种身份证件、钥匙、徽章等以及机构提供的软硬件设备（含数据存储介质），还应及时终止离岗人员的所有访问权限，收回其在相应数据采集、传输、存储、处理、交换、销毁等环节中涉及的数据访问和使用权限，并收回重要数据。

以对外提供大数据服务的大数据平台为例，测评实施步骤主要包括：访谈人事负责人、部门负责人等，了解离职手续的办理流程，询问是否及时终止离岗人员的所有访问权限，是否取回各种身份证件、钥匙、徽章等以及机构提供的软硬件设备（含数据存储介质），是否收回其在相应数据采集、传输、存储、处理、交换、销毁等环节中涉及的数据访问和使用权限，是否收回重要数据；核查相关管理部门是否及时终止离岗人员的所有访问权限，查看人员离岗记录、资产登记表单，核查是否取回各种身份证件、钥匙、徽章等以及机构提供的软硬件设备（含数据存储介质），是否撤销离岗人员的数据访问权限，是否收回数据存储介质的访问和使用权限，是否收回重要数据。若具备离岗人员交还各类资产的登记记录，及时终止离岗人员的所有访问权限，包括撤销离岗人员的数据访问权限，收回数据存储介质的访问和使用权限及重要数据，大数据平台和数据已禁止离岗人员访问，则单元判定结果为符合，否则为不符合或部分符合。

5.3.9　安全建设管理

在对大数据系统的"安全建设管理"测评时应同时依据安全测评通用要求和安全测评

扩展要求，其中涉及安全测评通用要求的解读内容参见《网络安全等级保护测评要求（通用要求部分）应用指南》中的"安全建设管理"，安全测评扩展要求的解读内容参见本节。由于大数据系统的特点，本节列出了部分安全测评通用要求在大数据环境下的个性化解读内容。

1. 安全方案设计

【标准要求】

该控制点第一级包括测评单元 L1-CMS1-02，第二级包括测评单元 L2-CMS1-05。

【L1-CMS1-02/L2-CMS1-05 解读和说明】

测评指标"应根据安全保护等级选择基本安全措施，依据风险分析的结果补充和调整安全措施"的主要测评对象是安全规划设计类文档等。该测评指标适用于包含大数据平台、大数据应用或大数据资源的定级对象。

测评实施要点包括：根据等级保护对象的安全保护等级选择基本安全措施，重点针对大数据面临的安全风险（如信息泄露、数据滥用、数据操纵、动态数据风险等）进行风险分析，针对数据生命周期各个阶段的安全风险进行管控，并依据风险分析的结果补充和调整安全措施。其中，数据安全相关措施的选择应结合具体的业务场景，将数据脱敏、数据去标识化、数据安全标记等安全措施与业务场景相融合，并与数据生命周期的各个阶段相结合。安全规划设计类文档应包括安全措施的内容、风险分析的结果、安全措施的选择、对安全措施的补充和调整等，还应包括数据安全风险分析的内容、数据生命周期安全措施的内容、数据安全风险管控措施的内容等。

以对外提供大数据服务的大数据平台为例，测评实施步骤主要包括：核查安全规划设计类文档是否根据系统的安全保护等级选择相应的安全措施，数据安全相关措施是否覆盖数据生命周期的各个阶段；核查安全规划设计类文档中是否具备安全措施的内容、风险分析的结果、安全措施的选择、对安全措施的补充和调整，以及数据安全风险分析的内容、数据生命周期安全措施的内容、数据安全风险管控措施的内容等；核查安全规划设计类文档是否根据大数据的特殊性设计相应的安全措施，如数据脱敏、数据安全标记等。若基本安全措施的选择与安全保护等级相符，安全规划设计类文档的内容覆盖全面，并根据大数据的特殊性设计了相应的安全措施，则单元判定结果为符合，否则为不符合或部分符合。

2. 测试验收

【标准要求】

该控制点第二级包括测评单元 L2-CMS1-17。

【L2-CMS1-17 解读和说明】

测评指标"应进行上线前的安全性测试，并出具安全测试报告"的主要测评对象是安全测试方案、安全测试报告、安全测试过程记录等。该测评指标适用于包含大数据平台、大数据应用或大数据资源的定级对象。

测评实施要点包括：核查是否具备上线前的安全测试方案、安全测试报告、安全测试过程记录；在进行上线前的安全性测试时，还应针对数据采集、传输、存储、处理、交换、销毁等过程中可能存在的缺陷或漏洞进行测试，并对数据安全组件（如数据脱敏组件、数据去标识化组件等）及相关接口的安全性进行测试。

以对外提供大数据服务的大数据平台为例，测评实施步骤主要包括：访谈大数据平台建设负责人，询问系统上线前是否开展安全性测试；核查安全测试方案、安全测试报告、安全测试过程记录，查看其中是否包括数据采集、传输、存储、处理、交换、销毁等过程的安全管控内容，是否针对数据脱敏组件、数据去标识化组件等安全组件开展安全性测试。若具有上线前的安全测试方案、安全测试报告、安全测试过程记录，且安全性测试的内容涵盖全面，则单元判定结果为符合，否则为不符合或部分符合。

3. 大数据服务商选择

【标准要求】

该控制点第一级包括测评单元安全建设管理 BDS-L1-01，第二级包括测评单元安全建设管理 BDS-L2-01 和 BDS-L2-02。

【安全建设管理 BDS-L1-01/BDS-L2-01 解读和说明】

测评指标"应选择安全合规的大数据平台，其所提供的大数据平台服务应为其所承载的大数据应用提供相应等级的安全保护能力"的主要测评对象是大数据应用建设负责人、大数据资源管理人员、大数据平台服务合同、大数据平台等级测评报告、大数据平台资质及安全服务能力报告等。该测评指标适用于包含大数据应用或大数据资源的定级对象。

测评实施要点包括：对于大数据应用和大数据资源，应关注其进行大数据平台选择时的采购资料或招投标资料，相关资料应具备对大数据平台的安全服务能力要求；大数据应用和大数据资源应留存大数据平台的相关资质证明、安全服务能力报告或结果、等级测评报告或结果。

以大数据应用为例，测评实施步骤主要包括：访谈大数据应用建设负责人，询问大数据应用的安全保护等级和所选择大数据平台的安全保护等级；结合访谈结果，若大数据应用构建在第三方大数据平台上，则查看第三方大数据平台的资质文件，核查服务商是否符合国家规定，大数据平台是否满足法律法规、相关标准的要求，是否定期开展等级测评，若大数据应用未构建在第三方大数据平台上，则核查私有大数据平台是否满足法律法规、相关标准的要求，是否定期开展等级测评；核查大数据平台的等级测评报告或结果，查看所选择的大数据平台服务能否为大数据应用提供相应等级的安全保护能力；核查所选择的大数据平台相关的资质及安全服务能力报告，查看其是否具有相应等级的安全保护能力。若所选择的大数据平台安全合规，且提供了相应等级的安全保护能力，则单元判定结果为符合，否则为不符合或部分符合。

【安全建设管理 BDS-L2-02 解读和说明】

测评指标"应以书面方式约定大数据平台提供者的权限与责任、各项服务内容和具体技术指标等，尤其是安全服务内容"的主要测评对象是服务合同或服务水平协议、安全声明等。该测评指标适用于包含大数据应用或大数据资源的定级对象。

测评实施要点包括：核查服务合同或服务水平协议中是否明确规定大数据平台提供者的权限与责任（如管理范围、职责划分、访问授权、隐私保护、行为准则、违约责任等内容），以及大数据平台提供者所提供的各项服务内容和具体技术指标等；核查服务内容中是否包含安全服务内容，如接口安全管理、资源保障、故障屏蔽等。

以大数据应用为例，测评实施步骤主要包括：核查是否与大数据平台服务商签订服务合同或服务水平协议；核查服务合同或服务水平协议中是否明确规定大数据平台提供者的权限与责任，包括管理范围、职责划分、访问授权、隐私保护、行为准则、违约责任等内容；核查服务合同或服务水平协议中是否明确规定大数据平台提供者所提供的各项服务内容和具体技术指标等。若与大数据平台服务商签订了服务合同或服务水平协议，服务合同或服务水平协议中明确规定了大数据平台提供者的权限与责任、各项服务内容和具体技术指标等，则单元判定结果为符合，否则为不符合或部分符合。

4. 供应链管理

【最佳实践】

该控制点第一级包括供应链管理最佳实践 a)，第二级包括供应链管理最佳实践 a)（见表 5-1)。

【供应链管理最佳实践 a)解读和说明】

测评指标"应确保供应商的选择符合国家有关规定"的主要测评对象是大数据平台建设负责人、招投标文档、相关合同、资质证明、销售许可证等。该测评指标适用于包含大数据平台、大数据应用或大数据资源的定级对象。

测评实施要点包括：核查供应商（如大数据平台供应商、安全服务供应商、大数据平台基础设施供应商等）的选择是否符合国家法律法规和标准规范的要求，如符合《中华人民共和国网络安全法》、GB/T 36637—2018《信息安全技术 ICT 供应链安全风险管理指南》等的要求，且具有相应的资质证明、销售许可证等。

以对外提供大数据服务的大数据平台为例，测评实施步骤主要包括：访谈大数据平台建设负责人，了解大数据平台涉及哪些产品供应商、系统集成商、服务提供商，了解相关供应商的选择方式；核查招投标文档、相关合同、资质证明、销售许可证及各类记录文件，查看产品供应商、系统集成商、服务提供商等是否符合国家法律法规和标准规范中关于供应链管理的相关要求，如符合 GB/T 36637—2018《信息安全技术 ICT 供应链安全风险管理指南》等的要求；核查是否具备相关部门颁发的证书、销售许可证等；核查相关证书是否在有效期内。若选择的供应商具备相关证书或证明，且符合国家有关规定，则单元判定结果为符合，否则为不符合或部分符合。

5. 数据源管理

【最佳实践】

该控制点第一级包括数据源管理最佳实践 a)，第二级包括数据源管理最佳实践 a)（见表 5-1)。

【数据源管理最佳实践 a)解读和说明】

测评指标"应通过合法正当渠道获取各类数据"的主要测评对象是数据管理员、授权文件或记录、相关合同或协议。该测评指标适用于包含大数据平台、大数据应用或大数据资源的定级对象。

测评实施要点包括：核查数据来源是否为合法正当渠道，对于非公开数据，核查是否和相关渠道方签署合同或协议，或者是否获取相关渠道方的使用授权，以确保数据渠道和数据源的合法正当。

以大数据资源为例，测评实施步骤主要包括：访谈大数据资源管理员，了解大数据资源获取了哪些数据及其数据获取渠道，是否涉及个人信息；核查授权文件或记录、相关合同或协议，查看是否明确数据获取渠道，核查数据获取渠道是否违反合法正当原则，数据是否拥有合法正当的来源，大数据资源是否具备数据使用授权。若大数据平台的数据获取渠道合法正当，且取得了授权，所获取的数据是业务必需的，则单元判定结果为符合，否则为不符合或部分符合。

5.3.10　安全运维管理

在对大数据系统的"安全运维管理"测评时应同时依据安全测评通用要求和安全测评扩展要求，其中涉及安全测评通用要求的解读内容参见《网络安全等级保护测评要求（通用要求部分）应用指南》中的"安全运维管理"，安全测评扩展要求的解读内容参见本节。由于大数据系统的特点，本节列出了部分安全测评通用要求在大数据环境下的个性化解读内容。

1. 安全事件处置

【标准要求】

该控制点第一级包括测评单元 L1-MMS1-13，第二级包括测评单元 L2-MMS1-26。

【L1-MMS1-13 解读和说明】

测评指标"应明确安全事件的报告和处置流程，规定安全事件的现场处理、事件报告和后期恢复的管理职责"的主要测评对象是安全事件的报告和处置流程、安全事件处理记录、安全事件报告记录、安全事件后期恢复记录等。该测评指标适用于包含大数据平台、大数据应用或大数据资源的定级对象。

测评实施要点包括：对于数据破坏、数据泄露、数据滥用、数据操纵等安全事件，核查是否制定相应的安全事件报告和处置流程，是否规定安全事件的现场处理、事件报告和后期恢复的管理职责。

以对外提供大数据服务的大数据平台为例,测评实施步骤主要包括:核查是否制定安全事件的报告和处置流程,是否规定安全事件的现场处理、事件报告和后期恢复的管理职责;核查安全事件的报告和处置流程,查看是否针对数据破坏、数据泄露、数据滥用、数据操纵等安全事件建立报告和处置流程;如果发生过相关安全事件,则查看是否具有相关安全事件处理记录、安全事件报告记录、安全事件后期恢复记录等,如果未发生过相关安全事件,则查看是否具有相关记录的模板和待记录表单等。若制定了安全事件的报告和处置流程,规定了安全事件的现场处理、事件报告和后期恢复的管理职责,并具备相关待记录表单,则单元判定结果为符合,否则为不符合或部分符合。

【L2-MMS1-26 解读和说明】

测评指标“应制定安全事件报告和处置管理制度,明确不同安全事件的报告、处置和响应流程,规定安全事件的现场处理、事件报告和后期恢复的管理职责等”的主要测评对象是安全事件报告和处置管理制度、安全事件处理记录、安全事件报告记录、安全事件后期恢复记录等。该测评指标适用于包含大数据平台、大数据应用或大数据资源的定级对象。

测评实施要点包括:对于数据破坏、数据泄露、数据滥用、数据操纵等安全事件,核查是否制定相应的安全事件报告和处置管理制度,是否明确不同安全事件的报告、处置和响应流程,是否规定安全事件的现场处理、事件报告和后期恢复的管理职责等。由于大数据安全事件影响的范围较广、程度较深,尤其是重大安全事件,其影响十分恶劣,因此应制定大数据不同安全事件的报告和处置管理制度,重点关注数据被破坏、泄露、滥用、操纵后产生的影响范围和程度。对于重大影响,可依据相关报告、处置和响应流程迅速采取措施控制影响范围和程度,并采取针对性的有效措施降低相关事件造成的影响,及时、高效地处理大数据安全事件。

以对外提供大数据服务的大数据平台为例,测评实施步骤主要包括:核查安全事件报告和处置管理制度,查看是否明确不同安全事件的报告、处置和响应流程,是否规定安全事件的现场处理、事件报告和后期恢复的管理职责等;核查安全事件报告和处置管理制度是否针对不同数据破坏、数据泄露、数据滥用、数据操纵等安全事件建立报告、处置和响应流程;如果发生过相关安全事件,则查看是否具有相关安全事件处理记录、安全事件报告记录、安全事件后期恢复记录等,如果未发生过相关安全事件,则查看是否具有相关记录的模板和待记录表单等。若制定了安全事件报告和处置管理制度,针对大数据明确了不同安全事件的报告、处置和响应流程，规定了安全事件的现场处理、事件报告和后期恢复的管理职责等，并具备相关待记录表单，则单元判定结果为符合，否则为不符合或部分符合。

2. 应急预案管理

【标准要求】

该控制点第二级包括测评单元 L2-MMS1-28。

【L2-MMS1-28 解读和说明】

测评指标"应制定重要事件的应急预案，包括应急处理流程、系统恢复流程等内容"的主要测评对象是应急预案（含大数据重要安全事件专项应急预案）等。该测评指标适用于包含大数据平台、大数据应用或大数据资源的定级对象。

测评实施要点包括：核查是否制定应急预案，是否针对大数据重要安全事件（如数据泄露、重大数据滥用或重大数据操纵等）制定专项应急预案，并对应急处理流程、系统恢复流程等进行明确的定义。

以对外提供大数据服务的大数据平台为例，测评实施步骤主要包括：核查应急预案，查看是否针对机房、网络、系统等方面的重要事件制定应急预案；核查重要事件的应急预案，查看其中是否包括应急处理流程、系统恢复流程等内容；核查是否针对大数据重要安全事件制定专项应急预案，如数据泄露、重大数据滥用或重大数据操纵等。若具备重要事件的应急预案（包括但不限于大数据重要安全事件专项应急预案），且应急预案中包括应急处理流程、系统恢复流程等内容，则单元判定结果为符合，否则为不符合或部分符合。

3. 资产管理

【标准要求】

该控制点第二级包括测评单元安全运维管理 BDS-L2-01。

【安全运维管理 BDS-L2-01 解读和说明】

测评指标"应建立数字资产安全管理策略，对数据全生命周期的操作规范、保护措施、管理人员职责等进行规定，包括但不限于数据采集、存储、处理、应用、流动、销毁等过程"的主要测评对象是数据资产安全管理策略。该测评指标适用于包含大数据平台、大数据应用或大数据资源的定级对象。

测评实施要点包括：核查是否具有数据资产安全管理策略相关文档；核查相关文档中是否明确数据资产的安全管理目标、原则和范围等内容，是否规定数据全生命周期的操作规范、保护措施、管理人员职责；核查操作规范、保护措施、管理人员职责是否覆盖和融合数据采集、存储、处理、应用、流动、销毁等过程，是否建立数据资产的相关操作记录表单、保护措施列表和管理人员职责列表。

以对外提供大数据服务的大数据平台为例，测评实施步骤主要包括：核查是否具有数据资产安全管理策略相关文档；核查相关文档中是否明确数据资产的安全管理目标、原则和范围等内容；核查相关文档中是否规定数据全生命周期的操作规范（包括但不限于数据采集、存储、处理、应用、流动、销毁等过程）、保护措施等相关内容，是否具有包括但不限于数据采集、存储、处理、应用、流动、销毁等过程的相关操作记录表单；核查相关文档中是否明确管理人员职责等相关内容。若大数据平台制定了数据资产安全管理策略，策略内容包含针对不同的数据生命周期制定的操作规范、保护措施、管理人员职责等规定，则单元判定结果为符合，否则为不符合或部分符合。

【最佳实践】

该控制点第二级包括资产管理最佳实践 c）（见表 5-1）。

【资产管理最佳实践 c）解读和说明】

测评指标"应对数据资产进行登记管理，建立数据资产清单"的主要测评对象是数据资产清单和登记管理记录等记录表单类文档。该测评指标适用于包含大数据平台、大数据应用或大数据资源的定级对象。

测评实施要点包括：核查是否对数据资产进行登记管理，并建立数据资产（包括各种硬件设备的相关配置信息及管理数据、各种软件的相关配置信息及日志数据、各种业务数据和文件等）的清单。

以对外提供大数据服务的大数据平台为例，测评实施步骤主要包括：访谈大数据平台管理员，了解具有哪些数据资产，询问是否对数据资产进行登记管理；核查数据资产清单，如数据资产管理方、软硬件资产清单等；核查对外数据资产登记管理记录，查看是否对数据资产进行登记管理，登记管理记录是否全面，是否覆盖所有的数据资产。若大数据平台对数据资产进行了登记管理，并建立了数据资产清单，则单元判定结果为符合，否则为不符合或部分符合。

4. 介质管理

【最佳实践】

该控制点第二级包括介质管理最佳实践 a）（见表 5-1）。

【介质管理最佳实践 a）解读和说明】

测评指标"应在中国境内对数据进行清除或销毁"的主要测评对象是数据清除或销毁的相关策略或管理制度、数据清除或销毁记录等。该测评指标适用于包含大数据平台、大数据应用或大数据资源的定级对象。

测评实施要点包括：核查安全管理制度中对于数据的清除或销毁是否具有明确规定，是否规定数据清除或销毁的地点和机制，是否明确在中国境内（不含港澳台地区）进行数据清除或销毁，并建立和留存数据清除或销毁的处理记录。

以对外提供大数据服务的大数据平台为例，测评实施步骤主要包括：访谈大数据平台的系统管理员或安全管理员，了解是否建立数据清除或销毁的相关策略或管理制度；核查数据清除或销毁的相关策略或管理制度，查看是否规定数据清除或销毁的地点和机制，是否明确在中国境内（不含港澳台地区）对数据进行清除或销毁；核查数据清除或销毁记录。若建立了数据清除或销毁的相关策略或管理制度，并在中国境内（不含港澳台地区）对数据进行清除或销毁，则单元判定结果为符合，否则为不符合或部分符合。

5. 网络和系统安全管理

【最佳实践】

该控制点第二级包括网络和系统安全管理最佳实践 a）（见表 5-1）。

【网络和系统安全管理最佳实践 a）解读和说明】

测评指标"应建立对外数据接口安全管理机制，所有的接口调用均应获得授权和批准"的主要测评对象是管理制度类文档、授权审批记录等。该测评指标适用于包含大数据平台、大数据应用或大数据资源的定级对象。

测评实施要点包括：核查大数据平台的管理制度类文档中是否规定对外数据接口安全管理机制，对外数据接口包括但不限于数据采集接口、数据导出接口、数据共享接口等；核查所有的接口调用是否获得相关的授权和批准，是否具有相关授权和审批记录。

以对外提供大数据服务的大数据平台为例，测评实施步骤主要包括：访谈大数据平台的系统管理员或安全管理员，了解是否建立对外数据接口安全管理机制；核查安全管理制度中是否规定对外数据接口安全管理机制；核查对外数据接口是否获得数据接口管理者的授权和批准；核查是否具有对外数据接口的授权和审批记录。若大数据平台建立了对外数据接口安全管理机制，对外数据接口获得了数据接口管理者的授权和批准，且具有对外数据接口的授权和审批记录，则单元判定结果为符合，否则为不符合或部分符合。

5.4　第三级和第四级大数据安全测评扩展要求应用解读

5.4.1　安全物理环境

在对大数据系统的"安全物理环境"测评时应同时依据安全测评通用要求和安全测评扩展要求，其中涉及安全测评通用要求的解读内容参见《网络安全等级保护测评要求（通用要求部分）应用指南》中的"安全物理环境"，安全测评扩展要求的解读内容参见本节。

基础设施位置

【标准要求】

该控制点第三级包括测评单元安全物理环境 BDS-L3-01，第四级包括测评单元安全物理环境 BDS-L4-01。

【安全物理环境 BDS-L3-01/BDS-L4-01 解读和说明】

测评指标"应保证承载大数据存储、处理和分析的设备机房位于中国境内"的主要测评对象是大数据平台出具的物理机房位置说明文档或存储及处理数据资源的物理机房等。该测评指标适用于包含大数据平台、大数据应用或大数据资源的定级对象。

测评实施要点包括：访谈大数据平台管理员，了解与被测定级对象相关的大数据平台的存储节点、处理节点、分析节点和大数据管理平台等承载大数据业务与数据的软硬件所在机房的物理位置；核查大数据平台建设方案中是否明确大数据平台的存储节点、处理节点、分析节点和大数据管理平台等承载大数据业务与数据的软硬件均位于中国境内；若大数据平台构建在第三方基础设施上，则核查第三方基础设施机房是否位于中国境内；核查大数据平台服务器、存储设备等物理基础设施是否位于中国境内。

以对外提供大数据服务的大数据平台为例，测评实施步骤主要包括：访谈大数据平台管理员，了解大数据平台的基础设施采用何种部署方式，若其基础设施部署在第三方基础设施上，则了解相关的软硬件所在的第三方基础设施机房有几个、物理位置在哪里，若其基础设施未部署在第三方基础设施上，则了解相关的软硬件所在机房的物理位置；结合访谈结果，若大数据平台构建在第三方基础设施上，则查看第三方基础设施机房位于中国境内的证明，若大数据平台未构建在第三方基础设施上，则查看大数据平台建设方案，核查大数据平台的存储节点、处理节点、分析节点和大数据管理平台等承载大数据业务与数据的软硬件是否均位于中国境内。若部署大数据平台环境的机房及存储、处理、分析等各类服务器，以及大数据管理平台等承载大数据业务与数据的软硬件均位于中国境内，则单元判定结果为符合，否则为不符合或部分符合。

5.4.2　安全通信网络

在对大数据系统的"安全通信网络"测评时应同时依据安全测评通用要求和安全测评扩展要求，其中涉及安全测评通用要求的解读内容参见《网络安全等级保护测评要求（通用要求部分）应用指南》中的"安全通信网络"，安全测评扩展要求的解读内容参见本节。由于大数据系统的特点，本节列出了部分安全测评通用要求在大数据环境下的个性化解读内容。

1. 通信传输

【标准要求】

该控制点第三级包括测评单元 L3-CNS1-06、L3-CNS1-07，第四级包括测评单元 L4-CNS1-07、L4-CNS1-08、L4-CNS1-09、L4-CNS1-10。

【L3-CNS1-06/L4-CNS1-07 解读和说明】

测评指标"应采用校验技术或密码技术保证通信过程中数据的完整性"的主要测评对象是大数据平台、大数据应用、大数据资源之间的通信数据，以及大数据平台、大数据应用、大数据资源之间进行数据传输的设备/组件。其中，通信数据包括但不限于鉴别数据、重要业务数据、重要审计数据、重要配置数据、重要视频数据和重要个人信息等，应重点关注大数据平台（或应用）处理的大数据；进行数据传输的设备/组件包括但不限于 VPN、消息中间件、API、Web 页面等。该测评指标适用于包含大数据平台、大数据应用或大数据资源的定级对象。

测评实施要点包括：为了防止数据在通信过程中被修改或破坏，应核查是否采用校验技术或密码技术保证通信过程中数据的完整性。通过校验技术或密码技术提取待发送数据的特征码，特征码定长输出，不可逆。常用算法有 SM3、SHA256、SHA512、CRC32，推荐使用国密杂凑算法 SM3。将数据的特征码及源数据发送到接收方，接收方根据源数据计算特征码并与接收的特征码进行比对，验证通信过程中数据的完整性，如果一样则数据没有被修改，反之数据被修改过；或者核查进行数据传输的设备/组件是否采用 HTTPS、TLS 或 SSL 保证通信信道中数据传输的完整性。

以对外提供大数据服务的大数据平台为例，测评实施步骤主要包括：核查是否在数据传输过程中使用校验技术或密码技术保证其完整性；测试验证设备/组件是否可以保证通信过程中数据的完整性。若对鉴别数据、重要业务数据、重要审计数据、重要配置数据、重要视频数据和重要个人信息等采用校验技术或密码技术保证通信过程中数据的完整性，则单元判定结果为符合，否则为不符合或部分符合。

【L3-CNS1-07/L4-CNS1-08 解读和说明】

测评指标"应采用密码技术保证通信过程中数据的保密性"的主要测评对象是大数据平台、大数据应用、大数据资源之间的通信数据，以及大数据平台、大数据应用、大数据资源之间进行数据传输的设备/组件。其中，通信数据包括但不限于鉴别数据、重要业务数据、重要审计数据、重要配置数据、重要视频数据和重要个人信息等，应重点关注大数据平台（或应用）处理的大数据；进行数据传输的设备/组件包括但不限于 VPN、消息中间件、API、Web 页面等。该测评指标适用于包含大数据平台、大数据应用或大数据资源的定级对象。

测评实施要点包括：为了防止信息被窃听，应核查是否采取技术手段对通信过程中的敏感信息字段或整个报文加密，可采用对称加密、非对称加密等方式实现数据的保密性；或者核查进行数据传输的设备/组件是否采用 HTTPS、TLS 或 SSL 保证通信信道中数据传输的保密性，核查在通信过程中所采用的版本是否存在已公开的安全风险。

以对外提供大数据服务的大数据平台为例，测评实施步骤主要包括：核查是否在通信过程中采取保密措施，具体采取哪些技术措施；测试验证在通信过程中是否对敏感信息字段或整个报文进行加密，可使用抓包工具通过流量镜像等方式抓取网络中的数据，验证数据是否加密。若对鉴别数据、重要业务数据、重要审计数据、重要配置数据、重要视频数据和重要个人信息等采用密码技术保证通信过程中数据的保密性，且抓包工具显示传送的信息是加密报文，则单元判定结果为符合，否则为不符合或部分符合。

【L4-CNS1-09 解读和说明】

测评指标"应在通信前基于密码技术对通信的双方进行验证或认证"的主要测评对象是为大数据平台、大数据应用、大数据资源之间进行数据传输提供密码技术的设备/组件，包括但不限于 Kerberos 认证设备/组件、数字证书认证设备/组件等。该测评指标适用于包含大数据平台、大数据应用或大数据资源的定级对象。

测评实施要点包括：为了防止信息被窃听，应核查是否能在通信双方建立连接之前利用密码技术进行会话初始化验证或认证，如 Kerberos 认证、数字证书认证等；核查认证机制是否合理；核查认证中使用的密钥对生命周期的管理，以及所采用的密码技术是否存在已公开的安全风险。

以对外提供大数据服务的大数据平台为例，测评实施步骤主要包括：核查是否能在通信双方建立连接之前利用密码技术进行会话初始化验证或认证，具体采用哪些密码技术认证机制；核查密码技术认证机制和相关配置，如 Kerberos 认证相关配置、数字证书配置等；核查认证中使用的密钥对生命周期的管理。若在通信双方建立连接之前利用密码技术进行会话初始化验证或认证，且认证机制和相关配置合理，则单元判定结果为符合，否则为不符合或部分符合。

【L4-CNS1-10 解读和说明】

测评指标"应基于硬件密码模块对重要通信过程进行密码运算和密钥管理"的主要测评对象是为大数据平台、大数据应用、大数据资源之间进行数据传输提供密码技术的设备/组件中的硬件密码模块，包括但不限于 Kerberos 认证设备/组件中的硬件密码模块、数字证书认证设备/组件中的硬件密码模块等。该测评指标适用于包含大数据平台、大数据应用或大数据资源的定级对象。

测评实施要点包括：为了防止信息被窃听，应核查是否能在通信双方建立连接之前利用密码技术进行会话初始化验证或认证，如 Kerberos 认证、数字证书认证等；核查是否基于硬件密码模块产生密码并进行密码运算；核查相关产品是否获得有效的国家密码管理机构规定的检测报告或密码产品型号证书。

以对外提供大数据服务的大数据平台为例，测评实施步骤主要包括：核查是否能在通信双方建立连接之前利用密码技术进行会话初始化验证或认证；核查是否基于硬件密码模块产生密码并进行密码运算，如密码机等，核查对密钥的生命周期（产生、使用、销毁）管理是否合理；核查相关产品是否获得有效的国家密码管理机构规定的检测报告或密码产品型号证书。若在通信双方建立连接之前利用密码技术进行会话初始化验证或认证，且基于硬件密码模块产生密码并进行密码运算，对密钥的生命周期管理合理，且获得了有效的国家密码管理机构规定的检测报告或密码产品型号证书，则单元判定结果为符合，否则为不符合或部分符合。

2. 网络架构

【标准要求】

该控制点第三级包括测评单元安全通信网络 BDS-L3-01、BDS-L3-02，第四级包括测评单元安全通信网络 BDS-L4-01、BDS-L4-02。

【安全通信网络 BDS-L3-01/BDS-L4-01 解读和说明】

测评指标"应保证大数据平台不承载高于其安全保护等级的大数据应用"的主要测评对象是大数据平台、大数据应用系统、大数据资源的定级材料和备案证明。该测评指标适用于包含大数据平台、大数据应用或大数据资源的定级对象。

测评实施要点包括：通过查看定级对象的备案证明等备案材料，明确大数据系统中各定级对象的安全保护等级。当大数据平台、大数据应用、大数据资源分别作为独立定级对象，或者任意组合作为定级对象时：大数据应用、大数据资源的安全保护等级均不能高于大数据平台的安全保护等级；大数据资源的安全保护等级不能高于大数据应用的安全保护等级。

以大数据应用为例，测评实施步骤主要包括：访谈大数据应用管理员，了解大数据应用及其所在大数据平台的等级保护定级情况；核查大数据应用及其所在大数据平台的定级材料和备案证明，如定级报告、备案表、专家评审意见等。若大数据应用的安全保护等级不高于其所在大数据平台的安全保护等级，则单元判定结果为符合，否则为不符合。

【安全通信网络 BDS-L3-02/BDS-L4-02 解读和说明】

测评指标"应保证大数据平台的管理流量与系统业务流量分离"的主要测评对象是大数据平台中实现带外管理、VLAN、VPC、VxLAN 等机制的设备/组件，如交换机、安全管控平台等，以及大数据平台中的双网卡服务器。该测评指标适用于包含大数据平台的定级对象。

测评实施要点包括：核查是否通过带外管理实现设备管理流量与系统业务流量的物理隔离，并在这套独立于数据网络的专用管理网络通道上，通过 Console 端口对网络设备（如交换机、路由器等）、安全设备（如防火墙、入侵防护设备等）进行集中监控、管理和维护，通过 KVM 对服务器设备进行操作和管理；核查是否采用能够实现 VLAN、VPC、VxLAN 等机制的设备/组件（如交换机等），通过对其进行策略配置以实现网络逻辑结构划分，保障设备管理流量与系统业务流量的逻辑通道隔离；核查是否通过双网卡配置实现物理服务器及该物理服务器上虚拟机的设备管理流量与系统业务流量的隔离；通过内网渗透测试手段，在大数据平台管理域尝试捕获系统业务流量，或者测试是否能穿透业务域。

以对外提供大数据服务的大数据平台为例，测评实施步骤主要包括：访谈大数据平台管理员，了解大数据平台所在的网络架构是否采用带外管理或策略配置等方式实现设备管理流量与系统业务流量的分离；核查技术资料和配置信息，了解大数据平台管理流量与大数据服务业务流量采用何种方式实现流量分离，如建立独立的管理网络、VPC 隔离、VLAN 划分、双网卡服务器等；根据其使用的技术手段，包括其使用的产品、组件情况，通过内网渗透测试手段，在大数据平台管理域尝试捕获系统业务流量，或者测试是否能穿透业务域。若大数据平台所在的网络架构通过可靠的技术手段采用带外管理或策略配置等方式实现设备管理流量与系统业务流量的分离，并经过测试，在管理域无法访问业务数据，也不会穿透业务域，则单元判定结果为符合，否则为不符合或部分符合。

5.4.3　安全区域边界

在对大数据系统的"安全区域边界"测评时应依据安全测评通用要求，涉及安全测评通用要求的解读内容参见《网络安全等级保护测评要求（通用要求部分）应用指南》中的"安全区域边界"。由于大数据系统的特点，本节列出了部分安全测评通用要求在大数据环境下的个性化解读内容。

1. 入侵防范

【标准要求】

该控制点第三级包括测评单元 L3-ABS1-10，第四级包括测评单元 L4-ABS1-12。

【L3-ABS1-10/L4-ABS1-12 解读和说明】

测评指标"应在关键网络节点处检测、防止或限制从外部发起的网络攻击行为"的主要测评对象是网络设备、安全设备等。该测评指标适用于包含大数据平台、大数据应用或大数据资源的定级对象。

测评实施要点包括：核查被测系统是否在关键网络节点处进行主动检测，以检查是否发生了入侵和攻击；对于大数据系统，还应关注是否对数据泄露、数据窃取等进行检测，以及是否对数据非法流出进行监控。

以对外提供大数据服务的大数据平台为例，测评实施步骤主要包括：核查相关系统或设备的配置信息和安全策略是否能覆盖网络所有关键节点；通过从外部发起网络攻击行为的渗透测试，验证是否能非授权访问网络节点，是否可以非授权获取数据等；测试验证相关系统或设备的安全策略是否有效。若相关系统或设备能检测到从外部发起网络攻击行为的信息，通过渗透测试未发现可利用的漏洞，配置信息和安全策略中制定的规则覆盖系统关键节点的 IP 地址等，检测到的攻击日志信息与安全策略相符，则单元判定结果为符合，否则为不符合或部分符合。

2. 安全审计

【标准要求】

该控制点第三级包括测评单元 L3-ABS1-16，第四级包括测评单元 L4-ABS1-18。

【L3-ABS1-16/L4-ABS1-18 解读和说明】

测评指标"应在网络边界、重要网络节点进行安全审计，审计覆盖到每个用户，对重要的用户行为和重要安全事件进行审计"的主要测评对象是审计设备、审计系统等。该测评指标适用于包含大数据平台、大数据应用或大数据资源的定级对象。

测评实施要点包括：对于大数据系统而言，除关注一般信息系统应关注的安全审计行为和事件外，还应关注安全审计范围是否覆盖到重要数据全生命周期中的访问及操作等行为。

以对外提供大数据服务的大数据平台为例，测评实施步骤主要包括：核查是否部署综合安全审计系统或具有类似功能的系统平台；核查安全审计范围是否覆盖到重要数据全生命周期中的访问及操作等行为，生命周期的环节至少包括数据的采集、存储、处理，以及所有数据的输出、交换等。若在网络边界和重要网络节点处部署了审计设备，审计能够覆盖到每个用户，且审计事项涵盖重要的用户行为和重要的安全事件（含数据的访问及操作），则单元判定结果为符合，否则为不符合或部分符合。

5.4.4　安全计算环境

在对大数据系统的"安全计算环境"测评时应同时依据安全测评通用要求和安全测评扩展要求，其中涉及安全测评通用要求的解读内容参见《网络安全等级保护测评要求（通用要求部分）应用指南》中的"安全计算环境"，安全测评扩展要求的解读内容参见本节。

1. 身份鉴别

【标准要求】

该控制点第三级包括测评单元安全计算环境 BDS-L3-01、BDS-L3-02，第四级包括测评单元安全计算环境 BDS-L4-01、BDS-L4-02。

【安全计算环境 BDS-L3-01/BDS-L4-01 解读和说明】

测评指标"大数据平台应对数据采集终端、数据导入服务组件、数据导出终端、数据导出服务组件的使用实施身份鉴别"的主要测评对象是数据采集终端、数据导入服务组件、业务应用系统、数据管理系统、系统管理软件、外部数据库管理系统、外部文件服务器、数据导出终端、数据导出服务组件等。该测评指标适用于包含大数据平台的定级对象。

测评实施要点包括：核查大数据平台有哪些数据采集终端、数据导入服务组件、数据导出终端、数据导出服务组件；核查大数据平台是否对各类组件及服务实施身份鉴别措施；测试验证身份鉴别措施是否可以被绕过。

以对外提供大数据服务的大数据平台为例，测评实施步骤主要包括：访谈大数据平台管理员，了解系统的数据采集终端、数据导入服务组件、数据导出终端、数据导出服务组件在登录时是否采取身份鉴别措施；结合访谈结果，核查大数据平台中各数据采集终端、数据导入服务组件、数据导出终端、数据导出服务组件在登录时是否采取身份鉴别措施；测试验证身份鉴别措施是否可以被绕过。若上述要求全部满足，且身份鉴别措施无法被绕过，则单元判定结果为符合，否则为不符合或部分符合。

【安全计算环境 BDS-L3-02/BDS-L4-02 解读和说明】

测评指标"大数据平台应能对不同客户的大数据应用实施标识和鉴别"的主要测评对象是大数据平台、大数据平台管理系统、大数据应用系统。该测评指标适用于包含大数据平台的定级对象。

测评实施要点包括：核查大数据平台能否对所有客户的大数据应用进行身份鉴别；测试验证身份鉴别措施是否可以被绕过。

以对外提供大数据服务的大数据平台为例，测评实施步骤主要包括：访谈大数据平台管理员及大数据应用管理员，了解大数据平台的身份鉴别措施通过什么系统、什么措施实现；结合访谈结果，核查大数据平台、大数据平台管理系统、大数据应用系统及大数据平台应用客户端等所采取的身份鉴别措施；测试验证身份鉴别措施是否可以被绕过。若大数据平台能对不同客户的大数据应用实施标识和鉴别，且身份鉴别措施无法被绕过，则单元判定结果为符合，否则为不符合或部分符合。

【最佳实践】

该控制点第三级包括身份鉴别最佳实践 c）和 d），第四级包括身份鉴别最佳实践 c）和 d）（见表 5-1）。

【身份鉴别最佳实践 c）解读和说明】

测评指标"大数据资源应对调用其功能的对象进行身份鉴别"的主要测评对象是调用其功能的外部数据管理系统、业务应用系统、数据导出服务组件等。该测评指标适用于包含大数据资源的定级对象。

测评实施要点包括：梳理调用大数据资源的外部实体有哪些；梳理大数据资源对所有调用其功能的外部实体实施何种身份鉴别措施；测试验证身份鉴别措施是否可以被绕过。

以对外提供大数据服务的大数据资源为例，测评实施步骤主要包括：访谈大数据资源管理员，了解调用其功能的外部数据管理系统、业务应用系统、数据导出服务组件等外部实体有哪些；结合访谈结果，核查大数据资源是否对调用其功能的外部数据管理系统、业务应用系统、数据导出服务组件等实施身份鉴别措施；测试验证身份鉴别措施是否可以被绕过。若上述要求全部满足，且身份鉴别措施无法被绕过，则单元判定结果为符合，否则为不符合或部分符合。

【身份鉴别最佳实践d）解读和说明】

测评指标"大数据平台提供的各类外部调用接口应依据调用主体的操作权限进行相应强度的身份鉴别"的主要测评对象是大数据平台对外提供调用的接口，以及调用其接口的外部实体（包括数据库管理系统、业务应用系统、系统管理软件、文件系统等）。该测评指标适用于包含大数据平台的定级对象。

测评实施要点包括：梳理大数据平台有哪些对外提供调用的接口；结合大数据平台对外提供调用的接口，核查在外部实体调用时是否对其实施身份鉴别措施；核查接口是否依据外部实体的调用权限不同，实施不同强度的身份鉴别措施，如基于账号、密钥的鉴别方式，应关注密钥长度、密钥算法类型、密钥算法强度、密钥生命周期管理方式及流程是否有所区别，最高级调用权限的外部实体应满足第三级身份鉴别强度；测试验证身份鉴别措施是否可以被绕过。

以对外提供大数据服务的大数据平台为例，测评实施步骤主要包括：访谈大数据平台管理员，了解大数据平台有哪些对外提供调用的接口，接口在被调用时是否对调用主体实施身份鉴别措施，身份鉴别强度是否依据调用实体的权限不同而有所区别；结合访谈结果，核查大数据平台对外提供调用的接口在被外部实体调用时是否对其实施身份鉴别措施；核查在最高级调用权限的外部实体调用接口时，接口对其实施的身份鉴别强度是否不低于第三级身份鉴别强度；测试验证身份鉴别措施是否可以被绕过。若上述要求全部满足，且身份鉴别措施无法被绕过，则单元判定结果为符合，否则为不符合或部分符合。

2. 访问控制

【标准要求】

该控制点第三级包括测评单元安全计算环境 BDS-L3-07、BDS-L3-08、BDS-L3-09、BDS-L3-10、BDS-L3-11，第四级包括测评单元安全计算环境 BDS-L4-07、BDS-L4-08、BDS-L4-09、BDS-L4-10、BDS-L4-11、BDS-L4-15。

【安全计算环境 BDS-L3-07/BDS-L4-07 解读和说明】

测评指标"对外提供服务的大数据平台，平台或第三方只有在大数据应用授权下才可以对大数据应用的数据资源进行访问、使用和管理"的主要测评对象是大数据平台、大数据应用系统、大数据平台应用客户端、数据管理系统和系统设计文档等。该测评指标适用于包含大数据平台或大数据应用的定级对象。

测评实施要点包括：核查大数据平台是否提供针对大数据应用数据资源的访问控制功能；核查大数据应用是否能够使用大数据平台的访问控制功能，对所属数据资源实施访问控制；核查是否对大数据应用进行访问控制策略配置；测试验证在未经授权的情况下，大数据平台或第三方是否可以越权访问大数据应用的数据资源。

以对外提供大数据服务的大数据平台为例，测评实施步骤主要包括：访谈大数据平台管理员，查阅系统设计文档，查看大数据平台是否具有设置大数据应用数据资源访问控制规则的功能；核查访问控制规则是否由经授权的管理员或其他主体进行配置；结合访谈及查阅结果，核查针对大数据应用数据资源的访问控制策略是否由经授权的主体按照安全策略进行配置；测试验证在未经授权的情况下，大数据平台或第三方是否可以越权访问大数据应用的数据资源。若上述要求全部满足，且大数据平台或第三方无法越权访问大数据应用的数据资源，则单元判定结果为符合，否则为不符合或部分符合。

【安全计算环境 BDS-L3-08/BDS-L4-08 解读和说明】

测评指标"大数据平台应提供数据分类分级安全管理功能，供大数据应用针对不同类别级别的数据采取不同的安全保护措施"的主要测评对象是大数据平台、大数据应用系统、数据管理系统和系统设计文档等。该测评指标适用于包含大数据平台的定级对象。

测评实施要点包括：核查大数据平台是否根据国家、地方、行业标准及法规，制定数据分类分级策略；核查大数据平台是否基于数据分类分级策略，提供数据标识功能；核查大数据平台是否提供根据数据标识选择不同安全保护措施的功能。

以对外提供大数据服务的大数据平台为例，测评实施步骤主要包括：访谈大数据平台管理员，查阅系统设计文档，核查大数据平台是否根据行业相关数据分类分级规范制定数据分类分级策略，是否能够根据数据分类分级标识为大数据应用提供数据分类分级安全管理功能；核查数据在采集、存储、处理、分析等各个环节，能否根据数据分类分级标识采取不同的处置措施；结合访谈结果，核查大数据平台是否具有数据分类分级标识功能，是否根据数据分类分级策略对数据进行分类和等级划分；结合访谈结果，核查大数据平台是否提供多种数据安全保护措施以供选择。若上述要求全部满足，则单元判定结果为符合，否则为不符合或部分符合。

【安全计算环境 BDS-L3-09/BDS-L4-09 解读和说明】

测评指标"大数据平台应提供设置数据安全标记功能，基于安全标记的授权和访问控制措施，满足细粒度授权访问控制管理能力要求"的主要测评对象是大数据平台、数据管理系统和系统设计文档等。该测评指标适用于包含大数据平台的定级对象。

测评实施要点包括：核查大数据平台是否制定数据安全标记策略，是否提供数据安全标记功能；核查基于安全标记的访问控制的客体颗粒度是否达到文件级或数据库表级；核查访问控制的主体颗粒度是否达到大数据应用级或大数据平台用户级。

以对外提供大数据服务的大数据平台为例，测评实施步骤主要包括：访谈大数据平台管理员，查阅系统设计文档，了解大数据平台是否具备依据安全策略对数据设置安全标记的功能；结合访谈结果，核查大数据平台是否依据安全策略对数据设置安全标记；核查大数据平台是否提供基于安全标记的访问控制授权能力；测试验证基于数据安全标记设置的访问控制规则是否有效，有无越权访问的情况。若上述要求全部满足，且访问控制规则无越权访问的情况，则单元判定结果为符合，否则为不符合或部分符合。

【安全计算环境 BDS-L3-10/BDS-L4-10 解读和说明】

测评指标"大数据平台应在数据采集、存储、处理、分析等各个环节，支持对数据进行分类分级处置，并保证安全保护策略保持一致"的主要测评对象是大数据平台、大数据应用系统、大数据平台应用客户端、数据管理系统和系统设计文档等。该测评指标适用于包含大数据平台的定级对象。

测评实施要点包括：梳理数据采集、存储、处理、分析等各个环节的数据保护处置措施，确保各个环节对数据进行分类分级处置；梳理数据在采集、存储、处理、分析等各个环节的安全保护策略，查看这些策略是否保持一致。

以对外提供大数据服务的大数据平台为例，测评实施步骤主要包括：访谈大数据平台管理员，查阅系统设计文档，了解大数据平台是否能够根据数据分类分级标识为大数据应用提供数据分类分级安全管理功能；核查数据在采集、存储、处理、分析等各个环节，能否实现根据数据分类分级标识采取不同的处置措施；结合访谈结果，测试验证大数据平台是否根据数据分类分级标识对数据采集、存储、处理、分析等各个环节采取分级保护和处置措施；测试验证同一数据在采集、存储、处理、分析等各个环节，能否实现根据数据分类分级标识采取不同的处置措施；测试验证同一级别的数据在采集、存储、处理、分析等各个环节所采取的保护措施是否保持一致。若上述要求全部满足，则单元判定结果为符合，否则为不符合或部分符合。

【安全计算环境 BDS-L3-11/BDS-L4-11 解读和说明】

测评指标"涉及重要数据接口、重要服务接口的调用,应实施访问控制,包括但不限于数据处理、使用、分析、导出、共享、交换等相关操作"的主要测评对象是大数据平台、大数据应用系统、数据管理系统和系统管理软件等。该测评指标适用于包含大数据平台、大数据应用或大数据资源的定级对象。

测评实施要点包括:梳理大数据平台、大数据应用、大数据资源存在的各类接口;关注大数据平台、大数据应用及大数据资源是否制定访问控制安全策略;测试验证访问控制措施是否可以被绕过。

以对外提供大数据服务的大数据平台为例,测评实施步骤主要包括:访谈大数据平台管理员,了解大数据平台或大数据应用系统是否为重要数据接口、重要服务接口提供访问控制措施;结合访谈结果,核查大数据平台或大数据应用系统是否面向重要数据接口、重要服务接口的调用提供有效的访问控制措施;核查访问控制措施是否包括但不限于数据处理、使用、分析、导出、共享、交换等相关操作;测试验证访问控制措施是否可以被绕过。若上述要求全部满足,且访问控制措施无法被绕过,则单元判定结果为符合,否则为不符合或部分符合。

【安全计算环境 BDS-L4-15 解读和说明】

测评指标"大数据平台应具备对不同类别、不同级别数据全生命周期区分处置的能力"的主要测评对象是大数据平台、大数据应用系统、大数据平台应用客户端、数据管理系统和系统设计文档等。该测评指标适用于包含大数据平台的定级对象。

测评实施要点包括:梳理采集、传输、存储、处理、交换及销毁等各个环节的数据保护处置措施;核查各个环节是否针对不同类别、不同级别的数据分别采取相应的安全保护措施。

以对外提供大数据服务的大数据平台为例,测评实施步骤主要包括:访谈大数据平台管理员,查阅系统设计文档,核查数据在采集、传输、存储、处理、交换及销毁等各个环节,能否实现根据数据分类分级标识采取不同的处置措施,核查各个环节针对不同类别、不同级别数据采取的安全保护措施是否得当;结合访谈结果,测试验证大数据平台是否根据数据分类分级标识对数据采集、传输、存储、处理、交换及销毁等各个环节采取相应的处置措施;测试验证同一数据在采集、传输、存储、处理、交换及销毁等各个环节,能否实现根据数据分类分级标识采取不同的处置措施。若上述要求全部满足，则单元判定结果为符合，否则为不符合或部分符合。

【最佳实践】

该控制点第三级包括访问控制最佳实践 d）、e）、f）、g）和 h），第四级包括访问控制最佳实践 d）、e）、f）、g）、h）和 i）（见表 5-1）。

【访问控制最佳实践 d）解读和说明】

测评指标"应在数据采集、传输、存储、处理、交换及销毁等各个环节，根据数据分类分级标识对数据进行不同处置，最高等级数据的相关保护措施不低于第三级安全要求，安全保护策略在各环节保持一致"和"应在数据采集、传输、存储、处理、交换及销毁等各个环节，根据数据分类分级标识对数据进行不同处置，最高等级数据的相关保护措施不低于第四级安全要求，安全保护策略在各环节保持一致"的主要测评对象是大数据平台、大数据应用系统、大数据平台应用客户端、数据管理系统和系统设计文档等。该测评指标适用于包含大数据平台、大数据应用或大数据资源的定级对象。

测评实施要点包括：梳理采集、传输、存储、处理、交换及销毁等各个环节的数据保护处置措施；各个环节应具备满足第三级（若为第四级等级保护对象，则应满足第四级）安全要求的数据保护处理能力；梳理数据在采集、传输、存储、处理、交换及销毁等各个环节的安全保护策略，查看这些策略是否保持一致。

以对外提供大数据服务的大数据平台为例，测评实施步骤主要包括：访谈大数据平台管理员，查阅系统设计文档，了解大数据平台是否能够根据数据分类分级标识为大数据应用提供数据分类分级安全管理功能；核查数据在采集、传输、存储、处理、交换及销毁等各个环节，能否实现根据数据分类分级标识采取不同的处置措施；结合访谈结果，测试验证大数据平台是否根据数据分类分级标识对数据采集、传输、存储、处理、交换及销毁等各个环节采取相应的处置措施；核查是否依据数据分类分级策略对数据进行分级保护；测试验证同一数据在采集、传输、存储、处理、交换及销毁等各个环节，能否实现根据数据分类分级标识采取不同的处置措施；测试验证最高等级数据的保护措施是否不低于第三级（若为第四级等级保护对象，则应不低于第四级）；测试验证同一级别的数据在采集、传输、存储、处理、交换及销毁等各个环节所采取的保护措施是否保持一致。若上述要求全部满足，则单元判定结果为符合，否则为不符合或部分符合。

【访问控制最佳实践 e）解读和说明】

测评指标"大数据平台应对其提供的各类接口的调用实施访问控制，包括但不限于数据采集、处理、使用、分析、导出、共享、交换等相关操作"的主要测评对象是大数据平台、大数据应用系统、数据管理系统和系统管理软件等。该测评指标适用于包含大数据平台、大数据应用或大数据资源的定级对象。

测评实施要点包括：梳理大数据平台、大数据应用、大数据资源存在的各类接口；关注大数据平台、大数据应用及大数据资源是否制定访问控制安全策略；测试验证访问控制措施是否可以被绕过。

以对外提供大数据服务的大数据平台为例，测评实施步骤主要包括：访谈大数据平台管理员，了解大数据平台或大数据应用系统是否为重要数据接口、重要服务接口提供访问控制措施；结合访谈结果，核查大数据平台或大数据应用系统是否面向重要数据接口、重要服务接口的调用提供有效的访问控制措施；核查访问控制措施是否包括但不限于数据采集、处理、使用、分析、导出、共享、交换等相关操作；测试验证访问控制措施是否可以被绕过。若上述要求全部满足，且访问控制措施无法被绕过，则单元判定结果为符合，否则为不符合或部分符合。

【访问控制最佳实践 f）解读和说明】

测评指标"应最小化各类接口操作权限"的主要测评对象是大数据平台、大数据应用系统、数据管理系统和系统管理软件等。该测评指标适用于包含大数据平台、大数据应用或大数据资源的定级对象。

测评实施要点包括：梳理各类接口所需的基本权限。

以对外提供大数据服务的大数据平台为例，测评实施步骤主要包括：访谈大数据平台管理员，了解大数据平台是否制定安全策略，并规定各类接口所需的操作权限；结合访谈结果，核查大数据平台各操作接口是否具备非必要的操作权限。若上述要求全部满足，则单元判定结果为符合，否则为不符合或部分符合。

【访问控制最佳实践 g）解读和说明】

测评指标"应最小化数据使用、分析、导出、共享、交换的数据集"的主要测评对象是大数据平台、大数据应用系统、数据管理系统和系统管理软件等。该测评指标适用于包含大数据平台、大数据应用或大数据资源的定级对象。

测评实施要点包括：可根据某一业务线，查看其数据使用、分析、导出、共享、交换各个环节的数据集是否遵从相关安全策略，数据集内各类数据的操作是否经过审批流程批准；可在数据使用、分析、导出、共享、交换各个环节对数据进行抽测，核查数据集内各类数据的操作是否经过审批流程批准，是否遵从相关安全策略。

以对外提供大数据服务的大数据平台为例，测评实施步骤主要包括：核查数据使用、分析、导出、共享、交换的数据集是否包含非必要数据。若数据使用、分析、导出、共享、交换的数据集不包含非必要数据，则单元判定结果为符合，否则为不符合或部分符合。

【访问控制最佳实践 h）解读和说明】

测评指标"大数据平台应提供隔离不同客户应用数据资源的能力"的主要测评对象是大数据平台、大数据应用系统、数据管理系统和系统管理软件等。该测评指标适用于包含大数据平台的定级对象。

测评实施要点包括：梳理大数据平台的客户列表及数据隔离方式，查看各客户使用何种数据隔离方式；测试验证隔离措施是否可以被绕过。

以对外提供大数据服务的大数据平台为例，测评实施步骤主要包括：访谈大数据平台管理员，了解大数据平台客户的应用数据资源存储方式，核查应用数据资源是否能够隔离存放；结合访谈结果，核查须隔离存放的客户应用数据资源的隔离措施；测试验证隔离措施是否可以被绕过。若大数据平台提供隔离不同客户应用数据资源的能力，且隔离措施无法被绕过，则单元判定结果为符合，否则为不符合或部分符合。

【访问控制最佳实践 i）解读和说明】

测评指标"应采用技术手段限制在终端输出重要数据"的主要测评对象是大数据平台、大数据应用系统、数据管理系统、系统管理软件、终端、终端操作系统。该测评指标适用于包含大数据平台、大数据应用或大数据资源的定级对象。

测评实施要点包括：梳理大数据平台、大数据应用、大数据资源的专用终端及非专用终端；查看大数据平台、大数据应用、大数据资源所采取的限制措施在终端是否生效。

以对外提供大数据服务的大数据平台为例，测评实施步骤主要包括：访谈大数据平台管理员，查阅系统设计文档，了解大数据平台是否具备限制重要数据在终端输出的方案；结合访谈结果，核查是否采取技术措施，限制包括但不限于鉴别数据、重要业务数据、重要审计数据、重要配置数据、重要视频数据和重要个人信息等在终端输出；测试验证终端是否输出包括但不限于鉴别数据、重要业务数据、重要审计数据、重要配置数据、重要视频数据和重要个人信息等。若上述要求全部满足，则单元判定结果为符合，否则为不符合或部分符合。

3. 安全审计

【标准要求】

该控制点第三级包括测评单元安全计算环境 BDS-L3-14，第四级包括测评单元安全计算环境 BDS-L4-14。

【安全计算环境 BDS-L3-14/BDS-L4-14 解读和说明】

测评指标"大数据平台应保证不同客户大数据应用的审计数据隔离存放，并提供不同客户审计数据收集汇总和集中分析的能力"的主要测评对象是大数据应用提供的审计模块及审计记录的存储模块，在特殊情况下也可将审计功能分解为多个系统或组件，即测评对象是日志收集系统、日志存储系统、日志分析系统等。该测评指标适用于包含大数据平台的定级对象。

测评实施要点包括：确认大数据平台和大数据应用的交互数据是否由大数据平台记录，是否由大数据平台提供可供大数据应用调用审计数据的接口；核查存放的审计数据是否实现以不同应用的客户角色隔离存放；核查隔离措施是否可以被绕过。

以对外提供大数据服务的大数据平台为例，测评实施步骤主要包括：访谈大数据平台开发人员和大数据审计管理员，确认大数据平台和大数据应用的交互数据是否由大数据平台记录，是否由大数据平台提供可供大数据应用调用审计数据的接口；核查大数据平台对不同客户大数据应用审计数据进行隔离的情况，记录实现审计数据隔离存放的方式、访问的方式及相关配置参数；核查审计数据的访问权限是否实现以客户分离；测试验证隔离措施是否可以被绕过。若大数据平台的审计数据被调用时的权限与身份鉴别信息绑定，审计数据隔离存放的方式、访问的方式及相关配置参数明确且配置的参数在当下无安全问题，不同客户大数据应用的审计数据至少按存储库或表隔离且不存在隔离绕过漏洞，则单元判定结果为符合，否则为不符合或部分符合。

【最佳实践】

该控制点第三级包括安全审计最佳实践 b）和 c），第四级包括安全审计最佳实践 b）

和 c）（见表 5-1）。

【安全审计最佳实践 b）解读和说明】

测评指标"大数据平台应对其提供的各类接口的调用情况进行审计"的主要测评对象是大数据平台提供的各类接口及审计模块的记录内容。该测评指标适用于包含大数据平台的定级对象。

测评实施要点包括：确认数据服务接口类型的访问控制策略与审计模块的记录内容；按功能类别划分接口服务，对每类接口服务进行测试验证，并且在审计模块中查看日志的记录情况。

以对外提供大数据服务的大数据平台为例，测评实施步骤主要包括：访谈大数据平台管理员、大数据应用管理员，了解大数据平台接口的访问是否记入审计模块；结合访谈结果，按功能类别划分接口服务，对每类接口服务进行测试验证，并且在审计模块中查看日志的记录情况。若通过测试验证，所有功能类别的接口的操作记录均存在审计记录，则单元判定结果为符合，否则为不符合或部分符合。

【安全审计最佳实践 c）解读和说明】

测评指标"应保证大数据平台服务商对服务客户数据的操作可被服务客户审计"的主要测评对象是大数据平台为服务客户提供的审计模块，或者其他服务客户的消息通知方式（如平台配置变更公告）。该测评指标适用于包含大数据平台或大数据应用的定级对象。

测评实施要点包括：确认大数据平台服务商对服务客户数据的操作如何被服务客户审计；核查服务客户侧可看到的大数据平台服务商对服务客户数据的操作历史记录。

以对外提供大数据服务的大数据平台为例，测评实施步骤主要包括：访谈大数据平台开发人员和大数据应用管理员，了解大数据平台的配置变更情况是否被记入审计模块，确认服务客户侧的审计模块是否可看到关乎服务客户侧的平台的重要配置变更情况，或者是否存在公告流程以公布平台的重要配置变更情况；核查服务客户侧的审计模块是否可看到关乎服务客户侧的平台的重要配置变更情况；核查以公告流程公布平台的重要配置变更情况的记录。若存在服务客户侧的审计模块且可看到关乎服务客户侧的平台的重要配置变更情况，或者存在以公告流程公布平台的重要配置变更情况的记录供服务客户查看，则单元判定结果为符合，否则为不符合或部分符合。

4. 入侵防范

【最佳实践】

该控制点第三级包括入侵防范最佳实践 a），第四级包括入侵防范最佳实践 a）（见表 5-1）。

【入侵防范最佳实践 a）解读和说明】

测评指标"应对导入或者其他数据采集方式收集到的数据进行检测，避免出现恶意数据输入"的主要测评对象是数据采集终端、数据导入系统、数据清洗模块。该测评指标适用于包含大数据平台或大数据应用的定级对象。

测评实施要点包括：确认是否存在对数据的格式、长度、请求方式等进行合规检测的模块，是否存在对不合规数据的处理策略；进行功能测试，验证数据过滤模块的有效性。

以对外提供大数据服务的大数据平台为例，测评实施步骤主要包括：访谈大数据平台开发人员和管理员，了解是否存在对数据的格式、长度、请求方式等进行合规检测的模块，是否存在对不合规数据（如脏数据、未知网络来源数据、格式不正确数据、恶意代码等）的处理策略；确认对数据的格式、长度、请求方式等进行合规检测的参数，判断清洗规则是否存在绕过检测的数据漏洞；取恶意数据进行功能测试，验证数据过滤模块的有效性。若存在相关功能模块提供恶意数据输入的过滤功能，并且经过恶意数据功能测试，验证数据过滤模块有效，数据过滤模块过滤的内容包括格式、长度、请求方式等，则单元判定结果为符合，否则为不符合或部分符合。

5. 数据完整性

【最佳实践】

该控制点第三级包括数据完整性最佳实践 a）和 b），第四级包括数据完整性最佳实践 a）和 b）（见表 5-1）。

【数据完整性最佳实践 a）解读和说明】

测评指标"应采用技术手段对数据交换过程进行数据完整性检测"的主要测评对象是系统在数据交换阶段采用的完整性校验技术相关产品或组件。该测评指标适用于包含大数据平台、大数据应用或大数据资源的定级对象。

测评实施要点包括：确认数据交换过程中所采用的完整性校验技术，关注的对象包括系统业务数据、系统配置参数数据、镜像快照数据、存储的备份数据、日志记录等；核查在数据交换过程中，完整性校验不通过时系统所采取的反馈行为和处理策略。

以对外提供大数据服务的大数据平台为例，测评实施步骤主要包括：访谈大数据平台管理员、大数据应用管理员，了解数据交换过程（内部交换、外部交换）及其所采用的完整性校验技术，记录实现完整性校验的密码技术及算法参数、行业标准等；核查在数据交换过程中，完整性校验不通过时系统所采取的反馈行为和处理策略。进行数据完整性校验有如下两种方式——数据源完整性校验、数据通道完整性校验。两种方式分别采用不同的测试验证方式：如果对业务数据字段进行数据源完整性校验，若使用标准的完整性算法，则可取简单数据进行相同的完整性算法计算，然后对比 Hash 列表进行算法有效性校验，也可使用消息序列认证技术；如果采用数据通道完整性校验技术实现完整性保护，则使用数据包截取工具截取交换数据包，查看完整性算法是否与预期的一致。若采用的密码算法及其配置参数符合行业标准，通过测试验证完整性算法与预期的一致，则单元判定结果为符合；若使用其他非密码技术，如传统 CRC 校验（可保证数据完整性但是无法防碰撞攻击），则需要根据数据重要程度和数据交换空间（内部交换、外部交换）将单元判定为不符合或部分符合。

【数据完整性最佳实践 b）解读和说明】

测评指标"数据在存储过程中的完整性保护应满足数据源系统的安全保护要求"的主要测评对象是系统在数据存储阶段采用的完整性校验技术相关产品或组件。该测评指标适用于包含大数据平台、大数据应用或大数据资源的定级对象。

测评实施要点包括：确认数据源系统的安全保护等级，了解大数据系统在数据存储过程中所采用的完整性校验技术，关注的对象包括但不限于系统业务数据、镜像快照数据、存储的备份数据；对比本系统和数据源系统采取的数据存储保护完整性要求。

以对外提供大数据服务的大数据平台为例，测评实施步骤主要包括：访谈大数据系统开发人员，了解是否存在数据源系统，若不存在则判定为不适用，若存在则询问数据源系统是否具有数据存储保护完整性要求；对本系统采取的数据存储保护完整性要求条款进行核查，并与数据源系统的数据存储保护完整性要求对比。若采用的密码技术、密码算法及其配置参数满足数据源系统的安全保护要求，通过测试验证完整性算法与预期的一致，则单元判定结果为符合，否则为不符合或部分符合。

6. 数据保密性

【标准要求】

该控制点第三级包括测评单元安全计算环境 BDS-L3-06，第四级包括测评单元安全计算环境 BDS-L4-06。

【安全计算环境 BDS-L3-06/BDS-L4-06 解读和说明】

测评指标"大数据平台应提供静态脱敏和去标识化的工具或服务组件技术"的主要测评对象是数据清洗模块或其他数据脱敏和去标识化组件。该测评指标适用于包含大数据平台的定级对象。

测评实施要点包括：核查大数据平台是否提供静态脱敏和去标识化的工具或服务组件；记录组件的脱敏和去标识化原理，不限于 Tokenization、Masking、加密、抑制、数据发现、TDE 等。

以对外提供大数据服务的大数据平台为例，测评实施步骤主要包括：访谈大数据系统管理员和开发人员，了解系统中是否存在对数据脱敏和去标识化的处理及采用的系统或组件，记录数据的脱敏和去标识化处理规则。若大数据平台存在对数据脱敏和去标识化的处理，则单元判定结果为符合，否则为不符合或部分符合。

【最佳实践】

该控制点第三级包括数据保密性最佳实践 b）和 c），第四级包括数据保密性最佳实践 b）和 c）（见表 5-1）。

【数据保密性最佳实践 b）解读和说明】

测评指标"应依据相关安全策略和数据分类分级标识对数据进行静态脱敏和去标识化处理"的主要测评对象是数据清洗模块或其他数据脱敏和去标识化组件。该测评指标适用于包含大数据平台、大数据应用或大数据资源的定级对象。

测评实施要点包括：确认系统中是否存在对数据脱敏和去标识化的处理及采用的系统或组件，记录其对不同类别数据的处理方式；确认去标识化的处理规则是否可以提供给使用方，供其细化并调整规则；核查脱敏和去标识化后的数据可否通过社工等方式还原以获取源数据信息。

以对外提供大数据服务的大数据平台为例，测评实施步骤主要包括：访谈大数据系统管理员和开发人员，了解系统中是否存在对数据脱敏和去标识化的处理及采用的系统或组件；了解系统中的敏感数据及非敏感数据分别有哪些分类分级方法，如对国家安全、社会公共利益、商业秘密、个人信息等数据的脱敏和去标识化处理方式；确认去标识化的处理规则是否可以提供给平台使用方进行规则细化和调整；核查脱敏和去标识化处理前后数据的差异，查询相关行业信息安全标准并与处理后的数据进行字段对比，导入不同类型的测试数据，核查脱敏和去标识化后的数据可否通过社工等方式还原以获取源数据信息。若存在对数据脱敏和去标识化的处理规则，各类数据脱敏和去标识化后均无法通过社工等方式还原以获取源数据信息，则单元判定结果为符合，否则为不符合或部分符合。

【数据保密性最佳实践 c）解读和说明】

测评指标"数据在存储过程中的保密性保护应满足数据源系统的安全保护要求"的主要测评对象是系统在各阶段采用的保密性存储技术相关产品或组件，或者独立提供数据存储服务的数据管理系统。该测评指标适用于包含大数据平台、大数据应用或大数据资源的定级对象。

测评实施要点包括：确认数据源系统的安全保护等级；了解数据存储过程中所采用的存储控制系统，核查存储控制系统所使用的保密性存储技术和参考的行业标准；对比本系统和数据源系统采取的数据存储保护保密性要求。

以对外提供大数据服务的大数据平台为例，测评实施步骤主要包括：访谈大数据系统开发人员，了解是否存在数据源系统，若不存在则判定为不适用，若存在则询问数据源系统是否具有数据存储保护保密性要求；了解数据存储过程中所采用的数据保密技术，关注的对象包括但不限于系统业务数据、镜像快照数据、存储的备份数据；对本系统采取的数据存储保护保密性要求条款进行核查，并与数据源系统的数据存储保护保密性要求对比。由于大数据的加密计算量比普通系统大，因此数据存储加密方式可能有如下两种：部署单独的数据存储系统进行密钥设计访问控制；单独对数据、文件进行密码算法加密存储。两种方式分别采用不同的测试验证方式：如果部署单独的数据存储系统进行密钥设计访问控制，则核查系统未进行身份鉴别时是否可以调取存储的数据，记录密钥所采用的算法、算法参数、身份鉴别参数，并且验证数据存储系统是否可以绕过授权直接访问数据；如果单独对数据、文件进行密码算法加密存储，则测试验证是否可以从存储的数据中获取明文数据、明文文件等。若采用的密码算法及其配置参数符合行业标准，且加密存储的数据通过测试验证无法获取明文数据、明文文件等，则单元判定结果为符合，否则为不符合或部分符合。

7. 数据备份恢复

【最佳实践】

该控制点第三级包括数据备份恢复最佳实践 a）、b）和 c），第四级包括数据备份恢复最佳实践 a）、b）和 c）（见表 5-1）。

【数据备份恢复最佳实践 a）解读和说明】

测评指标"备份数据应采取与原数据一致的安全保护措施"的主要测评对象是数据备份模块及对应数据备份策略、独立提供数据存储服务的数据管理系统。该测评指标适用于包含大数据平台、大数据应用或大数据资源的定级对象。

测评实施要点包括：对须进行完整性保护的备份数据进行分类；确认备份的实现方式是否使用可靠的完整性密码算法或其他可靠的完整性检测策略；核查备份数据完整性检测策略的有效性；对备份数据的安全保护措施进行核查，并与原数据的安全保护措施对比。

以对外提供大数据服务的大数据平台为例，测评实施步骤主要包括：访谈大数据平台管理员和开发人员，了解安全保护的备份数据及对应的数据备份策略；记录备份的实现方式、数据完整性保护的实现方式，确认是否使用可靠的完整性密码算法并且存储为 Hash 列表。若使用标准的密码技术，则查看对应的标准文档；若使用非标准的密码技术并且使用单一的算法，则记录算法类型、算法参数；若原数据与备份数据存储点之间的网络环境不可控，则需要确认备份的传输方式是否存在被非授权获取的风险（安全的方式包括传输通道完整性保护、专线传输保护等）。数据保密性、完整性保护的实现方式可能包括如下三种：采用独立的备份或存储系统，身份鉴别、访问控制策略均结合密码技术，以起到安全授权访问的作用；在备份数据存储前挂加密机进行数据保密性、完整性校验；对备份数据实施数据保密性、完整性保护的其他方案。若存在有效的备份数据完整性检测策略，使数据从原数据到备份点全程存在保密性、完整性校验保护，使用可靠的加密技术或可靠的加密算法、可靠的完整性密码算法，并且 Hash 字段表的权限受到保护，则单元判定结果为符合；若未使用标准的密码技术，并且使用单一的不可靠完整性密码算法（如 SHA1、MD5）或单一的不可靠加密算法（如 DES），则单元判定结果为不符合或部分符合。

【数据备份恢复最佳实践 b）解读和说明】

测评指标"大数据平台应保证用户数据存在若干个可用的副本，各副本之间的内容应保持一致性，并定期对副本进行验证"的主要测评对象是大数据系统中的数据副本存储组件及其策略。该测评指标适用于包含大数据平台的定级对象。

测评实施要点包括：确认是否存在若干个用户数据的副本，并且定期进行备份副本的可用性测试；确认保证多份数据备份副本一致性所采取的完整性密码技术和算法；确认当服务器或磁盘故障导致副本不足或无副本时，是否存在技术上的应对措施；核查副本数据一致性检测策略的有效性。

以对外提供大数据服务的大数据平台为例，测评实施步骤主要包括：访谈大数据平台管理员和开发人员，了解是否存在若干个用户数据的副本，记录用户数据备份副本的存储方式；记录用户数据备份副本的实现方式、备份一致实现方式是否采用可靠的完整性密码算法并且存储为 Hash 列表；若采用标准算法，则将计算简单数据的完整性 Hash 与系统中存储的完整性 Hash 字段进行对比，查看是否一致，以确定算法的有效性；定期进行备份副本的可用性测试，核查当发生副本错误或不足，或者记录副本错误时，系统是否采取有效措施，如云上大数据系统 Master 节点可以迅速感知，并从存在的副本中再复制出一份等。若存在备份副本的数据完整性检测策略，采用了可靠的完整性密码算法并且 Hash 字段表的权限受到访问控制保护，存在定期进行备份副本的可用性测试记录，并且在备份副本可用性测试不通过的情况下存在可靠的技术措施重新生成新副本，则单元判定结果为符合，否则为不符合或部分符合。

【数据备份恢复最佳实践 c）解读和说明】

测评指标"应提供对关键溯源数据的备份"的主要测评对象是数据备份模块或独立的审计系统。该测评指标适用于包含大数据平台或大数据资源的定级对象。

测评实施要点包括：确认结合关键溯源数据是否能记录并跟踪数据的来源及去向，记录用于溯源的关键数据存储的位置；记录关键溯源数据的备份方式和存储时长等参数。

以对外提供大数据服务的大数据平台为例，测评实施步骤主要包括：访谈大数据平台管理员，了解适合系统的关键溯源数据类型，确认用于溯源的关键数据中是否包含用户管理类、接口调用类，以及本身采集处理分析等数据流转事件、清洗和转换等数据操作事件；记录关键溯源数据的备份方式和存储时长等参数，查看备份的数据是否覆盖所有溯源的关键数据；查看溯源备份数据是否可用；记录溯源流程，查看历史溯源事件的存档。若备份的数据覆盖了所有溯源的关键数据，并且结合关键溯源数据可记录、跟踪数据的来源及去向，溯源备份数据可用，存在历史溯源事件的存档，则单元判定结果为符合，否则为不符合或部分符合。

8. 剩余信息保护

【最佳实践】

该控制点第三级包括剩余信息保护最佳实践 a)、b) 和 c)，第四级包括剩余信息保护最佳实践 a)、b) 和 c)（见表 5-1）。

【剩余信息保护最佳实践 a) 解读和说明】

测评指标"在数据整体迁移的过程中，应杜绝数据残留"的主要测评对象是基础设施层、数据平台层和计算分析层，以及大数据管理平台等的数据迁移过程中涉及的对象，包括终端和服务器等设备中的操作系统（包括宿主机和虚拟机操作系统）、网络设备（包括虚拟化网络设备）、安全设备（包括虚拟化安全设备）、业务应用系统、数据库管理系统、中间件和系统管理软件及系统设计文档等。该测评指标适用于包含大数据平台、大数据应用或大数据资源的定级对象。

测评实施要点包括：核查是否存在制度流程，支撑数据迁移过程中的细节要求，如物理销毁、先大量写入数据再擦除以进行数据覆盖等方式；核查被测定级对象相关的数据是否存在整体迁移的情况，了解迁移过程，验证采用何种方式避免数据残留，检查的对象包括但不限于磁盘、硬盘等存储设备；核查大数据平台在进行数据迁移时，是否存在数据迁移记录，是否在代码、系统建设方案中说明采用何种方式避免数据残留，确认"回收站"中存储的历史数据是否被完全删除。

以对外提供大数据服务的大数据平台为例，测评实施步骤主要包括：访谈大数据平台管理员，了解被测单位关于数据迁移的相关管理规范，查看是否对数据迁移过程中的数据残留进行了相关规范；了解大数据平台是否进行过数据整体迁移，如果进行过数据整体迁移，则查看当时数据迁移的过程文档、迁移方案等，了解平台数据原本的存储位置、迁移的过程及对原始存储空间的处理方式，并根据被测单位的处理方式查看相应的代码和案例，如果没有进行过数据整体迁移，则关注系统建设方案中是否有关于数据残留的处理方法；结合访谈、检查的结果，若存在数据整体迁移，则查看数据迁移过程中的历史数据，结合该单位中关于数据迁移的规章制度，核查是否做到合规，是否对原始存储空间进行数据销毁，避免数据残留。若数据整体迁移过程符合规章制度，并按照要求进行数据销毁，则单元判定结果为符合，否则为不符合或部分符合；若不存在数据整体迁移，则主要关注系统建设方案中是否有关于数据残留的处理方法，若方法得当，则单元判定结果为符合，否则为不符合或部分符合。

【剩余信息保护最佳实践 b) 解读和说明】

测评指标"大数据平台应能够根据大数据应用提出的数据销毁要求和方式实施数据销毁"的主要测评对象是大数据平台、大数据应用系统、数据管理系统、设计和建设文档、服务协议或合同等。该测评指标适用于包含大数据平台的定级对象。

测评实施要点包括：核查大数据平台的设计和建设文档，查看其中是否包含多种类型的数据销毁方式（如索引表删除、磁盘擦除、覆盖擦除、磁盘销毁等）；核查大数据平台和大数据应用之间的服务协议或合同，查看其中是否有相应的数据销毁要求和方式，若有则检查大数据平台的数据销毁方式是否符合大数据应用的要求，并核查实际数据销毁方式是否符合要求。

以对外提供大数据服务的大数据平台为例，测评实施步骤主要包括：访谈大数据平台管理员，核查大数据平台的设计和建设文档，查看其中是否包含多种类型的数据销毁方式；核查大数据平台和大数据应用之间的服务协议或合同，查看其中是否有相应的数据销毁要求和方式，若有则检查大数据平台的数据销毁方式是否符合大数据应用的要求，并核查实际数据销毁方式是否符合要求。若大数据平台能够使用符合大数据应用提出的数据销毁要求的方式实施数据销毁，则单元判定结果为符合，否则为不符合或部分符合。

【剩余信息保护最佳实践 c) 解读和说明】

测评指标"大数据应用应基于数据分类分级保护策略，明确数据销毁要求和方式"的主要测评对象是安全策略文档、数据销毁记录。该测评指标适用于包含大数据平台的定级对象。

测评实施要点包括：核查是否制定本单位的数据分类分级管理制度，并确认管理制度是否合理、有效；核查是否有基于数据分类分级的保护策略，并确认保护策略是否合理、有效；核查是否基于数据分类分级保护策略，制定相应的数据销毁要求和方式，若有则须核查被测系统日常的数据销毁措施和方式是否符合管理制度的规范。

以对外提供大数据服务的大数据平台为例，测评实施步骤主要包括：访谈大数据平台管理员，了解是否有数据分类分级管理制度，是否有基于数据分类分级的保护策略，是否基于数据分类分级保护策略制定相应的数据销毁要求和方式，若有则需要查看相应的管理制度，并核查被测系统相应的数据销毁记录，核查回收的销毁设备清单是否与数据销毁记录一致，查看不同级别的数据销毁措施是否与管理制度一致；依据访谈和核查结果，确认大数据平台是否依据安全策略对不同的数据采取不同的销毁措施。若大数据平台基于数据分类分级保护策略制定了相应的数据销毁要求和方式，且依据安全策略对数据进行销毁，则单元判定结果为符合，否则为不符合或部分符合。

9. 个人信息保护

【最佳实践】

该控制点第三级包括个人信息保护最佳实践 a）和 b），第四级包括个人信息保护最佳实践 a）和 b）（见表 5-1）。

【个人信息保护最佳实践 a）解读和说明】

测评指标"采集、处理、使用、转让、共享、披露个人信息应在个人信息处理的授权同意范围内"的主要测评对象是数据管理系统、大数据平台、大数据应用系统及系统管理软件等。该测评指标适用于包含大数据平台、大数据应用或大数据资源的定级对象。

测评实施要点包括：明确测评对象中是否包含采集、处理、使用、转让、共享、披露个人信息等个人信息处理情况；核查注册协议和个人隐私保护协议，查看其中是否覆盖采集、处理、使用、转让、共享、披露个人信息等个人信息处理的授权同意范围；核查是否明确对个人信息进行处理后的个人画像，是否得到个人信息主体的授权。

以对外提供大数据服务的大数据平台为例，测评实施步骤主要包括：访谈大数据平台管理员，明确被测系统中包括采集、处理、使用、转让、共享、披露个人信息的哪些层面，确认相应的测评对象；查阅数据来源方的注册协议和个人隐私保护协议（若数据由其他第三方提供，则应查看第三方系统的注册协议、隐私保护协议和合同是否已授权），核查其中是否覆盖采集、处理、使用、转让、共享、披露个人信息等个人信息处理的授权同意范围，且授权同意范围中是否包含对其进行分析、处理后的信息。若相关文档内容满足上述要求，则单元判定结果为符合，否则为不符合或部分符合。

【个人信息保护最佳实践 b）解读和说明】

测评指标"应采取措施防止在数据处理、使用、分析、导出、共享、交换等过程中识别出个人身份信息"的主要测评对象是基础设施层、数据平台层和计算分析层，以及大数据管理平台等的数据处理、使用、分析、导出、共享、交换等过程中涉及的对象，包括终端和服务器等设备中的操作系统（包括宿主机和虚拟机操作系统）、业务应用系统、数据库管理系统、中间件和系统管理软件及系统设计文档等。该测评指标适用于包含大数据平台、大数据应用或大数据资源的定级对象。

测评实施要点包括：访谈大数据平台管理员，了解采取何种措施防止在数据处理、使用、分析、导出、共享、交换等过程中识别出个人身份信息；如果对数据进行脱敏、加密等，则脱敏、加密所采用的密钥不应放在被测系统内，而应严格管控，避免被还原；核查在数据处理、使用、分析、导出、共享、交换等过程中是否可以识别出个人身份信息，避免多方数据整合后可得到完整个人身份信息的情况出现。

以对外提供大数据服务的大数据平台为例，测评实施步骤主要包括：访谈大数据平台管理员，了解采取何种措施防止在数据处理、使用、分析、导出、共享、交换等过程中识别出个人身份信息；核查在数据处理、使用、分析、导出、共享、交换等过程中是否可以识别出个人身份信息，避免多方数据整合后可得到完整个人身份信息的情况出现。例如，在对身份证号码进行脱敏时，隐藏前 4 位，但是又给出该人员的居住省、市，这样就可得到该人员完整的身份证号码。若采取的措施可有效防止识别出个人身份信息，则单元判定结果为符合，否则为不符合或部分符合。

10. 数据溯源

【标准要求】

该控制点第三级包括测评单元安全计算环境 BDS-L3-12 和 BDS-L3-13，第四级包括测评单元安全计算环境 BDS-L4-12 和 BDS-L4-13。

【安全计算环境 BDS-L3-12/BDS-L4-12 解读和说明】

测评指标"应在数据清洗和转换过程中对重要数据进行保护，以保证重要数据清洗和转换后的一致性，避免数据失真，并在产生问题时能有效还原和恢复"的主要测评对象是基础设施层、数据平台层和计算分析层，以及大数据管理平台等的数据处理、使用、分析、导出、共享、交换等过程中涉及的对象，包括终端和服务器等设备中的操作系统（包括宿主机和虚拟机操作系统)、网络设备(包括虚拟化网络设备)、安全设备(包括虚拟化安全设备)、业务应用系统、数据库管理系统、中间件和系统管理软件及系统设计文档等。该测评指标适用于包含大数据平台或大数据资源的定级对象。

测评实施要点包括:访谈大数据平台管理员,了解如何保证重要数据清洗和转换后的一致性,如对比数据的条数等;核查在数据清洗和转换过程中是否存在对数据源的保护措施,以防止数据被删除、篡改,若有则核查相应的实现措施;核查大数据平台在数据失真后采取哪些措施进行还原和恢复。

以对外提供大数据服务的大数据平台为例,测评实施步骤主要包括:访谈大数据平台管理员,了解如何保证重要数据清洗和转换后的一致性,校验其描述的正确性;核查在数据清洗和转换过程中是否存在对数据源的保护措施,并核查相应的保护措施;核查大数据平台在数据失真后采取哪些措施进行还原和恢复,并查看还原和恢复的相关记录。若能保证重要数据清洗和转换后的一致性,并在产生问题时能进行还原和恢复,则单元判定结果为符合,否则为不符合或部分符合。

【安全计算环境 BDS-L3-13/BDS-L4-13 解读和说明】

测评指标"应跟踪和记录数据采集、处理、分析和挖掘等过程,保证溯源数据能重现相应过程,溯源数据满足合规审计要求"的主要测评对象是基础设施层、数据平台层和计算分析层,以及大数据管理平台等的数据处理、使用、分析、导出、共享、交换等过程中涉及的对象,包括终端和服务器等设备中的操作系统(包括宿主机和虚拟机操作系统)、网络设备(包括虚拟化网络设备)、安全设备(包括虚拟化安全设备)、业务应用系统、数据库管理系统、中间件和系统管理软件及系统设计文档等。该测评指标适用于包含大数据平台、大数据应用或大数据资源的定级对象。

测评实施要点包括:明确被测系统的数据采集、处理、分析和挖掘等过程,确认具体的测评对象;根据确认的测评对象,查看该过程的溯源数据,如数据采集、处理、分析和挖掘等过程的数据处理日志,核查日志的完整性和保密性,并根据溯源数据对该过程进行回溯,核查是否能够重现该过程,例如大数据平台对数据进行了数据血缘关系处理,在大数据平台中对数据进行集成、分析都能通过操作日志查看溯源数据的使用状况;核查被测系统的溯源数据,核查是否保存相关日志,是否满足企业审计要求;核查被测系统的溯源数据是否有行业、国家等方面的审计要求。

以对外提供大数据服务的大数据平台为例,测评实施步骤主要包括:核查该大数据平台，确认是否包含数据采集、处理、分析和挖掘等过程；核查跟踪与记录数据采集、处理、分析和挖掘等过程的记录，验证数据整个周期的各个地方日志是否能够进行关联分析，溯源整个过程，让被测人员尝试重现各个阶段其中的一个过程；核查被测系统的数据业务要求和合规审计要求；核查被测系统的溯源数据与数据业务要求和合规审计要求是否相匹配。若各个阶段均能根据溯源数据重现相应过程，且满足数据业务要求和合规审计要求，则单元判定结果为符合，否则为不符合或部分符合。

【最佳实践】

该控制点第三级包括数据溯源最佳实践 d），第四级包括数据溯源最佳实践 d）和 e）（见表 5-1）。

【数据溯源最佳实践 d）解读和说明】

测评指标"应采用技术手段，保证数据源的真实可信"的主要测评对象是基础设施层、数据平台层和计算分析层，以及大数据管理平台等的数据处理、使用、分析、导出、共享、交换等过程中涉及的对象，包括终端和服务器等设备中的操作系统（包括宿主机和虚拟机操作系统）、网络设备（包括虚拟化网络设备）、安全设备（包括虚拟化安全设备）、业务应用系统、数据库管理系统、中间件和系统管理软件及系统设计文档、数据源采购合同等。该测评指标适用于包含大数据平台、大数据应用或大数据资源的定级对象。

测评实施要点包括：核查被测系统如何实现数据传输的完整性，若采用校验技术或密码技术实现，则应保证校验技术或密码技术所使用的密钥的完整性；若是第三方提供的数据，则应在数据传输时对第三方进行身份确认，保证数据源的真实可信，并采取措施保证数据传输的完整性；若是第三方提供的数据，则应核查合同中是否对数据源的内容、范围、合法性进行约束。

以对外提供大数据服务的大数据平台为例，测评实施步骤主要包括：核查被测系统如何实现数据源的完整性和保密性，确保数据源不被删除和修改；若是第三方提供的数据，则应在数据传输时对第三方进行身份确认，保证其严格限制第三方传输的数据格式，且有完整性保护措施保证数据传输的完整性，还应核查合同是否合法合规。若被测系统有数据源的真实可信保证措施，且采用了相应的校验技术或密码技术保证数据源的完整性和保密性，对应的密钥由专人管控，则单元判定结果为符合，否则为不符合或部分符合。

【数据溯源最佳实践 e）解读和说明】

测评指标"应采用技术手段，保证溯源数据的真实性和保密性"的主要测评对象是基础设施层、数据平台层和计算分析层，以及大数据管理平台等的数据处理、使用、分析、导出、共享、交换等过程中涉及的对象，包括终端和服务器等设备中的操作系统（包括宿主机和虚拟机操作系统）、网络设备（包括虚拟化网络设备）、安全设备（包括虚拟化安全设备）、业务应用系统、数据库管理系统、中间件和系统管理软件及系统设计文档等。该测评指标适用于包含大数据平台、大数据应用或大数据资源的定级对象。

测评实施要点包括：核查被测系统如何实现溯源数据的真实性和保密性，若采用校验技术或密码技术实现，则应保证校验技术或密码技术所使用的密钥的完整性；核查被测系统的溯源数据是否由专人管理。

以对外提供大数据服务的大数据平台为例，测评实施步骤主要包括：访谈并核查被测系统如何实现溯源数据的真实性和保密性，确保溯源日志不被删除和修改；核查被测系统的溯源数据是否由专人管理。若被测系统由专人管理溯源数据，且采用了相应的校验技术或密码技术保证溯源数据的真实性和保密性，对应的密钥由专人管控，则单元判定结果为符合，否则为不符合或部分符合。

5.4.5　安全管理中心

在对大数据系统的"安全管理中心"测评时应同时依据安全测评通用要求和安全测评扩展要求，其中涉及安全测评通用要求的解读内容参见《网络安全等级保护测评要求（通用要求部分）应用指南》中的"安全管理中心"，安全测评扩展要求的解读内容参见本节。

1. 系统管理

【标准要求】

该控制点第三级包括测评单元安全管理中心 BDS-L3-03、BDS-L3-04、BDS-L3-05，第四级包括测评单元安全管理中心 BDS-L4-03、BDS-L4-04、BDS-L4-05。

【安全管理中心 BDS-L3-03/BDS-L4-03 解读和说明】

测评指标"大数据平台应为大数据应用提供集中管控其计算和存储资源使用状况的能力"的主要测评对象是大数据平台为大数据应用提供计算和存储资源集中管控的系统/组

件。该测评指标适用于包含大数据平台的定级对象。

测评实施要点包括：为了保障大数据应用的正常运行，大数据平台应为大数据应用提供集中的管控功能，以对其使用的计算和存储资源进行监控和管理。例如，部署具备运行状态监控功能的系统或设备，对计算和存储资源的使用状况进行集中、实时监控；部署具备管理功能的系统或设备，对计算和存储资源进行集中、实时管理。

以对外提供大数据服务的大数据平台为例，测评实施步骤主要包括：核查是否部署集中管理系统/组件对大数据应用使用的计算和存储资源进行监控和管理；核查该集中管理系统/组件是否能够对计算和存储资源的使用状况进行集中、实时监控，如资源所占空间、资源利用率、服务状态等；核查该集中管理系统/组件是否能够对计算和存储资源进行集中、实时管理，如资源的扩充、缩减、启用、停用等。此外，可以建立大数据应用测试账户，测试验证使用状况监控功能是否根据资源的工作状态，依据设定的阈值（或默认阈值）进行告警，是否可以对资源进行管理操作；或者可以通过查看历史告警记录和管理操作记录验证该功能。若大数据平台具备为大数据应用提供集中管控其计算和存储资源使用状况的能力，则单元判定结果为符合，否则为不符合或部分符合。

【安全管理中心 BDS-L3-04/BDS-L4-04 解读和说明】

测评指标"大数据平台应对其提供的辅助工具或服务组件，实施有效管理"的主要测评对象是提供辅助工具或服务组件的管理平台/组件。该测评指标适用于包含大数据平台的定级对象。

测评实施要点包括：为了保障大数据平台提供正常的服务，大数据平台应对其提供的辅助工具或服务组件实施有效管理，如身份鉴别、访问控制、权限管理、日志审计等。其中，访问控制指限制不同权限的人员访问其权限范围内的辅助工具或服务组件；权限管理指为超级管理员和普通用户授予不同的权限。另外，根据使用方的需求情况，大数据平台可以提供辅助工具或服务组件的安装、部署、升级、卸载等安全管理措施。

以对外提供大数据服务的大数据平台为例，测评实施步骤主要包括：核查提供的辅助工具或服务组件是否具有身份鉴别、访问控制、权限管理、日志审计等安全措施；如果提供的辅助工具或服务组件具有安装、部署、升级、卸载等安全管理措施，则核查该功能是否有效；通过渗透测试，验证各个账号间是否存在水平越权或垂直越权的情况。若提供的辅助工具或服务组件可以进行身份鉴别、访问控制、权限管理、日志审计等，具有安装、部署、升级、卸载等安全管理措施且功能有效，经渗透测试，验证各个账号间不存在水平越权或垂直越权的情况，则单元判定结果为符合，否则为不符合或部分符合。

【安全管理中心 BDS-L3-05/BDS-L4-05 解读和说明】

测评指标"大数据平台应屏蔽计算、内存、存储资源故障，保障业务正常运行"的主要测评对象是计算、内存、存储资源部署模式的相关设计文档，计算、内存、存储资源运行的告警记录，大数据平台和大数据应用的运行记录。该测评指标适用于包含大数据平台的定级对象。

测评实施要点包括：核查设计和建设文档中是否具备屏蔽计算、内存、存储资源故障的措施及技术手段，如内存故障转移方式、计算模式、存储模式、硬盘故障恢复机制等；监控计算、内存、存储资源的使用状况，核查在存储资源耗尽、坏盘、存储磁盘坏道，以及计算异常时如何告警等，并查看告警记录；进行测试验证或查看历史记录，核查当计算、内存、存储资源出现异常情况（如单一计算节点或存储节点关闭、磁盘故障等）时，是否影响大数据平台和大数据应用业务的正常运行。

以对外提供大数据服务的大数据平台为例，测评实施步骤主要包括：访谈大数据平台管理员，核查设计和建设文档中是否具备屏蔽计算、内存、存储资源故障的措施及技术手段，如内存故障转移方式、计算模式、存储模式、硬盘故障恢复机制等；监控计算、内存、存储资源的使用状况，核查在存储资源耗尽、坏盘、存储磁盘坏道，以及计算异常时如何告警等，并查看告警记录；测试验证当单一计算节点或存储节点关闭时，是否影响大数据平台和大数据应用业务的正常运行；结合大数据平台的计算、内存、存储资源的告警记录，查看同一时间段内大数据平台和大数据应用的运行记录，核查是否因此出现故障。若大数据平台的设计和建设文档中具备屏蔽计算、内存、存储资源故障的措施及技术手段，具有监控计算、内存、存储资源使用状况的措施及告警记录，且当计算、内存、存储资源出现异常情况时不影响大数据平台和大数据应用业务的正常运行，则单元判定结果为符合，否则为不符合或部分符合。

【最佳实践】

该控制点第三级包括系统管理最佳实践 d)，第四级包括系统管理最佳实践 d)（见表 5-1）。

【系统管理最佳实践 d)解读和说明】

测评指标"大数据平台在系统维护、在线扩容等情况下，应保证大数据应用的正常业务处理能力"的主要测评对象是在线扩容的设计方案，重大变更、批量变更的流程制度和相关记录，应急处置方案。该测评指标适用于包含大数据平台的定级对象。

测评实施要点包括：为了保障大数据应用业务的正常运行，大数据平台应屏蔽在系统维护、在线扩容时对大数据应用的影响。对于在线扩容，可查看在线扩容的设计方案中是否屏蔽其对大数据应用的影响，以及采取的具体措施，并查看扩容的实施过程记录和结果记录；访谈大数据平台管理员，了解在磁盘在线扩容时数据迁移的磁盘 I/O 如何限制，是否影响大数据应用的运行状态；核查是否具有针对大数据平台在线扩容的应急处置方案，并查看具体措施。对于系统维护，主要关注大数据平台的重大变更，如变更流程、变更机制等；核查变更流程的相关制度文件，查看制度文件中是否包含重大变更的定义、变更的审批流程和操作流程等，并查看变更记录（常见的重大变更有系统升级、批量变更等，变更机制有批量变更命令的黑白名单限制等）；核查是否具有针对大数据平台重大变更的应急处置方案，并查看具体措施。

以对外提供大数据服务的大数据平台为例，测评实施步骤主要包括：访谈大数据平台管理员，核查在线扩容的设计方案中是否具备屏蔽其对大数据应用产生影响的具体措施和技术手段，并查看扩容的实施过程记录和结果记录；核查是否具有针对大数据平台在线扩容的应急处置方案，并查看具体措施；核查变更流程的相关制度文件，查看制度文件中是否包含重大变更的定义、变更的审批流程和操作流程等，并查看变更记录；核查是否具有针对大数据平台重大变更的应急处置方案，并查看具体措施。若大数据平台的设计方案中具备屏蔽在大数据平台在线扩容时对大数据应用产生影响的具体措施和技术手段，具有针对大数据平台进行重大变更的相关制度文件及变更记录，且具有针对大数据平台在线扩容和重大变更的应急处置方案，则单元判定结果为符合，否则为不符合或部分符合。

2. 集中管控

【最佳实践】

该控制点第三级包括集中管控最佳实践 a），第四级包括集中管控最佳实践 a）（见表 5-1）。

【集中管控最佳实践 a）解读和说明】

测评指标"应对大数据平台提供的各类接口的使用情况进行集中审计和监测"的主要测评对象是集中审计和监测大数据平台提供的各类接口使用情况的系统/组件，大数据平台提供的各类 API，大数据平台提供的各类接口的使用流程文档，接口使用情况的审计记录和监测记录。该测评指标适用于包含大数据平台的定级对象。

测评实施要点包括：为了保障大数据平台的接口服务能力，应核查大数据平台是否提供集中管理的系统/组件，并对大数据平台提供的各类接口的使用情况进行审计和监测，接口使用情况包括接口申请、启用、使用、注销、权限管理等；核查是否对大数据平台提供的各类接口的使用情况进行集中、实时监测；核查是否具有各类接口的使用流程文档和监测记录，对于未产生过监测记录的接口使用情况（如注销），可通过查看接口的使用流程文档进行核查；核查是否对大数据平台提供的各类接口的使用情况进行集中、实时审计，是否具有审计记录，包括接口访问的账号、时间、操作、结果等。

以对外提供大数据服务的大数据平台为例，测评实施步骤主要包括：核查是否部署具备审计和监测功能的系统/组件，是否能够对大数据平台提供的各类接口的使用情况进行集中审计和监测，如接口申请、启用、使用、注销、权限管理等；核查是否具有各类接口的使用流程文档和监测记录，如账户注销的使用流程文档，账户申请开放、启用等的监测记录；核查是否具有对于各类接口的使用情况的审计记录，包括接口访问的账号、时间、操作、结果等。若大数据平台具备对提供的各类接口的使用情况进行集中审计和监测的功能，且具有各类接口的使用流程文档、监测记录和审计记录，则单元判定结果为符合，否则为不符合或部分符合。

5.4.6　安全管理制度

在对大数据系统的"安全管理制度"测评时应依据安全测评通用要求，涉及安全测评通用要求的解读内容参见《网络安全等级保护测评要求（通用要求部分）应用指南》中的"安全管理制度"。由于大数据系统的特点，本节列出了部分安全测评通用要求在大数据环境下的个性化解读内容。

1. 安全策略

【标准要求】

该控制点第三级包括测评单元 L3-PSS1-01，第四级包括测评单元 L4-PSS1-01。

【L3-PSS1-01/L4-PSS1-01 解读和说明】

测评指标"应制定网络安全工作的总体方针和安全策略，阐明机构安全工作的总体目标、范围、原则和安全框架等"的主要测评对象是网络安全工作的总体方针和安全策略文件、明确网络安全工作总体策略的文件，其形式可以是单一文件，也可以是一套文件。该测评指标适用于包含大数据平台、大数据应用或大数据资源的定级对象。

测评实施要点包括：核查总体方针和安全策略文件中是否包含大数据安全工作的总体目标、范围、原则、安全框架和需要遵循的总体安全策略等；查看总体方针和安全策略文件中是否包含数据采集、传输、存储、处理（如计算、分析、可视化等）、交换、销毁等大数据系统全生命周期中所有关键的安全管理活动，如数据溯源、数据授权、敏感数据输出控制、数据的事件处置和应急响应等。

以对外提供大数据服务的大数据平台为例，测评实施步骤主要包括：访谈大数据平台管理员，了解大数据平台是否具有网络安全方针和策略文件；核查网络安全方针和策略文件是否涵盖大数据安全工作的安全方针和安全策略，或者是否具有独立的大数据安全工作的安全方针和安全策略；核查网络安全方针和策略文件中是否明确大数据安全工作的总体目标、范围、原则、安全框架和需要遵循的总体安全策略等；查看网络安全方针和策略文件中是否包含数据采集、传输、存储、处理（如计算、分析、可视化等）、交换、销毁等大数据系统全生命周期中所有关键的安全管理活动。若大数据平台具有网络安全方针和策略文件，其中涵盖大数据安全工作的安全方针和安全策略，或者具有独立的大数据安全工作的安全方针和安全策略，且文件中明确了大数据安全工作的总体目标、范围、原则、安全框架和需要遵循的总体安全策略等，包含数据采集、传输、存储、处理（如计算、分析、可视化等）、交换、销毁等大数据系统全生命周期中所有关键的安全管理活动，则单元判定结果为符合，否则为不符合或部分符合。

2. 管理制度

【标准要求】

该控制点第三级包括测评单元 L3-PSS1-02，第四级包括测评单元 L4-PSS1-02。

【L3-PSS1-02/L4-PSS1-02 解读和说明】

测评指标"应对安全管理活动中的各类管理内容建立安全管理制度"的主要测评对象是针对安全管理活动建立的一系列安全管理制度。该制度可以由若干制度构成，也可以由若干分册构成。该测评指标适用于包含大数据平台、大数据应用或大数据资源的定级对象。

测评实施要点包括：核查具体的安全管理制度是否在网络安全方针和策略文件的基础上，根据实际情况建立；核查安全管理制度中是否包含大数据系统全生命周期涉及的与安全管理活动（如数据采集、传输、存储、处理、交换、销毁等环节）相关的管理制度，或者根据大数据系统的特点建立独立的大数据管理制度。

以对外提供大数据服务的大数据平台为例，测评实施步骤主要包括：核查是否具有安全管理制度，若有则核查安全管理制度中是否包含大数据系统全生命周期中相关的管理制度；核查安全管理制度是否涵盖安全管理机构、安全管理人员、安全建设管理、安全运维管理、物理和环境等层面的管理内容；核查安全管理制度中是否明确大数据系统全生命周期涉及的安全管理活动（如数据采集、传输、存储、处理、交换、销毁等环节）。若机构建立了大数据系统全生命周期中相关的管理制度，安全管理制度涵盖了安全管理机构、安全管理人员、安全建设管理、安全运维管理、物理和环境等层面的管理内容，且制度中明确了大数据系统全生命周期涉及的安全管理活动（如数据采集、传输、存储、处理、交换、销毁等环节），则单元判定结果为符合，否则为不符合或部分符合。

5.4.7　安全管理机构

在对大数据系统的"安全管理机构"测评时应同时依据安全测评通用要求和安全测评扩展要求，其中涉及安全测评通用要求的解读内容参见《网络安全等级保护测评要求（通用要求部分）应用指南》中的"安全管理机构"，安全测评扩展要求的解读内容参见本节。由于大数据系统的特点，本节列出了部分安全测评通用要求在大数据环境下的个性化解读内容。

1. 岗位设置

【标准要求】

该控制点第三级包括测评单元 L3-ORS1-03，第四级包括测评单元 L4-ORS1-03。

【L3-ORS1-03/L4-ORS1-03 解读和说明】

测评指标"应设立系统管理员、审计管理员和安全管理员等岗位，并定义部门及各个工作岗位的职责"的主要测评对象是安全主管、岗位职责文档等。该测评指标适用于包含大数据平台、大数据应用或大数据资源的定级对象。

测评实施要点包括：对于大数据系统，应明确数据采集、传输、存储、处理、交换、销毁等过程中负责数据安全管理的角色或岗位，并明确负责数据安全管理的角色或岗位在数据采集、传输、存储、处理、交换、销毁等过程中的安全职责。

以对外提供大数据服务的大数据平台为例，测评实施步骤主要包括：访谈安全主管，了解是否进行安全管理岗位的划分，是否设立系统管理员、审计管理员、安全管理员及负责数据安全管理的角色或岗位；核查岗位职责文档中是否明确各个工作岗位的职责，是否明确各个工作岗位负责的网络安全工作的具体内容；核查负责数据安全管理的角色或岗位是否明确在数据采集、传输、存储、处理、交换、销毁等过程中的职责，如数据的分类分级、安全标记、脱敏和去标识化、关键数据溯源等职责。若机构设立了系统管理员、审计管理员、安全管理员及负责数据安全管理的角色或岗位，且明确了各个工作岗位的职责，其中包含数据采集、传输、存储、处理、交换、销毁等过程中的职责，则单元判定结果为符合，否则为不符合或部分符合。

2. 授权和审批

【标准要求】

该控制点第三级包括测评单元 L3-ORS1-07，第四级包括测评单元 L4-ORS1-08。

【L3-ORS1-07/L4-ORS1-08 解读和说明】

测评指标"应针对系统变更、重要操作、物理访问和系统接入等事项建立审批程序，按照审批程序执行审批过程，对重要活动建立逐级审批制度"的主要测评对象是安全管理制度、操作规程、事项的审批记录及逐级审批记录表单等。该测评指标适用于包含大数据平台、大数据应用或大数据资源的定级对象。

测评实施要点包括：对于大数据系统，应针对数据采集、传输、存储、处理、交换、销毁等过程中的数据授权、数据脱敏和去标识化处理、敏感数据输出控制、数据分类标识存储及数据的分类分级销毁等事项建立审批程序，确定事项的审批人和审批部门，并明确其中哪些事项需要逐级审批；核查审批记录是否与审批程序一致，审批程序是否与相关安全管理制度的要求一致。

以对外提供大数据服务的大数据平台为例，测评实施步骤主要包括：访谈安全主管，询问重要活动的审批范围、审批流程，以及哪些事项需要逐级审批；核查重要活动的审批范围是否涵盖大数据安全相关活动，包含哪些大数据安全相关活动，审批流程如何；核查系统变更、重要操作、物理访问和系统接入等事项的审批程序，是否明确相关操作的逐级审批程序；核查重要活动的逐级审批程序是否涵盖数据采集、传输、存储、处理、交换、销毁等过程中的数据授权、数据脱敏和去标识化处理、敏感数据输出控制、数据分类标识存储及数据的分类分级销毁等事项，是否明确各级审批人、审批部门；核查重要活动的逐级审批记录，查看各级审批人、审批部门是否签字/盖章；核查审批记录是否与审批程序一致，审批程序是否与相关安全管理制度的要求一致。若重要活动的逐级审批程序涵盖了数据采集、传输、存储、处理、交换、销毁等过程中的数据授权、数据脱敏和去标识化处理、敏感数据输出控制、数据分类标识存储及数据的分类分级销毁等事项，逐级审批记录具有各级审批人、审批部门的签字/盖章，且与审批程序、相关安全管理制度一致，则单元判定结果为符合，否则为不符合或部分符合。

【最佳实践】

该控制点第三级包括授权和审批最佳实践 a）、b）和 c），第四级包括授权和审批最佳实践 a）、b）和 c）（见表 5-1）。

【授权和审批最佳实践 a）解读和说明】

测评指标"数据的采集应获得数据源管理者的授权，确保数据收集最小化原则"的主要测评对象是数据源管理者针对数据采集签订的授权协议或合同、大数据平台建设方案或系统需求分析设计方案等。该测评指标适用于包含大数据平台、大数据应用或大数据资源的定级对象。

测评实施要点包括：对于大数据系统，针对采集的数据应与数据源管理者签订授权协议或合同，明确数据采集的授权范围、数据用途等，确保数据来源的合法性；依据大数据系统开展的业务，核查所使用的数据是否超范围采集，是否保证只使用满足明确业务目的和业务场景需要的最小范围数据。

以大数据应用为例，测评实施步骤主要包括：访谈安全主管，询问其数据采集的方式，以及双方是否签订授权协议或合同；访谈大数据系统管理员，了解大数据平台采集数据的范围和用途；核查数据源管理者针对数据采集签订的授权协议或合同，了解数据源管理者对数据采集是否授权；核查大数据平台建设方案或系统需求分析设计方案等文档，了解大数据平台是否依据大数据系统开展业务，数据采集是否遵循最小化原则，仅采集满足业务需要的数据，有无超范围采集的情况。若大数据平台针对采集的数据与数据源管理者签订授权协议或合同，依据授权内容采集数据，且所采集的数据遵循最小化原则，为业务开展所必需的数据，则单元判定结果为符合，否则为不符合或部分符合。

【授权和审批最佳实践 b）解读和说明】

测评指标"应建立数据集成、分析、交换、共享及公开的授权审批控制流程，依据流程实施相关控制并记录过程"的主要测评对象是安全管理制度、操作规程、授权审批控制流程、审批控制流程记录等。该测评指标适用于包含大数据平台、大数据应用或大数据资源的定级对象。

测评实施要点包括：对于大数据系统，应针对数据采集、传输、存储、处理、交换、销毁等过程中的数据集成、分析、交换、共享及公开建立授权审批控制流程，确定授权审批事项的审批人和审批部门；核查审批控制流程记录是否与审批程序一致，审批程序是否与相关安全管理制度的要求一致。

以对外提供大数据服务的大数据平台为例，测评实施步骤主要包括：访谈安全主管，询问是否建立数据授权的审批控制流程，是否涵盖数据集成、分析、交换、共享及公开等活动；核查授权审批控制流程，了解是否明确数据集成、分析、交换、共享及公开等活动的授权审批控制流程，是否明确各级审批人、审批部门；核查审批控制流程记录，查看各级审批人、审批部门是否签字/盖章；核查审批控制流程记录是否与审批程序一致，审批程序是否与相关安全管理制度的要求一致。若针对数据采集、传输、存储、处理、交换、销毁等过程中的数据集成、分析、交换、共享及公开建立授权审批控制流程，审批控制流程记录完备且与审批程序一致，审批程序与相关安全管理制度的要求一致，则单元判定结果为符合，否则为不符合或部分符合。

【授权和审批最佳实践 c）解读和说明】

测评指标"应建立跨境数据的评估、审批及监管控制流程，并依据流程实施相关控制并记录过程"的主要测评对象是跨境数据安全管理相关文档、建设方案或系统部署相关文档、记录表单类文档。该测评指标适用于包含大数据平台、大数据应用或大数据资源的定级对象。

测评实施要点包括：对于大数据系统，应依据建设方案或系统部署相关文档了解被测系统所涉及的数据流向，明确是否存在跨境数据流动；重点关注跨境数据的评估、审批及监管控制流程，相关控制流程应符合网络安全等级保护制度、《数据出境安全评估办法》和《个人信息出境标准合同办法》的要求。

以大数据应用为例，测评实施步骤主要包括：访谈系统管理员，了解被测系统所涉及的数据流向，并核查建设方案或系统部署相关文档，明确是否存在跨境数据流动；核查跨境数据安全管理相关文档中是否明确建立跨境数据的评估、审批及监管控制流程；核查跨境数据评估、审批及监管控制流程记录等，查看各级审批人、审批部门是否签字/盖章；核查控制流程记录是否与评估、审批及监管控制流程一致，审批流程是否与相关安全管理制度的要求一致。若被测系统不存在数据出境情况，则单元判定结果为不适用；若被测系统存在数据出境情况，跨境数据安全管理相关文档中明确了建立跨境数据的评估、审批及监管控制流程，具有跨境数据的评估、审批及监管控制流程记录，具有各级审批人、审批部门的签字/盖章，控制流程记录与评估、审批及监管控制流程一致，审批流程与相关安全管理制度的要求一致，则单元判定结果为符合，否则为不符合或部分符合。

3. 审核和检查

【标准要求】

该控制点第三级包括测评单元 L3-ORS1-12，第四级包括测评单元 L4-ORS1-13。

【L3-ORS1-12/L4-ORS1-13 解读和说明】

测评指标"应定期进行常规安全检查，检查内容包括系统日常运行、系统漏洞和数据备份等情况"的主要测评对象是安全管理制度、常规安全检查记录等。该测评指标适用于包含大数据平台、大数据应用或大数据资源的定级对象。

测评实施要点包括：对于大数据系统，应针对数据采集、传输、存储、处理、交换、销毁等过程中的数据授权、数据脱敏和去标识化处理、敏感数据输出控制、对重要操作的审计，以及数据的分类分级销毁、数据溯源等情况定期进行常规安全检查；核查常规安全检查记录是否与相关制度的规定一致。

以对外提供大数据服务的大数据平台为例，测评实施步骤主要包括：访谈安全管理员，了解是否定期进行常规安全检查；核查常规安全检查记录中是否包括系统日常运行、系统漏洞和数据备份等情况；核查常规安全检查记录是否包括数据采集、传输、存储、处理、交换、销毁等过程中的数据授权、数据脱敏和去标识化处理、敏感数据输出控制、对重要操作的审计，以及数据的分类分级销毁、数据溯源等情况；核查常规安全检查记录是否与相关制度规定的常规安全检查的周期（如每月、每季度或每半年）、检查内容等一致。若定期进行常规安全检查，检查内容包括数据采集、传输、存储、处理、交换、销毁等过程中的数据授权、数据脱敏和去标识化处理、敏感数据输出控制、对重要操作的审计，以及数据的分类分级销毁、数据溯源等情况，并具有相应的常规安全检查记录，且与相关制度的规定一致，则单元判定结果为符合，否则为不符合或部分符合。

5.4.8　安全管理人员

在对大数据系统的"安全管理人员"测评时应依据安全测评通用要求，涉及安全测评通用要求的解读内容参见《网络安全等级保护测评要求（通用要求部分）应用指南》中的"安全管理人员"。由于大数据系统的特点，本节列出了部分安全测评通用要求在大数据环境下的个性化解读内容。

1.　人员录用

【标准要求】

该控制点第三级包括测评单元 L3-HRS1-03，第四级包括测评单元 L4-HRS1-03。

【L3-HRS1-03/L4-HRS1-03 解读和说明】

测评指标"应与被录用人员签署保密协议，与关键岗位人员签署岗位责任协议"的主要测评对象是保密协议、岗位职责文件、岗位责任协议等。该测评指标适用于包含大数据平台、大数据应用或大数据资源的定级对象。

测评实施要点包括：对于大数据系统，应抽查已签署的保密协议，明确被录用人员签署保密协议的情况；重点关注数据安全管理相关关键岗位人员在数据采集、传输、存储、处理、交换、销毁等环节签署岗位责任协议的情况，确保岗位责任协议中明确了相关关键岗位的安全责任、协议的有效期限和责任人签字等内容。

以对外提供大数据服务的大数据平台为例，测评实施步骤主要包括：访谈安全主管，了解是否与被录用人员签署保密协议，是否与关键岗位人员签署岗位责任协议，以及有哪些关键岗位人员；核查保密协议，查看保密范围、保密责任、违约责任、协议的有效期限和责任人签字等内容；核查岗位责任协议中是否明确数据采集、传输、存储、处理、交换、销毁等环节的数据安全管理相关关键岗位人员；核查岗位责任协议中是否明确相关关键岗位的安全责任、协议的有效期限和责任人签字等内容。若与被录用人员签署了保密协议，并且针对数据采集、传输、存储、处理、交换、销毁等环节，与数据安全管理相关关键岗位人员签署了岗位责任协议，明确相关关键岗位的安全责任、协议的有效期限和责任人签字等内容，则单元判定结果为符合，否则为不符合或部分符合。

2. 人员离岗

【标准要求】

该控制点第三级包括测评单元 L3-HRS1-04，第四级包括测评单元 L4-HRS1-05。

【L3-HRS1-04/L4-IIRS1-05 解读和说明】

测评指标"应及时终止离岗人员的所有访问权限，取回各种身份证件、钥匙、徽章等以及机构提供的软硬件设备"的主要测评对象是人事负责人、部门负责人、安全管理制度、人员离岗记录、资产登记表单等。该测评指标适用于包含大数据平台、大数据应用或大数据资源的定级对象。

测评实施要点包括：对于大数据系统，除了取回各种身份证件、钥匙、徽章等以及机构提供的软硬件设备（含数据存储介质），还应及时终止离岗人员的所有访问权限，收回其在相应数据采集、传输、存储、处理、交换、销毁等环节中涉及的数据访问和使用权限，并收回重要数据。

以对外提供大数据服务的大数据平台为例，测评实施步骤主要包括：访谈人事负责人、部门负责人等，了解离职手续的办理流程，询问是否及时终止离岗人员的所有访问权限，是否取回各种身份证件、钥匙、徽章等以及机构提供的软硬件设备（含数据存储介质），是否收回其在相应数据采集、传输、存储、处理、交换、销毁等环节中涉及的数据访问和使用权限，是否收回重要数据；核查相关管理部门是否及时终止离岗人员的所有访问权限，查看人员离岗记录、资产登记表单，核查是否取回各种身份证件、钥匙、徽章等以及机构提供的软硬件设备（含数据存储介质），是否撤销离岗人员的数据访问权限，是否收回数据存储介质的访问和使用权限，是否收回重要数据。若具备离岗人员交还各类资产的登记记录，及时终止离岗人员的所有访问权限，包括撤销离岗人员的数据访问权限，收回数据存储介质的访问和使用权限及重要数据，大数据平台和数据已禁止离岗人员访问，则单元判定结果为符合，否则为不符合或部分符合。

3. 安全意识教育和培训

【标准要求】

该控制点第三级包括测评单元 L3-HRS1-07，第四级包括测评单元 L4-HRS1-08。

【L3-HRS1-07/L4-HRS1-08 解读和说明】

测评指标"应针对不同岗位制定不同的培训计划，对安全基础知识、岗位操作规程等进行培训"的主要测评对象是安全管理文档、培训计划、安全教育和培训记录等。该测评指标适用于包含大数据平台、大数据应用或大数据资源的定级对象。

测评实施要点包括：核查针对大数据安全管理人员是否制定相关的培训计划，是否具有相关人员的培训记录。

以对外提供大数据服务的大数据平台为例，测评实施步骤主要包括：访谈安全主管，了解培训计划的制定情况及开展情况；核查安全教育和培训计划文档，查看其中是否包含大数据安全或数据安全内容，是否具有不同岗位的培训计划，查看培训内容是否包含网络安全基础知识和岗位操作规程等；核查大数据相关岗位的培训计划，查看其中是否包含网络安全基础知识和数据安全操作规程等；核查安全教育和培训记录中是否有培训人员、培训内容、培训结果等内容。若机构明确了大数据安全或数据安全相关角色或岗位，具有大数据安全或数据安全方面的安全教育和培训计划文档，其中明确规定了进行安全教育和培训的内容，且具有针对大数据安全或数据安全的培训计划及相关培训记录，则单元判定结果为符合，否则为不符合或部分符合。

5.4.9 安全建设管理

在对大数据系统的"安全建设管理"测评时应同时依据安全测评通用要求和安全测评扩展要求，其中涉及安全测评通用要求的解读内容参见《网络安全等级保护测评要求（通用要求部分）应用指南》中的"安全建设管理"，安全测评扩展要求的解读内容参见本节。由于大数据系统的特点，本节列出了部分安全测评通用要求在大数据环境下的个性化解读内容。

1. 安全方案设计

【标准要求】

该控制点第三级包括测评单元 L3-CMS1-05，第四级包括测评单元 L4-CMS1-05。

【L3-CMS1-05/L4-CMS1-05 解读和说明】

测评指标"应根据安全保护等级选择基本安全措施，依据风险分析的结果补充和调整安全措施"的主要测评对象是安全规划设计类文档等。该测评指标适用于包含大数据平台、大数据应用或大数据资源的定级对象。

测评实施要点包括：根据等级保护对象的安全保护等级选择基本安全措施，重点针对大数据面临的安全风险（如信息泄露、数据滥用、数据操纵、动态数据风险等）进行风险分析，针对数据生命周期各个阶段的安全风险进行管控，并依据风险分析的结果补充和调整安全措施。其中，数据安全相关措施的选择应结合具体的业务场景，将数据脱敏、数据去标识化、数据安全标记等安全措施与业务场景相融合，并与数据生命周期的各个阶段相结合。安全规划设计类文档应包括安全措施的内容、风险分析的结果、安全措施的选择、对安全措施的补充和调整等，还应包括数据安全风险分析的内容、数据生命周期安全措施的内容、数据安全风险管控措施的内容等。

以对外提供大数据服务的大数据平台为例，测评实施步骤主要包括：核查安全规划设计类文档是否根据系统的安全保护等级选择相应的安全措施，数据安全相关措施是否覆盖数据生命周期的各个阶段；核查安全规划设计类文档中是否具备安全措施的内容、风险分析的结果、安全措施的选择、对安全措施的补充和调整，以及数据安全风险分析的内容、数据生命周期安全措施的内容、数据安全风险管控措施的内容等；核查安全规划设计类文档是否根据大数据的特殊性设计相应的安全措施，如数据脱敏、数据安全标记等。若基本安全措施的选择与安全保护等级相符，安全规划设计类文档的内容覆盖全面，并根据大数据的特殊性设计了相应的安全措施，则单元判定结果为符合，否则为不符合或部分符合。

2. 测试验收

【标准要求】

该控制点第三级包括测评单元 L3-CMS1-25，第四级包括测评单元 L4-CMS1-26。

【L3-CMS1-25/L4-CMS1-26 解读和说明】

测评指标"应进行上线前的安全性测试，并出具安全测试报告，安全测试报告应包含密码应用安全性测试相关内容"的主要测评对象是安全测试方案、安全测试报告、安全测试过程记录等。该测评指标适用于包含大数据平台、大数据应用或大数据资源的定级对象。

测评实施要点包括：核查是否具备上线前的安全测试方案、安全测试报告、安全测试过程记录，报告内容是否包含密码应用安全性测试相关内容；在进行上线前的安全性测试时，还应针对数据采集、传输、存储、处理、交换、销毁等过程中可能存在的缺陷或漏洞进行测试，并对数据安全组件（如数据脱敏组件、数据去标识化组件等）及相关接口的安全性进行测试。

以对外提供大数据服务的大数据平台为例，测评实施步骤主要包括：访谈大数据平台建设负责人，询问系统上线前是否开展安全性测试；核查安全测试方案、安全测试报告、安全测试过程记录，查看其中是否包括数据采集、传输、存储、处理、交换、销毁等过程的安全管控内容，是否针对数据脱敏组件、数据去标识化组件等安全组件开展安全性测试，是否具备密码应用在网络、主机、应用软件等方面的安全性测试相关内容。若具有上线前的安全测试方案、安全测试报告、安全测试过程记录，且安全性测试的内容涵盖全面，则单元判定结果为符合，否则为不符合或部分符合。

3. 大数据服务商选择

【标准要求】

该控制点第三级包括测评单元安全建设管理 BDS-L3-01、BDS-L3-02，第四级包括测评单元安全建设管理 BDS-L4-01、BDS-L4-02。

【安全建设管理 BDS-L3-01/ BDS-L4-01 解读和说明】

测评指标"应选择安全合规的大数据平台，其所提供的大数据平台服务应为其所承载的大数据应用提供相应等级的安全保护能力"的主要测评对象是大数据应用建设负责人、大数据资源管理人员、大数据平台服务合同、大数据平台等级测评报告、大数据平台资质及安全服务能力报告等。该测评指标适用于包含大数据应用或大数据资源的定级对象。

测评实施要点包括：对于大数据应用和大数据资源，应关注其进行大数据平台选择时的采购资料或招投标资料，相关资料应具备对大数据平台的安全服务能力要求；大数据应用和大数据资源应留存大数据平台的相关资质证明、安全服务能力报告或结果、等级测评报告或结果。

以大数据应用为例，测评实施步骤主要包括：访谈大数据应用建设负责人，询问大数据应用的安全保护等级和所选择大数据平台的安全保护等级；结合访谈结果，若大数据应用构建在第三方大数据平台上，则查看第三方大数据平台的资质文件，核查服务商是否符合国家规定，大数据平台是否满足法律法规、相关标准的要求，是否定期开展等级测评，若大数据应用未构建在第三方大数据平台上，则核查私有大数据平台是否满足法律法规、相关标准的要求，是否定期开展等级测评；核查大数据平台的等级测评报告或结果，查看所选择的大数据平台服务能否为大数据应用提供相应等级的安全保护能力；核查所选择的大数据平台相关的资质及安全服务能力报告，查看其是否具有相应等级的安全保护能力。若所选择的大数据平台安全合规，且提供了相应等级的安全保护能力，则单元判定结果为符合，否则为不符合或部分符合。

【安全建设管理 BDS-L3-02/ BDS-L4-02 解读和说明】

测评指标"应以书面方式约定大数据平台提供者的权限与责任、各项服务内容和具体技术指标等，尤其是安全服务内容"的主要测评对象是服务合同或服务水平协议、安全声明等。该测评指标适用于包含大数据应用或大数据资源的定级对象。

测评实施要点包括：核查服务合同或服务水平协议中是否明确规定大数据平台提供者的权限与责任（如管理范围、职责划分、访问授权、隐私保护、行为准则、违约责任等内容），以及大数据平台提供者所提供的各项服务内容和具体技术指标等；核查服务内容中是否包含安全服务内容，如接口安全管理、资源保障、故障屏蔽等。

以大数据应用为例，测评实施步骤主要包括：核查是否与大数据平台服务商签订服务合同或服务水平协议；核查服务合同或服务水平协议中是否明确规定大数据平台提供者的权限与责任，包括管理范围、职责划分、访问授权、隐私保护、行为准则、违约责任等内容；核查服务合同或服务水平协议中是否明确规定大数据平台提供者所提供的各项服务内容和具体技术指标等。若与大数据平台服务商签订了服务合同或服务水平协议，服务合同或服务水平协议中明确规定了大数据平台提供者的权限与责任、各项服务内容和具体技术指标等，则单元判定结果为符合，否则为不符合或部分符合。

4. 供应链管理

【标准要求】

该控制点第三级包括测评单元安全建设管理 BDS-L3-03，第四级包括测评单元安全建设管理 BDS-L4-03。

【安全建设管理 BDS-L3-03/ BDS-L4-03 解读和说明】

测评指标"应明确约束数据交换、共享的接收方对数据的保护责任，并确保接收方有足够或相当的安全防护能力"的主要测评对象是数据交换和共享策略、服务水平协议或服务合同、接收方的等级测评报告等。该测评指标适用于包含大数据平台、大数据应用或大数据资源的定级对象。

测评实施要点包括：核查数据交换、共享前发送方是否与接收方签订相应的合同或协议，其中是否明确双方的责任和义务；核查相应策略是否可以保证在数据交换、共享时的数据安全性；核查接收方是否提供相关资质或能力证明，以确保其具有相应的数据安全防护能力。

以存在数据交换、共享情况的大数据平台为例，测评实施步骤主要包括：核查是否与数据交换、共享的接收方签订服务水平协议或服务合同；核查服务水平协议或服务合同中是否明确规定数据交换、共享的接收方对数据的保护责任；核查数据交换、共享的接收方是否具有相应的数据安全防护能力；核查是否采取措施确保数据接收方具有数据交换和共享策略。若与数据交换、共享的接收方签订了服务水平协议或服务合同，服务水平协议或服务合同中明确规定了数据交换、共享的接收方对数据的保护责任，且接收方具有相应的数据安全防护能力，具有数据交换和共享策略，则单元判定结果为符合，否则为不符合或部分符合。

【最佳实践】

该控制点第三级包括供应链管理最佳实践 a)，第四级包括供应链管理最佳实践 a)（见表 5-1)。

【供应链管理最佳实践 a) 解读和说明】

测评指标"应确保供应商的选择符合国家有关规定"的主要测评对象是大数据平台建设负责人、招投标文档、相关合同、资质证明、销售许可证等。该测评指标适用于包含大数据平台、大数据应用或大数据资源的定级对象。

测评实施要点包括：核查供应商（如大数据平台供应商、安全服务供应商、大数据平台基础设施供应商等）的选择是否符合国家法律法规和标准规范的要求，如符合《中华人民共和国网络安全法》、GB/T 36637—2018《信息安全技术 ICT 供应链安全风险管理指南》等的要求，且具有相应的资质证明、销售许可证等。

以对外提供大数据服务的大数据平台为例，测评实施步骤主要包括：访谈大数据平台建设负责人，了解大数据平台涉及哪些产品供应商、系统集成商、服务提供商，了解相关供应商的选择方式；核查招投标文档、相关合同、资质证明、销售许可证及各类记录文件，查看产品供应商、系统集成商、服务提供商等是否符合国家法律法规和标准规范中关于供应链管理的相关要求，如符合 GB/T 36637—2018《信息安全技术 ICT 供应链安全风险管理指南》等的要求；核查是否具备相关部门颁发的证书、销售许可证等；核查相关证书是否在有效期内。若选择的供应商具备相关证书或证明，且符合国家有关规定，则单元判定结果为符合，否则为不符合或部分符合。

5. 数据源管理

【最佳实践】

该控制点第三级包括数据源管理最佳实践 a)，第四级包括数据源管理最佳实践 a)（见表 5-1)。

【数据源管理最佳实践 a ）解读和说明】

测评指标"应通过合法正当渠道获取各类数据"的主要测评对象是数据管理员、授权文件或记录、相关合同或协议。该测评指标适用于包含大数据平台、大数据应用或大数据资源的定级对象。

测评实施要点包括：核查数据来源是否为合法正当渠道，对于非公开数据，核查是否和相关渠道方签署合同或协议，或者是否获取相关渠道方的使用授权，以确保数据渠道和数据源的合法正当。

以大数据资源为例，测评实施步骤主要包括：访谈大数据资源管理员，了解大数据资源获取了哪些数据及其数据获取渠道，是否涉及个人信息；核查授权文件或记录、相关合同或协议，查看是否明确数据获取渠道，核查数据获取渠道是否违反合法正当原则，数据是否拥有合法正当的来源，大数据资源是否具备数据使用授权。若大数据平台的数据获取渠道合法正当，且取得了授权，所获取的数据是业务必需的，则单元判定结果为符合，否则为不符合或部分符合。

5.4.10　安全运维管理

在对大数据系统的"安全运维管理"测评时应同时依据安全测评通用要求和安全测评扩展要求，其中涉及安全测评通用要求的解读内容参见《网络安全等级保护测评要求（通用要求部分）应用指南》中的"安全运维管理"，安全测评扩展要求的解读内容参见本节。由于大数据系统的特点，本节列出了部分安全测评通用要求在大数据环境下的个性化解读内容。

1. 安全事件处置

【标准要求】

该控制点第三级包括测评单元 L3-MMS1-38，第四级包括测评单元 L4-MMS1-40。

【L3-MMS1-38/L4-MMS1-40 解读和说明】

测评指标"应制定安全事件报告和处置管理制度，明确不同安全事件的报告、处置和响应流程，规定安全事件的现场处理、事件报告和后期恢复的管理职责等"的主要测评对象是安全事件报告和处置管理制度、安全事件处理记录、安全事件报告记录、安全事件后期恢复记录等。该测评指标适用于包含大数据平台、大数据应用或大数据资源的定级对象。

测评实施要点包括：对于数据破坏、数据泄露、数据滥用、数据操纵等安全事件，核查是否制定相应的安全事件报告和处置管理制度，是否明确不同安全事件的报告、处置和响应流程，是否规定安全事件的现场处理、事件报告和后期恢复的管理职责等。由于大数据安全事件影响的范围较广、程度较深，尤其是重大安全事件，其影响十分恶劣，因此应制定大数据不同安全事件的报告和处置管理制度，重点关注数据被破坏、泄露、滥用、操纵后产生的影响范围和程度。对于重大影响，可依据相关报告、处置和响应流程迅速采取措施控制影响范围和程度，并采取针对性的有效措施降低相关事件造成的影响，及时、高效地处理大数据安全事件。

以对外提供大数据服务的大数据平台为例，测评实施步骤主要包括：核查安全事件报告和处置管理制度，查看是否明确不同安全事件的报告、处置和响应流程，是否规定安全事件的现场处理、事件报告和后期恢复的管理职责等；核查安全事件报告和处置管理制度是否针对不同数据破坏、数据泄露、数据滥用、数据操纵等安全事件建立报告、处置和响应流程；如果发生过相关安全事件，则查看是否具有相关安全事件处理记录、安全事件报告记录、安全事件后期恢复记录等，如果未发生过相关安全事件，则查看是否具有相关记录的模板和待记录表单等。若制定了安全事件报告和处置管理制度，针对大数据明确了不同安全事件的报告、处置和响应流程，规定了安全事件的现场处理、事件报告和后期恢复的管理职责等，并具备相关待记录表单，则单元判定结果为符合，否则为不符合或部分符合。

2. 应急预案管理

【标准要求】

该控制点第三级包括测评单元 L3-MMS1-42，第四级包括测评单元 L4-MMS1-45。

【L3-MMS1-42/L4-MMS1-45 解读和说明】

测评指标"应制定重要事件的应急预案，包括应急处理流程、系统恢复流程等内容"的主要测评对象是应急预案（含大数据重要安全事件专项应急预案）等。该测评指标适用于包含大数据平台、大数据应用或大数据资源的定级对象。

测评实施要点包括：核查是否制定应急预案，是否针对大数据重要安全事件（如数据泄露、重大数据滥用或重大数据操纵等）制定专项应急预案，并对应急处理流程、系统恢复流程等进行明确的定义。

以对外提供大数据服务的大数据平台为例，测评实施步骤主要包括：核查应急预案，查看是否针对机房、网络、系统等方面的重要事件制定应急预案；核查重要事件的应急预案，查看其中是否包括应急处理流程、系统恢复流程等内容；核查是否针对大数据重要安全事件制定专项应急预案，如数据泄露、重大数据滥用或重大数据操纵等。若具备重要事件的应急预案（包括但不限于大数据重要安全事件专项应急预案），且应急预案中包括应急处理流程、系统恢复流程等内容，则单元判定结果为符合，否则为不符合或部分符合。

3. 资产管理

【标准要求】

该控制点第三级包括测评单元安全运维管理 BDS-L3-01、BDS-L3-02、BDS-L3-03、

BDS-L3-04，第四级包括测评单元安全运维管理 BDS-L4-01、BDS-L4-02、BDS-L4-03、BDS-L4-04。

【安全运维管理 BDS-L3-01/BDS-L4-01 解读和说明】

测评指标"应建立数字资产安全管理策略，对数据全生命周期的操作规范、保护措施、管理人员职责等进行规定，包括但不限于数据采集、存储、处理、应用、流动、销毁等过程"的主要测评对象是数据资产安全管理策略。该测评指标适用于包含大数据平台、大数据应用或大数据资源的定级对象。

测评实施要点包括：核查是否具有数据资产安全管理策略相关文档；核查相关文档中是否明确数据资产的安全管理目标、原则和范围等内容，是否规定数据全生命周期的操作规范、保护措施、管理人员职责；核查操作规范、保护措施、管理人员职责是否覆盖和融合数据采集、存储、处理、应用、流动、销毁等过程，是否建立数据资产的相关操作记录表单、保护措施列表和管理人员职责列表。

以对外提供大数据服务的大数据平台为例，测评实施步骤主要包括：核查是否具有数据资产安全管理策略相关文档；核查相关文档中是否明确数据资产的安全管理目标、原则和范围等内容；核查相关文档中是否规定数据全生命周期的操作规范（包括但不限于数据采集、存储、处理、应用、流动、销毁等过程）、保护措施等相关内容，是否具有包括但不限于数据采集、存储、处理、应用、流动、销毁等过程的相关操作记录表单；核查相关文档中是否明确管理人员职责等相关内容。若大数据平台制定了数据资产安全管理策略，策略内容包含针对不同的数据生命周期制定的操作规范、保护措施、管理人员职责等规定，则单元判定结果为符合，否则为不符合或部分符合。

【安全运维管理 BDS-L3-02/BDS-L4-02 解读和说明】

测评指标"应制定并执行数据分类分级保护策略，针对不同类别级别的数据制定不同的安全保护措施"的主要测评对象是数据分类分级保护策略文档、数据分类分级结果文档。该测评指标适用于包含大数据平台、大数据应用或大数据资源的定级对象。

测评实施要点包括：核查数据分类分级保护策略文档中是否明确数据的分类分级方法，是否明确数据的重要性等级，是否明确各类别级别数据的相关生命周期和安全保护措施；核查数据分类分级保护策略文档中是否针对不同类别级别的数据制定不同的安全保护措施（如安全标记、加密、脱敏等）；核查是否依据数据分类分级保护策略，针对数据类别级别的不同采取不同的安全保护措施。

以对外提供大数据服务的大数据平台为例，测评实施步骤主要包括：访谈系统管理员或安全管理员，了解是否制定数据分类分级保护策略；核查数据分类分级保护策略文档中是否明确数据的分类分级方法；核查数据分类分级保护策略文档中是否针对不同类别级别的数据制定不同的安全保护措施（如安全标记、加密、脱敏等）；核查是否依据数据分类分级保护策略，针对数据类别级别的不同采取不同的安全保护措施；核查是否具有相关数据分类分级结果文档，查看数据分类分级结果是否与数据分类分级保护策略的要求一致。若大数据平台制定了数据分类分级保护策略，策略内容包含针对不同类别级别的数据制定不同的安全保护措施，且落实了数据分类分级保护策略，则单元判定结果为符合，否则为不符合或部分符合。

【安全运维管理 BDS-L3-03/BDS-L4-03 解读和说明】

测评指标"应在数据分类分级的基础上，划分重要数字资产范围，明确重要数据进行自动脱敏或去标识的使用场景和业务处理流程"的主要测评对象是数据资产清单和数据脱敏或去标识化的要求文档。该测评指标适用于包含大数据平台、大数据应用或大数据资源的定级对象。

测评实施要点包括：核查是否建立数据资产（包括各种硬件设备的相关配置信息及管理数据、各种软件的相关配置信息及日志数据、各种业务数据和文件等）及对外数据接口（包括开发组件调用接口、数据采集终端、数据导入服务组件、数据导出终端、数据导出服务组件等）的清单；核查清单上是否标注重要程度，是否有相关脱敏或去标识化的要求文档。

以对外提供大数据服务的大数据平台为例，测评实施步骤主要包括：访谈大数据平台管理员，了解具有哪些数据资产和对外数据接口，询问是否对数据资产和对外数据接口进行登记管理；核查数据资产和对外数据接口清单，如数据资产管理方、软硬件资产清单、接口名称、接口参数、接口安全要求、资产重要程度等；核查相关管理制度文档是否针对需要进行自动脱敏或去标识的数据或场景进行相应要求和说明。若大数据平台对数据资产和对外数据接口进行了登记管理，并建立了含有资产重要程度的资产清单，有相关脱敏或去标识化的要求文档，则单元判定结果为符合，否则为不符合或部分符合。

【安全运维管理 BDS-L3-04/BDS-L4-04 解读和说明】

测评指标"应定期评审数据的类别和级别，如需要变更数据的类别或级别，应依据变更审批流程执行变更"的主要测评对象是安全管理制度、数据分类分级定期评审记录、数据类别和级别变更记录。该测评指标适用于包含大数据平台、大数据应用或大数据资源的定级对象。

测评实施要点包括：核查是否制定数据管理相关制度，对数据的类别和级别进行定期评审，核查相关评审周期、评审人员、评审方式、通报方式等；核查是否制定数据类别和级别发生变更时的变更审批流程；核查是否定期对数据的类别和级别进行评审，如需要变更数据的类别和级别，则核查是否依据变更审批流程执行变更，并填写数据类别和级别变更记录；核查是否具备数据分类分级定期评审记录，查看数据分类分级定期评审记录是否与安全管理制度的要求一致。

以对外提供大数据服务的大数据平台为例，测评实施步骤主要包括：核查安全管理制度，查看其中是否具备数据类别和级别定期评审的内容，是否具备数据类别和级别变更审批流程；核查是否具备数据分类分级定期评审记录，查看数据分类分级定期评审记录是否与安全管理制度的要求一致；如果数据的类别和级别进行过变更，或者数据分类分级定期评审记录中显示进行了变更或要求进行变更，则核查相关数据类别和级别变更记录，查看是否依据数据类别和级别变更审批流程执行变更。若大数据平台制定了数据管理相关制度，且明确了数据变更审批流程，有定期评审数据类别和级别的评审记录，具备数据类别和级别变更记录，则单元判定结果为符合，否则为不符合或部分符合。

4. 介质管理

【最佳实践】

该控制点第三级包括介质管理最佳实践 a），第四级包括介质管理最佳实践 a）（见表 5-1）。

【介质管理最佳实践 a）解读和说明】

测评指标"应在中国境内对数据进行清除或销毁"的主要测评对象是数据清除或销毁的相关策略或管理制度、数据清除或销毁记录等。该测评指标适用于包含大数据平台、大数据应用或大数据资源的定级对象。

测评实施要点包括：核查安全管理制度中对于数据的清除或销毁是否具有明确规定，是否规定数据清除或销毁的地点和机制，是否明确在中国境内（不含港澳台地区）进行数据清除或销毁，并建立和留存数据清除或销毁的处理记录。

以对外提供大数据服务的大数据平台为例，测评实施步骤主要包括：访谈大数据平台的系统管理员或安全管理员，了解是否建立数据清除或销毁的相关策略或管理制度；核查数据清除或销毁的相关策略或管理制度，查看是否规定数据清除或销毁的地点和机制，是否明确在中国境内（不含港澳台地区）对数据进行清除或销毁；核查数据清除或销毁记录。若建立了数据清除或销毁的相关策略或管理制度，并在中国境内（不含港澳台地区）对数据进行清除或销毁，则单元判定结果为符合，否则为不符合或部分符合。

5. 网络和系统安全管理

【最佳实践】

该控制点第三级包括网络和系统安全管理最佳实践 a），第四级包括网络和系统安全管理最佳实践 a）（见表 5-1）。

【网络和系统安全管理最佳实践 a）解读和说明】

测评指标"应建立对外数据接口安全管理机制，所有的接口调用均应获得授权和批准"的主要测评对象是管理制度类文档、授权审批记录等。该测评指标适用于包含大数据平台、大数据应用或大数据资源的定级对象。

测评实施要点包括：核查大数据平台的管理制度类文档中是否规定对外数据接口安全管理机制，对外数据接口包括但不限于数据采集接口、数据导出接口、数据共享接口等；核查所有的接口调用是否获得相关的授权和批准，是否具有相关授权和审批记录。

以对外提供大数据服务的大数据平台为例，测评实施步骤主要包括：访谈大数据平台的系统管理员或安全管理员，了解是否建立对外数据接口安全管理机制；核查安全管理制度中是否规定对外数据接口安全管理机制；核查对外数据接口是否获得数据接口管理者的授权和批准；核查是否具有对外数据接口的授权和审批记录。若大数据平台建立了对外数据接口安全管理机制，对外数据接口获得了数据接口管理者的授权和批准，且具有对外数据接口的授权和审批记录，则单元判定结果为符合，否则为不符合或部分符合。

5.5　典型应用案例

5.5.1　被测系统描述

被测大数据平台为单位内部使用，其上承载的定级系统处理的业务信息包括合作方产品 App 推送过程中产生的各种行为数据（如推送状态、统计数据、用户点击等）及对数据进行挖掘分析过程中产生的各种处理数据，服务范围为公司内部人员及内部其他系统。目前，此大数据平台使用 Hadoop 平台等相关技术实现大数据应用，同时有一部分使用××公有云平台提供的 IaaS。大数据平台定级结果如表 5-2 所示。

表 5-2　大数据平台定级结果

被测对象名称	安全保护等级	业务信息安全保护等级	系统服务安全保护等级
大数据平台	第三级	第三级	第三级

大数据平台的网络拓扑图如图 5-1 所示。

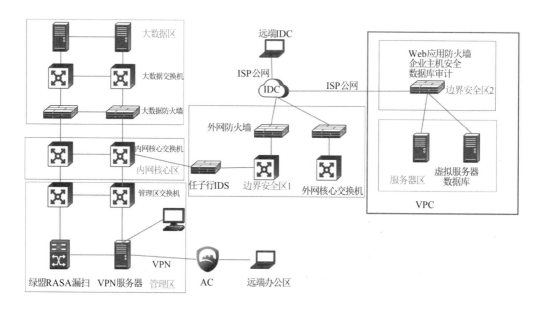

图 5-1　大数据平台的网络拓扑图

被测系统部署在广州××机房和××云平台中。

部署在广州××机房的被测系统部分，由服务器、数据库、交换机、防火墙等组成，通过外网防火墙进行入侵防御、恶意代码防范,部署任子行 IDS 进行入侵检测,采用 Kibana 日志平台对网络设备、安全设备、服务器的审计记录进行收集汇总及集中分析，使用××云的数据库安全审计服务对数据库的访问操作进行审计记录。目前已划分为管理区、边界安全区 1、大数据区、内网核心区等网络区域。

部署在××云平台的被测系统部分，由服务器、数据库等组成，通过 Web 应用防火墙、企业主机安全机制对该系统进行防护。目前已划分为边界安全区 2、服务器区等网络区域。

管理区是进行运维管理操作的区域，边界安全区 1 及边界安全区 2 是进行边界防护的区域，大数据区及服务器区是提供服务的服务器所在区域，内网核心区是进行集中数据交互的区域。

针对被测系统数据库：当数据总量小于 40GB 时，每天进行一次全量备份；当数据总量大于 40GB 时，每三天进行一次全量备份；备份到本地机房，每四天进行一次全量备份；备份到南方基地的机房，至少每半年对备份数据进行　次恢复测试。

5.5.2　测评对象选择

依据 GB/T 28449—2018《信息安全技术　网络安全等级保护测评过程指南》介绍的抽样方法，第三级信息系统的等级测评应基本覆盖测评对象的种类，并对其数量进行抽样，配置相同的安全设备、边界网络设备、网络互联设备、服务器、终端和备份设备，每类应至少抽取两台作为测评对象。

大数据平台涉及的测评对象包括物理机房、网络设备、安全设备、服务器/存储设备、终端、数据库管理系统、业务应用系统/平台、××云控制台、数据、安全相关人员和安全管理文档等。在选择测评对象时一般采用抽查的方法，即抽查系统中具有代表性的组件作为测评对象。下面以物理机房、网络设备、安全设备、服务器/存储设备、系统管理软件/平台、业务应用系统/平台、重要数据类型为例，给出测评对象选择的结果。

1. 物理机房

大数据平台的物理机房如表 5-3 所示。

表 5-3　物理机房

序号	机房名称	物理位置	是否选择	重要程度
1	广州××机房	广州市天河区	是	非常重要

2. 网络设备

大数据平台的网络设备如表 5-4 所示。

表 5-4　网络设备

序号	设备名称	是否为虚拟设备	系统及版本	品牌及型号	用途	选择原则/方法
1	外网核心交换机 1	否	03.06.06E	思科 WS-C3850-48T	数据交互	相同型号、相同配置抽取两台
2	外网核心交换机 2	否	03.06.06E	思科 WS-C3850-48T	数据交互	相同型号、相同配置抽取两台
3	内网核心交换机 1	否	7.3(0)N1(1)	思科 N5K-C5696Q	数据交互	相同型号、相同配置抽取两台
4	内网核心交换机 2	否	7.3(0)N1(1)	思科 N5K-C5696Q	数据交互	相同型号、相同配置抽取两台
5	管理区交换机 1	否	6.2(16)	思科 N7K-C7006	数据交互	相同型号、相同配置抽取两台
6	管理区交换机 2	否	6.2(16)	思科 N7K-C7006	数据交互	相同型号、相同配置抽取两台
7	大数据交换机 1	否	7.0(3)I4(8a)	思科 N3K-C3048TP	数据交互	相同型号、相同配置抽取两台
8	大数据交换机 2	否	7.0(3)I4(8a)	思科 N3K-C3048TP	数据交互	相同型号、相同配置抽取两台

3. 安全设备

大数据平台的安全设备如表 5-5 所示。

表 5-5　安全设备

序号	设备名称	是否为虚拟设备	系统及版本	品牌及型号	用途	选择原则/方法
1	外网防火墙 1	否	V5.6.3	FortiGate 1500D	访问控制	相同型号、相同配置抽取两台
2	外网防火墙 2	否	V5.6.3	FortiGate 1500D	访问控制	相同型号、相同配置抽取两台
3	大数据防火墙 1	否	V5.6.3	FortiGate 1500D	访问控制	相同型号、相同配置抽取两台
4	大数据防火墙 2	否	V5.6.3	FortiGate 1500D	访问控制	相同型号、相同配置抽取两台
5	任子行 IDS	否	Surfilter_ips_20210726	任子行	入侵检测	—
6	Web 应用防火墙	是	高级版	××云	安全防护	—
7	企业主机安全	是	企业版	××云	主机防护	—
8	数据库审计	是	—	××云	行为审计	—

4. 服务器/存储设备

大数据平台的服务器/存储设备如表 5-6 所示。

表 5-6　服务器/存储设备

序号	设备名称	所属业务应用系统/平台名称	是否为虚拟设备	操作系统及版本	数据库管理系统及版本	选择原则/方法
1	Idc-PowerEdge R730xd 服务器 1	大数据管理平台系统	否	CentOS Linux release 7.1	—	相同型号、相同配置抽取两台
2	Idc-PowerEdge R730xd 服务器 2	大数据管理平台系统	否	CentOS Linux release 7.1	—	相同型号、相同配置抽取两台
3	Idc-RH2288H V3 服务器 1	大数据管理平台系统	否	CentOS Linux release 7.1	—	相同型号、相同配置抽取两台
4	Idc-RH2288H V3 服务器 2	大数据管理平台系统	否	CentOS Linux release 7.1	—	相同型号、相同配置抽取两台
5	IaaS-Inspur SA5212M4 服务器	大数据管理平台系统	否	CentOS Linux release 7.1	—	不同类型抽取
6	IaaS-cm server 服务器	大数据管理平台系统	否	CentOS Linux release 7.1	—	不同类型抽取
7	Idc-数据库服务器 1	大数据管理平台系统	是	CentOS Linux release 7.4	MySQL 5.7	相同型号、相同配置抽取两台
8	Idc-数据库服务器 2	大数据管理平台系统	是	CentOS Linux release 7.4	MySQL 5.7	相同型号、相同配置抽取两台
9	IaaS-数据库服务器 1	大数据管理平台系统	是	CentOS Linux release 7.4	MySQL 5.7	相同型号、相同配置抽取两台
10	IaaS-数据库服务器 2	大数据管理平台系统	是	CentOS Linux release 7.4	MySQL 5.7	相同型号、相同配置抽取两台

5. 系统管理软件/平台

大数据平台的系统管理软件/平台如表 5-7 所示。

表 5-7　系统管理软件/平台

序号	系统管理软件/平台名称	主要功能	版本	所在设备名称	重要程度
1	××云控制台	提供运维管理、Web 应用防火墙、企业主机安全、数据库审计服务	—	××云控制台	非常重要
2	Idc-数据库 1	数据存储	MySQL 5.7	Idc-数据库服务器 1	非常重要
3	Idc-数据库 2	数据存储	MySQL 5.7	Idc-数据库服务器 2	非常重要
4	IaaS-数据库 1	数据存储	MySQL 5.7	IaaS-数据库服务器 1	非常重要
5	IaaS-数据库 2	数据存储	MySQL 5.7	IaaS-数据库服务器 2	非常重要

6. 业务应用系统/平台

大数据平台的业务应用系统/平台如表 5-8 所示。

表 5-8　业务应用系统/平台

序号	业务应用系统/平台名称	主要功能	业务应用软件及版本	开发厂商	重要程度
1	大数据管理平台系统	主要用于内部大数据存储，进行数据挖掘分析后，结果数据集用于公司产品调用。该系统主要由 Hadoop、HBase 和 Cloudera Manager 等部分构成	—	自研	非常重要

7. 重要数据类型

大数据平台的重要数据类型如表 5-9 和表 5-10 所示。

表 5-9　重要数据类型（1）

序号	数据类别	安全防护需求	所属业务应用	重要程度
1	计算结果数据	完整性、可用性	大数据管理平台系统	重要
2	系统管理数据	完整性、可用性	大数据管理平台系统	重要
3	SDK 信息	完整性、可用性	大数据管理平台系统	重要
4	推送数据	完整性、可用性	大数据管理平台系统	重要
5	SDK 上报数据	完整性、可用性	大数据管理平台系统	重要
6	配置数据	完整性、可用性	大数据管理平台系统	重要
7	鉴别数据	完整性、保密性、可用性	大数据管理平台系统	非常重要
8	审计数据	完整性、可用性	大数据管理平台系统	重要

表 5-10　重要数据类型（2）

序号	数据类别	安全防护需求	所属业务应用					
			数据采集	数据存储	数据处理	数据应用	数据流动	数据销毁
1	SDK 信息、配置数据	完整性、可用性	大数据管理平台系统	大数据管理平台系统	大数据管理平台系统	××推送云服务系统	××推送云服务系统	大数据管理平台系统
2	推送数据	完整性、可用性	大数据管理平台系统	大数据管理平台系统	大数据管理平台系统	××推送云服务系统	××推送云服务系统	大数据管理平台系统
3	SDK 上报数据	完整性、可用性	大数据管理平台系统	大数据管理平台系统	大数据管理平台系统	××推送云服务系统	××推送云服务系统	大数据管理平台系统

5.5.3　测评指标选择

根据了解到的大数据平台的定级报告和定级备案证明，确认该系统的定级结果为 S3A3G3。因此，最终选择的测评指标为安全通用要求中的第三级要求（S3A3G3）和大数据安全保护最佳实践中的第三级要求。

5.5.4　测评指标和测评对象的映射关系

结合大数据平台的定级备案情况，依据大数据安全保护最佳实践的标准要求，将已经得到的测评指标和测评对象结合起来，将测评指标映射到各测评对象上。针对大数据安全保护最佳实践，测评指标和测评对象的映射关系如表 5-11 所示。

表 5-11　测评指标和测评对象的映射关系

安全类	控制点	测评指标	测评对象
安全物理环境	基础设施位置	a）应保证承载大数据存储、处理和分析的设备机房位于中国境内	广州××机房
安全通信网络	网络架构	a）应保证大数据平台不承载高于其安全保护等级的大数据应用	大数据平台和业务应用系统定级材料
		b）应保证大数据平台的管理流量与系统业务流量分离	网络架构、网络管理平台
安全计算环境	身份鉴别	a）应对数据采集终端、数据导入服务组件、数据导出终端、数据导出服务组件的使用实施身份鉴别	大数据管理平台系统
		b）大数据平台应能对不同客户的大数据应用进行身份鉴别	大数据管理平台系统
		c）大数据资源应对调用其功能的对象进行身份鉴别	大数据管理平台系统
		d）大数据平台提供的各类外部调用接口应依据调用主体的操作权限进行相应强度的身份鉴别	大数据管理平台系统
	访问控制	a）对外提供服务的大数据平台，平台或第三方只有在大数据应用授权下才可以对大数据应用的数据资源进行访问、使用和管理	大数据管理平台系统
		b）大数据平台应提供数据分类分级标识功能	大数据管理平台系统
		c）大数据平台应具备设置数据安全标记功能，并基于安全标记进行访问控制	大数据管理平台系统
		d）应在数据采集、传输、存储、处理、交换及销毁等各个环节，根据数据分类分级标识对数据进行不同处置，最高等级数据的相关保护措施不低于第三级安全要求，安全保护策略在各环节保持一致	大数据管理平台系统
		e）大数据平台应对其提供的各类接口的调用实施访问控制，包括但不限于数据采集、处理、使用、分析、导出、共享、交换等相关操作	大数据管理平台系统

续表

安全类	控制点	测评指标	测评对象
安全计算环境	访问控制	f）应最小化各类接口操作权限	大数据管理平台系统
		g）应最小化数据使用、分析、导出、共享、交换的数据集	大数据管理平台系统
		h）大数据平台应提供隔离不同客户应用数据资源的能力	大数据管理平台系统
	安全审计	a）大数据平台应保证不同客户大数据应用的审计数据隔离存放，并能够为不同客户提供接口调用相关审计数据的收集汇总	大数据管理平台系统
		b）大数据平台应对其提供的各类接口的调用情况进行审计	大数据管理平台系统
		c）应保证大数据平台服务商对服务客户数据的操作可被服务客户审计	大数据管理平台系统
	入侵防范	a）应对导入或者其他数据采集方式收集到的数据进行检测，避免出现恶意数据输入	大数据管理平台系统
	数据完整性	a）应采用技术手段对数据交换过程进行数据完整性检测	大数据管理平台系统
		b）数据在存储过程中的完整性保护应满足数据源系统的安全保护要求	大数据管理平台系统
	数据保密性	a）大数据平台应提供静态脱敏和去标识化的工具或服务组件技术	大数据管理平台系统
		b）应依据相关安全策略和数据分类分级标识对数据进行静态脱敏和去标识化处理	大数据管理平台系统
		c）数据在存储过程中的保密性保护应满足数据源系统的安全保护要求	大数据管理平台系统
	数据备份恢复	a）备份数据应采取与原数据一致的安全保护措施	大数据管理平台系统
		b）大数据平台应保证用户数据存在若干个可用的副本，各副本之间的内容应保持一致性，并定期对副本进行验证	大数据管理平台系统
		c）应提供对关键溯源数据的备份	大数据管理平台系统
	剩余信息保护	a）在数据整体迁移的过程中，应杜绝数据残留	大数据管理平台系统
		b）大数据平台应能够根据大数据应用提出的数据销毁要求和方式实施数据销毁	大数据管理平台系统
		c）大数据应用应基于数据分类分级保护策略，明确数据销毁要求和方式	大数据管理平台系统
	个人信息保护	a）采集、处理、使用、转让、共享、披露个人信息应在个人信息处理的授权同意范围内	大数据管理平台系统
		b）应采取措施防止在数据处理、使用、分析、导出、共享、交换等过程中识别出个人身份信息	大数据管理平台系统
	数据溯源	a）应跟踪和记录数据采集、处理、分析和挖掘等过程，保证溯源数据能重现相应过程	大数据管理平台系统
		b）溯源数据应满足数据业务要求和合规审计要求	大数据管理平台系统
		c）应在数据清洗和转换过程中对重要数据进行保护，以保证重要数据清洗和转换后的一致性，避免数据失真，并在产生问题时能有效还原和恢复	大数据管理平台系统
		d）应采用技术手段，保证数据源的真实可信	大数据管理平台系统

安全类	控制点	测评指标	测评对象
安全管理中心	系统管理	a）大数据平台应为大数据应用提供集中管理其计算和存储资源使用状况的能力	大数据管理平台系统
		b）大数据平台应对其提供的辅助工具或服务组件，实施有效管理	大数据管理平台系统
		c）大数据平台应屏蔽计算、内存、存储资源故障，保障业务正常运行	大数据管理平台系统
		d）大数据平台在系统维护、在线扩容等情况下，应保证大数据应用的正常业务处理能力	大数据管理平台系统
	集中管控	a）应对大数据平台提供的各类接口的使用情况进行集中审计和监测	大数据管理平台系统
安全管理机构	授权和审批	a）数据的采集应获得数据源管理者的授权，确保数据收集最小化原则	制度文档、记录文档
		b）应建立数据集成、分析、交换、共享及公开的授权审批控制流程，依据流程实施相关控制并记录过程	制度文档、记录文档
		c）应建立跨境数据的评估、审批及监管控制流程，并依据流程实施相关控制并记录过程	制度文档、记录文档
安全建设管理	大数据服务商选择	a）应选择安全合规的大数据平台，其所提供的大数据平台服务应为其所承载的大数据应用提供相应等级的安全保护能力	大数据平台和业务应用系统定级材料
		b）应以书面方式约定大数据平台提供者的权限与责任、各项服务内容和具体技术指标等，尤其是安全服务内容	制度文档、记录文档
	供应链管理	a）应确保供应商的选择符合国家有关规定	制度文档、记录文档
		b）应以书面方式约定数据交换、共享的接收方对数据的保护责任，并明确数据安全保护要求，同时将供应链安全事件信息或安全威胁信息及时传达到数据交换、共享的接收方	制度文档、记录文档
	数据源管理	a）应通过合法正当渠道获取各类数据	制度文档、记录文档
安全运维管理	资产管理	a）应建立数据资产安全管理策略，对数据全生命周期的操作规范、保护措施、管理人员职责等进行规定，包括但不限于数据采集、传输、存储、处理、交换、销毁等过程	制度文档、记录文档
		b）应制定并执行数据分类分级保护策略，针对不同类别级别的数据制定相应强度的安全保护要求	制度文档、记录文档
		c）应对数据资产和对外数据接口进行登记管理，建立相应资产清单	制度文档、记录文档
		d）应定期评审数据的类别和级别，如需要变更数据所属类别或级别，应依据变更审批流程执行变更	制度文档、记录文档
	介质管理	a）应在中国境内对数据进行清除或销毁	制度文档、记录文档
	网络和系统管理	a）应建立对外数据接口安全管理机制，所有的接口调用均应获得授权和批准	制度文档、记录文档

5.5.5 测评要点解析

1. 安全计算环境

（1）测评指标：大数据平台应能对不同客户的大数据应用进行身份鉴别。

安全现状分析：

被测大数据平台通过为各业务系统发布相应的 Kerberos 证书，使各业务系统通过"用户名+口令+证书"的方式进行认证。

已有安全措施分析：

被测大数据平台通过为各业务系统发布相应的 Kerberos 证书，使各业务系统通过证书本地的私钥对大数据平台进行认证；大数据平台也可通过业务系统的"用户名+口令"进行认证，已有的安全措施符合测评指标的要求。

（2）测评指标：对外提供服务的大数据平台，平台或第三方只有在大数据应用授权下才可以对大数据应用的数据资源进行访问、使用和管理。

安全现状分析：

被测大数据平台目前仅为企业内部提供服务，在访问、使用大数据应用的数据资源前须通过 Ranger 系统提交申请，由各级部门领导审批后，才可进行调用。

已有安全措施分析：

被测大数据平台未对外提供服务，仅为企业内部各业务系统提供相应的服务。在数据访问控制方面，大数据平台由大数据团队成员管控，各业务系统由对应的业务系统管理员管控，无相应交叉管控情形，且单位内部严格规定了在访问、使用大数据应用的数据资源前须通过 Ranger 系统提交申请，由各级部门领导审批后，才可进行调用，已有的安全措施符合测评指标的要求。

2. 安全管理机构

（1）测评指标：数据的采集应获得数据源管理者的授权，确保数据收集最小化原则。

安全现状分析：

被测单位的数据收集经过各业务系统的授权，且通过权限申请确保数据的收集符合最小化原则。

已有安全措施分析：

此大数据平台的数据来源主要为单位内部的各业务系统。在采取安全措施时，已获各业务系统负责人的授权，且各业务系统在收集数据时，已得到对应的前端用户明确的授权范围和授权字段，以此确保数据的收集得到授权和数据收集最小化原则，已有的安全措施符合测评指标的要求。

（2）测评指标：应建立跨境数据的评估、审批及监管控制流程，并依据流程实施相关控制并记录过程。

安全现状分析：

被测大数据平台为单位内部人员提供服务，不对外提供服务，数据未跨境。

已有安全措施分析：

此大数据管理平台系统的服务对象主要是单位内部人员，且单位内部人员为境内相关人员，目前暂无出境情况，故暂无数据跨境相关流程审批记录。但各业务系统在使用数据时，均须通过 Ranger 系统提交申请，由各级部门领导审批后，才可进行调用。若有数据跨境需求，则须进行相应的审批，已有的安全措施符合测评指标的要求。

5.5.6　数据全生命周期安全分析

1. 数据采集阶段

通过检查被测单位的大数据管理平台系统，发现被测单位的数据主要由单位内部各业务系统采集，已获各业务系统负责人的授权，并且各业务系统已在 Web 端及 App 中声明了服务协议和隐私协议，隐私协议中明示了个人信息采集遵循合法、正当、必要的原则，说明了使用信息的规则、目的、方式和范围，明确了须由被采集者自行打钩来表示同意，若被采集者不打钩（不同意），则无法进行相关的业务操作。

被测大数据平台主要是内部系统，其数据均为各业务系统导入，数据来源的合法性已在采集 Web 端及 App 中约定，并对数据采集的内容、数据的格式进行严格把控，仅采集协议约束的数据。

2. 数据存储阶段

被测单位的大数据管理平台系统主要存储在广州××机房、××云机房，地址在广州市天河区和××云北京四区，其中大数据管理平台系统的异地数据备份于南方基地的机房。

目前，大数据管理平台系统的数据来源业务系统已在前端提供申请注销个人信息功能，当数据被传输到被测大数据平台时，大数据平台会统一在后台对其进行去标识化处理，并对相关人员的线上数据进行脱敏保存，包括姓名、证件号码、银行账号、家庭住址、头像、手机号码、E-mail 等。

3. 数据传输和共享阶段

在数据传输和共享阶段，被测单位严格限制了敏感数据的访问控制，并制定了《数据保护合规要求总则》，对数据的合规、合法使用进行相应的规范，并在实际运维中制定了相应的数据资产清单，规定运维人员对数据的管理均须经过相应部门领导的审核。

但是，检查发现此阶段有一部分安全问题，具体分析如下：被测单位未建立完整的数据分类分级管理制度及对应的保护措施；无法做到主动阻断对未授权的数据进行集成和分析的行为；未采用相应的技术手段记录数据的来源及去向；未部署网络层的 DLP、办公网的 DLP、邮件 DLP，无法限制重要数据在非授权的网络区域使用，无法限制在办公网终端输出重要数据，存在一定的数据外泄风险。

4. 数据使用阶段

在数据使用阶段，被测单位部署了任子行 IDS、外网防火墙、大数据防火墙等安全设备，严格控制对系统的运维管理。如果其他系统需要与此系统进行交互，则应经过严格的审批流程。

此外，被测单位严格限制运维人员仅能通过堡垒机对服务器、数据库、网络设备进行日常管理，且规定堡垒机能审计并记录管理员的相关操作，数据库审计产品可审计并记录数据库的安全事件。被测单位派专人管理堡垒机和数据库，保证审计记录的完整性。同时，严格控制与其他系统的交互，制定了各自的数据资产清单，包含系统名称、接口名称、接口功能、是否必要、备注（主要补充接口的敏感字段）等。但是，由于未开展大数据平台的血缘关系分析，所以无法跟踪和记录数据采集、处理、分析和挖掘等过程，不能保证溯源数据可重现相应过程。

业务取数要求：用户在提交业务取数需求时，必须严格对业务数据申请中是否包含敏感字段，以及敏感字段是否识别完整进行审核；原则上不允许提取敏感数据，所提取的数据必须经过脱敏处理，确因工作需要，必须经过申请人所属本部信息安全负责人及业务系统所属本部信息安全负责人审批；必须对含敏感字段的未脱敏数据进行加密。

测试取数要求：所有的测试取数操作必须提交流程申请；原则上所有涉及敏感数据的测试数据必须进行脱敏操作，禁止直接将未脱敏的数据用于测试，若确因工作需要使用未脱敏数据，则必须提交信息安全例外流程并进行审批；所有从生产环境中提取的测试数据只允许在测试环境中使用，不允许进入其他环境，且必须满足数据脱敏和去标识化要求。

5. 数据销毁阶段

被测大数据管理平台系统在此阶段有部分问题，如缺乏完善的数据分类分级管理制度，因此未建立与数据分类分级相匹配的数据销毁制度，存在文档缺失的问题。

6. 数据跨境管理

被测大数据管理平台系统在中国境内的业务数据均在中国境内保存，并在境内对数据进行清除和销毁，未涉及数据跨境。

5.5.7　测评结论分析

大数据管理平台对数据资源池和大数据平台中确因工作需要而产生的敏感数据使用加密机进行数据加密处理。

大数据管理平台技术层面通过日志记录及数据血缘关系查询大数据平台的内部调用情况及数据来源，各业务系统可通过数据地图系统查询数据血缘关系。目前，血缘关系只覆盖了大数据管理平台，对数据资源池和整个数据生命周期未全部覆盖。在数据溯源方面，大数据平台的日志由安全审计部门负责，独立于大数据部门，但是未部署数据全生命周期审计平台，需要与多个平台进行关联分析才可以做到完整溯源。

目前，大数据平台没有对数据资源池中的数据进行分类分级，没有根据不同类别级别的数据进行标识处理。

5.5.8　测评结论扩展表

测评结论扩展表如表 5-12 所示。

表 5-12   测评结论扩展表

大数据安全等级测评结论扩展表			
大数据形态	√大数据平台 □大数据应用（平台报告编号：×××××××××××-×××××-××-×××××××-××） □大数据资源（平台报告编号：×××××××××××-×××××-××-×××××××-××）		
运维所在地	深圳	部署模式	□公共大数据服务 √私有大数据服务
大数据平台服务 安全能力评价	数据隔离	应保证大数据平台不承载高于其安全保护等级的大数据应用	符合
		应保证大数据平台的管理流量与系统业务流量分离	符合
		应提供开放接口或开放性安全服务，允许客户接入第三方安全产品或在大数据平台选择第三方安全服务	符合
	数据隔离静态脱敏 和去标识化服务	大数据平台应提供静态脱敏和去标识化的工具或服务组件技术	符合
	安全审计	大数据系统应对其提供的各类接口的调用情况以及各类账号的操作情况进行审计	符合
	访问控制	对外提供服务的大数据平台，平台或第三方应在服务客户授权下才可以对其数据资源进行访问、使用和管理	符合
		大数据系统应对其提供的各类接口的调用实施访问控制，包括但不限于数据采集、处理、使用、分析、导出、共享、交换等相关操作	符合
		应最小化各类接口操作权限	符合
等级测评结论	中	综合得分/分	78

5.6   测评指标和定级对象的适用性

测评指标和定级对象的适用性如表 5-13 所示。

表 5-13   测评指标和定级对象的适用性

大数据安全保护最佳实践				适用定级对象
安全类	控制点	测评指标	对应等级	
安全物理 环境	基础设施 位置	a)应保证承载大数据存储、处理和分析的设备机房位于中国境内	二、三、 四	包含大数据平台、大数据应用或大数据资源的定级对象

大数据安全保护最佳实践				适用定级对象
安全类	控制点	测评指标	对应等级	
安全通信网络	网络架构	a）应保证大数据平台不承载高于其安全保护等级的大数据应用	一、二、三、四	包含大数据平台、大数据应用或大数据资源的定级对象
		b）应保证大数据平台的管理流量与系统业务流量分离	三、四	包含大数据平台的定级对象
安全计算环境	身份鉴别	a）应对数据采集终端、数据导入服务组件、数据导出终端、数据导出服务组件的使用实施身份鉴别	一、二、三、四	包含大数据平台的定级对象
		b）大数据平台应能对不同客户的大数据应用进行身份鉴别	一、二、三、四	包含大数据平台的定级对象
		c）大数据资源应对调用其功能的对象进行身份鉴别	一、二、三、四	包含大数据资源的定级对象
		d）大数据平台提供的重要外部调用接口应进行身份鉴别	二	包含大数据平台的定级对象
		d）大数据平台提供的各类外部调用接口应依据调用主体的操作权限进行相应强度的身份鉴别	三、四	包含大数据平台的定级对象
	访问控制	a）对外提供服务的大数据平台，平台或第三方只有在大数据应用授权下才可以对大数据应用的数据资源进行访问、使用和管理	二、三、四	包含大数据平台或大数据应用的定级对象
		b）应对数据进行分类管理	二	包含大数据平台、大数据应用或大数据资源的定级对象
		b）大数据平台应提供数据分类分级标识功能	三、四	包含大数据平台的定级对象
		c）应采取技术手段对数据采集终端、数据导入服务组件、数据导出终端、数据导出服务组件的使用进行限制	二	包含大数据平台、大数据应用或大数据资源的定级对象
		c）大数据平台应具备设置数据安全标记功能，并基于安全标记进行访问控制	三、四	包含大数据平台的定级对象
		d）应在数据采集、传输、存储、处理、交换及销毁等各个环节，根据数据分类分级标识对数据进行不同处置，最高等级数据的相关保护措施不低于第三级安全要求，安全保护策略在各环节保持一致	三	包含大数据平台、大数据应用或大数据资源的定级对象
		d）应在数据采集、传输、存储、处理、交换及销毁等各个环节，根据数据分类分级标识对数据进行不同处置，最高等级数据的相关保护措施不低于第四级安全要求，安全保护策略在各环节保持一致	四	包含大数据平台、大数据应用或大数据资源的定级对象

续表

大数据安全保护最佳实践				适用定级对象
安全类	控制点	测评指标	对应等级	
安全计算环境	访问控制	e）大数据平台应对其提供的各类接口的调用实施访问控制，包括但不限于数据采集、处理、使用、分析、导出、共享、交换等相关操作	三、四	包含大数据平台、大数据应用或大数据资源的定级对象
		f）应最小化各类接口操作权限	二、三、四	包含大数据平台、大数据应用或大数据资源的定级对象
		g）应最小化数据使用、分析、导出、共享、交换的数据集	二、三、四	包含大数据平台、大数据应用或大数据资源的定级对象
		h）大数据平台应提供隔离不同客户应用数据资源的能力	三、四	包含大数据平台的定级对象
		i）应采用技术手段限制在终端输出重要数据	四	包含大数据平台、大数据应用或大数据资源的定级对象
		j）大数据平台应具备对不同类别、不同级别数据全生命周期区分处置的能力	四	包含大数据平台的定级对象
	安全审计	a）大数据平台应保证不同客户大数据应用的审计数据隔离存放，并能够为不同客户提供接口调用相关审计数据的收集汇总	三、四	包含大数据平台的定级对象
		b）大数据平台应对其提供的重要接口的调用情况进行审计	二	包含大数据平台的定级对象
		b）大数据平台应对其提供的各类接口的调用情况进行审计	三、四	包含大数据平台的定级对象
		c）应保证大数据平台服务商对服务客户数据的操作可被服务客户审计	二、三、四	包含大数据平台或大数据应用的定级对象
	入侵防范	a）应对导入或者其他数据采集方式收集到的数据进行检测，避免出现恶意数据输入	三、四	包含大数据平台或大数据应用的定级对象
	数据完整性	a）应采用技术手段对数据交换过程进行数据完整性检测	一、二、三、四	包含大数据平台、大数据应用或大数据资源的定级对象
		b）数据在存储过程中的完整性保护应满足数据源系统的安全保护要求	一、二、三、四	包含大数据平台、大数据应用或大数据资源的定级对象

大数据安全保护最佳实践				适用定级对象
安全类	控制点	测评指标	对应等级	
安全计算环境	数据保密性	a）大数据平台应提供静态脱敏和去标识化的工具或服务组件技术	二、三、四	包含大数据平台的定级对象
		b）应依据相关安全策略对数据进行静态脱敏和去标识化处理	一、二	包含大数据平台、大数据应用或大数据资源的定级对象
		b）应依据相关安全策略和数据分类分级标识对数据进行静态脱敏和去标识化处理	三、四	包含大数据平台、大数据应用或大数据资源的定级对象
		c）数据在存储过程中的保密性保护应满足数据源系统的安全保护要求	二、三、四	包含大数据平台、大数据应用或大数据资源的定级对象
	数据备份恢复	a）备份数据应采取与原数据一致的安全保护措施	二、三、四	包含大数据平台、大数据应用或大数据资源的定级对象
		b）大数据平台应保证用户数据存在若干个可用的副本，各副本之间的内容应保持一致性，并定期对副本进行验证	三、四	包含大数据平台的定级对象
		c）应提供对关键溯源数据的备份	三、四	包含大数据平台或大数据资源的定级对象
	剩余信息保护	a）在数据整体迁移的过程中，应杜绝数据残留	二、三、四	包含大数据平台、大数据应用或大数据资源的定级对象
		b）大数据平台应能够根据大数据应用提出的数据销毁要求和方式实施数据销毁	二、三、四	包含大数据平台的定级对象
		c）大数据应用应基于数据分类分级保护策略，明确数据销毁要求和方式	三、四	包含大数据平台的定级对象
	个人信息保护	a）采集、处理、使用、转让、共享、披露个人信息应在个人信息处理的授权同意范围内	二、三、四	包含大数据平台、大数据应用或大数据资源的定级对象
		b）应采取措施防止在数据处理、使用、分析、导出、共享、交换等过程中识别出个人身份信息	二、三、四	包含大数据平台、大数据应用或大数据资源的定级对象
	数据溯源	a）应跟踪和记录数据采集、处理、分析和挖掘等过程，保证溯源数据能重现相应过程	三、四	包含大数据平台、大数据应用或大数据资源的定级对象
		b）溯源数据应满足数据业务要求和合规审计要求	三、四	包含大数据平台、大数据应用或大数据资源的定级对象

大数据安全保护最佳实践				适用定级对象
安全类	控制点	测评指标	对应等级	
安全计算环境	数据溯源	c）应在数据清洗和转换过程中对重要数据进行保护，以保证重要数据清洗和转换后的一致性，避免数据失真，并在产生问题时能有效还原和恢复	三、四	包含大数据平台或大数据资源的定级对象
		d）应采用技术手段，保证数据源的真实可信	三、四	包含大数据平台、大数据应用或大数据资源的定级对象
		e）应采用技术手段，保证溯源数据的真实性和保密性	四	包含大数据平台、大数据应用或大数据资源的定级对象
安全管理中心	系统管理	a）大数据平台应为大数据应用提供管理其计算和存储资源使用状况的能力	二	包含大数据平台的定级对象
		a）大数据平台应为大数据应用提供集中管理其计算和存储资源使用状况的能力	三、四	包含大数据平台的定级对象
		b）大数据平台应对其提供的辅助工具或服务组件，实施有效管理	二、三、四	包含大数据平台的定级对象
		c）大数据平台应屏蔽计算、内存、存储资源故障，保障业务正常运行	二、三、四	包含大数据平台的定级对象
		d）大数据平台在系统维护、在线扩容等情况下，应保证大数据应用的正常业务处理能力	二、三、四	包含大数据平台的定级对象
	集中管控	a）应对大数据平台提供的各类接口的使用情况进行集中审计和监测	三、四	包含大数据平台的定级对象
安全管理机构	授权和审批	a）数据的采集应获得数据源管理者的授权，确保数据收集最小化原则	一、二、三、四	包含大数据平台、大数据应用或大数据资源的定级对象
		b）应建立数据集成、分析、交换、共享及公开的授权审批控制流程，依据流程实施相关控制并记录过程	三、四	包含大数据平台、大数据应用或大数据资源的定级对象
		c）应建立跨境数据的评估、审批及监管控制流程，并依据流程实施相关控制并记录过程	三、四	包含大数据平台、大数据应用或大数据资源的定级对象
安全建设管理	大数据服务商选择	a）应选择安全合规的大数据平台，其所提供的大数据平台服务应为其所承载的大数据应用提供相应等级的安全保护能力	一、二、三、四	包含大数据应用或大数据资源的定级对象
		b）应以书面方式约定大数据平台提供者的权限与责任、各项服务内容和具体技术指标等，尤其是安全服务内容	二、三、四	包含大数据应用或大数据资源的定级对象

大数据安全保护最佳实践				适用定级对象
安全类	控制点	测评指标	对应等级	
安全建设管理	供应链管理	a）应确保供应商的选择符合国家有关规定	一、二、三、四	包含大数据平台、大数据应用或大数据资源的定级对象
		b）应以书面方式约定数据交换、共享的接收方对数据的保护责任，并明确数据安全保护要求，同时应将供应链安全事件信息或安全威胁信息及时传达到数据交换、共享的接收方	三、四	包含大数据平台、大数据应用或大数据资源的定级对象
	数据源管理	a）应通过合法正当渠道获取各类数据	一、二、三、四	包含大数据平台、大数据应用或大数据资源的定级对象
安全运维管理	资产管理	a）应建立数据资产安全管理策略，对数据全生命周期的操作规范、保护措施、管理人员职责等进行规定，包括但不限于数据采集、传输、存储、处理、交换、销毁等过程	二、三、四	包含大数据平台、大数据应用或大数据资源的定级对象
		b）应制定并执行数据分类分级保护策略，针对不同类别级别的数据制定相应强度的安全保护要求	三、四	包含大数据平台、大数据应用或大数据资源的定级对象
		c）应对数据资产进行登记管理，建立数据资产清单	二	包含大数据平台、大数据应用或大数据资源的定级对象
		c）应对数据资产和对外数据接口进行登记管理，建立相应资产清单	三、四	包含大数据平台、大数据应用或大数据资源的定级对象
		d）应定期评审数据的类别和级别，如需要变更数据所属类别或级别，应依据变更审批流程执行变更	三、四	包含大数据平台、大数据应用或大数据资源的定级对象
	介质管理	a）应在中国境内对数据进行清除或销毁	二、三、四	包含大数据平台、大数据应用或大数据资源的定级对象
	网络和系统安全管理	a）应建立对外数据接口安全管理机制，所有的接口调用均应获得授权和批准	二、三、四	包含大数据平台、大数据应用或大数据资源的定级对象